BIBLIOTHÈQUE SCIENTIFIQUE

L. GATTERMANN
ANCIEN PROFESSEUR A L'UNIVERSITÉ DE FRIBOURG-EN-B.

MANUEL PRATIQUE DE CHIMIE ORGANIQUE

VINGT-HUITIÈME ÉDITION REMANIÉE PAR H. WIELAND PROFESSEUR A L'UNIVERSITÉ DE FRIBOURG-EN-B. TRADUCTION FRANÇAISE DE C. DE TRAZ, Dr ES-SCIENCES, ING.-CHIM. DIPLOMÉ DE L'UNIVERSITÉ DE GENÈVE

PRÉFACE DE R. LOCQUIN
PROFESSEUR DE CHIMIE GÉNÉRALE A LA FACULTÉ DES SCIENCES DE LYON

Deuxième édition française
avec 58 figures dans le texte

PAYOT, PARIS

MANUEL PRATIQUE
DE CHIMIE ORGANIQUE

BIBLIOTHÈQUE SCIENTIFIQUE

L. GATTERMANN
Ancien professeur à l'Université de Fribourg en B.

MANUEL PRATIQUE DE CHIMIE ORGANIQUE

VINGT-HUITIÈME ÉDITION REMANIÉE PAR H. WIELAND
Professeur à l'Université de Fribourg en B.

TRADUCTION FRANÇAISE DE C. DE TRAZ
Dr ès-Sciences, Ing.-Chim. diplômé de l'Université de Genève

PRÉFACE DE R. LOCQUIN
Professeur de chimie générale à la Faculté des Sciences de Lyon

Avec 58 figures dans le texte

PAYOT, PARIS
106, BOULEVARD ST-GERMAIN

1947

PRÉFACE DE LA TRADUCTION FRANÇAISE

Ludwig Gattermann naquit à Goslar a. H. le 20 avril 1860 et mourut à Fribourg le 20 juin 1920. Il avait débuté dans sa carrière universitaire comme Assistant de V. Meyer à Göttingen et était âgé de 34 ans lorsqu'en 1894 parut son « Anleitung für das organ-chemische Praktikum ».

Ce « Guide pour la pratique de la Chimie organique » se présentait sous l'aspect d'un modeste opuscule de 303 pages constituant essentiellement un recueil descriptif de modes opératoires et de procédés de préparations, aussi méthodiquement présentés que judicieusement choisis, destinés à mettre les chimistes débutants à même d'effectuer leurs manipulations au laboratoire sans l'aide incessante des assistants ou chefs de travaux.

Mais Gattermann, qui révélait déjà en lui le professeur de premier ordre qu'il allait devenir, tenait à mener de front l'enseignement expérimental et l'instruction théorique des étudiants. A cette fin, mettant à profit le principe pédagogique bien connu que les connaissances qu'on acquiert sous le jour d'un travail pratique s'ancrent beaucoup plus solidement dans l'esprit que celles qu'on acquiert d'une façon purement livresque, il adjoignait systématiquement, à la suite *de chaque description technique, un bref exposé rappelant les principes généraux sur lesquels repose l'opération envisagée ; le cas échéant il complétait ces éclaircissements théoriques par quelques références bibliographiques sommaires permettant au Lecteur de se reporter aux mémoires des Auteurs initiaux ; parfois enfin, il élargissait l'horizon du jeune chimiste en laissant entrevoir les principales applications ainsi que les possibilités de généralisation ou d'extension auxquelles se prête l'exemple donné.*

A l'époque, c'était là un mode de présentation qui ne manquait pas d'originalité et auquel on n'était pas habitué.

L' « Anleitung für das organ-chemische Praktikum » remporta un succès qui dépassa les espérances de l'Auteur lui-même. En effet, ce petit livre — le « Kochbuch » comme l'appelaient familièrement Gattermann et ses élèves — ne tarda pas à se répandre dans les laboratoires des diverses nations et devint bientôt le vade-mecum de tous les maîtres qui dirigeaient ou étudiants qui effectuaient des travaux pratiques de chimie organique. Deux années s'étaient à peine écoulées qu'une nouvelle édition devenait nécessaire. A cette occasion le titre initial fut remplacé par celui de « Die Praxis des organischen Chemikers » sous lequel le manuel devait dorénavant paraître et, plus tard, des tirages successifs, continuellement revus et améliorés, s'échelonnèrent à une cadence telle qu'en 1925 la 18e édition était épuisée.

Ce fut à ce moment, c'est-à-dire cinq ans après la mort de Gattermann, que H. Wieland, qui avait succédé à ce dernier comme professeur à Fribourg, prit également sa succession à la direction scientifique de l'ouvrage dont l'incontestable utilité et la haute valeur didactique avaient surabondamment fait leurs preuves.

H. Wieland était mieux qualifié que tout autre pour attribuer à la théorie et à la pratique leurs parts respectives dans la formation professionnelle d'un chimiste. Aussi bien, respecta-t-il scrupuleusement le plan général ainsi que le mode de présentation qu'avait adoptés Gattermann, et, dans l'avant-propos de la 19e édition qui est celle par laquelle il inaugura la direction qu'il assumait, il insiste sur l'idée que, là comme ailleurs, c'est l'esprit qui gouverne le corps et que si l'acquisition de la technique est certainement le but principal que les travaux pratiques permettent d'atteindre, l'opérateur n'en doit pas moins se familiariser avec les connaissances théoriques dont il réalise des applications expérimentales.

La chimie ne cessant de faire des progrès et le bagage scientifique dont on pouvait se contenter trente ans plus tôt devenant de plus en plus insuffisant, Wieland commence par remanier complètement les « Généralités » ainsi que la partie relative à l'analyse ; puis, dans des éditions ultérieures, il supprime quelques détails descriptifs ou quelques modes opératoires devenus désuets mais, par contre, pour mettre l'étudiant au courant des progrès les plus modernes, il augmente la variété des manipulations et ajoute de nouveaux chapitres, notamment en ce qui concerne l'obtention de certains composés qui se rattachent aux substances naturelles, la détermination du nombre d'atomes d'hydrogène actifs d'après le procédé Zerewitinoff, la détermination de l'acétyle d'après le procédé de Freudenberg, la préparation des composés organiques du lithium, l'oxydation par le bioxyde de sélénium, etc... A l'instigation du professeur Zetzsche de Berne il ajoute même, à partir de la 21e édition, une courte instruction relative à la consultation des bibliothèques et de la littérature chimique, etc... etc...

Un simple coup d'œil sur la table des matières permettra d'ailleurs au Lecteur de se rendre compte de la diversité des questions traitées et de l'éclectisme qui a présidé à leur choix.

L'ouvrage ainsi continuellement remanié et complété a conservé l'excellente réputation que s'étaient acquis les tirages antérieurs. Il en est actuellement à sa 28e édition et a pris en outre le caractère d'une véritable publication internationale en ce sens, qu'entre temps, il a été traduit en plusieurs langues : d'abord en anglais dès 1896, puis de nouveau en 1932 et en 1937, en espagnol en 1927 et enfin en italien en 1941.

Cependant, jusqu'à présent du moins, aucune version n'en avait été publiée en langue française. C'était là un fait regrettable car les élèves chimistes qui ne possèdent que cette langue, ou qui savent insuffisamment l'allemand, l'anglais, l'espagnol ou l'italien, ne pouvaient pas commodément utiliser les versions existantes, et comme par ailleurs il n'existe pas d'autre livre qui soit aussi complet et aussi régulièrement tenu au courant des récents progrès, ces mêmes élèves se trouvaient ainsi moins favorisés dans leurs études que ne le sont leurs collègues lisant couramment l'une des quatre langues étrangères précitées.

Cette fâcheuse inégalité n'existera plus.

M. Clément de Traz, ingénieur-chimiste suisse qui allie une haute compétence scientifique à une parfaite maîtrise des langues allemande et française, vient en effet d'achever la présente traduction française de la 28e édition du « Gattermann-Wieland ».

Aussi consciencieusement exécutée que clairement rédigée, cette version reflète le texte original non pas mot à mot — ce qui aurait entraîné des confusions voire même des contresens — mais dans son esprit, ce qui rend plus fidèlement la pensée des Auteurs.

Une telle publication était attendue depuis longtemps dans les milieux scientifiques auxquels elle s'adresse. Par l'aide qu'elle appor-

tera aux « Laborants » à l'intention desquels elle a été écrite elle facilitera grandement l'enseignement théorique et pratique de la Chimie organique.

C'est la raison pour laquelle lorsque M. Clément de Traz, d'accord avec son Editeur, m'a fait l'honneur de me demander de présenter cette traduction aux usagers de la langue française je n'ai pas hésité un seul instant à accepter cette tâche délicate.

Lyon,

R. LOCQUIN.

Professeur de Chimie Générale
à la Faculté des Sciences de Lyon.

AVANT-PROPOS DE LA DIX-NEUVIÈME ÉDITION

Il y a environ trente ans que L. Gattermann publiait la première édition de son ouvrage : *Anleitung für das organ.-chemische Praktikum.* Le principe que l'auteur s'est fixé, de faire suivre systématiquement les prescriptions pratiques par leurs éclaircissements théoriques, s'est révélé fécond : la meilleure preuve en est le grand succès du livre, qui voit déjà paraître sa dix-neuvième édition.

Apprendre à manier une technique méthodique, tel est le premier but du futur chimiste organicien ; l'habitude de manipulations mécaniques, la routine, n'aboutissent qu'à des résultats médiocres. Disposer d'une bonne méthode, au contraire, veut dire connaître la raison profonde du travail auquel on se livre, être capable de choisir la meilleure des possibilités multiples qui s'offrent. C'est à l'esprit à s'appliquer à la connaissance de la matière et à la maîtriser.

Il nous paraît donc nécessaire que l'étudiant soit aussi familiarisé que possible avec l'aspect théorique des réactions qu'il met en œuvre de ses mains. Les commentaires qui accompagnent chacune des préparations ont été faits dans le but d'approfondir la théorie du domaine traité, d'indiquer les ouvrages généraux et la bibliographie spéciale s'y rapportant, d'inciter enfin à consulter les sources scientifiques au plus près.

A notre époque où les bases de la Chimie Organique sont censées connues dans tous les laboratoires des Universités, il n'y a plus à craindre que les explications théoriques ne rebutent l'étudiant, ou qu'elles restent pour lui un « pont aux ânes ».

C'est de propos délibéré que l'auteur, dans la dernière édition de son ouvrage, a élevé le niveau des travaux pratiques, comme celui des notions théoriques. Ce qui suffisait en effet comme bagage scientifique il y a trente ans, ne convient plus de nos jours, surtout pour qui veut s'intéresser aux tâches de plus en plus complexes et délicates que réclament les recherches scientifiques et la technique modernes.

Si l'on part du principe que la Chimie Organique doit être étudiée parallèlement, au laboratoire et dans les traités, il faut disposer les différentes synthèses en familles naturelles. On pourra voir d'ailleurs que la progression de la difficulté, souhaitable dans un but didactique, ne souffre que peu de ce mode de classement, et qu'en plus, le développement de l'esprit y trouve son avantage.

Les Généralités, comme la partie Analytique, ont été complètement remaniées, et on a fait tenir une place moins grande aux descriptions des préparations. L'augmentation du nombre de ces dernières et leur variété vient heureusement à l'encontre de tout schématisme excessif des manipulations.

Qu'il me soit permis ici d'assurer de ma reconnaissance particulière mes Assistants, MM. les Drs Franz Bergel et F. Gottwalt Fischer notamment, qui ont pris la peine de mettre au point un grand nombre de préparations. Le Dr Fischer, de plus, a bien voulu dessiner les nouvelles figures de cette édition et dresser la table des matières.

H. WIELAND.

AVANT-PROPOS DE LA VINGT-SEPTIÈME ÉDITION

On trouvera dans la présente édition une courte orientation sur les méthodes d'analyses des groupements organiques, que l'étudiant utilisera avec avantage pour apprendre à identifier un certain nombre de substances organiques simples, et à rechercher la position des groupements fonctionnels sur le squelette de leur molécule.

Il sera ainsi loisible au jeune chimiste de se prouver à lui-même que sa pratique de laboratoire l'a suffisamment familiarisé avec les composés de synthèse auxquels il peut avoir à faire face lors de ses travaux ultérieurs, et dont le cadre a été limité ici de propos délibéré.

Certaines méthodes, comme celle d'hydrogénation de Sabatier qui ne sont presque plus employées au laboratoire, ont été supprimées dans cette Édition ; on a introduit à leur place quelques préparations qui permettront à l'étudiant de faire connaissance avec les méthodes les plus modernes : composés organiques du Lithium, oxydation par le bioxyde de Sélénium, etc. Un peu partout, des compléments et des améliorations seront salués au passage par le lecteur habitué à notre Ouvrage.

On nous a fait la remarque que plusieurs théories récentes ont été passées sous silence. Il est cependant à noter que l'ouvrage, comme d'ailleurs son titre l'indique, ne prétend pas être un traité complet de Chimie Organique. Il nous a paru superflu de l'alourdir en y faisant mention de certaines théories d'avant-garde dont le fondement n'est pas encore considéré comme indiscutable. C'est pour des raisons semblables que nous n'avons pas parlé des dernières hypothèses électroniques.

M. le Dr Rudolf Hüttel m'a été du plus grand secours dans la mise au point des Chapitres nouveaux ; je lui en exprime toute ma reconnaissance.

H. WIELAND.

TABLE DES MATIÈRES

A. RÈGLES GÉNÉRALES DE TRAVAIL

B. ANALYSE ORGANIQUE ÉLÉMENTAIRE

C. PRÉPARATIONS ORGANIQUES

V. *Aldéhydes*

VI. *Phénols et énols. Tautomérie céto-énolique*

VII. *Diazocomposés*

A. — Diazocomposés aliphatiques

D. IDENTIFICATION DES FONCTIONS ORGANIQUES

ABRÉVIATIONS

A. : Liebigs Annalen.
A. ch. : Annales de Chimie et de Physique.
J. Am. Soc. : Journal of the American Chemical Society.
B. : Berichte der Deutschen chemischen Gesellschaft.
Bl. : Bulletin de la Société Chimique de France.
C. : Chemisches Zentralblatt.
H. : Hoppe-Seylers Zeitschrift für Physiologische Chemie.
Helv. : Helvetica chimica Acta.
J. pr. : Journal für praktische Chemie.
M. : Monatshefte für Chemie.
Rec. : Recueil des Travaux Chimiques des Pays-Bas.
Soc. : Journal of the Chemical Society of London.
Z. Ang. : Zeitschrift für Angewandte Chemie.

MANUEL PRATIQUE DE CHIMIE ORGANIQUE

A. — RÈGLES GÉNÉRALES DE TRAVAIL

Vitesse de réaction et temperature.— Les réactions de la Chimie Organique diffèrent essentiellement par la vitesse de leur processus de celles de la Chimie Inorganique qui constituent les bases de l'Analyse Minérale quantitative

En Chimie Minérale, les réactions sont ioniques, instantanées, leur vitesse n'est pas commensurable ; les substances organiques, par contre, mettent un temps appréciable à se transformer et, dans la plupart des synthèses, il sera nécessaire de les activer en élevant la température.

Un accroissement de température de 10° entraîne une vitesse de réaction double ou triple. Si nous appelons V la vitesse de réaction à 20°, on aura à 80° une vitesse d'environ $V.2{,}5^6$. Une réaction dans l'alcool bouillant se passe environ 250 fois plus rapidement qu'à la température ordinaire. C'est pour cette raison qu'un grand nombre de synthèses s'effectuent en solutions chaudes, le plus souvent à la température d'ébullition de celles-ci.

La vapeur du solvant est condensée, au laboratoire, dans un réfrigérant a eau, adapté au récipient où s'opère la réaction ; la récupération du solvant s'effectue de la sorte en continu.

Si l'on se propose de concentrer une solution, on évapore le solvant au *réfrigerant descendant.* Les systèmes à serpentins, de types variés, se montrent à cet effet préférables au réfrigérant simple de Liebig ; ils présentent l'inconvénient toutefois, lors de leur emploi en *réfrigération à reflux* de la formation dans le serpentin d'une couche liquide entre les vapeurs et l'atmosphère ambiante : l'emploi en est alors moins indiqué.

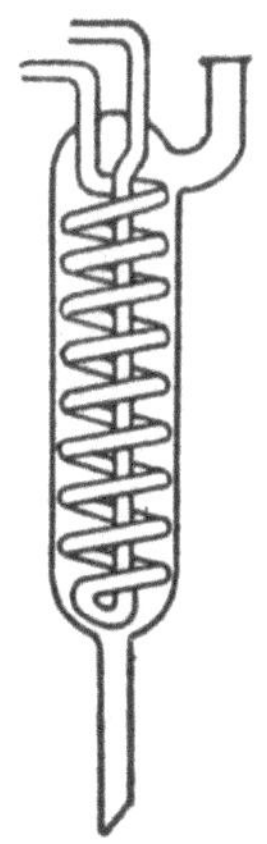

Fig. 1.

Pour faire face à tous les cas qui peuvent se présenter, le réfrigérant proposé par Dimroth (Fig. 1) est le plus recommandable ; dans cet appareil, le serpentin est parcouru par l'eau de refroidissement. Afin d'éviter la condensation de vapeur d'eau sur la surface du serpentin, l'embouchure supérieure du tube doit être munie d'un dispositif à chlorure de calcium.

Dans les cas où l'on utilise des solvants à point d'ébullition supérieur à 100°, le réfrigérant est remplacé par un simple tube de verre, suffisamment long, et de large diamètre dit *réfrigérant à air.*

Pour adapter le réfrigérant au récipient où s'effectue la réaction, on se sert le plus communément d'un bouchon de liège hermétique, passé à la presse à bouchon avant d'être perforé. Le diamètre du trou doit être inférieur à celui du tube qui y prendra place. Il vaut mieux chauffer auparavant l'emporte-pièce à la flamme d'un bunsen, et il est bon de le faire pénétrer par la plus petite face du bouchon, bien perpendiculairement, ce dernier étant appliqué sur la table du laboratoire.

On doit autant que possible éviter de recourir à l'imperméabilisation du liège au moyen de collodion.

Quant aux bouchons de caoutchouc, ils ne devront pas être utilisés lors d'opérations au cours desquelles se forment des vapeurs de solvants organiques bouillants ; celles-ci en effet provoquent le gonflement du bouchon, le dissolvent partiellement et le produit final contient des impuretés.

Le procédé le plus élégant consiste à employer des *appareils à verre rodé* tels que celui de la figure 46 ; leur seul inconvénient est leur prix relativement élevé.

Réfrigération extérieure. — Beaucoup de réactions donnant lieu à un important dégagement de chaleur doivent être freinées. Il arrive aussi que, lors de la préparation de substances facilement décomposables et très sensibles à la chaleur, il soit nécessaire de refroidir soigneusement. L'énergie de la réfrigération peut être plus ou moins poussée et, en tenant compte de la quantité de calories à éliminer et de la température à laquelle doit s'effectuer la réaction, on utilisera suivant les cas : de l'eau courante (8-12°), de la glace pilée humectée d'eau, un mélange de glace et de sel marin (0 à —20°), ou de neige carbonique dans l'éther ou l'acétone (jusqu'à —80°). L'air liquide n'est que très rarement employé en Chimie Organique.

Pour confectionner un mélange réfrigérant d'usage courant, on mélange soigneusement de la glace, finement pilée dans un mortier à glace ou un mortier en métal, avec environ un tiers de son volume de sel marin technique, au moyen d'une spatule de bois ; ce mélange se fait commodément dans un cristallisoir bas en verre, ou dans un récipient émaillé à bords peu élevés.

Si l'on veut maintenir l'activité d'un mélange réfrigérant plusieurs heures, voire toute une nuit, on utilisera une bouteille genre « Thermos », à l'intérieur de laquelle le récipient à refroidir (éprouvette par exemple) pourra être maintenu un certain temps à basse température. Un récipient à isolation thermique, imaginé par Piccard, permet la réfrigération d'objets plus importants ; il est possible de l'improviser au moyen de deux béchers placés l'un dans l'autre ; on met un peu de kieselguhr au fond du bécher extérieur de façon que la partie supérieure du récipient intérieur, posé sur la couche de kieselguhr, soit au niveau du bord supérieur du premier ; on remplit alors de kieselguhr l'espace compris entre les deux récipients et obture hermétiquement par de la poix l'espace annulaire du haut de l'ensemble.

Il est fréquent de voir que l'on ne tient pas compte, lors des préparations organiques, du rapport des concentrations à mettre en présence. A l'exception de cas peu usuels (tels que certaines transpositions intramoléculaires), il s'agit de réactions d'un ordre assez élevé auxquelles plusieurs molécules (deux dans le cas le plus fréquent) prennent part.

On sait que la vitesse des réactions bimoléculaires, d'après la théorie cinétique, est proportionnelle au nombre des chocs mutuels des molécules dissoutes, et peut s'exprimer par le produit des concentrations :

$$V = C_A \cdot C_B \cdot K \qquad (K = \text{constante}).$$

Il est clair que, dans tous les cas où cela sera possible, il faudra choisir une *concentration aussi élevée que possible* du mélange réactionnel en solution.

On ne perdra donc pas de vue que des abaissements de concentration de la moitié, du quart, du dixième correspondent respectivement à un ralentissement de la réaction quatre fois, seize fois et cent fois plus considérable.

PURIFICATION DES SUBSTANCES ORGANIQUES

Les composés que l'on s'est proposé comme but de synthèse peuvent être soit des corps solides cristallisés, soit des liquides, soit même des gaz. Contrairement à la majorité des réactions de la Chimie minérale, celles du domaine organique, par leurs possibilités beaucoup plus nombreuses de combinaisons, n'aboutissent que très rarement à un produit unique ; elles donnent lieu presque toujours à d'autres *réactions secondaires.*

C'est pourquoi l'obtention de composés définis, à l'état pur, est rendue particulièrement difficile et constitue la part la plus considérable des préparations organiques de toutes sortes. Le problème consiste soit à effectuer la séparation d'un certain nombre de substances chimiquement définies mélangées entre elles, soit à recueillir, avec le moins de pertes possibles, le corps que l'on s'est proposé pour but, en éliminant les composés indésirables qui l'accompagnent, non cristallisables, résines ou impuretés ; celles-ci, qui se forment accessoirement — et quelque fois aussi principalement —, dont le processus de formation et la constitution sont généralement peu connus, n'ont jusqu'à présent éveillé l'intérêt de la Chimie organique classique que par leur existence et leurs inconvénients.

Le chimiste a donc à envisager l'élimination scrupuleuse de

toute substance indésirable des composés qu'il veut préparer. Il y parvient au moyen de deux méthodes générales : la *cristallisation* et la *distillation*.

1. — Cristallisation

Principes généraux. — Les substances cristallisées, que l'on recueille généralement à l'état brut lors d'une synthèse, sont obtenues soit directement, soit par concentration et refroidissement de leurs solutions, ce qui provoque leur précipitation sous forme plus ou moins pure.

Les composés organiques ont une vitesse de cristallisation très variable, et ils peuvent former des solutions sursaturées avec la plus grande facilité. L'apport d'un cristal dans une telle solution, en vue d'*amorcer* la cristallisation, suffit à peine à amener l'équilibre de la solution saturée à froid. La raison en est la grande lenteur de la cristallisation, et il en résulte pratiquement que la solution concentrée devra être abandonnée un certain temps pour que le rendement en produit solide soit convenable.

Faire *recristalliser* une substance brute, consiste dans les cas les plus simples à la dissoudre à chaud dans la quantité minimum d'un solvant choisi et à laisser refroidir la solution qui abandonne des cristaux plus purs. Le facteur essentiel de cette méthode est d'abord que les impuretés soient plus solubles que le produit principal, et aussi qu'elles restent dissoutes dans la solution refroidie, ou *eau-mère*.

Le principe de la solubilisation différentielle peut aussi être appliqué en sens inverse : le produit secondaire, s'il est moins soluble que le produit principal, en est séparé par dissolution de la substance jusqu'à saturation dans un solvant convenablement choisi ; remarquons qu'alors la solution est toujours saturée en produit secondaire : cette méthode, contrairement à la première, ne peut donc pas fournir en une seule fois un produit principal pur.

Un autre facteur important de la cristallisation au moyen d'une solution saturée chaude est que la courbe de solubilité du corps dissous en fonction de la température soit aussi abrupte que possible ; autrement dit, pour un accroissement donné de la température, le pouvoir solubilisant du solvant doit augmenter en de fortes proportions. Ceci est nécessaire pour pouvoir récupérer avec un bon rendement le produit mis à cristalliser.

On voit donc que le choix du solvant joue un rôle de premier plan ; voici les solvants de laboratoire les plus employés :

Eau, alcool éthylique, alcool méthylique, éther, acétone, acide acétique glacial, ester acétique, benzène, éther de pétrole, chloroforme, sulfure de carbone.

Pour des substances très peu solubles, on pourra recourir aux solvants suivants :

Acide formique, pyridine, bromobenzène, nitrobenzène, parfois aussi le *phénol, l'ester benzoïque, l'aniline, le dioxane*, etc.

Il existe une certaine relation entre la constitution de la substance à dissoudre et celle du solvant, illustrée par l'ancien principe : *similia similibus solvuntur*. Les composés porteurs de la fonction hydroxyle, par exemple (sucres, acides carboxyliques), sont solubles dans l'eau ; les hydrocarbures sont plus solubles dans le benzène et l'éther de pétrole que dans l'alcool, etc.

Le principe cité plus haut n'est valable avec une certaine certitude que pour des composés organiques relativement simples ; à mesure que les formules se compliquent, la règle devient de plus en plus empirique et, à moins de disposer d'une grande expérience, on sera amené à faire l'essai, pour un cas inconnu, de la gamme complète des solvants.

Le plus usité de ces derniers étant l'*alcool*, il est de règle de commencer par lui les essais de solubilité ; on prendra ensuite dans l'ordre l'*eau*, le *benzène*, l'*éther de pétrole*.

On peut poser en principe général que, parmi les solvants usuels le *benzène*, le *chloroforme* et l'*éther* possèdent un grand pouvoir de dissolution, l'*éther de pétrole* et l'*eau* un pouvoir moyen vis-à-vis des substances organiques. Ce classement n'est qu'approximatif, mais sa connaissance rendra des services dans bien des cas : si, par exemple, on a affaire à une substance trop peu soluble dans l'alcool, on utilisera un solvant du premier groupe ; au cas contraire, on s'adressera au deuxième groupe.

Si l'on a affaire à des substances très peu solubles, il peut être commode de les dissoudre dans un homologue du solvant insuffisant, à point d'ébullition plus élevé : les *alcools propylique* et *amylique* peuvent remplacer l'alcool ordinaire, par exemple, le *toluène* et le *xylène* être utilisés à la place du benzène, etc. ; on a remarqué en effet que l'élévation du point d'ébullition correspond à une élévation du pouvoir dissolvant.

Il arrive très souvent qu'une synthèse fournisse une substance à l'état *amorphe*, d'aspect mi-résineux, mi-floconneux ; l'emploi d'un solvant approprié permet alors de la transformer en un produit bien cristallisé, soit qu'on l'y mette à digérer, soit qu'on y procède à une recristallisation directe. Il est à remarquer que la solubilité d'une substance de ce genre n'est pas la même pour l'état amorphe que pour l'état cristallisé, le premier étant toujours de beaucoup *le plus soluble*.

Les *sels* sont en général facilement solubles dans l'eau ; ils le sont également dans les *alcools*, l'*acétone* et le *chloroforme* ; il sera donc inutile de se servir d'éther, de benzène ou d'éther de pétrole. Mélangés avec des substances neutres, les acides organiques pourront par conséquent être séparés par une lessive alcaline, les bases organiques par un acide dilué, en milieu éthéré par exemple.

L'emploi simultané de *plusieurs solvants* fournit une excellente méthode de purification dans le cas où une substance ne peut avoir de solubilité suffisamment moyenne dans aucun solvant pur ; le mélange des substances solubilisantes doit naturellement être homogène ; en voici quelques exemples :

alcool, acide acétique glacial ou acétone + eau
éther, acétone, benzène ou chloroforme + éth. de pétr.
eau, éther ou alcool + pyridine.

On dilue goutte à goutte la solution conc., froide ou chaude, par le solvant approprié jusqu'à ce qu'un léger trouble apparaisse ; on laisse ensuite la cristallisation se former, on la provoque par le frottement d'une baguette de verre à surface vive. Lorsqu'elle a commencé, on continue à diluer avec précaution. La faute à ne pas commettre consiste à verser en une seule fois une grande quantité du solvant diluant dans la solution.

Un usage très important, auquel le chimiste doit se conformer dès ses débuts, est l'essai préalable en éprouvette de toute réaction effectuée pour la première fois.

Le récipient dans lequel on recueille le filtrat est en général un simple *bécher* pour les solutions aqueuses, et si possible une *fiole conique* ou erlenmeyer pour les solvants organiques : l'évaporation restreinte y empêche la formation d'incrustations gênantes.

On prendra garde de toucher le moins possible à un récipient où des cristaux sont en train de se former : on risquerait de troubler leur construction régulière et de rendre par la suite leur examen difficile. Il ne faut jamais, de même, refroidir brusquement et fortement une solution dans le but d'en obtenir ainsi des cristaux très purs : ceux-ci seront alors tout au plus très fins et leur surface étant beaucoup plus considérable adsorbera une forte quantité d'impuretés ; la purification et l'homogénéité sont d'autant meilleures que les cristaux sont plus gros, et l'examen de ces derniers en est grandement facilité.

On se sert dans ce but d'une loupe ou d'un microscope grossissant de 50 à 100 fois, en choisissant les cristaux les mieux formés.

Si les eaux-mères ont atteint leur point de saturation à la température ordinaire, on peut encore augmenter la quantité des cristaux en plaçant le récipient les contenant dans de l'eau glacée ou au mélange réfrigérant.

Il peut arriver que des substances présentant un point de fusion peu élevé se séparent mal et sous forme d'huile dans leur solution refroidie, saturée à chaud. Dans ce cas, on commencera par diluer quelque peu la solution, puis ralentira le refroidissement en entourant le récipient d'un morceau d'étoffe ou en le plongeant dans un grand bécher rempli d'eau chaude.

Dans le cas de substances cristallisant mal, et chaque fois que cela sera possible, on aura avantage à disposer de quelques cristaux purs du produit, utilisé comme *amorce* de la cristallisation : on les jette dans la solution tiède, en frottant les parois du récipient avec une baguette de verre.

Manipulations. — Pour préparer une solution saturée à chaud, on introduit la substance à purifier dans un récipient tel qu'un ballon rond à col court, y verse une petite quantité du solvant, chauffe à ébullition et ajoute peu à peu le solvant jusqu'à ce que toute la substance soit dissoute.

Un produit brut contient souvent un certain pourcentage d'impuretés insolubles, et il faudra observer avec beaucoup d'attention à quel moment le produit à recristalliser, s'il est soluble, est entièrement dissous.

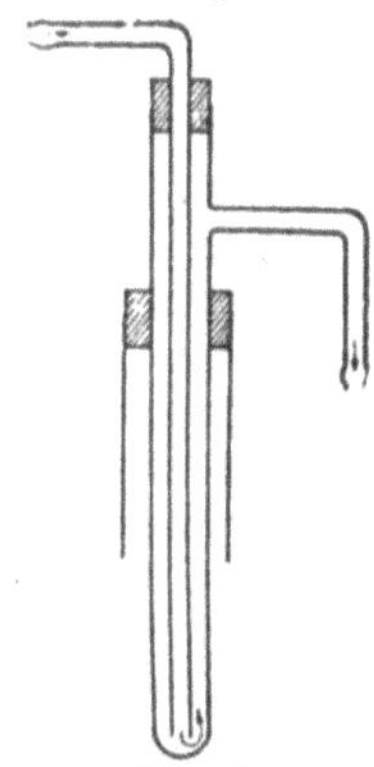

Fig. 2.

Une trop longue ébullition est naturellement à éviter si la substance est décomposable à chaud.

Les solvants à points d'ébullition inférieurs à 80° sont chauffés sur bain-marie bouillant, avec un réfrigérant à reflux à travers lequel on peut introduire à l'aide d'un entonnoir de nouvelles doses de solvant. Lorsqu'on opère sur une quantité importante de substance, on a avantage à utiliser une allonge en Y d'Anschütz (Fig. 29), permettant l'introduction commode de liquides et de solides. Le tube oblique est relié au réfrigérant, l'autre, par lequel on verse la substance, est obturé par un bouchon de liège.

L'eau, ainsi que les solvants bouillant à plus de 80°, seront commodément chauffés dans un bain d'air conique (« entonnoir de Babo ») muni d'amiante, ou sur une *toile d'amiante.* Si le point d'ébullition du liquide dépasse 120°, on fera circuler de l'eau chaude dans le réfrigérant, ou utilisera un long tube de verre à large diamètre enveloppé de papier-filtre humide, fonctionnant comme réfrigérant à air ; cette précaution évite le bris de l'appareil de réfrigération.

La figure 2 indique un montage très commode de réfrigération à reflux en éprouvette : un tube de verre de 15 cm. de long et de 6-8 mm. de diamètre est fermé au chalumeau à une de ses extrémités ; on a soudé un tube mince de 3 cm. coudé à angle droit vers le bas (de façon à pouvoir suspendre le réfrigérant à un anneausupport) à 3 cm. environ de l'autre extrémité ; le tube sert d'échappement à l'eau de refroidissement ; on y adapte un tuyau de caoutchouc.

Un autre tube de verre mince recourbé à angle droit sert d'amenée d'eau ; la partie supérieure en est munie d'un élément de tuyau de caoutchouc, qui le maintient en place dans le réfrigérant et l'autre extrémité aboutit au fond de ce dernier.

Cet appareil est fixé au moyen d'un bouchon de liège entaillé sur l'éprouvette fonctionnant comme ballon à distiller.

Avant de faire bouillir un liquide sursaturé, et pour éviter l'inconvénient d'importants *retards d'ébullition*, on jette quelques petits morceaux de *porcelaine poreuse* — de la grosseur de la moitié d'un pois environ — dans le ballon à distiller ; on les remplace lorsqu'ils ont perdu leur action, en évitant de le faire au sein d'un liquide surchauffé. Pour de grandes quantités de liquides en forte ébullition on emploiera des fragments de bois.

Si le produit reste *coloré* par des impuretés tenaces, on en fait bouillir un court moment la solution saturée chaude avec quelques pointes de couteau de *noir animal* ou de *charbon actif spécial* à base de bois ; l'introduction de ce genre de substances finement divisées et renfermant beaucoup d'air provoque une mousse abondante : elle devra se faire avec précaution et en agitant la liqueur.

Les impuretés colorées sont adsorbées le plus facilement dans l'eau, étant donné le caractère colloïdal qui leur est propre.

Filtration. — Les solutions de cristallisation, même lorsqu'elles n'ont pas été traitées par du noir animal, ne sont jamais parfaitement limpides : elles doivent être filtrées. Un *papier-filtre ordinaire* est préférable en général au *filtre à plis* ; comme l'entonnoir de verre n'a pas toujours l'angle d'ouverture voulu, on fait le deuxième pli du papier-filtre suivant un angle inférieur au premier, et utilise le plus grand des deux cônes ainsi formés ; la coïncidence est ainsi meilleure. Le papier-filtre à employer en chimie organique doit laisser passer assez facilement le liquide et avoir une apparence grenue.

Il arrive fréquemment que la substance dissoute, surtout si elle est en solution très concentrée, cristallise déjà dans le filtre où elle se trouve refroidie, gênant ainsi la filtration. Cet inconvénient peut être en partie évité par l'emploi d'un entonnoir à très court tube de dégagement (1/2-1 cm., Fig. 3) ; un moyen excellent consiste à utiliser un *entonnoir à eau chaude* (Fig. 4) ; un manchon de tôle entourant l'entonnoir contient de l'eau bouillante.

Si le solvant est inflammable, il y a lieu de supprimer toute flamme libre avant la filtration ; l'on peut s'adresser aussi à un *entonnoir à circulation de vapeur* (Fig. 5).

Dans le cas d'une très faible quantité de liquide à filtrer, l'entonnoir peut être tout simplement réchauffé juste avant son emploi : on peut le passer sur une flamme libre, ou imbiber le filtre d'alcool qu'on allume ensuite en faisant tourner l'entonnoir tenu horizontalement jusqu'à légere carbonisation du papier.

Une autre méthode, notamment pour des solutions aqueuses difficiles à filtrer, consiste à effectuer l'opération à pression réduite à travers un *entonnoir spécial de porcelaine* dont le fond, percé de trous, est recouvert d'une feuille de papier-filtre (entonnoir de Büchner), le flacon à vide doit être réchauffé avec précaution avant la filtration : on le dispose par exemple dans un récipient émaillé contenant de l'eau chaude, que l'on chauffe ensuite à ébullition.

S'il arrive au cours d'une filtration que la substance obture le filtre en s'y cristallisant ; on évitera dans tous les cas de percer ce dernier ; on le portera plutôt dans un petit bécher contenant du solvant frais, en l'y maintenant vertical, portera à l'ébullition, et filtrera la solution diluée à travers le même filtre. Les solutions réunies devront alors être à nouveau concentrées.

Fig. 3

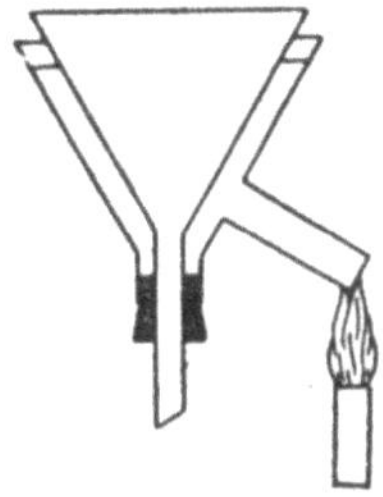
Fig. 4.

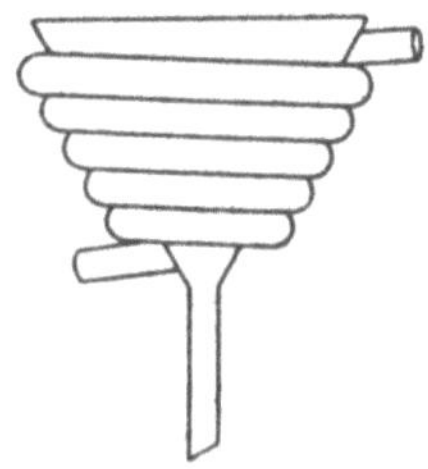
Fig. 5.

Si l'on veut obtenir de beaux cristaux lors d'une recristallisation, on réchauffera le filtrat, lequel renferme en général un début de cristallisation, jusqu'à parfaite limpidité, et le laissera seulement alors refroidir.

Séparation des cristaux. — Ceux-ci ne sont jamais isolés à l'aide d'un filtre ordinaire, mais toujours *sous pression réduite* en employant du papier-filtre ou, en présence de bases ou d'acides forts et concentrés, sur de la laine de verre, de l'amiante ou du verre fritté (filtre Schott). Une quantité de substance d'une certaine importance se filtre sur un *entonnoir de Büchner* (Fig. 6), dont on choisit le diamètre en fonction du volume du précipité : il est évidemment peu indiqué de filtrer quelques grammes de substance sur un büchner de 6 cm. de diamètre ou davantage.

La *plaque filtrante de Witt* (Fig. 7) s'emploie de préférence au büchner pour des quantités de produit inférieures à 5 g. ; étant en verre, elle présente l'avantage de permettre le contrôle de sa propreté beaucoup mieux qu'avec un appareil de porcelaine ; sa très petite surface, d'autre part, n'exige pas l'emploi d'un volume important de liquide de lavage.

Pour la mettre en état de fonctionner, on applique un morceau de papier-filtre sur la surface supérieure, y découpe à l'aide de ciseaux un cercle dont le rayon est plus grand de 2-3 mm., l'humecte du solvant et l'applique soigneusement sur la plaque filtrante ; on égalise les plis en s'aidant d'une baguette de verre arrondie ou avec l'ongle si les dimensions de l'entonnoir le permettent.

Pour des masses de substance de l'ordre de quelques centigrammes, on se confectionnera soi-même le filtre approprié : l'extrémité d'une baguette de verre est ramollie au chalumeau et aplatie sur de la tôle ou de la porcelaine poreuse (Diepolder) de façon à former un petit plateau circulaire de 0,5 — 1 cm. de diamètre qui servira de support au papier-filtre. La baguette a un diamètre et une longueur lui permettant d'être introduite dans

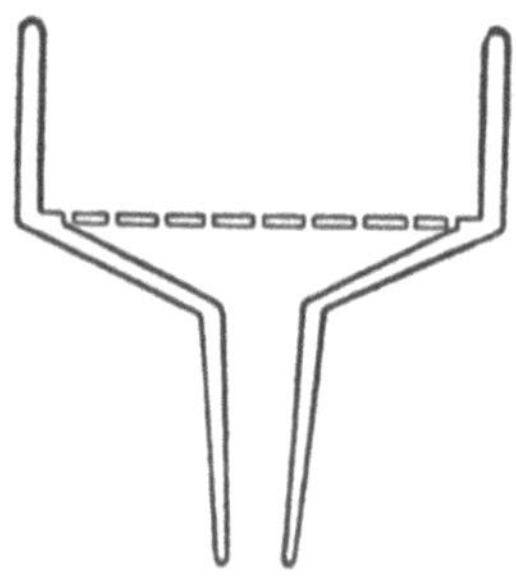

Fig. 6.

Fig. 7.

le tube de dégagement d'un entonnoir de très petite taille, de façon à dépasser légèrement par le bas. On utilise un disque de papier-filtre assez épais fermement adapté (Fig. 8).

Après la filtration, on retire l'entonnoir avec son contenu, le présente, renversé, au-dessus d'un verre de montre ou d'une capsule et détache le filtre et son contenu au moyen d'une mince baguette de verre ou d'un fil de cuivre ; on fait tomber ensuite la baguette intérieure, que l'on retire de la capsule au moyen d'une petite pince ; le filtre y est laissé pendant l'opération du séchage. La substance adhérant aux parois de l'entonnoir en est détachée avec le moins de pertes possibles à l'aide d'un morceau de carton entaillé obliquement.

Le filtrat d'une opération sous pression réduite est recueilli dans un flacon dont la capacité est proportionnelle au volume de la solution ; si celui-ci est très petit, on utilise une éprouvette à vide (Fig. 8) de dimensions appropriées, fixée dans un support de plomb ou dans un socle de bois percé d'ouvertures de différents diamètres.

Le débutant devra accorder toute son attention à la technique de la filtration, qui joue un rôle de premier plan lors de la préparation de substances à l'état de pureté analytique.

La méthode consistant à verser en bloc les eaux-mères sur de la porcelaine poreuse et à y laver les cristaux est à rejeter absolument ; la regle doit être de travailler aussi *quantitativement* que possible, même avec des préparations organiques, de ne pas considérer que le résultat cherché est le nombre des synthèses effectuées au laboratoire, mais bien la conscience et l'exactitude avec lesquelles chaque réaction est conduite.

C'est avec ce principe qu'on se gardera de jeter sans autre les *eaux-mères* après la première filtration. Leur valeur n'apparaît certes que lors des recherches expérimentales scientifiques, mais le débutant s'habituera dès ses premiers travaux à les traiter en vue de leur récupération.

Les filtrats sont soumis dans ce but à une évaporation partielle : la solution devient sursaturée à froid et reforme une nouvelle cristallisation ; les eaux-mères de cette dernière pourront dans certains cas être traitées de la même manière, et ainsi de suite. Le produit de ces opérations devra être recristallisé dans du solvant frais et contrôlé par son point de fusion.

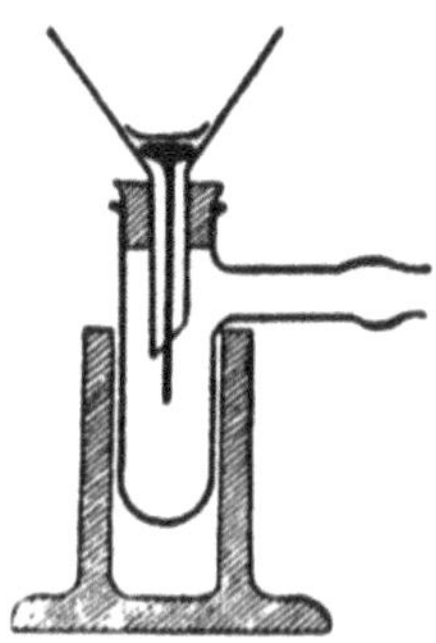

Fig. 8.

Lavage des cristaux. — Cette opération a pour but d'éliminer les eaux-mères qui imprègnent le précipité. Le liquide de lavage est toujours le solvant qui a été employé pour la cristallisation ; ou lave par portions *aussi petites que possible*, le produit étant toujours plus ou moins soluble même à froid ; le lavage se fait à pression ordinaire : c'est seulement lorsque le liquide a bien imbibé le précipité que l'on met la trompe en marche.

Il est commode dans ce but de munir le flacon de *Woulf* (ou le flacon à vide), intercalé entre la trompe à eau et le flacon recueillant le filtrat, d'un robinet-régulateur : on pourra ainsi non seulement établir de façon constante le vide désiré, mais encore modifier à volonté la force de la succion au cours de l'opération, cas dont la nécessité se présente fréquemment.

Pour des substances trop solubles à froid, le liquide de lavage sera refroidi auparavant dans un mélange réfrigérant.

Si le solvant est très volatil, et lorsque les cristaux sont encore imprégnés d'eaux-mères, on fera en sorte de ne pas établir d'appel d'air à travers le précipité : les impuretés risqueraient de se séparer alors des eaux-mères ainsi évaporées au sein du produit, et on n'arriverait pas à les éliminer complètement, surtout dans le cas de substances très solubles même par des lavages successifs.

On procédera au lavage de quantités minimes de substances en y faisant couler le solvant goutte à goutte ; on se sert à cet effet d'un *compte-gouttes* (Fig. 9), constitué d'un simple tube de verre, étiré en un capillaire moyen ; cet appareil peut être utile dans bien des cas en permettant un travail précis.

Il peut arriver qu'on entende parler de « purifier » une substance par évaporation à sec de sa solution dans un cristallisoir ; il va bien sans dire que cette opération n'élimine en rien les impuretés.

Avant de terminer le présent chapitre, signalons qu'une petite *centrifugeuse à main* peut rendre de grands services au laboratoire pour la séparation commode et rapide de petites quantités d'une substance difficilement filtrable.

Séchage du produit. — Cette opération a pour but d'éliminer complètement les dernières traces de solvant contenus dans le produit. S'il est stable, ce dernier est séché le plus généralement entre deux morceaux de papier-filtre, en observant la plus grande propreté; l'opération a lieu à la température ordinaire, en abandonnant le produit un ou deux jours à l'air.

Fig. 9.

On dessèche plus rapidement les substances à point de fusion élevé en les plaçant dans une *étuve* ou au *bain-marie*; les précautions à prendre sont alors plus grandes.

La méthode la plus sûre — la seule à employer pour des préparations analytiques — est le séchage dans un *exsiccateur à vide* contenant de l'acide sulfurique concentré. Le modèle de *Scheibler*, déjà ancien, est à cet égard le plus pratique.

Le choix de la *graisse* destinée à rendre l'appareil hermétique présente une grande importance; on emploie de préférence de l'*adeps lanae anhydricus*, ou un mélange à parties égales de *graisse de bœuf* et de *vaseline*. Les extrémités du tube latéral portant le robinet sont légèrement arrondies au chalumeau, et le tube lui-même enduit de *glycérine* avant d'être inséré dans le bouchon de caoutchouc. On vérifie que l'ensemble est parfaitement étanche.

Un plateau circulaire de porcelaine muni de trois pieds est disposé à l'intérieur de l'exsiccateur; il est percé de quelques ouvertures destinées à servir d'emplacements à des capsules, des verres de montres, etc. Afin d'éviter tout déplacement latéral du plateau, on maintient celui-ci au moyen de trois bouchons de liège, coincés contre les parois de l'exsiccateur. Une feuille de carton épais, fixée entre le plateau et l'extrémité intérieure du tube à robinet, empêche les substances finement pulvérisées d'être soufflées lors de la rentrée de l'air. Il est bon également de modérer celle-ci en posant une feuille de papier-filtre sur l'extrémité extérieure du tube au moment où l'on ouvre le robinet : elle y est maintenue par la pression extérieure et offre une résistance suffisante au passage de l'air.

Si l'air extérieur doit être desséché avant d'être admis dans l'exsiccateur, on intercalera un *tube à chlorure de calcium* avant le tube à robinet ; le chlorure de calcium y est retenu par deux tampons de laine de verre, ou mieux d'ouate.

Les exsiccateurs à acide sulfurique destinés à une manipulation fréquente doivent être l'objet d'une précaution spéciale, en vue d'éviter toute éclaboussure à l'intérieur : la partie du récipient contenant l'acide est remplie jusqu'au niveau de celui-ci de morceaux de verre en vrac — tubes brisés, bouchons, etc. — ou de fragments de pierre ponce (traités auparavant à ébullition par de l'acide chlorhydrique dilué et séchés). On renouvellera de temps à autre l'acide sulfurique.

Un exsiccateur sera affecté spécialement pour les substances destinées à être *analysées*.

Si l'on veut renforcer le pouvoir dessiccateur d'un tel appareil, particulièrement vis-à-vis de l'eau on placera sur le plateau intérieur une petite capsule contenant des morceaux d'*alcali caustique technique* : la plupart des solvants seront alors convenablement absorbés, excepté le *chloroforme* le *benzène*, l'*éther de pétrole* et le *sulfure de carbone*. Une capsule basse remplie de *copeaux de paraffine*, placée à côté de la substance aidera à l'élimination des quatre solvants précédents, au cas où le produit ne pourrait être séché à l'air.

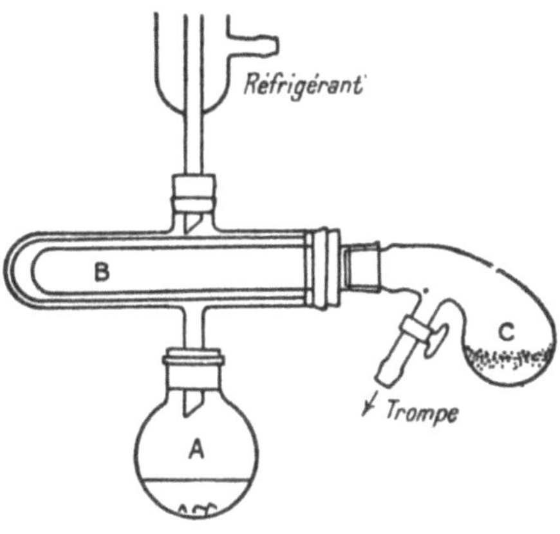

Fig. 10.

On écartera tout exsiccateur, ne gardant pas le vide complet durant toute une nuit au minimum (essai au manomètre) : il suffit d'y faire le vide en une seule fois et d'abandonner pendant la nuit. L'utilisation de la trompe durant un temps prolongé constitue une dépense d'eau inutile.

Un certain nombre de substances retiennent très fermement l'eau ou tout autre solvant de lavage : on ne peut alors les dessécher au vide à température ordinaire et il est nécessaire d'élever cette dernière ; on utilisera un petit ballon rond, chauffé sur bain-marie ou bain d'huile jusqu'à poids constant. L'appareil le plus commode est le *pistolet* (Fig. 10). Les vapeurs d'un liquide porté à ébullition en A réchauffent extérieurement un large tube B dans lequel une nacelle de porcelaine renferme le produit. Une *substance desséchante* est disposée en C : du *pentoxyde de phosphore* pour l'eau et les alcools, de la *paraffine* solide pour d'autres solvants. Le liquide placé en A peut être, suivant la température à obtenir, du *chloroforme* (66°), de l'*eau* (100°), du *toluène* (111°), du *xylène* (140°), etc.

Le *bloc chauffant en cuivre* (Fig. 33) convient particulièrement pour le séchage de quantités minimes de substances.

Lorsqu'on a recristallisé une substance dans un solvant peu

volatil, tel que l'acide acétique glacial, le xylène, un éther de pétrole à point d'ébullition élevé, le nitrobenzène, etc., on facilitera les opérations subséquentes en l'éliminant par lavage au moyen de solvants plus volatils : éther, benzène ou gazoline. Les produits peu solubles dans l'acide acétique ou le nitrobenzène le sont en général également dans l'éther.

Si le précipité est très finement divisé et bouche les pores du filtre, on le séparera de sa phase liquide au moyen d'une *centrifugeuse.*

Adsorption chromatographique (1). — On désigne par ce terme une méthode, très développée récemment, permettant la séparation d'un mélange de substances colorées ne pouvant être séparées par cristallisation.

On y utilise l'affinité particulière de chaque composant du mélange pour un corps à grande surface d'adsorption (alumine, talc, silicagel, sucre, carbonate de calcium, oxyde de calcium), en filtrant le mélange, dissout dans un solvant généralement organique à travers un tube filtrant contenant l'adsorbant choisi. On procède à la fixation des zones dans lesquelles chaque constituant est retenu en faisant passer dans le tube un solvant différant du premier qui entraîne les substances non fermement retenues par l'adsorbant ou même les élimine complètement.

Le résultat de cette sorte de *développement* est un *chromatogramme* (Fig. 58). Chaque zone est ensuite séparée par un traitement mécanique, après le séchage de la colonne, et soumise à l' « élution » par un solvant approprié.

Cette méthode remarquable peut également servir au traitement de substances incolores ; c'est ainsi que P. Karrer et R. Kuhn ont pu séparer trois composants de la carotine. Les opérations de la séparation et de la purification sont conduites en plaçant le chromatogramme dans un tube à vide en verre spécial U viol ou en quartz au-dessous d'une lampe à mercure qui provoque leur fluorescence.

Nous indiquerons une application caractéristique de cette méthode des plus modernes au chapitre de la chlorophylle (p. 400).

2. — Distillation

La purification d'un liquide par *distillation* consiste à le transformer en vapeur, et à condenser celle-ci dans un appareil approprié, pour recueillir le produit soit à l'état liquide, soit sous forme d'agrégat solide. L'emploi de cette méthode dépend de la stabilité de la substance à sa température d'ébullition ; celle-ci peut être

(1) M. Tswett, *Ber. d. dtsch. bot. Ges.*, *24*, 234, 361, 384 (1906) On trouvera d'autres précisions dans A. Wintersтein et G. Stein. H. *220*, 247 (1933)

abaissée si l'on procède à la *distillation dans le vide* : sa chute est d'environ 100-120° lorsqu'on passe de la pression atmosphérique au vide moyen d'une trompe à eau (12 mm.) ; elle est encore plus grande pour les corps dont le point d'ébullition est situé au-dessus de 250°. On peut donc distiller à pression réduite un grand nombre de substances se décomposant à leur température d'ébullition.

On distille généralement à la pression atmosphérique les composés organiques relativement simples et à bas point d'ébullition : tels sont par exemple les hydrocarbures, les alcools, les esters, les acides inférieurs, les amines. On n'abaisse la pression de la distillation que pour les corps se décomposant facilement et pour ceux dont la température d'ébullition est élevée.

S'il s'agit de substances cristallisées, on n'adoptera la distillation que si la purification par cristallisation offre de trop grandes difficultés, la solubilité du produit étant trop grande par exemple. Il faudra s'assurer bien entendu par avance que la distillation n'entraîne pas la décomposition.

La distillation, qu'elle soit effectuée à pression réduite ou à pression ordinaire, n'a pas seulement pour but de recueillir un produit pur en éliminant les impuretés solides ; on l'emploie très souvent pour la séparation d'un mélange de substances volatiles en utilisant leurs différentes tensions de vapeur — points d'ébullition différents — : elle porte alors le nom de *distillation fractionnée*.

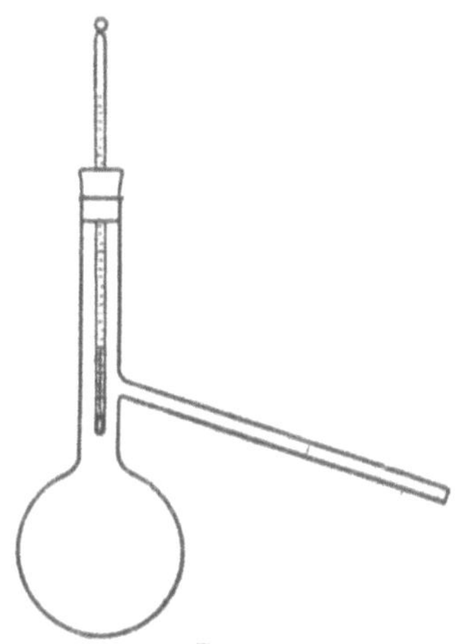

Fig. 11.

Distillation à pression atmosphérique. — Le récipient utilisé est un *ballon à fractionnement* ordinaire, à tube de dégagement dirigé obliquement vers le bas (Fig. 11) ; on choisira un ballon avec tube abducteur en haut du col pour des liquides à bas point d'ébullition, en bas du col pour des liquides peu volatils.

Le thermomètre est fixé à frottement dans un trou percé avec précision dans le bouchon ; le réservoir de mercure, qui doit baigner dans les vapeurs du liquide, sera disposé *au-dessous* de l'orifice de l'abducteur.

Les thermomètres usuels qui sont rarement exacts doivent être comparés avant leur emploi à un *thermomètre étalon* ; cette comparaison se fera en plongeant les deux instruments accolés dans de l'acide sulfurique concentré ou de la paraffine à 250°, en laissant refroidir et en notant les températures de 10° en 10°. Les thermomètres utilisés pour la distillation doivent avoir un

réservoir de mercure aussi petit que possible, de façon que l'indication exacte de la température s'établisse rapidement.

On choisira un ballon d'une capacité telle que le liquide le remplisse de la moitié aux deux tiers ; on y jettera avant chaque distillation quelques fragments de porcelaine poreuse de la grosseur d'un demi-pois afin d'éviter un retard d'ébullition. La porcelaine pourra être renouvelée si l'opération se prolonge, en prenant soin de laisser un peu refroidir la solution avant de l'y jeter.

Le col du ballon est serré, au-dessus du tube latéral, dans une pince à vis rembourrée de liège.

Sources de chaleur. — Un *bain-marie ordinaire* s'utilise pour chauffer des liquides dont le point d'ébullition est inférieur à 80° ; le récipient contenant l'eau chaude est en métal émaillé ou constitué par un simple bécher ; *la température du bain doit être d'environ 20° au-dessus de la température d'ébullition du liquide à distiller.* Il est important de la contrôler : si elle s'élève trop, en effet, le distillat surchauffé présentera un point d'ébullition trop haut.

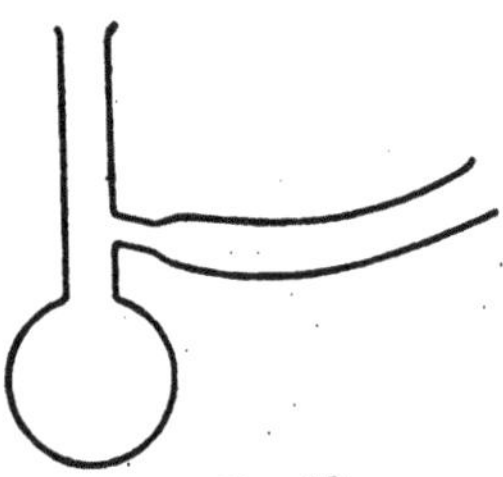

Fig. 12.

Des substances bouillant à une température élevée peuvent être chauffées à *feu nu* si leur préparation n'exige pas qu'elles aient un point d'ébullition rigoureux : on présentera au début le ballon à la flamme éclairante en l'agitant. On peut également utiliser une *toile métallique* ou un bain d'air conique.

Dans le cas d'un produit de valeur ou destiné à une purification analytique, et chaque fois qu'il y aura lieu d'éviter avec soin toute surchauffe d'une substance décomposable, on emploiera un *bain d'huile* ou de *paraffine*. Les *alliages de Wood* ou de *Rose* permettent d'atteindre des températures supérieures à 220° ; il est possible de les remplacer par un mélange en parties égales de *nitrates de sodium* et de *potassium* disposé dans un creuset métallique.

On se sert, pour la condensation de liquides volatils, d'un *réfrigérant de Liebig*, fixé au tube de dégagement du ballon par un bouchon de liège. Si l'on veut éviter toute perte par évaporation du distillat, on adaptera une allonge recourbée entre le réfrigérant et le flacon recueillant le produit, qui est lui-même plongé dans la glace ou un mélange réfrigérant.

Un réfrigérant *court* suffit pour condenser des vapeurs à 100° environ ; si l'on distille de petites quantités de liquides, on pourra se contenter d'entourer le tube de dégagement du ballon d'une *jaquette* à circulation d'eau froide : les pertes seront très minimes. Voir figure 19 et 22.

Lorsque la température des vapeurs dépasse 120°, le refroidissement ne devra pas être fait à l'eau courante, le contact des vapeurs chaudes sur les parois du réfrigérant risquant de le briser ; il suffit d'arrêter la circulation de l'eau, qui se réchauffe peu à peu dans la jaquette. On utilise, pour des températures supérieures à 150°, un *réfrigérant à air*, simple tube de verre à large diamètre.

On évitera avec soin l'emploi de ballon à fractionnement à tube abducteur étroit si l'on a affaire à une substance se prenant en masse à la condensation ; on pourra dans ce cas réchauffer à la flamme le distillat obstruant le tube, mais alors les endroits protégés par un bouchon ou d'autres connexions ne pourront être atteints. Il est très commode dans ce cas d'utiliser un *ballon d'après Anschütz* à tube courbe pour la distillation des corps solides (Fig. 12), permettant la récupération du produit en fin de distillation avec la plus grande facilité, par fusion ménagée.

Conduite de la distillation. — A la suite du réchauffement progressif du liquide, et au moment où l'ébullition commence à se manifester, on voit le mercure du thermomètre monter rapidement pour se fixer à une température donnée, correspondant au *point d'ébullition* de la substance. Lorsque les variations thermométriques deviennent inférieures à 1 degré, on supprime le flacon disposé pour recueillir les premières gouttes de distillat (éprouvette, par exemple), et adapte au réfrigérant le récipient destiné à contenir la fraction pure (erlenmeyer ou flacon de verre à col étroit muni d'un petit entonnoir). On continue à chauffer le liquide en ébullition de manière à obtenir une goutte de distillat toutes les 1 ou 2 secondes, sans quitter des yeux le thermomètre. L'*écart de température ne doit pas dépasser 1-2° au cours de la distillation* ; il doit être moindre encore lors de la préparation de substances destinées à l'analyse.

Si l'on distille sur flamme nue, on observera à la fin de l'opération une élévation de quelques degrés du point d'ébullition, due à une légère surchauffe des vapeurs, correspondant cependant à un distillat encore pur.

Lorsque la température commence à s'élever au-dessus de la marge permise, on échange le récipient contenant le distillat contre un troisième flacon destiné à recueillir la *fraction de queue.*

Les fractions de tête et de queue renferment une quantité appréciable du produit pur. La tension de vapeur d'une substance distillable, en effet, est déjà suffisante au-dessous de sa température d'ébullition pour qu'une quantité notable de ses vapeurs passe dans le réfrigérant en même temps que celles des constituants plus volatils du mélange originel (solvants employés). Par ailleurs, le point d'ébullition d'une substance mélangée à des corps moins volatils sera plus élevé que si elle était à l'état pur.

C'est ainsi, par exemple, que l'éther, solvant couramment employé pour l'extraction de substances organiques, ne peut pas en être éliminé entièrement (quoique son p. éb. ne soit qu'à 35°), mêmes si celles-ci sont beaucoup moins volatiles et que l'on opère au bain-marie. Le débenzolage des cokeries fournit un autre exemple assez connu de ce phénomène : il est impossible, en effet, d'en obtenir un rendement de 100 %.

Il résulte de ces considérations que la fraction de queue contient encore du produit à isoler ; dans les cas où les fractions de tête et de queue se présentent en masse notable, il sera souvent très rentable de les soumettre à une nouvelle distillation.

Distillation fractionnée. — L'opération n'est pas aussi simple que la précédente lorsqu'il s'agit de séparer par la distillation plusieurs produits volatils mélangés, provenant d'une réaction. Plus les températures d'ébullition sont rapprochées les unes des autres, plus la séparation est délicate; il n'est déjà plus très aisé, par les méthodes usuelles de laboratoire, de fractionner avec une certaine précision des substances à points d'ébullition voisins de 10° les uns des autres.

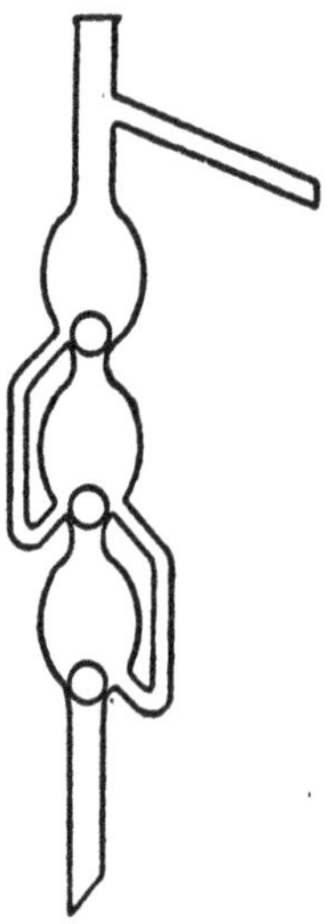

Fig. 13.

2•

La meilleure façon de procéder consiste alors à répéter un certain nombre de fois la distillation. Si les liquides sont assez volatils, l'opération peut encore être conduite en une seule fois, à condition d'employer *une colonne de fractionnement*, condenseur intercalé dans la phase gazeuse de la distillation, avant le réfrigérant. Les colonnes de fractionnement, existant en types variés (Fig. 13, par exemple), sont refroidies par l'air ambiant ; les vapeurs ascendantes y traversent les vapeurs condensées descendantes. Les parties les moins volatiles du liquide se condensent dans les éléments du bas de la colonne, pendant que les fractions les plus volatiles se condensent dans les éléments suivants. Une distillation en petit a ainsi lieu dans chaque élément, et si l'opération est menée *lentement et avec précaution*, un fractionnement très exact devient possible.

Une telle colonne peut être remplacée par un simple tube rempli de petits *anneaux de Raschig* en verre, empilés en désordre. L'appareil qui semble donner les meilleurs résultats est la *spirale de Widmer* (1) (Fig. 14) ; son petit diamètre interne permet de l'employer avec succès lors de la distillation de quantités minimes de substances.

(1) Widmer, *Helv. chim. act.*, VII, 59 (1924).

Le principe de la distillation fractionnée trouve une application industrielle dans la fabrication des alcools, l'extraction des hydrocarbures aromatiques à partir des huiles légères de houille, etc.

Les mélanges de liquides bouillant à plus de 120° sont d'abord fractionnés en portions distillant à des intervalles de température sensiblement égaux ; chaque portion est ensuite soumise à une nouvelle distillation dans des appareils plus petits, et les fractions résultantes distillées à nouveau un certain nombre de fois dans des limites de plus en plus rigoureuses, en employant en dernier lieu une spirale de Widmer par exemple. Cette dernière, est particulièrement recommandable pour un tel usage; on prendra soin de l'isoler de son support par de l'amiante au moment de son emploi.

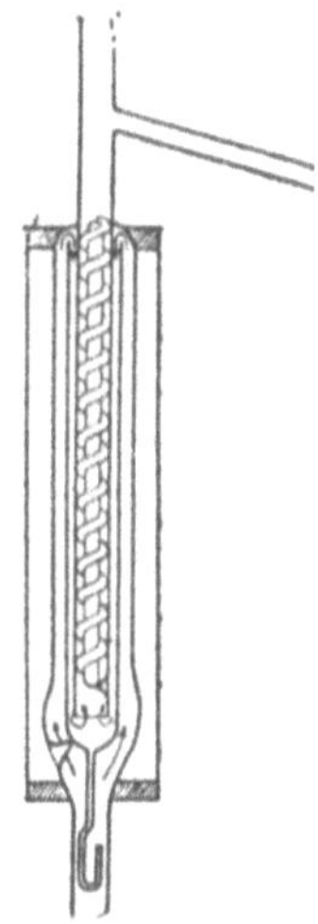

Fig. 14.

Les liquides en mélange ne sont pas tous séparables par distillation : certaines substances à points d'ébullition définis et différents distillent simultanément à température constante.

Pour les données théoriques concernant la distillation fractionnée, consulter J. Eggert, Lehrbuch der physikalischen Chemie, 4e éd. 1937.

Distillation à pression réduite. — Presque toutes les substances organiques, considérées du point de vue de la thermodynamique, sont à l'état *métastable.* L'élévation de la température, conduisant tous les corps à leur état d'équilibre, provoque dans le cas particulier leur décomposition. On posera donc comme règle d'éviter autant que possible d'exposer inutilement un produit organique à une élévation de température.

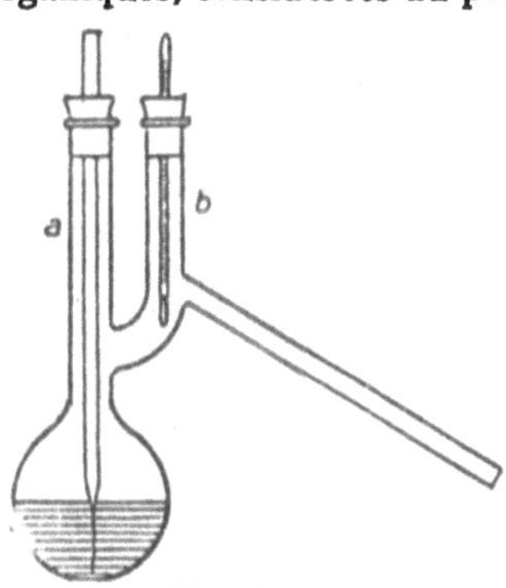

Fig. 15

Il sera alors convenable de procéder dans un certain nombre de cas à une distillation à pression réduite, la méthode présentant le grand intérêt d'abaisser le point d'ébullition de plus de 100°. Le débutant s'y familiarisera le plus tôt possible, de façon à arriver rapidement à la considérer comme une opération courante de laboratoire.

On emploie à cet usage un *ballon de Claisen* (Fig. 15), aménagé en vue d'éviter au maximum les soubresauts du liquide en ébullition, particulièrement gênants lorsqu'on opère sous le vide. Un *capillaire fin* régularise l'entrée de l'air — de l'hydrogène ou du gaz carbonique dans le cas de substances oxydables.

On confectionne le *capillaire* en ramollissant au chalumeau un tube de verre de longueur convenable, de diamètre de 4-8 mm. (on peut également prendre un capillaire épais), et en l'étirant sur une petite flamme pour lui donner le diamètre voulu. On l'essaie avant l'emploi en en plongeant l'extrémité capillaire dans une éprouvette contenant un peu d'éther et en insufflant de l'air à la bouche par l'autre extrémité : les bulles doivent se former *une à une et lentement*. Un capillaire utilisable pour le *vide poussé* sera encore plus fin et nécessitera une pression beaucoup plus forte pour la formation des bulles.

Il peut arriver, lorsqu'on se trouve en présence de liquides moussant fortement par exemple, que l'arrivée de l'air doive être régularisée ; on y parviendra en adaptant à l'extrémité supérieure d'un tube capillaire moyennement fin un élément du tuyau de caoutchouc épais, muni à proximité immédiate du capillaire d'une *pince à vis*. On prendra garde, lors d'une interruption de la distillation, que le liquide restant dans le ballon ne remonte pas dans le capillaire jusqu'au tuyau de caoutchouc en raison de la pression extérieure : il suffira à cet effet d'ouvrir avec précaution la pince à vis avant d'arrêter la distillation.

Si l'on a affaire à un liquide dégageant une mousse tout à fait opiniâtre, il y aura lieu de renoncer au thermomètre fixé dans le col *b* (Fig. 15) et de le remplacer par un second capillaire : la légère introduction d'air qu'apporte alors ce dernier empêche la mousse de s'élever (1).

On introduit le tube capillaire par sa pointe dans un bouchon de caoutchouc en bon état, suffisamment hermétique, en employant au besoin un peu de glycérine, et adapte le tout au col *a* du Claisen. Une fois convenablement placé, le capillaire doit avoir sa pointe dans le voisinage immédiat du fond du ballon. Un thermomètre est adapté en *b*, également par un bouchon de caoutchouc.

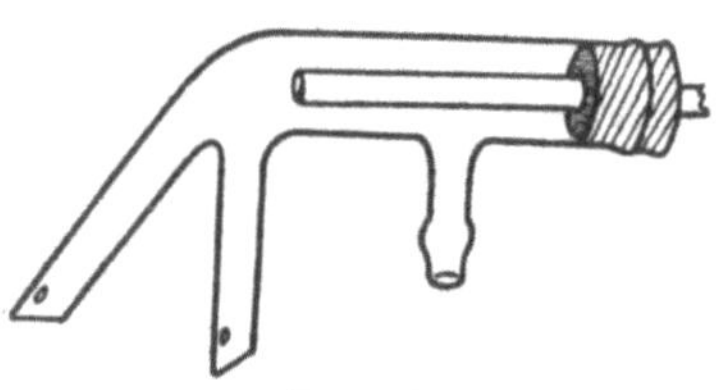

Fig. 16.

Si l'on veut éviter que la substance ne vienne en contact avec les bouchons, on prendra un Claisen à cols étroits et adaptera le capillaire et le thermomètre à l'aide de courts tuyaux de caoutchouc.

L'emploi de bouchons de liège pour une distillation à pression réduite n'est pas recommandable.

Le système de refroidissement est le même que ceux précédemment décrits ; on pourra se servir avec avantage d'un petit réfrigérant composé d'un manchon amovible de verre, entourant le tube de dégagement du Claisen.

Appareils recueillant le distillat. — Si l'on n'a qu'une ou deux

(1) E. DORRER, *Thèse*, Münich, 1926.

fractions à distiller, on utilisera simplement l'*éprouvette à vide* représentée par la figure 8, en en choisissant la capacité en fonction du volume du distillat à recueillir — le modèle le plus petit étant réservé à la fraction de tête ; pour des quantités notables de produit, on emploiera une petite *fiole conique à vide.* La fermeture à bouchons de caoutchouc sera vérifiée avant l'opération. Cette dernière devra naturellement être interrompue à chaque changement de flacon.

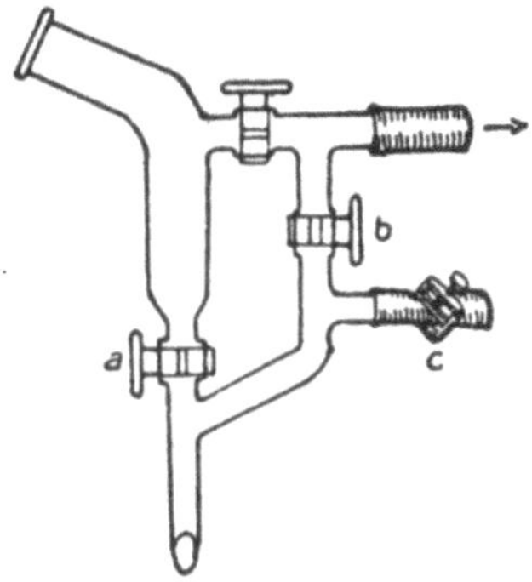

Fig. 17.

Si l'on veut éviter cet inconvénient, et si l'on a un certain nombre de fractions à recueillir, on fera usage d'une allonge à multiples embouchures du type représenté figure 16 par exemple, permettant l'adaptation d'un certain nombre de récipients, appelée communément *cochonnet* (Fig. 16).

L'appareil à robinets régulateurs d'*Anschütz-Thiele* (Fig. 17) convient pour la distillation de volumes importants de liquide : les robinets *a* et *b* une fois fermés, le vide peut être réglé au moyen de la pince à vis *c* ; en serrant à fond cette dernière et ouvrant *b*, le vide s'établit dans l'appareillage et la distillation peut être poursuivie en ouvrant *a*. Le troisième robinet de la figure n'est pas nécessaire.

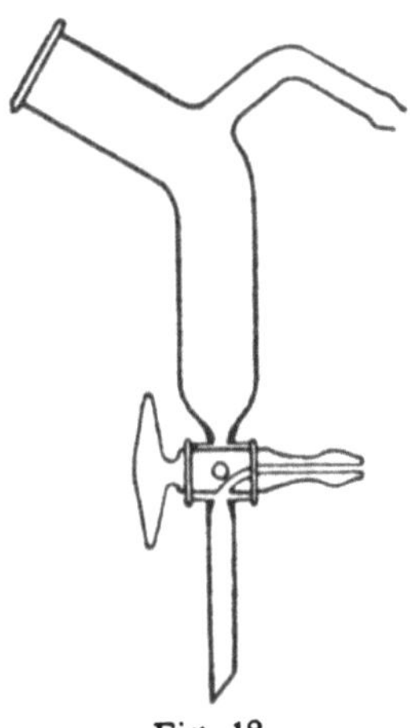
Fig. 18.

L'appareil à *robinet à trois voies* de la figure 18 est encore plus simple : son tube de dégagement peut être mis en communication avec l'atmosphère extérieure pendant que le vide subsiste dans le reste de l'appareillage. Après chaque changement de flacon, le robinet doit être ouvert très lentement pour que le condensat rassemblé contre lui pendant l'arrêt de l'opération ne soit pas chassé violemment de bas en haut par la rentrée de l'air.

Les deux appareils qu'on vient de décrire présentent le grand avantage de permettre une séparation parfaite des fractions, qui n'entrent jamais elles-mêmes en contact avec les vapeurs ; on ne peut pas les utiliser, par contre, dans le cas de liquides trop épais et visqueux pour pouvoir traverser les robinets. On s'adressera donc à eux pour la distillation de substances relativement volatiles, à tension de vapeur non négligeable.

Si le distillat a tendance à se prendre en masse, on choisira de préférence un Claisen à tube de dégagement élargi, comme il a été décrit précédemment pour la distillation ordinaire.

Lorsqu'il s'agit de concentrer une solution aqueuse par évaporation à pression réduite, il est commode d'utiliser comme récipient collecteur un simple ballon à distiller, le tube de dégagement de l'appareil distillatoire aboutissant à peu près au milieu du ballon. Celui-ci repose sur un entonnoir servant en même temps à recueillir l'eau de refroidissement qu'on fait ruisseler sur sa surface extérieure.

Sources de chaleur. — La flamme libre ne peut être employée que si l'on a déjà une grande pratique de la distillation à pression réduite. L'usage d'un bain chauffant est beaucoup plus recommandable, à condition d'en régulariser avec le plus grand soin la température : celle-ci doit être environ de 20° au-dessus de la température d'ébullition de la substance à distiller (cette marge peut être légèrement dépassée si l'on fait usage d'une colonne à fractionnement d'une certaine hauteur) ; on maintiendra constante la température du bain à partir du moment où le point d'ébullition d'une fraction est atteint.

Le ballon est plongé dans le bain de façon que le niveau du liquide à distiller soit *au-dessous de* celui du liquide chauffant ; le Claisen ne doit être rempli qu'à moitié.

Lors de la distillation de substances à température d'ébullition élevée, on plonge le ballon aussi profondément que possible dans le bain et entoure son col, jusqu'à la hauteur du tube abducteur de *carton amianté*, attaché au moyen de fil de fer mince ou de ficelle.

Les substances peu stables que l'on est obligé de distiller dans le vide, subissent une certaine décomposition lorsque la pression est brusquement modifiée à chaud ; il est nécessaire d'atteindre dans ce cas le refroidissement complet du distillat avant de rétablir la pression extérieure. Cette précaution est d'autant plus utile que l'action oxydante de l'air est presque toujours plus énergique à chaud qu'à froid.

Il est important d'intercaler un *manomètre* simple dans tout montage d'appareils fonctionnant sous pression réduite (Fig. 19), entre la trompe et l'appareillage : on peut ainsi contrôler de manière permanente la pression, dont dépend le point d'ébullition ; si celui-ci n'est pas constant, la faute en est le plus souvent à une pression variant au cours de l'opération. Pendant la durée du maintien du vide, le robinet du manomètre n'est ouvert que de temps à autre pour le contrôle ; une manipulation trop fréquente risquerait d'introduire dans le manomètre des impuretés provenant de la condensation des vapeurs de la distillation.

Il est indispensable, avant de commencer une distillation sous pression réduite, de s'assurer à l'aide du manomètre de l'étanchéité de tout l'appareil.

On ne commence à élever la température du bain que lorsque le vide désiré est établi. Si l'on fait le vide sur le liquide *déjà chaud*, la surchauffe provoque un *abondant dégagement de mousse* ; ce phénomène peut même se produire avant que la température d'ébullition ait été atteinte : il suffit que la substance mise à distiller contienne des traces de solvant, comme de l'éther par exemple, dont l'élimination au bain-marie n'est jamais parfaite en vertu du fort abaissement de la tension de vapeur des mélanges.

Dans de nombreux cas où l'on distille sous pression réduite des liquides très volatils à bas point d'ébullition, il est nécessaire de modérer le vide pour éviter les inconvénients d'une trop grande volatilité ; on travaille alors à 20-100 mm.

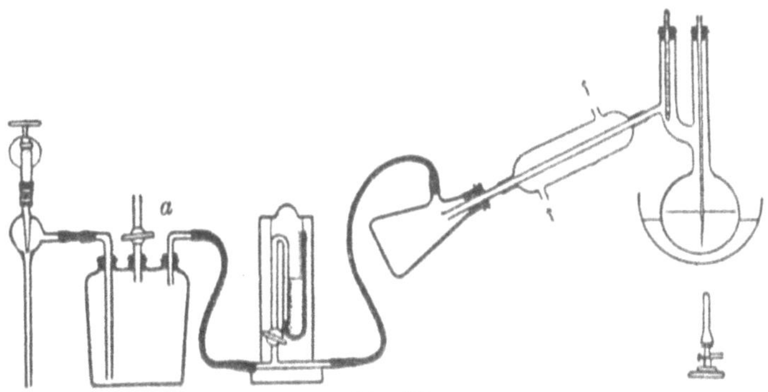

Fig. 19.

Une trompe à eau usuelle fournit en plein débit un vide de 10-20 mm. Hg, variant suivant la pression et la température de l'eau d'alimentation. Il n'est guère pratique de chercher à régler le débit de la trompe, et l'on préfère utiliser un flacon à vide (*a*, Fig. 19), dont on manœuvre le robinet jusqu'à ce qu'on ait atteint la pression voulue, contrôlée au manomètre.

Le débit maximum de la trompe est utilisé pour des substances dont la température d'ébullition à pression normale dépasse 150°.

Le diagramme de la p. 42 donne l'abaissement du point d'ébullition en fonction de l'abaissement de la pression *pour le nitrobenzène* (p. éb. 208° /760 mm. ; courbe I) et le *benzaldéhyde* (p. éb. 179° /760 mm. ; courbe II). L'importance d'un vide assez poussé saute aux yeux : les courbes en effet ont une très forte pente dans la région des basses pressions ; la température varie d'environ 15° quand la pression passe de 20 à 10 mm. de Hg. Les variations de la température d'ébullition sont beaucoup moins sensibles dans les régions où la pression est plus élevée, ainsi que le montre la courbe III, (établie à une échelle différente) correspondant au nitrobenzène.

Rappelons que l'eau bout à 98,5°, pour 720 mm. de Hg (Münich).

Les relations entre la pression et le point d'ébullition varient suivant les corps ; elles le font en chimie organique dans des limites relativement peu considérables, et les deux courbes données peuvent servir de base à la plupart des cas qui se présentent dans la pratique.

Si par exemple on sait qu'une substance A bout à 96° pour 12 mm. de pression, on trouvera facilement que pour 18 mm. son point d'ébullition sera à 104-105°.

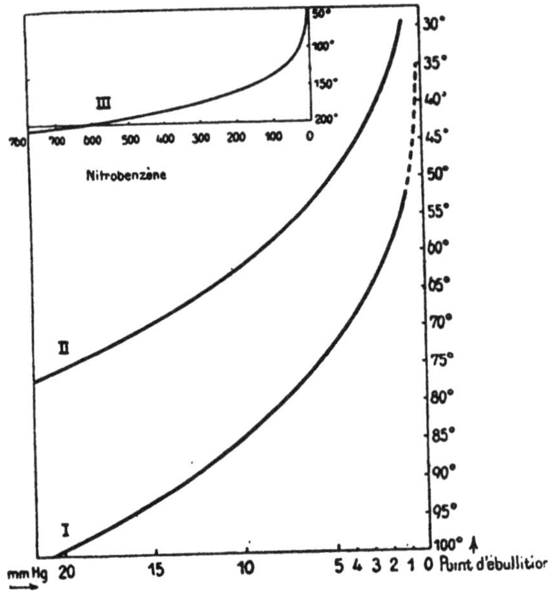

Fig. 20.

Si le vide de la trompe à eau ne parvient pas à abaisser suffisamment le p. éb. d'un produit particulièrement instable, on travaille en *vide poussé*, soit à des pressions de l'ordre de 1 mm. de Hg et moins, dont il résulte un abaissement de la température d'ébullition de 150° environ par rapport à celle de la pression ordinaire, et d'environ 40° par rapport à celle de la trompe à eau. Le pointillé de la courbe 1 du nitrobenzène indique l'allure de cet abaissement (lequel n'a d'ailleurs pas pu être mesuré avec une grande précision).

Depuis l'introduction au laboratoire de la *trompe à mercure*, appareil figurant actuellement dans tout institut universitaire, la distillation sous vide poussé est devenue une opération tout à fait à la portée du chimiste accoutumé à la distillation à pression réduite dans les conditions ordinaires, même s'il doit la pratiquer pour la première fois pour se conformer à des travaux originaux. La délicatesse de l'appareillage ne permet en général pas de le confier à des débutants dont la technique n'est pas encore assurée ; comme son emploi est spécial et n'entre pas en considération dans les préparations effectuées à titre d'exercice, nous ne nous y étendrons pas. Signalons toutefois que la trompe à mercure de *Volmer* est le modèle qui convient le mieux pour les laboratoires de recherches organiques.

Une précaution importante à ne pas oublier en procédant à une distillation à pression réduite est la protection des yeux au moyen de lunettes.

3. — Sublimation

Il existe un certain nombre de substances volatiles dont les vapeurs se condensent directement sous forme cristallisée, sans passer par la phase liquide. Ce phénomène, connu sous le nom de *sublimation*, est à la base d'une excellente méthode de purification, employée surtout lorsque la cristallisation s'avère trop difficultueuse pour des raisons de solubilité. La purification de l'iode en fournit un exemple typique ; en chimie organique, ce sont surtout les *quinones* qui présentent ce phénomène caractéristique.

La sublimation de petites quantités de substance s'effectue facilement entre deux verres de montre superposés d'égal diamètre. Le produit à sublimer est déposé sur le verre inférieur, celui-ci est recouvert d'une feuille circulaire de papier-filtre percé de quelques trous fins dans la région centrale et dont les bords dépassent le pourtour du verre ; on dépose sur le tout le deuxième verre, côté convexe vers le haut, et maintient l'ensemble par une pince ad hoc.

On chauffe alors aussi lentement que possible sur une petite flamme ou au bain de sable ; les vapeurs de la substance se déposent en cristaux sur la surface interne du verre supérieur froid ; le filtre empêche les cristaux de retomber dans le verre inférieur. Quelques couches de papier-filtre ou un morceau d'étoffe humectés suffisent à refroidir le verre de montre supérieur.

Si le produit à sublimer est en plus grande quantité, on remplacera dans le montage précédemment décrit le verre de montre supérieur par un entonnoir de diamètre moindre que celui du verre. Des récipients de tous genres peuvent également convenir à la sublimation : creusets, ballons, béchers, cornues, éprouvettes, etc.

Lorsque la substance sublime à température assez élevée, comme par exemple l'*indigo* ou l'*alizarine*, on sublime sous pression réduite dans un ballon rond ou une cornue.

Lorsque l'on procède à une sublimation, l'appareillage ne doit jamais être démonté avant son complet refroidissement.

4. — Entrainement a la vapeur d'eau

Cette méthode importante n'est pas seulement réservée au laboratoire, elle trouve également un débouché considérable dans la grande industrie chimique. L'entraînement à la vapeur d'eau est basé sur le fait qu'un certain nombre de substances organiques, dont la température d'ébullition peut être parfois beaucoup plus élevée que celle de l'eau, sont volatilisées, en proportion de leur tension de vapeur propre, par la vapeur d'eau qu'on y fait barboter et distillent avec elle ; on les condense dans un système clos refroidi.

Le cas le plus favorable et le plus simple en théorie (voir ci-dessous) est celui où le liquide à entraîner est très peu ou pratiquement pas soluble dans l'eau.

Pour vérifier qu'une substance est *entraînable par la vapeur d'eau*, on en verse un échantillon dans une éprouvette avec 2 cc. d'eau, ajoute un fragment de porcelaine poreuse, chauffe à ébullition et présente le fond d'une autre éprouvette contenant de la glace aux vapeurs dégagées jusqu'à ce qu'une goutte d'eau s'y soit formée ; si cette dernière est trouble, on a la preuve que la substance examinée est entraînable à la vapeur d'eau.

Pour effectuer un entraînement à la vapeur, on porte la substance à traiter, additionnée d'un peu d'eau, dans un ballon spacieux à long col rempli au tiers seulement, et o ι le chauffe au voisinage de l'ébullition (ceci pour éviter un trop grand volume de liquide résultant de la condensation de la vapeur d'entraînement) ; on installe un réfrigérant de grand modèle, avec un récipient collecteur, et fait arriver un courant de vapeur assez énergique après avoir mis en marche l'eau de refroidissement. Le tube d'amenée de la vapeur, de diamètre suffisamment grand, est légèrement recourbé de façon à pénétrer jusqu'au fond du ballon, comme l'indique la figure 21.

Si le laboratoire ne possède pas de conduite de vapeur, on utilise une chaudière de tôle (munie d'un long tube de sûreté), que l'on remplit à moitié.

On fait marcher le courant de vapeur jusqu'à ce que le distillat ressorte parfaitement limpide du réfrigérant. Si la substance vient à y cristalliser, il suffit de diminuer pendant un instant le débit de l'eau de refroidissement, ce qui permet à la vapeur arrivante de fondre les cristaux ; on prendra soin alors d'éviter les pertes de substance par départ de vapeurs dans l'air libre, entraînant une partie de la substance (le courant d'eau froide ne sera rétabli dans l'appareil chaud que progressivement).

Lorsque l'entraînement est terminé, on détache la connexion du ballon à la chaudière avant d'arrêter l'arrivée de la vapeur ; on évite ainsi le retour du résidu du ballon par le tube d'amenée de vapeur (la précaution est encore plus importante à observer lorsque l'on travaille avec une conduite de vapeur).

Lorsqu'il s'agit de petites quantités de substance, on peut opérer dans un ballon à fractionnement assez grand à tube de dégagement en haut du col et, pour des liquides particulièrement volatils, supprimer l'arrivée de vapeur et les chauffer simplement avec de l'eau.

Il peut être indiqué, pour entraîner des substances très peu volatiles, d'employer de la vapeur *surchauffée.* On y parvient en disposant entre la chaudière et le ballon un serpentin de cuivre de forme conique, pouvant être chauffé par un brûleur. Le ballon lui-même, qui doit être porté à une plus haute température (150° environ), est plongé dans un bain d'huile.

On peut même, suivant les circonstances, se passer de surchauffeur en faisant passer lentement de la vapeur aussi sèche que possible dans la substance sèche chauffée au bain d'huile.

Les substances volatiles décomposables sont entraînées à la vapeur d'eau sous pression réduite.

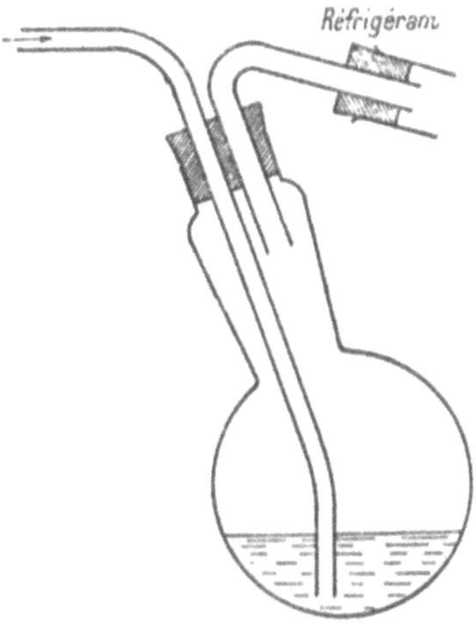

Fig. 21.

Considérations théoriques sur l'entraînement à la vapeur. — Le cas idéal se produit lorsque les tensions de vapeur respectives de l'eau et de la substance entraînée n'exercent aucune action réciproque ; il faut pour cela que la substance soit extrêmement *peu soluble* dans l'eau (pratiquement insoluble), ce qui est le cas par exemple du toluène, du bromobenzène, du nitrobenzène, etc.

Les liquides *miscibles à l'eau* se comportent d'une manière toute différente (alcool, acide acétique, par exemple) ; le phénomène qui intervient alors, vu sous l'angle de la théorie, est un processus plus complexe de distillation fractionnée.

Si l'on fait bouillir avec de l'eau le bromobenzène (p. éb. 155°) qui y est insoluble, on peut constater que les variations de sa tension de vapeur suivent leur courbe propre, indépendamment du comportement de la tension de vapeur de l'eau. L'ébullition apparaît lorsque la somme des deux tensions de vapeur en présence est devenue égale à la pression atmosphérique. Si celle-ci est de 760 mm., la température d'ébullition est de 95,75°, comme l'indiquent graphiquement les courbes ; à cette température, en effet, la pression partielle du bromobenzène est de 121 mm. et celle de l'eau de 639 mm.

La phase gazeuse d'un tel mélange obéit à la loi d'Avogadro, et renferme les deux constituants dans le rapport moléculaire de

121 : 639, soit 5,28 molécules d'eau pour une de bromobenzène ; le rapport absolu des masses d'eau et de bromobenzène dans le mélange gazeux se déduit facilement de la connaissance des poids moléculaires de ces deux corps : une molécule de bromobenzène, de poids moléculaire 157, correspond à 5,28 mol. d'eau, de poids mol. 18 ; 157 parties du premier correspondent à 5,28. 18 = 95 parties d'eau ; le rapport approximatif est ainsi :

bromobenzène : eau = 5 : 3

On peut donc, en connaissant la courbe des tensions de vapeur d'une substance non miscible à l'eau, calculer facilement avec une précision suffisante le degré de son entraînabilité à la vapeur d'eau. La précision seulement relative d'un tel chiffre provient de ce qu'aucune substance ne se trouve réellement dans les conditions théoriques d'une totale insolubilité vis-à-vis de l'eau.

L'entraînement à la vapeur d'eau sous pression réduite sera décrit p. 276.

5. — Évaporation de solvants

Cette opération est des plus couramment pratiquées dans un laboratoire de chimie organique, où l'on a très fréquemment des substances à isoler de leurs solutions diluées.

L'*éther* se distille au *réfrigérant descendant* (de préférence à serpentin), en utilisant un *bain de vapeur* ou un *bain-marie* comme source chauffante ; il peut être ensuite purifié et utilisé à nouveau ; s'il renferme des acides volatils, on le traite par une solution de *carbonate de soude*, par de l'*acide sulfurique dilué* s'il contient des bases volatiles.

Pour éviter des pertes d'éther et l'inflammation du solvant, on utilise comme récipient collecteur un flacon à vide, adapté au moyen d'un bouchon de liège, et dont le tube latéral est muni d'un tuyau de caoutchouc d'une certaine longueur qu'on laisse pendre sous la table où s'effectue l'opération.

On évitera soigneusement, en manipulant de l'éther ou tout autre solvant facilement inflammable, de garder une flamme à proximité.

Dans le cas où l'on a un grand volume de solvant à évaporer et le résidu à distiller après coup dans le même ballon, on choisit un ballon de petit modèle où l'on écoule la solution goutte à goutte au moyen d'une *ampoule à robinet* (mettre quelques fragments de porcelaine poreuse dans le ballon à distiller) ; la vitesse de l'introduction de la solution se règle d'après le débit du distillat.

Si, au lieu d'un bain de vapeur, on utilise un bain-marie, il est nécessaire d'éteindre la flamme du brûleur chaque fois que l'on introduit (en s'aidant d'un entonnoir) une portion de la solution.

La manière la plus rapide de procéder consiste à évaporer en une fois toute la solution dans un grand ballon (ou erlenmeyer), à extraire complètement le résidu avec la quantité minimum de solvant, et à évaporer ce dernier dans un plus petit ballon.

De *petites quantités* de solvants très volatils peuvent être chassées à l'air libre au bain-marie, au moyen d'une éprouvette ou d'un très petit ballon ; l'éprouvette est remplie jusqu'à 2 à 3 cm. du fond, et on y jette au fur et à mesure de nouvelles portions de la solution, en *agitant continuellement ou en remuant avec une baguette de verre* tant qu'elle est plongée dans l'eau bouillante. On se servira de cette méthode simplifiée pour tous les *essais préliminaires*. Si la substance est décomposable, on se bornera à laisser le solvant s'évaporer à l'air, la solution étant disposée dans un verre de montre ou un petit cristallisoir.

Il peut arriver qu'il ne soit pas possible d'éliminer totalement au bain-marie certains solvants (l'*alcool* et le *benzène*, par exemple, l'*éther* aussi parfois), le p. éb. de la solution s'élevant graduellement avec la concentration. On utilise dans ce cas un bain d'huile, ou mieux on procède sous pression réduite après avoir fait une première distillation ordinaire. On installe un capillaire, maintient le ballon à température moyenne dans un récipient de porcelaine ou de tôle émaillée, et le relie directement à la trompe ; les principaux solvants, y compris l'eau, sont rapidement et totalement éliminés par ce moyen.

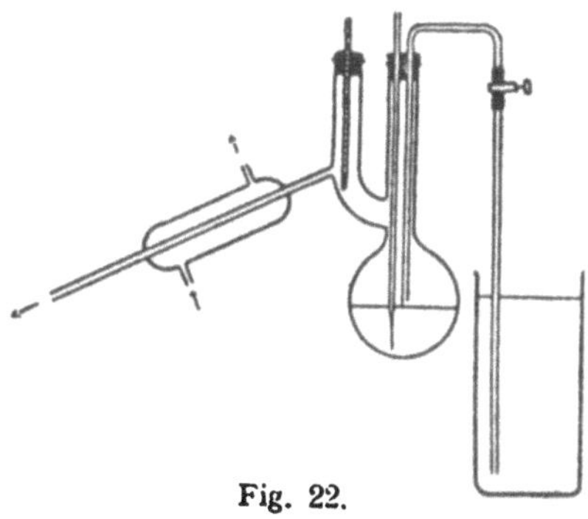

Fig. 22.

Des récipients de verre à parois minces tels qu'erlenmeyers, ballons à fond plat et éprouvettes ne doivent jamais être soumis au vide ; on ne travaillera qu'avec des ballons ronds ou des flacons à vide qui devront être auparavant réchauffés avec précaution.

Il peut arriver, surtout lorsqu'on opère avec des substances facilement décomposables, qu'on ait un important volume de solvant à évaporer sous pression réduite : on peut alors abréger la distillation en utilisant un grand réfrigérant, et en refroidissant encore à la glace le récipient recueillant le solvant.

On peut dans certains cas se passer de réfrigérant en utilisant un ballon à fractionnement pour recueillir le distillat : on le dispose au-dessus d'un entonnoir muni d'un tuyau de dégagement et on y fait ruisseler un courant continu d'eau froide. L'extrémité du tube de dégagement du ballon à distiller pénètre jusqu'à plus de la moitié du corps du ballon réfrigérant. Ce montage est particulièrement indiqué pour l'évaporation d'une solution aqueuse.

L'appareillage représenté par la figure 22 permet d'évaporer *en continu* sous pression réduite un grand volume de solvant, l'eau notamment.

En manœuvrant la pince à vis, on peut aspirer à volonté la solution dans le ballon. Le diamètre du tube de dégagement doit être aussi grand que possible.

La production d'*écume* dans les solutions aqueuses est souvent la cause de grands désagréments ; il est facile d'y remédier en additionnant la solution de 3 % environ de son volume d'*alcool iso-amylique*. Un autre moyen plus efficace consiste à aspirer la solution dans le ballon *vide*, par petites quantités à la fois, proportionnées au volume d'eau qui s'évapore. Le tube d'adduction a son extrémité rétrécie, et l'arrivée de la solution est réglée avec précision à un petit débit au moyen de la pince à vis (Fig. 22).

6. — Extraction

Cette opération consiste à retirer de sa suspension aqueuse ou de sa solution au moyen d'un solvant une substance qu'il est difficile, voire impossible de faire cristalliser et de filtrer ; la méthode permet également d'isoler un produit des corps qui l'accompagnent. Le solvant d'extraction le plus fréquemment employé est l'éther. On pourra par exemple épuiser par extraction le condensat d'un entraînement à la vapeur, si la séparation directe basée sur la différence des densités n'est pas possible.

Pour la séparation de deux liquides formant des couches bien distinctes, on utilise l'*entonnoir à séparation*, ou une *ampoule à robinet* d'une contenance allant jusqu'à 25 cc. si l'on a affaire à de petites quantités (Fig. 23) ; les deux modèles sont construits suivant le même principe ; le tube de dégagement d'un petit entonnoir doit être long de 5 cm. au maximum et présenter une section oblique pour faciliter l'écoulement du liquide. L'introduction de ce dernier, par le haut, s'effectue toujours à l'aide d'un entonnoir ordinaire ; lorsque le liquide s'est nettement séparé, on recueille la couche inférieure par le robinet et la couche supérieure par l'embouchure de l'entonnoir à séparation ; dans le cas de l'extraction par l'éther, on évite avec soin d'entraîner une partie de la solution aqueuse. Un essai préliminaire, sur un très petit échantillon de substance, s'effectue à l'aide d'un compte-gouttes (Fig. 9).

Il arrive souvent que l'agitation d'une solution, et surtout d'une suspension aqueuse, avec un solvant organique donne lieu à une *émulsion* rendant la séparation particulièrement malaisée. La façon la plus simple de l'éviter consiste à mélanger les deux substances avec suffisamment de précautions ; on peut encore utiliser divers procédés : faire le vide dans l'entonnoir, ajouter quelques gouttes d'alcool à la solution, saturer la phase aqueuse avec du sel marin ou laisser le tout reposer pendant une nuit.

Le rendement de l'extraction d'un produit soluble à la fois dans l'eau et dans les solvants organiques est fonction du rapport des deux solubilités ; prenons par exemple le cas de l'eau et de l'éther : plus le rapport, ou *coefficient de partage*, eau-éther est grand, plus il faudra employer d'éther (ou : plus il faudra répéter le nombre des extractions). Le coefficient de partage indique la façon dont une substance, soluble dans deux solvants différents non miscibles entre eux, se comporte dans leur somme.

Nous allons voir qu'on n'obtient pas le même résultat en traitant en *une seule fois* par de l'éther la solution aqueuse à extraire, qu'en effectuant *plusieurs extractions successives* avec une quantité plus faible de solvant. Supposons que le coefficient de partage soit égal à 1, et qu'on traite dans un cas 1 volume de la solution aqueuse en une seule fois par 2 volumes d'éther, puis qu'on effectue dans un autre cas 2 extractions, chacune avec 1 volume d'éther.

Fig. 23.

Soit a g. la masse de la substance dissoute. Dans le premier cas, l'éther en a extrait 2/3 a g.; dans le second cas, la première opération donne a/2 fois la substance totale, la deuxième la moitié également du restant a/2 g. soit a/4; on a donc extrait en tout, dans le second cas : 3/4 a g. On voit que pour obtenir le même résultat en *une seule opération*, on aurait dû prendre 3 volumes d'éther au lieu de 2 ; la conclusion est aisée à en tirer pour la pratique.

Le coefficient de partage des corps organiques entre l'eau et les substances lipoïdes constituant les éléments gras de la paroi des cellules animales joue un grand rôle en physiologie (théorie de la narcose, due à H. H. Meyer et Overton).

L'extraction de corps en solution aqueuse peut s'effectuer également avec de l'*ester acétique*, du *chloroforme*, du *benzène*, de l'*alcool amylique*, etc. L'eau dissolvant environ le dixième de son volume d'éther, on évitera autant que possible, pour des raisons d'économie, les trop grands volumes de solutions aqueuses.

Séchage des solutions. — Un solvant ayant servi à l'épuisement d'une solution ou d'une suspension aqueuse est saturé d'eau et doit être séché avant toute autre opération, sans quoi l'eau résiduelle resterait en grande partie dans la substance une fois le solvant évaporé.

Il est important de choisir avec soin l'*agent desséchant ;* celui-ci ne doit réagir ni avec le solvant ni avec le corps dissout, et être entièrement insoluble dans le premier. La solution éthérée d'un acide organique, par exemple, ne pourra pas être séchée sur un alcali solide, mais celle d'une base pourra l'être.

Le *chlorure de calcium* à l'état granulé ou à l'état fondu est le plus actif et le plus universellement employé des agents desséchants ; il est utilisé pour toutes les solutions éthérées ne contenant pas de corps capable de former avec lui un produit d'addition, tels que les alcools et les amines ainsi que les mélanges solvants d'alcool et d'éther (avant de procéder au séchage l'alcool est éliminé par épuisements réitérés à l'eau).

On utilise généralement une quantité beaucoup trop grande d'agent desséchant ; il suffit de prendre une quantité de chlorure de calcium telle, qu'une fois le solvant séché, la moitié environ en reste à l'état solide.

Le *sulfate de sodium anhydre* est beaucoup moins actif que le $CaCl_2$, même lorsqu'il est calciné juste avant l'emploi. On ne s'en sert que lorsque le $CaCl_2$ doit être prohibé pour une des raisons indiquées plus haut. Les agents desséchants les plus employés pour des solutions de corps basiques sont le *carbonate de potassium calciné*, la *potasse caustique solide*, et l'*oxyde de baryum*.

On emploiera les substances suivantes pour dessécher les solvants usuels :

Ether, benzène et homologues, éther de pétrole : *Sodium*.
Acétone, chloroforme, ester acétique, CS_2 : *Chlorure de calcium*.

Les alcools sont déshydratés par ébullition prolongée avec de la *chaux vive* sous réfrigérant à reflux, et distillation finale.

Les composés chlorés, tels que le chloroforme, le tétrachlorure de carbone, etc., ne doivent en aucun cas être séchés sur du sodium, à cause des risques d'explosion.

Appareils d'extraction continue : Il arrive fréquemment qu'une substance organique soit beaucoup plus soluble dans l'eau que dans l'éther ou d'autres solvants. Une extraction ordinaire, même répétée plusieurs fois, ne suffit souvent pas, et l'on est conduit à opérer en continu dans un appareil de principe analogue à celui des percolateurs, appareil indispensable à tout laboratoire de Chimie organique.

Le montage le plus simple, réalisable avec les moyens courants du laboratoire, est celui de Schacherl (Fig. 24). La figure 25 représente un appareil encore meilleur et facile à installer.

Les *extracteurs de substances solides* sont construits quelque peu différemment ; le plus connu est le *Soxhlet*, très employé, notamment pour des buts analytiques. Si l'on ne cherche pas des rendements quantitatifs, on pourra utiliser l'appareil de la figure 26, qui permet de travailler à meilleur compte et plus rapidement.

Il est recommandable de recouvrir la substance d'un petit tamis mince de porcelaine, genre plaque filtrante, afin d'éviter que les gouttes de solvant retombant dans la masse n'y creusent des rigoles.

Les appareils à extraction rendent de grands services lorsqu'il s'agit d'épuiser des mélanges contenant des constituants difficilement solubles, et d'extraire des substances naturelles de tissus secs végétaux ou animaux.

Il est commode dans certains cas de faire recristalliser des substances peu solubles au moyen d'un solvant approprié (l'éther

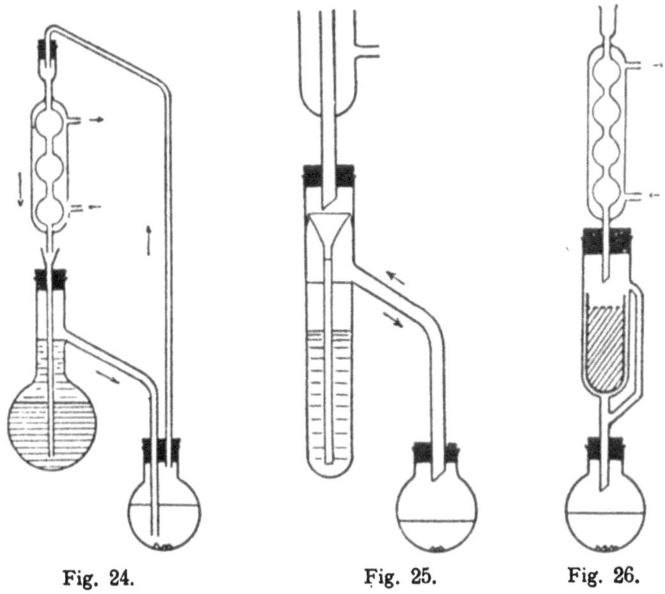

Fig. 24. Fig. 25. Fig. 26.

notamment), dans la cartouche même de l'extracteur. Le produit commence alors généralement au cours de l'extraction, à cristalliser au sein de la solution saturée bouillante du ballon.

Lorsque l'on travaille avec des solvants à p. éb. élevé, on suspend la cartouche filtrante dans le ballon même, au moyen d'un fil mince ; elle ne doit pas toucher le liquide.

EMPLOI DE GAZ COMPRIMÉS

Un institut universitaire moderne convenablement équipé a généralement à sa disposition un choix de bouteilles d'acier contenant à l'état comprimé les principaux gaz nécessaires au laboratoire. Ceux-ci seront :

1. Oxygène, hydrogène, azote.
2. Anhydride carbonique, chlore, ammoniac, anhydride sulfureux.

Les éléments de la première série, à point critique très bas, sont sous forme gazeuse ; les corps de la deuxième série sont à l'*état liquide* dans leur bombe. L'oxygène, l'hydrogène et l'azote sont généralement comprimés à 150 atmosphères dans des bouteilles de 10 l. (le contenu de celles-ci occuperait donc 1,5 m^3 à la pression ordinaire). Le pas de vis de l'ouverture d'une bombe à hydrogène est inversé, pour éviter le risque que de l'oxygène y soit comprimé par erreur.

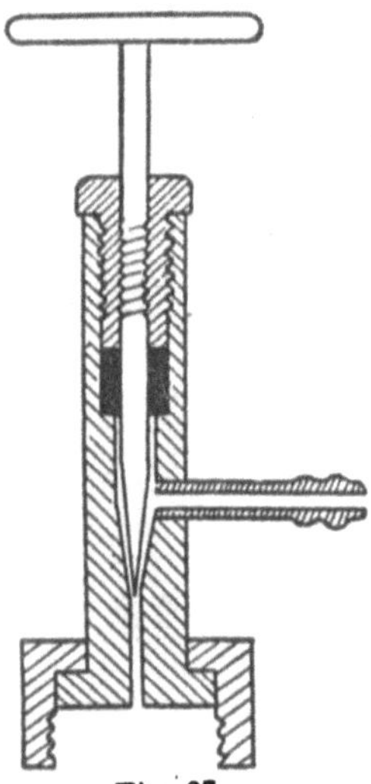
Fig. 27.

Il est indispensable que toutes les bombes utilisées au laboratoire soient munies lors de leur emploi d'un robinet-pointeau régulateur; un assistant doit en être rendu responsable. L'utilisation directe de la valve ne permet pas le réglage facile du courant gazeux et provoque un gaspillage sérieux de gaz.

Un *robinet-pointeau* en bronze d'aluminium (Fig. 27) est utilisable pour tous les gaz, chlore compris, et peut être construit à peu de frais par un mécanicien capable.

Le travail avec des gaz — qu'ils proviennent d'une bouteille ou d'un Kipp — exige le contrôle du débit. Il suffit d'installer un petit compteur à bulles contenant de l'acide sulfurique (sauf pour l'ammoniac), fixé sur la bombe même. Un *flacon-laveur*, servant en même temps à dessécher le gaz, peut jouer le même rôle ; on évitera dans ce cas d'utiliser un flacon-laveur à bouchon de verre rodé qui peut s'ouvrir à la moindre surpression (1).

Un seul flacon à acide sulfurique ne suffit pas à dessécher complètement le gaz. On est obligé alors d'intercaler un ou deux tubes en U contenant des couches de *pentoxyde de phosphore* séparées par des tampons de laine de verre. L'ammoniac est dirigé dans une solution de KOH 1 : 1, puis desséché à travers une tour contenant un mélange de KOH et de CaO.

(1) La connexion entre la bouteille et le flacon-laveur est toujours retirée après emploi, pour éviter le retour de l'acide sulfurique.

On prendra garde de ne pas soumettre les récipients de verre du laboratoire à une *surpression exagérée.* S'il s'agit par exemple d'abandonner une solution dans une atmosphère d'hydrogène ou de gaz carbonique, on ne se bornera pas à relier le ballon la contenant à la bouteille à gaz. On intercalera dans la conduite un tube en T, dont une des branches est reliée à un tube de verre plongeant dans un cylindre contenant du mercure ou de l'eau.

Il est plus commode en pareil cas d'utiliser un *Kipp* ou, si c'est de l'azote qui est employé, un *gazomètre* rempli au préalable par le gaz de la bouteille.

Les débutants ont toujours tendance à employer une quantité excessive de gaz, ne sachant pas la dose exacte qu'il leur en faut pour la réaction ; cet excès est d'ailleurs sans inconvénient.

Rappelons qu'à l'exception de l'azote, tous les autres gaz utilisés peuvent être préparés par une réaction simple et avec les moyens du laboratoire.

CHAUFFAGE SOUS PRESSION

On peut parfois avoir à porter des solutions ou des substances solides à une température plus élevée que celle de leur ébullition dans le but d'accélérer la réaction mise en jeu ; celle-ci est alors conduite dans un récipient clos : *tube scellé* ou *autoclave.* Le cas peut se produire par exemple lorsqu'on désire faire réagir une solution alcoolique à une température de 100°, une solution aqueuse à 120°, etc. Le but principal de l'opération est l'élévation de la température de réaction ; l'élévation de la pression qui l'accompagne a très peu d'influence sur la rapidité de la réaction, les variations de concentration causées par elles étant généralement très faibles.

Ce sont les *solutions* que l'on traite le plus souvent en tube scellé ; la pression qui règne dans le tube est celle de la tension de vapeur du solvant, laquelle est fonction de la température ; on aura ainsi affaire, au-dessus de 100°, à des pressions d'un ordre assez élevé, auxquelles pourront s'ajouter celles des gaz éventuellement dégagés par la réaction.

On peut se faire une idée approximative de la pression régnant dans un récipient fermé en étudiant la *courbe de la tension de vapeurs* du solvant que l'on compte y mettre. Un tel récipient, chauffé, est soumis à la tension de vapeur saturante du liquide. La pression ne dépend donc pas de la quantité absolue de la solution introduite.

L'eau à l'état liquide,et par conséquent les solvants dilués, attaquant fortement à chaud les parois de verre du tube, on ne remplit ce dernier qu'à moitié. Si la réaction donne lieu à un dégagement de gaz, l'espace restant entre alors en considération pour le calcul de la pression développée.

Les tubes scellés de modèle courant en verre d'Iéna peuvent supporter sans danger des pressions de 20 à 25 atmosphères pour autant que leurs parois ne sont pas attaquées au cours de la réaction. On y introduit la substance à l'aide d'un entonnoir, en évitant de la mettre en contact avec l'extrémité devant être scellée. La manière de procéder pour sceller un tube est décrite p. 84.

Si la température de régime ne doit être que d'environ 100°, on enveloppe le tube dans un chiffon attaché au moyen d'une ficelle et le place sur un bain-marie spécialement aménagé, en forme de cylindre (*bain-marie-canon*).

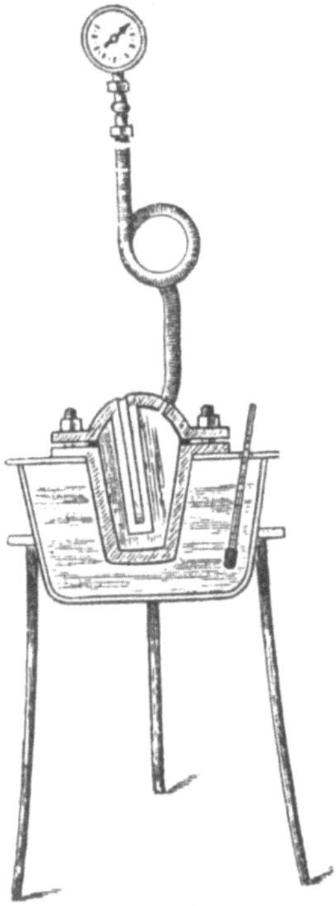

Fig. 28.

Une bouteille de verre épais à fermeture brevetée, du genre des bouteilles à bière, chauffée au bain-marie, remplace le tube scellé si la réaction ne donne lieu qu'à une élévation de pression faible ou nulle.

Le travail en tube scellé ne s'effectue qu'avec des quantités minimes de substance en raison de l'espace relativement petit dont on dispose. On s'adressera à l'*autoclave* si l'on veut travailler sur une plus grande échelle. Les autoclaves sont des récipients métalliques résistant à la pression ; l'étanchéité de leur couvercle, fixé par 6-8 boulons (Fig. 28), est assurée par un joint de plomb ; pour le montage, les écrous doivent être vissés graduellement sur tout le pourtour à la fois.

Il existe un certain nombre de types d'autoclaves, dont le plus recommandable est le modèle dit *tubes de Pfungst*. La source chauffante est toujours un bain d'huile.

On prendra soin de se protéger les yeux toutes les fois qu'on travaillera avec des récipients sous pression ; on s'efforcera également de se faire une idée préliminaire de la résistance à demander au matériel mis en jeu, basée sur des données physiques.

DISPOSITIFS D'AGITATION

Un agitateur mécanique n'est pas nécessaire tant qu'on travaille en solution homogène ; on en installe un lorsqu'on a à introduire graduellement ou en une seule fois dans le mélange réactionnel une substance finement pulvérisée, une suspension ou une solution. On le fait également dans les cas où un échauffement localisé dans la masse risque de décomposer un produit délicat : addition d'acide sulfurique concentré par exemple.

L'*agitateur mécanique* remplace le traitement manuel, incommode s'il doit se prolonger ; il se compose généralement d'une baguette de verre à laquelle sont soudées une ou plusieurs pièces de verre travaillées en forme d'hélice. On emploie comme coussinet un court tube de verre de diamètre légèrement supérieur à celui de l'agitateur, ou un emporte-pièce logé dans un bouchon de liège ; le coussinet est maintenu fermement en position verticale par une pince.

L'agitateur est fixé à la bonne hauteur au moyen d'une rondelle de cuir ou d'un bouchon de liège ou de caoutchouc servant de poulie; on l'enduit de glycérine aux endroits donnant lieu à des frottements.

La force motrice est fournie par une petite *turbine à eau* de Rabe ou par un *moteur électrique* (1 /16e de CV suffit). On peut également utiliser un petit *moteur à air chaud* construit par la maison Heinrici à Zwickau, pouvant servir à de multiples usages.

Si l'on a une agitation mécanique à effectuer dans un récipient fermé ou devant fonctionner en réfrigération à reflux, on installe un *joint de mercure* (Fig. 29), lequel ne peut toutefois pas servir de dispositif de sûreté contre les surpressions internes.

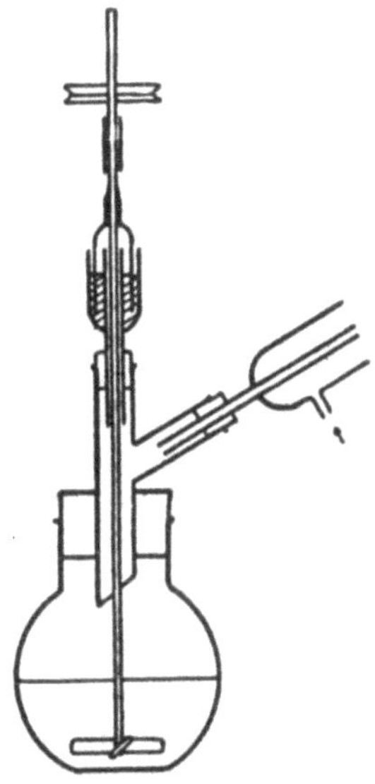

Fig. 29.

Lorsque l'on veut agiter mécaniquement deux couches de liquides non miscibles, on place les palettes de l'agitateur au niveau de la séparation des couches. On évite l'emploi d'un petit agitateur de verre dans des liquides contenant des corps très denses tels que la poudre de zinc, l'amalgame de sodium, etc. ; l'agitation mécanique est illusoire en pareil cas, et l'on se sert à la main d'une grosse baguette de verre ou d'un bâton, ou secoue simplement le récipient à plusieurs reprises.

L'appareil qui convient le mieux pour le mélange intime de systèmes hétérogènes est la *secoueuse* de laboratoire.

Le récipient à adopter est un flacon à col étroit et à bouchon de verre rodé fermant bien ; ce dernier est attaché fortement à l'aide d'un morceau de tuyau de caoutchouc et de ficelle.

Si la réaction donne lieu à des gaz ou à un fort dégagement de chaleur, on renoncera à se servir d'une secoueuse.

DÉTERMINATION DU POINT DE FUSION

L'état de pureté d'un corps organique cristallisé peut être vérifié par son *point de fusion* ; cette constante permet également l'*identification* d'un composé connu et la *caractérisation* d'une substance inconnue.

L'appareillage consiste en un ballon rond à long col dans lequel plonge un thermomètre fixé par un bouchon de liège dont on a enlevé à l'aide d'un canif aiguisé une bande suivant une génératrice, de manière à laisser apparaître la graduation (Fig. 30). Le ballon est rempli aux trois quarts d'acide sulfurique pur concentré.

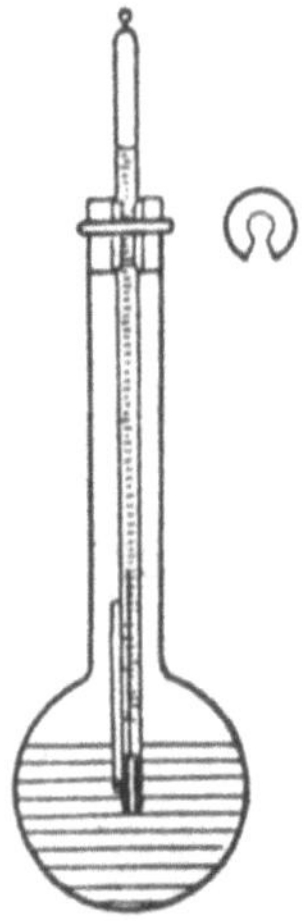

Fig. 30.

La substance à examiner, finement pulvérisée, est introduite dans un petit tube capillaire à parois minces, confectionné de la façon suivante avec un tube à essais (on peut prendre des tubes hors d'usage à condition de les nettoyer et de les sécher au préalable) : l'éprouvette est tournée dans une forte flamme de chalumeau jusqu'à son ramollissement, puis étirée rapidement en dehors de la flamme; avec un peu de pratique, on arrive facilement à obtenir de cette manière un capillaire de 1-1,5 mm. de diamètre. On en coupe alors à l'aide de ciseaux des éléments d'une douzaine de cm., que l'on fond en leur milieu sur une petite flamme pour faire de chacun deux *tubes à point de fusion*.

On écrase à l'aide d'une spatule ou d'un pilon une petite quantité de substance bien desséchée sur un verre de montre ou un fragment d'assiette poreuse, et en introduit dans un tube à p. fus. une hauteur de 2 mm. environ, en procédant comme suit : on plonge l'extrémité ouverte du tube dans la substance en poudre, le retourne et en tapote légèrement le fond pour faire descendre les cristaux; si ceux-ci adhèrent fortement aux parois, on fera retomber plusieurs fois le tube à l'intérieur d'un long tube de verre sur une plaque dure ou un verre de montre ; on pourra aussi provoquer la vibration du tube à point de fusion par le frottement d'une lime.

Le tube est ensuite appliqué contre le thermomètre par capillarité, au moyen d'une goutte d'acide sulfurique, et on le place de manière que la substance se trouve à la hauteur du milieu du réservoir de mercure ; celui-ci doit plonger entièrement dans le bain.

On chauffe alors avec une grande flamme éclairante en tenant le brûleur en position oblique et le promenant lentement et régulièrement au-dessous du ballon. L'ensemble est disposé en pleine lumière.

Si l'on a un composé fondant à température élevée, il est bon de chauffer rapidement l'acide jusqu'au voisinage du point de fusion et de ralentir ensuite. Il arrive souvent à ce stade que les particules de substance restées au sommet du tube à p. fus. se ramollissent déjà sous l'action des courants ascendants d'acide chaud.

On continue à chauffer très lentement jusqu'à ce qu'on ait atteint la température de fusion ; celle-ci est notée lorsque toute la substance s'est transformée en liquide clair, après s'être effondrée au fond du tube. On fera en général un essai préliminaire si l'on a affaire à une substance de p. fus. inconnu.

Beaucoup de composés organiques sont décomposés à leur point de fusion. Le phénomène s'accompagne fréquemment d'un *changement de coloration* et toujours d'un *dégagement gazeux*, très facile à observer dans le tube. De telles substances ne présentent pas de p. fus. précis, mais il s'agit plutôt d'un *point de décomposition*, généralement variable suivant la rapidité avec laquelle elles ont été chauffées : si celle-ci est grande, le p. décomp. aura lieu à plus haute température qu'au cas contraire. L'action de la chaleur se manifeste déjà au-dessous de la température de décomp. d'une manière caractéristique : la substance se ratatine peu à peu en devenant de plus en plus visqueuse.

Pour chercher la température de fusion d'une substance décomposable, on la chauffe rapidement jusqu'à 10-20° au-dessous de son p. décomp., puis on continue à raison de 5 degrés par minute.

Le ratatinement prématuré d'une substance fondant normalement sans se décomposer indique qu'elle n'est pas à l'état pur ; elle doit alors être recristallisée ou redistillée. Il existe cependant des composés qui, à l'état de parfaite pureté, fondent dans des limites de températures assez larges ; c'est notamment le cas des substances formant ce que Lehmann et Vorländer ont appelé des *cristaux liquides*.

On ne sera absolument sûr de la pureté d'un produit que si son p. fus. demeure constant après une nouvelle purification.

Les impuretés accompagnant une substance abaissent son p. fus. en jouant vis-à-vis d'elle le rôle de corps dissous : le point de solidification d'une solution est en effet plus bas que celui du solvant ; ce phenomène, appliqué en cryoscopie, va fournir dans le cas présent un excellent moyen d'identification : si l'on obtient par synthèse un composé A que son p. fus. identifie à une combinaison déjà connue B, on pourra s'en assurer par la vérification du p. fus. du mélange intime des deux corps. Si A et B sont différents, ils joueront l'un vis-à-vis de l'autre le rôle de corps dissous et le p. fus. du mélange sera abaissé ; au cas contraire ce dernier restera constant.

Cet *essai au mélange* est effectué avec le même thermomètre en trois étapes : A, B et A + B ; avec un peu d'entraînement, on peut faire l'opération en une seule fois en collant deux tubes à p. fus. à droite et à gauche du thermomètre et le troisième devant ou, si ce dernier est suffisamment large, les trois tubes côte à côte à la même hauteur.

L'essai au mélange ne convient pas dans un seul cas : celui de corps *isomorphes*.

Le *point d'ébullition* peut être déterminé dans le même appareil, sur une très petite quantité de substance. D'autres procédés conviennent également, celui de Siwoboloff (1) notamment.

L'*acide sulfurique conc.* est utilisable pour des températures allant jusqu'à 250° ; on arrête le chauffage dès qu'on aperçoit un début d'ébullition pour éviter tout risque de rupture du ballon.

On atteint une température de 350° en employant un bain d'*acide sulfurique conc.* dans lequel on a dissout à chaud du *sulfate de potassium* ; ce mélange se prend en masse au refroidissement par cristallisation du sulfate primaire, et doit être réchauffé avant l'introduction du thermomètre.

Nous venons de donner un aperçu général sur les méthodes pratiques et les tours de main nécessaires aux opérations courantes de laboratoire. Si l'on a à effectuer des manipulations plus spéciales, on pourra consulter avec fruit l'ouvrage de C. Weygand, « Organisch-chemische Experimentierkunst », Leipzig, 1938.

(1) B. *19*, 175 (1885).

B. — ANALYSE ORGANIQUE ÉLÉMENTAIRE

RECHERCHE QUALITATIVE DU CARBONE, DE L'HYDROGÈNE, DE L'AZOTE, DU SOUFRE ET DES HALOGÈNES

Identification du Carbone et de l'Hydrogène.

Une substance inconnue est de nature organique lorsque, chauffée sur une lame de platine, elle brûle avec une flamme (exception pour le soufre), ou se décompose en abandonnant un résidu carbonisé. L'identification du *carbone* et de l'*hydrogène* peut être faite simultanément en opérant comme suit : on mélange dans une petite éprouvette un échantillon sec de la substance avec plusieurs parties d'*oxyde de cuivre* calciné finement pulvérisé, et recouvre le mélange d'une couche d'oxyde de cuivre. On ferme l'éprouvette avec un bouchon de liège portant un tube de verre coudé à angle droit et chauffe fortement. La substance contient du *carbone* si le gaz qui se dégage trouble l'*eau de baryte* (CO_2), et de l'*hydrogène* si la partie supérieure froide de l'éprouvette se recouvre de *gouttelettes d'eau*.

Identification de l'Azote.

On choisit un fragment de *sodium* ou de *potassium* bien propre de la grosseur d'une demi-lentille, le presse entre deux feuilles de papier-filtre et l'introduit dans un tube à essais d'environ 5 mm. de diamètre et 6 cm. de longueur avec un échantillon de la substance. On chauffe sur un brûleur Bunsen jusqu'à décomposition ; celle-ci s'accompagne généralement de légères explosions et du noircissement de la substance. On chauffe au rouge pour terminer, et plonge le tube encore chaud dans un petit bécher contenant 5 cc. d'eau, ce qui provoque la rupture du verre et l'inflammation éventuelle du métal n'ayant pas réagi (opérer sous hotte).

On filtre la solution aqueuse qui contient du *cyanure de potassium* si la substance à analyser est azotée, pour la débarrasser des débris de verre et du résidu carbonisé, ajoute deux gouttes de solutions de *sulfate ferreux* et de *chlorure ferrique*, vérifie l'alcalinité de la solution et chauffe si nécessaire 1-2 min. : il se forme ainsi du *ferrocyanure de potassium*. On acidifie à l'*acide chlorhydrique* après refroidissement ; les hydroxydes ferreux et ferrique se dissolvent et le ferrocyanure de potassium réagit avec le chlorure ferrique en donnant le *bleu de Prusse*.

Si la substance contient suffisamment d'azote il se forme un précipité bleu ; si la teneur en azote est faible, il peut ne pas y avoir de précipité immédiat, mais seulement une coloration bleu-vert. Laissée quelque temps à elle-même, après une nuit par exemple, la solution abandonne un précipité.

Pour examiner la teneur en azote d'une substance *très volatile* on adapte à l'éprouvette un tube vertical d'une certaine longueur qui permet la condensation de la substance et son retour dans le mélange en réaction.

La méthode qui vient d'être indiquée ne peut pas être appliquée aux corps cédant déjà leur azote à des températures modérées, tels que les *diazo-composés* par exemple. Il est nécessaire dans ce cas de procéder à la combustion de la substance en présence d'*oxyde de cuivre* dans un tube rempli d'*anhydride carbonique*, et d'examiner s'il se dégage un gaz qui n'est pas absorbé par la *potasse caustique* (voir la détermination quantitative de l'azote).

Identification du Soufre.

La recherche qualitative du Soufre s'effectue comme celle de l'azote. On chauffe au rouge la substance dans une éprouvette avec du *sodium* et dissout le résidu dans l'eau après refroidissement. On ajoute à la *moitié* de la solution ainsi obtenue quelques gouttes d'une solution de *nitroprussiate de sodium* ; cette dernière se prépare juste avant l'analyse en agitant à froid quelques granules du sel dans un peu d'eau. Une *coloration violette* indique la présence du Soufre.

La réaction du nitroprussiate est trop sensible pour pouvoir fournir une indication sur la quantité de Soufre présent ; on filtre à cet effet l'autre moitié de la première liqueur, l'additionne d'une solution d'*acétate de plomb* et acidifie à l'*acide acétique*. Suivant la quantité de Soufre, il se forme un trouble foncé ou un précipité plus ou moins lourd de *sulfure de plomb*.

Cette analyse ne peut en général être appliquée aux *substances volatiles*. On suit alors la méthode de dosage quantitatif du Soufre décrite plus loin : la substance est chauffée à 200-300° en tube scellé avec de l'*acide nitrique fumant*, la solution diluée ensuite et l'*acide sulfurique* qu'elle contient mis en évidence par le *chlorure de baryum*.

Identification des Halogènes.

Le Chlore, le Brome et l'Iode ne peuvent être décelés par précipitation directe au *nitrate d'argent* que dans certains cas peu fréquents : ils ne sont en effet que très rarement engagés à l'état d'ions dans leurs combinaisons organiques.

L'identification des Halogènes liés homéopolairement s'effectue comme suit ; on chauffe au rouge sur un Bunsen la substance mélangée à un excès de *chaux vive* chimiquement pure dans une éprouvette moyenne, plonge cette dernière encore chaude dans un peu d'eau de manière à la briser, acidifie par de l'*acide nitrique* chimiquement pur, filtre et ajoute un peu de *nitrate d'argent.*

Si la substance ne contient pas d'Azote, les halogènes peuvent être identifiés en chauffant au rouge en présence de *sodium.* La solution, filtrée des débris de verre et des produits de décomposition, est acidifiée par de l'*acide nitrique* chimiquement pur et additionnée de *nitrate d'argent.*

Le test de Beilstein permet l'identification rapide des Halogènes. On enroule l'extrémité d'un *fil de platine,* soudé dans un manche de verre, autour d'un fragment d'*oxyde de cuivre* de la grosseur d'une lentille — ou d'un bâtonnet de 0,5 cm. de l'oxyde — ; on chauffe au rouge sur la flamme d'un Bunsen jusqu'à ce que celle-ci ne soit plus colorée. On laisse refroidir, dépose une parcelle de substance halogénée sur l'oxyde et chauffe dans la partie extérieure de la flamme ; le carbone brûle en premier avec une flamme éclairante qui disparaît bientôt, remplacée par une région verte ou bleu-vert, dûe aux vapeurs de l'*halogénure de cuivre.* On peut déduire à peu près la teneur de la substance en halogène — traces ou quantités plus importantes — de la durée de la coloration.

Le fil de platine peut être remplacé sans inconvénients par un simple *fil de cuivre* fixé dans un bouchon de liège.

La *fusion nitrique* permet pour les composés *non-volatils* l'identification très sûre des Halogènes et du Soufre.

On mélange intimement 5-10 mg. (pas davantage) de la substance à examiner et 100-200 mg. de *nitrate de potassium* dans un petit mortier d'agate ; le mélange est introduit dans un tube à essais de faibles dimensions et chauffé avec précaution sur une petite flamme. L'oxydation s'annonce par une inflammation partielle de la masse et est terminée lorsque celle-ci est devenue incolore. On laisse refroidir, dissout dans l'eau et identifie les éléments selon les méthodes déjà indiquées (vérifier auparavant l'absence des halogènes et de l'ion SO_4'' dans les réactifs).

La recherche d'autres éléments pouvant entrer en combinaison organique tels que le Phosphore, l'Arsenic et d'autres métalloïdes et métaux, exige la destruction préalable de la molécule organique par oxydation (en tube scellé avec de l'*acide nitrique,* ou fusion avec du *nitrate de potassium* ou du *peroxyde de sodium*) ; l'élément est ensuite identifié par une méthode quelconque de l'Analyse minérale.

La détermination des différents éléments entrant dans la composition d'une molécule de substance ne peut donner qu'une faible idée de sa structure. La tâche suivante, plus difficile, consiste à la situer, d'après ses propriétés chimiques et physiques, dans une des nombreuses familles organiques.

L'identification des fonctions propres aux plus importants groupements organiques (Alcools, Aldéhydes, Cétones, Esters,

Amides, Nitriles. Nitrocomposés, pour n'en citer que quelques-uns), la différenciation des caractères « saturé », « non-saturé », et « aromatique » par leurs réactions particulières, ainsi que bien d'autres problèmes à résoudre expérimentalement, sont autant de tâches indispensables, quoique secondaires, lors de l'étude pratique de la Chimie organique.

L'étudiant ne doit pas borner son activité à l'exercice des principales synthèses ; il doit également se familiariser le plus possible avec les propriétés des substances qu'il a entre les mains, connaître parfaitement les réactions caractéristiques de leur groupe et mettre son observaton et son expérience personnelles à contribution lors de l'étude de leurs particularités.

Les expériences instructives intercalées dans la partie du présent Manuel consacrée aux préparations de laboratoire ont été prévues dans ce but ; elles ont une valeur didactique ; il est nécessaire d'y apporter autant de soin qu'aux préparations proprement dites.

L'étudiant retrouvera le temps et la patience accordés à ces exercices lorsqu'il abordera les problèmes faisant l'objet du Chapitre consacré à l'Analyse des Groupements organiques (p. 408).

ANALYSE ÉLÉMENTAIRE QUANTITATIVE

La détermination quantitative des éléments d'une substance organique en est l'*Analyse élémentaire.* Il s'agit en principe de doser simultanément le Carbone et l'Hydrogène, et séparément les autres éléments.

Les méthodes « méso-analytiques » décrites par la suite sont conduites sur 20-30 mg. de substance. Elles ont été élaborées par le Dr F. Hoelscher d'après la micro-méthode de Pregl (1).

Balance. — Il est évident qu'une balance analytique ordinaire, dont la précision ne dépasse pas 0,1 mg., ne peut convenir à des opérations portant sur 20-30 mg. On utilise une balance analytique moderne du type usuel, une balance rapide de Kuhlmann ou une « semi-micro-balance » du même genre, ayant une précision de l'ordre de 0,01 mg. (2).

I. — *Dosage de l'Azote d'après Dumas*

Principe :

Une quantité pesée de substance est chauffée au rouge en présence d'oxyde de cuivre dans une atmosphère d'anhydride car-

(1) F. PREGL, *Die quantitative organ. Mikroanalyse,* SPRINGER, Berlin ; cf. H. BERGER, *J. pr. Chem. 133,* 1 (1932) ; K. KUESPERT, *Chem. Fabrik, 6,* 63 (1933) ; E. SUCHARDA et BOBRANSKI, *Halbmikromethoden zur automat. Verbrennung org. Substanzen.,* Vieweg 1929.

(2) Une étude sur la technique de la pesée se trouve dans une introduction manuscrite de F. HOELSCHER (Munich, Laboratoire de l'Etat, 1934).

bonique. Le carbone se transforme par oxydation en CO_2, l'hydrogène en eau et l'azote mis en liberté est dosé volumétriquement sur une solution de potasse caustique. Les oxydes d'azote qui se forment au cours de la combustion sont réduits en azote par passage à travers une spirale de cuivre portée au rouge.

Matériel nécessaire :

Tube à combustion en verre infusible Supremax, étranglé à une extrémité (longueur de la partie large : 55 cm., diamètre extérieur : 12 mm. ; longueur de l'étranglement : 3 cm., diamètre extérieur : 3-3,5 mm., intérieur : 2 mm.).

Bouchon de caoutchouc percé d'un trou central. Le bouchon doit être aussi cylindrique que possible et s'adapter à la grande ouverture du tube en s'ap-

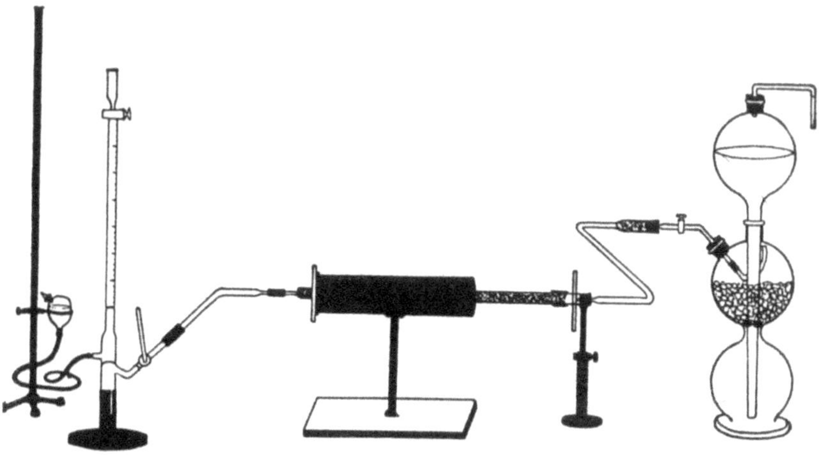

Fig. 31.

pliquant étroitement aux parois.

Oxyde de cuivre en fil (« pour analyse »).

Amiante à longues fibres.

Laine d'argent.

2 plaques d'amiante et un rouleau de treillis de fer (longueur : 5 cm.).

Le reste, appareil de KIPP, four électrique à combustion (1), nitromètre, capsule de nickel, tamis de treillis métallique, flacons à peser, etc. est à fournir par le laboratoire.

Montage de l'appareillage

Charge de l'appareil de Kipp pour la production de CO_2 *exempt d'air.* — On recouvre d'*acide chlorhydrique* dilué (1 vol. HCl D, 1,18 + 1 vol. H_2O) du *marbre* en petits morceaux déposé dans une capsule de porcelaine. On laisse se produire la vive effervescence du début, élimine les impuretés formées à la surface et rince à l'eau le marbre bien décapé ; celui-ci peut être alors intro-

(1) Ce four est vendu par la Maison M. Goergen à Munich au prix de 60. — RM. Le support du tube à combustion, différemment de celui représenté par la figure, possède deux pieds. Le rhéostat est monté sur le socle.

duit dans la boule médiane d'un Kipp, de façon à la remplir à plus de la moitié. L'ouverture communiquant avec la demi-boule inférieure est obstruée à l'aide de tessons de verre ou de deux baguettes de verre semi-circulaires. Le gaz dégagé dans l'appareil est collecté au sommet de la boule médiane par un tube de verre recourbé vers le haut en forme de crochet, adapté au moyen d'un élément de tuyau de caoutchouc à l'extrémité du tube de dégagement de l'appareil, lequel porte un robinet de verre ; ce dernier tube est fixé dans l'ouverture latérale de la boule au moyen d'un bouchon de caoutchouc légèrement graissé avec de la vaseline. On introduit dans l'appareil de l'acide chlorhydrique dilué (comme ci-dessus), en en remplissant la boule inférieure et la moitié de la boule supérieure, et jette deux fragments de marbre dans le fond de cette dernière en les coinçant dans le tube de l'entonnoir : le vif dégagement d'anhydride carbonique qu'ils produisent a pour effet de chasser l'air dissout dans l'acide chlorhydrique ; on accélère encore cette action en ouvrant et fermant à plusieurs reprises le robinet d'échappement.

Un Kipp fraîchement chargé ne donne qu'après 2 à 3 jours du CO_2 réellement pur (l'air adsorbé sur le verre des parois et le caoutchouc nécessite ce délai avant d'être entièrement déplacé par l'anhydride carbonique ambiant). Le gaz fourni par l'appareil est considéré comme satisfaisant lorsque, mis en communication avec un nitromètre, les « micro-bulles » qu'il y forme montent avec une vitesse uniforme. Leur diamètre, examiné à la loupe, ne doit pas excéder le cinquième (environ 1 /5 mm.) de la distance séparant deux traits de repère voisins.

Le Kipp est mis en communication avec l'appareil à combustion au moyen d'un tube de verre en Z, dont l'une des extrémités, étirée en capillaire à parois épaisses en forme de cône allongé, pénètre dans un bouchon de caoutchouc adapté dans l'ouverture large du tube à combustion ; à l'autre extrémité du Z est fixé un court tube de verre élargi contenant de la *laine d'amiante* servant à retenir les vapeurs acides. L'extrémité horizontale du tube abducteur du Kipp est reliée au Z par un élément de tuyau de caoutchouc imbibé de glycérine pour assurer la parfaite herméticité de la jonction des deux tubes (Fig. 31).

Charge du tube à combustion. — On commence par le nettoyer au mélange *acide sulfurique-bichromate*, le rince à l'eau distillée et le sèche en le chauffant modérément et en y faisant circuler de l'air au moyen de la trompe à eau.

On dispose d'une certaine quantité d'*oxyde de cuivre* (« pour analyse »), en fils grossiers, et d'oxyde de cuivre plus fin préparé par pulvérisation du premier (sans frottement) dans un mortier ; on doit avoir, après tamisage des poussières, des fragments de 1-2 mm. de long. L'oxyde de cuivre doit être porté au rouge dans une capsule de nickel avant son emploi ; l'oxyde ayant servi est utilisable à nouveau après avoir été tamisé et chauffé au rouge à l'air.

On évitera de mettre l'oxyde de cuivre en contact avec un alcali : les valeurs trouvées en azote seraient trop faibles après usage du réactif ainsi contaminé. Le remède en ce cas consiste à le traiter à ébullition par de l'acide acétique et à le chauffer ensuite au rouge.

Le tube à combustion une fois bien sec, on commence par bourrer un peu de *laine d'argent* au fond de sa partie conique. On repousse ensuite à l'aide d'une baguette de verre arrondie un tampon de *laine d'amiante* propre et calcinée jusqu'à l'étranglement et l'y comprime modérément en une épaisseur de 2-3 mm. On introduit à la suite une couche de 12 cm. de long de *CuO* en fragments grossiers, que l'on tasse en dressant le tube verticalement et en le frappant latéralement à petite coups du plat de la main ; on introduit ensuite de la même manière 6 cm. de CuO fin, puis 10 cm. du même en gros fragments. Cette « charge permanente » du tube à combustion est arrêtée à l'aide d'un second *tampon d'amiante* de quelques mm., légèrement comprimé.

On fait alors circuler dans le tube, depuis l'extrémité large, un *courant d'hydrogène* lavé par une *solution acide de permanganate* et, après déplacement complet de l'air résiduel, procède à la réduction de la couche de CuO fin de 6 cm. en la chauffant modérément à l'aide d'un Bunsen ; on laisse refroidir en courant lent d'hydrogène. On chauffe ensuite fortement le tube sur toute sa longueur au moyen du four électrique, et laisse refroidir en atmosphère d'*anhydride carbonique* à la pression du Kipp.

Le tube en non-fonctionnement doit toujours rester en communication avec le Kipp, rempli de CO_2 et à la même pression.

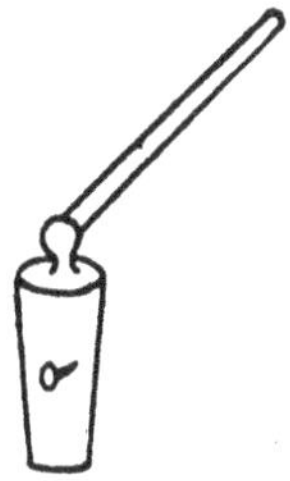

Fig. 32.

Nitromètre (semi-micro). — L'appareil servant à recueillir l'azote, d'une capacité de 8-10 cc., est prévu pour la combustion de 20-30 mg. de substance. Un degré suffisant de précision est atteint par des graduations subdivisées en 0,02 cc.

Le tube adducteur du nitromètre porte un robinet de verre dont la manette constitue un levier d'une certaine longueur. Afin d'augmenter la précision des manipulations, l'ouverture du trou central du pointeau est prolongée par deux fines rainures en pointe, dirigées de côté (Fig. 32), faites à l'aide d'une lime triangulaire aiguë. Le sens des rainures est tel que le levier doit être levé pour permettre le passage du gaz.

Le tube d'introduction du nitromètre est mis en communication avec l'appareil à combustion au moyen d'un capillaire légèrement recourbé et d'un élément de tuyau de caoutchouc épais assurant la jonction verre-contre-verre ; le diamètre du capillaire à cet endroit doit correspondre aussi exactement que possible avec celui du tube à robinet. L'extrémité horizontale du capillaire est étirée en forme légèrement conique dont le diamètre extérieur correspond exactement à celui de l'étranglement du tube à combustion. Le joint à cet endroit est constitué par un élément de 2,5-3 cm. de long de tuyau de caoutchouc pour le vide, de faible diamètre intérieur, enduit d'un peu de glycérine ; on s'efforce d'obtenir l'étanchéité maximum entre les deux tubes. Lors du démontage de l'appareil le capillaire doit toujours rester adapté au nitromètre.

Celui-ci est nettoyé avant l'emploi au mélange *acide sulfurique-bichromate*. Le tuyau mettant en communication l'ampoule de niveau avec le nitromètre est fixée par une ligature.

On introduit du *mercure* pur par l'ampoule jusqu'à ce que son niveau soit à 1-2 mm. au-dessus de l'orifice supérieur du tube adducteur. Les robinets sont modérément enduits de vaseline (éviter d'en faire pénétrer dans les rainures).

On remplit le nitromètre d'une solution de *potasse caustique* (KOH chimiquement pur, en bâtons) à 50 %, que l'on a rendu complètement exempte de mousse par agitation préalable avec de *la baryte* finement pulvérisée (2 g. pour 200 g. de lessive) et filtration à travers un filtre *sec.*

L'ampoule de niveau est fermée par un bouchon de caoutchouc portant un court tube de verre étiré en capillaire.

Manipulations de la substance à analyser. — Les substances solides peuvent être soumises à la combustion après séchage soit à *l'air*, soit dans un *exsiccateur à vide* contenant de l'acide sulfurique, jusqu'à poids constant. Il n'est pas recommandable de pulvériser trop finement la substance ; la surface s'accroît inutilement, ce qui peut être d'un inconvénient plus sérieux encore lors de la pesée de composés hygroscopiques.

Si le solvant est fortement retenu, on procède à la dessication à pression réduite et à température plus élevée au moyen de l'appareil dit *pistolet à dessication* ou, plus commodément, dans un exsiccateur à *bloc de cuivre* (Pregl), pouvant facilement être porté à la température voulue par le réglage minutieux de la « micro-flamme » placée sous le bloc (Fig. 33). Les substances hygroscopiques sont introduites dans un petit tube spécialement conçu (cochonnet) avant d'être pesées.

Fig. 33.

Conduite de la Combustion

Pesée :

On pèse les *substances solides* dans un petit tube piriforme à bouchon rodé, servant également de tube-mélangeur. On choisit son diamètre de façon à pouvoir l'insérer facilement de quelques cm. dans l'entonnoir cylindrique de remplissage adapté au tube à combustion.

On nettoie le tube à peser à l'aide d'un tampon d'ouate fixé à un fil mince, y introduit un peu d'*oxyde de cuivre* fin et tare à 0,01 mg. près (les manipulations du tube doivent toutes s'effectuer avec l'aide d'une pince). On maintient ensuite le tube en position verticale au moyen d'une armature quelconque de fil de fer, y introduit 20-30 mg. de substance avec une mince spatule de nickel et pèse à nouveau.

Les *liquides* sont pesés au moyen d'un *capillaire* confectionné comme suit : on étire une éprouvette en capillaire de 2 mm. de diamètre dont on coupe une longueur de 7-8 cm. à l'aide d'un couteau à verre tranchant. On en fait fondre le milieu (Fig. 34) en chauffant sur une très petite flamme de Bunsen, réglée de façon à n'être juste pas éclairante ; en tournant lentement le tube et en en pressant légèrement l'une contre l'autre les extrémités, on fait apparaître une boule de verre. On éloigne la flamme et transforme par étirement la boule en une baguette d'environ 2,5 cm. de long. Celle-ci est partagée à la main en son milieu, et on obtient ainsi deux capillaires pourvus d'un manche.

On dépose un petit cristal de *chlorate de potassium* sur le fond d'un capillaire, le fait fondre avec précaution sur une petite flamme et laisse refroidir. On introduit ensuite deux très petits fragments de *pierre ponce* purifiée, ramollit le tube à environ 1 cm. du fond, en le faisant tourner lentement et graduellement, l'éloigne de la flamme et en étire un capillaire très fin, que l'on coupe à 2 cm. Le tube est essuyé au moyen d'un chiffon de *flanelle* légèrement humide, puis avec un chiffon de *lin* propre et sec, et taré après refroidissement à 0,01 mg. près. On chauffe légèrement sa partie vide sur une petite flamme, sans faire fondre le chlorate, et plonge son extrémité ouverte dans le liquide à analyser. Lorsqu'une quantité suffisante de substance y est monté par succion, on saisit le tube par son manche, le maintient verticalement et fait descendre les gouttelettes restées dans le capillaire en tapotant légèrement à la main ou en agitant simplement. On chasse les dernières traces du liquide adhérant aux parois du capillaire en passant rapidement celui-ci plusieurs fois dans la région externe de la flamme, l'essuie, vérifie qu'il ne s'est produit *aucune carbonisation* et scelle l'extrémité ouverte. On essuie le capillaire avec une flanelle humide et un chiffon de lin comme précédemment, laisse refroidir quelques minutes et pèse à 0,01 mg. près.

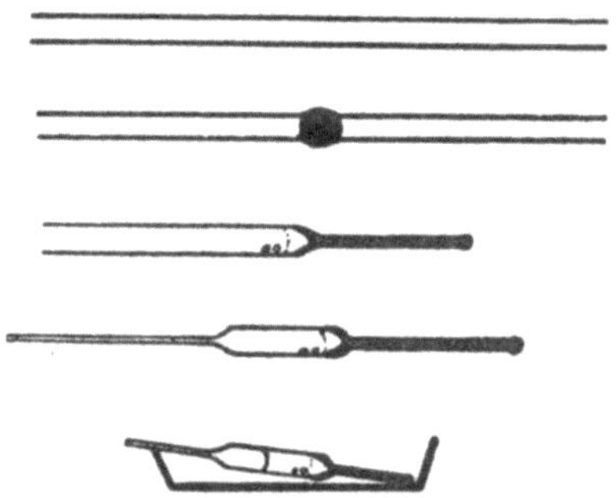

Fig. 34.

La charge du tube à combustion est la même que précédemment, sauf que la colonne de *CuO fin* a 2-3 cm. de long (au lieu de 0,5 cm.) ; on dépose le capillaire pesé, après en avoir brisé la pointe et le manche, dans un *rouleau de fil de cuivre* oxydé de 4 cm. de long que l'on vient de chauffer au rouge et introduit le tout, la pointe la première, dans le tube à combustion maintenu obliquement. On termine en remplissant le tube d'oxyde de cuivre de la façon habituelle.

Remplissage du tube à combustion et montage de l'appareil

On adapte au tube un entonnoir de remplissage confectionné à l'aide d'une large éprouvette, y introduit une couche de 7 cm. de *CuO grossier* suivie de 0,5 cm. de *CuO fin*, et tasse modérément le tout en dressant le tube et en le tapotant avec la main. On recouvre ensuite la substance dans son tube à peser d'une couche de 2 cm. de CuO fin, adapte le bouchon, mélange intimement, et déverse le contenu dans le tube à combustion. Le tube à peser est rincé 3-4 fois avec des portions de 1-1,5 cm. de CuO fin et on le vide complètement, en le tapotant, dans le tube à combustion. On introduit encore 4-5 cm. de CuO grossier et place le tube à combustion dans le four électrique, de manière que l'oxyde de cuivre dépasse le four de 2 cm. du côté de l'étranglement ; un petit écran d'*amiante* est appliqué contre l'extrémité du four du même côté. On place à l'autre extrémité du tube un rouleau de treillis métallique de 5 cm. et un second écran d'amiante protégeant le bouchon de caoutchouc.

On met en marche le four, ferme l'ouverture large du tube avec un bouchon de caoutchouc percé d'un trou, y fait pénétrer le capillaire du tube abducteur du Kipp, en s'aidant d'un peu de glycérine — l'extrémité doit dépasser à peine le bouchon — et fait circuler l'*anhydride carbonique.* On attend quelques minutes avant de mettre en communication l'extrémité étranglée avec le nitromètre dont le robinet est ouvert et la lessive potassique installée à son niveau le plus bas par abaissement de l'ampoule. La connexion et le robinet sont suffisamment rincés au bout de 2 min. ; on ferme alors ce dernier, remplit le nitromètre, abaisse l'ampoule et ouvre avec précaution le robinet de manière à laisser passer 1-2 bulles à la seconde en observant leur diamètre.

Si celles-ci sont trop grandes, on répète le rinçage au CO_2.

Lorsqu'on est arrivé à en obtenir la dimension voulue, on arrête le Kipp et ouvre en grand le robinet du nitromètre, On amène en même temps le rouleau de treillis métallique à la hauteur de l'extrémité de la colonne de CuO dépassant le four, et chauffe la partie ainsi protégée sur la flamme non-éclairante d'un Bunsen mobile ouvert à plein.

La Combustion .

Le four électrique atteint son régime normal en 15-20 min. ; après cessation du dégagement de gaz provenant du chauffage par le brûleur, on ferme le robinet inférieur du nitromètre, ouvre le robinet supérieur, élève l'ampoule légèrement plus haut que ce dernier et, en ouvrant et fermant rapidement le robinet, chasse le gaz accumulé et les impuretés dans la partie du nitromètre située au-dessus du robinet supérieur, en y admettant quelques cc. de la solution potassique. On abaisse l'ampoule, ouvre le robinet inférieur et avance de quelques mm. le rouleau de treillis métallique de façon que le brûleur en chauffe la partie postérieure.

On continue à avancer peu à peu de même le rouleau et le Bunsen (ou éventuellement un tube chauffant électrique si l'on peut en disposer), tout en laissant les bulles se former à la vitesse normale : celles-ci ne doivent pas se succéder à raison de plus de *deux en 3 sec.* dans le nitromètre (à observer avec le plus grand soin). Si le débit gazeux s'accroît, ce qui se produit en particulier au moment où la substance vient à être chauffée, on ne continue le déplacement de la source chauffante que lorsque la formation des bulles s'est suffisamment ralentie.

Le brûleur mobile doit arriver en 15-25 min. au voisinage du four électrique. On ferme alors le robinet inférieur du nitromètre, ouvre entièrement celui du Kipp et, par l'ajustement minutieux du robinet inférieur du nitromètre, fait circuler dans l'appareil de l'anhydride carbonique à raison de 2 bulles toutes les 3 sec., en évitant avec soin de dépasser ce débit même un instant.

On chauffe fortement à l'aide du brûleur pendant les 5-10 min. suivantes la colonne de CuO qui doit être remplacée après chaque combustion, en intercalant le rouleau de treillis métallique. On éloigne ensuite la flamme et éteint le four 5 min. après.

Il n'est pas recommandable de chauffer excessivement le tube à combustion avec le brûleur seul : le verre se ramollit à la longue et finit infailliblement par se percer.

Après cessation du chauffage, on porte le débit gazeux à 2 bulles par sec. Lorsqu'il ne se forme plus que des « microbulles » dans le nitromètre, on en ferme le robinet inférieur, détache le raccord de caoutchouc du tube à combustion, ferme ce dernier au moyen d'un capuchon de caoutchouc et le laisse se refroidir en atmosphère de CO_2. Le nitromètre est porté dans un local plus froid (si possible celui où se trouve le baromètre), l'ampoule placée à hauteur convenable (les niveaux des liquides dans l'ampoule et le nitromètre étant les mêmes).

On effectue la lecture après 10 min. en tenant l'ampoule derrière le tube gradué et en mettant les deux ménisques sur le même plan. La graduation lue est celle qui se trouve dans le plan horizontal de la partie inférieure du ménisque. On note ensuite la *température* (sur un thermomètre disposé dans la partie du nitromètre située au-dessus du robinet supérieur) et la *pression barométrique.*

Calculs :

La teneur en azote est donnée par la formule suivante :

$$\%\,N = \left(0{,}12507 \cdot \frac{1}{1 + \alpha t} \cdot \frac{b - \delta - e}{760}\right) \cdot \frac{v}{s}$$

dans laquelle v est le volume d'azote en cc., s le poids de substance introduit, t la température, $\alpha = \frac{1}{273} = 0{,}003663$, b la hauteur de la colonne barométrique, δ la correction barométrique à 0° et e la tension de vapeur de la solution potassique à $t°$ (1).

(1) On trouve dans les tables des p. 429 et 430 les valeurs de l'expression mise entre parenthèses dans la formule, en fonction des différentes valeurs de $(b - \delta - e)$ et de t. On peut remplacer δ par $\frac{t}{8}$ et e par $\frac{t}{5}$ tout en restant dans

Limite supérieure d'erreur de l'analyse : 0,3 % ; limite inférieure : 0,1 %.

II. — Dosage du Carbone et de l'Hydrogène d'après Liebig

Le principe de la méthode est le suivant : un poids connu de substance est oxydé dans un tube à combustion par un courant d'oxygène ou d'air, au contact d'un catalyseur au platine ou à l'oxyde de cuivre-chromate de plomb ; les produits de la combustion, *gaz carbonique* et *eau*, sont respectivement absorbés par de la soude caustique et du chlorure de calcium, et dosés par l'accroissement de poids des réactifs.

Il est possible, en utilisant un « montage universel », d'analyser dans le même tube toutes les substances que l'on veut, même si elles contiennent, en plus du Carbone et de l'Hydrogène, de l'Azote, des Halogènes ou du Soufre. Les *oxydes d'azote* sont réduits par passage sur une couche de cuivre portée au rouge, les *halogènes* retenus par de la laine d'argent et le *soufre* par de la laine d'argent et du chromate de plomb.

Matériel nécessaire:

Tube à combustion portant un étranglement (le même que celui qui sert au dosage de l'azote).

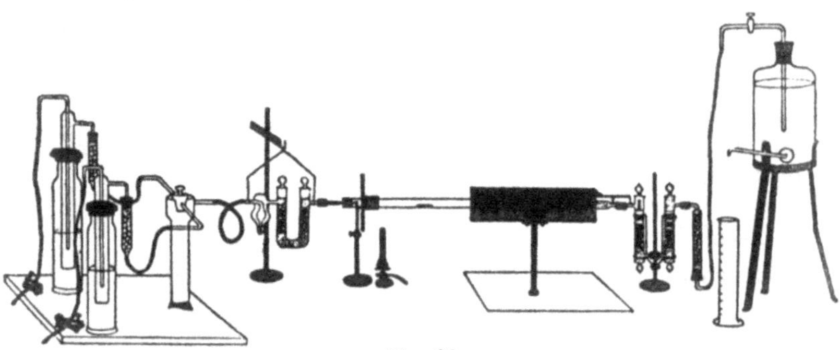

Fig. 35.

Bouchon de caoutchouc percé d'un trou, s'adaptant hermétiquement au tube précédent.

Tube d'absorption à chlorure de calcium.

Tube d'absorption à amiante sodée.

Deux raccords de caoutchouc, resp. de 1,5 et 2 cm. de long, coupés dans un tuyau à vide de *petit diamètre intérieur*, imprégnés de vaseline sous le vide (cf. p. 72).

une précision suffisante. Ex. : on lit b = 738 mm., t = 20° ; les tables donnent p = (738 — 2,5 — 4) = 731,5.

Les tables de logarithmes les plus pratiques pour ce genre de calcul sont les tables de Kuester.

8-10 cm. de fil d'argent de 1 mm. de diamètre.
1 g. de laine d'argent.
Laine d'amiante pure (« amiante de creuset de Gooch pour analyse »).
Oxyde de cuivre fin et en fragments plus grossiers.
Oxyde de cuivre recouvert de chromate de plomb. (cf. p. 74).
Amiante sodée (« Merck », pour microanalyse).
Ouate, ordinaire, et séchée à 100°.
Les articles de platine et le reste de l'appareillage sont fournis par le laboratoire.

Préparation des appareils :

Charge du gazomètre à oxygène. — On ouvre les robinets *a* et *b* (Fig. 36) et remplit entièrement d'eau le réservoir inférieur. On referme les deux robinets, dévisse le couvercle *c*, introduit dans l'ouverture un tuyau de caoutchouc mis en communication avec un cylindre à oxygène comprimé, et remplit du gaz le réservoir inférieur. On revisse le couvercle *c* et remplit d'eau le réservoir supérieur. Le courant d'oxygène se dégage en *b* lorsqu'on ouvre simultanément *a* et *b*.

Le remplissage du gazomètre par l'air se passe de commentaires.

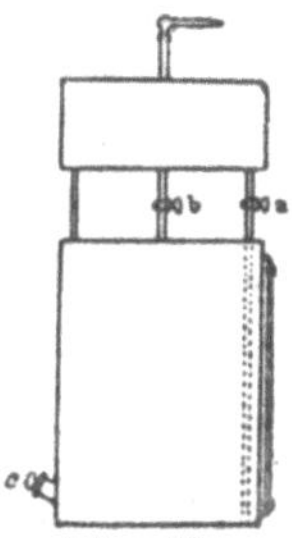

Fig. 36.

Régulateur de pression. — L'importante fonction de cet appareil consiste à assurer une vitesse constante au courant gazeux pendant toute la durée de la combustion. Le régulateur représenté sur la figure 35 se compose essentiellement d'un *gazomètre à cloche* plongeant dans un récipient à moitié rempli d'eau additionnée d'un peu de *soude caustique*; en faisant varier la hauteur du tube intérieur, maintenu par une fixation de liège, on peut obtenir la pression voulue, jusqu'à 15 cm. d'eau.

Les cloches du régulateur sont mises en communication avec le gazomètre général au moyen de longs tuyaux de caoutchouc, lesquels ont été soumis à un « vieillissement artificiel » ayant pour but d'éviter l'oxydation du caoutchouc neuf au contact de l'oxygène. Ce traitement, qui doit être appliqué à tous les tuyaux de communication du gazomètre au tube à combustion, s'effectue en portant 1 h. à l'étuve à 100-110° — sans dépasser cette température — le tuyau neuf, tout en y faisant en même temps circuler un courant d'air à l'aide d'une trompe à eau.

Les tuyaux de caoutchouc sont munis de pinces à vis permettant un réglage *précis* du débit du gazomètre. La vitesse de passage du gaz doit être telle qu'il se forme dans le régulateur de pression une bulle toutes les 10-15 sec. Les tubes abducteurs des deux régulateurs sont reliés par des tuyaux de caoutchouc soumis au vieillissement artificiel à un robinet à trois voies permettant de passer commodément d'une source de gaz à l'autre. On évite toute variation de la concentration de la lessive potassique contenue dans le *compteur à bulles* connecté après le robinet en intercalant entre celui-ci et le régulateur un petit tube contenant du *chlorure de calcium* en *gros* fragments.

Compteur à bulles et absorbeur d'humidité. — Le compteur à bulles est soudé à l'*absorbeur*, tube en U à bouchons rodés, contenant de l'amiante sodée et du chlorure de calcium.

L'appareil est nettoyé, séché et chargé comme suit : on introduit dans le tube en U, par son ouverture rodée la plus rapprochée du compteur à bulles, un *tampon d'ouate* épais jusqu'à courte distance du point le plus bas du coude, obture temporairement, en s'aidant d'un fil de fer, le tube conduisant au compteur avec un petit tampon d'ouate, et recouvre le tampon inférieur d'une couche de 0,5 cm. de *chlorure de calcium* ordinaire, (il n'est pas nécessaire d'employer du $CaCl_2$ particulièrement desséché), en tapotant légèrement ; on intercale un petit tampon d'ouate, ajoute encore de l'*amiante sodée* (« Merck » pour analyse) jusqu'à un niveau légèrement inférieur à celui du tube latéral, et maintient en place par un tampon d'ouate. On peut alors remplacer l'ouate insérée dans le tube latéral par un tampon très lâche et compléter le remplissage avec du *chlorure de calcium* ordinaire en gros fragments ; on recouvre d'un tampon d'ouate et adapte le bouchon rodé légèrement enduit de vaseline dans son logement bien essuyé (le rodage doit être à peine transparent).

On introduit dans le compteur, à l'aide d'un tube de verre étiré, inséré dans le tube adducteur libre, une solution de *potasse caustique à 50 % non-moussante*, dont le niveau doit dépasser légèrement l'extrémité inférieure du tube adducteur ; l'intérieur et l'extérieur de ce dernier sont ensuite nettoyés soigneusement avec un peu d'ouate.

On introduit dans le second tube latéral du tube en U — par le col rodé — un tampon lâche d'ouate *sèche*, obture le tube latéral au moyen d'un capuchon de caoutchouc, et remplit de *chlorure de calcium* la branche vide de l'U jusqu'au rodage en tapotant légèrement. Le chlorure de calcium est en morceaux de la taille de grains de riz ; il a été préalablement séché à 180-200° à l'étuve. La colonne est maintenue en place par un tampon d'ouate *sèche*, et le rodage enduit d'un peu de vaseline. Le compteur à bulle est relié au robinet triple au moyen d'un tuyau de caoutchouc de 25 cm., vieilli artificiellement. Le tout est suspendu par l'intermédiaire d'un étrier mobile à un support muni d'un crochet.

Il est *très important* de tenir toujours fermé par un capuchon de caoutchouc le tube latéral de l'absorbeur d'humidité relié à l'appareil de combustion tant qu'il ne circule pas de gaz ; on évite ainsi que le chlorure de calcium ne se détériore au contact de l'humidité atmosphérique. Lorsque celui-ci est épuisé à la sortie de l'appareil — l'amiante sodée a une activité beaucoup plus prolongée —, on le remplace par du chlorure frais introduit par l'ouverture rodée de façon à remplir de moitié environ la branche du tube en U.

L'absorbeur d'humidité est mis en communication avec le tube à combustion au moyen d'un raccord de verre qu'on se confectionne soi-même en prenant un capillaire de même diamètre extérieur que celui du tube abducteur de l'absorbeur, étiré en forme de cône allongé ; le capillaire est adapté contre le tube de l'absorbeur par un élément de tuyau de caoutchouc pour le vide, imprégné de vaseline fondue dans le vide ; il reste normalement attaché à l'absorbeur. Dès que l'appareil n'est plus en marche, on obture le raccord de verre au moyen d'une fermeture en caoutchouc faite d'un élément de tuyau épais à faible diamètre intérieur.

L'imprégnation dans le vide des tuyaux de communication de l'absorbeur d'humidité et des petits tubes supplémentaires par la vaseline s'effectue comme suit : On passe une ficelle à travers une série de tuyaux à vide de *petit* diamètre intérieur, de 1,5-2 cm. de long, et immerge le tout dans un ballon rond rempli aux 2/3 de *vaseline* fondue ; on obture le ballon d'un bouchon de caoutchouc en pinçant entre le col et le bouchon l'extrémité de la ficelle, évacue à la trompe et chauffe au bain-marie ; les gaz occlus s'échappent au début de l'opération en provoquant une mousse abondante ; on diminue momentanément le vide, et évacue de nouveau jusqu'à ce qu'il ne se dégage plus que des bulles isolées. Le chauffage ne doit pas être prolongé au delà d'une demi-heure pour éviter le gonflement du caoutchouc. Les tuyaux, après avoir été égouttés et essuyés extérieurement et intérieurement, sont prêts à être utilisés.

On connecte le tube à combustion en faisant pénétrer le capillaire dans le bouchon de caoutchouc du tube, la pointe en ressortant à peine. On s'aide pour cette opération d'un peu de glycérine, en essuyant soigneusement avec de l'ouate après la mise en place.

Charge du tube à combustion :

On façonne l'extrémité d'un *fil d'argent* (1 mm. d'épaisseur) en forme de spirale plate, et on le pousse, extrémité droite en avant, à l'intérieur du tube propre et sec, de manière à faire juste ressortir cette dernière du côté de l'étranglement ; la spirale sert à maintenir en place le fil dans le tube. L'argent empêche par sa très bonne conductibilité calorifique, la condensation de l'eau contre les parois de l'étranglement.

On repousse ensuite, à l'aide d'une baguette de verre arrondie, un tampon de *laine d'argent* (A. Buehne, Fribourg-en-Brisgau), introduit par la partie large du tube, jusqu'à l'étranglement, et l'y tasse modérément en une couche de 0,7 cm. de long ; on introduit à la suite un petit *tampon d'amiante pour creuset de Gooch*, calciné juste auparavant, et le presse légèrement sur une épaisseur de 2 cm. contre le tampon précédent.

On le fait suivre de 1,5 cm. d'*oxyde de cuivre* fin, d'un tampon de la même amiante et de 5 cm. d'oxyde de cuivre fin. Cette dernière couche sera réduite par un courant d'*hydrogène* une fois le remplissage terminé (voir plus loin) ; on dresse le tube verticalement pour y introduire l'oxyde, en frappant latéralement à petits coups du plat de la main, et assure sa mise en place au moyen d'un petit tampon d'amiante.

On installe à cet endroit une couche de 7 cm. d'*amiante en longues fibres* calcinée, que l'on introduit en trois portions, repoussées très légèrement l'une après l'autre à l'aide d'une baguette de verre — éviter une compression exagérée.

Ce dispositif fonctionne comme élément de « freinage » en s'opposant aux brusques variations du régime gazeux pouvant occasionner la sortie de vapeurs non comburées du tube ; il assure le passage constant de volumes gazeux égaux à travers la zone amiantée dans des temps égaux. Sa résistance doit être telle que, pour une pression d'environ 7-10 cm. d'eau dans le régulateur de pression, il passe 10 cc. de gaz à la minute ; ce débit est contrôlé après la mise en place du tampon-freineur au moyen d'un compteur à bulles étalonné de la manière indiquée ci-après.

La résistance de l'amiante est considérablement plus grande à chaud qu'à froid, aussi la mesure doit-elle s'effectuer pendant que le tube à combustion est *chauffé*.

On connecte le tube à combustion à l'absorbeur d'humidité, met en marche le four, ajuste la pression dans le régulateur à 5-7 cm. et, dès que le régime normal de température est atteint, détermine au chronographe la quantité de bulles formées en 10 sec., le robinet à trois voies étant complètement ouvert sur la position donnant accès à l'air. On met ensuite en communication l'étranglement du tube à combustion avec le flacon de Mariotte (voir plus loin) dont on manœuvre le tube mobile jusqu'à ce que l'on obtienne le même nombre de bulles en 10 sec. On mesure alors au moyen d'un petit cylindre gradué le volume d'eau écoulée du flacon de Mariotte en une minute exactement, et déduit de la durée de l'expérience et du nombre des bulles la *constante* du compteur. On ajuste la perméabilité du tampon-freineur par compression graduelle, en contrôlant au compteur, jusqu'à obtenir un débit de gaz de 10 cc. à la min. ; il vaut mieux cependant chercher un débit légèrement supérieur (12 cc. /min.), en raison de la résistance supplémentaire apportée par les réactifs qu'il reste à introduire dans le tube à combustion. L'étalonnage définitif du compteur à bulles ne se fait qu'une fois le remplissage entièrement terminé.

On installe à la suite du tampon d'amiante une couche de 2 cm. de *laine d'argent* — à mouler d'avance dans un tube hors d'usage pour faciliter son introduction et éviter de comprimer le tampon-freineur —, arrêtée par un petit bourrelet lâche d'*amiante*. On la fait suivre d'une couche de 14 cm. d'*oxyde de cuivre recouvert de chromate de plomb*, arrêtée de même ; l'introduction de celle-ci s'effectue en faisant tourner le tube sur lui-même et en le tapotant très légèrement sur le côté (ne pas le frapper sur la table).

Ce dernier réactif se prépare comme suit : on dépose de l'*oxyde de cuivre* grossier en couche mince sur une tôle métallique, chauffe au rouge très clair en promenant sur l'oxyde la flamme du chalumeau et saupoudre d'une fine couche de *chromate de plomb* pulvérisé ; celle-ci fond instantanément et adhère fortement à la surface de l'oxyde dont les fragments restent collés entre eux ; la masse est retournée et on applique le même traitement à sa face opposée. Elle se laisse facilement concasser au mortier après refroidissement et, une fois les poussières et les trop gros morceaux écartés, est prête à l'emploi.

La couche de $CuO-PbCrO_4$ mise en place à l'aide d'un tampon lâche d'amiante, on nettoie soigneusement le tube avec de l'ouate jusqu'à ce qu'elle ressorte propre, et introduit successivement : 1,5-2 cm. de *laine d'argent*, un petit tampon d'*amiante* lâche et enfin 2,5 cm. d'*amiante platinée* peu serrée — pouvant à la rigueur être remplacée par un rouleau de *treillis de platine* de 3 cm. de long. La dernière couche de laine d'argent doit être remplacée après 5 combustions successives de substances contenant des *halogènes* ou du *soufre*.

On examine comme précédemment la résistance au passage du gaz du tube complètement chargé, et étalonne définitivement le compteur à bulles. On chauffe au rouge le tube sur toute sa longueur en faisant circuler un courant *sec* d'air ou d'oxygène, et il peut alors être directement utilisé pour la combustion de substances *non-azotées* ; celle-ci s'opère en présence d'*oxygène* de préférence à l'air.

Avant de procéder à la combustion d'une substance *azotée*, il est nécessaire de réduire par l'*hydrogène* la couche de 5 cm. d'oxyde de cuivre comme on le fait pour le dosage de l'azote. On chauffe une demi-heure encore le tube après la réduction, en y faisant circuler un courant lent d'*azote sec* et laisse refroidir dans l'atmosphère d'azote que l'on déplace ensuite par l'*air*.

Cette réduction du cuivre doit être répétée au moins toutes les quatre combustions. Traité avec ménagements, le tube peut servir à plus de 100 opérations.

Appareils d'absorption et leur charge :

L'*eau* et l'*anhydride carbonique* produits par la combustion sont retenus dans des petits tubes-absorbeurs de verre mince, pourvus de deux robinets rodés (tube de Blumer-Berger, Fig. 37). Le diamètre extérieur de tous les tubes de dégagement des absorbeurs et celui du raccord du tube à combustion, côté étranglement, doivent être exactement les mêmes.

Un des bouchons rodés du tube à $CaCl_2$ fonctionne comme « trappe » à eau : sa base est percée d'un petit trou dans lequel est soudé un capillaire.

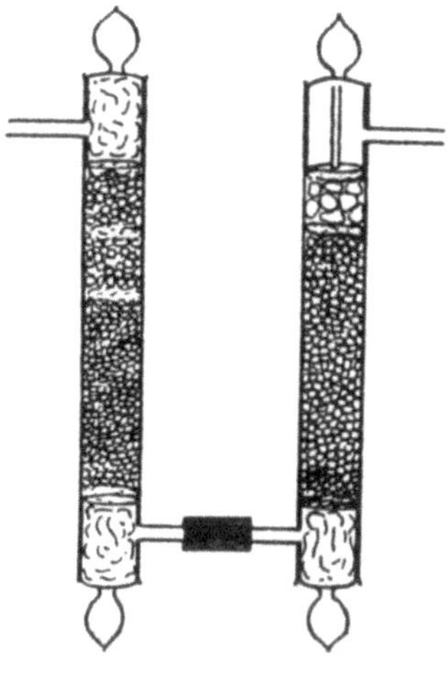

Fig. 37.

On nettoie et sèche le *tube à* $CaCl_2$ avant de le charger, et enduit légèrement de vaseline le bouchon rodé à capillaire — en enlevant avec un chiffon la vaseline sur une bande de 2 mm. au haut du rodage de façon à éviter la formation d'un bouchon de graisse lors de la mise en place. Le rodage doit être juste transparent et le bouchon ne tourner qu'avec une certaine résistance dans son logement. On essuie soigneusement avec un peu d'ouate l'excès de vaseline restée à l'ouverture et dans le tube latéral. On met en place le bouchon rodé et introduit un petit tampon d'*ouate*, 1 cm. de *chlorure de calcium en gros grains*, arrêté par un second tampon ; on complète la charge avec du chlorure de calcium en fragments de la grosseur de grains de riz, *desséché à 180-200°*, en s'aidant de légers coups frappés latéralement du plat de la main. Cette dernière couche est fixée à son tour par un tampon d'ouate *sèche*, le second bouchon, enduit comme le premier de vaseline, mis en place et l'excès de vaseline soigneusement essuyé. L'intérieur du bouchon est garni d'un tampon lâche d'ouate *sèche*.

Le chlorure de calcium renfermant des constituants *basiques*, il est nécessaire de saturer de CO_2 la charge avant son emploi.

On connecte à cet effet le tube latéral situé du côté du bouchon à capillaire avec un Kipp à CO_2, en intercalant un absorbeur d'humidité, fait passer un fort courant d'*anhydride carbonique* pendant 10 min. et abandonne une demi-heure le tube fermé en maintenant la pression du Kipp. On fait passer ensuite, à l'aide du flacon de Mariotte, 200 cc. d'air *sec* à travers le tube ; celui-ci est alors prêt à l'emploi.

La charge qu'on vient de décrire peut servir à 15 analyses au moins. Elle est à renouveler en même temps que celle du *tube à amiante sodée.*

Ce dernier est nettoyé et séché avant d'être rempli comme suit : On garnit d'un tampon d'*ouate* lâche l'intérieur d'un des bouchons rodés, on graisse le pourtour extérieur à la vaseline et le met en place. A l'aide d'un morceau d'ouate on forme un tampon immédiatement à l'entrée du tube et introduit à la suite, en tapotant légèrement les parois du tube, de l'*amiante sodée* (« Merck ») jusqu'aux 2/3, arrêtée par un petit tampon d'ouate ; cette couche est suivie d'un demi-centimètre de *chlorure de calcium* ordinaire, arrêté par un tampon d'ouate lâche, et de *chlorure de calcium en fragments de la grosseur de grains de riz,* séché à 180-200°, jusqu'à proximité immédiate du rodage ; on termine par une couche d'ouate *sèche* et met en place le bouchon enduit de vaseline. Le tube est immédiatement utilisable et peut servir à 15 analyses au moins. L'amiante sodée, en absorbant le CO_2, voit sa coloration grisâtre s'éclaircir peu à peu au cours des analyses : il est ainsi possible de contrôler son efficacité. Le tube doit être rechargé lorsque il ne reste plus qu'un cm. d'absorbant actif.

La couche intermédiaire de chlorure de calcium ordinaire est rendue nécessaire par la différence des tensions de vapeur au-dessus de l'amiante sodée et au-dessus du chlorure de calcium fortement desséché ; celle-ci est plus grande que la première.

Les tubes absorbeurs sont reliés entre eux à l'aide d'un joint de 2 cm. coupé dans un tuyau de caoutchouc à vide de *faible* diamètre intérieur, et au tube à combustion par un joint semblable de 1,5 cm. ; tous deux sont préalablement imprégnés de vaseline dans le vide (p. 72) ; les extrémités des tubes doivent présenter entre eux une surface de contact maximum ; on les émousse légèrement à la flamme en évitant de trop les arrondir. Pour éviter les inconvénients de diamètre pouvant être différents, on trace sur les tuyaux de caoutchouc des flèches indiquant le sens du courant gazeux, et on les monte toujours dans le même sens. L'intérieur des joints est glycériné à l'aide d'un tampon d'ouate imprégné de très peu de *glycérine* que l'on passe à travers le tuyau. Il est absolument indispensable d'essuyer soigneusement tout excès de glycérine avec un peu d'ouate sèche.

Flacon de Mariotte :

Le contenu assez tassé des absorbeurs offre au passage du gaz une résistance de quelques cm. d'eau ; aussi est-il nécessaire de créer une légère surpression dans la jonction située entre le tube à chlorure de calcium et l'étranglement du tube à combustion pour contre-balancer cette résistance ; l'effet de cette pression pourrait cependant compromettre sérieusement le dosage quantitatif des produits de la combustion : ceux-ci étant à cet endroit à leur plus forte concentration, les risques de pertes vers l'extérieur auraient des conséquences d'autant plus no'ab'es. La meilleure façon de procéder consiste à maintenir dans la jonction une pression aussi rapprochée que possible de la *pression atmosphérique* ; on y parvient à l'aide du *flacon de Mariotte*, lequel permet de créer dans les absorbeurs une dépression déterminée et facilement réglable.

La disposition du flacon de Mariotte est indiquée sur la figure. Le *tube mobile* latéral est fixé dans l'ouverture inférieure du flacon par un bouchon de liège (ne pas employer le caoutchouc) de façon à pouvoir prendre n'importe quelle position. Le tube adducteur, recourbé deux fois à angle droit, porte un robinet de verre permettant de mettre le flacon hors circuit sans modifier la position du tube mobile. Un tuyau de caoutchouc relie le flacon à un petit *tube à chlorure de calcium* comportant deux tubes recourbés à angle droit. Pendant l'analyse le tube à chlorure de calcium est connecté directement à l'absorbeur à amiante sodée ; on le ferme d'un *capuchon de caoutchouc* lorsque l'appareil n'est pas en service.

Conduite de la combustion

Pesée :

La principale cause d'erreurs lors de la pesée des tubes-absorbeurs provient de la pellicule d'eau adhérant à la surface du verre, pellicule dont l'état varie considérablement suivant les conditions extérieures. Il est nécessaire pour cette raison de procéder avant comme après la combustion à des manipulations rigoureusement identiques et de faire les pesées à des moments précis. La différence de poids ne peut donc être exacte que si l'on reste strictement dans des « conditions déterminées ».

Le tube à amiante sodée chargé est soigneusement essuyé, d'abord avec deux *chiffons de flanelle* légèrement humides, puis avec deux *peaux de chamois :* on part du milieu du tube et fait glisser les chiffons le long du verre en tournant et pressant légèrement (éviter de frotter ou d'exercer une forte pression). On essuie ensuite l'intérieur des tubes latéraux avec un *tampon d'ouate* propre enroulé autour d'un fil de fer — ne pas trop s'approcher du rodage pour éviter d'entraîner de la vaseline. On essuie encore une fois, pour terminer, le tube-absorbeur avec deux peaux de chamois, lesquelles doivent alors glisser facilement le long du verre, et le dépose sans le toucher des doigts, sur une armature de fil de fer (genre appui pour porte-plume) placée à proximité immédiate de la balance, en notant l'heure.

On effectue les mêmes manipulations avec le tube à chlorure de calcium, et profite du refroidissement des deux tubes pour peser la substance.

On détermine ensuite le *zéro* de la balance, saisit à l'aide d'une peau de chamois sèche le tube à amiante sodée — les tubes ne doivent plus être touchés avec les doigts après avoir été essuyés — en ouvre rapidement un des bouchons pour égaliser la pression et le dépose sur l'étrier métallique du plateau de gauche de la balance en utilisant la fourchette d'aluminium représentée par la figure 38. Le tube est supporté par l'étrier en deux points.

On place les poids sur le plateau de droite — la tare doit toujours se faire avec les mêmes poids pour une même analyse — et fait une première lecture *approximative* 10 min. après l'essuyage en ajoutant des poids d'un centigramme jusqu'à ce que le cavalier puisse être placé très près du zéro de son échelle.

La pesée *exacte* est faite 15 min. après l'essuyage. On pèse le tube à $CaCl_2$ immédiatement après.

Une fois la combustion terminée, on essuie de la même façon qu'auparavant les absorbeurs et les pèse dans le même délai. Le poids exact ayant été déterminé à la quinzième minute, on dépose rapidement les centigrammes correspondant à l'accroissement de poids, déplace le cavalier jusqu'à l'encoche de la première pesée près du zéro de l'échelle et contrôle à nouveau la position de l'aiguille ; celle-ci est alors quelque peu différente, les centigrammes et les divisions de l'échelle du cavalier ne concordant pas parfaitement. On parvient à effectuer de cette manière, à l'aide du cavalier seul, la pesée après la combustion suivante, en évitant d'avoir recours aux poids additionnels, qui devraient être étalonnés auparavant.

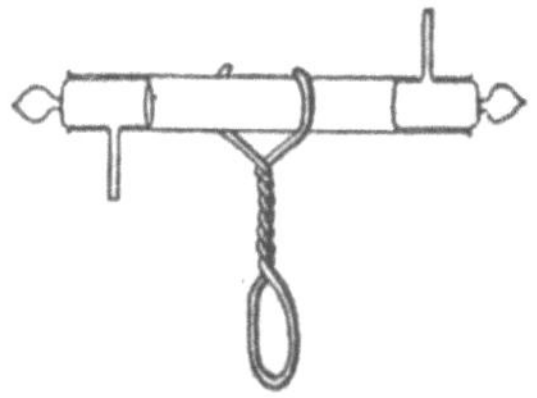

Fig. 38.

On pèse la *substance* dans une *nacelle de platine* ouverte. Les substances *hydroscopiques* nécessitent l'emploi d'un petit flacon à peser.

On nettoie la nacelle en la traitant à ébullition par l'acide nitrique dilué dans une éprouvette, la chauffe rapidement au rouge sur la flamme non-éclairante d'un Bunsen et la laisse refroidir 20 sec. environ sur un bloc de cuivre nickelé. On la dépose ensuite à l'aide d'une pince sur le plateau de la balance et la pèse à 0,01 mg. près. On introduit la substance, en intercalant entre la nacelle et la table une feuille de papier-filtre propre, enlève les poussières à l'extérieur avec un pinceau fin et pèse à nouveau avec la même exactitude. 20-30 mg. de substance suffisent à la détermination du carbone et de l'hydrogène. On dépose la nacelle pesée sur le bloc de cuivre et la recouvre d'une petite capsule de verre.

La combustion

On met en marche le four électrique pendant que les absorbeurs se refroidissent, en faisant circuler de l'*air* dans le tube à combustion au régime normal de l'analyse (1). Si l'on n'est pas très sûr de la parfaite dessiccation du tube, et toutes les fois que ce dernier n'a pas servi depuis un certain temps, on prendra la précaution avant d'effectuer une série d'analyses d'en chauffer rapidement la partie vide avec un Bunsen, au moment où le four atteint son régime normal, en faisant en même temps circuler de l'*air*. L'endroit chauffé est protégé par un rouleau de treillis métallique et le bouchon de caoutchouc par un écran d'amiante. On commence à chauffer à 1 cm. de ce dernier, en déplaçant peu à peu le brûleur dans la direction du four ; on écarte ensuite la flamme arrivée à la hauteur de ce dernier, repousse le rouleau jusqu'à l'autre extrémité du tube et en laisse refroidir la partie dépassant le four avant d'y introduire la nacelle contenant la substance.

Les absorbeurs une fois pesés, on adapte au tube latéral du *tube à chlorure de calcium* voisin du bouchon rodé à capillaire le joint de caoutchouc de 1,5 cm. jusqu'en son milieu, et relie par le joint de 2 cm. l'autre tube latéral au *tube à amiante sodée* par l'abducteur donnant directement sur la charge d'amiante sodée. On vérifie l'herméticité des joints et suspend le tout à un support.

On contrôle rapidement au chronographe la fréquence des bulles en 10 sec., et modifie s'il y a lieu le régime du régulateur de pression de manière à obtenir un débit de 9-10 cc. d'air (resp. d'oxygène) à la minute, déterminé à l'aide du compteur à bulles étalonné.

Le dérèglement du compteur à bulles provient généralement de la concentration progressive de la solution alcaline avec le temps ; il suffit alors de la remplacer par une lessive fraîche, éventuellement même plus diluée, mais il est alors nécessaire d'étalonner à nouveau l'appareil. Une autre cause d'erreurs peut être due à l'agglomération du chlorure de calcium dans l'absorbeur d'humidité ou dans le tube-sécheur voisin du gazomètre à cloche. Il est indispensable d'éviter absolument tout retour de la lessive dans le tuyau de caoutchouc conduisant au robinet à trois voies.

On adapte hermétiquement l'absorbeur à $CaCl_2$ à l'étranglement du tube à combustion et relie l'absorbeur à amiante sodée au tube à $CaCl_2$ du flacon de Mariotte. On retire le bouchon de caoutchouc du tube à combustion, écarte légèrement le support de l'absorbeur d'humidité pour se donner de la place, soulève

(1) On observe au début du chauffage un ralentissement sensible des bulles dans le compteur, quoique le régulateur de pression n'ait subi aucune modification ; ce phénomène provient de ce que le tampon-freineur d'amiante s'oppose à l'atteinte immédiate de l'équilibre de la pression, celle-ci augmentant sous l'effet de la chaleur. Tout accroissement de pression dans le tube se manifeste ainsi par un ralentissement de la fréquence des bulles, ce qui permet par ailleurs de suivre avec précision la marche de l'analyse.

jusqu'à l'embouchure du tube le bloc de cuivre portant la nacelle, introduit celle-ci à l'aide d'une pince et la repousse avec une baguette de verre jusqu'à 4-5 cm. du four ; on remet en place le bouchon sans le forcer, en s'aidant éventuellement d'un peu de glycérine, et insère dans son trou central le raccord capillaire de l'absorbeur d'humidité, en en faisant juste dépasser la pointe à l'intérieur. L'introduction de la substance dans le tube doit se faire aussi rapidement que possible pour éviter l'entrée de l'humidité atmosphérique.

On ouvre les robinets des absorbeurs et celui du flacon de Mariotte, et contrôle la fréquence des bulles ; une différence d'une ou deux unités dans le nombre des bulles formées en 10 sec. ne présente aucun inconvénient. On rétablit si nécessaire la fréquence normale en manœuvrant le tube mobile du flacon de Mariotte ; l'eau qui s'écoule de ce dernier pendant l'analyse est recueillie dans un cylindre gradué de 500 cc.

L'étrier de cuivre, dont le rôle est de conduire la chaleur du four, est mis en place sur l'étranglement et le tube latéral du tube à $CaCl_2$, (le bon contact du métal sur le verre doit être vérifié ; la condensation de l'eau dans le tube latéral est ainsi évitée.

On procède alors à la combustion proprement dite.

(On s'assure au préalable que le gazomètre à cloche puisse renfermer en permanence du gaz pendant toute la durée de l'analyse (air ou oxygène), le débit étant d'une bulle toutes les 10 à 15 sec). Lorsque le tube est rouge à l'intérieur du four, on place le rouleau mobile de 5 cm. de façon que son extrémité antérieure soit au voisinage immédiat de la nacelle, et en chauffe l'autre extrémité sur la flamme non-éclairante poussée au maximum d'un Bunsen. Le ralentissement des bulles occasionné par le chauffage ne dure qu'un instant. Les particules de substance les plus rapprochées de la source chauffante se mettent à fondre au bout de quelques instants, à distiller et dans certains cas à sublimer. Le *brûleur et le rouleau ne doivent être déplacés que lorsque l'on n'observe plus de changements dans l'aspect de la substance.* On fait avancer, alors seulement, la source chauffante de la manière suivante : on repousse toutes les deux minutes environ de 2-3 mm. le rouleau dans la direction du four et avance en même temps le brûleur de façon que la flamme vienne toujours lécher la partie postérieure du treillis. La fréquence des bulles ralentit chaque fois temporairement et il est nécessaire d'opérer le déplacement assez lentement pour maintenir l'excès d'oxygène. Un nouveau déplacement ne se fait qu'après que les bulles aient repris leur fréquence normale. *Il faut donc contrôler en même temps les modifications de l'aspect de la substance et le compteur à bulles.*

Si la source chauffante est avancée trop rapidement, les vapeurs peuvent revenir en arrière dans le tube ; on veillera à ce qu'il n'y ait ni arrêt ni retour dans le compteur. Il se forme en général au fond du tube, immédiatement après la nacelle, une forte condensation, qui a pour résultat entre autres de faciliter notablement la conduite de l'analyse, l'observation des changements dans l'état du liquide pouvant être faite avec une très grande précision.

Le véritable art de la combustion consiste dès lors à évaporer le liquide avec une lenteur calculée, en tenant compte du fait que la conductibilité calorifique augmente considérablement dès que le brûleur arrive sous la nacelle de platine, et qu'il faut alors ralentir d'autant les opérations.

Lorsque les dernières traces du liquide se sont volatilisées, on chauffe le tube à la hauteur de la nacelle en interposant le rouleau mobile, jusqu'à ce que nacelle et tube soient juste portés au rouge ; on chauffe de même rapidement au rouge sombre l'espace compris entre la nacelle et le four. Le carbone provenant de la décomposition de la substance est en général ainsi très vite brûlé ; la flamme peut être promenée sur le haut du tube si nécessaire. S'il se forme un *dépôt carbonisé compact et peu combustible*, on laisse refroidir pour permettre au charbon d'absorber l'oxygène, puis chauffe à nouveau ; le dépôt brûle alors rapidement, surtout si l'on opère avec un courant d'oxygène, de même débit, mis en circulation seulement apres la volatilisation du liquide en atmosphère d'air. Cette méthode ne doit être utilisée que pour les résidus carbonisés très résistants. Lorsque le résultat est atteint, on remplace à nouveau l'oxygène par de l'air pour éviter d'endommager la couche de cuivre réduit.

Il peut arriver au cours de l'analyse que la fréquence des bulles s'élève notablement ; ce phénomène est dû à la dépression résultant de la forte absorption dans le tube à amiante sodée du CO^2 dégagé par la combustion ; l'écoulement du flacon de Mariotte se ralentit en même temps et peut parfois s'arrêter temporairement. Ces phénomènes ne nuisent pas à la marche de l'analyse, sauf à la rigueur dans le cas où le joint au niveau de l'étranglement, n'étant pas parfaitement hermétique, pourrait donner lieu à une rentrée d'air. On peut cependant considérer qu'étant donnée la courte durée de la perturbation l'erreur est négligeable. Il faut en tous cas s'abstenir d'essayer de contrebalancer la dépression en manœuvrant le tube mobile du flacon de Mariotte ; l'écoulement normal ne tarde pas à se rétablir automatiquement.

Le déplacement du Bunsen en direction du four prend 15-20 min. — 30 min. pour les substances difficilement combustibles — ; on repousse alors le treillis et le brûleur à l'extrémité du tube et déplace le four électrique jusqu'à ce que la *couche de cuivre réduit* en ressorte presque complètement ; on préserve ainsi cette couche qui pourra resservir à l'analyse suivante. On chasse complètement les produits de la combustion dans les absorbeurs en faisant passer encore 180 cc. d'air à travers le tube ; on en chauffe rapidement en même temps au rouge avec le Bunsen la partie vide, en commençant à 1 cm. du bouchon et en interposant le rouleau mobile. On coupe le courant du four au moment où 150 cc. d'eau se sont écoulés, ferme le robinet du flacon de Mariotte lorsque la totalité de l'air a passé, ferme ensuite ceux des absorbeurs et détache ces derniers du tube à combustion que l'on obture d'un capuchon de caoutchouc en le laissant refroidir à la pression du gazomètre à air ; le tube est ainsi immédiatement prêt pour l'analyse suivante. Les absorbeurs sont pesés après avoir subi les manipulations décrites plus bas.

Liquides :

On pèse les substances liquides destinées à l'analyse dans un récipient spécial en verre Supremax (1) consistant en un tube d'environ 4 cm. de long à bouchon rodé, pourvu de supports de verre au voisinage de son ouverture et d'un petit crochet de verre soudé à son autre extrémité (ce dispositif permet de déplacer l'appareil dans le tube à combustion à l'aide d'un fil de fer recourbé).

On nettoie le tube à peser, y introduit un petit cristal de *chlorate de potassium* que l'on fait fondre légèrement sur une petite flamme, et laisse refroidir. On pèse ensuite à 0,01 mg. près et introduit 20-30 mg du liquide à analyser au moyen d'un capillaire fin. On adapte le bouchon rodé dans le cas de substances particulièrement volatiles. Le tube à peser est introduit dans l'appareil à combustion avec son ouverture dirigée contre la charge à 7-9 cm. du four ; s'il a dû être fermé pour la pesée, on l'ouvre juste avant de l'introduire et glisse également le bouchon dans le tube à combustion (le bouchon porte aussi un crochet de verre).

Étant donné la volatilité plus grande des liquides, leur combustion doit en général être conduite plus graduellement que celle des substances solides.

Pesée des absorbeurs. — On procède à la manipulation et à la pesée des absorbeurs en suivant exactement les prescriptions déjà données (p. 77).

Pendant le refroidissement du tube à combustion, on en retire la nacelle à l'aide d'un fil de platine recourbé en forme de crochet, la calcine rapidement dans la flamme non-éclairante d'un Bunsen, laisse refroidir (sur le bloc de cuivre) et pèse la substance destinée à l'analyse suivante.

Il est important, immédiatement après la pesée définitive des absorbeurs, de ne pas oublier d'ajouter à la tare les poids d'un centigramme équivalents à l'accroissement de poids, et de déterminer la nouvelle tare après avoir repoussé le cavalier jusqu'à l'encoche convenable du début de l'échelle.

(1) A. Friedrich, *Z. ang.* *45*,477 (1932).

Calculs :

La teneur en Carbone et en Hydrogène se déduit des formules suivantes :

$$\% \, C = \frac{CO_2 \text{ trouvé}}{\text{subst.}} \cdot \frac{300}{11}$$

$$\% \, H = \frac{H_2O \text{ trouvée}}{\text{subst.}} \cdot \frac{201{,}6}{18{,}016}.$$

Les calculs peuvent s'effectuer à l'aide des Tables logarithmiques de Küster. Les limites d'erreurs sont pour le Carbone ± 0,3 %, pour l'Hydrogène + 0,2 et — 0,1 %. De bonnes analyses donnent des résultats généralement de 0,1 % trop faibles pour le C et de 0,1 % trop forts pour l'H.

III. — Dosage des Halogènes, du Soufre et d'autres éléments

Lorsqu'une substance contient, à côté du Carbone, de l'Hydrogène et de l'Azote, d'autres éléments, ceux-ci sont analysés par l'une des deux méthodes classiques suivantes : 1° oxydation à chaud de la substance en tube scellé par l'acide nitrique fumant (Carius) ; 2° oxydation par un courant d'oxygène sous l'action d'un catalyseur de contact au platine (Dennstedt).

On dose les halogènes sous forme d'*halogénures d'argent* — on préfère doser l'iode comme *acide iodique* —, le Soufre sous forme de *sulfate de baryum* et le phosphore sous forme de *pyrophosphate de magnésium.*

1. — *Dosage des Halogènes d'après Carius*

Matériel et réactifs nécessaires :

Tubes à sceller en verre d'Iéna peu fusible (longueur : 35 cm., diamètre intérieur : 2,5 cm. ; épaisseur des parois : 1,2 mm.) (1).

Acide nitrique fumant (D. 1,5).

Nitrate d'argent solide.

Tubes à filtrer de petites dimensions, à plaque filtrante en verre d'Iéna fritté (13 f G2).

Alcool exempt d'halogènes et acide nitrique dilué (1 : 100).

Préparation du tube de Carius. — On nettoie d'abord le tube au mélange acide sulfurique-bichromate, rince à l'eau et sèche à la trompe en chauffant légèrement.

On pèse la substance dans un petit tube muni d'une tige de 8-10 cm. (Fig. 39), qu'on se confectionne à l'aide d'une éprouvette ; le tube est placé pour la pesée sur une armature métal-

(1) Ces tubes peuvent servir à 3-4 analyses.

lique. Lorsque son poids a été *approximativement* déterminé, on pèse à 0,01 mg. près 20-30 mg. de la substance à analyser, introduit le plus loin possible le tube à peser à l'intérieur du tube de Carius horizontal et redresse ce dernier pour y laisser tomber la substance ; le tube à peser est retiré avec précaution et la différence de poids déterminée avec *exactitude* par une nouvelle pesée.

On verse ensuite dans le tube 60-90 mg. de *nitrate d'argent* finement pulvérisé suivant la quantité de substance introduite (1,5 fois environ le poids de nitrate correspondant à la teneur présumée en halogène), et directement après, s'il s'agit d'un composé ne réagissant que lentement à froid avec l'*acide nitrique fumant*, 1-1,5 cc. de ce dernier. Pour les substances réagissant vivement à froid déjà il faut opérer comme suit : on introduit l'acide dans un tube à essais à fond rond de 6 cm. de long et 0,8 cm. de diamètre que l'on fait descendre avec précaution jusqu'au fond du tube de Carius tenu obliquement; en opérant avec soin on évite ainsi que la substance n'entre prématurément en contact avec l'acide.

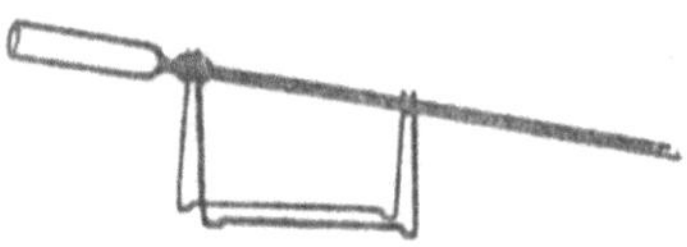

Fig. 39.

Scellement du tube. — La résistance du tube à la fusion nécessitant l'emploi d'air oxygéné on connecte en dérivation sur l'arrivée d'air du chalumeau le tube abducteur d'un cylindre à oxygène comprimé.

On saisit le tube par son milieu avec la main gauche, l'incline autant que possible — sans que l'acide nitrique coule sur la substance si celle-ci est très attaquable — et présente l'extrémité ouverte du tube à la flamme éclairante ; on augmente progressivement la force de la flamme, en insufflant à la fin de l'oxygène, jusqu'au ramollissement du verre ; le tube tourné lentement et régulièrement pendant toute la durée de l'opération. On fait fondre en même temps l'extrémité d'une baguette de verre, l'introduit dans le tube, et, lorsque les deux verres sont bien soudés, amène la baguette dans l'axe du tube.

On chauffe un peu plus bas, à l'endroit où le tube est cylindrique, avec une flamme à peine éclairante puis avec insufflation modérée d'oxygène, de façon à ramollir le verre. En continuant à tourner le tube et en exerçant de faibles pressions, on fait se rejoindre les parois du verre à l'intérieur du tube ; lorsqu'on est parvenu à provoquer ainsi un fort épaississement local, on retire lentement la baguette de façon à former un capillaire à *parois épaisses* ; on scelle ce dernier sur une flamme en forme de dard, avec insufflation d'oxygène, et le laisse se refroidir à la température de la flamme éclairante.

On porte ensuite le tube dans l'étui métallique du four-canon, en laissant dépasser de quelques cm. la pointe du capillaire ; on peut ajouter du sable dans l'étui pour plus de sécurité.

Le tube ne doit en aucun cas être sorti de l'étui ou du local du four avant d'avoir été ouvert.

Chauffage du tube. — On introduit l'étui métallique avec le tube dans le four-canon, le capillaire dirigé contre le pare-éclats, et referme le four ; la disposition de celui-ci permet de chauffer simultanément plusieurs tubes. On allume tous les brûleurs et chauffe graduellement jusqu'à la température voulue en réglant le robinet principal. Les composés halogénés *aliphatiques* (ainsi qu'un certain nombre de substances contenant du soufre) doivent être chauffés à 250° environ, et ceux de la série *aromatique* (y compris les acides sulfoniques) à 300° environ. La plupart des substances sont intégralement oxydées en 3-4 h. ; on prolonge le traitement de quelques heures pour les composés aromatiques.

Ouverture et évacuation du tube. — On attend que le refroidissement soit *complet* pour sortir du four le tube avec son étui, évapore sur une petite flamme éclairante le dépôt d'humidité sur le capillaire, que l'on chauffe ensuite dans le dard du chalumeau (port de lunettes de protection nécessaire).

Les gaz sous pression du tube traversent le capillaire ramolli, et l'on peut alors extraire le tube de son étui et s'assurer de l'entière décomposition de la substance (au cas contraire, il est nécessaire de sceller à nouveau le tube et de le chauffer quelque temps encore).

Si la substance est bien décomposée, on scelle l'extrémité du capillaire et dirige le dard du chalumeau à oxygène sur un point du tube situé un peu au-dessous, dans une région cylindrique, jusqu'à ce qu'il se perce à cet endroit. On continue à ramollir le verre autour du trou avec le dard du chalumeau en agrandissant l'ouverture au moyen d'une baguette de verre jusqu'aux deux tiers du pourtour du tube. Lorsque le verre est suffisamment ramolli, on rabat de côté l'extrémité supérieure en formant un goulot et détache la baguette.

Après avoir nettoyé l'extérieur du tube, on verse prudemment 10 cc. environ d'eau. L'éprouvette ayant servi à l'introduction de l'acide nitrique flotte à la surface du liquide ; on la saisit à l'aide d'une pince allongée, la vide dans un petit bécher à fond rond (longueur : 15 cm., largeur : 3-3,5 cm.) et rince à l'eau distillée. On triture l'*halogénure d'argent* resté dans le tube à l'aide d'une baguette de verre et le transvase quantitativement dans le bécher par des lavages réitérés. L'halogénure adhérant fortement aux parois en est écarté avec la baguette, les dernières traces lavées avec un peu d'*alcool* (exempt d'halogène) et d'eau.

Filtration et séchage de l'halogénure d'argent. — Le précipité rassemblé dans le bécher est chauffé au bain-marie bouillant. S'il s'agit d'*iodure* ou de *bromure d'argent*, on chauffe pendant 2 h., ces sels formant des combinaisons solides avec le nitrate d'argent qui ne sont que lentement décomposées par l'eau. Le dosage de l'iode nécessite en plus la réduction préalable de l'*iodate d'argent* formé, par addition d'une solution d'*acide sulfureux* pur.

On filtre le précipité sur un petit tube à plaque de verre fritté (Cf. Fig. 40) dans lequel on introduit une suspension d'*amiante fine pour creusets de Gooch* — cette amiante doit former un dépôt de 2 mm. sur la plaque filtrante lorsqu'on fait le vide au-dessous. Avant d'utiliser le tube, on filtre sur l'amiante une petite quantité de chlorure d'argent précipité à froid, jusqu'à ce que le filtrat ressorte clair.

On rince le tube à l'eau avant la filtration, le remplit d'*alcool* à 96 %, aspire lentement à la trompe et sèche 10 min. à 130-140° dans le bloc-sécheur de cuivre en faisant circuler un courant d'air lent. On empêche l'accès des poussières en disposant dans le filtre un bouchon de liège non poreux portant un petit tube de verre rempli d'ouate comprimée et muni d'une tige.

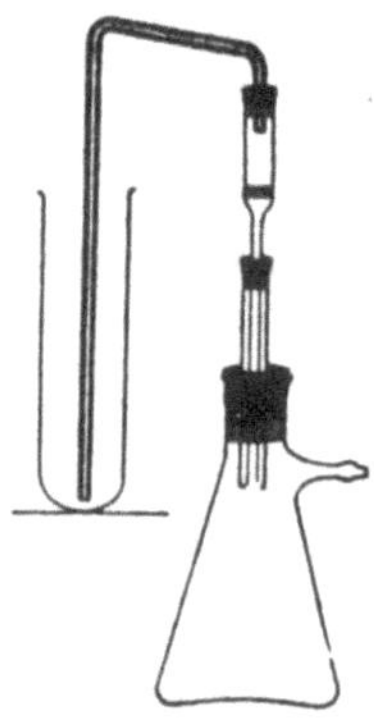

Fig. 40.

On essuie le filtre sec de la même manière que celle qui a été indiquée pour les absorbeurs servant au dosage de Carbone et de l'Hydrogène (p. 77) et pèse 15 min. exactement après ; on note en même temps la position du zéro de la balance.

Le précipité d'*halogénure d'argent* est transféré dans le filtre à l'aide d'un tube coudé bien propre (Fig. 40), qui y est fixé au moyen d'un bouchon de caoutchouc. On fait plonger le tube jusqu'au fond du bécher et aspire le précipité avec une vitesse modérée (environ 2 gouttes à la sec.) ; on rince avec un peu d'*alcool* et, après aspiration de l'alcool, avec un peu d'*acide nitrique très dilué* (1 : 100). On répète si nécessaire, en rinçant à l'alcool puis à l'eau. On lave à l'alcool l'extrémité du tube coudé donnant dans le filtre, remplit complètement ce dernier d'alcool et, après passage du solvant, sèche 10 min. le filtre à 130-140° au bloc de cuivre en aspirant de l'air. La pesée est faite 15 min. après.

La méthode de Carius est très exacte mais un peu longue. Il est préférable de doser l'*iode* d'après la méthode de Leipert (p. 89) et le *chlore* et le *brome* d'après la méthode qui suit.

2. — *Dosage argentométrique du Chlore et du Brome à l'aide d'indicateurs d'adsorption*

La méthode consiste à brûler la substance par un courant d'*oxygène* dans un tube contenant des perles de verre, en présence d'un catalyseur de contact au *platine* ; les gaz dégagés par la combustion sont absorbés par un dispositif rempli de perles et contenant une solution d'*eau oxygénée* à 5 %. L'absorption est assurée et accélérée par la dispersion de l'absorbant sur une grande surface ; l'halogène élémentaire est réduit en ion par action de l'eau oxygénée. Après avoir rincé le tube on dose l'ion en solution d'après la méthode de K. Fajans (1), en titrant directement par une *solution neutre de nitrate d'argent* en présence d'indicateurs colorés organiques (*indicateurs d'adsorption*).

Matériel et réactifs nécessaires :

Tube à combustion en verre Supremax (longueur : 60-70 cm., diamètre intérieur : 0,9 cm. ; épaisseur des parois : 1 mm. ; une extrémité est étranglée et se termine en tube épais d'un à deux cm. de long et d'un mm. de diamètre intérieur ; l'autre partie du tube contient sur 28-30 cm. un empilement de fragments de baguettes de verre d'Iéna, longs de 2-3 mm., larges de 2 mm.; cette couche est arrêtée par une spirale de verre résistant soudée aux parois du tube).

3 grilles de platine longues de 5 cm. chacune.

Perhydrol neutre (« Merck »).

Solution neutre de nitrate d'argent N /50.

Solution de dichlorofluoresceine à 0,01 % dans l'alcool à 60 % (indicateur pour le Cl').

Solution aqueuse de sel sodique de l'éosine à 0,1 % (indicateur pour le Br').

Préparation du tube à combustion. — On nettoie soigneusement le tube, et aspire dans la partie contenant des fragments de verre, en intercalant une petite allonge remplie d'ouate, une solution d'*eau oxygénée* à 5 % jusqu'à la spirale. — la solution est préparée juste avant l'analyse par dilution du *perhydrol* — ; on égoutte ensuite l'absorbant dont on ne garde que 2-3 cc., suffisant amplement à imbiber le verre. On coiffe d'une éprouvette propre la partie du tube contenant les fragments et installe le tout dans le logement du four. Les catalyseurs sont traités à ébullition par de l'*acide nitrique* dilué (1 : 1), calcinés fortement et introduits à la suite les uns des autres dans le tube ; le premier est placé à 6 cm. de la spirale, chacun étant séparé de son voisin de 2 cm.

La portion du tube dépassant du four — région de l'absorbant et 5 cm. de partie vide — est maintenue par un support à fourche. Un écran d'amiante est placé sur le tube, contre la paroi du four.

On place un rouleau fixe de toile de fer de 20 cm. de long autour de la partie du tube contenant le catalyseur, recouvre cette partie d'un dôme de toile métallique — formant écran pour concentrer la chaleur de la rampe à gaz placée au-dessous — et un second rouleau de 5 cm., servant au brûleur mobile (Fig. 41).

(1) K. FAJANS et H. WOLFF, *Z. f. anorg. Chem.*, *137*, 221 (1924) ; cf. I. M. KOLTHOFF, *Z. anal. Chem. 70*, 369 (1927) ; *71*, 235 (1927) ; *J. Am. Soc. 51*, 3273 (1929) ; B. BOBRANSKI, *Z. anal. Chem.*, *84*, 225 (1931) ; F. HOELSCHER, *Z. anal. Chem.*, *96*, 308 (1934).

20-30 mg. de substance destinée à l'analyse des halogènes sont pesés de la manière habituelle dans une nacelle de platine, et celle-ci déposée dans le tube à 6-7 cm. de l'extrémité antérieure du rouleau fixe. On obture le tube par un bouchon de caoutchouc et un capillaire étiré en pointe fine ; le tout est mis en communication avec un gazomètre à oxygène, par l'intermédiaire d'un petit compteur à bulles contenant une solution de potasse caustique à 50 %.

Lorsqu'il s'agit d'analyser un *liquide*, on pèse la substance comme pour la détermination du Carbone et de l'Hydrogène, et introduit le tube à peser dans le tube à combustion jusqu'à 8-10 cm. de l'extrémité antérieure du rouleau fixe. Si le liquide est très peu combustible, on remplace le chlorate de potassium par du *nitrate d'ammonium.*

Conduite de la combustion. — Une fois la nacelle introduite, on ajuste la vis de serrage de précision de manière à faire circuler l'oxygène à raison de 7-9 cc. par min. (le compteur à bulles a été préalablement étalonné au moyen d'un flacon de Mariotte — cf. p. 76 —) ; on chauffe alors le catalyseur au rouge-clair avec la rampe. Cette température atteinte, on fait glisser jusqu'à quelques mm. de la nacelle le rouleau mobile, et en chauffe l'extrémité postérieure avec la flamme non-éclairante du Bunsen. On attend que les modifications subies par la substance chauffée aient pris fin avant de déplacer davantage rouleau et brûleur (de 2-3 mm. toutes les 2 min. environ).

Il est nécessaire d'opérer avec plus de précautions encore dans le cas de substances distillant après fusion, en immobilisant la source chauffante aussi longtemps que la goutte de distillat se formant entre la nacelle et le catalyseur continue à s'accroître. On arrête quelques minutes le déplacement au moment où le bord de la flamme est arrivé à la hauteur de la nacelle, en suivant avec attention l'évolution de l'évaporation lorsque le brûleur est immobilisé à cet endroit.

La combustion doit durer 30 min. au minimum ; si l'opération est menée plus rapidement, la combustion complète et l'absorption quantitative ne peuvent plus être garanties.

Dans le cas de *liquides*, on place le rouleau mobile, avant le début de la combustion, à 1-3 cm. au plus du tube à peser suivant la volatilité de la substance traitée ; on immobilise le brûleur dès que la substance commence à distiller et ne l'avance qu'à la fin de la distillation. On continue comme pour les solides, en opérant plus lentement.

Rinçage du tube et titration. — On retire la nacelle après refroidissement, fixe le tube en position verticale sur un support, et remplace l'éprouvette inférieure par un erlenmeyer propre de 100-150 cc. On rince l'intérieur du tube par un jet de 10 cc. d'eau environ, en chassant le liquide dans l'erlenmeyer au travers de la zône des fragments au moyen d'une poire de caoutchouc. On répète trois fois l'opération, avec 10 cc. d'eau par lavage, rince la partie étranglée et ajoute le contenu de l'éprouvette à celui de l'erlenmeyer, en rinçant cette dernière.

On neutralise avant la titration les acides minéraux formés par quelques gouttes d'une solution saturée d'*acétate de sodium* exempte d'halogene jusqu'à ce que la solution ne présente plus qu'une *faible acidité acétique.*

Dosage de l'ion Cl'. — On ajoute 5-10 gouttes d'une solution alcoolique de *dichlorofluorescéine* à 0,01 %, et titre avec une solution neutre de *nitrate d'argent* N /50-N /40, en utilisant une microburette graduée en 0,02 cc. La liqueur, faiblement opalescente au début, se trouble nettement vers la fin. On procède alors très graduellement, en agitant fortement, jusqu'au moment où le *sol d'halogénure d'argent* se coagule brusquement en flocons rosés.

Dosage de l'ion Br'. — On ajoute 5-10 gouttes d'une solution aqueuse de *sel sodique de l'éosine* à 0,1 %. L'observation de la fin de la titration est très exacte ; la solution, fortement opalescente, reste translucide jusqu'au dernier moment (la couleur de l'indicateur vire au bleu plus franc vers la fin). L'addition de la dernière goutte rend le liquide brusquement opaque et l'*halogénure d'argent*, énergiquement agité, flocule en prenant une teinte rose intense.

La titration doit être effectuée assez rapidement, en éclairage naturel diffus; l'exposition directe aux rayons solaires est à éviter : la présence du colorant, en effet, renforce considérablement la sensibilité à la lumière de l'halogénure d'argent.

Limites d'erreurs de l'analyse : $\pm$ 1 % de la teneur en halogène.

Il va sans dire que l'ion halogène fourni par la combustion de la substance à examiner peut être également dosé gravimétriquement par précipitation à l'Ag selon les méthodes usuelles.

3. — *Dosage volumétrique de l'Iode d'après Leipert-Munster* (1)

La substance est brûlée dans un courant d'*oxygène* en présence d'un catalyseur au *platine*, et l'Iode qui se dégage oxydé en *acide iodique* par le brome en milieu acétique. L'excès de brome est éliminé par addition d'*acide formique*, de l'iodure de potassium ajouté à la solution et l'iode mis en liberté titré par le *thiosulfate de sodium.*

(1) T. Leipert, *Mikrochemie*, Pregl-Festschrift, p. 266 (1929). — W. Munster, *Mikrochemie*, *14*, 23 (1933).

La quantité d'iode titré étant six fois plus grande que celle que renferme la substance, la méthode est d'une grande exactitude.

Matériel et réactifs nécessaires :

Tube à combustion (Fig. 41) en verre Supremax (diamètre intérieur : 0,9 cm., Longueur : 55-60 cm. ; longueur du tube abducteur : 18 mm., diamètre intérieur : 2 mm. ; le tube est pourvu d'un étranglement à l'entrée du tube abducteur).

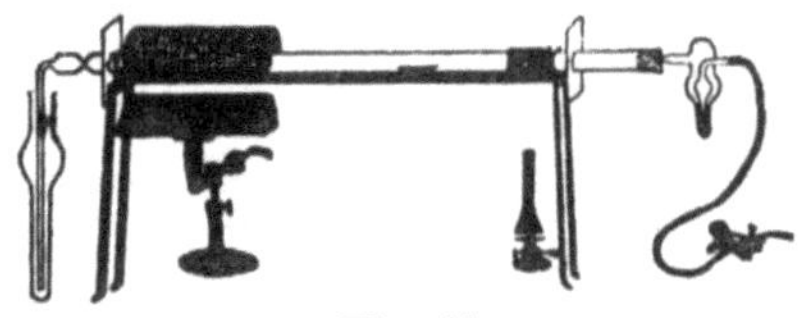

Fig. 41.

Solution à 10 % d'acétate de sodium pur dans l'acide acétique à 96 %.

Brome (exempt d'iode).

Acide formique à 80-100 %, pur.

Iodure de potassium et solution de thiosulfate de sodium N /10.

Conduite de la combustion. — On nettoie soigneusement le tube, le sèche et y introduit jusqu'au voisinage de l'étranglement le catalyseur (grille de platine), traité au préalable à ébullition par de l'*acide nitrique* dilué (1 : 1) et fortement calciné ; on entoure cette partie du tube d'un rouleau de toile de fer long de 20 cm. et installe au-dessus un dôme de même toile ; le tube est disposé dans une gouttière métallique formant four.

Le tube abducteur, plonge jusqu'au fond d'un récipient de forme spéciale représenté sur la figure 41, contenant 12-15 cc. de la *solution acétique d'acétate de sodium,* additionnés de 10-12 gouttes de *brome.*

On pèse 20-30 mg. de substance dans une nacelle de platine, et procède à la combustion comme indiqué pour le dosage argentométrique des halogènes. La vitesse de passage de l'*oxygène* est réglée à 4-5 cc. par min.

On retire la nacelle et le catalyseur après refroidissement du tube, maintient celui-ci en position oblique et y écoule environ 4 cc. d'une *solution de brome dans l'acide acétique* afin d'oxyder l'*iode* resté dans l'étranglement — la solution y est retenue. On procède après 10 min. au rinçage quantitatif du tube à combustion et du récipient collecteur dans un erlenmeyer propre contenant 2 g. d'*acétate de sodium* complètement dissous dans un peu d'eau.

Le brome en excès est éliminé par addition de quelques gouttes (jusqu'à 0,5 cc.) d'*acide formique,* écoulé contre la paroi du récipient ; on agite fortement pour permettre également l'absorption des vapeurs de brome et laisse reposer quelques sec. jusqu'à ce que la solution se soit décolorée. On ajoute alors un peu d'*acide sulfurique* dilué et 1,5 g. d'*iodure de potassium,* agite et abandonne 5 min. L'*iode* libéré est titré avec une solution N/10 de *thiosulfate*, au moyen d'une micro-burette graduée en 0,02 cc. ; on ajoute de l'*amidon* lorsque la solution devient jaunâtre et titre jusqu'à décoloration.

Limites d'erreurs de la méthode : ± 0,3 %.

4. — *Dosage du Soufre d'après* CARIUS

Le dosage du Soufre s'effectue comme celui des halogènes, le nitrate d'argent étant remplacé par le *chlorure de baryum.*

Matériel et réactifs nécessaires :
Tube à sceller en verre peu fusible.
Acide nitrique fumant (D. 1,5).
Chlorure de baryum solide.
Creuset filtrant de Gooch en porcelaine, avec couvercle de protection (Manufacture de Berlin, creuset A. 1, hauteur : 2,7 cm., capacité : 6 cc.).

Préparation du tube de CARIUS. — On pèse comme d'habitude 20-30 mg. de substance que l'on introduit dans le tube et ajoute, suivant la quantité de substance, 130-200 mg. de *chlorure de baryum* préalablement déshydraté ; on introduit d'autre part 1-1,5 cc. d'*acide nitrique fumant* dans un petit tube que l'on fait descendre avec précaution au fond du tube de Carius tenu obliquement, en évitant que la substance n'entre prématurément en contact avec l'acide.

Le scellement, le chauffage et l'ouverture du tube s'effectuent comme précédemment décrit.

Evacuation du tube et dosage du sulfate de baryum. — Le tube est nettoyé extérieurement, et son contenu transvasé dans un petit bécher ordinaire au moyen de lavages répétés à l'eau distillée. Le *sulfate* adhérant aux parois en est détaché avec une *baguette de verre* — ne pas se servir d'un drapeau de caoutchouc. Les dernières portions de sulfate sont entraînées dans le bécher par lavages alternatifs avec de petites quantités d'*alcool* et d'*eau*.

Avant de passer à la filtration, on nettoie soigneusement le creuset au mélange *acide sulfurique-bichromate*, lave à l'eau distillée et aspire à la trompe jusqu'à siccité. On essuie le creuset avec un chiffon propre, le dépose dans une capsule de porcelaine pour fusions, maintenue dans un triangle de porcelaine poreuse, et le sèche en promenant au-dessous une petite flamme d'abord, puis en chauffant peu à peu jusqu'au rouge-sombre ; cette température est maintenue 20 min. ; on laisse ensuite refroidir 5 min. à l'air et porte le creuset avec sa capsule protectrice dans un exsiccateur où on l'abandonne pendant 1 h. Le creuset peut alors être pesé (sans la capsule).

On chauffe à ébullition le contenu du bécher, adapte le creuset taré dans une *allonge* pour filtres disposée dans le col d'un flacon à vide et transvase directement le *sulfate de baryum* du bécher dans le creuset ; les dernières parcelles de précipité sont entraînées par rinçages alternatifs à l'*alcool* et à l'eau. On termine en remplissant le creuset d'eau, aspire à la trompe jusqu'à siccité et soumet le creuset aux mêmes manipulations qu'avant la première pesée.

Limites d'erreur de l'analyse : ± 0,3 %.

5. — *Dosage du Soufre par combustion*

Le dosage du Soufre dans un tube contenant des perles de verre est semblable au dosage argentométrique des halogènes (p. 83).

La zone des perles de verre reçoit une solution d'*eau oxygénée* à 5-10 %, dont le rôle est de transformer en *acide sulfurique* les produits d'oxydation inférieure du soufre formés.

Après avoir chargé le tube, on procède à la combustion en suivant exactement la description détaillée des opérations, donnée lors du dosage des halogènes. Le courant d'oxygène doit être *plus lent* (3-4 cc. à la min.), étant donné que le *trioxyde de soufre* n'est complètement absorbé qu'après une durée de contact avec le liquide absorbant assez prolongée ; le déplacement du brûleur doit par conséquent s'effectuer aussi avec une plus grande lenteur. La combustion complète dure dans ces conditions *une heure* environ.

On rince le tube après refroidissement comme lors du dosage des halogènes, en écoulant le liquide de lavage dans un petit bécher propre, et y ajoute le contenu de l'éprouvette qu'on rince de même. On ajoute une solution filtrée limpide de 2-3,5 cc. de *chlorure de baryum* (1 : 10) additionnée de 10 gouttes d'*acide chlorhydrique dilué*, recouvre d'un verre de montre propre et chauffe à ébullition jusqu'à ce que le sulfate de baryum se soit bien séparé. On refroidit le contenu du bécher en plongeant ce dernier dans l'eau froide et passe au dosage comme pour les méthodes précédentes.

6. — *Dosage simultané des Halogènes et du Soufre*

Si l'on se propose d'analyser une substance contenant *en même temps* un halogène et du soufre, on commence par doser l'halogène d'après la méthode de Carius. On recueille le filtrat du précipité d'halogénure d'argent dans un flacon à vide soigneusement nettoyé, transvase dans un bécher en verre d'Iéna, dilue à 120-150 cc. et précipite l'*acide sulfurique* à chaud par une solution de *nitrate de baryum* (exempte d'halogène) à 1 %.

On lave le précipité avec de l'eau distillée exempte d'acide chlorhydrique.

7. — *Dosage d'autres éléments*

La plupart des autres éléments sont dosés par les *méthodes analytiques inorganiques* dans la liqueur nitrique obtenue après oxydation selon Carius.

Les *métaux alcalins et alcalino-terreux* sont dosés sous forme de leurs *sulfates*. On pèse la substance dans un creuset de quartz ou de platine, ajoute quelques gouttes d'acide sulfurique (à 30-50 % si l'on a affaire à un composé explosif ou très instable) et évapore avec précaution. On termine en calcinant au rouge-sombre.

IV. — Dosage de quelques groupements organiques

1. — *Dosage volumétrique des groupements alcoxyles* (1)

Le principe de la méthode, dû à Zeisel, consiste à déplacer le méthyle du groupement CH_3O par l'*acide iodhydrique* bouillant et à décomposer l'*iodure de méthyle* formé par le *brome* en *bromure d'alcoyle* et *bromure d'iode* ':

$$CH_3I + Br_2 \rightarrow CH_3Br + BrI$$

ce dernier est oxydé en *acide iodique* par le brome en excès :

$$BrI + 2Br_2 + 3H_2O \rightarrow HIO_3 + 5HBr.$$

Le brome restant est ensuite réduit par l'acide formique en *acide bromhydrique*, la solution additionnée d'*iodure de potassium* et l'*iode* libre titré par le *thiosulfate*.

Les équations précédentes montrent que 6 équivalents d'iode sont mis en liberté pour chaque alcoxyle ; il est donc possible d'analyser avec une grande précision une très petite quantité de substance.

Réactifs nécessaires :

5 cc. d'acide iodhydrique (D. 1,7, « pour le dosage des méthoxyles »).
Solution à 10 % d'acétate de sodium pur dans l'acide acétique à 96 %.
Brome exempt d'iode (à conserver dans un flacon à gouttes).
Acide formique 80-100 %, pur.
Acétate de sodium analytiquement pur.
Iodure de potassium et solution de thiosulfate de sodium N/10.

L'appareil représenté par la figure 42 est fourni par le laboratoire.

Préparation de l'appareillage. — On introduit dans le laveur

(1) F. Vieböck et A. Schwappach, B., *63*, 2818, 3207 (1930).

(W) 3 cc. d'une suspension aqueuse d'environ 150 mg. de *phosphore rouge* ; celui-ci doit être préalablement purifié complètement avec de l'*ammoniaque* ; il faut éviter avec soin que le liquide de lavage ne pénètre dans le tube de connexion. On introduit ensuite dans l'absorbeur (V_1) 10 cc. de la *solution acétique* à *10 % d'acétate de sodium*, ajoute 10-12 gouttes de *brome*, mélange convenablement et, en inclinant le récipient, transvase le tiers environ de son contenu dans le second absorbeur (V_2).

L'absorbeur (V_1) est rattaché au reste de l'appareillage au moyen d'une spirale formant ressort.

On prépare un Kipp à CO_2, le met en communication avec un flacon-laveur contenant une *solution diluée d'acétate de plomb* et relie le tout à l'appareil Zeisel par un tuyau de caoutchouc portant une vis de serrage de précision.

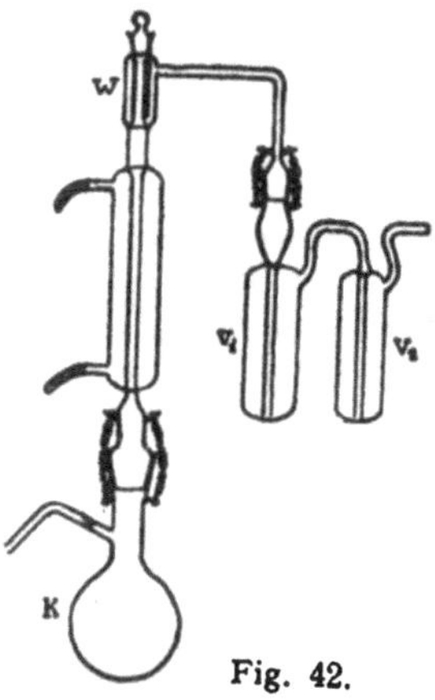

Fig. 42.

On pèse 20-30 mg. de la substance à analyser dans un tube à peser (voir p. 83 le dosage des halogènes d'après Carius), l'introduit dans le ballon à décomposition (K) et ajoute pour dissoudre la substance quelques petits cristaux de *phénol* et 0,5 cc. d'*anhydride acétique* (ou d'*acide acétique glacial*), additionnés d'environ 0,2 g. de *phosphore rouge* sec.

Conduite de l'analyse. — On met en communication avec le Kipp le tube d'amenée de gaz du ballon à décomposition et introduit dans ce dernier en le fermant immédiatement après, 5 cc. d'*acide iodhydrique* (D. 1,7). Les absorbeurs doivent être protégés des radiations calorifiques par interposition d'un écran d'amiante ; il faut, pour la même raison, chauffer le ballon au moyen d'un bain de glycérine dans un bécher choisi aussi petit que possible.

Après avoir réglé le passage du courant gazeux à une bulle par seconde au moyen de la pince à vis, on chauffe rapidement le bain de glycérine et maintient sa température à 140-150° pendant tout le cours de l'opération (ne pas tenir compte d'un accroissement temporaire du courant gazeux ; le débit initial se rétablit dès l'ébullition de l'acide iodhydrique).

L'*iodure de méthyle* passe en totalité dans les absorbeurs en une heure de chauffage ; ceux-ci sont alors retirés de l'appareil, et la communication du Kipp au ballon à décomposition détachée ensuite. L'acide iodhydrique resté dans le ballon peut encore servir à trois dosages.

Lors de la décomposition de *combinaisons éthoxylées*, il faut commencer par chauffer le ballon une demi-heure en faisant fonctionner le petit réfrigérant à reflux. On met ensuite ce dernier hors circuit — il suffit de supprimer son eau de refroidissement — et continue l'ébullition pendant une heure.

Après avoir déconnecté les absorbeurs, on y introduit quelques cc. d'eau par le tube adducteur et transvase leur contenu dans un erlenmeyer de 250 cc. contenant 1,5 g. d'*acétate de sodium* pur dissous (complètement) dans un peu d'eau, en procédant à plusieurs rinçages. Le volume de liquide doit être alors d'environ 100-150 cc. On écoule 5-10 gouttes d'*acide formique* par le long de la paroi du récipient et agite le tout.

Si l'opération est effectuée correctement, la coloration du brome disparaît en quelques secondes ; on agite énergiquement pour absorber également les vapeurs de brome. Une coloration persistant encore après quelques minutes indique que la quantité d'acétate de sodium introduit est insuffisante.

On ajoute à la solution incolore un peu d'*acide sulfurique* dilué et environ 1 g. d'*iodure de potassium*, abandonne 5 min. le récipient couvert et titre l'*iode* libre avec une solution de *thiosulfate* N/10 en utilisant une micro-burette graduée en 0,02 cc. ; on ajoute de l'*amidon* lorsque la liqueur se colore en jaune, et continue à titrer jusqu'à décoloration.

1 cc. de la solution de thiosulfate correspond à 0,51706 mg OCH_3 et à 0,75067 mg OC_2H_5.

La méthode est utilisable directement pour les substances *contenant du soufre* ; elle doit être quelque peu modifiée dans le cas de liquides *très volatils*.

Limites d'erreur de l'analyse : $\pm$ 0,5 % du total des alcoxyles.

2. — *Dosage des groupements acétyle et benzoyle* (1)

Le principe de la méthode consiste à saponifier la substance à analyser en la traitant à l'ébullition à reflux par de l'*acide sulfurique* dilué à 50 %, à distiller dans un courant de vapeur d'eau l'*acide acétique* (resp. *benzoïque*) mis en liberté et à titrer ce dernier par la *soude caustique* en présence de phénolphtaléine.

Réactifs nécessaires :

Acide sulfurique à 50 %.
Solution de soude caustique 0,033N.

L'appareil représenté par la figure 43 est fourni par le laboratoire.

(1) R. Kuhn et H. Roth, B., *66*, 1274 (1933).

Conduite de l'analyse. — On introduit un peu de *potasse caustique à 40 %* exempte de mousse dans le compteur à bulles et remplit de *chlorure de calcium* le tube-sécheur qui le suit.

On pèse 20-30 mg. de substance dans un tube à peser muni d'une longue tige (Fig. 39) et l'introduit dans le ballon à décomposition. On installe le réfrigérant dans sa position de réfrigération à reflux — le rodage C est humecté d'eau afin d'avoir son étanchéité assurée — et ajuste à 30 bulles à la minute l'arrivée d'air au moyen d'une vis de serrage ; les rodages A et B sont rendus étanches à l'aide d'un peu de *pentoxyde de phosphore* déliquescent.

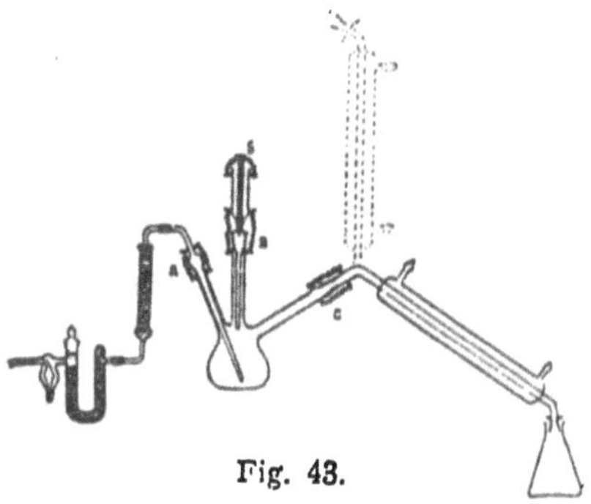

Fig. 43.

On introduit en B par l'entonnoir 2-3 cc. d'*acide sulfurique à 50 %* dans le ballon à décomposition, met en place la baguette S et verse 1 cc. d'eau dans l'entonnoir. On chauffe ensuite à moyenne ébullition à reflux.

La saponification des composés *O-acétylés* est généralement complètement terminée en une heure. Les composés *N-acétylés* et *N-benzoylés* doivent être chauffés pendant trois heures. On peut aussi procéder en laissant la saponification à elle-même pendant toute une nuit, en présence d'un peu d'acide sulfurique concentré.

L'opération terminée, on rince soigneusement le réfrigérant par 10-12 cc. d'eau et l'installe pour la distillation *per descensum* ; on distille le contenu du ballon jusqu'à un résidu de 5 cc., dans un petit erlenmeyer de quartz contenant si nécessaire quelques fragments de « capillaires d'ébullition ». On répète trois fois la distillation, en ajoutant chaque fois 7 cc. d'eau. On vérifie sur le distillat (environ 20 cc.) l'absence d'ion sulfurique par addition d'un peu de *chlorure de baryum*, chauffe à ébullition pendant 7-8 sec. et titre immédiatement par une solution N/30 de *soude caustique* (1) contenue dans une micro-burette graduée en 0,02 cc. ; on utilise la *phénolphtaléine* comme indicateur et arrête la titration au moment où apparaît une coloration rose pâle persistant quelques secondes.

On distille pour la seconde titration 2-3 fois 7 cc. et pour les suivantes 7 cc. seulement par distillation.

(1) Cette solution est titrée par une solution d'acide oxalique à peu près de la même normalité.

Exemple :

1re titration	(env.	20 cc. de dist.)	: 5.885	cc. d'alcali
2e «	(«	2.7 «	: 0.680	«
3e «	(«	2.7 «	: 0.040	«
4e «	(«	1.7 «	: 0 040	«

1cc. NaOH N/30 corresp. à 1,434 mg. — $COCH_3$ et à 3,5033 mg. — COC_6H_5

Limites d'erreurs de l'analyse : + 0,5 %.

Les substances contenant des groupements *C-méthylés* peuvent être analysées au moyen de l'appareil précédent, par oxydation à l'*acide chromique* selon la méthode de R. Kuhn et F. L'Orsa (1).

3. — *Dosage de l'Hydrogène actif d'après* Tschugajew *et* Zerevitinoff (2)

On prépare comme suit un *réactif de Grignard* dans un ballon à fractionner, disposé obliquement et muni d'un petit réfrigérant adapté sur son tube abducteur (fonctionnant comme réfrigérant à reflux) : on introduit 20 cc. d'*anisol* (3) distillé sur le *sodium* (on peut également prendre de l'*éther amylique* (4) ou du *xylène*), 7 g. d'*iodure de méthyle*, 2 g. de *magnésium* et quelques parcelles d'*iode*. Si la réaction tarde à se déclencher, on la met en marche en chauffant un instant à 50°, et la termine par un traitement d'une heure au bain-marie. On remet le ballon dans sa position normale et chauffe une demi-heure encore au bain-marie en faisant barboter un courant sec d'*azote* pur de façon à éliminer par distillation les dernières traces d'*iodure de méthyle*.

Le réactif de Grignard est alors décanté de l'excès de magnésium ou, mieux encore, essoré à travers un filtre de verre fritté, sec, et conservé dans un flacon bien bouché. On en utilise environ 5 cc. pour chaque analyse.

L'appareil servant au dosage de l'hydrogène actif est représenté par la figure 44. Le nitromètre de Lunge *a*, dont l'ampoule de niveau ne figure pas sur le dessin, est rempli d'une solution saturée de chlorure de sodium. Un court tube à chlorure de calcium *b* empêche tout accès d'humidité dans le récipient où s'effectue la réaction.

On pèse avec précision dans un tube à peser 0,1-0,2 g. de substance (5), suivant le poids moléculaire et la teneur en hydroxyles, l'introduit dans la branche *c* du récipient séché à fond, ajoute de

(1) *Z. ang. Chem.*, *44*, 847 (1931) ; B., *66*, 1274 (1933).
(2) B., 40, 2033 (1907).
(3) Préparation p. 245.
(4) Préparation p. 129.
(5) Peuvent être dosés, parmi les composés préparés au laboratoire, le triphénylcarbinol, le β-naphtol, l'hydroquinone, l'acide benzoïque, etc.

l'*anisol* ou de l'*éther amylique* et dissout en agitant avec précaution. On introduit ensuite en *d*, à l'aide d'une pipette jaugée, 5 cc. de *réactif de Grignard*, déplace l'air par un courant d'*azote* sec (cette opération est essentielle) et relie le récipient au tube à chlorure de calcium du nitromètre, dont on a retiré le robinet, par un tuyau et un bouchon de caoutchouc propres et hermétiques.

On plonge le récipient dans un bécher contenant de l'eau à la température de la pièce, l'y laisse 5 min. pour égaliser la température, replace le bouchon et remplit le nitromètre de la solution saline en élevant l'ampoule de niveau. On tourne le robinet de 90°, abaisse l'ampoule et fait communiquer la burette avec le récipient en tournant de 90° le robinet dans le même sens. On sort

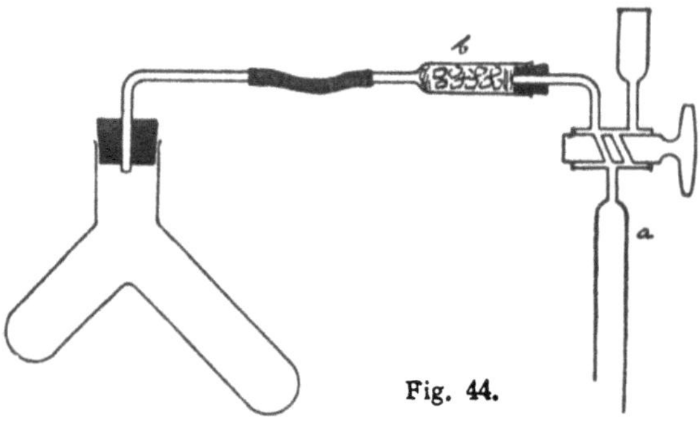

Fig. 44.

alors le récipient du bécher, l'incline pour faire passer la substance dissoute dans le réactif de Grignard et fait repasser à plusieurs reprises le mélange dans chacun des tubes en agitant jusqu'à ce que le niveau ne varie plus dans la burette ; le dégagement de *méthane* est alors terminé, et le récipient est placé à nouveau dans le bécher ; on attend 10 min., jusqu'à ce que la température soit de nouveau celle du début de l'expérience (contrôle au thermomètre), et lit alors le volume de méthane. On note en même temps la pression barométrique et la température du gaz à un thermomètre suspendu le long de la burette. Le volume lu est réduit à 0° et 760 mm.

Calculs.

L'équation

$$RH_n + nCH_3 \cdot MgI \rightarrow R \cdot (MgI)_n + nCH_4$$

montre qu'une mol.-g. de substance dégage n.22,4 l. de méthane, *n* représentant le nombre d'atomes d'hydrogène actif.

a g. de substance, soit $\frac{a}{M}$ mol. dégagent $\frac{n \cdot 22\,400 \cdot a}{M}$ cc. de méthane. Le volume trouvé et réduit ($V_{trouv.}$) doit être égal au volume ($V_{calc.}$) pour un atome d'hydrogène actif ($n = 1$) ou, si le composé possède plusieurs atomes d'hydrogène actif, doit être un multiple simple de $V_{calc.}$

On représente habituellement le nombre d'atomes d'hydrogène actif par le rapport $V_{trouv.}/V_{calc.}$. Les limites d'erreurs varient entre 5 et 10 %.

4. — *Détermination du poids moléculaire*

Nous n'avons pas l'intention d'exposer ici les nombreuses méthodes utilisées pour la détermination du poids moléculaire ; elles sont enseignées et mises en pratique dans les cours de Physique et de Chimie physique.

On emploiera surtout la *méthode cryoscopique*, de préférence à la méthode ébullioscopique. Les solvants les plus usités sont le *benzène* et l'*acide acétique glacial*, et le dispositif donnant les meilleurs résultats est l'appareil fermé de Beckmann à agitation électro-magnétique.

Un procédé à la fois simple et élégant, dû à K. Rast (1), permet de déterminer le poids moléculaire de composés organiques en n'utilisant comme matériel que des tubes à points de fusion et en se servant de la propriété du *camphre* de présenter une constante cryoscopique très élevée.

Un composé dissous dans le camphre provoque un abaissement du point de fusion de ce dernier égal à huit fois environ l'abaissement du point de fusion du benzène. $E_{benzène} = 5,1$; $E_{camphre} = 40$.

Autrement dit, une solution molare dans le camphre fond à 40° au-dessous de la température de fusion du solvant pur. On arrive ainsi à obtenir, même avec des concentrations relativement faibles, des abaissements de point de fusion de solutions dans le camphre suffisamment importants pour pouvoir être déterminés à l'aide d'un thermomètre ordinaire, au quart de degré près (2).

Les tubes à point de fusion sont confectionnés au moyen d'une éprouvette propre (voir p. 56) ; leurs dimensions approximatives doivent être : diamètre intérieur = 4 — 5 mm., longueur = 5 cm. Le fond du tube, obtenu par scellement, doit être aussi uniforme et mince que possible, et le diamètre inférieur légèrement plus faible, par un étirage modéré du verre ramolli.

La substance à examiner et le camphre sont introduits à l'aide d'un tube court évasé en forme d'entonnoir. On tare le tube à

(1) B. *55*, 1051, 3727 (1922). ABDERHALDEN, *Arbeitsmethoden*, Chap. III, part. A, p. 754.

(2) Dans la méthode de W. MUNSTER, dont la description suit, on cherche à établir le point de solidification, contrairement au procédé originel de RAST, basé sur le point de fusion.

point de fusion avec son entonnoir sur une balance analytique ordinaire, en le disposant dans un socle de liège, introduit 10 mg. environ de substance en s'aidant d'une baguette de verre insérée dans l'entonnoir, pèse 0,1 mg. près, ajoute de la même manière 100-125 mg. de *camphre* et pèse à nouveau.

Après avoir retiré l'entonnoir on scelle le tube sur une petite flamme, sans en étirer une pointe trop fine, et le plonge dans un bain d'acide sulfurique à 180° jusqu'à ce que la fusion soit *bien homogène.* Après refroidissement, on adapte le tube au moyen d'un anneau de caoutchouc le long d'un thermomètre, chauffe le tout dans un ballon à point de fusion (Fig. 30) jusqu'à obtenir un liquide clair, laisse ensuite refroidir et note le p. fus. approximatif qu'il s'agit ensuite de préciser. On chauffe à nouveau très lentement, avec une toute petite flamme dont le sommet est à 4 cm. au-dessous du ballon, jusqu'à ce que le contenu du tube ait fondu en un liquide clair à l'exception de quelques minuscules cristaux adhérant au fond. La température à cet instant est à peu près de deux degrés plus élevée que celle de la solidification précédente. On diminue la flamme de façon que le refroidissement s'effectue à raison d'un degré environ à la minute et détermine à l'aide d'une loupe le moment où il se forme de nouveaux cristaux à côté des premiers ; on note alors la température.

L'opération peut être répétée pour le contrôle ; si l'on travaille avec soin, on doit trouver un résultat concordant à très peu près avec le premier. Il est pratique de disposer autour de la flamme un écran cylindrique de 8 cm. de diamètre, en verre ou en papier, aboutissant près du ballon.

Le point de solidification du camphre utilisé doit être établi auparavant par le même procédé ; il ne faut employer en principe que du camphre très pur ; si l'on n'en a pas à sa disposition, on cherchera au moins à obtenir un produit bien homogène en en fondant ensemble plusieurs morceaux.

Soit Δ l'abaissement du point de solifification du camphre (177°), a le poids de substance introduite et b celui du camphre ; on déduit le poids moléculaire M de la formule

$$M = \frac{40 \cdot a \cdot 1000}{b \cdot \Delta}.$$

Les limites d'erreurs par rapport au poids moléculaire vrai sont ± 5 %.

Les substances peu solubles dans le camphre, réagissant avec lui ou décomposables à la température de fusion ne peuvent bien entendu être examinées au moyen de la méthode précédente. On essaiera dans ce cas d'utiliser comme solvant le *camphène* (1), hydrocarbure fondant à 49°.

(1) PIRSCH, B., *65*, 862, 865 (1932).

C.-PRÉPARATIONS ORGANIQUES

PRÉCAUTIONS A PRENDRE POUR ÉVITER LES ACCIDENTS

Le chimiste débutant peut aller au-devant de graves mécomptes s'il ne travaille pas avec réflexion. La plus grande prudence même n'évite pas toujours les sérieux accidents qui se produisent malheureusement chaque année dans les laboratoires, et devraient tout au moins mettre en garde l'étudiant sur les dangers qu'il peut faire courir à ses voisins par sa propre imprudence.

Les yeux doivent être protégés en tout premier. On se munira donc de solides lunettes de protection à verres épais chaque fois que l'on procédera à des opérations dans le vide et sous pression : distillation à pression réduite, essai d'un exsiccateur à vide neuf, manipulation de tubes scellés, de récipients à pression, d'autoclaves, etc. On prendra la même précaution pour effectuer une fusion alcaline ainsi que pour toutes les expériences pouvant donner naissance à des corps très vésicants, inflammables ou explosifs (tels que le sodium ou le potassium métalliques en premier lieu).

La manipulation imprudente du sodium métallique est une cause fréquente d'accidents. On se gardera de jeter sans autre des morceaux de sodium à la poubelle ou dans l'évier, ou de les laisser traîner : ils seront déposés immédiatement dans un récipient réservé à cet usage, ou détruits par immersion dans 15-20 volumes d'alcool.

Le chauffage à la vapeur ou à l'eau chaude d'une réaction exigeant l'emploi de sodium ou de potassium métalliques est à condamner ; on chauffera sur bain de sable ou d'huile ; on procédera de même en distillant de l'éther séché sur du sodium filé. Le soin apporté au montage d'un appareillage contenant du sodium ou du potassium doit être redoublé : le manque d'étanchéité d'un réfrigérant ou le bris d'un ballon montés sans précaution peuvent avoir les pires conséquences sur la vue de l'opérateur. *Le port de lunettes s'impose donc.*

Il s'impose également lors de tout travail avec des substances explosibles ; les corps de propriétés inconnues seront examinés préalablement, en en prenant un petit échantillon sur une spatule métallique, du point de vue de leur comportement à la flamme, le produit principal étant prudemment déposé à l'écart.

Il est toujours recommandable d'ailleurs de porter des lunettes à verres simples de façon permanente au laboratoire, — en plus des lunettes à verres épais utilisées dans les cas spéciaux — pour éviter les risques d'explosions imprévisibles qui ne peuvent jamais être rigoureusement écartés.

Il est important de ne laisser en aucun cas brûler de flamme au voisinage d'opérations effectuées avec de l'éther ou tous autres liquides inflammables et volatils. En cas d'incendie, *on mettra immédiatement à l'abri tous les produits inflammables* ; on essaiera ensuite d'éteindre les flammes avec des linges mouillés ou du tétrachlorure de carbone, mais jamais avec de l'eau. Le mieux est d'utiliser à cet effet une petite bombe à CO_2, que l'on gardera à proximité de chaque salle de laboratoire ; un extincteur du petit modèle, du genre de ceux adoptés par l'armée, peut rendre également à l'occasion de précieux services. Au cas où l'incendie prendrait d'importantes proportions, on utilisera du sable ou une grande bombe à CO_2.

Les blessures provenant d'acides ou d'alcalis caustiques seront d'abord abondamment lavées à l'eau, puis avec une solution de bicarbonate, ou respectivement d'acide acétique dilué. Les brûlures légères seront lavées à l'alcool et traitées par de l'huile de lin ou un onguent spécial. Une pharmacie sera prévue dans un endroit accessible, munie de coton hydrophile, de bandes de pansement, de gaze stérilisée, etc.

Les lavages à l'eau sont généralement sans effet et contre l'action d'une substance organique caustique ou vésicante ; on emploiera uniquement un solvant convenablement choisi (alcool ou benzène), *en grande quantité :* le solvant facilitant lui-même la pénétration de la substance noeive, la formation d'une solution relativement concentrée à la surface de la peau doit être évitée.

La plus grande prudence sera observée en travaillant avec les produits suivants : acide cyanhydrique, phosgène, sulfate de méthyle, chlorures d'acides inférieurs, chlore, brome, oxydes d'azote, oxyde de carbone, sodium et potassium. Si l'expérience porte sur des quantités importantes de ces substances, on opérera dans un vaste local, et dans tous les cas sous une hotte à très fort tirage.

Les composés halogénés de la série grasse, tels que le bromure d'éthyle, le chloroforme, le bromoforme et autres, en solutions concentrées, ne doivent jamais être mis en contact (dans le but de les sécher par exemple) avec du sodium métallique : il pourrait en résulter de très fortes explosions à la suite d'un choc (Staudinger).

ÉQUIPEMENT DU LABORATOIRE

I. — *Récipients et appareils*

Baguettes de verre servant de support filtrant selon la figure 8. Baguettes de verre d'épaisseur et de longueur différentes, arrondies par fusion (sans épaississement aux extrémités) (une vingtaine environ). Balance portative (pour pesées de 50 à 100 g. ; couteaux à protéger de la rouille par de la vaseline ; jeu de poids de 0,02 à 50 g.).

Ballons à distiller ordinaires et Claisen de 25, 50 et 100 cc. Ballons ronds de 50, 100, 250 et 500 cc.

Béchers de 100, 500 et 1.000 cc.

Burettes (1)

Bouchons de liège de différentes grosseurs.

Capsules de porcelaine de 15, 20 et 25 cm. de diamètre.

Compte-gouttes : 6 au min., plus un de 2 cc. étalonné au 1 /10 cm.

Cristallisoirs de verre (3,5 et 7 cm. de diam.).

Cylindres gradués de 10 et de 100 cc.

Ampoules à robinet : de 25 cc. avec court tube de dégagement, de 100 cc. avec long tube de dégagement.

Entonnoirs à séparation de 500 et 1.000 cc.

Entonnoirs ordinaires : au min. 2 petits et 1 moyen (jusqu'à 12 cm. de diamètre.).

Entonnoir de Büchner, cylindrique, d'environ 8 cm. de diam.

Eprouvettes (50 au min. de format normal ; 20 petites) ; la moitié au moins du jeu sera maintenue propre et sèche.

Essuie-main.

Etiquettes gommées.

Exsiccateurs de 16-18 cm. de diam. pour le vide.

Ficelle.

Fil de cuivre pour l'essai des halogènes. Feuilles de carton pour pesées.

Flacons à vide de 100, 500 et 1.000 cc.

Flacons d'Erlenmeyer de 50, 100, 250 et 500 cc.

Flacons-laveurs.

Fragments de porcelaine poreuse de 3 mm. de diamètre.

Lime ronde et tiers-point.

Mortier.

Paire de ciseaux.

Papier-filtre.

Papiers-réactifs tournesol (bleu et rouge), curcuma et Congo ; papiers iodo-amidonnés.

Perce-bouchons.

Pince à éprouvettes.

Pince à main.

Pipettes de 5, 10 et 20 cc.

Plaques filtrantes de porcelaine de 1, 3 et 5 cm. de diam.

(1) Tout chimiste doit être au courant des méthodes usuelles de la volumétrie. Le niveau de la pratique de la titration ne paraît pas être en général très élevé dans les laboratoires de chimie organique parmi les étudiants.

Porte-objets.

Réfrigérants de Liebig de 60 cm. et de 10-12 cm. de long ; réfrigérants à serpentin et de Dimroth.

Spatule métallique.

Spatules de porcelaine.

Thermomètres étalonnés pour p. fus. et usages ordinaires.

Tubes à $CaCl_2$ droits.

Tubes à p. fus. (à confectionner soi-même).

Tube de verre à extrémité capillaire servant de pipette ou de compte-gouttes (p. 30).

Tubes de verre droits et recourbés.

Verres de montre (petits de préférence).

Tuyaux et bouchons de caoutchouc.

II. — *Solvants*

Acétone : 100 cc.

Ether absolu (Na) (1) : 1 /2 l.

Ether ordinaire : 1 l.

Alcool à 96 % : 1 l.

Alcool absolu : 1 /2 l.

Benzène séché sur Na en fil 1 /2 l.

Chloroforme : 100 cc.

Acide acétique glacial : 1 /2 l.

Ester acétique : 1 /4 l.

Alcool méthylique : 1 /4 l.

Ether de pétrole léger (séché sur Na) : 1 /4 l.

Ether de pétrole lourd (id.) : 1 /2 l.

Xylène (id.).

(1) *Préparation d'éther absolu* : 1-2 l. d'éther du commerce sont abandonnés pendant une à deux semaines sur le dixième de leur poids de $CaCl_2$, puis passés rapidement à travers un filtre à plis dans un flacon bien sec où l'on introduit un fil de Na, et que l'on munit, tant que dure le dégagement d'hydrogène, d'un bouchon de liège portant un tube de $CaCl_2$ aminci en capillaire pour diminuer les pertes par évaporation. L'éther absolu ainsi préparé est directement utilisable ; on le conserve à l'obscurité.

En évaporant de grandes quantités d'éther impur resté longtemps en contact avec l'air, on court le risque que le peroxyde formé occasionne une violente explosion ; l'éther peroxydé a une odeur piquante caractéristique et libère de l'iode élémentaire dans une solution acidulée de KI ; on peut décomposer le peroxyde en agitant l'éther quelques heures mécaniquement avec un mélange de bisulfite et d'une solution conc. de sulfate ferreux, séparant à l'entonnoir et neutralisant l'acidité par un peu de lessive alcaline concentrée ; l'éther est ensuite lavé une ou deux fois avec un peu d'eau et séché sur du $CaCl_2$.

III. — *Réactifs et agents desséchants*

Potasse caustique technique et chimiquement pure.
Chlorure de calcium.
Noir animal.
Glycérine (conservée dans un flacon à bouchon de liège muni d'une baguette de verre).
Sodium métallique.
Soude caustique environ 14 N (40 %).
Solution de carbonate de soude.
Acide nitrique conc. (D : 1,4) et fumant (D : 1,5).
Acide chlorhydrique conc.
Acide sulfurique conc. pur.
Solution à 5 % de $AgNO_3$.
Sulfate de soude anhydre.
Solutions décinormales : Acide chlorhydrique, soude, iode et hiosulfate.

IV. — *Journaux de laboratoire*

Cahier journalier (1).
Registre de références bibliographiques.

I. — Substitution de l'hydroxyle et de l'hydrogène par les halogènes. Alcools. Oléfines

1. — *Bromure d'éthyle à partir d'alcool éthylique*

On introduit rapidement, en agitant continuellement et sans refroidir, 110 cc. (90 g.) d'*alcool* à 95 % dans un ballon d'un 1. contenant 200 g. (110 cc.) d'*acide sulfurique conc.* ; on laisse ensuite le mélange se refroidir à la température de la pièce, y verse graduellement 75 g. d'*eau glacée* en maintenant le refroidissement et ajoute finalement 100 g. de bromure de potassium finement pulvérisé. On porte alors le ballon sur un petit bain de sable chauffé par une forte flamme, et distille rapidement. Le *bromure d'éthyle* bouillant à température peu élevée, utiliser un long réfrigérant muni d'un raccord coudé (Fig. 45) — ou un réfrigérant à serpentin — parcouru par un vif courant d'eau. On a rempli le récipient recueillant le distillat, avant l'opération, d'un mélange d'eau froide et de morceaux de glace dans lequel plonge l'extrémité du raccord.

(1) Le débutant devra d'emblée prendre l'habitude de tenir un journal de laboratoire où il commentera ses expériences et notera ses observations personnelles. C'est une très grande erreur que de ne se fier qu'à sa seule mémoire lors d'un travail scientifique expérimental.

On arrête la distillation dès qu'il ne se condense plus de gouttes huileuses plus lourdes que l'eau. (Afin d'éviter le retour du distillat dans le réfrigérant, il faut faire plonger juste l'extrémité du raccord dans l'eau glacée, ou s'arranger de manière que ce dernier puisse être tourné de côté au moment voulu).

On porte le distillat dans un entonnoir à séparation, au moyen duquel on recueille dans un erlenmeyer de 250 cc. le *bromure d'éthyle* (couche inférieure) ; l'*éther éthylique* formé au cours de la réaction est ensuite éliminé par addition d'*acide sulfurique conc.*

On empêche le réchauffement de la masse qui provoquerait l'évaporation de la substance en plongeant l'erlenmeyer dans un mélange réfrigérant et en introduisant l'acide goutte à goutte en agitant jusqu'à ce qu'il forme une couche inférieure distincte. On sépare

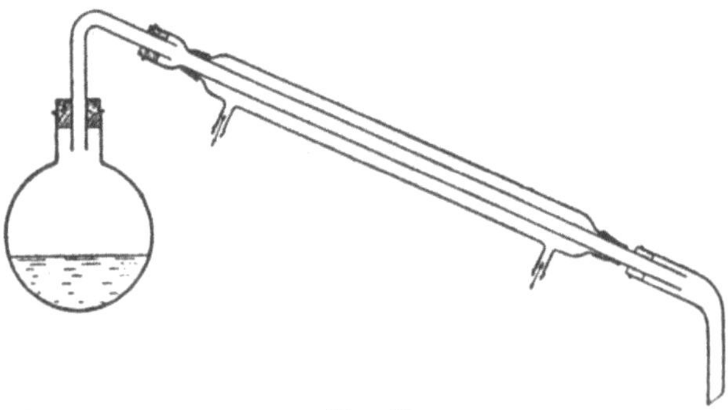

Fig. 45.

à nouveau celle-ci dans un entonnoir plus petit, et soumet le bromure d'éthyle, suffisamment desséché par l'acide, à la distillation, en refroidissant le récipient recueillant le distillat dans un mélange réfrigérant (le ballon est placé pendant la distillation dans une capsule de porcelaine contenant de l'eau, chauffée sur une petite flamme). On distille entre 35 et 40° ; la majeure part du bromure d'éthyle passe à 38-39°. Rendement : 70-80 g.

Le p. éb. du produit étant peu élevé, on évitera de l'exposer inutilement dans un récipient ouvert et de le conserver (en vue de la préparation de l'éthyl-benzène, par exemple) dans un récipient de verre mince (surtout en été) : on emploiera à cet usage un flacon à parois suffisamment résistantes.

On cherchera alors à établir le rendement de l'expérience, par rapport au rendement théorique, de la façon suivante (ce rendement doit être établi pour chaque préparation) : d'après la formule de la réaction, 1 mol. de KBr (119) correspond théoriquement à 1 mol. d'alcool (46) ; la plupart des réactions organiques n'étant pas quantitatives, on a coutume d'introduire dans la pratique l'un des constituants en excès, en application de la loi d'action des masses (p. 151) ; des considérations d'économie dicteront le choix du réactif à employer en excès. Le KBr revient à environ 25 francs le kg et l'alcool à 10 fr. le kg (1). Le rapport du coût d'une molécule-gramme de KBr (119 × 25) à celui d'une molécule d'alcool (46 × 10) se rapproche de 6 : 1 ; c'est donc l'alcool, de beaucoup le moins cher des deux, que l'on introduira en excès dans la réaction (ce qui a été fait dans l'expérience précédemment décrite) : à 100 g. de KBr correspondraient théoriquement 39 g. d'alcool ; pratiquement on prend 86 g. (90 g. à 95 % d'alcool, soit plus du double de la quantité juste nécessaire.

Le calcul du rendement est basé dans ce cas sur le poids de KBr entré en réaction ; si l'alcool à halogéner est d'un prix supérieur à celui du KBr, c'est ce dernier qu'on introduit en excès, etc.

Le bromure d'éthyle trouvera son emploi lors de la synthèse du malonate d'éthyle (p. 255).

Bromure de méthyle :

La méthode utilisée est la même que la précédente (Bygdén, J pr. *83*, 421, [1911]) ; le produit, bouillant à 4,5°, exige une manipulation quelque peu plus compliquée ; il est cependant beaucoup plus recommandable que son équivalent iodé, de prix de revient élevé, pour l'utilisation directe dans une réaction de Grignard ; ses usages sont les mêmes que ceux du bromure d'éthyle.

2. — *Iodure d'éthyle à partir d'alcool éthylique* (2)

On introduit 5 g. de *phosphore rouge* dans un ballon de 200 cc., les recouvre de 50 cc. d'*alcool absolu*, et y jette par petites portions 50 g. d'*iode* finement pulvérisé dans l'espace d'un quart d'heure, en agitant fréquemment et plongeant de temps en temps le ballon dans l'eau froide.

On installe alors un bon réfrigérant à reflux, laisse le mélange à lui-même pendant deux heures en l'agitant à plusieurs reprises, le chauffe deux heures au bain-marie, et distille l'*iodure d'éthyle* avec un réfrigérant descendant en plongeant le ballon au sein de l'eau bouillante. Si les dernières fractions passent difficilement, on éloigne le bain-marie et chauffe un court instant à la flamme éclairante, promenée sous le ballon, après avoir bien séché la surface extérieure de ce dernier.

Le distillat, coloré en brun par la présence d'iode élémentaire,

(1) L'alcool technique est encore bien meilleur marché.
(2) F. Beilstein, A. *126*, 250 (1863).

est débarrassé de l'alcool par agitations répétées avec de l'eau, dans un entonnoir à séparation, à laquelle on ajoute ensuite quelques gouttes d'une *solution de bisulfite*, pour éliminer l'iode, puis avec la même quantité de *lessive de soude* ; le produit est alors à l'état d'huile incolore ; il est abandonné quelque temps dans l'entonnoir et séché avec un peu de chlorure de calcium. On le rectifie finalement sur une petite flamme. Si les morceaux de $CaCl_2$ tendent à surnager à la surface du liquide, on introduira la liqueur dans le ballon à distiller à l'aide d'un entonnoir contenant de la laine d'amiante ou de verre. P. éb. : environ 72° ; rendement : 50 g. Calculer le % par rapport au rendement théorique. L'iodure d'éthyle servira à la synthèse du malonate d'éthyle et aux réactions de Grignard.

Iodure de méthyle (1) :

Dissoudre 50 g. d'*iodure de potassium* dans 50 cc. d'eau et chauffer légèrement ; y écouler goutte à goutte 40 g. de *sulfate de méthyle* (2). Distiller ensuite l'iodure de méthyle dans un récipient fortement refroidi, sécher sur du $CaCl_2$ et rectifier. P. éb. : 43° ; rendement : 35-40 g.

COMPLÉMENTS THÉORIQUES AUX PRÉPARATIONS 1. ET 2.

Les préparations précédentes représentent deux cas particuliers d'une réaction tout à fait générale : il s'agit du remplacement d'un hydroxyle alcoolique par un atome d'halogène.

On y parvient par deux voies : la première consiste à faire réagir un hydracide halogéné sur un alcool (n° 1. : bromure d'éthyle) :

$$\text{I} \qquad C_2H_5\boxed{OH + H}Br \rightarrow H_2O + C_2H_5Br$$
$$(HCl, HI)$$

la seconde à traiter l'alcool par une combinaison halogénée du phosphore (n° 2. : iodure d'éthyle) :

$$\text{II} \qquad 3C_2H_5OH + PI_3 \rightarrow 3C_2H_5I + PO_3H_3.$$
$$(PCl_3, PBr_3)$$

L'acide iodhydrique est celui qui réagit le mieux des hydracides halogénés selon I : dans la plupart des cas, en effet, il suffit de saturer l'alcool par l'acide gazeux. L'acide bromhydrique entre moins facilement en réaction et la bromuration directe devra se faire le plus souvent en tube scellé ; la meilleure méthode consiste à donner naissance à l'acide pendant la réaction même, en traitant le KBr par de l'acide sulfurique conc. ; ce procédé, mis en œuvre dans la préparation 1., donne d'excellents résultats.

Le gaz chlorhydrique se prête très mal à l'halogénation des alcools ; on est obligé, si l'on veut obtenir avec lui du chlorure de méthyle ou d'éthyle, d'introduire dans le mélange réactionnel un corps avide d'eau, tel que le chlorure de zinc. Pour les alcools supérieurs, l'opération doit être effectuée en autoclave.

(1) WEINLAND et SCHMID, B., *38*, 2327 (1905).
(2) Composé très toxique. Voir p. 245.

Les alcools aromatiques tels que l'alcool benzylique par exemple, se prêtent beaucoup plus facilement que les alcools gras à l'estérification directe par les hydracides halogénés ; les phénols par contre ne réagissent pas dans ces conditions.

L'halogénation est également possible sur les alcools polyatomiques : le nombre des hydroxyles substitués dépend de la concentration de l'acide, de la température, etc. :

$$\begin{array}{l} CH_2OH \\ | \\ CH_2OH \end{array} + HBr \rightarrow \begin{array}{l} CH_2Br \\ | \\ CH_2OH \end{array} + H_2O$$

glycol éthylènique *monobromhydrine du glycol*

$$\begin{array}{l} CH_2OH \\ | \\ CHOH \\ | \\ CH_2OH \end{array} + 2\ HCl \rightarrow \begin{array}{l} CH_2OH \\ | \\ CHCl \\ | \\ CH_2Cl \end{array} + 2\ H_2O$$

glycérine *dichlorhydrine de la glycérine*

L'acide iodhydrique, en plus de son action estérifiante, joue aussi le rôle de réducteur vis-à-vis des alcools polyatomiques ; la glycérine par exemple se transforme en iodure d'isopropyle, en passant par le 1, 2, 3-tri-iodopropane :

$$CH_2OH - CHOH - CH_2OH + 3HI \rightarrow CH_2I - CHI - CH_2I + 3H_2O$$
$$CH_2I - CHI - CH_2I + 2HI \rightarrow CH_3 - CHI - CH_3 + 2I_2.$$

L'érythrite, alcool tétraatomique, se transforme de façon analogue en 2-iodobutane, la mannite hexaatomique en 2-iodohexane (en établir la formule). Les oxyacides sont susceptibles aussi de se prêter à cette réaction, comme il est normal.

La réaction II est beaucoup plus énergique que la première, surtout si l'on y emploie directement l'halogénure de phosphore, ce qui n'est pas toujours possible, en particulier dans le cas du brome et de l'iode ; on s'arrange alors pour les obtenir à l'état naissant pendant la réaction même : on fait couler le Br au moyen d'un entonnoir à robinet dans un mélange d'alcool et de phosphore rouge ; l'iode est introduit à l'état finement pulvérisé, comme pour la préparation 2.

La réaction II peut s'appliquer aussi aux alcools polyatomiques et aux alcools substitués, jusqu'au stade de l'halogénation complète (chloruration comprise) de tous les hydroxyles de la molécule.

Le PCl_3 est très souvent remplacé par le PCl_5, composé solide, à température d'ébullition beaucoup plus élevée et agissant avec plus d'énergie. Une molécule de PCl_5 correspond alors à une seule molécule d'alcool, et la réaction fournit de l'oxychlorure de phosphore, corps relativement inerte :

$$CH_3 - CH_2OH + PCl_5 \rightarrow CH_3 - CH_2Cl + POCl_3 + HCl.$$

L'emploi du chlorure de thionyle a été préconisé récemment ; son principal avantage est qu'il donne lieu à des produits gazeux, simplifiant ainsi les opérations :

$$C_4H_9 - CH_2OH + SOCl_2 \rightarrow C_4H_9 - CH_2Cl + SO_2 + HCl.$$

alcool amylique *chlorure d'amyle*

La grande énergie de l'action des halogénures de phosphore se manifeste dans le fait qu'ils sont capables de substituer les hydroxyles phénoliques :

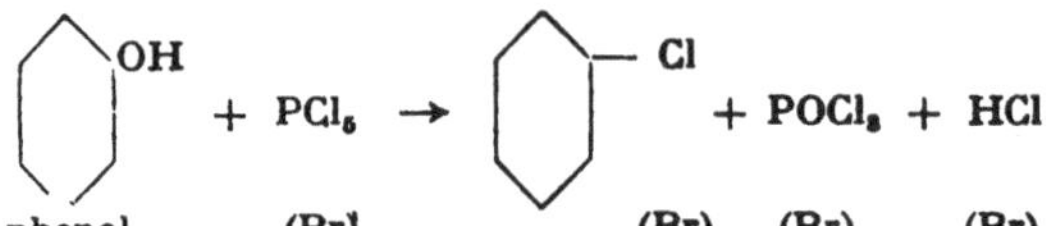

phenol (Br) (Br) (Br) (Br)

Le rendement est cependant beaucoup moins bon, l'oxychlorure de phosphore entrant en réaction avec le phénol non transformé pour donner des esters de l'acide phosphorique, comme par exemple :

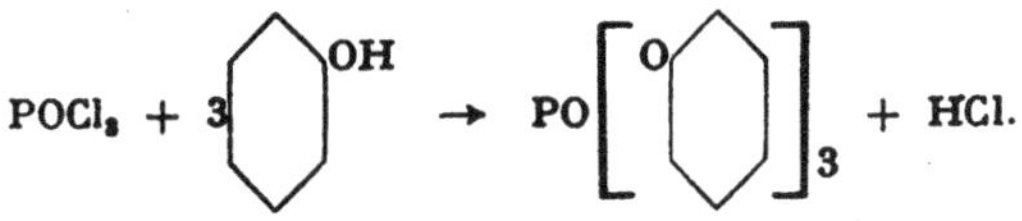

La préparation de l'iodure de méthyle décrite ci-dessus procède d'une double décomposition :

$$O_2S\begin{cases}OCH_3\\OCH_3\end{cases} + HI \rightarrow O_2S\begin{cases}OH\\OCH_3\end{cases} + ICH_3.$$

Les halogénures de monoalcoyle $C_nH_{(2n+1)}Cl(Br, I)$ sont incolores et généralement liquides ; les bromure et chlorure de méthyle, ainsi que le chlorure d'éthyle sont gazeux à température ordinaire, les homologues supérieurs, tels que l'iodure de cétyle $C_{16}H_{33}I$, sont des produits semi-solides, de consistance pâteuse.

Il n'est pas rationnel de nommer ces composés, comme on l'entend parfois, « halogéno-alcoyle » (iodo-méthyle, bromo-éthyle, etc.) ; on peut par contre au lieu d' « iodure de méthyle », parler d' « iodo-méthane ». Ils appartiennent en effet à la classe des esters : l'halogène n'y est pas lié ioniquement, (sa mobilité croît dans l'ordre : Cl-Br-I). Les halogénures d'alcoyles, en qualité d'esters, sont saponifiés par les alcalis en alcools et sels d'hydracides halogénés. L'action de l'hydrogène naissant les transforme en hydrocarbures, celle de l'ammoniac en amines, celle des alcoolates en éthers-oxydes, des sulfhydrates en mercaptans, du cyanure de potassium en nitriles, de l'acétate de sodium en esters acétiques, etc. (représenter ces réactions).

Les halogénures d'alcoyles ne sont pratiquement pas solubles dans l'eau ; ils sont miscibles aux solvants organiques. La grande affinité de l'iode à l'égard de l'argent a pour conséquence que les iodures d'alcoyles sont presque instantanément décomposés par une solution aqueuse-alcoolique de nitrate d'argent, en iodure d'argent et alcool : c'est sur ce phénomène qu'est basée l'importante méthode de Zeisel pour le dosage quantitatif des groupements alcoyles combiner dans les éthers (p. 93).

Les iodures alcalins permettent de substituer l'iode au chlore et au brome ; cette réaction a son importance lorsqu'il n'est pas possible d'iodurer directement un alcool au moyen d'acide iodhydrique, ou que l'on désire iodurer certains hydroxyles déterminés ; c'est ainsi que l'on prépare par exemple l'éthylène-iodhydrine :

$$CH_2OH - CH_2Cl + NaI \rightarrow CH_2OH \cdot CH_2I + NaCl.$$

La réaction se passe à chaud, et il n'est pas possible de la faire en milieu aqueux étant donné le risque d'hydrolyse ; le peu de solubilité du chlorure dans l'eau ne le permet pas non plus dans de nombreux cas. Aussi Finkelstein a-t-il proposé d'utiliser l'acétone parfaitement desséchée au moyen de $CaCl_2$, et l'iodure de sodium anhydre qui y est suffisamment soluble.

Les composés iodés, au cours de leur conservation, se colorent peu à peu en brun, particulièrement sous l'action de la lumière, par mise en liberté d'iode élémentaire ; on peut les décolorer en les agitant avec un peu de mercure ou d'argent finement divisé.

Les halogénures d'alcoyles se rattachent aux oléfines par leur faculté d'éliminer une molécule d'hydracide halogéné :

$$H_3C - CH_2Br \xrightarrow{-\ HBr} CH_2 = CH_2 + HBr.$$

On provoque en général cette réaction par traitement avec de la potasse alcoolique (1) ; des bases tertiaires, comme la pyridine, la quinoléine ou la diméthylaniline sont parfois aussi utilisées à cet effet.

Réactions de synthèse des halogénures d'alcoyles. — Nous mentionnerons plus loin la réaction de Kolbe, avec le cyanure de potassium, qui permet de passer de la série du méthane aux homologues de l'acide acétique (cf. p. 146 et 254).

La plus classique de ces réactions de synthèse est la réaction de Wurtz : elle fait intervenir du sodium métallique, qui fixe l'halogène des deux molécules en présence, les restes méthyles se combinant entre eux ; le bromure de méthyle donne ainsi de l'éthane :

$$\underset{Na}{H_3CBr} + \underset{Na}{BrCH_3} \rightarrow H_3C - CH_3 + 2NaBr.$$

Cette réaction sera utilisée pour la préparation du triphénylchlorométhane (p. 345).

Les halogénures ont acquis récemment une nouvelle importance, du fait qu'ils constituent les produits de départ de nombreuses réactions de Grignard (p. 330).

La réaction de Fittig (2) se distingue de celle de Wurtz en ce qu'elle fait intervenir deux radicaux différents : l'un appartenant à la série aliphatique, l'autre à la série aromatique :

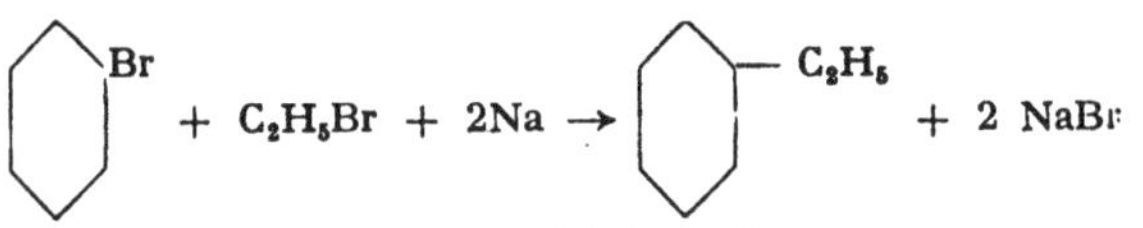

éthyl-benzène

elle est tout à fait générale, et s'applique également aux homologues du bromobenzène, tels que le dibromobenzène, pour réagir avec tous les bromures d'alcoyles existants : deux molécules de bromure d'aryles sont aussi capables de se combiner sous l'effet du sodium :

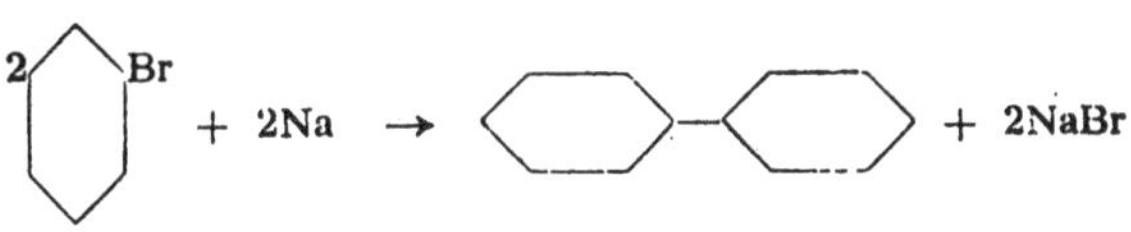

(1) Ce réactif très employé se prépare d'avance de la manière suivante : dissoudre 25 g. de KOH en bâtons dans 100 cc. d'alcool méthylique — la potasse éthylique se résinifie rapidement — soit à chaud, soit en abandonnant une nuit à froid, filtrer le carbonate et titrer la teneur en KOH.

(2) Tollens et Fittig, A. *131*, 303 (1864) ; cf. la 22ᵉ éd. du présent ouvrage, p. 111.

On préfère cependant à cette synthèse du biphényle la déshydrogenation thermique du benzène (passage des vapeurs de ce dernier à travers un tube de fer au rouge).

La réaction de Fittig ne se passe pas en réalité d'une manière aussi simple que semblent le montrer les précédentes formules. De récents travaux Acree (1), Schlubach (2) ont montré qu'un premier stade fournit les combinaisons sodées des hydrocarbures ; celles-ci éliminent une molécule de NaBr aux dépens du Br d'une deuxième molécule de bromure organique :

$$R - Br + 2Na \rightarrow R - Na + NaBr$$
$$R - Na + R' - Br \rightarrow R - R' + NaBr.$$

Etant donné que les composés R-Br et R'-Br peuvent tous les deux réagir en premier avec le sodium, et que les deux combinaisons sodées ainsi formées peuvent se combiner aussi bien avec R-Br qu'avec R'-Br, il y a donc en principe, au cours de la synthèse de Fittig trois réactions possibles donnant les produits R-R', R-R et R'-R'.

Le bromobenzène réagit plus rapidement avec le sodium que le bromure d'éthyle, et le phényle sodé plus rapidement avec le bromure d'éthyle qu'avec le bromobenzène : il en résulte que le produit formé sera en majeure part de l'éthylbenzène.

3. — *Chlorure de benzyle à partir de toluène* (3)

Aucune pièce de l'appareillage ne devant être en liège ou en caoutchouc lorsqu'on travaille avec du chlore, du brome et des hydracides halogénés à l'état gazeux, on exécutera donc la préparation dans un ballon à bouchons et joints de verre rodé (Fig. 46) (4), possédant un tube d'amenée de gaz.

On place dans le ballon (tenu horizontalement) un thermomètre court, dont l'extrémité inférieure est adaptée dans un tube de verre de 3-4 cm. de long, aminci en son milieu par fusion, servant de support : l'extrémité reposant sur le fond du ballon doit en être arrondie par fusion pour éviter d'endommager la paroi interne. On redresse alors ce dernier, y verse 100 g. de *toluène* pur et chauffe à ébullition au bain d'air. On adapte le tube d'amenée de gaz, et fait arriver dans le ballon un fort courant de *chlore*, desséché par passage dans un flacon-laveur à acide sulfurique, jusqu'à ce que la température d'ébullition ait atteint 156°. On neutralise le chlore dégagé à la sortie du ballon en adaptant un récipient à *lessive alcaline* dans laquelle l'extrémité du tube de dégagement ne doit pas plonger.

L'expérience montre que la durée de la réaction dépend de

(1) *Am. Chem. Journ.*, *29*, 588 (1903).

(2) B. *55*, 2889 (1922) ; voir aussi Schlenk, B. *50*, 262 (1917).

(3) Cannizzaro, A. ch. [3], *45*, 468, (1855) ; Beilstein et Geitner, A. *139*, 332 (1866) ; Schramm, B. *18*, 608 (1885).

(4) Un tel appareil peut être fourni à titre de prêt par l'assistant de laboratoire.

l'éclairage (1) ; la chloruration est terminée après quelques heures lorsqu'elle est exposée au soleil ; elle demande par contre une demi-journée par temps couvert. On cherchera donc l'éclairage maximum.

Dès l'opération terminée, on distille directement le contenu du ballon à pression réduite. La première fraction est constituée par du toluène n'ayant pas réagi ; le chlorure de benzyle est recueilli ensuite avec une tolérance de 7° (entre 63 et 70°, sous 12 mm. de pression). P. éb. du produit pur : 64°/12 mm. Rendement : 65-70 % du rendement théorique.

Le produit provenant de la distillation à pression réduite est plus pur et peut être conservé plus longtemps que celui distillé à pression ordinaire, et contenant toujours de l'acide chlorhydrique d'hydrolyse. On l'emploiera plus loin pour la préparation du malonate de benzyle (p. 255), du cyanure de benzyle (p. 146) est en réaction de Grignard.

La méthode la plus simple en théorie pour substituer un halogène à un atome d'hydrogène d'un hydrocarbure saturé, consiste à faire agir sur lui l'halogène élémentaire. La lumière exerce une action catalysante, comme dans le cas de la réaction explosive de l'hydrogène et du chlore. La chloruration du méthane atteint ainsi différents stades suivant les conditions expérimentales, et peut donner du méthane mono- di-, tri- et tétra-chloré. Les paraffines supérieures peuvent aussi être chlorurées par cette méthode, mais elle présente alors l'inconvénient de donner simultanément plusieurs produits chlorés différents, très incommodes à séparer.

La règle empirique réagissant la chloruration est la suivante : le chlore se fixe presque toujours sur l'atome de carbone le moins hydrogéné.

Dans la série grasse, ce sont les alcools, qu'on peut toujours obtenir facilement à l'état très pur, qui servent ordinairement de point de départ pour les halogénations (cf. prép. 1. et 2.). La méthode de substitution par le chlore convient au contraire bien mieux pour le toluène et les autres homologues méthylés du benzène (xylène etc.). Deux cas très différents peuvent alors se produire :

1° Par l'intervention d'agents transporteurs d'halogènes, tels que la limaille de fer, l'iode, etc., le noyau aromatique participe à la réaction, et la substitution de l'halogène, sur le toluène par exemple, s'effectue en ortho et para.

2° En l'absence des substances précédemment mentionnées, le noyau ne réagit plus, même à température d'ébullition. La substitution s'effectue alors dans le groupe méthyle, soit dans la chaîne latérale, et sa rapidité, extrêmement minime à froid, croît avec l'élévation de la température en suivant la loi générale : une différence de 10° provoque une halogénation 2-3 fois plus rapide. En travaillant à une température suffisante, on peut parvenir à des rendements parfaitement acceptables.

Cette réaction est, elle aussi, sensible à la lumière, comme toutes les réactions de substitution directe d'un atome de chlore à un atome d'hydrogène. Il est faux, comme on l'a cru, que l'adjonction de PCl_5 agisse comme activant.

La réaction du chlore sur le toluène constitue un bel exemple de l'action spécifique de différents catalyseurs.

(1) G. Book et J. Eggert, *Ztschr. f. El.*, *29*, 521 (1923) ; B., *59*, 1192 (1926) ; F. Bergel, B., *59*, 153 (1926).

Il est très important, pour la pureté du produit à obtenir, que l'introduction d'un second atome de chlore dans la chaîne latérale s'effectue avec une vitesse beaucoup plus faible que celle de la première phase de la réaction ; en fait, dans les conditions de la préparation 3, la presque totalité du chlore s'emploie à transformer le toluène en chlorure de benzyle avant qu'on puisse remarquer un commencement de chloruration plus avancée.

Le voisinage du noyau benzénique confère à l'atome de chlore substitué dans la chaîne latérale une plus grande mobilité que dans le cas des paraffines pures. On l'explique par le fait que le noyau benzénique mobilise pour lui une plus grande partie de l'énergie de fixation du carbone méthanique que ne le fait un résidu alcoyle ou l'hydrogène : il en reste ainsi moins à la disposition de l'atome de chlore (théorie de la répartition des affinités de Thiele-Werner). La tétravalence du carbone n'est donc exprimée sur le papier que formellement : les quatre valences n'ont en réalité pas toujours les mêmes rapports énergétiques suivant les substituants. Cet exemple montre combien il est nécessaire de dominer les principes systématiques pour arriver à voir les phénomènes de la Chimie sous leur aspect véritable et à interpréter les formules au delà de l'expression simplifiée qu'elles donnent de la liaison des atomes entre eux.

Le chlorure de benzyle se prête à toutes les réactions classiques des halogénures d'alcoyles. La saponification à chaud par les alcalis dilués fournit l'alcool correspondant, ou *alcool benzylique,* 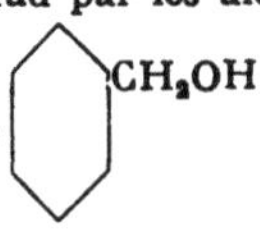

, liquide incolore, de p. éb. 206° (cf. p. 222).

Traité dans des conditions appropriées par l'ammoniac, le chlorure de benzyle se transforme en *benzylamine* 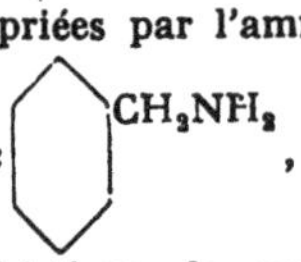

, liquide assez fortement basique, possédant toutes les caractéristiques des amines aliphatiques, et de propriétés entièrement différentes de celles de ses isomères substitués dans le noyau, ou *toluidines.* On peut d'ailleurs dire, de façon toute générale, que les réactions du groupe méthyle du toluène et d'autres composés analogues sont exactement les mêmes que celles des fonctions alcoyles purement aliphatiques.

En continuant la chloruration du toluène, on introduit un second et un troisième atome de chlore dans la chaîne latérale, et obtient successivement le *chlorure de benzylidène,* ou *chlorure de benzal* 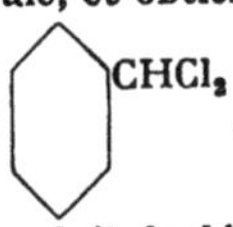

, liquide incolore, lacrymogène à l'égal du chlorure de benzyle, produit de départ technique du benzaldéhyde (p. 212), et le *phénylchloroforme* 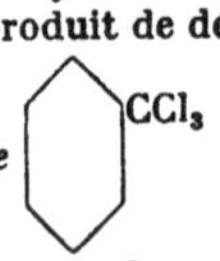

L'influence du voisinage du noyau benzénique sur les valences du carbone méthanique est très notable. Alors que le chloroforme est assez résistant vis-à-vis des alcalis, le phénylchloroforme au contraire est extrêmement hydrolysable et se transforme en *acide benzoïque* par élimination de ses trois atomes de chlore. Cette élimination ne s'effectue pas en une seule étape, suivant :

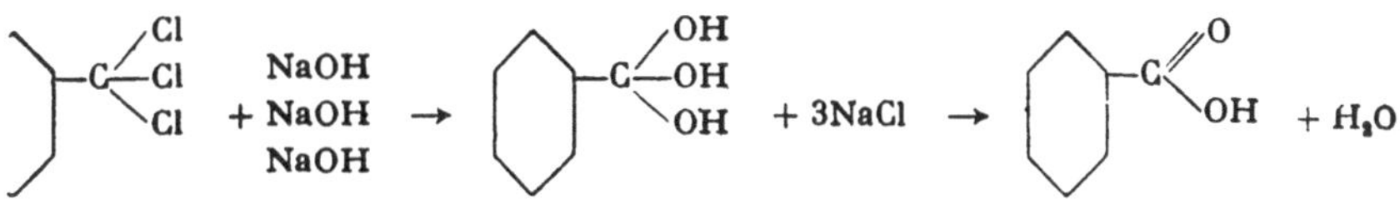

Toutes les réactions organiques, en effet, se produisent graduellement en passant par des stades différents, le plus souvent entre deux molécules (réactions de deuxième ordre, ou bimoléculaires). La réaction précédente doit alors se décomposer de la façon suivante :

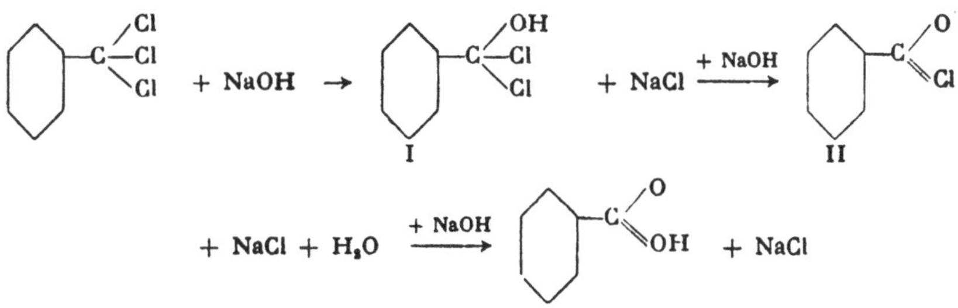

Les produits intermédiaires I et II sont beaucoup plus rapidement saponifiés par les alcalis que le phénylchloroforme, phénomène qui masque leur existence.

Il est à remarquer, à propos du composé I, que les combinaisons où un hydroxyle et un halogène sont liés au même atome de carbone ne peuvent exister comme telles, et éliminent immédiatement une molécule d'acide chlorhydrique :

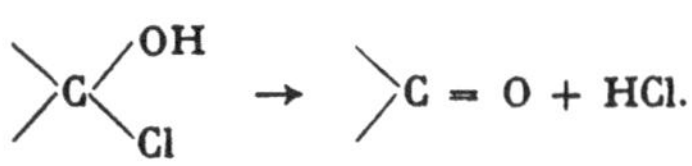

Expérience. — Faire bouillir quelques minutes dans une éprouvette un peu de *chlorure de benzyle* avec de la *potasse alcoolique* (exempte d'halogène). Diluer avec de l'eau, aciduler à l'*acide nitrique*, reprendre le résidu non dissous par de l'*éther* et verser dans la solution quelques gouttes de *nitrate d'argent.*

Si l'on soumet du *bromobenzène* pur (voir préparation suivante) au même essai, la réaction au nitrate est négative, la solution ne contenant pas d'ion Br'. L'expérience démontre donc qu'un halogène fixé à un résidu aliphatique n'a pas les mêmes propriétés que s'il est fixé à un résidu aromatique.

Dosage du chlorure de benzyle. — Le dosage des halogènes d'un composé où ils se trouvent fixés aliphatiquement ne s'effectue pas en tube scellé selon la méthode de Carius (p. 83), mais au moyen de l'hydrolyse par la potasse alcoolique. Cette méthode, très courante, peut servir à contrôler la pureté du produit de la préparation 3.

Porter à ébullition dans un petit ballon rond bien séché avant usage une quantité exactement pesée d'environ 1 g. de *chlorure de benzyle* avec une fois et demie le poids théoriquement nécessaire d'une solution de *potasse alcoolique à peu près normale* ; faire bouillir une heure à reflux ; diluer le liquide avec deux fois son volume d'eau et titrer à recul avec de l'acide chlorhydrique demi-normal en présence de phénolphtaléine.

Cette méthode n'est utilisable qu'en l'absence d'acides organiques ; si l'on avait affaire à ceux-ci, on doserait l'halogène selon la méthode de Volhard au sulfocyanure.

4. *Bromobenzène*

On utilise le ballon d'un demi-litre à joints rodés représenté sur la figure 46, muni d'un réfrigérant et d'un entonnoir à robinet (le Br attaque trop fortement le liège et le caoutchouc pour qu'on puisse utiliser des bouchons ordinaires). On relie le réfrigérant au

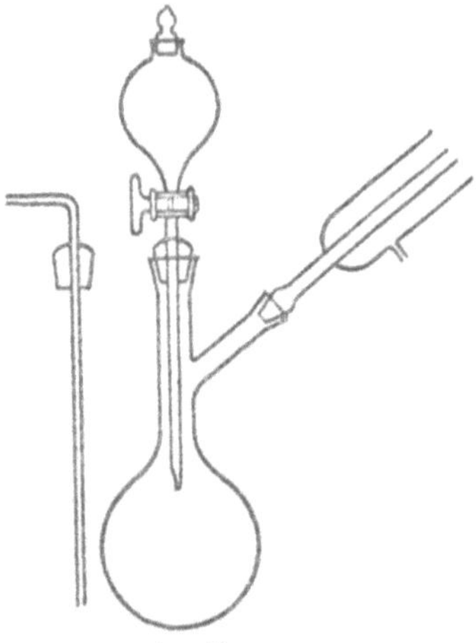

Fig. 46.

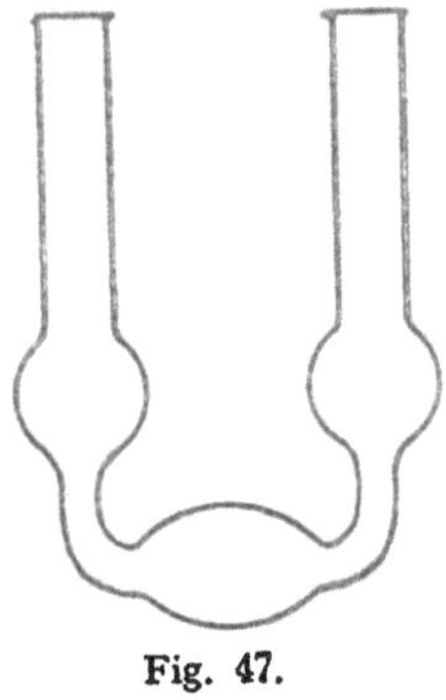

Fig. 47.

moyen d'un bouchon de liège paraffiné à un grand tube en U de Péligot (Fig. 47), contenant de l'eau destinée à l'absorption de l'acide bromhydrique ; un erlenmeyer peut aussi être employé (on fait aboutir le tube d'adduction au-dessus de la surface de l'eau).

On introduit dans le ballon 90 cc. (1 mol.) de *benzène* et 2 g. de *limaille de fer* et écoule peu à peu par l'entonnoir à robinet, en agitant, 53 cc. de *brome* (160 g.). On attend que la réaction se soit déclanchée (dégagement d'HBr) et régularise l'arrivée du Br de telle sorte qu'elle se poursuive vivement sans devenir trop violente. On chauffe un court instant au bain-marie vers la fin de la réaction jusqu'à ce que tout le Br ait disparu.

On transvase alors le mélange dans un plus grand ballon, et

l'entraîne à la vapeur d'eau. Dès que des cristaux de *p-dibromobenzène* commencent à se former dans le réfrigérant, on change le récipient contenant le distillat et entraîne la totalité du produit accessoire.

On sépare le *bromobenzène* de la première fraction à l'entonnoir à décantation, après l'y avoir laissé reposer quelque temps, sèche une heure sur du *chlorure de calcium* et distille. La fraction 140-170°, redistillée, fournit un produit assez pur, passant entre 152 et 158°. Rendement : 70-80 g.

On procède à un nouveau fractionnement plus rigoureux si l'on veut utiliser le bromobenzène dans une réaction de Grignard (cf. p. 330). P. éb. du produit pur : 155°.

Para-dibromobenzène :

Le résidu resté dans le ballon après la première distillation est versé encore chaud dans une capsule de porcelaine ; après qu'il se soit pris en masse, on le dépose sur une assiette poreuse avec le produit entraîné par la vapeur, où il est débarrassé de ses impuretés semi-solides et séché.

On évitera d'écraser fortement la substance avec une spatule — de même que dans tous les cas analogues — ; on ne la tassera que légèrement, de telle sorte que le pouvoir absorbant de la porcelaine poreuse agisse au maximum. Pour les produits très impurs, on râclera après quelque temps la couche supérieure et la déposera sur un endroit propre de l'assiette.

On recristallise le *p-dibromobenzène*, après l'avoir desséché dans un peu d'*alcool* ; le produit pur se présente sous l'aspect de beaux prismes incolores, de p. fus. 89°.

Acide bromhydrique :

La réaction précédente dégage 80 g. d'HBr, nécessitant environ 200 cc. d'eau pour leur absorption. Si l'on ne dispose pas de récipients suffisants, on renouvelle de temps en temps l'eau d'absorption dès que des vapeurs acides commencent à se dégager. L'*acide bromhydrique* est purifié par distillation (utiliser un réfrigérant constitué par un manchon adaptable au tube de dégagement d'un ballon à distiller (Fig. 19). De l'eau passe en premier, puis de l'acide à 48 %, à 126° ; cet acide peut trouver des emplois au laboratoire : on peut par exemple préparer le bromure de potassium nécessaire à la synthèse d'un bromure d'alcoyle en traitant par l'HBr dans un grand récipient une quantité calculée de carbonate de potasse jusqu'à neutralisation.

Remarque. — Prendre soin dans une opération de ce genre de garder en réserve une portion du composé d'obtention la plus difficile — ici l'HBr pour le cas où le point de neutralisation serait dépassé.

Expérience. — Il est facile de vérifier que le *bromobenzène pur* ne donne pas en solution d'ion Br′, en le portant à ébullition avec de la *potasse diluée.*

L'halogène fixé au noyau est extrêmement peu mobile : ce fait différencie nettement les halogénures aromatiques des halogénures d'alcoyles au point de vue de leurs réactions générales. L'halogène ne peut être déplacé du noyau que par hydrogénation catalytique ou par l'hydrogène naissant sous forme très active (sodium et alcool) ; le magnésium peut être également employé (IX, 1., p. 330) et la synthèse de Fittig, vue p. 111, fournit un autre exemple de réaction avec élimination d'halogène aromatique.

Le bromobenzène, très différent d'un halogénure saturé de la série grasse, présente beaucoup plus d'analogies avec des composés tels que le bromure de vinyle, chez lesquels le carbone porteur de l'halogène possède en même temps une double liaison :

De semblables oléfines, en effet, retiennent très fortement l'atome d'halogène, et rappellent tout à fait par leur propriété les halogéno-benzènes.

La réactivité d'halogènes fixés aromatiquement est renforcée par la présence de groupes —NO_2 en ortho et para ; l'acide ortho-chlorobenzoïque fournit un autre exemple de l'activation de l'halogène par l'existence d'un autre substituant.

Mécanisme de l'halogénation du noyau benzénique. — Il est considéré comme peu vraisemblable que l'halogène se substitue directement à un atome d'hydrogène, comme c'est le cas lors de la préparation du chlorure de benzyle et lors de la réaction du chlore sur le méthane : dans la molécule des composés éthyléniques, en effet, les atomes d'hydrogène liés aux atomes de carbone à double liaison ne présentent qu'une réactivité médiocre. Il existe un certain nombre de raisons, que nous mentionnerons plus loin (p. 172), pour que le benzène se comporte vis-à-vis des halogènes d'une manière analogue à celle de l'éthylène (voir la préparation suivante).

Dans le cas du benzène, comme dans celui de l'éthylène, le Br est tout d'abord fixé par une double liaison ; cette réaction se produit facilement avec l'éthylène dont la double liaison est très active ; elle ne peut se passer, pour le benzène, de l'aide de corps fonctionnant comme transporteurs d'halogènes : fer, halogénures de fer, bromure d'aluminium, etc. :

$$H_2C = CH_2 \xrightarrow{Br_2} BrCH_2 - CH_2Br :$$

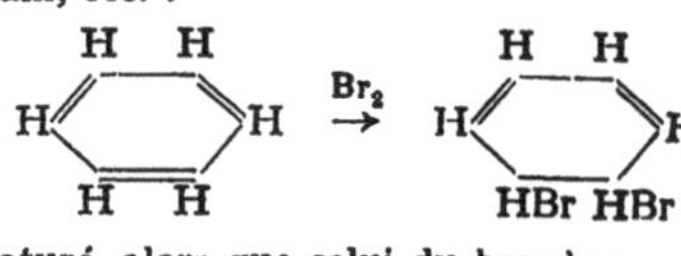

Le produit d'addition de l'éthylène est saturé, alors que celui du benzène se trouve à un degré de non-saturation supérieur à celui du benzène lui-même : l'équilibre symétrique des valences résiduelles de Thiele est perturbé, et le noyau cesse d'être proprement aromatique. Pour le redevenir, il lui suffit de libérer l'HBr, phénomène s'accompagnant d'un dégagement d'énergie, et se produisant presqu'instantanément, avant même que les autres doubles liaisons, activées, aient eu le temps de fixer du Br :

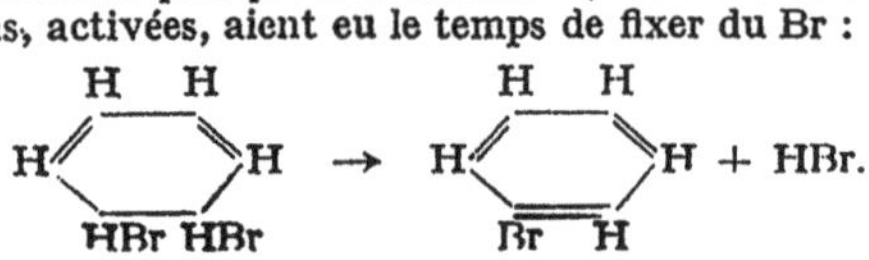

Il n'a pas encore pu être prouvé que le composé dibromé se forme réellement comme produit intermédiaire. On peut aussi supposer que la bromuration fait intervenir la formation primaire d'une combinaison moléculaire entre le benzène et le Br. La certitude qu'on a de l'existence d'un produit intermédiaire d'addition se formant au cours de chaque réaction de substitution dans le noyau aromatique provient de ce que la nitration du benzène s'accompagne d'une coloration passagère intense (p. 170).

En pleine lumière solaire, le chlore et le brome se fixent sur le noyau benzènique à raison de trois molécules sur les trois doubles liaisons, en donnant de l'hexachloro- ou hexabromo-cyclohexane (hexachlorure de benzène) :

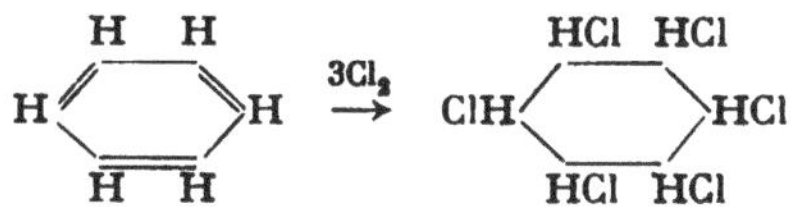

Alors que les 6 substituants du benzène et de ses homologues se trouvent sur le même plan que celui du noyau, la molécule du cyclohexane les contient sur deux plans parallèles à celui du noyau. Il en résulte la possibilité d'une isomérie spatiale particulière, provenant des positions respectives de deux substituants, chaque fois que deux atomes d'hydrogène appartenant à différents atomes de carbone sont substitués ; les substituants peuvent exister sur le même plan (forme *cis*), ou chacun sur un plan différent (forme *trans*). Ce phénomène est analogue à l'isomérie cis-trans de l'éthylène, apparaissant dans le cas des acides maléique et fumarique. On connaît ainsi deux formes stéréo-isomères de la quinite, ou 1,4-dioxy-cyclohexane :

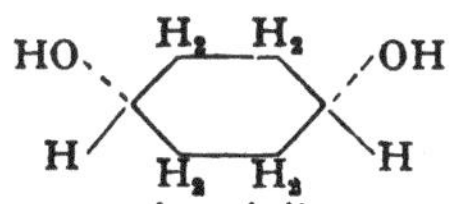

cis-quinite

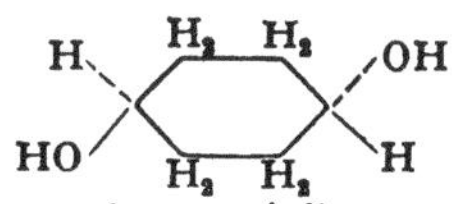

trans-quinite

L'isomérie des deux hexachlorures du benzène connus repose sur une différence spatiale de même espèce, ainsi que la stéréo-isomérie de l'inosite.

5. — *Hydrocarbures non saturés*

a) Ethylène à partir d'alcool éthylique (1) Bromure d'éthylène.

On verse dans un ballon de 3 l. un mélange fraîchement préparé, aussi chaud que possible, de 25 g. (30 cc.) d'*alcool* ordinaire et de 150 g. (90 cc.) d'*acide sulfurique* conc. ; y ajoute 60 g. de sable fin (2), ou la même quantité de *sulfate d'aluminium* anhydre, et chauffe le tout à 160° sur toile d'amiante ou au bain de sable.

Un bouchon de liège, très solidement adapté au col du ballon, est percé de deux trous : dans l'un est logé un thermomètre plongeant dans le liquide, dans l'autre un tube en T de 0,6-0,8 cm. de diamètre inférieur aminci à deux extrémités, selon la figure 48 ; le tube de dégagement (long) d'une ampoule à robinet est maintenu

(1) Erlenmeyer et Bunte, A., *168*, 64 (1873) ; *192*, 244 (1878).
(2) Le quartz catalyse l'élimination d'eau (Senderens).

dans l'embranchement vertical au moyen d'un élément de tuyau de caoutchouc ; la bifurcation latérale est mise en communication avec la suite de l'appareillage.

Avant d'adapter le bouchon, on remplit par aspiration l'ampoule (dont l'extrémité du tube est amincie) d'un mélange de 190 cc. (150 g.) d'*alcool* et 170 cc. (300 g.) d'*acide sulfurique* conc.

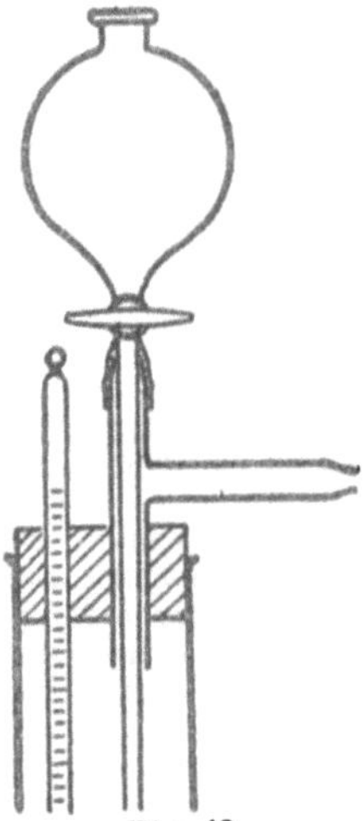

Fig. 48.

Dès qu'un vif dégagement d'éthylène commence à se produire on fait couler dans le ballon le mélange d'alcool et d'acide sulfurique en contrôlant la température (baisser la flamme), de telle sorte que le dégagement d'éthylène reste régulier sans produire une mousse trop abondante.

Le gaz est débarrassé de l'*alcool* et de l'*éther* au moyen d'un flacon-laveur à *acide sulfurique* conc. (1), et de l'*acide sulfureux* au moyen d'un flacon de sûreté à trois tubulures (2) contenant une solution 4N de *soude caustique* (Fig. 49). Il est ensuite conduit dans deux flacons-laveurs de grandeur moyenne contenant chacun 25 cc. de *brome* (recouvrir le Br d'une couche d'eau de 1 cm. et plonger les deux récipients dans de l'eau froide pour éviter les pertes par évaporation).

L'appareillage se termine si la différence de pression le permet), par un tube de Peligot contenant une solution de soude caustique 2N (Fig. 47) ; à défaut de cet appareil, les vapeurs de Br pourront être recueillies dans un erlenmeyer (pratiquer une entaille le long de la génératrice du bouchon), le tube d'adduction débouchant au-dessus du liquide.

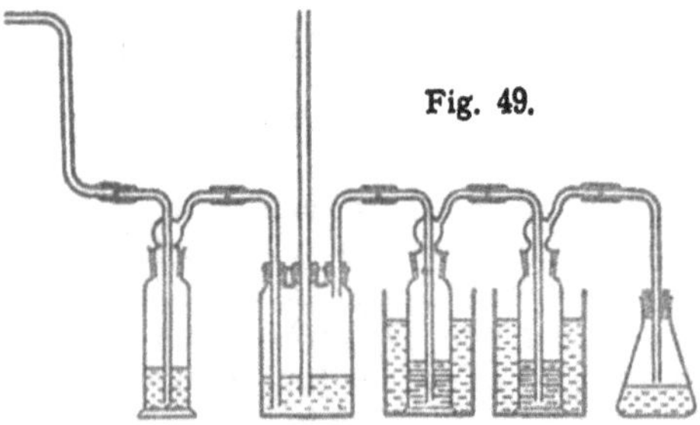

Fig. 49.

Le dernier flacon doit être agité de temps en temps.

Sitôt le Br décoloré (ou tout au moins dès que les vapeurs de

(1) L'éthylène se combinant à chaud avec l'acide sulfurique pour former de l'acide éthyl-sulfurique, prendre soin de refroidir le flacon-laveur.

(2) Au cours du dégagement gazeux, la soude doit s'élever dans le tube médian à 20-30 cm. au-dessus du niveau interne.

Br n'apparaissent plus au-dessus du produit coloré en brun-rouge), ce qui demande environ 2-3 heures, on retire le ballon du circuit, agite le *bromure d'éthylène* brut dans un entonnoir à séparation avec de la *soude caustique* diluée jusqu'à décoloration, et lave plusieurs fois à l'eau ; le produit est séché sur chlorure de calcium et rectifié ; il bout à 130°. Rendement : 125-150 g. Utilisations : préparation du glycol (p. 127), emploi comme solvant.

Le dégagement de mousse, parfois très gênant, qui résulte de l'action oxydante de l'acide sulfurique, et oblige à ne chauffer le ballon que modérément, peut être évité si l'on emploie de l'acide phosphorique très concentré : on procède à la déshydratation de l'acide commercial de consistance sirupeuse, en en chauffant lentement 150 g. jusqu'à 220° dans une capsule en porcelaine, en remuant continuellement. L'*éthylène* se prépare dans le même appareil que celui de la figure 48, avec un ballon de plus petites dimensions ; on y introduit l'acide froid, chauffe à 210-220° et écoule goutte à goutte l'*alcool* pur, provenant de l'ampoule préalablement remplie. Les vapeurs d'alcool sont suffisamment absorbées par un flacon-laveur contenant une solution aqueuse saturée de *chlorure de calcium*, refroidie à la glace, disposé à la suite du ballon. Cette méthode nécessite une quantité plus faible d'alcool.

On calculera avant l'expérience le volume d'alcool devant être employé à produire la quantité d'éthylène théoriquement nécessaire à la décoloration du Br, exprimée en litres.

Si l'on analyse l'éthylène produit au moyen d'acide sulfurique (voir la méthode volumétrique), on constate qu'il renferme un pourcentage appréciable d'oxyde de carbone. La méthode à l'acide phosphorique convient mieux pour la préparation de l'hydrocarbure à l'état pur ; le gaz le plus pur s'obtient par l'action de la poudre de *Zinc* et de l'*acide acétique glacial* sur le *bromure d'éthylène* ; on fait une suspension de poudre de *Zinc* en léger excès dans un mélange d'*alcool* et d'*acide acétique glacial* (2,5 mol.), y écoule le bromure goutte à goutte, et recueille l'éthylène dans un gazomètre à eau.

b) Cyclohexène à partir de cyclohexanol. Cyclohexadiène.

Cyclohexène (1) :

On chauffe à 120-130° (température du bain d'huile) 100 g. de *cyclohexanol* avec 80 g. de *sulfate primaire de potassium*. Le *cyclohexène* distille entièrement en 1-1 1/2 heure ; on élimine l'eau entraînée, sèche sur $CaCl_2$ et rectifie. P. éb. : 84° ; rendement : 80 % du rendement théorique.

(1) L. Brunel, Bl. [3], *33*, 270 (1905).

Dibromure de cyclohexène :

19 g. de *cyclohexène* sont dissous dans 30 cc. de *chloroforme*. On refroidit le récipient à la glace et y écoule goutte à goutte une solution de 40 g. de *brome* dans 100 cc. de *chloroforme*. La coloration du Br disparaît instantanément ; on pourra vérifier que la réaction est terminée (présence de Br libre) au moyen de papier iodo-amidonné vers fin de la réaction.

On évapore le solvant et fractionne le dibromure, en effectuant les deux opérations à pression réduite. P. éb. : 96-98° pour 11-12 mm. Rendement : 48-50 g.

Cyclohexadiène (1) :

On introduit dans un ballon à distiller de 200 cc. à long col 35 g. de *dibromure de cyclohexène* et 70 g. de *quinoléine* ou de *diméthylaniline* fraîchement distillée, adapte au ballon un long réfrigérant relié à un récipient refroidi à la glace, et chauffe à 150-160° (température interne) sur bain d'huile. Le liquide brunit au cours de la réaction. On élève graduellement la température jusqu'à 180°, et la maintient 10 min. à 188° à partir du moment où la majeure part du produit est entrée en réaction.

On soulève alors le thermomètre de manière à ce que son réservoir baigne dans les vapeurs du liquide, et procède à la distillation jusqu'à ce qu'aucune fraction ne passe au-dessous de 100°.

On agite le distillat avec de l'*acide sulfurique* dilué, sèche sur $CaCl_2$, et fractionne avec précaution sur quelques petits fragments de Na. La fraction passant à 80-82° est constituée par du cyclohexadiène renfermant encore 10-20 % de cyclohexène. Rendement : 7-8 g. (un peu plus faible si l'on a employé de la diméthylaniline).

La déshydratation intramoléculaire des alcools constitue la méthode la plus pratique de préparation des oléfines ; l'action des acides concentrés n'est en réalité pas aussi simple que le représente l'équation :

$$CH_3 - CH_2OH \rightarrow CH_2 = CH_2 + H_2O.$$

L'alcool, en effet, est déjà estérifié par l'acide sulfurique conc. à température relativement basse en acide éthylsulfurique ; c'est ce dernier qui fournit, en se décomposant, l'éthylène :

$$CH_3 - CH_2OH \xrightarrow{H_2SO_4} CH_3 - CH_2 - O - SO_3H \rightarrow CH_2 = CH_2 + H_2SO_4$$

Si l'on opère à la température de 130°, l'acide éthylsulfurique intermédiaire réagit avec l'alcool en excès pour former de l'éther :

$$CH_3 - CH_2 - O - SO_3H + HO - CH_2 - CH_3 \rightarrow CH_3 - CH_2 - O - CH_2 - CH_3 + H_2SO_4.$$

L'éthylène produit par action de l'acide sulfurique renferme d'ailleurs de l'éther comme composé secondaire.

(1) A. W. Crossley, *Soc.*, *85*, 1416 (1904).

L'éthylène, « gaz oléfiant », a été découvert en 1795 par cinq chimistes hollandais (Deiman, Trootswky, Bondt, Louwerenburgh et Crells), qui l'obtinrent à partir d'esprit de vin et d'huile de vitriol.

On prépare l'éthylène dans l'industrie en déshydratant catalytiquement l'alcool en présence d'alumine (Senderens) chauffée à 200-300°, sur laquelle on envoie les vapeurs d'alcool (1).

L'alumine peut être remplacée au laboratoire par du phosphate d'aluminium pour toutes les réactions du même genre.

Au lieu de former un ester sulfurique acide, comme dans l'exemple précédent, qui sera décomposé par la chaleur, on cherche souvent à produire un ester d'acide organique (tels que l'acide benzoïque, par exemple), afin d'éviter la carbonisation partielle résultant toujours de l'emploi de l'acide sulfurique concentré. On utilise aussi comme agents déshydratants le sulfate primaire de potassium, l'acide borique anhydre ou l'acide oxalique (préparation de l'acroléine à partir de la glycérine, de l'acide pyruvique à partir de l'acide tartrique, etc.). Mentionnons également la méthode aux xanthogénates de Tschugaieff.

Les réactions essentielles des oléfines, résultant de l'existence de liaisons non saturées, sont leurs réactions d'additions ; les composés pouvant être additionnés sont les suivants :

1. *Halogènes.* — Formation de dihalogénures d'alcoylènes, réaction particulièrement aisée avec le chlore et le brome.

2. *Hydracides halogénés.* — Formation d'halogénures d'alcoyles. On se sert surtout au laboratoire d'acide bromhydrique en solution dans l'acide acétique glacial ; l'opération est généralement conduite à chaud en tube scellé, la vitesse d'addition étant assez faible dans les conditions normales.

3. *Acide sulfurique.* — (Voir plus haut), et autres acides tels que l'acide acétique : utilisation dans l'industrie des terpènes.

4. *Acide nitrique.* — L'éthylène donne, en présence d'acide sulfurique concentré, l'ester nitrique de l'alcool nitroéthylique :

$$CH_2 = CH_2 \rightarrow \underset{NO_2}{CH_2} - \underset{OH}{CH_2} \rightarrow \underset{NO_2}{CH_2} - \underset{O - NO_2}{CH_2}$$

5. *Acide hypochloreux :*

$$CH_2 = CH_2 \xrightarrow{HClO} \underset{Cl}{CH_2} - \underset{OH}{CH_2}$$

On prépare ainsi la chlorhydrine de l'éthylène en faisant arriver simultanément dans une suspension de chlorure de chaux de l'éthylène et de l'anhydride carbonique.

6. *Bioxyde d'azote.* — Formation de dinitroéthanes.

$$R - CH = CH - R \rightarrow R - \underset{NO_2}{CH} - \underset{NO_2}{CH} - R$$

La réaction avec le trioxyde d'azote fournit les pseudonitrosites dimoléculaires par addition de N_2O_3.

7. *Ozone* (Harries, Staudinger) :

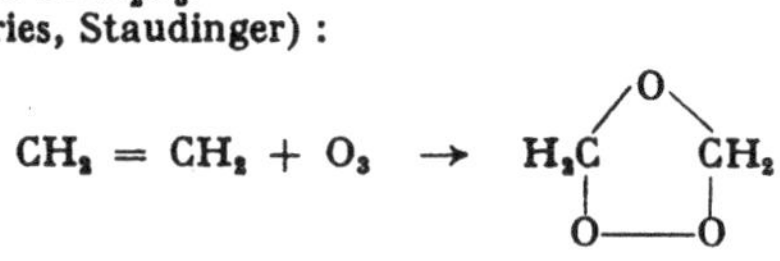

(1) W. Kesting, *Z. ang.* 38, 362 (1925) indique l'emploi de cette méthode au laboratoire.

Chauffés avec de l'eau, les ozonides se décomposent selon :

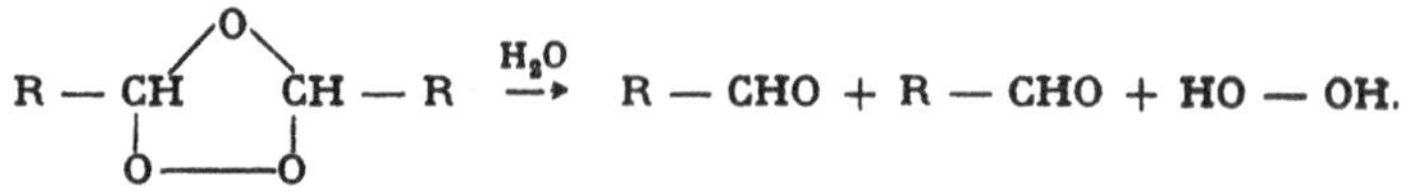

En fournissant ainsi une méthode de préparation des aldéhydes et cétones. L'hydrolyse porte sur la liaison éthérée et donne comme produit intermédiaire un peroxyde de dioxyalcoyle RH (OH)-C-O-O-C (OH) HR (cf. p. 208) qui est ensuite décomposé en aldéhyde (resp. en cétone) et eau oxygénée (Rieche).

Le benzène fixe trois molécules d'ozone ; son triozonide, ou ozobenzène, $C_6H_6O_9$, est décomposé par l'eau en trois molécules de glyoxal.

La « décomposition hydrogénante » des ozonides est une réaction beaucoup plus nette, ne donnant pas lieu à des composés secondaires ; elle aboutit également, comme produits finaux, aux aldéhydes et cétones ; le corps intermédiaire formé est un éther oxyalcoylique instable

$$R - \underset{H \quad OH}{C} - O - \underset{HO \quad H}{C} - R.$$

Voir également la préparation du dialdéhyde adipique à partir du cyclohexène (p. 375).

8. *Hydrogène.* — Les oléfines ne peuvent être hydrogénées par les méthodes usuelles à l'hydrogène naissant ; la présence de catalyseurs est indispensable ; ceux-ci sont toujours des métaux finement divisés : nickel (Sabatier) ; palladium (Paal, Skita), platine (Fokin, Wilstaetter). Voir p. 369 et suivantes.

9. *Acide perbenzoïque :* (réaction de Prileschajew). — Formation d'oxydes d'alcoylènes :

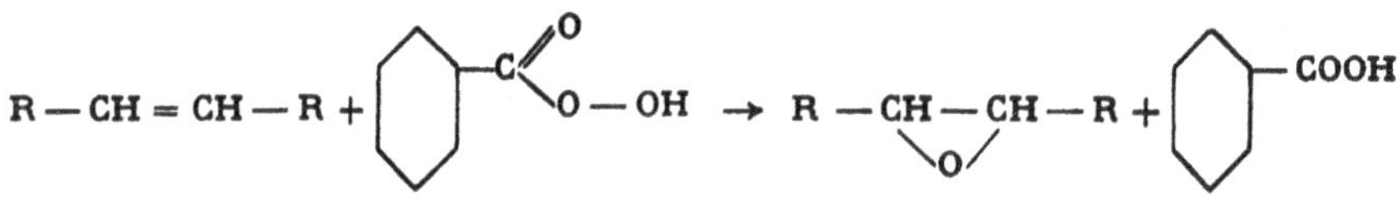

10. *Oxydation.* — L'action du permanganate transforme à froid les oléfines en glycols correspondants :

$$R - CH = CH - R \rightarrow R - CHOH - CHOH - R.$$

L'oxydant provoque accessoirement la rupture de la double liaison, avec oxydation subséquente des atomes de C dédoublés. Si ceux-ci sont en même temps hydrogénés, il y a formation d'acides carboxyliques, et, au cas contraires de cétones ; les deux peuvent aussi se former simultanément :

$$R - CH = C\begin{matrix} CH_3 \\ CH_3 \end{matrix} \rightarrow R - COOH + O = C\begin{matrix} CH_3. \\ CH_3 \end{matrix}$$

La réaction au permanganate constitue ainsi une méthode très commode — et très utilisée — pour l'identification de la nature non saturée d'une combinaison organique ; il suffit de dissoudre à froid la substance dans de l'alcool, d'ajouter un peu de carbonate de sodium dissous et une goutte d'une solution diluée de $KMnO_4$: la disparition rapide de la coloration rouge indique la présence de doubles liaisons (test de Baeyer). La réaction peut être également faite dans de l'acide acétique glacial, non oxydable par le permanganate s'il est à l'état de pureté suffisante.

La décoloration du brome fournit un autre indice de l'existence de doubles liaisons ; l'opération se fait alors le plus souvent dans le chloroforme.

La vitesse de leurs réactions d'addition caractérise les différentes oléfines : elle dépend de la constitution de leur molécule. La présence d'une double liaison dans la formule d'un composé ne le rend pas forcément susceptible de toutes les réactions d'addition que nous venons de voir. Le tétraphényléthylène, par exemple, 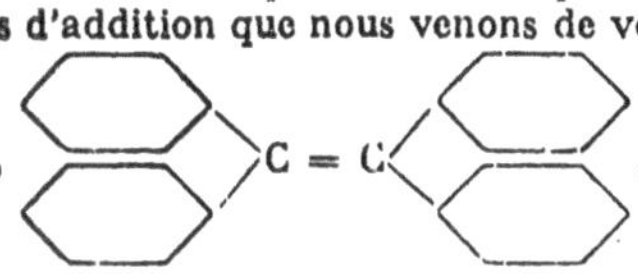 , est incapable de fixer le brome.

L'existence de doubles liaisons conjuguées permet une réaction d'addition de type particulier en système fermé. Voici le processus de la fixation du brome sur la molécule du butadiène :

$$\overset{1}{C}H_2 = \overset{2}{C}H - \overset{3}{C}H = \overset{4}{C}H_2 \xrightarrow{Br_2} BrCH_2 - CH = CH - CH_2Br.$$

Quant à l'acide dicarboxylique correspondant, ou acide muconique, il est hydrogéné en acide β, γ-dihydromuconique non saturé, comme suit :

$$HOOC - CH = CH - CH = CH - COOH \rightarrow HOOC - CH_2CH = CH - CH_2COOH.$$

Dans les deux cas les doubles liaisons primitives ont disparu et ont été remplacées par une double liaison centrale ; l'addition s'est effectuée en 1,4.

Le principe de ce type d'addition est à la base de l'élégante « synthèse des diènes », de Diels et Alder (1), qui a trouvé d'importants usages au laboratoire. Elle utilise la condensation du butadiène et de tous ses dérivés (isoprène, cyclopentadiène), avec des composés à une double liaison, et aboutit à des substances de la famille du tétrahydrobenzène. La condensation du butadiène avec l'anhydride maléique, par exemple, fournit l'acide tétrahydrophtalique :

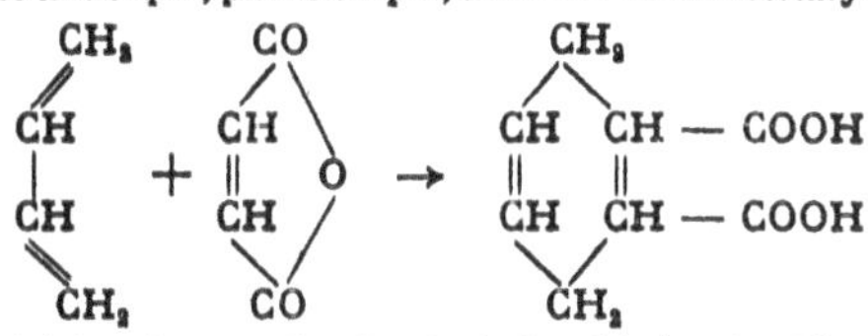

On peut synthétiser les représentants de la série naphtalénique en condensant le butadiène avec la quinone :

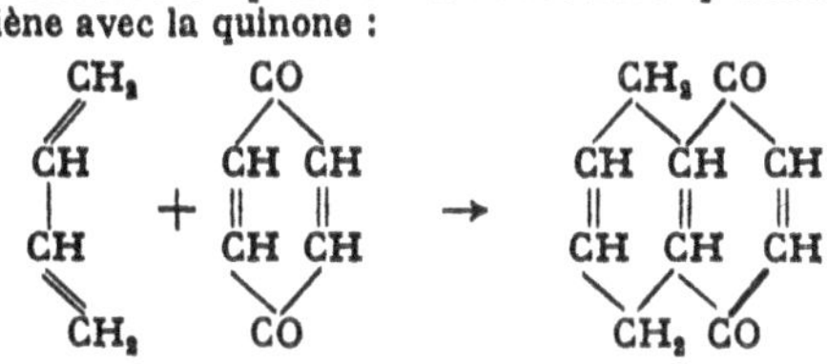

Le cyclopentadiène, autre « diène », est à l'origine de systèmes endo-cycliques de la famille du camphre et d'autres terpènes élaborés par la cellule végétale :

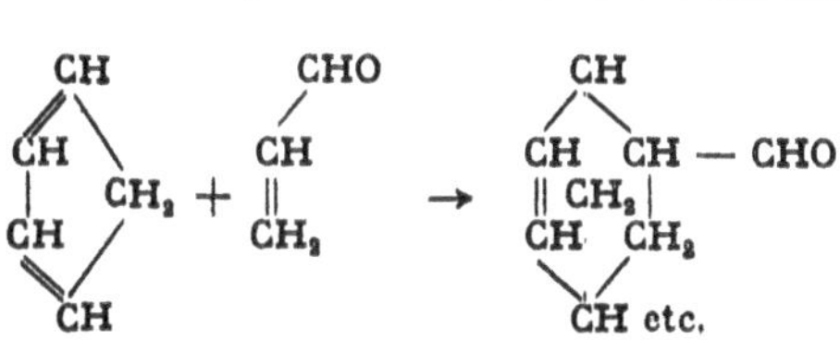

(1) A. *460*, 98 (1928) ; cf. aussi *Z. ang. Ch.*, *42*, 911 (1929).

On trouvera la description de la synthèse de Diels et Alder (cyclohexadiène et quinone) p. 306.

La théorie de l'addition en 1, 4, formulée par Thiele, exprime que la résultante des champs de force entourant les atomes de C reliés par une double liaison se trouve réduite entre C_2 et C_3 par suite du rapprochement de ces atomes ; il en résulte que C_1 et C_4 possèdent un potentiel relatif plus élevé que C_2 et C_3, et constituent ainsi les seuls emplacements où une addition puisse se faire.

Appliquée au noyau du benzène, la théorie de Thiele en fait ressortir la nature nettement plus saturée que celle des oléfines à plusieurs doubles liaisons, nature due à l'équilibre intérieur des valences entrant en jeu : les positions privilégiées d'une chaîne ouverte n'existent plus dans un cycle :

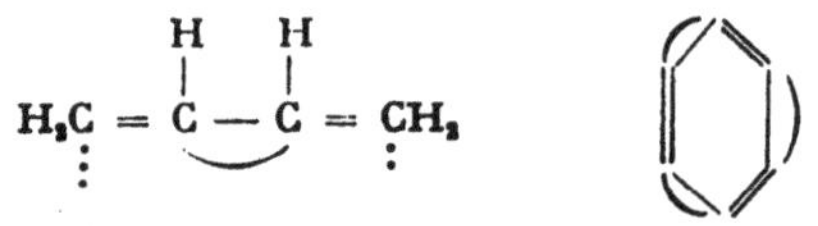

Si, d'après la notation de Thiele, on représente par une parenthèse l'inactivation des atomes de C voisins, la neutralisation des « valences partielles » ressort clairement dans le cas du benzène.

L'image structurale donnée par Thiele semble, aujourd'hui encore, expliquer le mieux les propriétés typiquement aromatiques du benzène ainsi que ses analogies avec les oléfines.

Il nous semble plus logique cependant de remplacer le terme d' « inactivation » par celui d' « affaiblissement » des valences partielles ; il existe en effet des cas où l'addition sur un système de doubles liaisons conjuguées ne se fait pas en 1,4 ; le benzène par ailleurs présente les réactions typiques d'un composé à trois doubles liaisons (il fixe directement l'hydrogène catalysé (pour donner du cyclohexane), l'ozone, l'ester diazoacétique (voir p. 278)) ; elles sont cependant moins rapides que les réactions correspondantes des oléfines telles que la fixation des halogènes par exemple, et c'est ce dernier fait, nous semble-t-il, qui justifie le mieux l'expression que nous proposons d' « affaiblissement » des valences partielles.

Le *cyclooctatétraène*, homologue cyclique supérieur du benzène, possède de façon assez inattendue des propriétés différentes de celles de la série aromatique (Willstraetter et Waser) ; il est coloré en jaune et présente autant de réactivité qu'une oléfine à quatre doubles liaisons conjuguées :

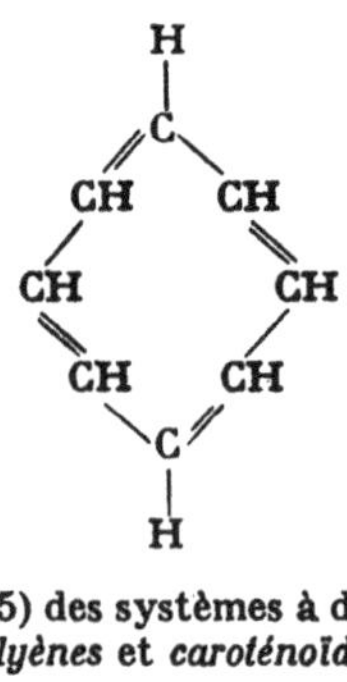

On traitera plus loin (p. 285) des systèmes à doubles liaisons conjuguées de poids moléculaires élevés, *polyènes* et *caroténoïdes*.

6. — *Glycol éthylénique à partir de bromure d'éthylène* (1)

Diacétate de glycol :

On mélange dans un ballon à col court d'1 /2. l, muni d'un réfrigérant à reflux, 63 g. (1 /3 mol.) de *bromure d'éthylène,* 20 g. d'*acide acétique glacial* et 60 g. d'*acétate de potassium* fondu et réduit en poudre (cf. p. 137) ; on chauffe 2 h. à vive ébullition au bain de sable ou sur amiante avec une forte flamme.

On adapte alors au ballon un réfrigérant descendant au moyen d'un court tube coudé, et distille le produit en chauffant directement avec une grande flamme éclairante promenée sous le ballon (augmenter l'arrivée de l'air du brûleur vers la fin de l'opération.)

On rajoute au distillat 60 g. de bromure d'éthylène et 80 g. d'acétate de potassium, chauffe 2-3 h. le mélange au bain de sable comme précédemment, et distille.

On soumet le distillat au fractionnement en employant une spirale de Widmer (voir p. 37), et recueille séparément les fractions suivantes : *a*) du début de la distillation à 140° ; *b*) de 140 à 175° ; *c*) de 175° à la fin de la distillation. On soumet à une nouvelle distillation les fractions *b*) et *c*), et recueille l'*acétate de glycol* pur passant entre 180 et 190° (la majeure part passe à 186°). Rendement : 70 g. environ.

Pour améliorer le rendement, on peut chauffer pendant 3 h. la fraction passant au-dessous de 180° avec son poids d'acétate de potassium ; on opère ensuite comme précédemment. Le rendement peut s'accroître ainsi de 15 g.

Glycol :

Pour libérer le glycol de son ester acétique, on traite ce dernier par une solution de gaz chlorhydrique dans l'alcool méthylique absolu. Celle-ci se prépare en faisant barboter un courant de *gaz chlorhydrique* dans l'alcool, en refroidissant et évitant toute entrée d'humidité, de manière à obtenir une solution à 3 %, contrôlée par pesée sur une balance sensible au dixième de gramme (en cas d'excès d'acide, rajouter la quantité nécessaire d'alcool méthylique).

On porte 49 g. (1 /3 mol.) de *diacétate de glycol* et 60 cc. de la *solution méthylique d'HCl* dans un ballon rond de 200 cc. muni d'un réfrigérant à reflux, fait bouillir 1/2 h., distille, lentement d'abord, l'*acétate de méthyle* et une partie de l'*alcool* en employant un réfrigérant descendant ; on distille le reste à pression réduite (environ à 50°). On élimine du *glycol* restant l'ester non transformé en agitant le résidu dans le ballon, fermé d'un bouchon de caoutchouc, avec 50 cc. d'*éther* (le glycol y est insoluble).

(1) Henry, Bl. [3] *17*, 207 (1897) ; C. 1907 I, 1314.

L'éther résiduel est chassé au bain-marie, le glycol chaud transvasé dans un petit ballon à fractionner et distillé avec réfrigérant à air.

La majeure part du produit distille à 195°. Rendement : 17-18 g. (80-90 % du rendement théorique).

Le bromure d'éthylène peut aussi être transformé en glycol par saponification directe au moyen d'une solution diluée de carbonate alcalin ; la réaction, se passant en milieu hétérogène, est assez lente, et oblige à évaporer de grands volumes d'eau : il est donc naturel de lui préférer la méthode précédente, laquelle offre en outre l'intérêt de mettre en jeu deux autres réactions.

La transformation des halogénures d'alcoyles en alcools correspondants au moyen d'acétate de potassium (ou d'argent), employée très couramment au laboratoire, aboutit donc en premier à la formation d'un ester acétique ; celui-ci est ensuite saponifié de manière classique, avec un alcali ou un acide minéral dilués.

Dans le cas présent du glycol, soluble dans l'eau, les opérations se font en solvant organique : on décompose l'ester en estérifiant le groupement acide, lequel entrera alors en combinaison équilibrée avec les deux alcools en présence : glycol et alcool méthylique ; un excès de ce dernier aura pour résultat de déplacer l'équilibre dans le sens voulu.

Ce genre de saponification est appelé *trans-estérification*. Voir également p. 151 et suivantes.

Principales réactions des alcools biatomiques simples. — Le représentant-type du groupe est le glycol 1,2, dont les propriétés sont les suivantes :

L'*acide sulfurique* s'empare à chaud d'une molécule d'eau et transforme le glycol en *acétaldéhyde*.

L'*acide chlorhydrique* le transforme en *chlorhydrine d'éthylène* ; le second hydroxyle est beaucoup plus difficilement substituable par le chlore :

$$CH_2OH - CH_2OH \xrightarrow{HCl} CH_2OH - CH_2Cl + H_2O.$$

La monochlorhydrine se prépare industriellement par addition d'acide hypochloreux à l'éthylène ; cette opération s'effectue en grand en faisant arriver simultanément du CO_2 et de l'éthylène dans une solution de chlorure de chaux. La monochlorhydrine, traitée par la potasse caustique concentrée, perd une molécule d'acide chlorhydrique et se transforme en *oxyde d'éthylène :*

$$CH_2OH - CH_2Cl \rightarrow \underset{\diagdown O \diagup}{CH_2 - CH_2}$$

Une réaction intéressante de la chlorhydrine est sa facile transformation sous l'action de la *triméthylamine* en *choline*, composé biologique très important ; le chlorhydrate de choline s'obtient aisément en chauffant un certain temps en présence les deux produits de départ, en proportions stoechiométriques (l'amine étant en solution alcoolique absolue conc.).

Le *tétracétate de plomb*, Pb $(CH_3COO)_4$, provoque la déshydrogénation des glycols et la rupture de la liaison des deux carbones. Le glycol éthylénique donne ainsi deux molécules de *formaldéhyde*. La *pinacone* se décompose en deux molécules *d'acétone* par un processus inverse de celui de sa formation (1) :

$$\underset{OH}{(H_3C)_2C} - \underset{OH}{C(CH_3)_2} \xrightarrow{-2H} 2(H_3C)_2CO.$$

(1) R. Criegee, *Ber.*, *64*, 260 (1931), A. *481*, 263 (1930) ; *507*, 159 (1933).

L'emploi de cette méthode pour la synthèse des aldéhydes est décrite par Chr. Grundmann, A. *524*, 31 (1936).

Expérience. — Dissoudre 1 g. de *tétracétate de Pb* (1) dans 40 cc. d'*acide acétique glacial* ; y introduire 3 gouttes de *glycol* ; attendre 1 /2 h. et éliminer l'excès d'oxydant avec un peu d'*acide sulfureux* ; précipiter la totalité du Pb avec de l'*acide sulfurique* dil. et constater au moyen d'*acide fuchsine-sulfureux* (p. 216) la présence de *formaldéhyde* dans le filtrat.

En ajoutant de l'*acide chlorhydrique conc.* à la solution, celle-ci vire du rouge au bleu (cf. p. 217).

7. — *Ether isoamylique* (2)

On fractionne 500 g. d'*alcool amylique* technique entre 128 et 132°, verse le distillat dans un ballon à tube abducteur au haut du col, y ajoute 50 g. d'*acide sulfurique conc.*, et chauffe à ébullition douce de façon à distiller lentement un mélange d'eau et d'alcool amylique ; la température d'ébullition du mélange doit monter jusqu'à 140° environ en 8-9 h. (installer un thermomètre plongeant dans le liquide) ; un peu avant que cette température ait été atteinte, on réintroduit dans le ballon l'alcool amylique ayant passé dans la fraction de tête, après en avoir éliminé l'eau à l'entonnoir à séparations et l'avoir séché un moment sur du carbonate de potassium. On laisse le ballon se refroidir jusqu'à 100° environ, entraîne à la vapeur d'eau, recueille la couche huileuse du distillat et la rectifie en employant une colonne dans le genre de celle de Widmer (p. 37). L'*éther amylique* brut distille entre 168 et 172° avec un rendement de 200-230 g. ; on le purifie en le portant 2 h. à ébullition avec de l'*amidure* de *sodium* finement pulvérisé (1,5 g. pour 100 g. d'éther) dans un ballon à réfrigérant à reflux, sur bain d'huile ; on distille, agite le distillat avec de l'*acide chlorhydrique dilué*, sèche sur *chlorure de calcium* et redistille avec précaution sur des morceaux de *sodium* métallique.

8. — *Acide chloracétique à partir d'acide acétique et de chlore* (3)

On mélange 150 g. d'*acide acétique glacial* et 12 g. de *phosphore rouge* dans un ballon muni d'un tube d'adduction et d'un réfri-

(1) Celui-ci se prépare de la manière suivante : faire un mélange de 750 cc. d'*acide acétique glacial* pur et de 20 cc. d'*anhydride acétique* ; chauffer à 65° et ajouter par petites portions 200 g. de Pb_3O_4 en agitant mécaniquement et en attendant chaque fois que la coloration rouge ait disparu. Le *tétracétate* cristallise au refroidissement ; le recristalliser dans l'acide acétique glacial, et le conserver à l'abri de l'humidité (O. Dimroth et R. Schweizer, *Ber.*, *56*, 1375 (1923). Pour le titrage de solutions de tétracétate, voir Criegee, *Ber.*, *64*, 260 (1931).

(2) G. Schroeter et W. Sondag, *B.*, *41*, 1924 (1908).

(3) R. Hoffmann, *A.*, *102*, 1 (1857) ; Russanow, *B.*, *25*, Ref. 334 (1892).

gérant à reflux (Fig. 46), et chauffe sur bain-marie en vive ébullition en faisant arriver un courant de *chlore* sec. L'appareillage doit être exposé à une lumière très intense, si possible au soleil, l'efficacité de la chloruration dépendant en grande partie de l'éclairage.

La réaction est terminée lorsqu'un échantillon de la liqueur, refroidi à la glace et trituré avec une baguette de verre, se prend en masse ; elle peut durer une journée en été, et deux jours en hiver par temps couvert.

On soumet le produit de la réaction à la distillation fractionnée dans un ballon relié à un réfrigérant à air et recueillie dans un bécher la fraction passant de 150 à 200° ; on la refroidit à l'eau glacée en la triturant avec une baguette de verre et essore le produit pris en masse, composé d'*acide chloracétique* pur, en opérant rapidement à la trompe ; les cristaux sont pressés fortement avec une spatule ou un pilon de mortier. (Ne pas prolonger la filtration outre mesure, l'acide se liquéfiant peu à peu au contact de l'air tiède de la salle.) Le filtrat est soumis à une nouvelle distillation, et l'on recueille la fraction passant entre 170 et 180° ; on refroidit et essore ensuite comme ci-dessus, de manière à obtenir une nouvelle quantité de produit qu'on ajoute à la première ; on termine en redistillant à nouveau le tout. P. éb. : 186° ; p. fus. : 63°. Rendements variant de 80 à 125 g.

Utilisations : produit de départ de la préparation du *nitrométhane* (p. 164), de l'*ester malonique* (p. 254), du *glycocolle* (p. 272), de la *phénylglycine* (p. 262).

Remarque. — L'acide monochloracétique attaque fortement la peau, surtout à chaud ; prendre à cet effet les précautions convenables lors de sa manipulation.

La chloruration de l'acide acétique s'effectue beaucoup plus rapidement que dans les conditions de l'expérience précédente, même à l'obscurité, si l'on prend comme mélange réactionnel 150 g. d'*acide acétique glacial* (1), 1,5 g. d'*iode*, 7 g. de *pentachlorure de phosphore* et 3 g. de *phosphore rouge*. Dès la réaction terminée, décanter à chaud, ajouter 40 cc. d'acide acétique glacial, essorer rapidement après refroidissement les cristaux d'*acide monochloracétique* et laver avec un peu d'acide acétique glacial.

Le produit ainsi obtenu est légèrement teinté en rouge ; on le purifie de l'iode qu'il renferme encore en le plaçant dans un exsiccateur à *potasse caustique*.

La substitution dans une chaîne saturée par le chlore ou le brome est facilitée par le voisinage d'un groupe $>C=O$. Les aldéhydes et cétones se prêtent très aisément à l'halogénation ; celle-ci se fait en position α. (v. p. suiv.).

La présence d'un *carboxyle* ne confère qu'une mobilité médiocre à l'atome d'hydrogène voisin : l'halogénation des acides carboxyliques est assez difficultueuse ; elle n'est facilitée que par un éclairage très intense ou par un catalyseur fonctionnant comme agent de transport des halogènes. Ceux-ci se fixent toujours sur l'atome de C voisin du carboxyle, soit en α.

(1) H. Bruckner, *Ztschr. f. ang. Chem.*, *40*, 973 (1927) ; *41*, 226 (1928).

L'iode peut fonctionner comme substance de transport, en formant avec le chlore un composé extrêmement actif :

$$CH_3 - COOH + ClI \rightarrow CH_2Cl - COOH + HI.$$

L'acide iodhydrique dégagé par la réaction est instantanément décomposé par le chlore, avec formation d'une nouvelle molécule de chlorure d'iode, et ainsi de suite ; ce processus constitue l'un des cas les plus simples de la catalyse de transport.

L'action du phosphore est très différente et beaucoup plus complexe. L'halogénure de phosphore produit en premier lieu réagit avec l'acide pour former son chlorure, lequel se combine avec une molécule d'acide et donne un anhydride :

$$\text{I.}\quad CH_3 - COCl + HOOC - CH_3 \rightarrow CH_3 - CO - O - CO - CH_3 + HCl.$$

L'anhydride subit la chloruration plus facilement que l'acide, pour la raison précédemment exposée, et donne ainsi un produit chloré intermédiaire qui se décompose sous l'action de l'acide chlorhydrique dégagé par I. comme suit :

$$\text{II.}\quad \begin{matrix} CH_2Cl - CO \\ H_3C - CO \end{matrix}\!\!\Big\rangle O + HCl \rightarrow CH_2Cl - COOH + CH_3COCl$$

le chlorure d'acétyle rentre dans le cycle en participant à la réaction I., et ainsi de suite.

La quantité de phosphore employée dans le cas précédent est limitée ; on la détermine souvent en corrélation avec les masses moléculaires entrant en jeu, particulièrement lors de la substitution par le brome : il se forme alors le bromure de l'acide α-bromé, transformable ultérieurement, par hydrolyse aqueuse en acide α-bromé ; une méthode de préparation des esters, assez employée, consiste à faire réagir de l'alcool sur le bromure de l'acide (réaction de Hell-Volhard-Zelinsky).

Les acides carboxyliques α-halogénés, dont le représentant le plus simple est l'acide monochloracétique, constituent des produits de départ importants pour de multiples synthèses. Nous traiterons notamment de leur transformation en oxyacides par hydrolyse, et en aminoacides (prép. VII, 2) :

$$ClCH_2 - COOH + HOH \rightarrow HOCH_2 - COOH + HCl$$
$$ClCH_2 - COOH + 2HN_3 \rightarrow H_2HNCH_2 - COOH + NH_4Cl.$$

L'ioduration s'effectue selon la méthode décrite p. 108. Quant aux acides β-halogénés, ils se préparent par addition d'hydracide halogéné aux acides non saturés en α—β :

$$\underset{\text{ac. acrylique}}{CH_2 = CH - COOH} \xrightarrow{HBr} \underset{\text{ac. β-bromopropionique.}}{CH_2Br - CH_2 - COOH}$$

II. — Acides carboxyliques et leurs dérivés simples

1. — *Chlorures d'acides*

a) *Chlorure d'acétyle* (1) :

On introduit 90 g. (1,5 mol.) d'*acide acétique glacial* anhydre dans un ballon à fractionner muni d'un réfrigérant descendant, et

(1) Bechamp, *C. r.*, *40*, 946 (1855) ; *42*, 226 (1856).

y écoule 72 g. de *trichlorure de phosphore* à l'aide d'une ampoule à robinet, en refroidissant le ballon à l'eau. On installe ensuite ce dernier dans une grande capsule de porcelaine remplie d'eau à 40-50°, température maintenue pendant toute la durée du dégagement de gaz chlorhydrique : celui-ci est violent au début, et son arrêt coïncide avec la séparation du liquide en deux couches distinctes, l'inférieure étant constituée d'*acide phosphoreux.*

On distille le *chlorure d'acétyle* au bain-marie en vive ébullition et le recueille dans un flacon à vide adapté au réfrigérant au moyen d'un bouchon de liège, et muni d'un tube à chlorure de calcium pour éviter toute entrée d'humidité.

Le produit est purifié par une seconde distillation, avec thermomètre ; on recueille la fraction passant entre 48 et 53° (p. éb. du chlorure pur : 51°) Rendement : 70-80 g.

Utilisations : préparation de l'*anhydride acétique* (p. 136), et de l'*acétophénone* (p. 339).

Examiner si le produit est exempt de phosphore (à l'état de PCl_3) en en décomposant quelques gouttes par un peu d'eau chaude et en évaporant la solution dans une petite capsule de porcelaine ; évaporer ensuite deux fois jusqu'à siccité avec de l'*acide nitrique* concentré ou de l'*eau de brome* et faire un essai qualitatif par une des méthodes classiques d'identification de l'*acide phosphorique.* Si le résultat est positif, soumettre le produit à une nouvelle distillation en présence de quelques gouttes d'*acide acétique glacial.*

b) *Chlorure de benzoyle :*

On introduit 40 g. (1 /3 mol.) d'*acide benzoïque* anhydre dans un ballon de 250 cc. muni d'un réfrigérant rodé (on peut à la rigueur employer un bouchon de liège), ajoute 100 cc. de *chlorure de thionyle,* et chauffe à 80° au bain-marie (placer l'appareil sous une hotte).

Le dégagement tumultueux de gaz chlorhydrique et d'anhydride sulfureux s'arrête après une demi-heure environ ; on verse alors le mélange refroidi dans un ballon à fractionner et distille le chlorure de thionyle en excès avec réfrigérant descendant, au bain-marie en vive ébullition, en poussant l'opération aussi loin que possible. Le chlorure de thionyle ainsi récupéré pourra être utilisé à nouveau.

On distille ensuite le *chlorure de benzoyle* sur toile métallique ou flamme faiblement éclairante, en utilisant un long réfrigérant à air et un récipient aménagé comme celui de la préparation précédente.

Une fraction d'un volume appréciable, composée en majeure partie de chlorure de thionyle récupérable, passe en tête ; le produit principal distille entre 194 et 199°. P. éb. du chlorure de benzoyle pur : 194° ; rendement : 40-42 g.

La *distillation à pression réduite* fournit un produit plus pur ; elle est donc recommandable.

Le chlorure de benzoyle constitue un produit de départ très employé au laboratoire.

La substitution de l'hydroxyle de la fonction $-C\begin{matrix}\diagup OH \\ \diagdown O\end{matrix}$ par le chlore s'effectue à peu près selon les mêmes principes que celle de l'hydroxyle alcoolique, exposés précédemment.

On cherche presque toujours dans la pratique à obtenir les chlorures d'acides par l'action du trichlorure de phosphore, du pentachlorure de phosphore ou du chlorure de thionyle, quelquefois aussi par celle de l'oxychlorure de phosphore, sur les acides eux-mêmes ou leurs sels alcalins.

Le choix de l'agent de chloruration dépend de la facilité avec laquelle l'acide entre en réaction, et du point d'ébullition du chlorure d'acide. Le trichlorure de phosphore, par exemple, suffisant déjà à la chloruration de l'acide acétique et de ses homologues, il ne sera pas nécessaire d'employer le pentachlorure, encore plus actif.

Le mécanisme de la réaction sera examiné en détail plus loin ; celle-ci dégage de l'*acide phosphoreux*.

$$3CH_3-C\begin{matrix}\diagup O \\ \diagdown OH\end{matrix} + PCl_3 \rightarrow 3CH_3-C\begin{matrix}\diagup O \\ \diagdown Cl\end{matrix} + PO_3H_3$$

L'acide phosphoreux réagit ensuite avec le chlorure d'acétyle ainsi qu'avec le trichlorure de phosphore, produisant le dégagement de gaz chlorhydrique observé au cours des précédentes préparations.

L'*acide benzoïque* réagit de façon relativement médiocre avec le trichlorure de phosphore, beaucoup mieux par contre avec le pentachlorure. La séparation des chlorures de phosphore en excès (y compris l'oxychlorure de P) est cependant assez malaisée, et l'on préfère de beaucoup l'emploi du chlorure de thionyle pour cette raison ; ce dernier est actuellement, depuis les travaux de H. Meyer, d'usage très courant ; on le trouve auprès de toutes les maisons de produits chimiques.

La réaction du chlorure de thionyle sur un acide organique produit en premier lieu un anhydride mixte (avec élimination d'une molécule d'acide chlorhydrique), se décomposant ensuite en chlorure d'acide et anhydride sulfureux :

$$R-C\begin{matrix}\diagup O \\ \diagdown OH\end{matrix} + SOCl_2 \xrightarrow{-HCl} R-C\begin{matrix}\diagup O \\ \diagdown OSOCl\end{matrix} \rightarrow R-C\begin{matrix}\diagup O \\ \diagdown Cl\end{matrix} + SO_2.$$

La réaction avec les chlorures de phosphore et le phosgène est la même.

La réaction de chloruration est parfois extrêmement violente : il convient alors de diluer le mélange par du chloroforme ou du benzène, procédé applicable également à la chloruration des alcools.

L'*oxychlorure de phosphore* est surtout employé pour la chloruration d'un acide sous forme de sa combinaison saline :

$$2CH_3-C\begin{matrix}\diagup O \\ \diagdown ONa\end{matrix} + POCl_3 \rightarrow 2CH_3-C\begin{matrix}\diagup O \\ \diagdown Cl\end{matrix} + NaPO_3 + NaCl.$$

Cette réaction permet l'utilisation plus complète de l'halogène qu'avec l'acide libre.

Les chlorures d'acides inférieurs sont des liquides incolores, les chlorures à poids moléculaires élevés des solides cristallisés incolores. Presque tous peuvent être portés à l'ébullition sous pression normale sans se décomposer ; avec l'élévation du poids moléculaire cependant, il est de plus en plus nécessaire de les distiller à pression réduite.

Le p. éb. d'un chlorure d'acide est toujours inférieur à celui de l'acide correspondant : ce phénomène entre dans le cas général de la substitution d'un hydroxyle par le chlore, provoquant l'abaissement du p. éb. du composé :

CH_3 — COCl p. éb. : 51°	C_6H_5 — COCl p. éb. : 198°
CH_3 — COOH p. éb. : 118°	C_6H_5 — COOH p. éb. : 250°.

Les chlorures d'acides ont une odeur très piquante et fument à l'air ; l'eau les décompose en une molécule d'acide organique et une molécule d'acide chlorhydrique, réaction très énergique due à la grande mobilité de l'atome de chlore attaché au résidu acide, nettement plus prononcée que chez les alcools halogénés ; la saponification de ces derniers exige des conditions beaucoup plus drastiques que pour les chlorures d'acides : ébullition prolongée avec de l'eau, adjonction d'alcalis forts, de carbonates ou d'acétates.

L'hydrolyse des chlorures d'acides inférieurs, telle que celle du chlorure d'acétyle, est une réaction très violente déjà à froid ; celle des homologues supérieurs, du chlorure de benzoyle par exemple, nécessite une élévation de température.

Les *chlorures d'acides sulfoniques* sont relativement stables, même à l'ébullition (cf. le chlorure de l'acide benzène-sulfonique, p. 196). La présence d'alcali renforce, comme il est normal, l'action hydrolysante de l'eau.

Les chlorures d'acides réagissent avec les alcools et les phénols pour former des *éthers-sels*.

Expérience 1. — Écouler goutte à goutte 1 /2 cc. environ de *chlorure d'acétyle* dans 2 cc. d'*eau*. Si l'eau est très froide, on voit le chlorure, non miscible à l'eau, se rassembler au fond de l'éprouvette. En agitant celle-ci, la réaction s'amorce et prend un caractère violent en dégageant de la chaleur.

Expérience 2. — Même essai avec du *chlorure de benzoyle* ; malgré une agitation énergique, aucune réaction n'apparaît, l'ébullition est nécessaire. Après refroidissement, on observe la cristallisation de l'*acide benzoïque.*

Répéter l'expérience en prenant une solution deux fois normale d'*alcali caustique.*

Expérience 3. — Verser 1 cc. d'*alcool* dans une éprouvette refroidie à l'eau ; y ajouter goutte à goutte un volume égal de *chlorure d'acétyle* en continuant à refroidir, et 2 cc. d'eau ; alcaliniser faiblement avec de la *soude caustique* ; l'*ester acétique,* d'odeur caractéristique apparaît bientôt sous forme d'une couche distincte, très mobile ; saturer de *sel marin* finement pulvérisé pour achever la séparation.

Même expérience avec du *chlorure de benzoyle* et un léger exces d'*alcool* ; la formation de l'ester peut être suivie à l'odorat.

Les chlorures d'acides peuvent être utilisés pour l'identification des hydroxyles *alcooliques* ou *phénoliques* d'un composé inconnu : si le composé entre en réaction avec un chlorure d'acide, la présence d'un hydroxyle au moins est démontrée ; les substances dont la molécule contient de l'oxygène dans toute autre fonction (éthers-oxydes, par exemple) sont indifférentes vis-à-vis des chlorures d'acides. L'addition d'alcali ou de carbonate alcalin facilite dans tous les cas la réaction.

Les chlorures d'acides servent fréquemment à isoler les *alcools* et les *phénols* et à les caractériser ; le chlorure de benzoyle est le plus employé à cet usage. Citons comme exemple la combinaison de l'alcool méthylique et du *chlorure de p-nitrobenzoyle,* ester cristallisé, grâce auquel les plus petites quantités de l'alcool en solution aqueuse peuvent être isolées.

Les chlorures d'acides réagissent avec les sels d'acides pour donner leurs anhydrides (voir prép. suiv.).

L'acylation, par les chlorures et anhydrides d'acides, des alcools, phénols et amines se fait de moins en moins actuellement selon l'ancienne méthode de Schotten-Baumann, en suspension aqueuse alcaline ; elle est remplacée par le traitement dans la *pyridine,* à laquelle se combine le gaz chlorhydrique au cours de la réaction.

L'*ammoniac* et les *amines primaires* et *secondaires* réagissent avec une très grande facilité avec les chlorures d'acides :

$$CH_3 - CO - Cl + 2NH_3 \rightarrow CH_3 - CO - NH_2 + NH_4Cl$$

acétamide

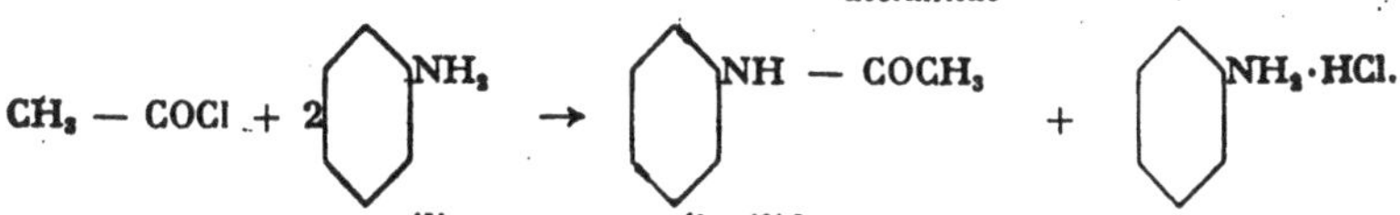

aniline *acétanilide*

Expérience 1. — Verser goutte à goutte du *chlorure d'acétyle* sur 1 cc. d'*aniline* ; une réaction très vive se produit cessant lorsque 1 cc. de chlorure environ a été additionné. Refroidir à l'eau et ajouter au liquide 5 fois son volume d'eau, ce qui fait apparaître un précipité volumineux d'*acétanilide,* pouvant être encore accru par frottement des parois du récipient avec une baguette de verre. Filtrer le précipité et le recristalliser dans un peu d'eau chaude. P. fus. : 115°.

Expérience 2. — Même expérience, en partant de *chlorure de benzoyle.*

Ces deux dernières réactions peuvent être employées pour la transformation des bases organiques en leurs dérivés acylés, cristallisables pour la plupart, et leur caractérisation par l'examen de leur point de fusion sur une petite quantité de substance (la méthode convient particulièrement pour les bases qui sont liquides à température ordinaire).

Pour permettre l'acylation totale des amines (l'acide chlorhydrique dégagé se combine à une molécule d'amine, on opère soit en solutions ou suspensions aqueuses d'alcalis ou de carbonates, soit en solvants organiques (la pyridine est la plus employée), en présence de carbonate de potassium anhydre.

Le fait que les amines tertiaires, dépourvues d'atome d'hydrogène substituable, ne réagissent pas avec les chlorures d'acides permet de distinguer par le comportement de ces derniers les bases tertiaires des bases primaires et secondaires.

Les chlorures d'acides enfin constituent les produits de départ de certaines *synthèses de Friedel-Crafts* (voir p. 335).

L'eau oxygénée peut être acylée par la méthode de Schotten-Baumann ; on obtient ainsi les *peroxydes d'acides.*

Peroxyde de benzoyle (1) :

On écoule alternativement dans 50 cc. d'*eau oxygénée* à 10 % environ, en refroidissant à la glace et agitant continuellement (utiliser un flacon à bouchon rodé), de la *soude caustique* 4N et du *chlorure de benzoyle*, en maintenant constamment une légère alcalinité.

30 cc. de la solution de soude et 15 g. de chlorure environ suffisent à la réaction ; le *peroxyde* se dépose en flocons cristallins et l'odeur du chlorure de benzoyle disparaît presque complètement. On essore, lave à l'eau et sèche. Rendement : 10-12 g. Jeté dans un peu d'*alcool* et chauffé à ébullition un court instant, le produit y forme de beaux cristaux incolores. P. fus. : 106-108°, avec décomposition (chauffer rapidement un *petit* échantillon sur flamme nue dans une éprouvette sèche).

Le peroxyde peut être obtenu à l'état de très grande pureté si l'on en fait une solution concentrée dans le *chloroforme*, que l'on écoule ensuite dans un volume double d'*alcool méthylique*.

Rappelons que le peroxyde de benzoyle, comme tous les peroxydes organiques, exige certaines précautions lors de sa manipulation.

Le peroxyde de l'acide benzoïque est le produit de départ le plus simple de la synthèse des oxydes d'alcoylènes de Prileschajew. Placé en milieu éthéré absolu ou, mieux, en solution benzénique, il est décomposé par l'éthylate de sodium en *perbenzoate de sodium* et *ester benzoïque* (2) :

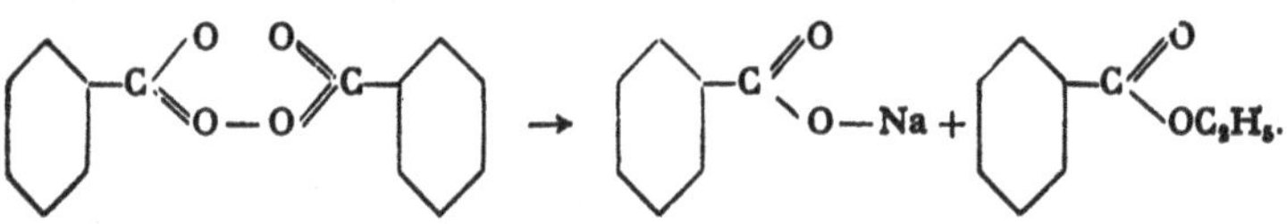

Les *peracides* sont des composés peu stables, à caractère acide moins marqué que celui des acides carboxyliques normaux dont ils dérivent. L'acide perbenzoïque libre peut être obtenu par extraction au chloroforme de la solution acidifiée de son sel sodique : il s'emploie alors comme tel pour la réaction de Prileschajew (voir p. 124). L'éthylène lui-même ne réagit pas avec lui.

2. — *Anhydride acétique* (3)

On utilise le même appareillage que celui servant à la préparation du chlorure d'acétyle.

On introduit dans le ballon 80 g. d'*acétate de sodium* anhydre, finement pulvérisé (voir-ci-dessous), et écoule goutte à goutte, à l'aide d'une ampoule à robinet, 54 g. (3 /4 mol.) en tout de *chlo-*

(1) V. Pechmann et Vanino, *B.*, *27*, 1510 (1894).
(2) Baeyer et Villiger, *B.*, *33*, 1575 (1900).
(3) C. Gerhardt, *A. ch.* [3], *37*, 313 (1853).

rure d'acétyle ; après avoir introduit la moitié environ de ce dernier, on interrompt un instant la réaction pour remuer la masse compacte dans le ballon, au moyen d'une baguette de verre à extrémité élargie et légèrement recourbée ; on écoule ensuite prudemment le reste du chlorure, en évitant qu'il ne distille avant d'avoir réagi. Une fois la réaction terminée, on distille l'*anhydride* en chauffant avec une flamme éclairante promenée sous le ballon. On ajoute 3 g. d'*acétate de sodium* anhydre finement pulvérisé au distillat, afin de transformer les dernières traces de chlorure d'acétyle subsistance en anhydride, et fractionne le produit. P. éb. : 138°. Rendement : 55-60 g.

Utilisations : *acétylations, réaction de Perkin* (V, 8, p. 233) préparation de l'*acétophénone* (IX, 3 b, p. 339).

On examine le produit pour voir s'il renferme du chlore en en faisant bouillir un échantillon avec de l'eau, acidulant à l'*acide nitrique* et ajoutant quelques gouttes de *nitrate d'argent*.

L'*anhydride benzoïque* cristallisé (p. fus. : 42°) peut être préparé de la même manière. On peut aussi l'obtenir en portant à l'ébullition un mélange d'acide benzoïque et d'excès d'anhydride acétique (*Transanhydrisation*).

Acétate de sodium anhydre. — Chauffer le sel contenant de l'eau de cristallisation ($3H_2O$) dans une capsule basse de fer ou de nickel sur flamme vive ; le sel fondu se prend en masse dès l'évaporation complète de l'eau de cristallisation. Continuer prudemment à chauffer de manière à faire fondre à son tour le sel anhydre. Le réduire ensuite encore chaud en poudre, et l'introduire rapidement dans un récipient hermétique.

L'acétate de sodium anhydre technique devra lui-même être refondu avant usage.

La réaction du chlorure d'acétyle avec l'acétate de sodium est la suivante :

$$CH_3-COCl + CH_3-COONa \rightarrow \begin{matrix} CH_3-CO \\ \\ CH_3-CO \end{matrix}\!\!>\!O + NaCl$$

Les anhydrides mixtes peuvent être préparés par cette réaction, en mettant en présence un sel et un chlorure d'acides différents.

On a vu plus haut que les chlorures d'acides se forment en particulier par action de l'oxychlorure de phosphore sur le sel alcalin des acides ; il n'est donc pas nécessaire de passer par les chlorures d'acides pour préparer leurs anhydrides : il suffit, et c'est ainsi que l'on procède industriellement, de faire réagir en une fois l'oxychlorure de phosphore sur un excès du sel alcalin de l'acide entrant en considération. Etablir la formule de cette réaction.

Les *anhydrides d'acides* inférieurs sont des liquides incolores, les homologues supérieurs des solides cristallisés ; ils ont tous une odeur âcre, sont insolubles dans l'eau et solubles dans les solvants organiques indifférents. Leur densité est plus grande que celle de l'eau, leur point d'ébullition plus élevé que celui des acides correspondants :

ac. acétique : 118° ; anhydride acétique : 138°.

Leur point de fusion est généralement plus bas. Les homologues inférieurs peuvent être distillés à pression normale sans se décomposer, tandis qu'il faut procéder à pression réduite pour les anhydrides à poids moléculaire élevé.

Les propriétés chimiques des anhydrides vis-à-vis de l'eau, des alcools, des phénols et des amines rappellent tout à fait celles des chlorures d'acides, les réactions des premiers étant toutefois plus lentes.

Expérience. — Diluer 1/2 cc. d'*anhydride acétique* par 3 cc. d'eau ; l'anhydride reste rassemblé au fond de l'éprouvette et ne se dissout pas, même par une agitation prolongée. En chauffant longuement, il y a dissolution finale, une molécule d'eau s'incorporant à celle de l'anhydride ; si, au lieu d'eau pure, on prend un *alcoli* dilué, la solubilisation se fait plus rapidement.

L'anhydride acétique est très employé pour l'*acétylation* des hydroxyles alcooliques et phénoliques, ainsi que pour celle des dérivés substitués de l'ammoniac, de type $HN\begin{matrix}/R_1\\ \backslash R_2\end{matrix}$. La présence d'une goutte d'acide sulfurique concentré accélère très fortement la réaction.

Expérience. — Faire réagir de l'*anhydride acétique* avec de l'*alcool*, de l'*hydroxyde d'ammonium*, de l'*aniline* et du *phénol*. Ajouter une goutte d'*acide sulfurique concentré* au mélange d'anhydride et de phénol.

Soumis à la décomposition thermique sur une lame de platine incandescente, l'anhydride acétique perd une molécule d'eau et se transforme en *cétène*, ou anhydride monomoléculaire de l'acide acétique (Wilsmore) :

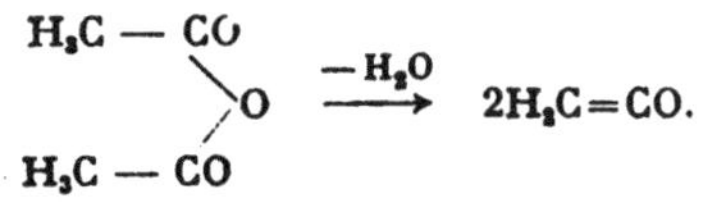

La préparation des cétènes par décomposition thermique de l'*acétone* peut aussi être réalisée au laboratoire (Schmidlin) :

$$CH_3 - CO - CH_3 \rightarrow CH_2 = CO + CH_4.$$

E. Ott (1) a imaginé une « lampe à cétène » permettant de préparer le composé avec un bon rendement. Le cétène est parfois utilisé comme agent d'acylation en milieu strictement anhydre.

L'analogie existant entre les anhydrides et les chlorures d'acides doit être considérée de plus près pour mieux comprendre les propriétés de ces deux groupes de substances ; dans les deux cas, il y a substitution de l'*hydroxyle* du groupement carboxyle par un anion : résidu *acétoxyle* -O-CO-CH_3 dans la molécule de l'anhydride, *Cl* dans celle du chlorure d'acide.

On peut aussi considérer les anhydrides d'acides organiques comme des « oxydes diacyliques » (acyle = radical d'acide ; ex. : CH_3-CO- = acétyle, et les rapprocher alors des éthers-oxydes, ou « oxydes dialcoyliques » ; ces derniers cependant appartiennent aux substances les moins réactives de la

(1) *J. pr. Ch.*, *130*, 177 (1931). — Cf. aussi Berl et Kullmann, *Ber*, *65*, 1114 (1932).

chimie organique, alors que les anhydrides, malgré leur parenté, manifestent une très grande réactivité. Ce phénomène provient de ce que le siège de cette activité n'est pas localisé au pont d'oxygène, mais bien à la double liaison du carboxyle : $\overset{O}{\nearrow}\!\!>C = O$, où se font les additions. Prenons par exemple le cas de l'eau et de l'ammoniac :

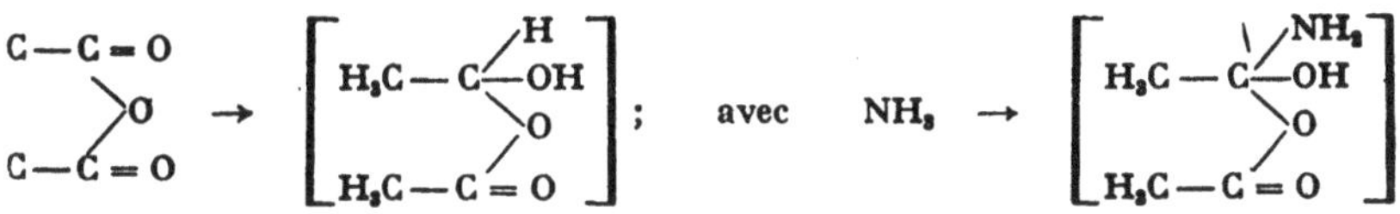

Les produits intermédiaires mis entre crochets sont extrêmement peu stables, des hydroxyles et un groupement acétoxyle négatif voisinant sur le même atome de C (cf. p. 115) ; ils se décomposent instantanément en deux molécules d'acide lors de l'addition de l'eau, en une molécule d'acide et une molécule d'acétamide lors de l'addition d'ammoniac. La réaction avec un alcool se formulerait de même.

On voit, d'après ce qui précède, que lors de l'introduction au moyen d'anhydride d'acide du groupement acyle dans une molécule (d'alcool, d'amine, etc.), un des deux résidus de la molécule de l'anhydride se transforme toujours en acide correspondant et n'entre donc pas en jeu.

La grande réactivité des chlorures d'acides provient de leur construction moléculaire semblable à celle des anhydrides.

3. — *Acétamide* (1)

On introduit 80 g. d'*acétate d'ammonium* — préparé à partir de carbonate d'ammonium et d'acide acétique (2) — et 60 cc. d'*acide acétique glacial* dans un petit ballon muni d'une colonne de Widmer ; on chauffe 5-6 h. à ébullition douce sur toile métallique. Un thermomètre placé à l'extrémité supérieure de la colonne ne doit pas indiquer une température supérieure à 103° environ ; on fait distiller lentement le mélange d'acide acétique et d'eau dégagé par la réaction, en munissant le tube abducteur de la colonne d'une petite jaquette mobile, et le recueille dans un cylindre gradué de façon à pouvoir contrôler l'allure de la réaction. Lorsque 80 cc. du mélange se sont condensés, on élève la température à 140°. On laisse ensuite légèrement refroidir, verse la masse fondue encore chaude dans un ballon, distille et recueille le produit passant à 195-220°.

Par refroidissement et trituration avec une baguette de verre, le produit doit se prendre entièrement en masse ; au cas con-

(1) Le principe de cette réaction se trouve dans FRANÇOIS, C. 1906, I. 1089. HITSCH et GILBERT, *J. Am. Soc.*, *35*, 1780 (1913); W. A. NOYES et GOEBEL, *J. Am. Soc.*, *44*, 2294 (1922).

(2) Traiter 60 cc. d'*acide acét. glacial* par du *carbonate d'ammonium* finement pulvérisé, à 40-50°C, jusqu'à ce qu'un échantillon, dilué par l'eau, ait une réaction alcaline. Une molécule d'acétate d'ammonium ainsi préparé contient 1/2 mol. d'eau de crist.

traire, on essore à la trompe le liquide et sèche le résidu sur porcelaine poreuse dans un exsiccateur, à pression ordinaire. L'*acétamide* restée dans le filtrat est récupérée par distillation.

P. éb. du produit pur : 223° (recristalliser un échantillon dans du *benzène*) ; p. fus. : 80°. Rendement : 55-60 g.

Utilisations : préparation d'*acétonitrile* (II, 5, p. 146), de *méthylamine* (II, 8, p. 160).

Une méthode tout à fait générale de préparation d'une amide consiste à soumettre le sel d'ammonium de l'acide correspondant à la distillation sèche, ou mieux, à un chauffage prolongé.

On préparait autrefois l'acétamide en chauffant de l'acétate d'ammonium à 200° en tube scellé ; ce procédé ne permet cependant pas la transformation complète de l'acétate, l'eau dégagée par la réaction reformant partiellement le sel aux dépens de l'amide :

$$CH_3-\underset{\underset{O}{\|}}{C}=ONH_4 \rightleftarrows CH_3-\underset{\underset{O}{\|}}{C}-NH_2+H_2O$$

Le but principal de la méthode précédemment décrite consiste à distiller l'eau au fur et à mesure de sa formation, de façon à déplacer vers la droite l'équilibre de la réaction, et augmenter ainsi le rendement.

L'excès d'acide acétique, de plus, s'oppose à la dissociation du sel selon :

$$CH_3-\underset{\underset{O}{\|}}{C}-ONH_4 \rightarrow CH_3COOH+NH_3$$

Cf. les principes de la loi d'action des masses (p. 151).

Une autre excellente méthode de préparation de l'acétamide consiste à faire passer un courant d'*ammoniac* gazeux dans une solution éthérée d'*anhydride acétique* ; l'éther est ensuite évaporé et le résidu d'acétate d'ammonium et d'acétamide soumis à l'extraction par le benzène, où le sel n'est pas soluble, dans un appareil continu (Fig. 24).

Citons encore, parmi d'autres moyens de préparer les amides, le traitement des *chlorures d'acides* et des *esters* par l'ammoniac, et l'action des acides minéraux forts sur les *nitriles*, provoquant la fixation par ces derniers d'une molécule d'eau (voir p. 147 au sujet de cette dernière réaction).

Expérience. — Mettre 10 g. de *carbonate d'ammonium* finement pulvérisé dans une capsule de porcelaine et y ajouter 5 g. de *chlorure de benzoyle* en mélangeant intimement avec un pilon ; chauffer au bain-marie jusqu'à disparition de l'odeur du chlorure. Ajouter ensuite un peu d'eau, essorer, laver avec de l'eau le précipité resté sur le filtre et le recristalliser dans l'eau. P. fus. de la *benzamide pure* : 128°.

A l'exception du premier homologue de la série, la *formamide* liquide $H\text{-}CONH_2$, les amides d'acides sont des substances cristallisées incolores, dont la solubilité dans l'eau décroît avec l'augmentation du poids moléculaire (les homologues supérieurs pouvant cependant encore être cristallisés dans l'eau bouillante). Les points d'ébullition des amides sont passablement plus élevés que ceux des acides dont elles dérivent :

ac. acétique : p. éb. : 118°	ac. propionique : p. éb. : 141°
acétamide : p. éb. : 223°	propionamide : p. éb. : 213°

Le voisinage du résidu acyle amène la disparition presque complète du caractère basique du groupement aminé ; on connaît cependant les combinaisons salines des amides avec les acides forts, mais elles sont immédiatement décomposées par l'eau.

L'*urée*, diamide de l'acide carbonique, est la seule à former des sels plus stables, grâce à l'existence d'un deuxième groupe $-NH_2$.

Une des réactions caractéristiques des amides est leur possibilité de former des combinaisons avec le mercure bivalent, dans lesquelles le métal est fixé à l'azote par une liaison non ionogène ; il est possible par exemple de faire réagir l'acétamide avec de l'oxyde mercurique :

$$2CH_3 - CO - NH_2 + HgO \rightarrow (CH_3 - CO - NH)_2Hg + H_2O.$$

Expérience. — Dissoudre une petite quantité d'*acétamide* dans l'eau, ajouter un peu d'*oxyde de mercure jaune* et chauffer. L'oxyde se dissout, prouvant ainsi la formation du composé mercurique.

La déshydratation des amides en *nitriles* et leurs réactions avec les hypohalogénites seront traitées lors des préparations suivantes.

Rappelons que l'action d'agents hydrolysants provoque le départ plus ou moins rapide du groupement aminé des amides, celles-ci redonnant alors l'acide dont elles dérivent ; cette réaction les différencient nettement des amines (cf. p. 139).

Expérience. — Chauffer en éprouvette un peu d'*acétamide* avec une solution deux fois normale de *soude caustique*. Une forte odeur ammoniacale se dégage, et la solution contient finalement de l'*acétate de sodium*. Pour vérifier la présence de l'acide acétique, aciduler légèrement avec de l'*acide chlorhydrique concentré* en présence de rouge Congo, agiter l'éprouvette fermée par le pouce et chauffer à ébullition (introduire un fragment de porcelaine poreuse). Du papier de tournesol présenté à l'ouverture de l'éprouvette vire au rouge (procédé général d'identification des acides volatils).

Rappelons brièvement la réaction des amides avec le pentachlorure de phosphore, donnant leurs *chlorures d'imides* en passant par les *chlorures d'amides*.

4. — *Urée et semicarbazide*

a) *Cyanate de potassium* (1) *par fusion oxydante* (2) :

On procède à la déshydratation de 200 g. de *ferrocyanure de potassium* en chauffant le sel avec précaution dans une capsule de porcelaine ou sur une plaque de tôle, jusqu'à ce qu'on n'aperçoive plus de cristaux dans la masse et qu'un échantillon, chauffé en éprouvette, ne donne lieu à aucune efflorescence.

(1) Nous employons à dessein ce terme et non celui d' « isocyanate », fréquemment usité, étant donné qu'il n'existe en fait qu'un acide cyanique.

(2) C. A. Bell, *Chem. News*, *32*, 99 (1875) ; Gattermann, *B.*, *23*, 1223 (1890) ; H. Erdmann, *B.*, *26*, 2442 (1893).

On fait fondre de même 150 g. de *pyrochromate de potassium.* Les deux sels déshydratés, sont pulvérisés séparément, mélangés intimement dans un mortier et déposés par portions successives de 4-5 g. dans une capsule de fer ou sur une plaque de tôle ; on chauffe fortement (sans atteindre toutefois le rouge) au moyen d'un brûleur Teclu ou d'un brûleur triple. La température doit être assez élevée pour que chaque nouvelle portion introduite provoque de vives étincelles, (le résidu noirâtre et poreux ne doit pas fondre). Chaque portion, une fois l'oxydation rapidement terminée, est mise de côté au moyen d'une spatule métallique. Il est possible d'oxyder de cette manière la totalité du mélange en 1-1 1/2 h.

Le résidu est jeté dans un ballon rond, additionné de 800 cc. d'*alcool* à 80 % bouillant, et le tout chauffé au bain-marie en vive ébullition pendant 3 min. On décante ensuite la solution claire dans un erlenmeyer, place rapidement ce dernier dans la glace et accélère par agitation le refroidissement de son contenu.

Après un instant de repos, on transvase les eaux-mères séparées des cristaux de *cyanate* dans le grand ballon et répète 5-6 fois l'extraction de la même manière. L'opération est terminée lorsqu'il ne se forme plus de cristaux dans un échantillon de la solution refroidi.

On essore fortement à la trompe le sel sur plaque filtrante, lave 2 fois à l'*alcool* et 3 fois à l'*éther* ; le produit est mis à sécher dans un exsiccateur. Rendement : 80 g. environ.

Autre méthode de préparation de cyanate de potassium : oxydation du cyanure par le permanganate de potassium en solution aqueuse (1).

b) *Urée :*

40 g. de *cyanate de potassium* et 40 g. de *sulfate d'ammonium* sont dissous dans 500 cc. d'eau et la solution évaporée à sec au bain-marie dans une capsule de porcelaine. On épuise le résidu avec de l'*alcool absolu* à ébullition dans un ballon rond, et concentre la solution jusqu'à formation de cristaux par refroidissement et amorçage. P. fus. : 132°. L'alcool des eaux-mères est évaporé et le reste du produit isolé à l'état de nitrate.

Préparation du nitrate d'urée. — Dissoudre quelques g. d'urée dans un peu d'eau et ajouter goutte à goutte de l'*acide nitrique concentré,* le sel se sépare en beaux cristaux. Le *nitrate d'urée* n'est pas complètement insoluble dans l'eau : en tenir compte lors du lavage.

(1) J. Volhard, *A.*, *259*, 378 (1890) ; F. Ullmann et Uzbachian, *B.*, *36*, 1806 (1903) ; Marckwald, *B.*, *56*, 1325 (1923). La meilleure prescription est donnée par Gall et Lehmann, *B.*, *61*, 675 (1928).

La synthèse de Wohler, a été la première préparation synthétique d'une substance organique élaborée par la cellule vivante ; elle est le prototype des nombreuses réactions de fixation auxquelles donnent lieu les molécules très réactives de l'acide cyanique et de ses esters, ainsi que celles des thiocomposés correspondants.

La réaction précédente consiste en l'addition d'une molécule d'ammoniac à la double liaison du nitrile $\rangle C = N$:

$$O = C = NH \xrightarrow{NH_3} O = C\begin{matrix} \diagup NH_2 \\ \diagdown NH_2 \end{matrix}$$

Remarquons qu'il est sans importance, pour l'explication de cette réaction, de savoir si la fixation intéresse le sel directement, ou s'il y a dissociation préalable.

En remplaçant l'ammoniac par une amine, on obtient toutes les possibilités d'urées substituées (voir la méthylurée, p. 268) ; la réaction avec l'hydrazine donne la *semicarbazide :*

$$O = C = NH + H_2N - NH_2 \rightarrow O = C\begin{matrix} \diagup NH_2 \\ \diagdown NH - NH_2 \end{matrix}$$

Il est aisé de prévoir les réactions des composés de constitution semblable à celle de l'acide cyanique.

Expérience. — Aciduler quelques cc. de la solution de *cyanate* avec de l'*acide chlorhydrique* dilué. Remarquer le dégagement d'*anhydride carbonique* et l'odeur caractéristique de l'*acide cyanique* libre, rappelant celle de l'anhydride sulfureux.

La décomposition de l'acide cyanique libre en solution aqueuse est aussi une réaction de fixation par la double liaison ; une molécule d'eau est additionnée et l'*acide carbaminique* instable formé se décompose en CO_2 et NH_3 :

$$O = C = NH \xrightarrow{H_2O} O = C\begin{matrix} \diagup NH_2 \\ \diagdown OH \end{matrix} \rightarrow CO_2 + NH_3$$

Le *cyanate de phényle* (p. 161) présente simultanément les deux réactions vues précédemment, avec production de CO_2 et de *diphénylurée :*

I. $O = C = N - C_6H_5 + H_2O \rightarrow CO_2 + C_6H_5 - NH_2$

II. $O = C = N - C_6H_5 + C_6H_5 - NH_2 \rightarrow O = C\begin{matrix} \diagup NH - C_6H_5 \\ \diagdown NH - C_6H_5 \end{matrix}$

Les esters de l'acide carbaminique, ou *uréthanes*, s'obtiennent par fixation d'alcools sur la molécule des composés de la série de l'acide cyanique ; ils sont assez stables et existent sous une grande variété. On peut les préparer synthétiquement par une autre méthode, consistant en la réaction des esters de l'*acide chloroformique* avec l'ammoniac et les amines.

c) *Semicarbazide* (1) *:*

52 g. de *sulfate d'hydrazine* sont dissous dans 200 cc. d'eau bouillante additionnée de 21 g. de *carbonate de sodium anhydre.*

(1) THIELE u. STANGE, B. *27*, 31 (1894); H. BILTZ. A. *339*, 250 (1905).

On refroidit à 50°, ajoute une solution de 35 g. de *cyanate de potassium* dans 100 cc. d'eau et abandonne une nuit.

On filtre le dépôt d'*hydrazodicarbonamide*, composé formé partiellement, suivant la réaction :

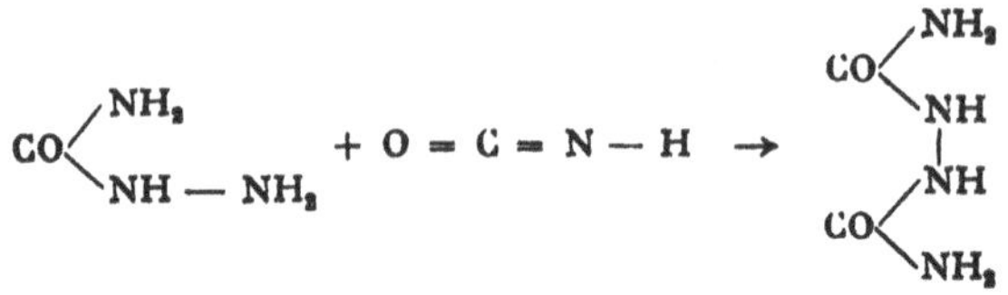

ajoute à la solution 60 cc. d'*acétone* et abandonne à nouveau 24 h., en agitant fréquemment.

On essore fortement les cristaux d'*acétone-semicarbazone*, les lave avec un peu d'eau et sèche sur porcelaine poreuse ou dans le vide. On évapore à sec les eaux-mères au bain-marie, pulvérise le résidu et le porte dans un appareil d'extraction à l'*alcool :* la semicarbazone se dépose en cristaux dans le ballon.

On place un échantillon du produit principal sur une lame de platine que l'on porte à l'incandescence : si l'on constate la présence de cendres importantes après la combustion, le produit principal doit être soumis à l'extraction continue, comme indiqué précédemment.

On traite alors la semicarbazone par de l'*acide chlorhydrique* conc. (8 cc. par 10 g. de produit), en chauffant légèrement de manière à obtenir une solution limpide. Le chlorhydrate de semicarbazide forme au refroidissement un magma épais de cristaux, que l'on essore fortement et lave avec un peu d'*acide chlorhydrique* froid (1 : 1), puis deux fois avec 3-5 cc. d'*alcool* refroidi à la glace. Le sel est fortement desséché dans un exsiccateur. Rendement : 22-25 g.

Pour préparer une solution de *semicarbazide libre*, opérer comme suit (méthode générale servant à la préparation de semicarbazones) : triturer 5,5 g. de *chlorhydrate de semicarbazide* avec 4,5 g. d'*acétate de sodium* déshydraté (p. 137) dans un petit mortier ; porter le mélange, devenu pâteux par la mise en liberté d'acide acétique, dans un erlenmeyer de 100 cc. au moyen d'une spatule, ajouter 50 cc. d'*alcool absolu* et faire bouillir rapidement au bain-marie, en agitant fréquemment. Filtrer immédiatement le chlorure de sodium sur plaque filtrante.

Expériences. — La semicarbazide, hydrazide primaire de l'acide carbaminique, réduit une solution ammoniacale d'argent et la liqueur de Fehling. Elle forme avec facilité en présence d'aldéhydes et de cétones, les semicarbazones correspondantes, avec mise en liberté d'une molécule d'eau ; les semicarbazones redonnent plus facilement la molécule avec laquelle elles sont condensées que les phénylhydrazones et les oximes : elles sont donc préférables pour l'isolation et la purification des aldéhydes et cétones.

Agiter la solution aqueuse du sel précédemment obtenu avec quelques gouttes de *benzaldéhyde*, filtrer la *semicarbazone* et la recristalliser dans l'alcool. P. fus. : 214°, avec décomposition. La semicarbazone du benzaldéhyde, chauffée légèrement en présence d'*acide chlorhydrique* concentré, se décompose en ses constituants.

On isolera de même, au moyen de leurs semicarbazones, tous les autres aldéhydes et cétones.

d) *Urée et acide urique à partir de l'urine* (1) :

On évapore 2 l. d'*urine* dans une capsule de porcelaine au bain-marie jusqu'à consistance sirupeuse, éloigne le brûleur et ajoute 500 cc. d'*alcool* à chaud en triturant la masse. On laisse reposer et décante la solution limpide. Le résidu est chauffé à nouveau et mis à digérer comme précédemment avec 500 cc. d'alcool.

On réunit les solutions (les filtre si nécessaire), élimine l'alcool par évaporation et met dans une petite capsule de porcelaine le résidu encore imbibé d'eau et d'alcool, où on l'évapore sur bain-marie jusqu'à siccité. On refroidit ensuite fortement la capsule et ajoute peu à peu au résidu deux volumes d'*acide nitrique* concentré incolore, en remuant bien. On laisse reposer 12 h., filtre la masse pâteuse de *nitrate d'urée*, la lave avec un peu d'*acide nitrique* (1 : 1) refroidi à la glace, et essore jusqu'aux dernières gouttes ; le précipité est mis en suspension dans 100-150 cc. d'eau et neutralisé avec précision par du *carbonate de baryum* introduit par petites portions. On ajoute alors au liquide quelques pointes de couteau de noir animal, porte à ébullition, filtre à chaud, lave à l'eau bouillante et évapore à sec le filtrat. On épuise le résidu par de l'*alcool* chaud (l'*urée* y est très soluble), et concentre la solution alcoolique jusqu'à formation de cristaux. Rendement : 20-25 g.

L'élimination quotidienne d'urée est en moyenne, pour un adulte, de 25-30 g., correspondant à peu près à 1,5 l. d'urine.

Expériences. — Ajouter à une solution d'*urée* de la *soude caust. aq.*, agiter, et y écouler quelques gouttes de *brome* ; observer le dégagement d'azote (voir la réaction d'Hoffmann, p. 160).

Aciduler une solution d'*urée* et y ajouter une solution de *nitrite*. Voir l'emploi de l'urée pour l'élimination de l'acide nitreux lors de la préparation du *nitrate d'éthyle* (p. 156).

L'urée se saponifie difficilement : en faire bouillir une solution avec de l'*eau de baryte*, et rechercher par quels moyens l'hydrolyse peut être décelée.

(1) Salkowski, *Prakt. d. physiol. u. path. Chemie*, p. 161, Berlin (1900)

Acide urique :

On chauffe au bain-marie le résidu de la première extraction par l'alcool, de façon à en éliminer le solvant, et ajoute à la masse 50 cc. d'*acide chlorhydrique* concentré. Un repos de 2-3 jours provoque la séparation de 0,3-0,5 g. d'*acide urique*, que l'on purifie en le dissolvant à chaud dans 150 cc. d'une solution normale de *carbonate de sodium* ; on ajoute 0,4 g. de noir animal, filtre, porte la solution à ébullition et y écoule au moyen d'une ampoule à robinet 150 cc. d'*acide chlorhydrique* 2N, en agitant. L'acide urique se dépose à chaud déjà sous forme de poudre cristalline.

Réaction du pourpre de murex. — Évaporer à sec au bain-marie dans une capsule de porcelaine quelques cc. d'*acide urique* avec quelques gouttes d'*acide nitrique* assez concentré. L'adjonction d'un peu d'*ammoniaque* provoque une coloration rouge intense.

L'acide urique est un produit du métabolisme normal ; il appartient au groupe de la *purine*, ainsi que l'*adénine*, la *guanine* et la *caféine*. Les travaux les plus importants à consulter sur les synthèses de l'acide urique sont ceux de Baeyer-Fischer, Behrend-Roosen et W. Traube.

5. — *Nitriles*

a) *Acétonitrile* (1) :

On introduit 20 g. d'*anhydride phosphorique* dans un petit ballon sec, y ajoute 12 g. (1 /5 mol.) d'*acétamide* desséchée et mélange intimement les deux substances en agitant le ballon. On adapte un court réfrigérant descendant et chauffe prudemment avec une flamme éclairante moyenne ; la réaction s'amorce, avec production de mousse et boursoufflement de la masse. On chauffe plus fortement après quelques minutes, de manière à faire distiller l'*acétonitrile*, et recueille ce dernier dans une éprouvette. On ajoute au distillat un demi-volume d'eau, et du *carbonate de potassium* solide jusqu'à saturation dans la couche aqueuse inférieure.

On sépare alors à l'entonnoir (prendre un entonnoir à court tube de dégagement), et rectifie l'acétonitrile, en introduisant un peu d'*anhydride phosphorique* dans le ballon pour déshydrater completement le produit. P. éb. : 82° ; rendement : 6 g. environ.

b) *Cyanure de benzyle :*

On dissout 30 g. de *cyanure de sodium* par 35 cc. d'eau chaude dans un ballon rond d'un demi-litre, muni d'un réfrigérant à

(1) DUMAS, *A.*, *64*, 332 (1847) ; BUCKTON et W. HOFMANN, *A.*, *100*, 131 (1856).

reflux et d'une ampoule à robinet (avec montage d'Anschütz) ; on ajoute 50 cc. d'*alcool* et écoule en 10 min. sur la liqueur, au moyen de l'ampoule, 63 g. (1 /2 mol.) de *chlorure de benzyle* pur. On porte à ébullition pendant 3 h., laisse refroidir et essore fortement le mélange sur un petit buchner ; on continue les opérations dans le flacon à vide, en éliminant l'alcool par ébullition à pression réduite (température du bain 40-50° ; installer un tube capillaire pour l'entrée de l'air). Le *cyanure de benzyle* est séparé de la solution aqueuse de chlorure de sodium à l'aide d'un petit entonnoir à robinet, séché rapidement sur *chlorure de calcium* et distillé à pression réduite dans un ballon de Claisen. P. éb. : 105-109° /12 mm. ; p. éb. du produit parfaitement pur : 232° /760 mm. Rendement : 45 g. environ (peut être amélioré par redistillation des fractions de tête et de queue).

Utilisations : *acide phénylacétique* (p. 149) et *phénylnitrométhane* (VI, 8, p. 256).

Une amide chauffée en présence d'un agent déshydratant (P_2O_5, P_2S_5, PCl_5) élimine une molécule d'eau et se transforme en *nitrile* correspondant :

$$CH_3 - CO - NH_2 \rightarrow CH_3 - C \equiv N + H_2O.$$

Comme on l'a vu plus haut, les amides s'obtiennent par déshydratation du sel d'ammonium d'un acide : il est possible d'obtenir en une seule étape les nitriles, à partir du sel d'ammonium, en employant un agent déshydratant très actif, tel que l'anhydride phosphorique :

$$CH_3 - COONH_4 \rightarrow CH_3 - C \equiv N + 2H_2O.$$

La synthèse de Kolbe permet de préparer les nitriles par une autre voie : elle consiste à chauffer un *halogénure d'alcoyle* (on choisit généralement un iodure) avec un *cyanure alcalin* (voir la préparation du cyanure de benzyle) ; le même résultat s'obtient aussi par distillation sèche du mélange d'un sel *éthyl-sulfurique* avec du *cyanure de potassium* :

$$KO_3S - OC_2H_5 + KCN \rightarrow K_2SO_4 + CH_3 - CH_2 - CN.$$

La synthèse des nitriles aromatiques en passant par les *diazocomposés* sera traitée plus loin (p. 286).

Les *nitriles* inférieurs sont des liquides incolores, les homologues à poids moléculaires élevés, des corps cristallisés ; leur solubilité dans l'eau décroît avec l'augmentation du poids moléculaire.

L'acétonitrile ionise fortement les électrolytes : les sels, acides et bases en solution dans l'acétonitrile conduisent mieux le courant électrique que dans les autres solvants organiques, alcool, éther, chloroforme, etc. (Walden).

La triple liaison du carbone et de l'azote est le siège des réactions principales des nitriles, offrant la possibilité de toute une série d'additions.

Chauffés avec de l'eau à 180° en tube scellé, ou à température moins élevée en présence d'acides ou d'alcalis, les nitriles fixent une molécule d'eau et redonnent les *amides* correspondantes :

$$R - C \equiv N + H_2O \rightarrow \underset{\displaystyle OH}{\overset{}{R - \underset{|}{C} = NH}} \rightarrow R - \underset{\displaystyle \overset{\|}{O}}{C} - NH_2$$

Le processus est le même que celui de la transformation de l'acétylène en *acétaldéhyde :*

$$HC \equiv CH + H_2O \rightarrow \underset{OH}{\overset{HC = CH_2}{|}} \rightarrow \underset{\underset{O}{\|}}{HC} - CH_3.$$

Le produit intermédiaire est dans les deux cas un composé « énolique » ; quoique cette forme ne sont pas stable, on en connaît cependant les dérivés alcoylés, ou *iminoéthers.*

Comme il est normal, les amides se transforment en acides carboxyliques et ammoniac lorsqu'on les soumet à une saponification énergique en les chauffant en présence d'acide sulfurique légèrement dilué ou d'alcalis concentrée ; il est par conséquent logique qu'on puisse obtenir les mêmes produits par la saponification directe des nitriles (cf. p. 149).

L'action de l'hydrogène naissant (zinc et acide sulfurique ou sodium alcoolique) sur les nitriles les transforme en *amines primaires*, par addition de quatre atomes d'hydrogène (réaction de Mendius) :

$$CH_3 - CN + 4H \rightarrow \underset{\text{éthylamine}}{CH_3 - CH_2 - NH_2.}$$

Autres réactions générales, moins importantes, des nitriles :

Acide sulfhydrique : $CH_3CN + H_2S \rightarrow \underset{\text{thioacétamide}}{CH_3 - CS - NH_2.}$

Hydroxylamine : $CH_3 - CH + NH_2OH \rightarrow CH_3 - C\begin{smallmatrix} \nearrow NOH \\ \searrow NH_2. \end{smallmatrix}$

acétamidoxime

Hydracides halogénés : $CH_3 - CN + HCl \rightarrow CH_3 - C\begin{smallmatrix} \nearrow NH \\ \searrow Cl. \end{smallmatrix}$

chlorure d'acétimide

Alcool et HCl : $CH_3 - CN + CH_3 - CH_2OH + HCl \rightarrow CH_3 - C\begin{smallmatrix} \nearrow NH.HCl \\ \searrow OC_2H_5. \end{smallmatrix}$

chlorhydrate d'iminoéther

L'*acide cyanhydrique* se comporte dans un grand nombre de ses réactions comme le nitrile de l'acide formique : H-CN. Quelques-unes de ses propriétés cependant, entre autres sa grande ressemblance chimique et pharmacologique avec les isonitriles $>C = N - R$, parlent en faveur d'une constitution *carbaminique*, de type $>C = NH$, avec un atome de carbone bivalent.

Les réactions d'addition déjà mentionnées des nitriles s'appliquent aussi à l'acide cyanhydrique : elles satisfont également aux deux formules proposées, les réactions s'effectuant soit sur la triple liaison de la forme nitrile, soit sur les valences résiduelles du carbone de la forme méthylénique :

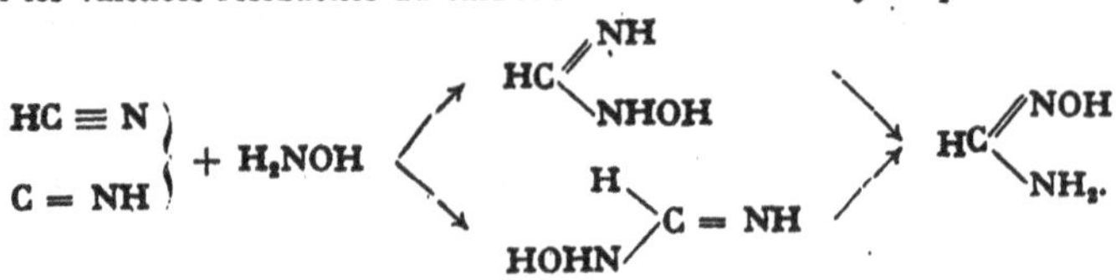

Le *chlorhydrate de l'éther formiminique* $CH\begin{smallmatrix}\diagup NH\cdot HCl\\ \diagdown OC_2H_5\end{smallmatrix}$ présente un intérêt pratique particulier : on peut l'obtenir à l'état cristallisé en faisant passer un courant de gaz chlorhydrique sec dans une solution équimoléculaire d'acide cyanhydrique et d'alcool éthylique anhydres dans l'éther absolu. A froid, le sel est lentement décomposé par l'alcool en *ester orthoformique* et *chlorure d'ammonium* :

$$HC\begin{smallmatrix}\diagup NH\cdot HCl\\ \diagdown OC_2H_5\end{smallmatrix} + 2HOCH_2-CH_3 \rightarrow HC\begin{smallmatrix}\diagup OC_2H_5\\ -OC_2H_5\\ \diagdown OC_2H_5\end{smallmatrix} + NH_4Cl$$

Cette synthèse de l'ester orthoformique nous paraît plus élégante que la synthèse classique à partir de *chloroforme* et *d'éthylate de sodium.*

L'ester orthoformique est parfois employé pour l'*acétalisation* de groupements cétoniques :

$$\underset{\textit{esther acétylacétique}}{CH_3-CO-CH_2-COOC_2H_5} + HC(OC_2H_5)_3 \rightarrow$$

$$CH_3-\underset{H_5C_2O\ \ \ OC_2H_5}{\underset{\diagup\ \diagdown}{C}}-CH_2COOC_2H_5 + HC\begin{smallmatrix}\diagup\!\!\diagup O\\ \diagdown OC_2H_5\end{smallmatrix}$$

6. — *Saponification des nitriles. Acide phénylacétique* (1)

On chauffe au bain d'air conique (Babo) 40 g. (1/3 mol.) de *cyanure de benzyle* avec 50 g. d'*acide sulfurique conc.* additionnés de 30 cc. d'eau, dans un ballon d'un demi-litre à réfrigérant ascendant ; on arrête le chauffage au début de la réaction, reconnaissable à la formation de petites bulles de vapeur ; la réaction devient rapidement violente, avec production de vapeurs blanches et brusques à-coups.

On laisse refroidir, ajoute deux volumes d'eau, abandonne quelque temps et essore les cristaux d'*acide phénylacétique.* Un échantillon est dissous dans une solution de *carbonate de soude :* si cette dernière ne reste pas parfaitement limpide (présence de phénylacétamide), le produit brut est dissous en entier dans le carbonate, filtré et l'acide précipité dans le filtrat au moyen d'*acide sulfurique.*

Le produit est mis directement à recristalliser dans un assez grand volume d'eau chaude, ou, après dessiccation, dans de l'éther de pétrole.

Étant donné son bas point de fusion (76°), l'acide se présente souvent sous un aspect huileux ; on le purifiera en le distillant à pression réduite dans un ballon d'Anschütz à tube courbe (Fig. 12) (2).

(1) Staedel, *B.*, *19*, 1951 (1886).
(2) Adams et Thal, *Organic Syntheses*, II, 1922, p. 64.

Rendement : 34-38 g., pouvant être quelque peu accru par épuisements à l'éther des premières eaux-mères sulfuriques.

L'énergie de la saponification provoque toujours la perte d'une certaine quantité de cyanure de benzyle par évaporation. Il est possible d'améliorer l'opération en portant 45 min. à l'ébullition à reflux le cyanure (40 g.) en solution dans un mélange d'eau, d'acide sulfurique conc. et d'acide acétique glacial (40 cc. de chacun). Après refroidissement, la masse est versée dans l'eau.

Effectuée dans des conditions plus ménagées (3 g. de cyanure de benzyle, dissous dans 8 cc. d'acide sulfurique conc., et la solution versée après 6 h. dans 50 cc. d'eau), la saponification du nitrile fournit presqu'en totalité l'amide correspondante. Rechercher la méthode de séparation de l'acide phénylacétique formé en même temps.

P. fus. de la *phénylacétamide* : 155°.

On connaît un certain nombre de méthodes de saponification des nitriles ; elles font intervenir en général des agents drastiques, acides ou alcalis forts. On peut être conduit à adopter aussi des méthodes indirectes, telles que par exemple la facile addition à un nitrile d'acide sulfhydrique qui donne une *thiamide* (p. 148), pouvant ensuite être aisément hydrolysée.

Les *esters* des acides s'obtiennent directement sans difficulté en faisant passer de l'acide chlorhydrique gazeux dans une solution alcoolique bouillante de leurs nitriles. *L'iminoester* formé intermédiairement subit une substitution de son groupement = NH par un atome d'oxygène, processus hydrolytique extrêmement rapide. Cf. p. 254.

7. — *Esters*

a) *Acétate d'éthyle à partir d'acide acétique et d'alcool* (1) :

Un ballon d'un demi-litre est muni d'un bouchon de liège à deux trous, dans lesquels on adapte respectivement une ampoule à robinet et un tube d'abduction mis en communication avec un long réfrigérant descendant. Un mélange de 50 cc. d'*alcool* et 50 cc. d'*acide sulfurique* conc. est versé dans le ballon et chauffé au bain d'huile ; dès que la température du bain atteint 140°, on écoule graduellement par l'ampoule un mélange de 400 cc. d'*alcool* et 400 cc. d'*acide acétique glacial*, de telle sorte que l'arrivée du mélange se fasse à la même vitesse que la distillation de l'ester.

L'acide acétique entraîné est éliminé du distillat par agitation dans un ballon ouvert avec une solution de *carbonate de soude* de concentration moyenne, jusqu'à ce que la couche supérieure du liquide ne rougisse plus le papier bleu de tournesol.

On sépare alors les deux couches à l'entonnoir, et agite la couche supérieure avec une solution de 100 g. de $CaCl_2$ dans 100 g. d'eau,

(1) *Bl.*, *33*, 350 (1880).

destinée à éliminer l'alcool. Les deux liquides sont de nouveau séparés à l'entonnoir, la couche supérieure séchée sur du $CaCl_2$ granulé et rectifiée finalement au bain-marie. P. éb. : 78° ; rendement : 80-85 %.

Utilisations : *ester acétylacétique* et *acétylacétone* (VI, 5 et 6, p. 251 et 252)

Benzoate d'éthyle :

On le prépare de façon analogue en portant 4 h. à l'ébullition à reflux 30 g. d'*acide benzoïque* dissous dans 100 cc. d'*alcool* absolu avec 3 cc. d'*acide sulfurique* conc. ; on distille ensuite la majeure part de l'alcool, ajoute 300 cc. d'eau à la liqueur restante et épuise à l'éther. La solution éthérée est neutralisée par une solution de *carbonate de soude*, puis séchée une nuit sur du *sulfate de soude* ; on chasse ensuite l'éther et distille le résidu. P. éb. : 212° ; rendement : 30 g.

La formation d'un ester à partir d'un acide et d'un alcool correspond, sur le papier, à la formation d'un sel à partir de ses éléments minéraux, acide et hydroxyde métallique :

$$NO_3 \cdot H + Na \cdot OH \rightarrow NO_3 \cdot Na + H_2O$$
$$CH_3 \cdot COOH + C_2H_5 \cdot OH \rightarrow CH_3 \cdot COOC_2H_5 + H_2O.$$

Considérées du point de vue de la vitesse de réaction et du degré de transformation des substances de départ, les deux réactions se comportent différemment l'une de l'autre. Alors qu'un acide traité par la quantité équimoléculaire d'une base suffisamment forte est immédiatement et totalement décomposé en sel (neutralisé), réaction sur laquelle est basée l'alcali-acidimétrie, il n'est pas possible d'obtenir la quantité théoriquement calculée d'un ester formé à partir de masses données d'un acide et d'un alcool. Une quantité maximum d'ester ne peut être dépassée, très inférieure à celle qui apparaît dans la formule de la réaction ; il est impossible d'estérifier l'acide et l'alcool non transformés, même en prolongeant indéfiniment leur mise en présence

Si par exemple on fait réagir en système fermé des masses équimoléculaires d'acide acétique et d'alcool, on constate que les deux tiers seulement des substances de départ entrent en réaction ; le tiers restant de l'acide est incapable de se combiner avec l'alcool.

Le rendement maximum de l'estérification est donc les 2 /3, soit les 66,7 % du rendement théorique.

La différence quantitative des deux réactions mises en parallèle repose sur le fait que la seconde, contrairement à la première, est une « réaction réversible », dans laquelle les composés formés à la droite de l'équation, ester et eau, réagissent entre eux en sens opposé de celui de la première action ; elle doit donc s'exprimer ainsi :

$$CH_3 \cdot COOC_2H_5 + H_2O \rightleftarrows CH_3 \cdot COOH + C_2H_5 \cdot OH.$$

Examinées de près, toutes les réactions chimiques sont réversibles, mais lorsque la vitesse de la réaction opposée n'est presque pas commensurable, l'équation est pratiquement dirigée dans un seul sens et la réversibilité peut être négligée. La synthèse de l'eau à partir de ses éléments est de ce dernier type, avec cette restriction toutefois que, vers 2000°, la réaction opposée de décomposition se manifeste assez nettement pour qu'il soit nécessaire de considérer l'équilibre :

$$2H_2 + O_2 \rightleftarrows 2\ H_2O.$$

L'influence de la température s'exerce sur la direction du sens de la réaction : son élévation favorise la formation de composés absorbant de l'énergie (endothermiques), alors que son abaissement favorise celle des composés exothermiques.

Après ce bref exposé du caractère général des réactions réversibles, nous allons, à l'aide de l'exemple de l'estérification, considérer de plus près le principe limitant la réaction.

Au sein même de la masse réactionnelle se poursuivent simultanément deux réactions de sens contraire, estérification et hydrolyse, jusqu'au moment où il y a autant de molécules d'acide et d'alcool s'estérifiant que de molécules d'ester et d'eau s'hydrolysant. Les deux réactions se trouvent alors en état d'équilibre mutuel et le système est à un repos apparent seulement, le même nombre de molécules d'ester se formant et se décomposant en réalité dans l'unité de temps.

Le même état d'équilibre peut être atteint en partant des produits d'arrivée de l'exemple précédent, soit en faisant réagir équimoléculairement de l'ester et de l'eau ; l'hydrolyse, à laquelle s'oppose l'estérification, s'arrête effectivement — avec plus ou moins de rapidité suivant les conditions opératoires — au moment où les 33,3 % de l'ester sont saponifiés. L'état d'équilibre est exactement le même, que l'on y arrive par estérification ou par hydrolyse, fait qui a été prouvé par des mesures très précises aussi bien pour le cas présent que pour beaucoup d'autres réactions.

Comme on l'a déjà indiqué, p. 21, la vitesse d'une réaction bimoléculaire est proportionnelle au produit des masses actives ; si l'on exprime la concentration de ces dernières en mol.-g., on aura la relation simple suivante :

$$V = C_{Ac} \cdot C_{Al} \cdot k \ ; \qquad V' = C_{Es} \cdot C_{H_2O} \cdot k'$$

V étant la vitesse d'extérification, V' celle d'hydrolyse, C_{Ac}, C_{Al}, C_{Es} et C_{H_2O} les concentrations respectives des corps en présence, k et k' les constantes de vitesse se rapportant aux deux réactions. L'état d'équilibre est caractérisé par le fait que le même nombre de molécules se transforment au même moment dans les deux sens, ce qui peut s'exprimer par l'égalité des vitesses de réactions :

$$V = V'$$

on a alors :

$$C_{Ac} \cdot C_{Al} \cdot k = C_{Es} \cdot C_{H_2O} \cdot k'$$

soit :

$$\frac{C_{Ac} \cdot C_{Al}}{C_{Es} \cdot C_{H_2O}} = \frac{k'}{k} = K$$

Ce qui fait ressortir que les produits des concentrations obtenues à l'état d'équilibre varient en sens inverse des constantes de vitesse. On a coutume de désigner par une seule constante K, ou constante d'équilibre, le quotient de ces constantes.

Connaissant K, il est possible, comme nous le verrons plus loin, de prévoir facilement le comportement d'une réaction réversible lorsque l'un des constituants n'y est plus introduit en proportion équimoléculaire, ou, autrement exprimé, si l'on fait varier une des concentrations moléculaires en présence.

Le calcul de K, dans le présent exemple, est simple, puisqu'on connaît les facteurs de l'état d'équilibre : à ce moment en effet, on a en présence 1 /3 de molécules d'acide et d'alcool pour 2 /3 d'ester et d'eau, et l'on peut écrire :

$$K = \frac{\frac{1}{3} \cdot \frac{1}{3}}{\frac{2}{3} \cdot \frac{2}{3}} = \frac{1}{4}.$$

Nous allons maintenant examiner comment va se passer l'estérification si l'on modifie les proportions d'acide acétique et d'alcool, en les introduisant par exemple dans le rapport de 1 mol. pour 2, rapport non stoechiométrique.

Exprimons par x (en mol.-g.) la quantité d'ester formée à l'équilibre ; on a alors $C_{Es} = x$, et $C_{H_2O} = x$, puisqu'il existe autant de molécules d'eau que de molécules d'ester. La concentration de l'acide est devenue de $1-x$, celle de l'alcool de $2-x$, d'où :

$$\frac{(1 - x)\cdot(2 - x)}{x \cdot x} = \frac{1}{4}.$$

Calcul fait, $x = 0{,}85$, ce qui signifie qu'en doublant la concentration théorique d'alcool (ou d'acide acétique), le rendement à ester à l'équilibre sera accru de 85 %. Cette façon de déplacer l'équilibre d'une réaction réversible est extrêmement courante dans la pratique.

On pourra résoudre de même les problèmes suivants :

Quelle quantité d'ester obtient-on en faisant réagir 1 mol-g. d'acide acétique avec 3 mol.-g. d'alcool ? 30 g. d'acide acétique et 50 g. d'alcool ? Quelles proportions d'acide et d'alcool faut-il mettre en présence pour estérifier les 75 % du premier ? Etc.

Pour toutes les réactions irréversibles, la quantité théorique de produit final se déduit simplement des masses moléculaires en présence ; pour les réactions réversibles, au contraire, et d'après ce qui précède, le calcul du rendement théorique doit faire intervenir la connaissance de la constante d'équilibre (celle-ci peut être obtenue par des méthodes analytiques). L'exemple précédent n'offre, comme on l'a vu, aucune difficulté : il suffit de déterminer par titration la concentration de l'acide acétique à l'état d'équilibre.

Rôle de l'acide sulfurique :

Si l'on chauffe un mélange ne contenant que de l'acide acétique et de l'alcool, on n'observe aucune transformation appréciable, même après un temps prolongé. La réaction n'est déclanchée que par l'adjonction d'acide sulfurique concentré — un courant d'acide chlorhydrique gazeux produirait le même résultat. Il est très probable que l'acide minéral forme un composé d'addition instable (l'acide acétique paraît s'additionner facilement), composé réagissant avec l'alcool pour former l'ester beaucoup plus rapidement que ne le ferait l'acide organique seul.

L'hydrolyse peut être accélérée au moyen des mêmes facteurs : l'état d'équilibre auquel elle aboutit est alors exactement le même que celui obtenu en l'absence d'acide sulfurique, en portant les constituants à température élevée en tube scellé, par exemple.

Le rôle du catalyseur (acide sulfurique) ne consiste donc qu'à augmenter la vitesse de réaction ; il est incapable de déplacer l'état d'équilibre. Cet important principe concerne toutes les réactions accélérées catalytiquement.

Ainsi qu'il a été constaté, l'action catalysatrice des acides est proportionnelle à leur force, exprimée par leur *degré de dissociation*. Ce dernier peut réciproquement être déterminé en mesurant la vitesse d'hydrolyse d'un ester (habituellement l'acétate de méthyle) en solution aqueuse en présence de l'acide choisi.

La connaissance de ces quelques principes brièvement exposés est indispensable à l'expérimentateur qui prétend ne pas confondre la Chimie Organique avec le simple art culinaire.

Autres méthodes de préparation des esters

Les esters s'obtiennent très aisément en faisant réagir les *sels d'argent des acides* avec les *iodures d'alcoyle :*

$$R - COOAg + I - R' \rightarrow R \cdot COOR' + AgI.$$

La réaction des *sels alcalins* avec les *sulfates dialcoyliques* revient au même ; un seul reste alcoyle participe alors en général à la double décomposition :

$$R \cdot COONa + (CH_3)_2SO_4 \rightarrow R \cdot COOCH_3 + CH_3 \cdot SO_4Na.$$

L'alcoyle du sel alcoyle-sulfurique n'est estérifiant qu'à température plus élevée.

Rappelons en outre la formation des esters à partir des *chlorures* ou *anhydrides d'acides* et des *alcools*, méthode qui a aussi son intérêt pratique.

Lorsqu'il s'agit d'obtenir l'ester d'un acide difficilement accessible, le procédé élégant au *diazométhane* (p. 271) se montre particulièrement approprié, la réaction qu'il met en jeu étant très aisée.

Les *esters* inférieurs sont des liquides incolores, possédant une agréable odeur de fruit ; les esters supérieurs, de même que beaucoup d'esters aromatiques, sont des corps cristallisés. Le p. éb. des esters contenant des résidus alcoyles à faible poids moléculaire (CH_3, C_2H_5, C_3H_7) est inférieur à celui des acides dont ils dérivent :

$CH_3 - COOCH_3$	p. éb. : 57°,
$CH_3 - COOC_2H_5$	p. éb. : 78°,
CH_3COOH	p. éb. : 118°.

Il est assez remarquable de constater que les p. fus. des esters méthyliques sont passablement plus élevés que ceux des esters éthyliques correspondants ; l'oxalate diméthylique, pour citer un exemple connu, est solide à température ordinaire (p. fus. : 54°), alors que l'ester diéthylique est liquide.

Les esters sont souvent préparés pour être utilisés comme tels dans l'industrie : solvants, parfums, essences de fruits, etc. Leur importance principale cependant repose sur les réactions de leur carboxyle. Sous l'action de l'*ammoniac* et de tous les *dérivés de l'ammoniac* possédant un atome d'hydrogène au moins fixé à l'azote (amines primaires et secondaires, hydroxylamine, hydrazine), le résidu alcoxyle des esters peut être remplacé par le groupement $-N\langle{}^{R}_{R'}$. On obtient ainsi les *amides* et les *hydrazides* des acides carboxyliques. Les hydrazides ont un intérêt particulier lors de la réaction de dégradation de Curtius (II, p. 161). Signalons encore le vaste domaine des *réactions de condensation* des esters.

Réduits énergiquement par le sodium métallique (en présence d'une petite quantité d'alcool), les esters des acides carboxyliques se transforment en *alcools primaires* correspondants (Bouveault) :

$$R \cdot COOR' \rightarrow R \cdot CH_2OH + R'OH.$$

On cherche souvent à préparer intermédiairement les esters pour la purification des acides dont ils dérivent, la plupart des esters — contrairement en général aux acides — étant commodes à distiller, notamment sous pression réduite. Une fois purifié, l'ester est soumis à l'hydrolyse pour redonner l'acide.

La *saponification des esters* s'effectue en chauffant ces derniers un certain temps en présence d'acides minéraux ou d'alcalis dilués. Voir p. 157 la *saponification des corps gras*. La *potasse alcoolique* est un des agents hydrolysants les plus énergiques.

b) *Nitrite d'isoamyle* (1) :

Un mélange de 44 g. d'*alcool amylique* (0,5 mol.) et d'une solution de 37 g. de *nitrite de soude* technique dans 70 cc. d'eau est refroidi à 0° dans un bécher pourvu d'un agitateur mécanique (réfrigération extérieure par de la glace pilée contenant un peu de sel technique).

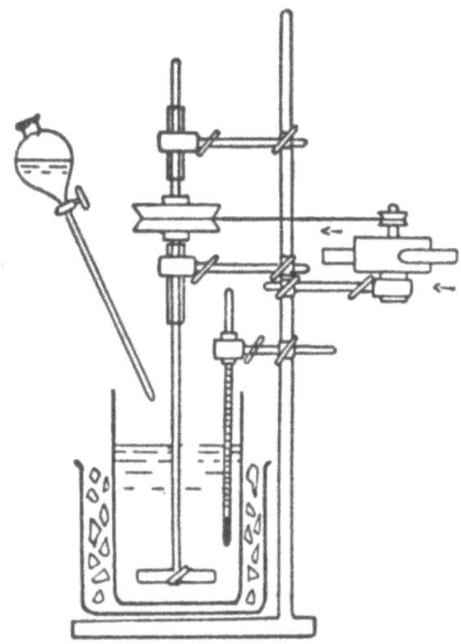

Fig. 50.

On introduit peu à peu dans le mélange en agitation continue à l'aide d'une ampoule à robinet (Fig. 50) 44 cc. d'*acide chlorhydrique* conc. (D = 1,18), en maintenant la température inférieure à + 5°. La réaction terminée, on introduit le mélange dans un entonnoir à robinet, l'agite avec 200 cc. d'eau, décante la couche aqueuse, lave avec une solution diluée de *carbonate de soude* et termine par plusieurs lavages à l'eau.

Le produit est versé dans un petit erlenmeyer où il est clarifié et séché par un peu de $CaCl_2$; on le distille ensuite à pression réduite (50-60 mm. ; voir p. 41), en refroidissant fortement le récipient collecteur. La fraction principale passe environ à 30°, sous l'aspect d'une huile jaunâtre. Rendement : 75 %.

Les esters de l'acide nitreux se distinguent par la grande vitesse de leur formation et de leur hydrolyse. Les acides minéraux notamment les décomposent presqu'instantanément, ce dont on doit tenir compte lors de leur préparation, en évitant le moindre excès d'acide.

Cette propriété des nitrites d'alcoyles les fait employer à la place des sels de l'acide nitreux dans tous les cas où ce dernier doit être libéré au sein d'un solvant organique — dans lequel les nitrites métalliques sont insolubles.

Citons comme exemples : l'addition du N_2O_3 aux oléfines, la préparation des sels cristallisés de diazonium (p. 283), la formation des isonitrosocétones par action de l'acide nitreux sur les cétones, etc. Ces synthèses sont souvent

(1) Witt, *B.*, *19*, 915 (1886).

aussi effectuées selon le même schéma que celui de la synthèse de l'ester acétylacétique : on part d'une cétone, d'un nitrite d'alcoyle et d'alcoolate de sodium, pour aboutir au sel de sodium de l'isonitrosocétone correspondante (cf. p. 355) :

$$\begin{array}{l} R-CH_2 \\ \quad\; | \\ R-CO \end{array} + \begin{array}{l} RO-N=O \\ \\ RONa \end{array} \rightarrow \begin{array}{l} R-C=NONa \\ \quad\; | \\ R-C=O \end{array} + 2ROH.$$

L'élégante synthèse de l'*azide de sodium* à partir d'hydrazine et de nitrite d'alcoyle est basée sur le même principe (Stolle) :

$$H_2N-NH_2 + RO-N=O + RONa \rightarrow \begin{array}{c} N \\ \| \\ N \end{array}\!\!>N-Na + 2ROH + H_2O.$$

Le *nitrite d'éthyle* est généralement préféré au nitrite d'isoamyle, le p. éb. relativement élevé de l'alcool amylique (136°) produit par la réaction rendant son élimination plus malaisée.

Nitrite d'éthyle :

On écoule graduellement en agitant 42 cc. d'*acide chlorhydrique* conc. dans un mélange de la même quantité de *nitrite de soude* que précédemment et de 60 cc. d'*alcool*, placé dans un ballon à fractionner refroidi extérieurement à la glace. Le ballon est mis en communication avec un bon réfrigérant, adapté à un récipient (flacon à vide par exemple), refroidi au mélange réfrigérant. Il est recommandable d'alimenter le réfrigérant par de l'eau glacée. Lorsque tout l'acide est introduit, on distille le *nitrite d'éthyle*, en immergeant le ballon dans une capsule contenant de l'eau tiède (25° au début, 40° à la fin de la distillation). Séché rapidement sur du *carbonate de potassium*, le produit est suffisamment pur pour la plupart de ses emplois, et doit être autant que possible utilisé immédiatement (étant donné sa grande volatilité (p. éb. : 17°).

Expérience. — Agiter quelques gouttes de *nitrite d'amyle* ou d'*éthyle* avec une solution diluée d'*iodure de potassium* ; il ne doit se produire aucune coloration brune. L'addition d'une goutte d'*acide chlorhydrique* dilué donne lieu en peu de temps à un fort dégagement d'*iode* élémentaire.

c) *Nitrate d'éthyle* (1) :

250 cc. d'*acide nitrique* conc. (D = 1,4) sont portés à ébullition avec 30 g. de *nitrate d'urée.* Après refroidissement, on verse la moitié de la solution dans une cornue tubulée contenant 30 g. de *nitrate d'urée* et 150 cc. d'*alcool*, et munie d'un réfrigérant de moyenne grandeur. On chauffe prudemment la cornue au bain de sable. Lorsqu'un tiers environ du contenu a distillé, on ajoute à la seconde moitié du résidu de la première opération (acide ni-

(1) Lossen, *A. Suppl.*, *6*, (1868)

trique et nitrate d'urée) 100 cc. d'*alcool*, et on écoule lentement le tout dans la cornue à l'aide d'une ampoule à robinet adaptée au tube d'entrée de la cornue. L'opération entière doit être effectuée sans interruption, l'alcool et l'acide nitrique ne devant pas rester trop longtemps en contact. Lorsque l'ampoule à robinet est vide et que la cornue ne contient plus que 50-100 cc. de liquide, on arrête l'opération et agite deux fois le *nitrate d'éthyle* distillé dans un entonnoir à séparation avec de l'eau, pour en éliminer l'alcool, une fois avec une solution diluée de *carbonate de soude* et une fois encore avec de l'eau pure (le nitrate d'éthyle forme alors la couche inférieure) ; le produit est séché sur $CaCl_2$ et rectifié par distillation au bain-marie (le ballon doit plonger dans le bain). P. éb. : 86°. Prendre soin de se munir de lunettes de protection en effectuant la préparation.

Le nitrate d'éthyle sera utilisé plus loin pour la synthèse du *phénylnitrométhane* (VI, 8, p. 256).

Chauffé rapidement, dans une flamme par exemple, le nitrate d'éthyle se décompose en déflagrant : il appartient à la même famille que la nitroglycérine et doit être manipulé avec précaution.

L'alcool éthylique traité par de l'acide nitrique pur dans les conditions sus-indiquées ne peut pas être oxydé : il n'est qu'estérifié. Il suffit cependant de quelques traces seulement d'acide nitreux pour déclancher l'oxydation. L'oxyde d'azote provenant de l'acide nitreux étant immédiatement oxydé par l'acide nitrique en NO_2, la réaction d'oxydation, calme au début, devient de plus en plus violente, sa vitesse s'accroissant sans cesse en raison de la chaleur dégagée, pour prendre finalement un caractère explosif. Les réactions de ce type, dont la vitesse est accrue progressivement par la formation de composés intermédiaires, sont dites « autocatalytiques ».

Le premier produit d'oxydation de l'alcool est l'*acétaldéhyde*, et le produit principal à la fin de la réaction est l'*acide fulminique*, lequel ne peut être isolé qu'en présence d'ions d'*argent* ou de *mercure*, qui forment avec lui les fulminates correspondants ; ces sels sont stables en milieu nitrique et, dans leur molécule comme on le suppose actuellement, le métal est lié de façon homéopolaire, non ionogène ; leur constitution serait donc semblable à celle du cyanure mercurique.

Le carbonyle aldéhydique confère au groupe méthyle voisin un accroissement de réactivité ; ce dernier devient alors susceptible d'être attaqué par l'acide nitreux, réaction aboutissant finalement à la formation d'acide fulminique. Les différents stades parcourus sont les suivants :

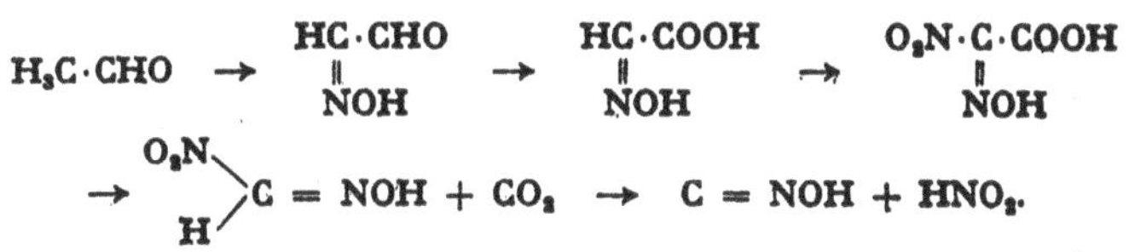

L'acide nitreux réagit avec l'alcool de la même façon que les halogènes lors de la formation du chloroforme et de l'iodoforme.

d) *Saponification d'un corps gras ou d'une huile végétale :*

300 g. d'une graisse ou d'une huile quelconque (environ 1/3

mol.) sont saponifiés au moyen de 300 cc. d'une lessive de soude caustique à peu près 5 fois normale de la manière suivante :

On chauffe 50 cc. de *lessive* et 50 cc. d'eau, y introduit le *corps gras* à saponifier et rajoute après une heure 75 cc. de lessive, et après une heure encore 100 cc. de lessive et d'eau. Le mélange doit être fréquemment remué et maintenu en faible ébullition. Après un traitement de quatre heures, on introduit le reste de la lessive, en rajoutant éventuellement l'équivalent de l'eau éliminée par évaporation. On attend encore une heure, ajoute 1/4 de l. d'eau et continue l'ébullition jusqu'à production d'une masse homogène épaisse (2-3 h.). On rajoute alors, en remuant vigoureusement, 2-2,5 l. d'eau bouillante, ce qui provoque la formation d'une masse gélatineuse, épaisse et translucide. Le savon est finalement traité à ébullition par 100 g. de *sel marin* et abandonné une nuit.

Le produit dégageant une écume volumineuse, il est recommandable de procéder aux diverses opérations dans un grand récipient émaillé.

On retire, le lendemain matin, le gâteau de savon refroidi, et rince sa surface inférieure pour en éliminer l'alcali. On peut alors le couper en morceaux à l'aide d'un fil de fer et le soumettre à une dessiccation de plusieurs semaines.

Les sels de sodium des acides gras supérieurs sont peu solubles dans l'eau froide, beaucoup plus dans l'eau bouillante. Dissoudre un fragment de savon dans la quantité d'eau bouillante nécessaire placée dans un petit bécher, et laisser refroidir ; observer la formation d'une gelée consistante.

On peut purifier le savon, en dissolvant 20-30 g. dans l'eau bouillante, saturant de sel marin à chaud et laissant refroidir ; ce procédé élimine la petite quantité d'alcali restée dans le produit brut. Le produit purifié présente une réaction alcaline vis-à-vis du papier de tournesol et du papier de curcuma ; l'hydrolyse du savon puriss. ne suffit cependant pas à libérer assez d'ions OH pour faire virer la phénolphtaléine.

Préparation des acides gras libres :

150 g. environ de *savon* brut encore humide sont jetés dans 1 l. d'eau chauffée au voisinage de l'ébullition ; on ajoute, en remuant fortement, de l'*acide sulfurique* 2N jusqu'à ce que la réaction au papier Congo soit nettement acide et que le mélange des *acides gras* se soit séparé en une couche supérieure huileuse, qu'un repos de quelque temps en un endroit frais fait prendre en masse si l'on est parti d'une graisse consistante. On retire alors le gâteau, le fait fondre à nouveau au bain-marie dans un petit bécher avec un peu d'eau et, lorsqu'il s'est repris en masse, le distille à pression réduite. P. éb. : 220-225°/12 mm.

Le savon provenant de la saponification d'une *huile* est moins consistant et les acides gras ne cristallisent pas entièrement (en trouver la raison). On procédera alors pour ces derniers par épuisements à l'*éther* et poursuivra comme précédemment.

Glycérine :

La glycérine se trouve dans les eaux-mères colorées en brun d'où l'on a retiré le savon. On les neutralise avec exactitude par de l'acide chlorhydrique en présence de papier Congo, les agite avec du noir animal pour éliminer les acides gras mis en liberté par la précédente opération, passe sur un filtre à plis (1) et concentre dans le vide au moyen de l'appareil décrit p. 47. Du *chlorure de sodium* précipite après quelque temps, ce qui risque d'obturer le capillaire ; on continue alors la concentration au bain-marie à pression ordinaire. La solution fortement concentrée est débarrassée du NaCl par filtration à la trompe, le sel lavé avec un peu d'*alcool*, et le filtrat introduit à nouveau dans un appareil à pression réduite pour en éliminer presque totalement l'eau. Le résidu est mis à digérer avec 150 cc. d'alcool, puis filtré sur un petit büchner ; le précipité est lavé avec 50 cc. d'alcool. Le filtrat alcoolique est évaporé le plus possible au bain-marie et le résidu porté dans un ballon de Claisen, (rincer avec un peu d'alcool), où l'on fait d'abord distiller un mélange d'alcool et d'eau à pression normale, puis la *glycérine* à pression réduite. On recueille la fraction principale passant entre 180 et 195°/13 mm. Rendement : 35 g. environ.

On répétera la distillation si l'on veut obtenir une glycérine entièrement exempte d'eau et chimiquement pure.

Analyse des corps gras :

La façon usuelle de réprésenter le nombre des doubles liaisons de carbone à carbone d'un corps gras ou d'une huile s'exprime conventionnellement par leur *indice d'iode.* Ce chiffre indique la quantité d'iode en g. susceptible d'être fixée chimiquement par 100 g. de la graisse envisagée. Actuellement le nombre des doubles liaisons dans une combinaison organique est déterminé couramment à l'aide de l'acide perbenzoïque (p. 124).

Détermination de l'indice d'iode. — On dissout 2,5 g. d'*iode* pur et 3 g. de *chlorure mercurique* respectivement dans 50 cc. d'*alcool* pur, mélange les deux solutions limpides et laisse reposer le tout 12 h.

On prélève alors un échantillon de 10 cc. et détermine le titre en iode par une solution d'*hyposulfite* N/10, après adjonction de 10 cc. d'une solution à 10 % d'*iodure de potassium.*

0,5-0,7 g. d'un *corps gras* sont dissous par 15 cc. de *chloroforme* dans un erlenmeyer sec de 500 cc. ; on y écoule ensuite 25 cc. de la *solution titrée d'iode* ; si la coloration de la solution s'affaiblit rapidement, on rajoute encore 10 cc. et laisse reposer 4 h. La solution doit alors être toujours brun-foncé. On y ajoute 20 cc. d'une solution à1 0 % de *KI* et titre comme ci-dessus l'iode en excès. Le calcul se fait en fonction de la définition de l'indice d'iode. On pourra déterminer ainsi les indices d'iode du lard, de l'huile d'olive ou de l'huile de lin.

(1) Il n'est souvent pas nécessaire de clarifier au noir animal.

La recherche de l'*indice de saponification* (1) d'une graisse se fait comme suit : on fait bouillir 1 /2 h. à l'ascendant 0,5-1 g. de la graisse avec 10 cc. de *potasse alcoolique* N /2 ; on titre ensuite à recul avec de l'*acide chlorhydrique* N /2 en présence de phénolphtaléine.

La méthode est générale et peut être appliquée aux esters pour déterminer l'équivalent de l'acide combiné à eux.

Equivalent d'ester $= \frac{a \cdot 1\,000}{b}$, si a = poids de l'ester en g., b = nombre de cc. d'alcali normal employé.

L'*huile de lin* est la plus connue des huiles dites « siccatives » ; on groupe dans cette catégorie les huiles renfermant des acides gras à caractère non saturé très marqué, tels que l'*acide linolénique* $C_{17}.H_{29}.COOH$ et l'*acide linolique* $C_{17}.H_{31}.COOH$, capables de fixer l'oxygène atmosphérique pour former des peroxydes solides et leurs produits de transformation. L'acide oléique ne possède pas cette propriété : les *huiles d'olive* et de *sésame*, par exemple, ne sont pas siccatives. L'huile de lin joue le rôle de solvant dans les peintures à l'huile et certains vernis.

8. — *Dégradation des acides carboxyliques en amines inférieures*

a) *Réaction d'Hofmann. Méthylamine à partir d'acétamide* (2) :

On introduit dans un ballon d'un demi-litre 30 g. (1 /2 mol.) d'*acétamide* et 80 g. (26 cc.) de *brome* ; on refroidit à l'eau et écoule peu à peu une solution de 50 g. de *potasse caustique* dans 350 cc. d'eau jusqu'à ce que la coloration brun-rouge du début ait viré au jaune clair, ce qui demande la presque totalité de l'alcali préparé. La solution est alors écoulée en filet interrompu, au moyen d'une ampoule à robinet, dans une solution de 80 g. de *potasse caustique* dans 150 cc. d'eau, chauffée à 70-75° dans un ballon d'un litre (l'opération ne doit durer que quelques minutes) ; on maintient la température constante jusqu'à ce que la coloration du mélange ait disparu (1 /4-1 /2 h.), et entraîne alors la *méthylamine* à la vapeur. Une allonge courbe est adaptée au réfrigérant, plongeant d'un cm. dans la solution préparée dans le récipient collecteur (100 cc. d'*acide chlorhydrique* à peu près 5 fois normal (3)). La distillation est terminée dés que le condensat n'a plus de réaction alcaline dans le réfrigérant ; le distillat est alors évaporé à sec dans une capsule de porcelaine au bain-marie et placé une nuit dans un exsiccateur pour l'élimination complète des dernières traces d'eau. On fait ensuite bouillir le résidu parfaitement sec avec de l'*alcool absolu* où le *chlorure d'ammonium* est insoluble. La liqueur limpide obtenue après filtration de ce dernier est concentrée à un petit volume et refroidie pour en obtenir les cristaux de *chlorure de méthylammonium* ; ceux-ci sont filtrés, lavés avec un peu d'alcool et séchés à l'exsiccateur.

(1) Exprimé en mg. de KOH nécessités pour la saponification d'un g. de corps gras.

(2) *B.*, *15*, 762 (1882) ; *B.*, *17*, 1406 et 1920 (1884).

(3) 50 cc. HCl conc. + 50 cc. d'eau.

Rendement : 15-20 g.

Faire avec le produit la *réaction de l'isonitrile* (p. 175), et examiner son comportement lorsqu'on le chauffe avec un peu de *nitrite* en solution aqueuse légèrement acide.

b) *Réaction de Curtius, Cyanate de phényle :*

Benzhydrazide (1) :

24 g. de *benzoate d'éthyle* (3/20 mol., p. 151) et 9 g. d'*hydrate d'hydrazine* (2) sont chauffés 6 h. au bain-marie avec un petit réfrigérant à reflux. On laisse reposer le gâteau de cristaux formé au refroidissement, l'essore ensuite fortement à la trompe et le lave avec un peu d'*alcool méthylique* glacé. Si le rendement est trop faible, concentrer et chauffer à nouveau le filtrat.

Le produit brut (16-18 g.) est suffisamment pur pour la suite des opérations. On peut en prélever un échantillon et le faire recristalliser dans l'eau bouillante ou un peu d'alcool. P. fus. : 112°.

Benzazide (3) :

On fait une solution limpide de 14 g. (1/mol.) de l'*hydrazide* précédent, bien desséché, dans 200 cc. d'*acide chlorhydrique* à peu près normal, dans un bécher d'un demi-litre. On y écoule à l'aide d'une ampoule à robinet, en refroidissant et agitant, une solution de 8 g. de *nitrite de soude* dans 50 cc. d'eau. La réaction est immédiate et l'on observe la formation des cristaux *d'azide*; elle est terminée lorsqu'un échantillon de la liqueur, additionné d'une goutte de la solution de nitrite, ne se trouble plus. On essore alors fortement le précipité, le lave soigneusement à l'eau et le sèche sur de la porcelaine poreuse d'abord, à l'exsiccateur à vide (sur acide sulfurique conc. et potasse) ensuite. Rendement : 14 g.

Cyanate de phényle (4) :

La réussite de cette préparation exige que le benzazide soit absolument sec ; la constance de son poids sera vérifiée à cet effet au moyen d'une bonne balance portative.

Chauffé rapidement, ou au contact d'acide sulfurique concentré, le benzazide explose violemment : il est donc nécessaire de le manipuler avec précautions et de se munir de lunettes de protection jusqu'à ce que la distillation du cyanate de phényle soit terminée.

Celle-ci sera effectuée dans le récipient ayant servi à la décom-

(1) Th. Curtius, *J. p. Ch.*, *50*, 295 (1894).
(2) Ce produit peut être obtenu auprès de la firme Dr F. Raschig, Ludwigshafen am Rhein.
(3) Th. Curtius, *B*, *23*, 3029 (1890).
(4) G. Schroeter, *B.*, *42*, 2339 (1909).

position de l'azide : on choisira un ballon de Claisen de 75-100 cc., muni d'un capillaire et d'un thermomètre, le tout devant être parfaitement sec.

Le ballon est fixé en position oblique ; on adapte une petite jaquette de verre à son tube d'abduction et un tube à chlorure de calcium à son embouchure afin d'éviter toute rentrée d'humidité. 12 g. de *benzazide* et 40 cc. de *benzène* (séché sur du sodium) y sont introduits et on chauffe lentement le tout en immergeant le ballon dans un récipient rempli d'eau (sans que le fond du ballon touche celui du récipient) ; lorsque la température atteint 60-70°, on observe un vif dégagement d'*azote* ; celui-ci terminé, on chauffe à 80°, puis laisse refroidir et installe les appareils nécessaires à la distillation à pression réduite. Le benzène est distillé en premier, à pression normale, au bain-marie en ébullition ; celui-ci est ensuite refroidi, et l'on soumet alors le *cyanate de phényle* à la distillation, sous une pression de 20-25 mm. P. éb. 60°/20 mm. Rendement : 7-8 g.

Le distillat doit être parfaitement incolore ; on le porte immédiatement dans un récipient fermant hermétiquement (un tube scellé est préférable). On en aura au préalable prélevé deux échantillons.

Quelques gouttes de cyanate sont jetées dans un peu d'eau. On observe la précipitation de cristaux de *diphénylurée* ; en écrire la formation.

Phényluréthane :

Un second échantillon de cyanate de phényle est versé dans de l'*alcool* et le solvant évaporé ensuite.

L'*azide* non utilisé pour la préparation du cyanate (environ 2 g.) est porté à l'ébullition à reflux pendant une demi-heure avec 5 cc. d'*alcool absolu* (1). On concentre ensuite la solution et obtient des cristaux de *phényluréthane*. P. fus. : 52°.

La décomposition des uréthanes en amine, CO_2 et alcool s'effectue généralement en tube scellé, en présence d'acide chlorhydrique. Le même résultat s'obtient plus commodément, mais avec un moins bon rendement, par distillation en présence d'hydroxyde de calcium.

Le *phényluréthane* obtenu précédemment est mélangé avec son poids triple de *chaux éteinte* et distillé prudemment à l'aide d'une petite cornue. En procédant avec un peu d'habileté on peut distiller l'*aniline* dans un petit ballon à rectifier ; il est préférable cependant de l'identifier, comme chaque fois que le cas se présente, sous forme d'*acétanilide* et au moyen de la réaction au *chlorure de chaux*.

(1) Th. Curtius, *B.*, *27*, 779 (1894).

Lorsqu'on cherche à déterminer la structure d'un composé organique, il est souvent commode de supprimer au préalable des groupements carboxyliques, provenant par exemple d'une oxydation ; on opère alors une sorte de « dégradation » de la molécule. La méthode la plus simple pour éliminer une ou plusieurs molécules de CO_2 consiste à effectuer la distillation sèche d'un sel de l'acide envisagé en présence de soude caustique :

$$R{\cdot}COONa + NaOH \rightarrow RH + Na_2CO_3$$

procédé qui a cependant l'inconvénient d'être assez difficultueux et de fournir finalement un hydrocarbure peu propre à entrer ensuite dans d'autres réactions.

C'est principalement pour cette raison que les réactions de dégradation des acides, celle d'Hofmann par les amides et celle de Curtius par les hydrazides, ont pris un grand intérêt scientifique. Les deux réactions permettent d'atteindre les amines primaires de degré immédiatement inférieur, en passant par le même composé intermédiaire, soit l'*ester de l'acide cyanique.*

L'action d'un hypobromite sur le groupement $-CONH_2$ provoque la substitution d'un atome d'hydrogène aminé par le brome ; le premier produit intermédiaire de la réaction d'Hofmann, la *N-bromamide*, a pu être isolée dans un certain nombre de cas.

Ce composé perd une molécule d'acide bromhydrique sous l'action d'un alcali, et le radical restant subit une modification de son arrangement moléculaire pour se transformer en ester cyanique, décomposable ultérieurement, suivant les conditions expérimentales, en amine primaire et CO_2 :

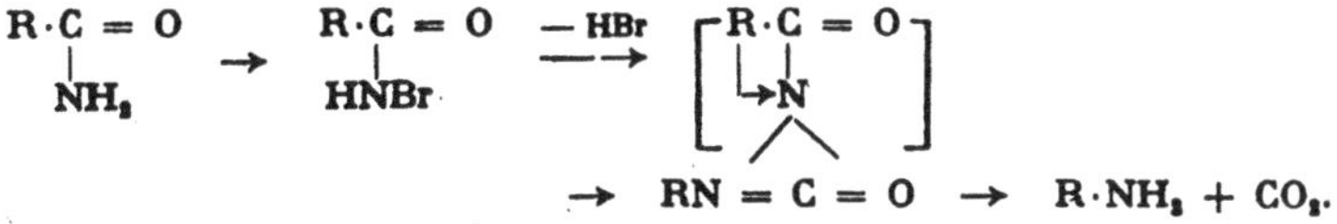

Soumise à ce traitement, l'*acétamide* fournit de la *méthylamine*, la *benzamide* de l'*aniline* et l'*urée* de l'*hydrazine* (avec un faible rendement).

Les *acides hydroxamiques* se transforment de la même façon en *esters cyaniques*, avec élimination d'une molécule d'eau, puis en amines correspondantes.

La réaction de Curtius convient particulièrement aux composés carboxylés supérieurs, les composés intermédiaires ayant une bonne solubilité ; les premiers produits formés à partir des *esters* (ou des *chlorures d'acides*) sont les *hydrazides* correspondants, que l'action de l'acide nitreux transforme, avec facilité en général, en *azides*. On préfère souvent, pour des raisons de commodité, préparer les azides par action d'un chlorure d'acide sur l'azide de sodium, activé préalablement par l'hydrate d'hydrazine (1).

Les azides se décomposent facilement sous l'action de la chaleur, en dégageant de l'azote élémentaire provenant des deux

(1) J. NELLES, *Ber.*, *65*, 1345 (1932).

atomes du groupement « azo » ; le même radical que celui de la réaction d'Hofmann se forme intermédiairement :

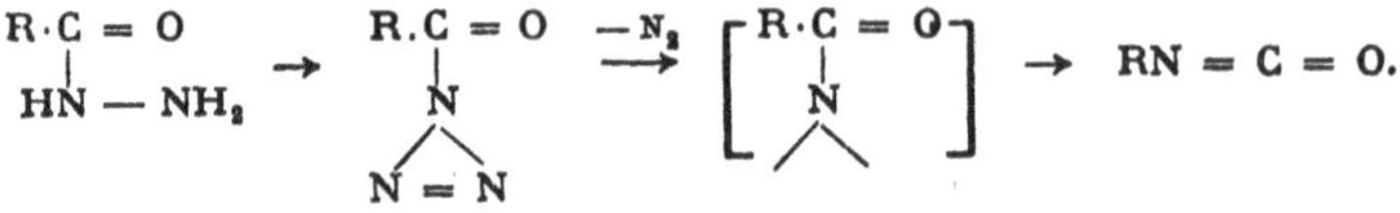

La décomposition des azides a été effectuée par Curtius en milieu alcoolique et lui a ainsi permis d'en obtenir de façon manifeste les *uréthanes*, qu'il a pu décomposer en *amine primaire*, CO_2 et *alcool* par une hydrolyse énergique.

La réaction d'Hofmann a reçu une importante application lors de la première synthèse industrielle de l'indigo, pour la dégradation de la *phtalimide* en *acide anthranilique* (voir p. 365).

III. — Nitrocomposés et leurs produits de réduction

1. — *Nitrométhane* (1)

94 g. d'*acide chloracétique* dissous dans 200 cc. d'eau sont neutralisés exactement dans un grand bécher par du *carbonate de sodium anhydre* (53 g.) ; on ajoute une solution de 75 g. de *nitrite de sodium* dans 120 cc. d'eau. 100 cc. du mélange précédent sont introduits dans un ballon de 750 cc., muni d'une ampoule à robinet et relié à un réfrigérant descendant ; on chauffe fortement au bain d'air conique ou sur toile métallique (élever graduellement la température.) La réaction, de caractère tumultueux, s'amorce avant l'ébullition du liquide, avec dégagement d'*anhydride carbonique* ; on l'entretient en écoulant lentement le reste de la solution dans le liquide bouillant, tout en évitant un accroissement de sa violence. Le *nitrométhane* distille avec la vapeur d'eau et se rassemble au fond du récipient recueillant le distillat. Dès qu'on n'aperçoit plus de gouttes huileuses dans le condensat, on change le flacon et y fait distiller encore 100 cc. d'eau, renfermant une quantité appréciable de nitrométhane.

Le produit est séparé du premier distillat, dont la couche aqueuse est réunie à la seconde fraction ; le mélange est saturé de *sel marin* (35 g. pour 100 cc.) et soumis à une nouvelle distillation ; le quart environ du volume total est recueilli, le reste ne donne qu'un distillat limpide. Une fois séparée, la deuxième portion de nitrométhane est réunie à la première, le tout séché à fond sur du *chlorure de calcium* et distillé. P. éb. : 101° ; rendement : 20-24 g. (33-39 %).

(1) H. Kolbe, *J. pr. Ch.*, *5*, 429 (1872) ; Steinkopf, *Ber.*, *42*, 3438 (1909).

Le *nitrométhane* est, de tous les nitrocomposés aliphatiques, le plus facilement accessible ; la méthode de Kolbe ne s'applique aux homologues supérieurs qu'avec des résultats beaucoup moins bons.

Le mécanisme de la réaction est simple : l'*acide nitroacétique* formé en premier lieu se décompose en CH_3NO_2 et CO_2, de la même façon que l'acide malonique dans les mêmes conditions.

Les autres *nitroparaffines* s'obtiennent généralement par la méthode de V. Meyer : double décomposition entre un iodure d'alcoyle et du nitrite d'argent. Citons encore la méthode de Konowalow — action de l'acide nitrique très dilué en tube scellé, à 120-130° — particulièrement applicable aux hydrocarbures saturés, notamment ceux de la série hydroaromatique.

La préparation du *phénylnitrométhane* sera donnée p. 256. Rappelons l'isomérie des nitroparaffines et des nitrites d'alcoyles, et la différence des propriétés chimiques qui les caractérisent.

Les nitroparaffines primaires et secondaires sont des substances neutres ; l'action des alcalis cependant provoque une transposition dans leur molécule avec formation de sels d'une *aci*-forme isomère (Hantzsch) :

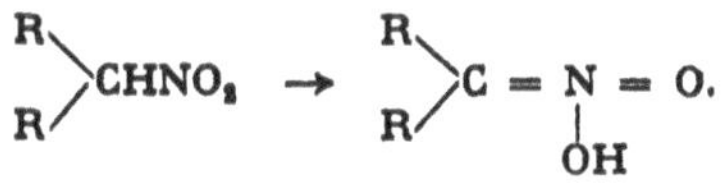

Pour plus amples éclaircissements, voir le Chap. de la tautomérie (p. 261).

Expérience. — Dissoudre 1 cc. de *nitrométhane* dans l'eau et examiner la réaction de la solution vis-à-vis du papier de tournesol. Ajouter ensuite un peu de *phénolphtaléine* et écouler goutte à goutte dans la solution au moyen d'une burette une solution décinormale de *soude caustique* ; constater que 2 cc. environ de NaOH sont nécessaires au virage persistant de l'indicateur, preuve que le nitrométhane neutre s'est transformé en un acide, l'*aci*-nitrométhane : $H_2C = N\begin{smallmatrix} \nearrow O \\ \searrow OH \end{smallmatrix}$. Un échantillon de la solution, additionné de *chlorure ferrique*, prend une coloration rouge-sang caractéristique de l'apparition de l'*aci*-forme chez un nitrocomposé. Les sels d'un *aci*-composé sont fortement hydrolysés en solution, ce que l'on peut remarquer en rajoutant à la solution de la *soude décinormale*, action provoquant l'apparition d'une coloration rouge foncé. Si l'on a ajouté 10 cc. de NaOH, et qu'on rajoute 5 cc. d'*acide chlorhydrique* décinormal, la coloration disparaît, la mise en liberté de l'*aci*-composé restreignant l'hydrolyse de son sel. La transformation de la forme $H_2C = NO_2H$ en $H_3C — NO_2$ se fait cependant assez rapidement, et l'on observe bientôt la réapparition de la couleur rouge.

La réduction énergique des nitroparaffines les transforme en amines correspondantes, de même que pour le nitrobenzène (voir chap. suivant). Dans les deux cas, il est possible d'arrêter la réduction au stade de l'*hydroxylamine*, en opérant avec de la poudre de zinc en milieu neutre.

Expérience. — Dissoudre quelques gouttes de *nitrométhane* dans un peu d'eau, y ajouter 2 ou 3 granules d'*étain* et de l'*acide chlorhydrique* conc., ce qui provoque aussitôt une vive réaction. Celle-ci terminée, chauffer un instant au bain-marie, décanter la solution et la saturer par un grand excès d'*alcali caustique* conc. Observer à l'odeur et au virage au brun du papier de Curcuma la présence d'une amine volatile. Si l'on veut préparer par cette réaction de la *méthylamine*, le nitrométhane devra être introduit par petites portions dans le mélange réducteur. Cf. II, 8, p. 160.

N-méthylhydroxylamine :

On fait une solution aqueuse de *nitrométhane*, y introduit la même quantité environ de *chlorure d'ammonium*, refroidit à 10° et ajoute en agitant continuellement une quantité triple de *poudre de zinc* par petites portions. La solution, filtrée du Zn, réduit une *solution ammoniacale d'argent* ainsi que la *liqueur de Fehling.*

La préparation du chlorhydrate de cette alcoylhydroxylamine facilement accessible est donnée par Beckmann, A. *365*, 204 (1909).

Les nombreuses réactions des nitroparaffines primaires et secondaires sont presque toutes dues à la propriété de ces composés de se transposer préalablement en *aci*-forme ; on les provoque en effet dans des conditions opératoires destinées à donner naissance aux sels de l'*aci*-forme. Il y a là une grande analogie qualitative avec les réactions des cétones, les nitrocomposés ayant toutefois une vitesse de réaction beaucoup plus grande que celle de ces dernières.

1° L'action du brome donne lieu aux *bromonitrocomposés* :

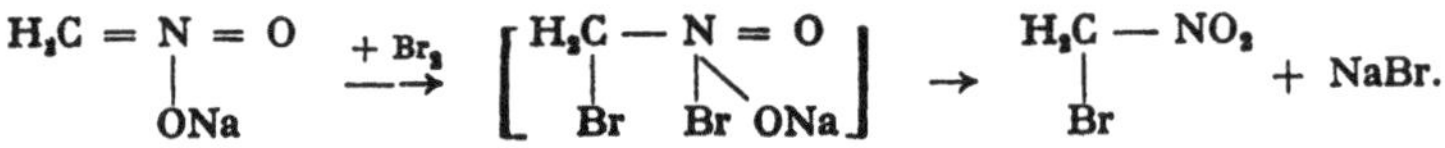

2° L'acide nitreux se combine avec les nitroparaffines *primaires* pour donner les *acides nitroliques* correspondants, avec les nitroparaffines *secondaires* pour donner les composés appelés *pseudonitrols*, dont la coloration verte ou bleue indique le caractère nitrosé :

a)

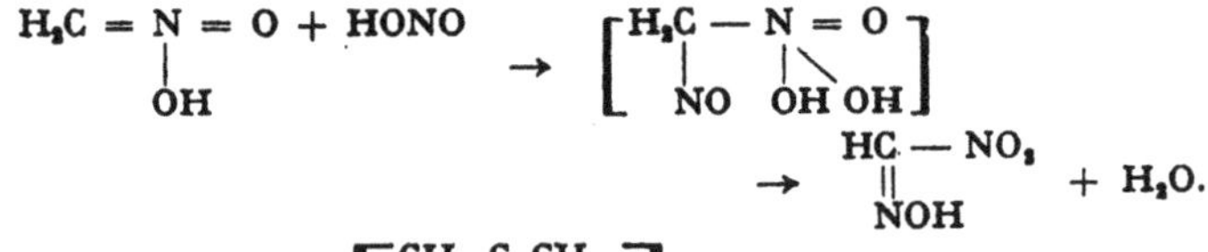

b)

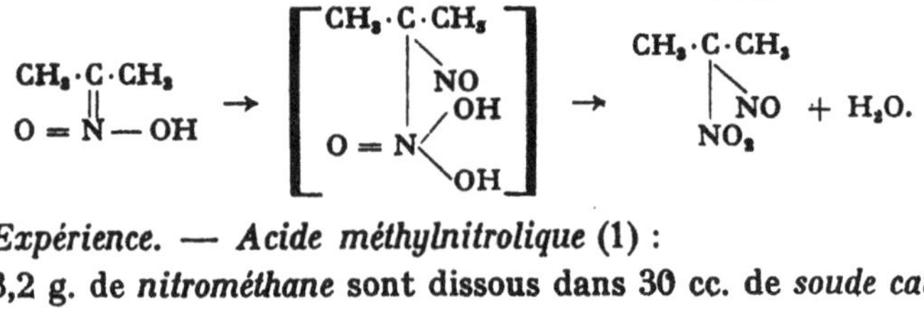

Expérience. — Acide méthylnitrolique (1) :

3,2 g. de *nitrométhane* sont dissous dans 30 cc. de *soude caus-*

(1) *B.*, *42*, 808 (1909).

tique 2 N refroidie à la glace, et l'on y ajoute 3,5 g. de *nitrite de soude* en solution aqueuse conc. On écoule alors à l'aide d'une ampoule à robinet, sans continuer à refroidir, de l'*acide sulfurique* 4N, jusqu'à ce que la solution ait juste viré du rouge foncé de début au jaune orangé, et avant qu'un échantillon ne bleuisse pas le papier iodo-amidonné. On procède alors à deux épuisements par l'*éther*, refroidit à nouveau la solution aqueuse restante et y écoule de nouvelles quantités d'acide sulfuriqne jusqu'à ce que l'on constate nettement la présence d'*acide nitreux* ; on alcalinise alors avec une solution 5N de NaOH, de manière à provoquer l'apparition d'une coloration orange foncé, rajoute de l'acide sulfurique sans provoquer l'apparition de l'acide nitreux et effectue deux épuisements par l'éther. Les extraits éthérés réunis sont refroidis à la glace et séchés deux heures sur $CaCl_2$.

La solution est introduite dans un petit ballon rond muni d'un capillaire, et l'éther chassé par distillation dans le vide au bain-marie à 15-20°. Le résidu constitue 1 g. environ d'acide *méthylnitrolique* cristallisé, légèrement coloré en jaune, se décomposant en quelques heures. Examiner son comportement vis-à-vis des alcalis.

Fulminate d'argent (1) :

1 /2 g. d'*acide méthylnitrolique* fraîchement préparé, dissous dans 4 cc. d'eau, est additionné d'un cc. d'*acide nitrique* 5N (HNO_3 conc., de dens. : 1,4, dilué par son volume d'eau) et de 4 cc. d'une solution à 10 % de *nitrate d'argent* ; on chauffe l'éprouvette à la flamme libre jusqu'à ébullition de la liqueur, et observe le début immédiat de la réaction, s'accompagnant d'un violent dégagement de *NO* et de la précipitation simultanée de *fulminate d'argent* cristallisé. On fait bouillir quelques minutes encore en agitant l'éprouvette, laisse refroidir et essore le précipité, qu'on lave à l'eau. Un échantillon d'une dizaine de mg. environ est séché sans frottements sur un fragment de porcelaine poreuse et l'on examine son comportement à la flamme et au choc d'un marteau (se munir de lunettes de protection).

Le produit restant est porté encore humide — éviter même alors toute compression par une spatule métallique ou un autre objet dur — dans une éprouvette et additionné de 2 cc. d'*acide chlorhydrique* conc. ; on observe alors l'odeur de l'*acide fulminique* libre, laquelle ressemble assez à celle de l'acide cyanhydrique pour prêter à confusion. Après une demi-heure, le contenu de l'éprouvette est chauffé un instant au bain-marie bouillant, additionné de 4 cc. d'eau, débarrassé du *chlorure d'argent* par filtration et évaporé à sec dans un verre de montre au bain-marie. Le *chlo-*

(1) *B.*, *40*, 419 (1907).

rure d'hydroxylammonium restant est identifié par son pouvoir réducteur à l'égard d'une *solution ammoniacale d'argent* et de la *liqueur de Fehling.*

Le fulminate d'argent doit toujours être détruit immédiatement après sa préparation, le plus commodément au moyen d'acide chlorhydrique conc.

Les *acides nitroliques* sont incolores à l'état pur, mais, en se dissolvant dans les alcalis, ils prennent une coloration rouge foncé provenant de la formation du groupement *aci-nitro* voisin du chromogène nitroso. La constitution des sels colorés est la suivante :

$$\begin{array}{ccccc} HC & = & N & = & O \\ | & & | & & \\ NO & & ONa & & \end{array}$$

Chauffés en solution nitrique, l'acide méthylnitrolique se décompose en acide nitreux et *acide fulminique,* ce dernier pouvant être isolé sous forme de son sel d'argent si l'on opère en présence de nitrate d'argent :

$$\begin{matrix} H \diagdown \\ O_2N \diagup \end{matrix} C = NOH \rightarrow HNO_2 + C = NOH.$$

Rappelons à ce propos la formation des *fulminates* (d'argent et de mercure) par action de l'acide nitrique sur l'alcool éthylique, en passant par l'acide méthylnitrolique (voir p. 157).

Le sel mercurique du nitrométhane se décompose directement en *fulminate de mercure* et eau Nef :

$$(H_2C = NO_2)_2Hg \rightarrow (C = NO)_2Hg + 2H_2O.$$

3° Les nitrocomposés primaires, comme les cétones, se condensent avec les aldéhydes en éliminant une molécule d'eau ; sur cette propriété est basée une méthode très commode de préparation du *phénylnitroéthylène :*

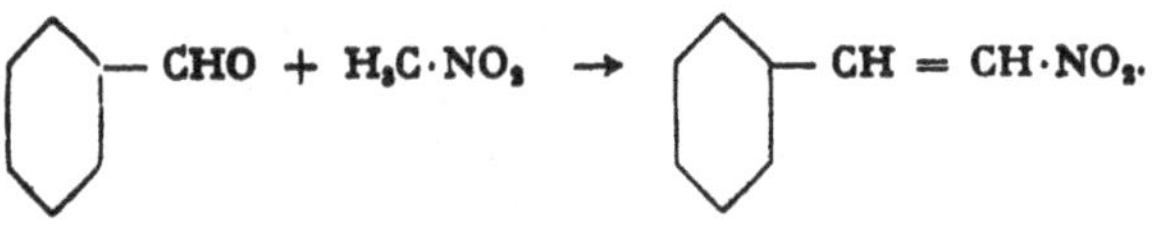

Phénylnitroéthylène (1) :

On dissout 3,2 g. de *nitrométhane* et 5,3 g. de *benzaldéhyde* dans 20 cc. d'*alcool* ; on a préparé d'avance une solution de *potasse alcoolique* en dissolvant 3,5 g. de *KOH* dans 5 cc. d'eau et 10 cc. d'*alcool méthylique,* que l'on introduit froide dans la solution précédente fortement refroidie elle-même au mélange réfrigérant et soumise à une vigoureuse agitation, continuée jusqu'à ce qu'un échantillon du magma de cristaux formés — dans certains cas il peut y avoir absence de cristaux — se dissolve parfaitement dans l'eau.

(1) Thiele et Haeckel, *A.*, *325*, 7 (1902) ; Bouveault et Wahl, *Compt. rend.*, *135*, 41 (1902).

La réaction précédente fournit le *sel potassique de l'alcool phénylnitroéthylique* C_6H_5—CHOH—CH = NOOK, dont l'acide libéré se transforme en phénylnitroéthylène par élimination d'eau. On obtient ce résultat en dissolvant le produit de la réaction dans l'eau glacée, et en y écoulant sous agitation 60 cc. d'*acide sulfurique* normal glacé. Dès que l'huile formée s'est prise en masse, on essore, sèche rapidement sur porcelaine poreuse et recristallise le produit dans un peu d'*alcool*. Rendement : environ 5 g. de *phénylnitroéthylène* en belles aiguilles jaunes. P. fus. : 58°.

4° Les nitrocomposés primaires copulent de façon particulière avec le *diazobenzène* ; au lieu de l'azocomposé normal, ils forment par transposition intramoléculaire les *phénylhydrazones* des *α-nitroaldéhydes* :

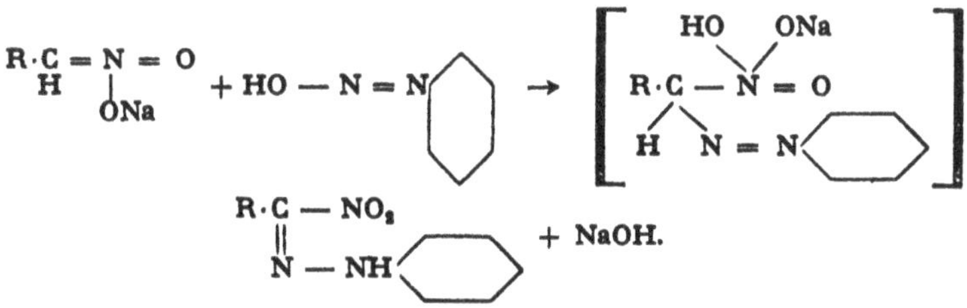

5° Mentionnons pour terminer la réaction spéciale du nitrométhane soumis à l'action d'un alcali fort : deux molécules de l'*aci*-nitrocomposé se condensent, avec élimination d'eau, en une combinaison appelée *acide méthazonique*, possédant la constitution de la *nitroacétaldoxime* (I) (Meister) (1) :

$$2H_2C = \underset{\displaystyle ONa}{\overset{|}{N}} = O \xrightarrow{-H_2O} \underset{\displaystyle NONa}{\overset{||}{HC}} - CH = \underset{\displaystyle ONa}{\overset{|}{N}} = O \; ; \quad I, \; \underset{\displaystyle NOH}{\overset{||}{HC}} - CH_2NO_2.$$

Steinkopf a pu préparer pour la première fois, à partir de ce composé traité par le chlorure de thionyle, le *nitroacétonitrile* (2), $NO_2.CH_2.CN$ et, par saponification de ce dernier, l'*acide nitroacétique* (3).

2. — *Nitration d'un hydrocarbure aromatique. Nitrobenzène et dinitrobenzène*

a) *Nitrobenzène :*

125 cc. (230 g.) d'*acide sulfurique* conc. placés dans un ballon d'un demi-litre sont additionnés peu à peu, sous agitation, de 100 cc. (140 g.) d'*acide nitrique conc.* (D = 1,4). On refroidit le mélange à la température ambiante en immergeant le ballon dans l'eau froide, et y introduit peu à peu, en agitant fréquemment, 90 cc. (78 g., 1 mol.) de *benzène*.

Dès que la température atteint 50-60°, on plonge un instant le

(1) Voir au sujet du mécanisme de cette réaction : *A.*, *444*, 15 (1925).
(2) *B.*, *41*, 1048 (1908).
(3) *B.*, *42*, 3925 (1909).

ballon dans l'eau glacée avant d'y introduire une nouvelle portion. A chaque introduction de benzène, on observe une coloration fugitive d'un brun foncé.

L'opération terminée, on adapte un réfrigérant ascendant et continue à maintenir pendant 1/2 h. une température de 60° au bain-marie ; la couche inférieure, constituée par le mélange nitrant, est séparée à l'entonnoir de la couche supérieure de *nitrobenzène* (1). On agite ensuite le produit avec de l'eau, avec de la *soude caustique* diluée et une fois encore avec de l'eau (le nitrobenzène constitue la couche inférieure de la dernière opération). Après quelques temps de repos, le produit est introduit dans un ballon sec et chauffé à l'ascendant au bain-marie, en présence de *chlorure de calcium* jusqu'à ce que la liqueur laiteuse soit devenue parfaitement limpide. Le nitrobenzène est finalement distillé dans un ballon à fractionnement avec un réfrigérant à air, sans pousser jusqu'à dessication complète du résidu. P. éb. : 206-207°. Rendement : 100-105 g.

b) *Dinitrobenzène* :

On introduit graduellement 10 g. de *nitrobenzène* dans un mélange de 14 cc. (25 g.) d'*acide sulfurique* conc. et de 10 cc. (15 g.) d'*acide nitrique fumant* ; le ballon ouvert, disposé sous une hotte à fort tirage, est chauffé 1/2 h. au bain-marie, avec fréquentes agitations. Le mélange légèrement refroidi est alors versé dans de l'eau froide agitée ; la masse de *dinitrobenzène* est filtrée, lavée avec de l'eau, pressée sur porcelaine poreuse et recristallisée dans l'*alcool*. P. fus. : 90°. Rendement : 10-12 g.

Leur propriété de donner des nitrodérivés sous l'action de l'acide nitrique est une caractéristique des composés *aromatiques*.

Suivant les conditions de la nitration, il est possible d'introduire un ou plusieurs groupes NO_2 dans le noyau. Ecrire la formule de la réaction.

Si l'on effectue dans les conditions de l'expérience précédente la nitration d'un composé aromatique à chaîne latérale aliphatique saturée, on constate que le noyau seul est nitré, à l'exclusion de la chaîne latérale. Les atomes de carbone du noyau ne portant chacun qu'un seul atome d'hydrogène, leurs nitrodérivés sont tertiaires et ne sont pas susceptibles de former des acides nitroliques ou des pseudonitrols, comme le font les sels des nitrocomposés primaires et secondaires.

Il est possible dans des conditions spéciales d'effectuer une nitration dans la chaîne latérale (2) : le toluène et l'éthylbenzène, par exemple, chauffés légèrement au-dessus de 100° en vase clos en présence d'acide nitrique (D = 1,076), fournissent respectivement le *phénylnitrométhane* $C_6H_5.CH_2.NO_2$ et le *phénylnitroéthane* $C_6H_5.CH(NO_2).CH_3$.

Les hydrocarbures fondamentaux de la série aromatique ne sont pas les seuls susceptibles d'être nitrés ; leurs dérivés, phénols, amines, aldéhydes, etc.

(1) Le mélange nitrant est récupéré de la même façon dans l'industrie ; la réaction présente n'utilise qu'une mol. et demi d'ac. nitrique.

(2) KONOVALOW, *B.*, *27*, Ref. 194 et 468 (1894).

ont à cet égard la même propriété. La nitration ne se fait cependant pas dans la généralité des cas avec la même facilité, et les différentes possibilités qui se présentent détermineront les conditions expérimentales appropriées. Une substance aisément nitrable peut soit être traitée directement par de l'acide nitrique dilué, soit dissoute préalablement dans un solvant non attaqué par l'acide, tel que l'acide acétique glacial fréquemment employé ; une nitration d'énergie moyenne s'effectue à l'acide nitrique conc. ou fumant, alors que pour un composé très peu réactif on adjoint à l'acide nitrique ordinaire ou concentré de l'acide sulfurique dont le rôle est de s'emparer de l'eau dégagée par la nitration ; lorsque l'opération doit être faite en milieu sulfurique, on se sert souvent comme mélange nitrant de nitrate de potassium ou de sodium à la place de l'acide nitrique.

Les méthodes de nitration qui précèdent peuvent être modifiées de deux façons en faisant varier la température ou la quantité d'acide nitrique mise en jeu. Pour le premier facteur, la nitration peut se faire suivant les cas avec refroidissement par mélange réfrigérant, glace ou eau, à température moyenne ou à température d'ébullition ; pour le second, l'acide peut être introduit en excès ou en quantité théoriquement calculée. Des expériences préliminaires sur de petits échantillons de substance peuvent seules indiquer laquelle des nombreuses méthodes possibles conduira au meilleur rendement.

Les nitrocomposés étant presque tous insolubles ou très peu solubles dans l'eau, le procédé classique pour leur séparation du mélange nitrant consiste à diluer ce dernier avec de l'eau une fois la réaction terminée.

Les propriétés chimiques d'un composé ne sont pas modifiées fondamentalement par l'introduction dans sa molécule d'un groupe NO_2. Les nitrodérivés des hydrocarbures aromatiques, substitués dans le noyau, gardent le caractère neutre des hydrocarbures, tandis que les nitrodérivés des composés acides voient leurs propriétés acides se renforcer : les nitrophénols, p. ex., ont un caractère plus nettement acide que les phénols. Le phénomène inverse s'observe pour les composés basiques : les nitranilines sont moins basiques que l'aniline.

L'importance primordiale des nitrocomposés provient de leur propriété de pouvoir être réduits en amines (voir l'exposé théorique concernant les préparations suivantes).

Lorsqu'on cherche à introduire deux groupes NO_2 dans le noyau du benzène, on n'obtient presque exclusivement que du *m-dinitrobenzène* ; ce fait est en accord avec la règle générale suivante s'appliquant aux substitutions dans le noyau benzénique. On peut considérer trois réactions principales des composés aromatiques : 1° halogénation, 2° nitration, 3° sulfonation. Si l'on envisage le benzène lui-même, on ne peut obtenir naturellement qu'un seul isomère possible en faisant une monohalogénation, mononitration ou monosulfonation. A partir d'un benzène déjà substitué une fois, par contre, une substitution ultérieure peut introduire le deuxième groupement en trois positions différentes : ortho, méta ou para. L'expérience a prouvé qu'il ne peut se produire que deux cas : dans le premier s'obtiennent principalement les dérivés bisubstitués ortho et para, à côté d'une faible proportion de dérivé méta, et dans le deuxième cas la proportion est inverse, le dérivé méta seul étant en large majorité.

Les substituants dirigeant les groupes halogène, nitro, sulfo et autres, principalement en *o* et *p*, sont dits de première espèce, les substituants dirigeant en *m*, de seconde espèce. Appartiennent à la première espèce : les halogènes, les groupes alcoyles, hydroxyles, O-alcoyles, O-acyles, amino, etc ; à la deuxième : les groupes nitro, sulfo, aldéhydique, carboxylique, COO-alcoyle, $CO\text{-}NH_2$, CO-alcoyles (cétones), nitrile, etc.

La caractéristique qui ressort empiriquement de cette classification est que les substituants de la première espèce sont de type saturé et ne contiennent aucune double liaison, les substituants de seconde espèce étant dans le cas contraire. L'expérience montre par ailleurs que la substitution en *o* et *p* se fait toujours avec plus de facilité et une vitesse plus grande que la substitution en *m*.

La difficulté de la nitration s'accroît avec chaque nouveau groupe NO_2 introduit dans le noyau ; la dinitration du benzène requiert des conditions passablement plus drastiques que la mononitration, et le *trinitrobenzène* symétrique ne s'obtient, avec un faible rendement seulement, que par une ébullition de plusieurs jours du dinitrobenzène en présence d'acide nitrique fumant.

La présence de substituants tels —OH ou NH_2, ainsi que le groupe méthyle du toluène par exemple, facilite la nitration : le *trinitrotoluène* est un explosif très répandu.

Un certain nombre de nitrocomposés sont liquides, d'autres se présentent sous forme solide et sont caractérisés par l'extrême facilité avec laquelle ils cristallisent ; ces derniers distillent sans décomposition à un p. éb. beaucoup plus élevé que celui des hydrocarbures dont ils dérivent.

L'action du mélange nitrant sur l'éthylène fournit le *nitrate de nitroéthyle* CH_2NO_2-CH_2-ONO_2, déjà mentionné. L'*alcool nitroéthylique*, formé en première étape par addition d'une molécule d'acide nitrique, est aussitôt stabilisé par l'estérification qui se produit immédiatement après, alors que le composé primaire correspondant d'addition de l'acide nitrique sur une double liaison benzénique est décomposé avec élimination d'eau, selon le principe déjà indiqué à plusieurs reprises.

Ce cas est à rapprocher du comportement de l'éthylène et du benzène vis-à-vis du brome (p. 118).

3. — *Réduction d'un nitrocomposé en amine*

a) *Aniline à partir de nitrobenzène* (1) :

1. On introduit 120 g. d'*étain* finement granulé (2) et 61,5 g (1/2 mol.) de *nitrobenzène* dans un ballon rond de 2 l. ; on ajoute ensuite graduellement 270 cc. (320 g.) d'*acide chlorhydrique* conc. de la manière suivante : le dixième environ de la quantité d'acide est d'abord introduit, le ballon relié rapidement à un réfrigérant à air ascendant d'assez large diamètre et agité la liqueur s'échauffe immédiatement et se met à bouillir vivement. On refroidit à l'eau sans interrompre complètement la réaction, et ajoute peu à peu, en agitant continuellement, le reste de l'acide chlorhydrique de façon à maintenir la réduction en marche vive. Lorsque tout l'acide a été introduit, on chauffe une heure encore au bain-marie, ajoute 100 cc. d'eau à la solution chaude et y introduit graduellement une solution de 150 g. de *soude caustique* technique dans 200 cc. d'eau jusqu'à réaction fortement alcaline (3). On adapte alors un long réfrigérant descendant et procède à un entraînement à la vapeur d'eau dans la liqueur encore chaude. Au moment où le

(1) *A.*, *44*, 283 (1842).

(2) Voici comment on peut en préparer soi-même : on fait fondre au chalumeau des morceaux d'étain dans une cuillère de fer à long manche pourvue d'un goulot, et fait tomber goutte à goutte, d'une hauteur de 0,5-1 m. le métal en fusion dans un récipient rempli d'eau.

(3) Voir la note p. 312 pour la séparation électrolytique de l'étain.

distillat, laiteux au début, est devenu limpide, on en fait encore distiller environ 300 cc., ajoute au condensat total 25 g. de *chlorure de sodium* finement pulvérisé par 100 cc. de liquide, et extrait l'*aniline* à l'*éther* après dissolution complète du sel (1). La solution éthérée est séchée sur quelques morceaux de *potasse caustique*, l'éther chassé par évaporation et l'aniline soumise à la distillation. P. éb. : 184°. Rendement : 90-100 %.

2. *Procédé technique* (2).

La réaction s'effectue dans un récipient de 2 l. à trois cols ; celui du milieu porte un agitateur avec joint étanche, aux deux autres sont adaptés respectivement un réfrigérant à reflux et une ampoule à robinet d'une contenance de 200 cc. Le récipient peut être chauffé au bain d'huile ; on y introduit 200 g. de *poudre de fer* (3), 300 cc. d'eau et 30 cc. d'*acide chlorhydrique* conc. ; on fait bouillir le mélange 10 min. en agitant vigoureusement, et y écoule ensuite, dans l'espace de trois quarts d'heure, 123 g. de *nitrobenzène* en modérant éventuellement la chaleur dégagée par la réaction. On termine par une ébullition d'une heure environ, jusqu'à ce que le condensat du réfrigérant soit limpide, ajoute 15 g. de *carbonate de soude* et entraîne l'*aniline* à la vapeur. Rendement : 90 %.

La propriété de se transformer par réduction énergique en *amines primaires* est commune aux nitrocomposés de la série grasse et à ceux de la série aromatique. Chaque groupe nitro exige 6 atomes d'hydrogène pour être réduit.

L'industrie n'utilise pas l'étain, trop cher, pour la réduction du nitrobenzène, mais le fer en copeaux ou en poudre, dans le procédé déjà ancien mais toujours employé de Béchamp :

$$\text{I.}\quad C_6H_5\cdot NO_2 + 3Fe + 6HCl \rightarrow C_6H_5\cdot NH_2 + 3FeCl_2 + 2H_2O.$$

La quantité d'acide chlorhydrique figurant dans l'équation est considérablement plus importante que celle qui est pratiquement mise en jeu ; la réaction peut être entièrement effectuée avec 3 % environ de la quantité théorique d'acide chlorhydrique suivant l'équation I. Ce phénomène provient de ce que le fer s'oxyde partiellement en fer trivalent suivant une seconde réaction parallèle à la première, régénérant continuellement du chlorure ferreux :

$$\text{II.}\quad C_6H_5\cdot NO_2 + 2FeCl_2 + 2Fe + 4H_2O \rightarrow C_6H_5\cdot NH_2 + 2FeCl_3 + 2Fe(OH)_3.$$

Le chlorure ferrique est précipité par hydrolyse en hydrate ferrique, et fournit de l'acide chlorhydrique utilisable pour l'attaque de nouvelles quantités de fer métallique. Les oxydes de fer résultant de l'opération peuvent être récupérés par réduction au rouge sous l'action d'hydrogène, traitement qui les transforme en fer métallique divisé.

On a introduit récemment dans la pratique industrielle l'*hydrogénation catalytique* du nitrobenzène, avec le cuivre comme catalyseur de contact.

La réduction de nitrocomposés s'effectue pratiquement au laboratoire au moyen d'étain ou de chlorure stanneux et d'acide chlorhydrique conc. Les

(1) On supprime la salification dans l'industrie, et utilise les eaux-mères d'aniline pour l'entraînement à la vap. de la portion suivante.

(2) Cf. H. E. Fierz-David, *Operationen der Farbenchemie*, IVe éd. 1938, p. 35.

(3) Le fer utilisé au laboratoire ne donne pas de bons résultats : il fournit généralement des produits fortement colorés en jaune. Nous recommandons particulièrement à cet usage la poudre de fer F de la firme IG à Ludwigshafen.

substances solides sont en général difficilement attaquées en l'absence de solvant, et on fait usage d'alcool ou d'acide acétique. La fin de la réaction se reconnaît à ce que l'adjonction d'eau au mélange réactionnel ne trouble plus ce dernier : la base y est alors entièrement combinée à l'état de chlorhydrate (les sels de l'acide chlorhydrique sont presque sans exception solubles dans l'eau). Il est à remarquer cependant qu'il peut se former des sels doubles en présence de chlorure de zinc, difficilement solubles pour la plupart ; ceux-ci se dissolvent en général dans l'eau bouillante.

Un sel double cristallisant en quantités importantes, pourra être isolé par filtration à la trompe ; décomposé ultérieurement par un alcali ou, mieux, par de l'hydrogène sulfuré, il libère facilement la base à l'état pur.

Les *monoamines* primaires sont soit des liquides incolores (aniline, o-toluidine, xylidine, etc.), soit des substances solides également incolores (p-toluidine, pseudocumidine, naphtylamines, etc.). Elles distillent toutes sans décomposition et sont entraînables à la vapeur d'eau ; leur solubilité dans l'eau est assez faible (aniline à 3 %).

Les *polyamines* sont pour la plupart solides à température ordinaire ; elles ne sont pas entraînables à la vapeur, et se dissolvent beaucoup mieux dans l'eau que les monoamines.

Les amines présentent un caractère basique ; le radical phényle, de nature négative, confère aux amines aromatiques une basicité notablement plus faible que celle des amines grasses. Il en résulte que les solutions aqueuses des sels d'anilines, neutres stoechiométriquement, ont une réaction acide au papier de tournesol, provenant de leur hydrolyse. Il est possible pour la même raison d'extraire une petite quantité de base libre d'une solution aqueuse de sel d'aniline au moyen d'éther (essai avec une solution éthérée d'acide chlorhydrique ou, après évaporation de l'éther, au moyen de la réaction au chlorure de chaux).

Expériences. — 1° Diluer 10 cc. d'*eau d'aniline* (préparee en agitant dans une éprouvette 3 gouttes d'aniline dans 10 cc. d'eau) avec 100 cc. d'eau et ajouter quelques gouttes d'une solution aqueuse filtrée de *chlorure de chaux* ; le liquide prend une *coloration violette* caractéristique (réaction de Runge). Cette réaction très sensible n'a lieu qu'en présence d'aniline libre en solution aqueuse, et non en présence de ses sels : elle devra éventuellement en être isolée à cet effet.

La réaction de Runge peut aussi servir à l'identification de petites quantités de *benzène* ou de *nitrobenzène*, après réduction en éprouvette comme indiqué ci-dessus.

La *réaction au chlorure de chaux* est spécifique de l'aniline ; le colorant prenant naissance est un dérivé quinoïde complexe, dont la constitution exacte n'a pu encore être démontrée. Les réactions dont les exemples expérimentaux vont être donnés sont générales pour les amines aromatiques primaires.

2° Les amines primaires et secondaires peuvent être acylées au moyen des chlorures et anhydrides d'acides, en particulier par le chlorure de l'acide benzène-monosulfonique (p. 195). On a vu précédemment la préparation de l'acétanilide (p. 135, 138). On connaît les dérivés acétylés et benzoylés de toutes les amines simples de la série du benzène et du naphtalène, lesquels peuvent servir ainsi à l'identification de ces dernières.

On identifiera à titre d'exercice une amine primaire d'après la méthode indiquée.

3° *Benzylidène-aniline.* — Chauffer au bain-marie 1 cc. d'*aniline* avec 1 cc. de *benzaldéhyde* en éprouvette ; la liqueur se trouble par suite de la formation d'eau, et une masse solide se prend au refroidissement, constituée par la *base de Schiff*, ou azométhine. P. fus. : 72°.

Chauffé en présence d'un acide, le produit de condensation, faiblement basique, se scinde en ses composants, réaction qui est générale pour toutes les amines primaires.

4. *Réaction de l'isonitrile* : De même que les amines aliphatiques primaires du type de la méthylamine, l'aniline et ses dérivés donnent une réaction caractéristique par son odeur avec le chloroforme et un alcali.

Mélanger en éprouvette 2 gouttes d'*aniline* et 2 cc. d'*alcool*, ajouter 1/2 cc. d'une solution concentrée de potasse caustique et environ 5 gouttes de *chloroforme*, et chauffer légèrement sous hotte.

$$C_6H_5\cdot NH_2 + Cl_2C{<}^{Cl}_{H} + 3KOH \rightarrow C_6H_5\cdot N = C + 3KCl + 3H_2O.$$

L'ammoniac fournit dans les mêmes conditions de l'*acide cyanhydrique:*

$$HNH_2 + Cl_2 : C{<}^{Cl}_{H} + 3KOH \rightarrow HN = C + 3KCl + 3H_2O.$$

On a déjà mentionné p. 148 la question de la constitution de l'*acide cyanhydrique*. Rappelons en outre que les *isonitriles* donnent comme produits d'hydrolyse une *amine primaire* et de l'*acide formique* : on n'obtient pas d'oxyde de carbone comme on pourrait s'y attendre en examinant la formule du composé ; la première phase de la réaction consiste en effet en l'addition d'une molécule d'eau sur les valences libres du carbone :

$$C_6H_5\cdot N = C{<} + H_2O \rightarrow \underset{\textit{iso}\text{-forme de la formanilide}}{C_6H_5\cdot N = C{<}^{OH}_{H}} \rightarrow C_6H_5\cdot NH_2 + OC{<}^{OH}_{H}$$

Il en résulte qu'on ne peut opposer aucun argument à une structure carbiminique de l'acide cyanhydrique ; rappelons en outre que les acides minéraux décomposent cet acide en *ammoniac* et *acide formique*, sans livrer de l'oxyde de carbone.

Un dérivé beaucoup mieux connu du carbone bivalent, l'*acide fulminique*, dont la constitution a été établie comme celle d'une *carboxime* $>C : NOH$, se décompose de façon identique en *hydroxylamine* et *acide formique* (cf. p. 168).

5. *Alcoylation de l'aniline* : Celle-ci procède suivant le schéma de la synthèse d'Hofmann des alcoylamines. Les anilines méthylées présentent une certaine importance, en particulier la *diméthylaniline*, base tertiaire bien répandue, servant de produit de départ de nombreuses synthèses du laboratoire et de la grande industrie. La méthylation de l'aniline s'opère techniquement sur son chlorhydrate, par traitement à l'alcool méthylique en autoclave ; le *chlorure de méthyle* formé intermédiairement fonctionne comme agent de méthylation.

A température très élevée, le groupe méthyle émigre en para, phénomène qui constitue un cas particulier des nombreuses réactions de transposition interne des dérivés du benzène (cf. p. 192,) :

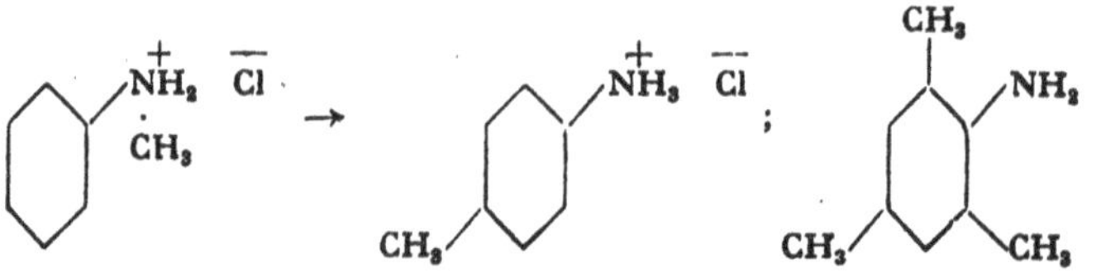

Effectuée en présence d'un excès d'alcool méthylique, la méthylation se poursuit jusqu'à un stade plus avancé, en s'accompagnant de transposition, pour fournir le terme final ou *mésidine* (formule de droite, A. W. Hofmann). La réaction est assez difficultueuse et n'offre en somme aucun intérêt pratique.

6. *Action du* CS_2 : L'ammoniac et les amines primaires de la série aliphatique fixent le sulfure de carbone pour former les sels d'ammonium de l'*acide dithiocarbamique :*

$$S=C=S+H_2N\cdot CH_3 \rightarrow S=C\begin{matrix}\diagup SH\\ \diagdown NH\cdot CH_3\end{matrix} \xrightarrow{H_2N\cdot CH_3} S=C\begin{matrix}\diagup SNH_3\cdot CH_3\\ \diagdown NH\cdot CH_3\end{matrix};$$

Dans la série aromatique par contre la réaction se poursuit jusqu'à un stade plus avancé : le dithiocarbaminate élimine une molécule d'hydrogène sulfuré, forme de l'*isothiocyanate de phényle,* lequel fixe à son tour une seconde molécule d'amine pour se transformer en *diarylthiourée :*

$$\underset{\textit{dithiocarbamate}}{S=C\begin{matrix}\diagup S\cdot NH_3C_6H_5\\ \diagdown NH\cdot C_6H_5\end{matrix}} \rightarrow \underset{\substack{\textit{isothiocyanate de phényle}\\ \textit{(essence de moutarde}\\ \textit{phénylée)}}}{S=C=N.C_6H_5} + H_2S + H_2NC_6H_5$$

$$\xrightarrow{C_6H_5NH_2} \underset{\textit{diphénylthiourée}}{S=C\begin{matrix}\diagup NH\cdot C_6H_5\\ \diagdown NH\cdot C_6H_5\end{matrix}}$$

Pour la préparation d'un *isothiocyanate aliphatique,* le dithiocarbamate correspondant est distillé en présence du sel d'un métal lourd ($HgCl_2$, $FeCl_3$) (A. W. Hofmann), alors que pour la thiocarbanilide la distillation se fait en présence d'acide chlorhydrique conc.

Diphénylthiourée (thiocarbanilide) :

20 g. d'*aniline,* 25 g. de *sulfure de carbone,* 25 g. d'*alcool* et 5. g. de *KOH* finement pulvérisés sont portés dans un ballon rond muni d'un long réfrigérant à reflux ; on chauffe 3 h. à douce ébullition au bain-marie, distille au réfrigérant descendant le sulfure de carbone en excès et l'alcool, et ajoute de l'eau au résidu ; les cristaux formés sont filtrés, lavés à l'eau, à l'*acide chlorhydrique* dil. et à l'eau pour terminer. On obtient 15-18 g. de produit desséché, dont on fait recristalliser un échantillon dans l'alcool (p. fus.: 154°) ; le restant est utilisé tel quel pour la préparation de l'*isothiocyanate de phényle.*

15 g. du produit brut précédent sont introduits dans un ballon de 250 cc. avec 60 cc. d'*acide chlorhydrique* conc. (D = 1,18), chauffé au bain de sable ; le produit est distillé avec un réfrigérant descendant jusqu'à ce que le résidu du ballon ne représente que 10-15 cc. On ajoute au distillat un volume égal d'eau, extrait à l'*éther*, agite la solution éthérée avec un peu de *carbonate de soude* en solution et sèche sur *chlorure de calcium*. L'éther est ensuite chassé et le résidu distillé. P. éb. : 222°. Rendement presque quantitatif.

L'action de l'acide chlorhydrique sur la thiocarbanilide provoque la formation accessoire de *triphénylguanidine*, que l'on peut séparer à l'état de *chlorhydrate* en ajoutant 50 cc. d'eau au résidu du ballon après la distillation, et en laissant reposer quelques heures. La *base libre* s'obtient par décomposition à chaud du chlorhydrate avec une lessive diluée de *soude caustique*.

La triphénylguanidine cristallise dans l'*alcool* en aiguilles incolores de p. fus. 143°.

L'acide chlorhydrique conc. provoque principalement dans la réaction précédente la séparation d'une molécule d'aniline :

$$S = C\begin{cases} N\boxed{H} \cdot C_6H_5 \\ \boxed{NH \cdot C_6H_5} \end{cases} \rightarrow \underset{\textit{isothiocyanate de phényle}}{S = C = N \cdot C_6H_5} + H_2N \cdot C_6H_5$$

Une petite quantité d'hydrogène sulfuré s'élimine en même temps, et le composé formé, *carbodiphénylimide* (diphénylcyanamide), extrêmement réactif, se combine à l'aniline présente dans la solution en donnant la *triphénylguanidine* ; cette réaction est la même que celle de la cyanamide avec l'ammoniac, formant la *guanidine* non substituée :

$$S = \begin{array}{l} H\,|\,N \cdot C_6H_5 \\ \,|\,C \\ H\,|\,N \cdot C_6H_5 \end{array} \rightarrow H_5C_6 \cdot N = C = N \cdot C_6H_5 + H_2S$$

$$\xleftarrow{H_2N \cdot C_6H_5} \underset{\textit{triphénylguanidine}}{H_5C_6N = C\begin{cases} NH \cdot C_6H_5 \\ NH \cdot C_6H_5 \end{cases}}$$

Les *isothiocyanates* ont les mêmes réactions fondamentales d'addition que les esters cyaniques qui leurs sont isologues (p. 161), tels que $O = C = N.C_6H_5$, la réactivité des premiers étant toutefois moindre que celle des seconds, ce qui ressort déjà de la méthode de préparation de l'isothiocyanate de phényle (le cyanate de phényle en effet est immédiatement décomposé par l'eau).

La fixation d'aniline sur l'isothiocyanate de phényle, donnant lieu à la formation de la *diphénylthiourée*, s'effectue comme suit :

Expérience. — Mélanger dans une petite éprouvette 5 gouttes d'*isothiocyanate de phényle* et 5 gouttes d'*aniline*, et chauffer légèrement sur une petite flamme. La trituration du liquide avec une baguette de verre provoque la cristallisation de *thiocarbanilide*, que l'on purifie par recristallisation dans l'*alcool* pour vérifier son point de fusion.

Chauffé en présence d'oxyde de mercure jaune, l'isothiocyanate de phényle se transforme en ester cyanique, à la suite de la substitution du soufre par l'oxygène ; l'ester se reconnaît à son odeur suffocante :

$$C_6H_5 \cdot NCS + HgO \rightarrow \underset{\textit{cyanate de phényle}}{C_6H_5 \cdot NCO} + HgS$$

Expérience. — Chauffer dans une petite éprouvette 1/2 cc. d'*essence de moutarde phénylée* avec son volume d'*oxyde de mercure jaune* jusqu'à ébullition de l'essence de moutarde. L'oxyde jaune noircit par formation de *sulfure de mercure*, et l'on perçoit en même temps l'odeur extrêmement âcre du *cyanate de phényle*, dont les vapeurs provoquent une action nettement lacrymogène.

b) *m-Nitraniline à partir de m-dinitrobenzène :*

On dissout à chaud dans un ballon contenant de l'alcool, du *dinitrobenzène* recristallisé, à raison de 5 cc. d'alcool par gramme de dinitrobenzène, refroidit rapidement la solution, ce qui provoque une précipitation partielle du produit, et ajoute de l'*ammoniaque* conc. (D = 0,913), à raison de 0,8 g. d'ammoniac par gramme de dinitrobenzène. Le contenu total du ballon est alors taré et l'on fait barboter à température ordinaire un courant d'*hydrogène sulfuré* jusqu'à saturation ; on chauffe ensuite 1/2 h. au bain-marie avec réfrigérant à reflux. On répète le traitement à l'hydrogène sulfuré à froid et le chauffage au bain-marie jusqu'à ce que le poids du produit ait augmenté de 0,6 g. par g. de dinitrobenzène primitivement introduit. Si l'accroissement de poids ne se produit pas normalement, ce qui proviendrait d'un refroidissement insuffisant du ballon pendant le passage du courant gazeux, on se bornera à faire en tout trois traitements à l'hydrogène sulfuré. On dilue ensuite à l'eau, filtre le précipité, lave ce dernier à l'eau, et l'extrait par plusieurs traitements à l'*acide chlorhydrique* dil. chaud.

La *nitraniline* est mise en liberté par neutralisation du filtrat acide au moyen d'*ammoniac*, et recristallisée dans l'eau. P. fus. : 114°. Rendement : 70-80 %.

Si l'on désire éviter l'emploi de l'hydrogène sulfuré, on pourra se servir comme réducteur de *sulfure de sodium* technique (1).

La réduction complète de plusieurs groupements nitrés se fait de la même manière que s'il s'agit d'un seul nitrogroupe. Pour réduire partiellement un

(1) Pour plus amples détails, consulter : COBENZL, *Che. Ztg.*, *37*, 299 (1913) ; voir aussi : ULLMANN, *Encyclopédie*, 2e éd., t, I. p. 470.

polynitrocomposé, on utilise avec avantage à cet effet le *sulfhydrate d'ammonium :*

$$C_6H_4\begin{matrix} / NO_2 \\ \backslash NO_2 \end{matrix} + 3NH_4SH \rightarrow C_6H_4\begin{matrix} / NH_2 \\ \backslash NO_2 \end{matrix} + 2H_2O + 3S + 3NH_3$$

Si un nitrocomposé dont la molécule contient d'autres fonctions altérables par l'hydrogène naissant (fonction aldéhyde, chaîne latérale non saturée, etc.) doit être réduit en amine, on fera appel à des méthodes spéciales. Parmi celles-ci signalons l'emploi d'*hydroxyde ferreux* ou de *poudre de fer* (cf. p. 290, acide arsanilique) comme agents réducteurs. On procède alors en faisant réagir une quantité pesée de sulfate ferreux sur le composé à réduire, en présence d'alcali (KOH, NaOH, $Ba(OH)_2$). Ce type de méthodes s'applique à la réduction de l'o-nitrobenzaldéhyde en aminobenzaldéhyde, de l'acide o-nitrocinnamique en acide aminocinnamique, etc. Le rendement en m-nitraniline préparée suivant la prescription précédente est environ des 4 /5 du rendement théorique, ce qui indique clairement que les produits intermédiaires de réduction sont beaucoup plus rapidement réduits eux-mêmes qu'un nitrogroupe resté intact.

La réduction du m-dinitrobenzène en milieu acide fournit la *m-phénylènediamine :*

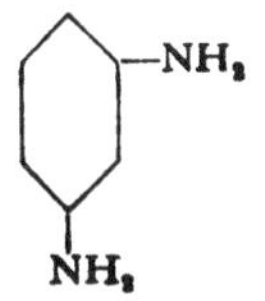

base biacide de grande importance industrielle dont on tire, par diazotation, le colorant brun *Vésuvine (Brun de Bismarck).* La m-phénylène-diamine sert parfois à la détection de traces de nitrites dans les eaux de source.

L'*o-* et la *p-nitraniline* s'obtiennent par nitration de l'aniline ; cette dernière étant assez oxydable, il est nécessaire d'en protéger auparavant le groupement aminé ; on y parvient généralement par acétylation. On nitre ainsi l'*acétanilide*, en déterminant les conditions opératoires de façon à obtenir principalement soit de l'o-, soit de la p-nitraniline. La nitration terminée, on élimine l'acétyle par un agent hydrolysant.

La p-nitraniline peut aussi être préparée d'une manière plus simple en traitant le p-nitro-chlorobenzène (obtenu par nitration du chlorobenzène) par de l'ammoniac, à température et pression élevées.

Voir p. 118 à propos de l'activation des halogènes par le voisinage de groupes nitrés.

La basicité relativement faible de l'aniline, due au groupe NH_2 de sa molécule, est encore fortement diminuée par l'entrée d'*un seul* groupe NO_2 dans le noyau. Les trois mononitranilines sont des bases extrêmement faibles, ne donnant des sels qu'en présence d'un excès d'acide ; ceux-ci sont incolores à l'état pur, alors que les nitranilines sont colorées en jaunes intense. Le groupe aminé libre, à action bathochromique, approfondit fortement la couleur du nitrobenzène, presque incolore à l'état pur ; cette action est complètement supprimée lors de la formation du sel, soit lorsque l'azote aminé, trivalent et non saturé, a pris place dans le système ammonium.

Rangées par ordre de basicité croissante, les trois nitranilines se classent en o-, p-, m-, ce qui fait apparaître une relation de grande importance pour la chimie des composés aromatiques, et qu'on a déjà vue se manifester lors de l'activation des substituants halogènes par des groupes nitrés placés en ortho ou para, à savoir que deux substituants en o- ou p- exercent l'un sur l'autre une influence beaucoup plus grande que s'ils sont en méta l'un par rapport à l'autre. Une explication satisfaisante de ce phénomène n'a pas encore été trouvée, quoiqu'on puisse le rapprocher de la théorie de Thiele sur le rapport existant entre les positions 1,2 et 1,4 :

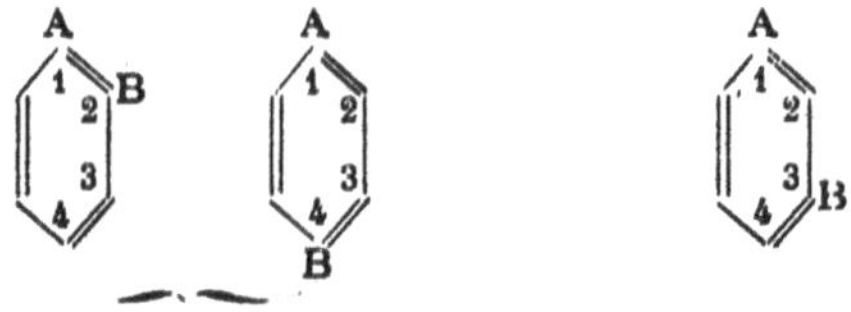

La basicité inégale des trois nitranilines peut être mise en évidence par l'expérience suivante. Une propriété commune à tous les sels de bases faibles (ou d'acides faibles) est qu'ils ne sont stables en solution aqueuse qu'en présence d'un excès d'acide (resp. d'alcali) ; lorsqu'on dilue une telle solution, le phénomène de l'*hydrolyse* apparaît en vertu de la loi d'action des masses. Dans le cas présent, l'hydrolyse se manifeste par l'apparition de la coloration caractéristique de la base ; les nitranilines, peu solubles dans l'eau, finissent par précipiter sous forme cristallisée. Plus la base est faible, plus est petit le volume d'eau nécessaire à faire apparaître l'hydrolyse.

Expérience. — Dissoudre 0,5 g. de chacunes des trois *nitranilines* — qu'on peut se procurer au laboratoire — dans une éprouvette par 3 cc. d'*acide sulfurique* conc., en agitant avec une baguette de verre. Verser chacune des solutions incolores dans 200 cc. d'eau contenus dans un bécher. Observer la précipitation partielle de l'*o-nitraniline* dans sa solution jaune, alors que la *paranitraniline*, plus basique, reste dissoute, sa solution étant colorée en jaune, et que la solution du sel de *m-nitraniline* demeure incolore.

4. — *Phénylhydroxylamine* (1)

On mélange dans un bécher de 2 l. à parois épaisses une solution de 20 g. de *chlorure d'ammonium* dans 400 cc. d'eau et 40 g. de *nitrobenzène* fraîchement distillé ; on introduit ensuite en l'espace de 40 min. 60 g. de *poudre de zinc* (à 75 % de métal au moins) en remuant vigoureusement (une spatule de bois convient parfaitement). La température du mélange est maintenue *au-dessous de 10°* par l'introduction de morceaux de glace.

Une fois tout le zinc introduit, on continue l'agitation pendant 10 min. — l'odeur du nitrobenzène doit alors avoir disparu — et filtre immédiatement sur büchner l'*hydroxyde de zinc.* Le filtrat, transvasé dans un bécher, constitue la solution I.

Le précipité boueux d'oxyde de zinc est lavé dans le büchner par 400 cc. d'eau à 45°C : on commence par recouvrir le précipité d'eau sans faire le vide, remue prudemment le tout, puis met la

(1) E. Bamberger, *B.*, *27*, 1347 (1890) ; A. Wohl, *B.*, *27*, 1432 (1890).

trompe en marche lente de façon à obtenir un contact prolongé de l'eau avec le précipité ; on termine l'opération en poussant le vide, et comprime le précipité à l'aide d'un bouchon de verre ; le filtrat ainsi obtenu constitue la solution II.

On jette dans chacune des ceux solutions aqueuses 120 g. de *chlorure de sodium* finement pulvérisé jusqu'à complète dissolution, ce qui provoque la précipitation de la *phénylhydroxylamine* en flocons de cristaux fins. La suspension est laissée 1/2 h. dans la glace, essorée fortement, et le produit pressé sur porcelaine poreuse ; il peut être entièrement purifié par recristallisation dans un peu de *benzène* additionné d'*éther de pétrole*, et être conservé alors un certain temps à l'état d'aiguilles brillantes formant un feutrage soyeux. P. fus. : 81°. Il n'est pas necessaire de faire recristalliser le produit si l'on désire passer immédiatement aux opérations ultérieures. Rendement en produit *sec :* 75-80 %.

Le filtrat I fournit un produit généralement plus pur que le filtrat II, mais il est toujours bon d'utiliser la totalité des solutions. La phénylhydroxylamine à l'état brut ne peut être conservée plus de quelques jours, dans les circonstances les plus favorables.

On prendra soin d'éviter le contact du produit, notamment en solution, avec la peau : il provoque souvent en effet un grave eczéma sur certains sujets, quoique d'autres y soient complètement insensibles.

Le *sulfhydrate d'ammonium* est également un excellent agent de réduction des nitrocomposés en arylhydroxylamines (Willstaetter, B. *41*, 1936 (1908)) ; il s'emploie à froid, en *solution alcoolique.*

H. Wislicenus a découvert que le couple Hg-Al peut jouer le même rôle que la poudre de zinc. Cet *aluminium amalgamé*, préparé par action du chlorure mercurique sur l'aluminium, et de préférence sous forme granulée, possède un excellent pouvoir réducteur en solution éthérée ou alcoolique ; l'eau nécessaire à la réaction y est introduite goutte à goutte. L'effet réducteur diffère suivant les nitrocomposés envisagés : il est à peu près égal à celui de la poudre de zinc en milieu neutre, et s'arrête par conséquent au stade de l'hydroxylamine en général.

La *phénylhydroxylamine*, particulièrement à l'état impur, est très instable. Même en récipient clos, elle se décompose rapidement en noircissant. Le produit pur, par contre, peut être conservé assez longtemps, s'il est placé dans un exsiccateur.

Formant exception parmi tous les autres composés de sa famille, la *p-tolylhydroxylamine* possède une très grande stabilité ; elle se prépare par réduction du p-nitrotoluène au moyen de poudre de zinc dans l'alcool bouillant.

Les *arylhydroxylamines* sont des bases faibles, dissoutes par les acides dilués en formant les sels de ces derniers. La phénylhydroxylamine se décompose sous l'influence de trois facteurs : oxygène de l'air, alcalis et acides ; elle s'oxyde à l'air, surtout si elle est impure, en *nitrosobenzène*, décelable par son odeur piquante, dans la phénylhydroxylamine altérée. Comme dans un grand nombre d'autres cas, l'action des alcalis accélère fortement ce processus, désigné sous le nom d'*autooxydation* ; il s'accompagne de la formation d'*eau oxygénée :*

$$C_6H_5{\cdot}NHOH + O_2 \rightarrow C_6H_5{\cdot}NO + H_2O_2. \quad \text{(Bamberger)}$$

Le nitrosobenzène et la phénylhydroxylamine se condensant en *azoxybenzène*, ce dernier composé se retrouve parmi les substances provenant de la décomposition de la phénylhydroxylamine.

Les alcalis provoquent en plus de la réaction précédemment mentionnée, l'élimination d'une molécule d'eau et la formation d'*azobenzène*. On traitera plus loin de l'action des acides.

Comme l'hydroxylamine elle-même, tous ses dérivés de type $R \cdot N\begin{smallmatrix}OH\\H\end{smallmatrix}$ sont des *réducteurs*,.

Expérience. — Examiner le pouvoir réducteur de la *phénylhydroxylamine* en en dissolvant une pointe de couteau dans 2 cc. d'eau chaude et en ajoutant à la solution quelques gouttes d'une solution de *nitrate d'argent* additionnée d'un peu d'ammoniaque.

Expérience. — *Transposition de la phénylhydroxylamine en p-aminophénol* (1) : introduire par petites portions 2,2 g. (1 /50 mol.) de *phénylhydroxylamine* dans un mélange de 10 cc. d'*acide sulfurique* et 30 g. de glace, refroidi extérieurement à la glace.

Ajouter 200 cc. d'eau et faire bouillir jusqu'à ce qu'un échantillon, additionné d'une solution de *bichromate*, ne dégage plus l'odeur du *nitrosobenzène*, mais celle de la *quinone* (10-15 min.).

Ajouter alors à la solution refroidie 2 g. de bichromate dissous dans l'eau, adapter un réfrigérant descendant et entraîner la quinone à la vapeur. Pour la formation de la quinone par cette réaction, voir p. 306. Vérifier la présence de l'ammoniac dans le résidu du ballon.

Le comportement des arylhydroxylamines soumises, à chaud surtout, à l'action des acides est particulièrement intéressant. Si la position *p*, par rapport au groupe —NHOH, est libre, la molécule se transpose en *p-aminophénol* isomère ; la phénylhydroxylamine par exemple se transforme comme suit :

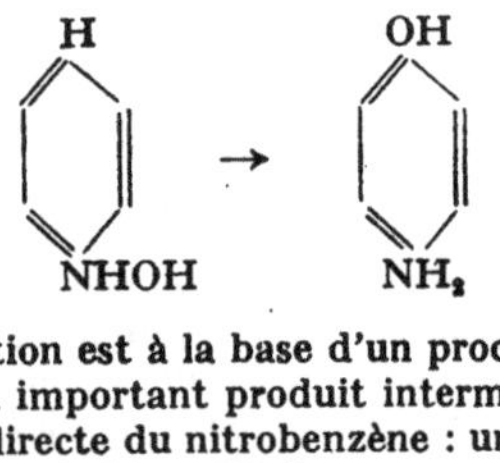

Cette intéressante réaction est à la base d'un procédé industriel de préparation du p-aminophénol, important produit intermédiaire de la chimie des colorants, par réduction directe du nitrobenzène : une solution alcoolique de nitrobenzène, additionnée d'acide sulfurique conc., est soumise à l'électrolyse avec cathode de plomb.

Cette réaction fournit en même temps la preuve que la phénylhydroxylamine se forme intermédiairement au cours de la réduction du nitrobenzène, en milieu acide, comme précédemment indiqué. Dans le cas présent, la rapidité de la transposition exclut la réduction du nitrobenzène en aniline.

(1) Bamberger, *B.*, *27*, 1552 (1890).

Dans l'expérience ci-dessus, le p-aminophénol n'a pas été isolé, mais transformé en quinone par oxydation.

L'action catalysatrice des acides forts produit un résultat différent si la position para est occupée (*p-tolylhydroxylamine*, par exemple) : l'hydroxyle se fixe bien au carbone en para, mais en entraînant la formation d'un composé quinoïde :

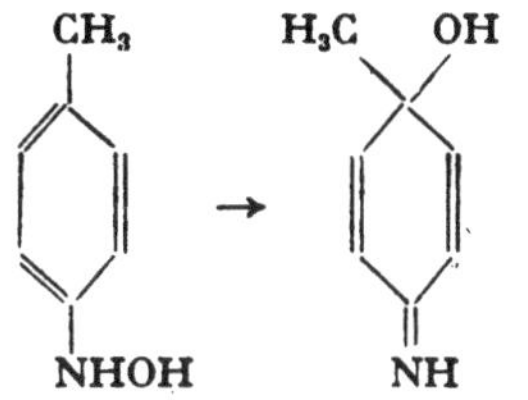

La *quinolimine* formée possède l'iminogroupe quinoïde très instable en présence des acides qui l'hydrolysent en ammoniac, et lui substituent l'oxygène :

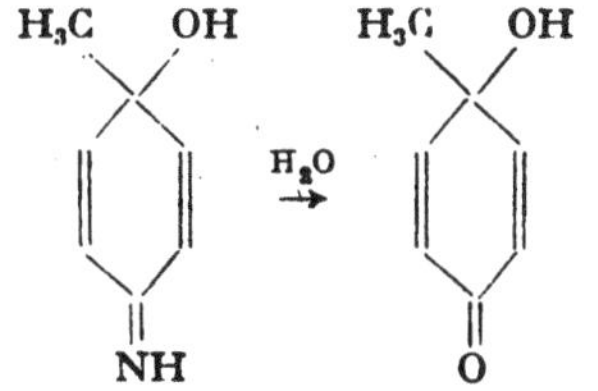

Le produit final de la transposition intramoléculaire du *quinol* le plus simple est une substance très soluble dans l'eau et *incolore* contrairement à la quinone ; sa préparation est assez difficile (Bamberger).

Expérience. Nitrosophénylhydroxylamine (1). — Dissoudre 2,2 g. de *phénylhydroxylamine* dans 20 cc. *d'acide chlorhydrique* normal et ajouter rapidement en refroidissant fortement à la glace 1,4 g. de *nitrite de soude* en solution aqueuse. Essorer le précipité d'aiguilles blanches qui se forme immédiatement, le laver à l'eau et le sécher sur porcelaine poreuse. P. fus. : 59°.

Dissoudre le produit dans l'*éther* et précipiter son *sel d'ammonium* en faisant barboter un courant d'*ammoniac* sec. On prépare à partir de ce sel les sels de fer et de cuivre insolubles dans l'eau par précipitation à l'aide de $Fe^{\cdots}$ et de $Cu^{\cdot\cdot}$ (« cupferron »).

Lors de cette réaction la phénylhydroxylamine se comporte comme une amine secondaire. Appartiennent également à la classe des nitrosohydroxylamines les composés dits *isonitramines*, ainsi que la combinaison de l'oxyde d'azote et du sulfite de potassium :

$$KO_3S - \underset{\displaystyle NO}{\underset{|}{N}} - OK$$

(1) Bamberger, *B.*, *26*, 1552 (1890).

La formation du sel d'ammonium et les applications analytiques de la nitrosophénylhydroxylamine pour le dosage du fer et du cuivre montrent que les combinaisons citées ont un caractère acide.

La phénylhydroxylamine se condense avec les aldéhydes de la même façon qu'avec le nitrosobenzène (cf. prép. suivante) :

$$C_6H_5\cdot N\begin{matrix} / H \\ \backslash OH \end{matrix} \quad O = \underset{H}{C}\cdot C_6H_5 \rightarrow \left[C_6H_5.\underset{OH}{N} - \overset{H}{\underset{OH}{C}}\cdot C_6H_5 \right]$$

$$\xrightarrow{-H_2O} C_6H_5\cdot \underset{\underset{O}{\|}}{N} = CH\cdot C_6H_5.$$

De tels composés sont appelés « nitrons ». Leur formation est tout à fait analogue à celle des oximes à partir des aldéhydes et de l'hydroxylamine.

Les nitrons sont identiques aux *N-éthers des aldoximes*, et s'obtiennent aussi — si le résidu $.C_6H_5$ est remplacé par un groupement alcoyle — par action d'un halogénure d'alcoyle sur une β-aldoxime stéréo-isomère :

$$\begin{matrix} R.CH \\ \| \\ HON \end{matrix} + CH_3Br \rightarrow \begin{matrix} R\cdot CH \\ \| \\ ON - CH_3 \end{matrix} + HBr.$$

Le nitron formé à partir de phénylhydroxylamine et du benzaldéhyde précipite aisément en beaux cristaux dans la solution alcoolique de ses constituants.

Il est enfin intéressant de noter que la réduction du *nitroéthylène*, correspondant oléfinique du nitrobenzène, conduit à l'*acétaldoxime :*

$$H_2C = CH\cdot NO_2 + 4H \rightarrow H_3C\cdot \underset{H}{C} = NOH + H_2O.$$

Le *phénylnitroéthylène*, beaucoup plus accessible (p. 168), réagit de même et fournit la *phénylacétaldoxime* $C_6H_5\cdot CH_2\cdot \underset{H}{C} = NOH$ (Bouveault). Un composé correspondant à la phénylhydroxylamine se forme intermédiairement lors des deux réductions précédentes, mais en se transformant immédiatement en oxime stable :

$$R\cdot CH = \underset{H}{C}\cdot NHOH \rightarrow R\cdot CH_2\cdot \underset{H}{C} = NOH.$$

Un tel réarrangement de la molécule ne peut avoir lieu dans le noyau benzénique, à qui le triple voisinage des doubles liaisons confère un caractère nettement saturé. Le groupe —NHOH est maintenu à l'extérieur du noyau, préservant ainsi le caractère purement « aromatique » de ce dernier.

Des considérations analogues expliquent le fait qu'on ne connaît aucune « aniline aliphatique » de type :

$$R\cdot CH = \underset{NH_2}{\underset{|}{C}} -$$

5. — *Nitrosobenzène*

12 g. de *phénylhydroxylamine* fraîchement préparée sont dissous par petites portions mais aussi rapidement que possible,

avec agitation, dans un mélange à 0° de 50 cc. d'*acide sulfurique* conc. et 250 cc. d'eau ; la liqueur continuellement agitée et refroidie à 0° est versée dans une solution à la même température de 12 g. de *pyrochromate de sodium* dans 200 cc. d'eau, au moyen d'une ampoule à robinet.

Le *nitrosobenzène* précipite asssitôt en flocons jaunes, qu'on filtre sur un petit büchner et lave deux fois à l'eau ; le précipité est porté avec son filtre dans un ballon, où l'on procède à l'entraînement à la vapeur du nitrosobenzène, assez volatil. Les vapeurs verdâtres, en se condensant, déposent dans le réfrigérant des encroûtements de cristaux presque incolores que l'on peut faire fondre à la fin de l'opération en supprimant l'eau de réfrigération et en faisant passer un courant lent de vapeur.

Le nitrosobenzène est filtré, pressé sur une assiette de porcelaine poreuse et séché dans un exsiccateur à $CaCl_2$ (éviter en tous cas l'acide sulfurique conc.). Rendement : 8 g. Un échantillon du produit sec est lavé en éprouvette par un peu d'*éther* (la solution prend une coloration verte) et séché à nouveau pour la vérification de son point de fusion. Le nitrosobenzène fond à 68° en un liquide vert. Il peut être obtenu à l'état absolument pur et conservé indéfiniment, après recristallisation dans son poids double d'*alcool*.

Les *nitrocomposés aromatiques* se préparent aussi par oxydation des amines primaires ; l'*acide monopersulfurique*, ou acide de Caro, est le seul oxydant qui convienne à cette réaction :

$$C_6H_5 \cdot NH_2 + 2O \rightarrow C_6H_5 \cdot NO + H_2O.$$

Expérience (1). — Mélanger intimement dans un mortier, en refroidissant bien à la glace, 18 g. de *persulfate de potassium* finement pulvérisé et 15 cc. d'*acide sulfurique* conc. Laisser reposer le mélange une heure, le verser sur 100 g. de glace et neutraliser avec du *carbonate de sodium cristallisé* en refroidissant. Écouler dans la solution 100 cc. d'*eau d'aniline* (2,8 g. dans 100 cc. d'eau) ; le *nitrosobenzène* se sépare rapidement en flocons jaunes. Après avoir agité la solution, attendre le dépôt complet du précipité, l'essorer et entraîner le *nitrosobenzène* à la vapeur. On obtient un rendement correspondant à un peu plus de la moitié de l'aniline mise en jeu.

A de rares exceptions près, on ne connaît que des nitrosocomposés dans la molécule desquels le groupe —NO est fixé à un atome de carbone *tertiaire*, comme dans le cas du nitrosobenzène. Le représentant-type en est, dans la série aliphatique, le *nitroso-isobutane* $(H_3C)_3.C.NO$.

(1) Caro, *Z. f. ang. Ch*, *11*, 845 (1898) ; Baeyer, *B.*, *33*, 124 (1900) ; *34*, 855 (1901).

Presque tous les nitrosocomposés sont *incolores* (1) à l'état *solide*, *bleus* ou *verts en solution* ou à *l'état fondu*. Des déterminations du poids moléculaires (effectuées sur le nitrosobenzène dans l'acide cyanhydrique liquide) ont prouvé (Piloty) que la forme incolore est *bimoléculaire*. Les groupes NO de deux molécules sont reliés entre eux d'une des deux façons indiquées par les formules :

$$\begin{array}{c} C_6H_5\cdot N = O \\ \Vert \\ C_6H_5\cdot N = O \end{array} \qquad \text{soit} \qquad \begin{array}{ccc} C_6H_5\cdot N & - & O \\ | & & | \\ O & - & N\cdot C_6H_5 \end{array}$$

Lorsque la structure cristalline est détruite par fusion ou dissolution, les molécules individuelles colorées se dissocient, action qui augmente avec l'accroissement de la température. Ce phénomène est entièrement comparable à l'exemple connu du peroxyde d'*azote* :

$$(C_6H_5\cdot NO)_2 \rightleftarrows 2C_6H_5\cdot NO\ ; \qquad (NO_2)_2 \rightleftarrows 2NO_2.$$

Le groupe NO est le plus actif des chromophores connus : allié à un radical incapable d'absorber la lumière, tel que l'isobutyle, il donne un nitrosohydrocarbure bleu. Malgré l'intensité de leur couleur, cependant, les nitrocomposés sont de mauvais colorants, car il leur manque l' « auxochrome » (NH_2, OH) nécessaire à la fixation sur la fibre textile.

Le groupe NO rappelle beaucoup la fonction aldéhydique : les réactions provenant de la double liaison $>C = O$ des aldéhydes peuvent être pour la plupart répétées par les nitrocomposés grâce à la double liaison $— N = O$.

On donnera plus loin un exemple de cette similitude de réactions, avec la condensation du nitrosobenzène et de la phénylhydroxylamine. L'hydroxylamine et la phénylhydrazine réagissent également avec le nitrosobenzène, réaction dans les détails de laquelle on n'entrera pas ici.

Les aldéhydes réagissent avec les amines primaires pour donner les composés appelés *azométhines* (bases de Schiff), avec élimination d'eau (p. 175) :

$$\begin{array}{c} C_6H_5\cdot C = O \\ | \\ H \end{array} + H_2N\cdot C_6H_5 \rightarrow \begin{array}{c} C_6H_5\cdot C = N\cdot C_6H_5 \\ | \\ H \end{array} + H_2O.$$

benzilidène-aniline

Le nitrosobenzène et l'aniline donnent identiquement l'*azobenzène* :

$$C_6H_5\cdot N = O + H_2N\cdot C_6H_5 \rightarrow C_6H_5\cdot N = N\cdot C_6H_5 + H_2O.$$

Expérience (2). — Ajouter du *nitrosobenzène* (1 g. dans 10 cc. d'*alcool*) à une solution de 1 cc. d'*aniline* dans 3 cc. d'*acide acétique glacial*. La coloration vire à l'orange foncé par un léger chauffage. Chauffer 10 min. au bain-marie bouillant et ajouter quelques cc. d'eau ; *l'azobenzène* cristallise au refroidissement en feuillets rouge-orangé. Après filtration, lavage à l'*alcool* à

(1) La *p-nitroso-diméthylaniline* 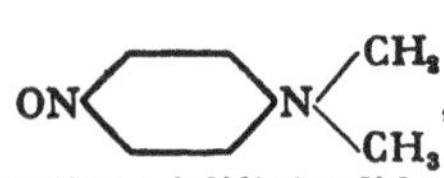 , ainsi que les bases du même groupe forment une exception ; à l'état solide, la p-nitroso-diméthylaniline possède une magnifique coloration vert-émeraude. Cf. p. 309. La plupart des *pseudo-nitrols* sont dans le même cas.

(2) A. Baeyer, *B.*, 7, 1638 (1874).

50 % sur le filtre et séchage sur porcelaine poreuse, le produit présente un point de fusion de 68°. L'azobenzène peut très bien aussi être recristallisé dans un peu d'alcool.

Il est possible de préparer ainsi commodément et avec un bon rendement des *azocomposés mixtes* (asymétriques). On préparera par exemple au moyen de la méthode précédemment indiquée le *p-méthylazobenzène* à partir du nitrosobenzène et de la p-toluidine.

Rappelons que les aldéhydes se condensent avec les composés dont la molécule renferme un groupe méthyle ou méthylène réactif, en donnant des cétones non saturées :

$$\underset{\mathrm{H}}{C_6H_5\cdot C} = O + H_3C\cdot CO\cdot CH_3 \rightarrow \underset{\mathrm{H}}{C_6H_5\cdot C} = CH\cdot CO\cdot CH_3.$$

benzalacétone

Les nitrocomposés aromatiques donnent lieu à la même réaction, mais alors la présence d'un atome d'hydrogène très mobile est nécessaire ; la réaction n'est plus possible avec les cétones simples (acétone par exemple). Les produits finaux sont, comme on peut s'y attendre, des *azométhines*. Ce type de condensation a rendu possible la synthèse des *tricétones 1, 2, 3* (F. Sachs) :

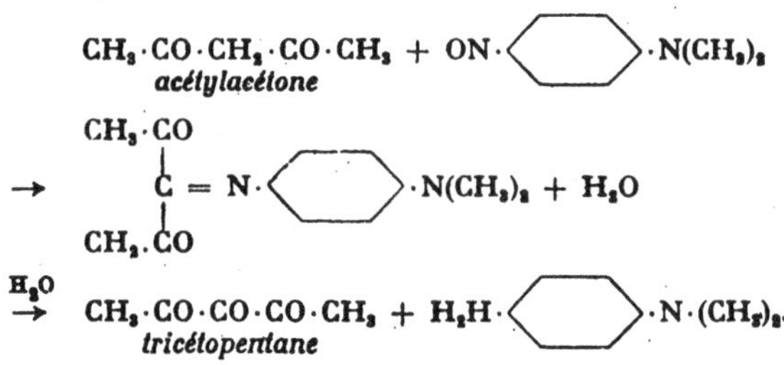

La dernière phase de la réaction est basée sur la facile décomposition des azométhines en composé carbonylé et base primaire sous l'action des acides. Cette condensation fournit ainsi un moyen pratique de passer d'un méthylène à un carbonyle $>C = O$. Le même résultat s'obtient par une réaction analogue, en traitant une cétone par l'acide nitreux (Cf. la synthèse du *diacétyle* à partir de l'éthyl-méthylcétone).

Le nitrosobenzène se prête enfin aux *réactions de Grignard* également. Il forme normalement, avec le bromure de phényl-magnésium, la *diphénylhydroxylamine*, composé extrêmement réactif :

$$C_6H_5\cdot N = O + Br\cdot Mg\cdot C_6H_5 \rightarrow C_6H_5\cdot N\begin{matrix}\diagup C_6H_5\\ \diagdown OMgBr\end{matrix} \xrightarrow{+H_2O}$$

$$\underset{\mathrm{OH}}{C_6H_5\cdot N\cdot C_6H_5} + MgBr\,(OH).$$

La diphénylhydroxylamine, de même que la phénylhydroxylamine, peut être déshydrogénée ; l'oxyde d'argent est l'oxydant le plus commode. Le seul atome d'hydrogène éliminable est celui de l'hydroxyle, et le composé cristallisé, de couleur rouge résultant de l'opération possède un atome d'azote tétravalent ; comme le peroxyde d'azote, il présente les réactions d'un radical libre. Ainsi que le montre sa formule, d'ailleurs, il dérive du peroxyde d'azote, par remplacement d'un oxygène par deux radicaux phényle :

$$(C_6H_5)_2N = O$$ *oxyde de diphénylazote.*

Expérience. — Azoxybenzène à partir de phénylhydroxylamine et de nitrosobenzène : Dissoudre 1 g. de *nitrosobenzène* dans 10 cc. d'*alcool* ; y ajouter 1 g. de *phénylhydroxylamine* et quelques gouttes de potasse caustique conc. (1 : 1), en agitant ; chauffer quelques minutes au bain-marie. Refroidir ensuite la solution jaune-rouge et aider à la précipitation du produit (cristaux jaunes) en frottant les parois de l'éprouvette avec une baguette de verre. L'*azoxybenzène* (p. fus. : 36°) se sépare généralement sous forme huileuse de sa solution sursaturée. En le recristallisant dans un peu d'*alcool* ou dans de l'*éther de pétrole* (en garder quelques cristaux pour l'amorçage de la cristallisation), on obtient un produit très faiblement coloré en jaune.

La raison de la faible coloration de l'azoxybenzène, contrastant avec la couleur *rouge* de l'azobenzène, apparaît mieux dans l'ancienne formule I que dans celle qu'Angeli a proposé à sa place (II) :

$$\text{I.}\quad H_5C_6\cdot N = N\cdot C_6H_5 \;(\text{les deux N liés à } O) ; \qquad \text{II.}\quad H_5C_6\cdot \underset{\underset{O}{\|}}{N} = N\cdot C_6H_5.$$

La formule II se justifie cependant par le fait que les azoxybenzènes asymétriques peuvent exister sous *deux formes isomères* (Angeli) :

$$R\cdot \underset{\underset{O}{\|}}{N} = N\cdot R' \quad \text{et} \quad R\cdot N = \underset{\underset{O}{\|}}{N}\cdot R'$$

Le mécanisme de la condensation précédente est évident : il fait intervenir la formation intermédiaire d'un nitron, tout comme dans la réaction de la phénylhydroxylamine avec les aldéhydes (p. 184) :

$$C_6H_5\cdot \underset{\underset{OH}{|}}{N}H + ON\cdot C_6H_5 \rightarrow C_6H_5\cdot \underset{\underset{OH}{|}}{N} - \underset{\underset{OH}{|}}{N}\cdot C_6H_5 \xrightarrow{-H_2O} C_6H_5.\underset{\underset{O}{\|}}{N} = N.C_6H_5.$$

Les relations existant entre l'azoxybenzène, l'azobenzène et l'hydrazobenzène seront traitées aux compléments théoriques de la préparation suivante.

Mentionnons pour terminer l'intéressante transposition subie par l'azoxybenzène sous l'action de l'acide sulfurique conc. ; elle consiste en la formation du *p-oxyazobenzène*, composé dont dérivent les colorants azoïques acides (Wallach) :

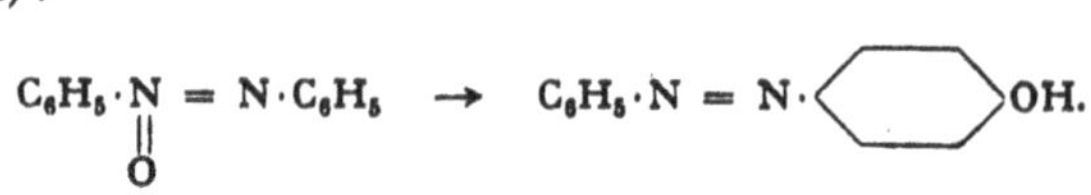

6. — *Hydrazobenzène et azobenzène*

a) *Hydrazobenzene :*

Un ballon rond d'un litre est muni d'une allonge en Y en verre mince (fig. 29), fermement adaptée. L'embouchure latérale est reliée à un réfrigérant de Liebig en position oblique au moyen d'un raccord de caoutchouc court et large, de manière à permettre une agitation vigoureuse du ballon. L'embranchement vertical, obturé normalement par un bouchon de liège, sert à l'introduction du zinc en poudre nécessaire à la réduction.

On dissout 50 g. de *soude caustique* dans 150 cc. d'eau et jette la lessive encore chaude dans le ballon avec 50 cc. *d'alcool* et 41 g. (1 /3 mol.) de *nitrobenzène*. On introduit ensuite dans le mélange 6-8 g. de *poudre de zinc*, en agitant fortement jusqu'à la fin de la réaction, violente au début ; le mélange est alors maintenu à l'ébullition par l'adjonction de nouvelles portions de poudre de zinc, suivie d'agitations. On s'efforcera d'empêcher la réaction de prendre un caractère trop violent, tout en évitant de l'interrompre en refroidissant.

Le contenu du ballon prend au début une couleur rouge due à l'azobenzène ; il est finalement jaune clair lorsque la quantité nécessaire du réducteur est entrée en jeu : celle-ci est d'environ 120-150 g. de poudre de zinc (à 75 %).

Si la réaction s'arrête prématurément, il suffit de chauffer le ballon au bain-marie en vive ébullition.

Il est essentiel pour la réussite de l'opération que le ballon soit agité fortement et de façon continue : la poudre de zinc est ainsi malgré sa densité, constamment en contact avec le composé à réduire.

Le mélange est chauffé au bain-marie vers la fin de la réduction, et additionné de 500 cc. *d'alcool*, lequel dissout à température d'ébullition l'*hydrazobenzène* précipité. Le contenu du ballon est filtré encore bouillant sur un büchner (éteindre toute flamme à proximité) et le ballon immédiatement rincé avec 50 cc. d'alcool bouillant, servant de liquide de lavage pour la poudre de zinc en excès restée sur le filtre. On laisse refroidir le filtrat dans le flacon à vide bouché, et accélère la formation des cristaux par refroidissement extérieur au mélange réfrigérant ; le contenu est filtré à la trompe après un repos d'une heure, et le produit presque incolore lavé plusieurs fois à l'alcool à 50 % additionné d'un peu d'*acide sulfureux* aq., jusqu'à ce que le filtrat n'ait plus de réaction alcaline.

Par une rapide recristallisation dans la quantité juste nécessaire d'alcool bouillant, on obtient l'hydrazobenzène *complètement incolore et à l'état pur* (fondant à 124° en se colorant en jaune).

Étant donnée sa facile tendance à l'autooxydation, l'hydrazobenzène doit être desséché dans le vide : il ne peut être conservé quelque temps à l'état incolore qu'en récipient hermétique rempli d'azote ou d'anhydride carbonique ou, mieux encore, en tube scellé ; il est nécessaire cependant de *procéder à sa préparation dans le temps minimum.*

Le rendement en produit brut, pouvant être utilisé directement pour la préparation suivante, varie entre 20 et 25 g.

b) *Azobenzène à partir d'hydrazobenzène* :

1° *Par déshydrogénation.* — On écoule goutte à goutte 10 g. de *brome* (3,2 cc.), dans une solution de 6,0 g. de *NaOH* dans 75 cc. d'eau (75 cc. d'une solution 2n de NaOH) refroidie à la glace ; la solution d'hypobromite est agitée pendant 10 min. dans un petit entonnoir à séparations avec 9,2 g. d'*hydrazobenzène* (1/20 mol.) dissous dans 60 cc. d'*éther* ; on sépare ensuite la couche éthérée de la couche aqueuse, et chasse l'éther par évaporation.

On obtient ainsi l'*azobenzène* sous forme de feuillets rouge-orangé ; après recristallisation dans un peu d'*alcool*, le produit fond à 68°. Rendement quantitatif.

L'azobenzène s'obtient également avec un bon rendement en faisant passer de l'air plusieurs heures à travers une solution alcoolique d'hydrazobenzène, additionnée d'alcali.

2° *Par dismutation.* — 1-2 g. *d'hydrazobenzène* sont fondus en éprouvette sur une petite flamme. Le liquide rouge-orangé est chauffé avec précaution jusqu'au commencement d'ébullition de l'*aniline* formée par la réaction. On obtient au refroidissement une masse semi-solide d'*azobenzène* rouge et d'amiline. La base peut être extraite à l'eau et identifiée par la réaction au chlorure de chaux, et l'azobenzène recristallisé dans l'*alcool* comme ci-dessus.

Avec de plus grandes quantités d'hydrazobenzène, il peut être intéressant de récupérer l'aniline comme telle : on la sépare alors de l'hydrazobenzène au moyen d'*acide acétique* dilué, et traite la solution d'*acétate* par une *lessive alcaline* concentrée pour libérer à nouveau l'aniline ; celle-ci est ensuite extraite à l'éther et purifiée selon la méthode déjà indiquée.

L'*azobenzène*, possédant le chromophore —N = N—, est la substance-mère des colorants azoïques ; c'est un composé très stable, distillant sans se décomposer. Contrairement au cas de la plupart des autres azocomposés, le groupe —N = N— placé entre deux noyaux aromatiques est très solidement attaché ; ce fait explique la grande solidité des colorants azoïques.

On peut s'attendre théoriquement à voir l'azobenzène exister sous deux formes *stéréoisomères* :

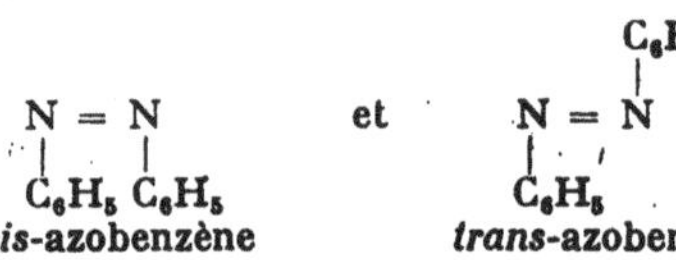

cis-azobenzène et *trans*-azobenzène.

Cette isomérie n'a été démontrée que récemment : on a réussi, en effet, en soumettant une solution d'azobenzène à un éclairage intense, à transformer partiellement la forme stable (*trans*-) en la forme labile (*cis*-), et à séparer cette dernière par adsorption (Cf. p. 32) (Hartley).

L'azobenzène forme avec les acides minéraux concentrés des *sels colorés en rouge*, ce qu'il est facile de constater en versant de l'acide chlorhydrique sur le produit. Par *hydrogénation*, ce dernier reforme le composé *hydrazoïque*. L'azobenzène traité par l'eau oxygénée ou l'acide nitrique fixe de l'oxygène en donnant l'*azoxybenzène*. On a déjà mentionné la synthèse des azocomposés aromatiques asymétriques à partir d'un nitrocomposé et d'une amine primaire.

L'*hydrazobenzène* se décompose à sa température de fusion en *azobenzène* et *aniline*, selon l'équation :

$$\begin{array}{l} H_5C_6N - H\,N \quad HN - C_6H_5 \\ \quad\quad\;\; | \qquad\quad | \\ H_5C_6N - H\,N \quad HN - C_6H_5 \end{array} \quad \rightarrow \quad \begin{array}{l} H_5C_6\cdot N \\ \quad\;\; \| \\ H_5C_6\cdot N \end{array} + \begin{array}{l} H_2N\cdot C_6H_5 \\ \\ H_2N.C_6H_5. \end{array}$$

On traitera plus loin (p. 295) d'une réaction tout à fait analogue de la *phénylhydrazine* ; un exemple typique en est fourni lors de la décomposition spontanée de l'eau oxygénée en oxygène et eau :

$$\begin{array}{l} O\,H \quad OH \\ | \qquad\;\; | \\ O\,H \quad OH \end{array} \quad \rightarrow \quad \begin{array}{l} O \\ \| \\ O \end{array} + \begin{array}{l} HOH \\ \\ HOH \end{array}$$

La décomposition spontanée de l'hydrazobenzène est accélérée catalytiquement par les métaux du groupe du *platine*, comme celle de l'eau oxygénée.

c) *Benzidine à partir d'hydrazobenzène :*

Une solution de 9,2 g. d'*hydrazobenzène* dans le volume minimum d'*éther* est écoulée goutte à goutte dans 100 cc. d'*acide chlorhydrique* environ 7 fois normal (HCl conc. dilué par son volume d'eau), refroidi à la glace et agité. Le *chlorhydrate de benzidine* précipité en cristaux est filtré, après addition au mélange de 50 cc. d'acide chlorhydrique concentré et repos d'une demi-heure, et soumis à un lavage avec de l'HCl 7N puis avec un peu d'éther. Rendement : 9-10 g. Le chlorhydrate peut être recristallisé dans de l'eau bouillante additionnée d'acide chlorhydrique conc., après léger refroidissement.

La *benzidine libre* s'obtient de la façon suivante : la solution diluée chaude du chlorhydrate (préparée en dissolvant ce dernier dans de l'HCl dil.) est refroidie rapidement à 15-20° et additionnée d'un léger excès de *NaOH* aq. conc. ; le précipité cristallisé de la *base* est filtré et lavé soigneusement à l'eau. La solution du chlorhydrate doit être parfaitement limpide avant l'introduction de l'alcali ; il peut être nécessaire de filtrer le chlorhydrate non dissous.

La *benzidine* libre peut être recristallisée dans de l'eau chaude ou dans une petite quantité d'*alcool*. P. fus. : 122°.

La transposition de l'hydrazobenzène en *benzidine* isomère — découverte en 1846 par le chimiste russe Zinin —, provoquée par l'action catalytique des acides minéraux, résulte de la tendance de la molécule à passer à un *état de moindre énergie*, ou état plus saturé.

Ce phénomène peut être rapproché d'autres réactions dont la caractéristique principale est l'échange d'un substituant de l'azote avec un atome d'hydrogène du noyau, situé dans la plupart des cas en para. Citons comme exemple de ces réactions la transposition de l'acide phénylsulfaminique en *acide sulfanilique* (p. 202), celle de la phénylhydroxylamine en *p-aminophénol* (p. 183) celle de l'acétanilide en *p-amino-acétophénone*, celle de la N-chloracétanilide en *p-chloracétanilide*, etc. :

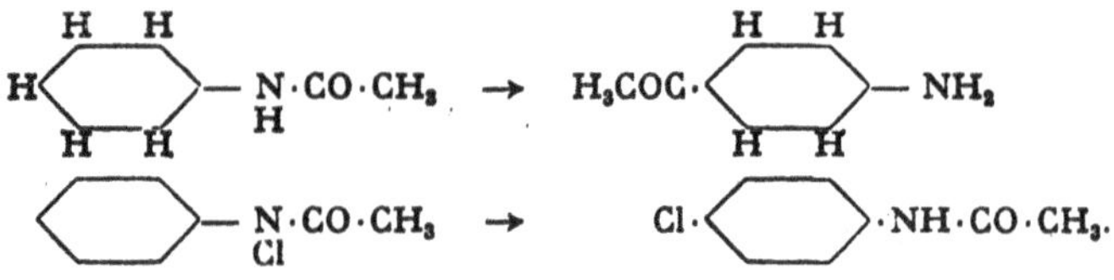

La transposition des *nitrosamines* aromatiques, qui fera l'objet d'une discussion ultérieure, est du même type :

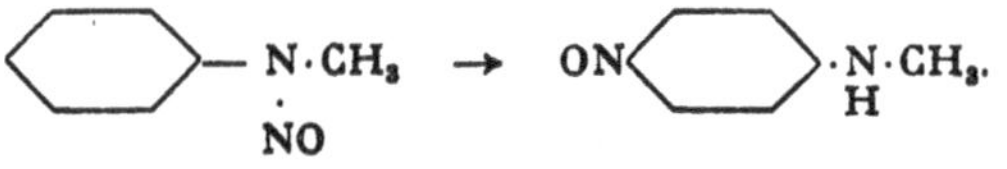

Lors de la *transposition benzidinique*, le résidu HN.C_6H_5 se détache de l'atome d'azote et se fixe sous forme $H_2N.C_6H_5$ — dans la position para privée d'un atome d'hydrogène :

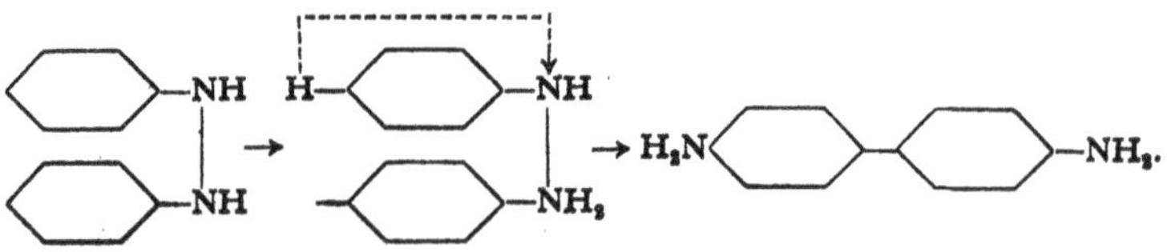

Il est nécessaire de souligner que le résidu mobile n'émigre pas sous la forme d'un « radical libre » : la transposition entière s'effectue à l'intérieur des champs de forces moléculaires.

La similitude de la transposition des hydrazocomposés aromatiques avec les réactions d'échange mises en parallèle plus haut est encore plus frappante lorsque les positions para des deux noyaux benzéniques sont occupées. Dans ce cas, on n'obtient jamais de base biphénylique ; le résidu migrateur s'installe par son atome d'azote dans sa nouvelle position qui est en ortho par rapport à l'autre azote ; on obtient de la sorte les dérivés de l'*o-aminodiphénylamine* :

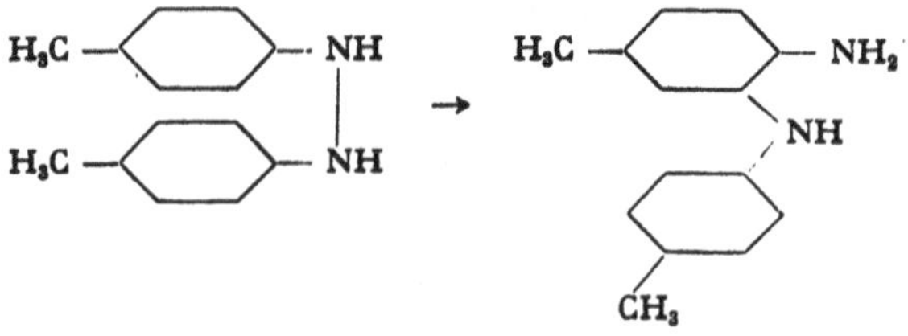

Cette forme d'isomérisation est désignée sous le nom de *transposition semidinique* (P. Jacobson).

La benzidine ainsi que les bases biphényliques de la même famille, la *toli-dine* et la *dianisidine*, dérivant respectivement de l'o-nitrotoluène et de l'o-nitranisol, sont fabriquées en grande quantité par l'industrie des colorants ; elles constituent des produits intermédiaires de première importance pour la préparation des colorants azoïques substantifs (colorant directement la fibre du coton). Cf. p. 246, 298, 300.

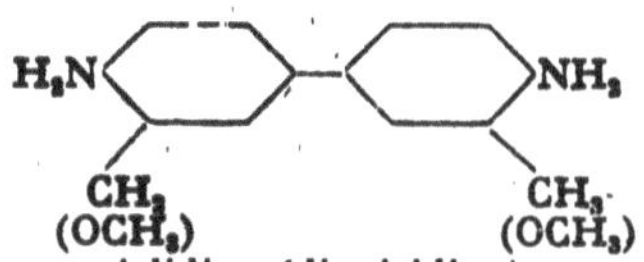

tolidine (dianisidine)

Mécanisme de la réduction du nitrobenzène

La réduction des nitrocomposés aromatiques présente un intérêt exceptionnel, aussi bien technique que scientifique. L'importance pour l'industrie chimique des hydrocarbures tirées de la houille date de la découverte de leur nitration ; la réduction du groupe nitro en groupe amino, pour les dérivés du benzène, a permis la fabrication en quantités industrielles de l'*aniline*, produit de départ de colorants et de produits pharmaceutiques innombrables ; à l'aniline s'ajoutent encore ses homologues, *toluidines*, *xylidines*, *naphtylamines*, etc.

La formation de l'aniline à partir du nitrobenzène procède en premier lieu de la fixation d'hydrogène actif sur le groupe nitro ; l'oxygène s'élimine ensuite, sous forme d'une molécule d'eau, et de l'hydrogène se fixe à nouveau. La réaction, loin d'être simple, comporte donc une série de phases intermédiaires :

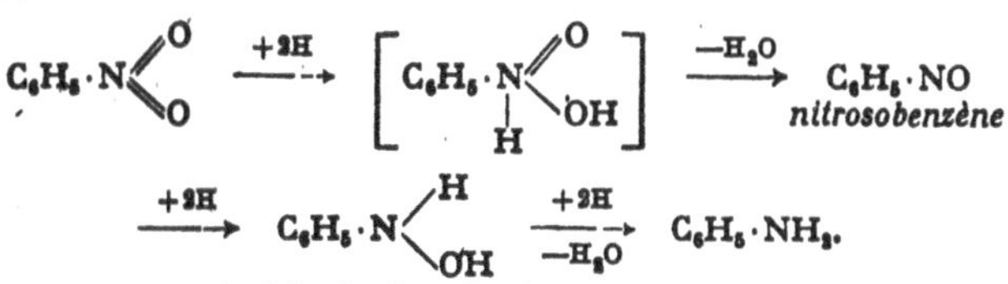

β-phénylhydroxylamine

Dans les conditions opératoires de la préparation de l'aniline, on n'observe ni la formation du nitrosobenzène, ni celle de la phénylhydroxylamine ; ce fait provient selon Haber de ce que la vitesse de réduction de ces composés intermédiaires est considérablement plus grande que celle du nitrobenzène lui-même.

En solution neutre ou alcaline, les conditions se trouvent suffisamment modifiées pour que le composé principalement formé soit l'avant-dernier terme de la réduction complète, soit la *phénylhydroxylamine*. Celle-ci s'obtient par réduction à la poudre de zinc du nitrobenzène en suspension dans une solution de chlorure d'ammonium. Le zinc en poudre décompose l'eau en formant de l'hydroxyde de zinc Zn $(OH)_2$ lorsqu'il est en présence d'une substance susceptible d'absorber l'hydrogène mis en liberté.

L'oxygène à l'état ordinaire, soit moléculaire, peut fonctionner comme accepteur d'hydrogène, en formant de l'*eau oxygénée* (M. Traube) :

$$Zn + 2H_2O + O_2 \rightarrow Zn(OH)_2 + H_2O_2.$$

Dans le cas présent, c'est le *nitrobenzène* qui remplace l'oxygène (établir l'équation). Si l'expérience est faite correctement, la réduction s'arrête au stade de la phénylhydroxylamine.

Lorsque la réduction se fait en milieu alcalin, les produits formes sont dérivés de deux molécules de nitrobenzène, reliées par les atomes d'azote :

$$C_6H_5 \cdot \underset{\downarrow \atop O}{N} = N \cdot C_6H_5 \qquad \textit{azoxybenzène}$$

$$C_6H_5 \cdot N = N \cdot C_6H_5 \qquad \textit{azobenzène}$$

$$C_6H_5 \cdot NH \cdot NH \cdot C_6H_5 \qquad \textit{hydrazobenzène}$$

Dans les conditions les plus ménagées (ébullition du nitrobenzène avec une solution de méthylate de sodium dans l'alcool méthylique) on obtient l'*azoxybenzène* avec un excellent rendement (Zinin) ; le méthylate s'oxyde en formiate (établir l'équation).

Étant donné que l'azoxybenzène est attaqué par des réducteurs plus énergiques, tels que le zinc en poudre avec de la soude caustique ou de l'ammoniaque, l'action de ces agents transforme, comme il est normal, le nitrobenzène en *azobenzène* et *hydrazobenzène*, en passant par le stade de l'azoxybenzène. Ces trois produits de réduction, à « atomes d'azote couplés », sont donc entre eux dans un véritable rapport génétique.

Expérience. Réduction de l'azoxybenzène en hydrazobenzène. — Dissoudre 1 g. d'*azoxybenzène* dans 5 cc. d'*alcool*, chauffer à ébullition, ajouter à chaud 3 cc. de *NaOH* 50 % et, en agitant, 2-3 g. de *poudre de zinc*. Observer la coloration rouge de l'*azobenzène*, disparaissant par une ébullition prolongée, comme lors de la réduction du nitrobenzène. Filtrer alors la solution sur un petit büchner et isoler l'hydrazobenzène comme décrit p. 189.

La jonction des deux molécules par l'azote se fait lors de la formation de l'*azoxybenzène* ; l'expérience de la p. 188 met en évidence la formation extrêmement facile de ce dernier à partir de la phénylhydroxylamine et du nitrosobenzène en présence d'*alcali*, soit dans les conditions de préparation de tous les représentants de la même famille. Le nitrosobenzène, premier composé de la réduction, réagit immédiatement avec la phénylhydroxylamine au fur et à mesure de sa formation et ne peut être isolé. On a pu ainsi éclaircir les propriétés, jugées autrefois fort obscures, des importants composés à atomes d'azote couplés, se formant lors de la réduction des nitrocomposés aromatiques. La synthèse de la *benzidine* et des bases analogues a donné un essor industriel au processus en question.

L'ouvrage de K. Elbs : « Ubungspiele für der elektrolytische Darstellung chemischer Präparate » (Halle a. S. 1911), donne des méthodes pouvant être consultées avec fruit pour l'application de l'*électrolyse* à la réduction du nitrobenzène.

IV. — Acides sulfoniques

1. — *Acide benzène-monosulfonique à partir de benzène et d'acide sulfurique*

On verse 150 g. d'*acide sulfurique fumant*, à 5-8 % de SO_3, dans un ballon de 200 cc. ; on y ajoute peu à peu, en agitant et refroidissant avec de l'eau, 45 cc. (1/2 mol.) de *benzène* ; on attend avant chaque nouvelle introduction que le benzène (tendant à rester à la surface de l'acide) se soit bien dissous. La sulfonation demande environ 10-15 min

Le mélange est ensuite porté dans une ampoule à robinet, d'où on l'écoule lentement, en agitant et refroidissant à la glace, dans trois à quatre fois son volume d'une solution saturée froide de *sel marin* disposée dans un bécher. Le *benzène-sulfonate de sodium* se sépare peu à peu sous forme de feuillets nacrés ; le sel précipite plus rapidement si l'on prend soin de frotter les parois du bécher avec une baguette de verre à arête vive. Un repos prolongé favorise la formation d'un magma épais de cristaux.

On filtre alors, presse fortement le précipité au moyen d'un bouchon de liège ou de verre, le lave deux fois avec une petite quantité d'une solution concentré de NaCl, et le sèche à l'air sur du papier filtre ou de la porcelaine poreuse. Le produit est pulvérisé et porté à l'étuve à 110° jusqu'à complète dessiccation. Rendement : 100 g. environ de sel, contenant un certain pourcentage de chlorure de sodium.

La substance est purifiée par recristallisation dans l'*alcool absolu* (l'opération peut être faite sur une prise de 5 g.), où le sel marin est insoluble.

Si l'on veut recueillir le produit accessoire formé au cours de la sulfonation, la *diphénylsulfone*, on chauffera 30 g. du sel pulvérisé dans 50 cc. d'*éther*, filtrera à chaud à la trompe et lavera à l'éther. L'éther évaporé abandonne un résidu cristallisé, que l'on pourra purifier par recristallisation en éprouvette dans la *ligroïne*. P. fus. : 129°.

Chlorure de benzène-sulfonyle. — On fait un mélange de 60 g. de *benzène-sulfonate de sodium* (1 /3 mol.) et de 80 g. de *pentachlorure de phosphore* finement pulvérisé ; on chauffe le tout pendant 15-30 min. au bain-marie en forte ébullition sous hotte.

Le produit une fois refroidi est versé lentement dans un entonnoir à séparation contenant 600 cc. d'eau glacée ; on agite fortement pour décomposer l'oxychlorure de phosphore, et extrait à l'éther le *chlorure de sulfonyle* après quelques temps de repos.

La solution éthérée est séchée sur du *chlorure de calcium*, l'éther évaporé, et le résidu distillé dans le vide. La majeure part du produit distille entre 120° et 124°, sous 12 mm. de pression. Le chlorure pur doit se solidifier au contact de l'eau glacée.

Benzène-sulfamide. — On introduit dans une capsule de porcelaine 10 g. de *carbonate d'ammonium* finement pulvérisé et 1 cc. environ de *chlorure de benzène-sulfonyle* ; le mélange est convenablement trituré et rendu homogène, et on le chauffe sur une petite flamme, en continuant à remuer, jusqu'à ce que l'odeur du chlorure ait disparu. On laisse refroidir, ajoute de l'eau, filtre à la trompe, lave plusieurs fois à l'eau et fait cristalliser le produit dans de l'alcool additionné graduellement d'eau chaude jusqu'à léger trouble persistant. P. fus. : 156°.

Acide benzène-sulfhydroxamique (1). — On dissout 10 g. de *chlorhydrate d'hydroxylamine* dans la quantité juste nécessaire d'*alcool méthylique* bouillant, en utilisant un réfrigérant à reflux ; on ajoute lentement à chaud une solution de 3 g. de *sodium* dans 60 cc. d'*alcool éthylique.*

Après refroidissement, on filtre le *chlorure de sodium* précipité, et jette par petites portions 8,5 g. de *chlorure d'acide benzène-sulfonique* dans la solution contenant l'hydroxylamine libre. On évapore ensuite la majeure part de l'alcool au bain-marie, élimine par filtration le *chlorhydrate d'hydroxylamine* précipité, et évapore totalement la solution dans le vide à température moyenne.

On fait bouillir trois fois le résidu avec 15 cc. par opération d'*éther* absolu, évapore dans une capsule les extraits éthérés réunis, met à digérer le résidu avec un peu de chloroforme froid et filtre l'*acide benzène-sulfhydroxamique* recueilli sous forme d'un magma de cristaux floconneux. Rendement : environ 5-6 g. P. fus. : 126°.

On peut préparer de la même façon l'homologue à base de toluène, à partir du *chlorure de p-toluène-sulfonyle,* produit accessoire de la fabrication industrielle de la saccharine, que l'on trouve à bon marché dans le commerce.

La réaction la plus notable de l'acide benzène-sulfhydroxamique consiste en son hydrolyse sous l'influence des alcalis ; celle-ci, en effet, ne redonne pas les produits de départ (hydroxylamine et acide benzène-sulfonique), mais fournit du *nitroxyle* et de l'*acide benzène-sulfinique,* un échange des degrés d'oxydation ayant lieu au cours de l'hydrolyse.

$$\left.\begin{array}{ll} & C_6H_5 - SO_2 - NHOH \\ \text{ou} & C_6H_5 - \underset{\displaystyle |\atop OH}{S(O)} = NOH \end{array}\right\} \rightarrow C_6H_5 - SO_2H + NOH$$

Voir la réaction d'Angeli-Rimini, au Chap. des Aldéhydes (p. 217).

2. — *Acide toluène-para-sulfonique* (2)

L'on a fait usage dans les trois premières préparations de l'acide sulfurique conc. en excès comme agent de sulfonation et isolé le produit sous forme de son sel de sodium ; la méthode que l'on va suivre ici permet de recueillir directement l'acide sulfonique libre. Il est nécessaire d'utiliser un appareil approprié (Fig. 51), permettant à l'eau dégagée au cours de la réaction, et dont la présence abaisse le pouvoir sulfonant de l'acide, de distiller au fur et à mesure de sa formation ; on peut alors faire agir l'acide sulfurique en proportions stoechiométriques, ce qui présente un net

(1) Piloty, *B.*, *29*, 1559 (1896).
(2) H. Meyer, *A.*, *433*, 331 (1923).

avantage sur les autres méthodes. En travaillant même avec un excès de toluène, on pourra utiliser la totalité de l'acide sulfurique. On introduit dans le ballon rond de 500 cc. représenté sur la figure, 40 cc. d'*acide sulfurique* conc. (D 1,8) et 200 cc. de *toluène*, et chauffe au bain de sable jusqu'à ébullition. Les vapeurs de l'hydrocarbure se condensent dans le réfrigérant K et retombent à travers un petit entonnoir T dans le fond du tube R muni d'un robinet H ; la capacité du tube jusqu'à l'embranchement latéral

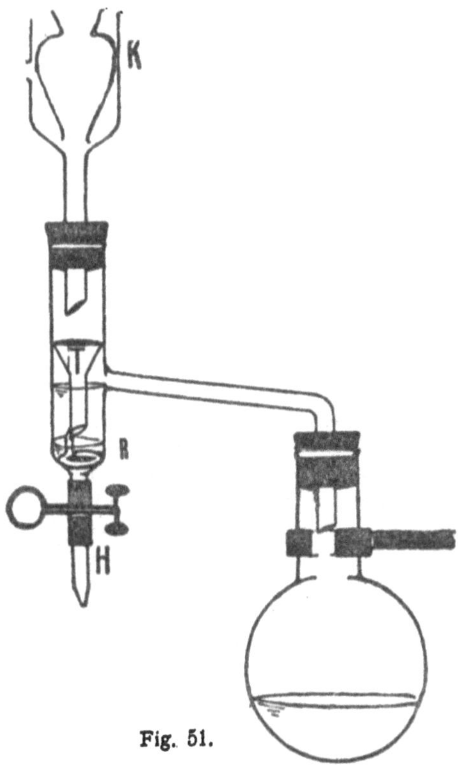

Fig. 51.

communiquant avec le ballon est de 10-15 cm³ : lorsque le tube est rempli, un nouvel apport de liquide reflue dans le ballon.

L'eau dégagée par la réaction est évaporée en même temps que le toluène et se rassemble après sa condensation en H, au-dessous du toluène. Le tube R est refroidi extérieurement par un serpentin de plomb parcouru par de l'eau froide, dans la région située au-dessous du trop-plein. On ouvre de temps en temps, au cours de l'opération, le robinet H pour chasser l'eau dans un cylindre gradué. 18 cc. d'eau à peu près se condensent en 5 heures d'ébullition, provenant en partie de l'acide sulfurique et en partie de la réaction elle-même (12,5 cc.).

On verse 12,5 cc. d'eau sur le contenu du ballon qui se prend en masse, et que l'on presse ensuite fortement sur de la porcelaine poreuse pour éliminer le toluène et l'*acide toluène-o-sulfonique* ; on dissout l'*hydrate de l'acide p-sulfonique* formé dans un peu d'eau chaude, fait bouillir la liqueur avec un peu de noir animal, filtre et fait passer dans la liqueur refroidie un courant de *gaz chlorhydrique*. Le précipité de cristaux est passé sur un filtre résistant aux acides, lavé avec de l'*acide chlorhydrique* conc. glacé, et recristallisé deux fois encore de la même manière. On dessèche finalement le produit dans un exsiccateur, sur de la potasse et de l'acide sulfurique *frais*, jusqu'à ce qu'un essai montre que les cristaux sont entièrement débarrassés d'acide chlorhydrique ; ceux-ci sont rendus légèrement grisâtres par de fines particules de charbon. P. fus. : 104-105° ; rendement après la troisième recristallisation : 50 g.

3. — *Acide naphtalène-β-sulfonique*

On mélange 64 g. de *naphtalène* et 45 cc. (80 g.) d'*acide sulfurique* conc. pur dans un ballon ouvert, et chauffe à 170-180° pendant 4 h. au bain de sable. La liqueur légèrement refroidie est versée lentement et avec agitation dans 1 l. d'eau, puis portée dans une grande capsule et neutralisée à l'ébullition par une bouillie de *chaux* assez épaisse (contenant environ 70 g. de chaux éteinte). On filtre le mélange aussi chaud que possible sur un grand büchner (on a pris soin de réchauffer à l'avance les parois du flacon à vide), lave trois fois le précipité à l'eau chaude, repasse éventuellement la liqueur sur un filtre à plis et évapore cette dernière dans une capsule chauffée à la flamme libre. La concentration est suffisante lorsqu'un échantillon prélevé trituré avec une baguette de verre se prend en masse.

On abandonne la liqueur une nuit, essore à la trompe le précipité de *naphtalène-β-sulfonate de Ca* et le lave avec un peu d'eau après l'avoir fortement pressé sur le filtre.

Pour le transformer en sel sodique, on ajoute une lessive concentrée de *carbonate de soude* à sa solution aqueuse chaude jusqu'à réaction à peine alcaline, persistante. On filtre à chaud le précipité de *carbonate de calcium*, le lave à l'eau et évapore le filtrat dans une capsule, sur flamme libre, jusqu'à début de cristallisation dans le liquide chaud.

On abandonne plusieurs heures au frais, filtre, concentre les eaux-mères qui sont filtrées après un certain temps de repos ; les produits des deux cristallisations sont réunis et séchés au bain-marie. Rendement : 75-85 g.

On trouvera également dans O. N. Witt, B. *48*, 751 (1915) une méthode élégante permettant de préparer directement à partir de ses composants l'*acide naphtalène-β-sulfonique libre* ; elle constitue une variante à la présente préparation que nous recommandons particulièrement.

4. — *Acide sulfanilique à partir d'aniline et d'acide sulfurique*

On introduit 100 g. d'*acide sulfurique* conc. pur dans un ballon sec et y ajoute peu à peu, en remuant, 31 g. (1 /3 mol.) d'*aniline* fraîchement distillée ; on chauffe le mélange à 180-190° au bain d'huile, jusqu'à ce qu'un échantillon, dilué avec de l'eau et traité par de la *soude caustique* aq. ne libère plus d'aniline (4-5 h.). On verse alors le mélange légèrement refroidi, en agitant, dans de l'eau froide où l'*acide sulfanilique* cristallise. On filtre ce dernier, le lave à l'eau et le fait recristalliser dans l'eau en le traitant éventuellement auparavant par du noir animal. Rendement : 30-35 g.

Le procédé industriel (grillage) consiste à chauffer l'aniline avec une molécule seulement d'acide sulfurique (elle se trouve alors à l'état de sulfate acide), à la même température que ci-dessus. Il est facile d'essayer cette méthode au laboratoire et de la comparer à la précédente.

5. — *Acide 2-4 dinitro-α-naphtol-7-sulfonique* (1) (*Jaune de Naphtol S*)

On dissout 50 g. d'*α-naphtol* finement pulvérisé, par petites quantités à la fois et en remuant continuellement, dans 200 g. d'*oléum* à 25 % ; on chauffe ensuite une heure à 125° au bain d'huile. Afin de vérifier que tout l'α-naphtol s'est transformé en *acide 2, 4, 7 trisulfonique*, on prélève un échantillon que l'on additionne dans une éprouvette d'une dizaine de cc. d'eau, y ajoute environ 10 cc. d'*acide nitrique* conc. et chauffe au voisinage de l'ébullition ; si la solution jaune, refroidie, reste limpide, on pourra poursuivre les opérations ; si elle se trouble ou laisse déposer un précipité floconneux, on ajoutera au mélange de l'oléum plus concentré et chauffera à nouveau.

Lorsque la sulfonation est terminée, le mélange refroidi est graduellement introduit dans 500 g. de glace pilée ; on filtre, ajoute à la solution colorée en brun 120 g. d'*acide nitrique* (D 1,4) et chauffe une demi-heure à 50°. On laisse reposer 12 heures à température ordinaire ; la majeure part de l'*acide dinitronaphtolsulfonique* est alors précipitée ; on filtre le produit et le soumet à la recristallisation dans l'*acide chlorhydrique* dilué chaud. L'acide se

(1) D. R. P. 10785, Friedlander I, 327

présente sous forme de petites aiguilles jaunes, que l'on sèche d'abord sur de la porcelaine poreuse, puis dans un exsiccateur contenant de l'acide sulfurique et de la potasse caustique. P. fus. : 151°. Rendement : environ 85 %.

Le *Jaune de Naphtol S*, appelé aussi par A. Kossel « acide flavanique », sera employé plus loin (p. 393-4) pour l'extraction de l'*arginine*.

COMPLEMENTS THÉORIQUES

Le procédé technique de sulfuration ou sulfonation des composés aromatiques correspond exactement à leur nitration. Dans les deux cas, le groupe — OH de l'acide s'unit à un atome d'hydrogène du noyau benzénique, lequel est remplacé par le résidu — NO_2 ou SO_3H. Il est vraisemblable pour plusieurs raisons — voir p. 118 — qu'une des doubles liaisons du noyau se prête à une addition préalable, suivant le schéma :

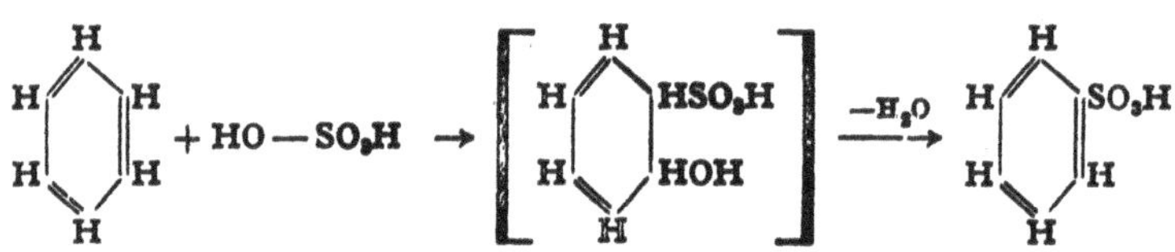

Le composé intermédiaire tend fortement à revenir au système stable du noyau aromatique : il y parvient en éliminant une molécule d'eau pour se transformer en *acide benzène-sulfonique*.

Dans la série grasse, les oléfines se comportent de même ; leur comparaison avec les dérivés du benzène est, comme toujours, intéressante. L'éthylène, en effet, fixe vers 50° l'acide sulfurique conc. et forme de l'*acide éthylsulfurique :*

$$CH_2 = CH_2 \rightarrow CH_3 - CH_2 - O - SO_3H.$$

La molécule d'acide sulfurique s'est scindée différemment. Cette réaction ne peut, pour des raisons évidentes, s'appliquer au benzène : elle serait réversible dans ce cas.

Si l'on remplace l'acide sulfurique conc. par l'*oléum*, on obtient, avec l'éthylène comme pour le benzène, un produit sulfoné appelé *sulfate de carbyle*, qui dérive d'un acide alcool-sulfonique intermédiaire par estérification avec l'acide sulfurique et élimination subséquente d'eau :

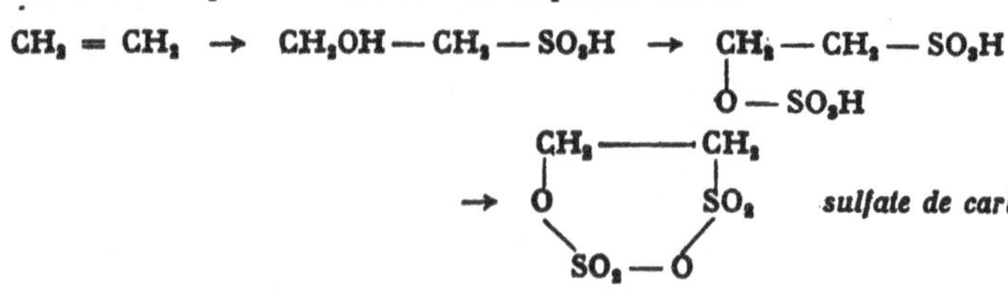

sulfate de carbyle

L'éthylène réagit de manière semblable avec le mélange nitrosulfurique, en fournissant du *nitrate de nitro-éthyle* (p. 172).

Voir également la préparation des acides alcoyle-sulfoniques.

La facilité avec laquelle le sulfogroupe entre dans un noyau aromatique dépend, comme pour la nitration, de la nature des substituants préexistants. Le benzène lui-même ne se laisse sulfoner qu'avec une relative difficulté ;

l'opération est plus aisée avec le toluène et le naphtalène, et encore davantage avec les phénols et les amines. La sulfonation du nitrobenzène est assez difficile, ainsi que la poly-sulfonation de l'acide benzène-sulfonique : la teneur en SO_3 de l'acide sulfurique doit être augmentée dans ce dernier cas.

Les groupes NO_2 et SO_3H sont des substituants de seconde espèce, aussi un nouveau substituant se placera-t-il toujours en méta.

L'emploi d'un oléum à forte teneur en SO_3 conduit finalement la sulfonation du benzène au stade de l'*acide benzène-trisulfonique* symétrique.

L'acide chlorosulfonique se condense avec les hydrocarbures aromatiques pour donner des *sulfochlorures d'aryles.*

Le naphtalène fournit deux acides sulfoniques, selon que la substitution se produise en α ou en β :

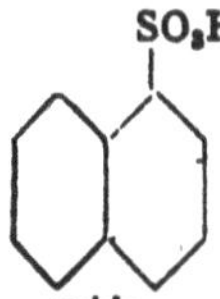

acide α

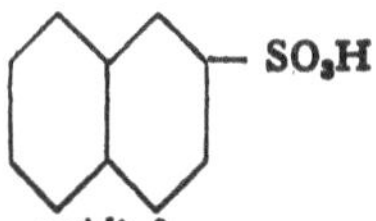

acide β

Les réactions de substitution dans le noyau naphtalénique se passent sans exception en α, cette position étant la plus réactive ; l'halogénation et la nitration directe ne fournissent que des dérivés α, et il en est de même pour la sulfonation.

En sulfonant le naphtalène à une température moins élevée que celle de l'expérience 5, on obtient les acides α (cette méthode est aussi utilisée industriellement). Les *acides β-sulfoniques*, par contre, se forment à des températures plus élevées, températures auxquelles les acides α sont hydrolysés en naphtalène et acide sulfurique.

L'étude de l'équilibre entre la sulfonation et l'hydrolyse

$$\text{naphtalène} + H_2SO_4 \rightleftarrows \text{ac. sulfonique} + H_2O$$

montre en effet : que pour une température de 170-180° (celle de la préparation 5), l'équilibre est déplacé vers la gauche pour les acides α et fortement vers la droite pour les acides β. Étant donné que l'on rencontre toujours l'acide α dans le mélange réactionnel, il est vraisemblable que l'acide β obéit également à un équilibre hydrolytique ; de fait, lorsqu'on soumet à la fusion de l'acide β-naphtalène-sulfonique avec de l'acide sulfurique, (contenant de l'eau) on obtient une petite quantité de l'acide isomère α.

Dans la série des *phénols*, et surtout de l'*anthraquinone* dont les réactions de substitution sont les mêmes que celles du naphtalène, les rapports sont tout à fait analogues. L'anthraquinone se sulfone avec de plus grandes difficultés que le naphtalène, et il en résulte immédiatement, puisque l'on est obligé de travailler avec des températures plus élevées, qu'on obtiendra directement l'acide β, produit de départ de la synthèse de l'alizarine.

L'industrie dispose actuellement de moyens propres à lui fournir l'*acide anthraquinone-α-sulfonique*, qu'on ne pouvait préparer autrefois, mettant en œuvre l'action catalytique du *mercure*, qui dirige la sulfonation en α (1) (R. E. Schmidt).

L'*aniline* peut être sulfonée dans des conditions particulièrement aisées : il suffit de chauffer son sulfate (grillage).

Rappelons d'ailleurs à ce propos la transposition de l'acétate d'aniline en acétanilide. Il est très probable qu'il se forme de même lors de la sulfonation un acide sulfaminé intermédiaire, dont le groupe amine est sulfoné.

(1) Dans le cas de l'anthraquinone, l'acide β-sulfonique ne paraît pas provenir de l'acide α par isomérisation.

Citons comme exemple d'autres transposition du même genre la transformation de la phénylhydroxylamine en *p-aminophénol*, de la phénylnitramine en *p-nitraniline :*

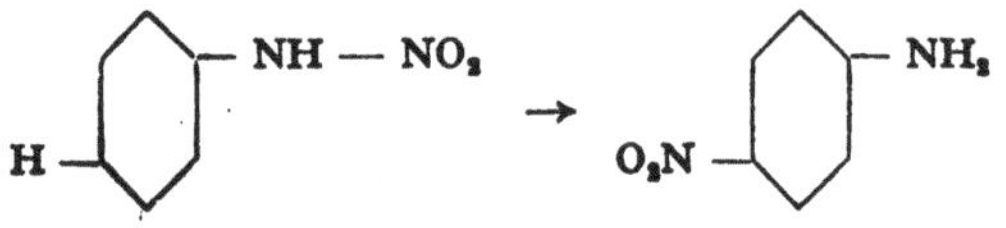

Le groupe sulfo émigre de même en para :

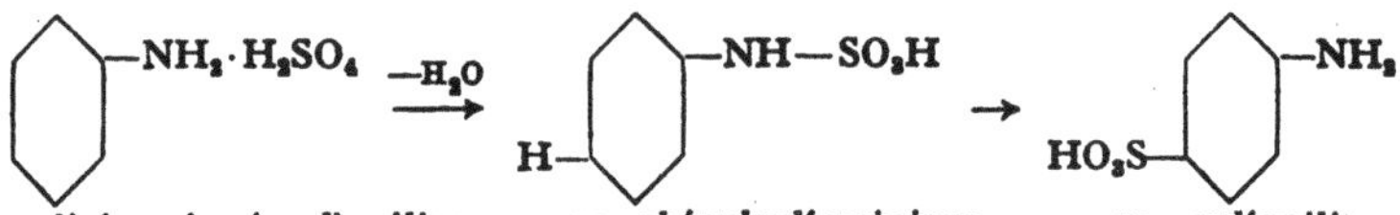

sulfate primaire d'aniline *ac. phénylsulfaminique* *ac. sulfanilique*

L'exemple de l'*α-naphtylamine* fournit un argument en faveur de cette théorie : son acide sulfaminique est en effet isolable si l'on travaille avec ménagements, et il se transforme par élévation de la température en *acide 1-naphtylamine-4.sulfonique* ou *acide naphtionique.*

Lors de la préparation de l'acide sulfanilique, il se forme toujours une petite quantité de l'isomère ortho, qui ne présente pas d'intérêt. L'acide méta, au contraire, est recherché comme produit intermédiaire de l'industrie des colorants azoïques ; on le prépare en réduisant l'acide m-nitrobenzène-sulfonique.

Les aminoacides et oxyacides sulfoniques de la série du naphtalène présentent un très grand intérêt industriel : on les soumet à la diazotation ou à la copulation avec des composés diazoïques pour en faire des colorants azoïques très importants.

Les *phénols* se sulfonent avec la même facilité que les amines aromatiques. Si l'on veut nitrer plusieurs fois un phénol, on commence par introduire des groupes sulfo qui sont ensuite aisément remplaçables par des groupes — NO_2 par traitement du produit à l'acide nitrique ; c'est ainsi par exemple que l'on prépare l'*acide picrique.*

Lorsque l'on sulfone l'α-naphtol, les groupes — SO_3H entrent avec facilité dans les positions 2 et 4 du noyau phénolique, et peuvent y être de même aisément remplacées par des groupes — NO_2.

Rappelons l'essai fait au cours de la préparation 5, qui est destiné à montrer la présence du troisième — SO_3H par l'accroissement de la solubilité que ce substituant supplémentaire confère au dinitronaphtol.

Le *2,4-dinitro-α naphtol,* ou Jaune de Martius, ainsi que son produit de sulfonation en 7, figuraient autrefois parmi les principaux colorants jaunes pour laine.

Les acides sulfoniques des hydrocarbures aromatiques étant extrêmement solubles dans l'eau et cristallisant très mal — tout au moins les homologues les plus simples de la série benzénique —, il en résulte qu'il est malaisé de les isoler. Ce sont les acides les plus forts de la chimie organique, et leur constante d'affinité n'est pas très différente de celle des acides minéraux forts ; leurs sels alcalino-terreux sont presque tous solubles dans l'eau, et c'est sur cette propriété qu'est basée leur séparation d'avec l'acide sulfurique en excès qui les accompagne toujours lors de leur préparation usuelle. En faisant bouillir les sels alcalino-terreux des acides sulfoniques avec un carbonate alcalin, on provoque facilement une double décomposition qui en fournit les sels alcalins.

Les acides sulfoniques aromatiques se transforment en *phénols* par la fusion alcaline que l'on verra plus loin. Ils sont susceptibles d'être hydrolysés à chaud par les acides minéraux dilués, et même par la vapeur d'eau surchauffée, en hydrocarbures et acide sulfurique.

Une méthode de préparation directe des acides libres a fait l'objet de la préparation 2.

Le caractère électrochimique des deux substituants, dans la molécule d'un acide amino-sulfonique, s'est sensiblement affaibli, de même que chez les acides amino-carboxyliques du type du glycocolle ou de l'acide anthranilique. Le groupe sulfo, très acide, surpasse le caractère assez faiblement basique du groupe — NH_2 de l'aniline ; l'*acide sulfanilique* n'est plus capable de former des sels avec les acides minéraux dilués ; il en forme par contre facilement avec les alcalis ; ceux-ci peuvent très bien être utilisés en solution aqueuse pour sa titration, ce qui n'est possible avec les acides aminés gras qu'en solution alcoolique (Willstaetter).

Le produit secondaire qui se forme lors de la préparation de l'acide benzène-sulfonique est la *diphényl-sulfone*, provenant d'une réaction succédant à la sulfonation : une molécule d'acide benzène-sulfonique agit sur une molécule de benzene de la même façon que l'acide sulfurique lui-même, avec élimination d'une molécule d'eau :

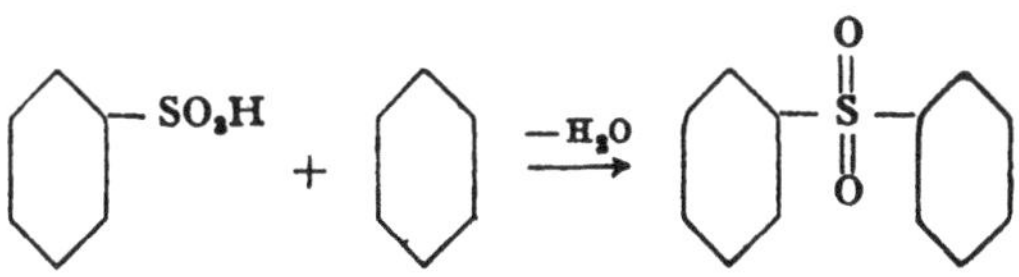

Les *sulfones* sont des corps neutres, cristallisés et peu réactifs ; on peut aussi les obtenir par oxydation énergique des sulfures.

Le *sulfonal*, agent hypnotique, est un sulfone double.

Chlorures d'acides aryl-sulfoniques et sulfamides. — Les acides benzène-sulfoniques sont susceptibles de former des chlorures et des amides d'acides de même que les acides carboxyliques ; les chlorures de ces derniers sont d'ailleurs beaucoup plus réactifs que les chlorures d'acides aryl-sulfoniques ; le *chlorure de l'acide benzène-sulfonique*, par exemple, peut être entraîné à la vapeur d'eau en grande partie sans être décomposé.

Il est fréquemment commode de caractériser une amine au moyen de sa *sulfamide* ; les représentants de cette classe cristallisent en effet parfaitement. On peut aussi, si l'on veut séparer plusieurs amines, les faire réagir avec du chlorure de benzène-sulfonyle : ce composé ne réagit qu'avec les amines *primaires* et *secondaires*. Les sulfamides des amines primaires sont *solubles dans les alcalis*, ce qui permet alors de les séparer ; on les soumet ensuite à une hydrolyse énergique qui les décompose en acide sulfonique et amine (Hinsberg).

Les atomes d'hydrogène des sulfamides de bases primaires ont des propriétés acides ; d'après les vues récentes de F. Arndt, le cation est directement rattaché à l'atome d'azote :

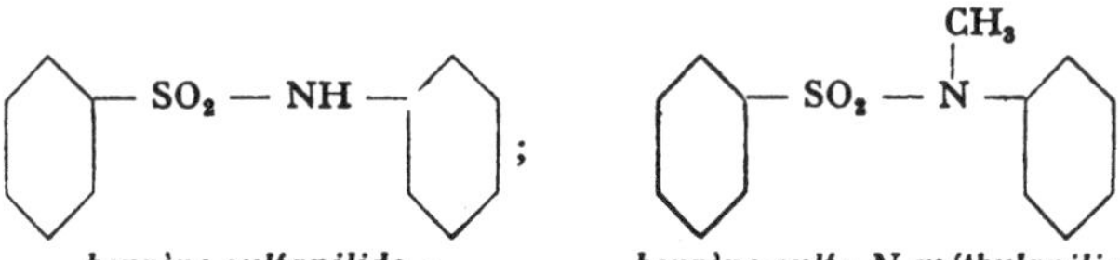

benzène-sulfanilide (soluble dans les alcalis) ; *benzène-sulfo-N-méthylaniline* (insoluble dans les alcalis)

La *saccharine* est le dérivé d'une sulfamide ; si l'on oxyde le groupe méthyle de l'o-toluène-sulfamide en carboxyle par le permanganate, et soumet à l'action de l'acide chlorhydrique conc. le produit obtenu, celui-ci se cyclise et fournit la saccharine :

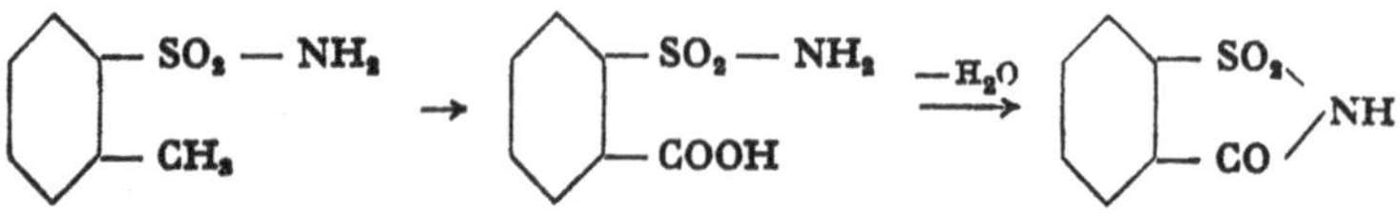

Dont l'atome d'hydrogène du groupe imino en fait un acide, comme le montre la formule ; le sel de sodium soluble de cet acide est utilisé comme succédané du sucre.

Lorsqu'on soumet le sel alcalin d'un acide sulfonique à la distillation sèche en présence de cyanure ou de ferrocyanure de potassium, on obtient un *nitrile* ; cette réaction est une véritable synthèse d'hydrocarbure :

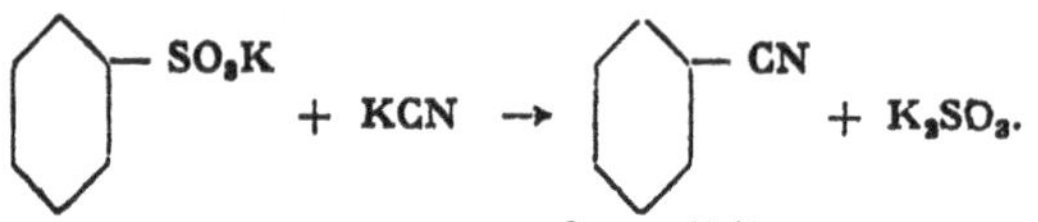

benzonitrile

Les acides sulfoniques ne sont pratiquement pas réductibles dans les conditions usuelles, mais on peut aisément réduire leurs chlorures en *acides sulfiniques* au moyen de métaux (le zinc convient le mieux) : on obtient alors directement le sel métallique de l'acide sulfinique :

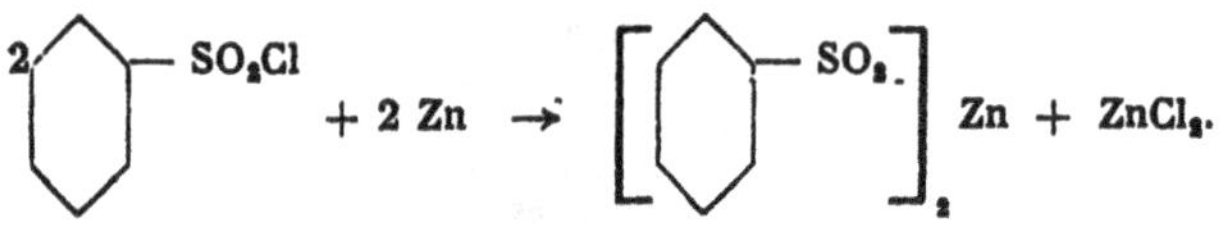

On a vu également que l'hydrolyse alcaline de l'*acide benzène-sulfhydroxamique* — préparé à partir du chlorure de l'acide benzène-sulfonique et d'hydroxylamine — conduit à l'*acide sulfinique* (Piloty).

En réduisant très énergiquement les chlorures d'acides arylsulfoniques avec de l'hydrogène naissant, on obtient les *mercaptans* correspondants :

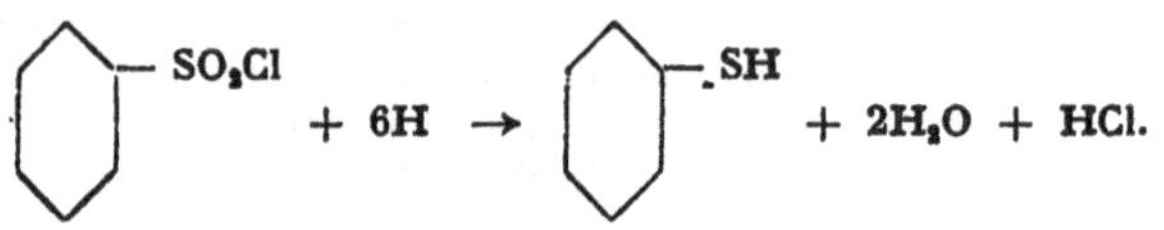

La réaction est la même avec les acides sulfiniques.

Thiophénol. — On munit un ballon rond d'une allonge d'Anschütz et d'un réfrigérant à reflux, le porte au bain-marie bouillant et y introduit 20 g. d'*étain* finement granulé avec 50 cc. *d'acide chlorhydrique* conc. ; on écoule lentement dans le mélange réducteur, au moyen d'une ampoule à robinet, 8 g. de *chlorure d'acide benzène-sulfonique*. Lorsque la majeure part de l'étain s'est dissoute, on entraîne le *mercaptan* à la vapeur d'eau, épuise le distillat à l'*éther*, sèche ce dernier sur du *sulfate de sodium* et l'élimine par évaporation. Le thiophénol résiduel, soumis ensuite à la distillation, passe presqu'entièrement à 173°.

Il faut prendre garde, lorsqu'on opère avec des corps à odeur extrêmement désagréable, de placer les appareils sous une hotte à fort tirage ou dans un emplacement réservé à cet usage, et surtout de veiller à ce que ni les mains ni les vêtements ne viennent en contact avec la substance dont l'odeur peut persister très longtemps.

Les *thioalcools* présentent un caractère nettement acide. Les sels alcalins des mercaptans aliphatiques sont fortement hydrolysés par l'eau, tandis que leurs correspondants aromatiques peuvent être titrés avec exactitude au moyen d'alcali, en présence de phénolphtaléine. Les sels de *plomb* jaunes, et de *mercure* incolores des thioalcools sont caractéristiques.

La fonction — SH est facilement décelée par la coloration intense que prennent les mercaptans traités par une solution alcaline de nitro-prussiate de sodium.

Expérience. — Additionner de quelques gouttes de *thiophénol* une solution alcoolique d'*acétate de plomb* et une autre de *chlorure mercurique.*

L'atome d'hydrogène d'un thioalcool se sépare avec une grande facilité du soufre (analogie avec l'hydrogène sulfuré) ; l'oxygène de l'air transforme déjà les mercaptans en *disulfures d'aryle* ou d'*alcoyle* ; les oxydants faibles provoquent immédiatement cette réaction :

$$2R - SH \rightarrow R - S - S - R.$$

Expérience. — Déposer quelques gouttes de *thiophénol* sur un verre de montre avec une petite quantité d'une solution très diluée d'*ammoniaque*, et évaporer lentement à sec le tout, au bain-marie (sous hotte). Le résidu huileux, cristallisant au refroidissement, est du *disulfure de phényle.* P. fus. : 61°.

Par réduction, les disulfures se transforment en *mercaptans.*

Ce phénomène se passe dans le domaine biologique, lors de la transformation réversible de la *cystéine* en *cystine :*

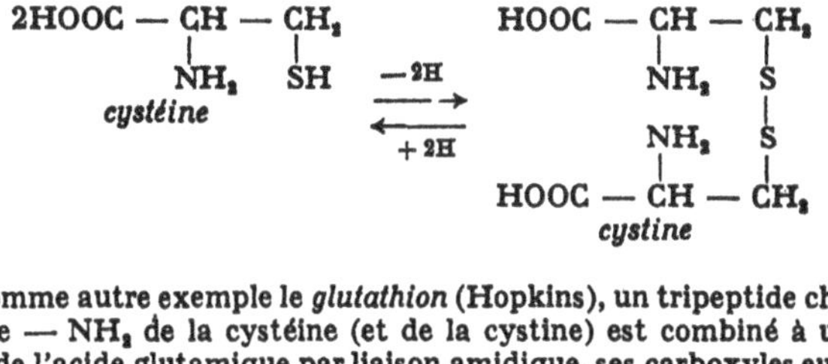

citons comme autre exemple le *glutathion* (Hopkins), un tripeptide chez lequel le groupe — NH_2 de la cystéine (et de la cystine) est combiné à un carboxyle (1) de l'acide glutamique par liaison amidique, ses carboxyles eux-mêmes étant combinés avec le groupe — NH_2 du glycocolle.

La cystine est une des substances de base des protéines ; on peut la préparer par hydrolyse acide de la kératine, un constituant des cheveux et de la corne.

Les mercaptans aromatiques réagissent avec le chlore en donnant des *chlo-*

(1) Le plus éloigné du groupe — NH_2.

rosulfures d'aryles (Zincke) ; le chlorosulfure de phényle est un liquide rouge-foncé, très réactif (Lechner) :

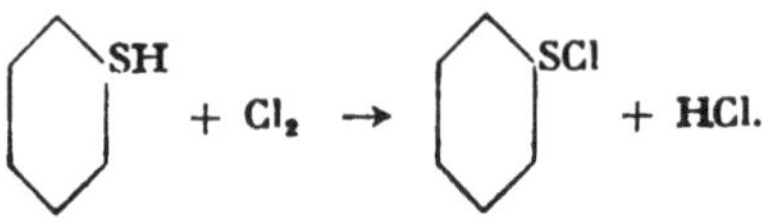

L'oxydation énergique des mercaptans les transforme en *acides sulfoniques* correspondants.

V. — ALDÉHYDES

1. — *Formaldéhyde* (1)

Un ballon à distiller B, de 250 cc., pourvu d'un tube de dégagement de 10 cm. de longueur, dirigé obliquement vers le haut, effilé en capillaire de 1-1,5 mm. de diamètre, est adapté au moyen d'un bouchon de liège à un tube à combustion C, d'environ 30 cm. de long (Fig. 52). On a disposé dans le tube, à 6 cm. de l'embouchure du capillaire, une *spirale de cuivre* de 4 cm. ; le tube, légèrement incliné, aboutit par son extrémité supérieure à un réfri-

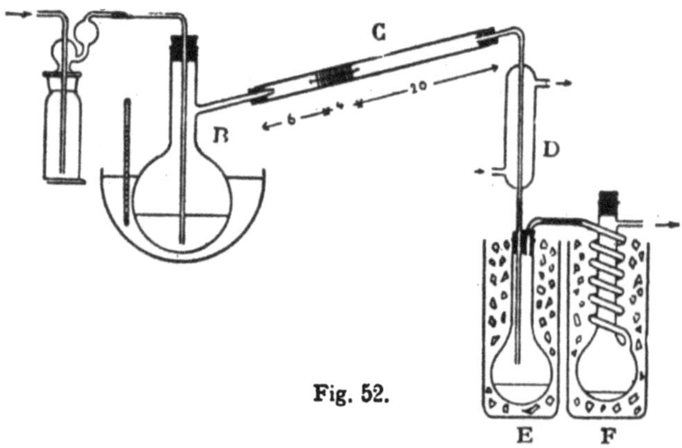

Fig. 52.

gérant descendant D de modèle moyen (si possible à serpentin), donnant dans deux récipients E et F, plongés pendant la durée de la réaction dans un mélange réfrigérant. Le tube court de dégagement du deuxième ballon est relié à une trompe à eau.

On introduit dans le ballon B, placé le plus profondément possible dans un bain-marie à 46-47° 100 cc. d'*alcool méthylique* ; on y adapte par un bouchon de caoutchouc un tube de verre aboutissant au fond du ballon, et par lequel se fait l'aspiration d'air.

(1) TOLLENS, *B.*, *19*, 2133 (1886). Les compléments théoriques relatifs aux préparations 1, 2 et 3, avec les expériences qui s'y rapportent, figurent p. 213 et suivantes.

On met en marche la trompe, chauffe graduellement la spirale à la flamme jusqu'au rouge, température à laquelle la réaction se déclenche. Le passage de l'air est réglé de façon qu'après suppression du chauffage, la spirale reste faiblement incandescente. Dans ces conditions, tout danger d'explosion est écarté. Si le bain-marie est à trop basse température (42-44°), le seuil d'explosibilité du mélange alcool méthylique-air reste bien atteint, mais un retour de flamme ne dépasserait pas le capillaire, la vitesse de passage du mélange gazeux y étant suffisante pour l'en empêcher (comparer avec le brûleur Bunsen, pour lequel le retour de flamme ne se produit qu'avec une vitesse d'arrivée du gaz trop faible).

Les ballons E et F contiennent, après l'évaporation totale de l'alcool méthylique, 110-115 cc. d'une solution à 30-32 % de *formaldéhyde* ; on pourra accroître le rendement en aldéhyde par l'adjonction d'un troisième récipient collecteur contenant un peu d'eau.

Les considérations suivantes indiquent le raisonnement à suivre lors de la conduite d'une réaction s'accomplissant en phase gazeuse.

Une demi-molécule d'oxygène est nécessaire pour le déshydrogénation d'une molécule d'alcool méthylique, c'est-à-dire qu'un volume d'alcool équivaut à 1 /2 vol. d'oxygène, soit 2,5 vol. d'air. Le mélange, qui doit donc contenir stoechiométriquement 1 vol. d'alcool et 2,5 vol. d'air, renfermera 28,5 % de CH_3OH.

En tenant compte du fait que le rapport des volumes gazeux en présence est fonction des pressions partielles, la température de vaporisation sera établie de telle façon que la tension de vapeur de l'alcool méthylique soit les 28,5 % de la pression atmosphérique, soit d'environ 210 mm. Hg.

Pour trouver les tensions de vapeur des corps les plus usuels aux diverses températures, consulter Landolt-Boernstein, *Physikal.-chem. Tabellen,* 5e éd., 1923, et suppl. I, 1927, II, 1931.

Dans les conditions relativement simples de la présente expérience, on n'atteint pas la saturation complète en vapeur d'alcool méthylique ; c'est pourquoi la température doit être quelque peu surélevée.

Dosage de la solution de formaldéhyde. — On prélève à la pipette 5 cc. de la solution, que l'on porte à 50 cc. avec de l'eau dans un ballon jaugé. On fait une prise de 20 cc. de cette dernière solution, que l'on introduit dans un erlenmeyer de 250 cc. ; on y ajoute 30 cc. d'*eau oxygénée* à 3 % environ, neutralisée soigneusement auparavant en présence de phénolphtaléine, puis 30 cc. de *soude caustique* normale, et agite,

Il se produit rapidement un dégagement d'*hydrogène* accompagné d'échauffement spontané, prenant un caractère violent ; on complète la réaction en chauffant un instant. La solution refroidie est titrée par l'*acide chlorhydrique* normal, après nouvelle adjonction de phénolphtaléine.

L'alcali, l'eau oxygénée et le formaldéhyde ont réagi de la façon suivante :

$$2CH_2O + H_2O_2 + 2NaOH \rightarrow 2HCOONa + H_2 + 2H_2O$$

permettant ainsi de doser le *formaldéhyde*. Si, par exemple, 22,5 cc. NaOH ont servi à la réaction, les 20 cc. (= 2 cc. de la solution initiale) contiennent 22,5.30 mg. = 0,675 g. HCHO ; autrement dit, la solution titre 33,8 %.

Il est à remarquer qu'il se forme au cours de la réaction un produit d'addition intermédiaire de deux molécules de formaldéhyde avec l'eau oxygénée, de constitution :

$$HOH_2C \cdot O \cdot O \cdot CH_2OH$$

ou *peroxyde de dioxyméthyle*, que l'on a pu isoler sous forme cristallisée, mais qui est décomposé par l'alcali avec une grande rapidité en *formiate* et *hydrogène :*

$$HOH_2C \cdot O \cdot O.CH_2OH + 2NaOH \rightarrow 2HCOONa + H_2 + 2H_2O$$

[Cf. Annalen, *431*, 301 (1923)].

Voir p. 217, pour la détermination du formaldéhyde au moyen de l'*ammoniac*. Les aldéhydes simples se combinent au sulfite neutre pour former le sel de l'*acide aldéhyde-sulfureux* ; la réaction libère l'alcali, dont la titration peut constituer une autre méthode de dosage.

2. — *Acétaldéhyde* (1)

a) *A partir d'alcool éthylique :*

On prendra le ballon de 1,5 l. à tube latéral de large diamètre représenté figure 53 ; à défaut, un ballon rond à col assez long auquel on adapte hermétiquement une rallonge d'Anschütz, pourra également convenir.

Le ballon A est relié par son tube latéral à un réfrigérant de Liebig C, de grand modèle, maintenu en position oblique ; le bouchon de son col porte un tube de verre de 0,4 cm. de diamètre, aboutissant au fond du ballon, servant d'amenée à un courant de CO_2 (provenant d'une bouteille d'acier munie d'un robinet-pointeau). Le deuxième trou du bouchon sert à la mise en place d'une ampoule à robinet B à long tube. Le réfrigérant C donne dans un tube en U à chlorure de calcium, qui communique avec un réfrigérant E à serpentin, suivi de deux récipients en série F et G, contenant chacun 100 cc. d'*éther* absolu, et placés dans un mélange de glace et de sel marin fraîchement préparé (leur température ne doit pas dépasser — 10° pendant toute la durée de la réaction).

C est parcouru par un courant lent d'eau à 26° ; on a introduit

(1) En partie d'après Wertheim, *J. am. Soc. 44*, 2658 (1922), et Fricke et Havestaat, *Z. ang. Chemie, 36*, 546 (1923).

dans le tube central un thermomètre, retenu par un fil pincé dans le bouchon ; la boule du thermomètre doit se trouver au milieu du réfrigérant.

L'ensemble de l'appareillage doit être parfaitement étanche.

E sera alimenté au cours des opérations par de l'eau à 5-10°. En hiver, l'eau du robinet convient ; par temps chaud, on aura soin d'intercaler un serpentin plongeant dans de la glace.

On introduit dans le ballon 125 cc. d'*alcool éthylique* (2 mol.) avec environ le tiers d'un mélange de 150 cc. (= 270 g.) d'*acide sulfurique* et 250 cc. d'eau, et chauffe à ébullition. On ajoute 100 cc. d'eau au restant de l'acide sulfurique dilué et dissout dans le tout 200 g. de *pyrochromate de sodium* ; cette solution est introduite

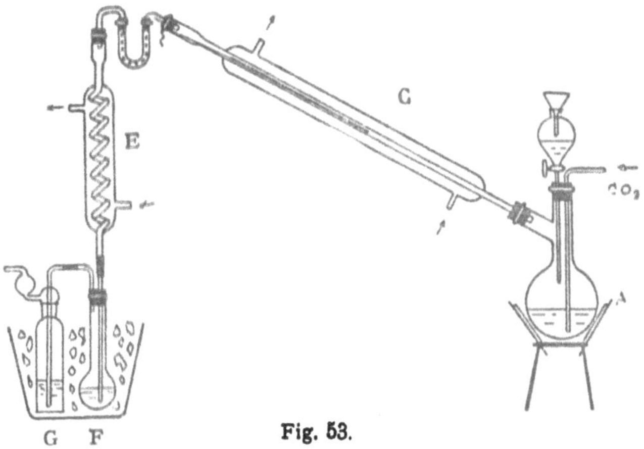

Fig. 53.

encore chaude dans l'ampoule à robinet, dont on en remplit le tube de dégagement. Après mise en place de l'ampoule, le contenu de cette dernière est écoulé avec une vitesse moyenne dans l'alcool en légère ébullition ; l'exothermicité de la réaction rend un chauffage ultérieur inutile.

On chasse l'*aldéhyde* de la solution bouillante en faisant circuler dans l'appareil un courant régulier de CO_2 (le produit est ainsi soustrait à toute oxydation plus poussée).

La tension de vapeur de l'aldéhyde est encore suffisante, au niveau de C, pour empêcher la condensation si le courant d'anhydride carbonique est rapide ; celle-ci ne se produit complètement qu'en F et en G, où la réfrigération est énergique.

On règle l'écoulement de la solution de bichromate de façon que le mélange reste à l'ébullition, condition dans laquelle le thermomètre placé en C doit indiquer une température de 25-30°.

Au cas où la surpression régnant dans l'appareillage empêcherait la solution de bichromate de couler, il suffirait d'intercaler sur l'amenée de CO_2 un tube en T, et, par la ramification ainsi obtenue, de dériver une partie de l'anhydride dans l'embouchure supérieure de l'ampoule, au moyen d'un court tuyau de caoutchouc (muni d'une pince à vis pour le cas d'un remplissage ultérieur de l'ampoule).

On peut aussi se servir, à la place de la bombe, d'un Kipp fraîchement chargé, auquel on aura adapté un tube vertical rempli d'acide chlorhydrique dilué pour créer une surpression.

La réaction est terminée au bout de 30 min. ; on fait encore passer le courant gazeux pendant 10 min. pour s'assurer du déplacement complet de tout l'aldéhyde. L'admission du CO_2 n'est supprimée qu'après déconnection des flacons E et F.

Étant donné que l'acétaldéhyde retenu dans l'éther ne peut en être séparé par distillation fractionnée, on préfère l'obtenir sous forme d'*aldéhydate d'ammoniaque*, cristallisé.

Le contenu des flacons F et G est porté à cet effet dans un petit bécher plongé dans un mélange réfrigérant. On utilise pour l'amenée du gaz, provenant d'un cylindre d'*ammoniac* comprimé, un tube droit à chlorure de calcium, dont on immerge le plus profondément possible la partie large dans la liqueur tout en l'agitant pour réduire les cristaux formés. Le récipient est recouvert d'un verre de montre ou d'un carton percé, ou encore d'une toile de fil de cuivre.

(Prendre soin d'écarter toute flamme du voisinage, en raison du danger des vapeurs d'éther).

Si l'on ne dispose pas de bombe à ammoniac, on peut préparer le gaz en chauffant un ballon rond contenant de l'ammoniaque concentrée (abriter la flamme du brûleur au moyen d'un écran conique) ; pour le séchage, employer une petite tour chargée d'un mélange de potasse caustique et de chaux vive. On utilisera un léger excès d'ammoniac ; pour éviter d'en consommer une trop grande quantité, il faut calculer le volume d'ammoniac nécessaire pour la quantité d'aldéhyde correspondant à un rendement maximum (60 g.).

60 g. d'aldéhyde équivalent à 60/44 = 1,36 mol.-g., soit 30 l. Compte tenu de l'influence de la température et de la pression, se montant à un écart de 10 % environ, il faudra mettre en œuvre 33 l. à peu près.

On étalonne une fois pour toutes le débit de la bombe à ammoniac, en calculant à la montre en combien de temps un courant donné, formant un nombre déterminé de bulles à la minute (on se sert de petits compteurs à bulles à potasse caustique concentrée ou mercure) est capable de neutraliser 42 cc. d'acide chlorhydrique normal (volume mesuré au cylindre gradué et virage en présence de méthylorange). Cette quantité d'acide correspond environ à un litre d'ammoniac.

Une fois établi le temps d'écoulement d'un litre, il suffira pour l'expérience de faire passer l'ammoniac pendant une durée trente fois plus longue.

On laisse ensuite reposer une heure pour parfaire la cristallisation, et vérifie la fin de la réaction en prélevant dans une éprouvette une petite portion du liquide et en y faisant circuler de l'ammoniac : s'il ne se forme plus aucun précipité, la réaction est terminée. On essore l'*aldéhydate* à la trompe, lave plusieurs fois les cristaux à l'*éther absolu*, sèche sur papier-filtre, puis dans un exsiccateur à acide sulfurique sous pression normale. Le produit sec se conserve bien si on le garde dans un récipient fermant parfaitement ; incomplètement purifié, il se décompose en quelques jours en produits colorés en brun foncé. Rendement : 50-60 g.

Acétaldéhyde libre. — 25 g. d'*aldéhydate d'ammoniaque* sont dissous dans 25 cc. d'eau, solution à laquelle on ajoute un mélange refroidi de 30 cc. d'*acide sulfurique* concentré et 40 cc. d'eau. On distille au bain-marie, avec un tube en U à chlorure de calcium (légèrement réchauffé si la température de l'air ambiant est très basse), et un bon réfrigérant à serpentin.

L'ensemble de l'appareil distillatoire est rempli de *gaz carbonique* pour empêcher l'oxydation spontanée de l'aldéhyde. Étant donnée la tension de vapeur élevée de ce dernier, on fera repasser momentanément à la fin de la distillation un courant lent de CO_2.

L'acétaldéhyde bout à 21°, et le récipient recueillant le condensat (relié par bouchon de liège) doit être plongé dans un mélange de glace et de sel marin.

Pour les expériences à faire avec l'acétaldéhyde, voir p. 214 et suivantes.

b) *A partir d'acétylène* :

La méthode principale décrite en *a*) est généralement la seule qui soit employée dans le cas d'une préparation de laboratoire ; le procédé par hydratation de l'acétylène présente par contre un intérêt considérablement plus grand dans l'industrie ; il serait donc bon de l'utiliser de temps en temps (1).

5 g. d'*oxyde de mercure* sont dissous en majeure part dans un mélange encore chaud de 110 cc. d'eau et 50 cc. d'*acide sulfurique* concentré ; le tout est porté dans une grande ampoule à agitation (fig. 57) ; celle-ci est rempli d'*acétylène* et agitée un certain temps. L'acétylène, préparé au moyen de *carbure de calcium*, est purifié par barbottage dans une solution acide de *bichromate* et de *nitrate de cuivre*, et conservé dans un gazomètre de verre, d'une contenance de 10-15 l. sur une solution saturée de sel marin.

Avant de procéder à l'agitation, prendre soin de déplacer l'air de tout l'appareil par l'acétylène. Suivant les circonstances, on pourra aussi effectuer l'absorption à l'aide d'une secoueuse, dans une bouteille à verre épais, en position verticale ; on attachera

(1) La préparation dont la description va suivre a été mise au point au laboratoire de Chimie de l'Université de Goettingue.

fermement au moyen d'un fil de fer le bouchon de fermeture (en caoutchouc), après avoir chassé l'air par l'acétylène.

8 à 10 h. suffisent à l'absorption de 10 l. d'acétylène. Le *produit intermédiaire mercuriel*, incolore, se sépare très rapidement au cours de la réaction.

On verse le mélange ayant réagi dans un ballon rond chauffé au bain d'air conique, et décompose la combinaison mercurielle par la vapeur d'eau. *L'aldéhyde* distille en même temps.

L'opération s'effectue dans un appareillage semblable à celui de la préparation *a*). Le flacon recueillant le distillat, contenant de l'*éther* est placé dans un mélange réfrigérant. La précipitation de l'aldéhyde sous forme de l'*aldéhydate d'ammoniaque* s'effectue comme ci-dessus. Rendement : 5-6 g.

3. — *Benzaldéhyde à partir de chlorure de benzylidène*

On fait passer un courant de *chlore* sec dans 50 g. de *toluène* bouillant (voir la préparation du chlorure de benzyle), jusqu'à augmentation du poids de 40 g. et élévation de la température à 187°.

Nous allons décrire ici la suite des manipulations à effectuer.

Le *chlorure de benzylidène* brut est chauffé 4 h. à 130° au bain d'huile (1), en atmosphère de CO_2, avec 500 g. d'eau et 150 g. de *carbonate de calcium* précipité (on peut aussi employer une suspension de craie ou de marbre finement pulvérisé) ; le courant d'anhydride doit être assez lent. Le ballon est mis en communication avec un bon réfrigérant à reflux.

On retire ensuite le ballon et extrait à la vapeur d'eau le *benzaldéhyde* du mélange encore chaud.

Le résidu du ballon est filtré à chaud à la trompe, et le filtrat fortement acidifié à l'*acide chlorhydrique* concentré. L'*acide benzoïque* se sépare au refroidissement en flocons brillants ; ce produit secondaire est essoré et recristallisé dans l'eau bouillante. P. éb. : 121°. L'acide benzoïque est quelque peu entraîné par la vapeur d'eau.

Le distillat provenant de l'entraînement à la vapeur est agité deux fois avec des quantités réduites d'*éther* ; la solution éthérée (2) est versée dans un flacon-poudrier avec une solution de *bisulfite* technique, et l'on provoque, par agitation d'une baguette de verre, la séparation du *produit d'addition de l'aldéhyde* en une bouillie épaisse. On fixe ensuite solidement le bouchon, et agite énergiquement, en débouchant de temps à autre, jusqu'à ce que tout le benzaldéhyde ait réagi (contrôle à l'odeur). On essore ensuite, lave à l'éther et décompose le sel solide en le versant dans

(1) Température du bain.
(2) Éventuellement à concentrer.

un excès de solution de carbonate de soude où l'on fait passer sans tarder un courant de vapeur d'eau pour entraîner l'*aldéhyde* mis en liberté.

Le distillat est repris par l'éther, la solution séchée sur peu de *chlorure de calcium* et le solvant évaporé ; on distille ensuite le *benzaldéhyde*. P. éb. : 179°. Rendement : 35-40 g. (70 % du rendement théorique).

Le composé est très oxydable, aussi les opérations doivent-elles se succéder le plus rapidement possible.

GÉNÉRALITÉS ET CONSIDÉRATIONS THÉORIQUES A PROPOS DES PRÉPARATIONS 1, 2, ET 3

Les homologues inférieurs de la classe des Aldéhydes sont des liquides incolores, à odeur âcre, miscibles à l'eau ; les homologues moyens peuvent être encore liquides, mais leur solubilité dans l'eau décroît rapidement ; les aldéhydes à poids moléculaire élevé sont des solides cristallisés.

Les points d'ébullition des aldéhydes sont notablement plus bas que ceux des alcools correspondants :

CH_3CHO	21°
CH_3CH_2OH	78°
CH_3CH_2CHO	50°
CH_3CH_2OH	97°

Les aldéhydes aromatiques ont une odeur agréable (essence d'amandes amères, vanilline, pipéronal).

La méthode la plus générale de préparation des aldéhydes consiste à éliminer deux atomes d'hydrogène d'un alcool primaire (*al*cool *déhy*drogenatus) ; la même opération effectuée sur un alcool secondaire conduit à une cétone.

L'hydrogène étant alors généralement accepté par un corps oxydant, ce type de réaction se ramène donc un processus d'*oxydation*.

On peut aussi procéder par *voie catalytique* en décomposant un alcool en aldéhyde et hydrogène : telle est l'action du noir de palladium à froid, du cuivre à température plus élevée.

Le rôle joué par le cuivre lors de la formation du formaldéhyde, selon Loew, consiste en une déshydrogénation véritable, l'hydrogène se séparant d'abord du reste de la molécule, pour réagir alors avec l'air environnant qui joue le rôle d'oxydant et déplace vers la droite l'équilibre :

$$CH_3OH \rightleftarrows H_2C = O + 2H$$

En solution sulfurique, les composés à *liaisons triples* se combinent avec les éléments de l'eau, particulièrement en présence d'un sel de mercure bivalent. C'est ainsi que, dans le cas le plus simple, l'*acétylène* donne lieu à l'acétaldéhyde, selon la réaction de la préparation 2, *b*)

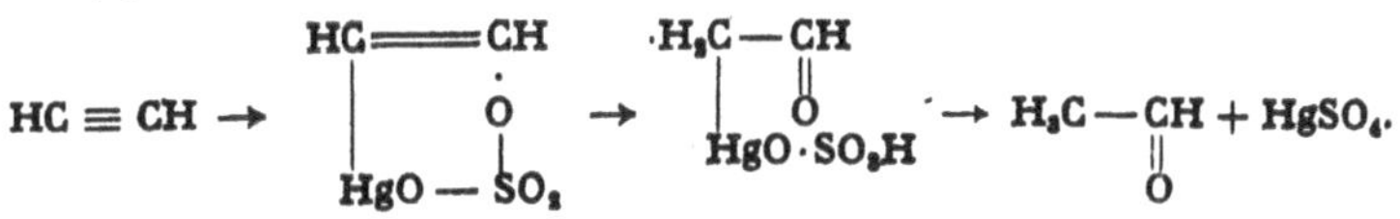

Cette réaction est utilisée en grand dans l'industrie pour la synthèse de l'*acide acétique*.

Signalons que les aldéhydes ont tendance à subir une oxydation plus avancée : ils exercent en effet une action réductrice vis-à-vis d'une solution d'argent ammoniacale et de la liqueur de Fehling.

Expérience 1. — Diluer un peu de *formaldéhyde* ou d'*acétaldéhyde* avec quelques cc. d'eau, ajouter un peu d'une *solution ammoniacale d'Ag* et partager le liquide en 2 éprouvettes. Ajouter dans la première quelques gouttes d'une lessive de *soude caustique* ; on voit se déposer immédiatement de l'*argent* métallique. La deuxième solution, abandonnée à froid à elle-même, laisse se former peu à peu un dépôt ; en chauffant, le dépôt apparaît plus rapidement. Cette accélération de l'oxydation par la soude a été signalée par Tollens.

On examinera également l'action de l'aldéhyde sur la liqueur de Fehling.

L'oxydation des aldéhydes les transforme en *acides carboxyliques* correspondants, cette réaction pouvant être considérée comme la phase suivante de la déshydrogénation des alcools de départ. Ce n'est alors pas l'aldéhyde lui-même qui est oxydé, mais son *hydrate*, formé par réaction avec l'eau :

$$CH_3-C\begin{matrix}\diagup O\\ \diagdown H\end{matrix} + \begin{matrix}H\\ OH\end{matrix} \rightarrow CH_3-\underset{H}{\underset{|}{C}}\begin{matrix}\diagup OH\\ \diagdown OH\end{matrix} \xrightarrow{+O} CH_3-C\begin{matrix}\diagup O\\ \diagdown OH\end{matrix} + HOH$$

La *fermentation acétique* est, du point de vue chimique, la transformation de l'alcool éthylique en acide acétique, en passant par l'acétaldéhyde. Les bactéries utilisent lors de ce processus l'oxygène de l'air pour le combiner à l'hydrogène alcoolique.

On a pu démontrer expérimentalement que ce n'est pas l'oxygène moléculaire qui s'active, comme on le supposait autrefois, mais bien l'hydrogène à son départ de la molécule ; l'expérience consiste, pour éliminer l'oxygène, à opérer en présence de *quinone* : on voit alors la fermentation se dérouler normalement, et la quinone se transformer en hydroquinone :

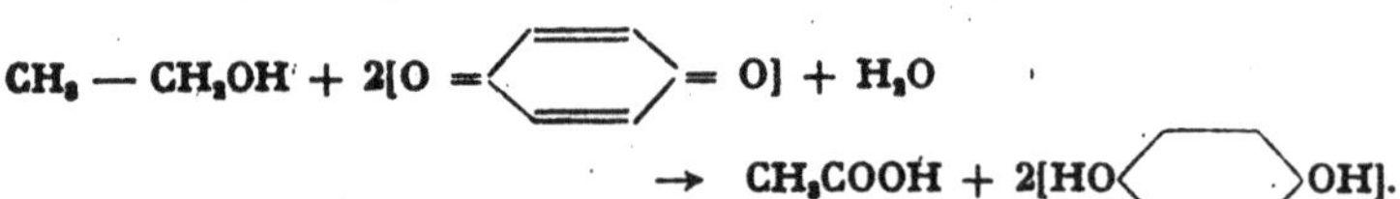

Selon Neuberg, l'acétaldéhyde, lors de la fermentation, serait principalement produit par décarboxylation d'un produit intermédiaire, l'*acide pyruvique :*

$$CH_3-CO-\boxed{COO}H \rightarrow CH_3CHO + CO_2.$$

Le processus complet consisterait alors en une oxydo-réduction fournissant de l'alcool éthylique et de nouvelles quantités d'acide pyruvique Cf p. 393 :

$$\underset{\textit{hydrate de l'ald. glycér.}}{CH_2OH-CHOH-CH\begin{matrix}\diagup OH\\ \diagdown OH\end{matrix}} + CH_3CHO$$

$$\rightarrow CH_3-CO-COOH + CH_3-CH_2OH + H_2O$$

Les aldéhydes présentent pour la plupart une grande faculté d'*auto-oxydation*, par addition d'oxygène moléculaire. Cette réactivité se manifeste par la formation de *peracides* : c'est la double liaison, siège de la fonction aldéhydique vraie qui fixe l'oxygène moléculaire non saturée :

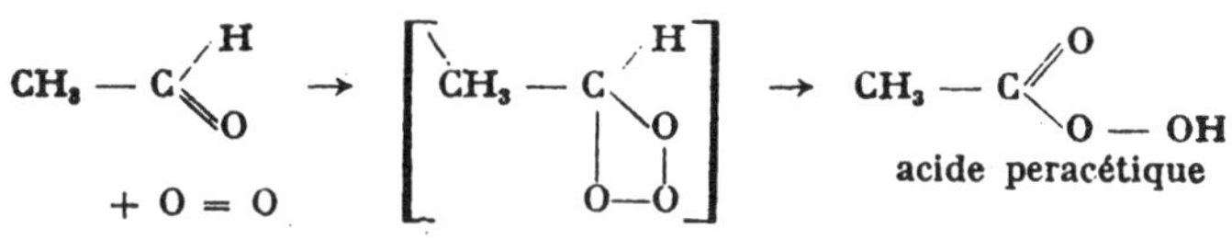

Les peracides, oxydants énergiques, réagissent avec une autre molécule d'aldéhyde pour former l'acide normal :

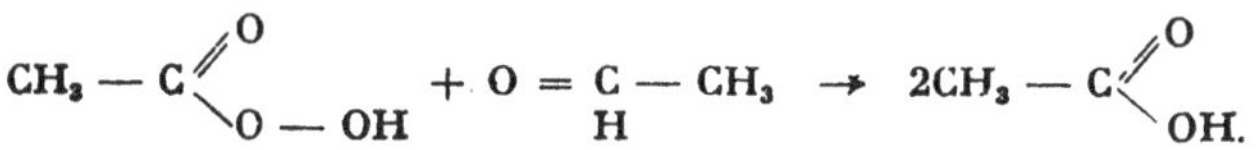

C'est donc par une réaction en deux temps que les aldéhydes s'oxydent en acides. Il est d'ailleurs facile dans le cas de l'acétaldéhyde de démontrer la formation intermédiaire du peracide, au moyen d'une solution d'iodure de potassium : un dépôt immédiat d'iode élémentaire prouve l'existence d'un fort oxydant.

On a même pu avec le benzaldéhyde, substance très oxydable, isoler le peracide sous forme de *peroxyde de benzoyle-acétyle*, au moyen d'anhydride acétique : (Nef.)

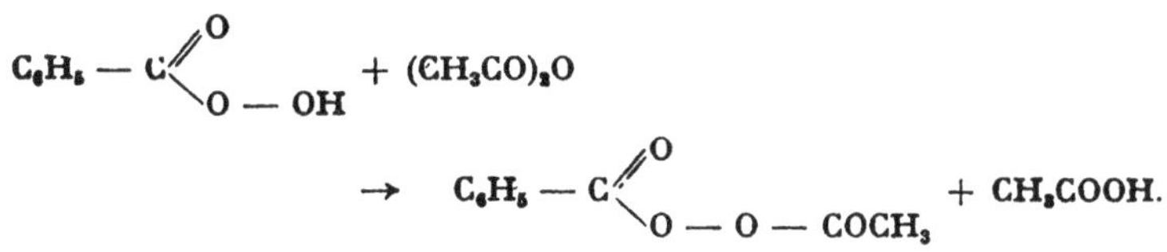

Expérience 2. — Agiter quelques minutes dans un cylindre muni d'un bouchon de caoutchouc solidement fixé, 1 cc. d'*acétaldéhyde* fraîchement préparé. La moitié de la quantité d'aldéhyde ainsi oxydé est versée dans une solution diluée de *KI* ; on ajoute au restant une quantité double ou triple d'eau, et on vérifie l'*acidité acétique* au papier de tournesol. On constatera que l'essai n° 2, après quelque temps de repos, ne précipitera presque pas d'*iode* de la solution de KI.

Expérience 3. — Déposer 2 gouttes de benzaldéhyde sur un verre de montre, et exposer 1 h. à l'air.

Au laboratoire, le mode de préparation préféré des aldéhydes — tout au moins pour ceux de la série grasse — est leur synthèse à partir des *alcools primaires*.

On obtient les aldéhydes aromatiques simples par saponification en milieu alcalin des *chlorures d'arylidènes*, du type R-$CHCl_2$, obtenus par chloruration de l'hydrocarbure correspondant ; c'est ainsi que l'on prépare le benzaldéhyde technique.

Mentionnons également la synthèse de Gattermann-Koch, fort élégante; celle-ci est basée sur une réaction du type Friedel-Crafts : l'hydrocarbure aromatique réagit avec de l'*oxyde de carbone* et de l'*acide chlorhydrique*, en présence de chlorure d'aluminium et de chlorure cuivreux :

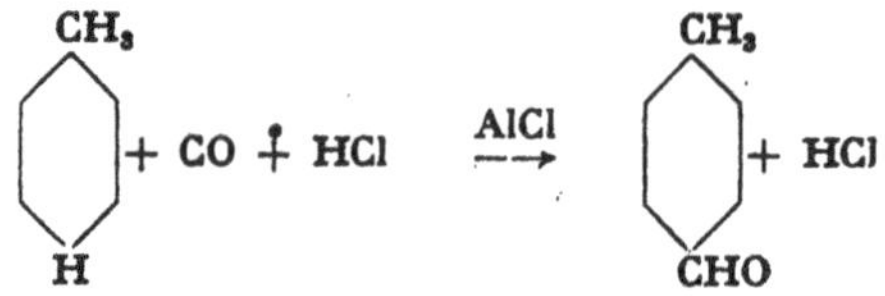

Si, au lieu d'oxyde de carbone, on emploie de l'*acide cyanhydrique* (Gattermann), ou de l'*acide fulminique* (sous forme de fulminate de mercure, Scholl), on obtiendra respectivement une imine et un oxime comme premiers produits.

Si l'on considère le processus inverse, à partir des acides carboxyliques, on ne trouve aucune réaction générale menant d'eux aux aldéhydes. On sera obligé de passer par les dérivés :

a) les *chlorures d'acides*, d'après Rosenmund, peuvent échanger leur atome de Cl contre de l'hydrogène activé catalytiquement par le Pd.

$$C_6H_5 - C\begin{matrix}\nearrow O \\ \searrow Cl\end{matrix} \xrightarrow{2H} C_6H_5 - C\begin{matrix}\nearrow O \\ \searrow H\end{matrix} + HCl$$

b) une réaction qui a rendu de nombreux services celle de Bouveault et Blanc, consiste à réduire énergiquement au moyen d'excès de sodium métallique, en milieu alcoolique bouillant, les esters : ceux-ci sont transformés en alcools correspondants, qu'on pourra oxyder suivant les méthodes classiques en aldéhydes.

Expérience 4. Réaction colorée de l'acide fuchsine-sulfureux. — Dissoudre à chaud un granule de *fuchsine* dans de l'eau, de façon à en obtenir une solution d'environ 0,2 %. La solution une fois refroidie, y ajouter peu à peu de l'*acide sulfureux* aq. conc., jusqu'à décoloration après repos de quelque temps. La liqueur peut être conservée longtemps, si on la maintient dans un flacon bien bouché.

Examiner la sensibilité de la réaction colorée avec des solutions de plus en plus diluées de *formaldéhyde* et d'*acétaldéhyde.*

Si l'aldéhyde employé pour l'essai est difficilement soluble dans l'eau, comme c'est le cas pour le *benzaldéhyde*, on ajoutera un peu d'*alcool*, mais celui-ci devra aussi être examiné auparavant : l'alcool en effet, à la lumière surtout, se décompose partiellement, et finit par renfermer après un certain temps une quantité appréciable d'acétaldéhyde.

En présence d'*acide chlorhydrique* conc., le formaldéhyde donne avec l'acide fuchsine-sulfureux une teinte d'un bleu pur, alors que, dans les mêmes conditions, la coloration provoquée par la présence de tout autre aldéhyde disparaît presque complètement ; on a ainsi un moyen de distinguer le formaldéhyde de l'acétaldéhyde.

La réaction à l'acide fuchsine-sulfureux permet d'établir une distinction très nette entre les aldéhydes et les cétones. Quant au glucose, la réaction en milieu aqueux dilué est négative.

Au sujet du mécanisme de la réaction colorée, consulter B. *54*. 2527 (1921).

Expérience 5. Réaction d'Angeli-Rimini. — Dissoudre quelques gouttes de l'*aldéhyde* qu'on vient de préparer dans de l'*alcool* exempt d'aldéhyde libre (1), avec la quantité à peu près équivalente d'*acide benzène-sulfhydroxamique* (préparation, voir p. 196) ; cette quantité sera à doubler dans le cas d'un aldéhyde aliphatique. Refroidir et ajouter au jugé en agitant, environ 2 mol. de *NaOH* 2 N ; abandonner 15 min., puis aciduler à peine à l'*acide chlorhydrique* dilué en présence de rouge Congo, et ajouter une goutte d'une solution de *chlorure ferrique :* une coloration rouge intense se produit.

On a vu, p. 196, que l'acide benzène-sulfhydroxamique, sous l'action d'alcali, se scinde en acide benzène-sulfinique et *nitroxyle* O = N-H, très instable. Lorsque la formation du nitroxyle s'effectue en présence d'un aldéhyde, il y a addition sur le carbonyle, et formation d'*acide hydroxamique*, révélé (et par conséquent l'aldéhyde aussi) par la coloration intense avec le chlorure ferrique :

$$C_6H_5-C\genfrac{}{}{0pt}{}{\nearrow O}{\searrow H} + H-N=O \rightarrow \left[C_6H_5-\underset{\displaystyle NO}{\overset{|}{C}}\genfrac{}{}{0pt}{}{\nearrow OH}{\searrow H} \right]$$

$$\rightarrow C_6H_5-C\genfrac{}{}{0pt}{}{\nearrow OH}{\searrow NOH}$$

Le processus de la réaction, est encore plus clairement mis en évidence, si l'on considère le nitroxyle sous sa forme hydratée de dioxyammoniaque $H-N\genfrac{}{}{0pt}{}{\nearrow OH}{\searrow OH}$: Cette formule fait apparaître l'analogie avec la formation des aldoximes à partir de l'hydroxylamine et des aldéhydes.

Angeli mentionne que le nitroxyle prend également naissance par scission de l'*aci*-nitrohydroxylamine sodée, sous l'influence d'un alcali :

$$O=\underset{\displaystyle ONa}{\overset{}{\underset{|}{N}}}=N-OH \rightarrow O=N-ONa+O=NH$$

Nous nous bornons ici à mentionner pour mémoire certaines réactions typiques de ces corps à possibilités si variées que sont les aldéhydes : réduction en *alcools* correspondants ; formation d'*hydrazones*, d'*oximes*, de *semicarbazones* ; *composés bisulfitiques* ; *acétals* ; *cyanhydrines* avec HCN, etc.

Expérience 6. Réaction avec l'ammoniac. — Mélanger 10 cc. de

(1) Ce point n'est essentiel que lorsqu'il s'agit d'examiner la nature aldéhydique d'une substance inconnue.

formaldéhyde avec un léger excès d'*ammoniac*, et évaporer au bain-marie dans une petite capsule de verre. Les cristaux incolores restés au fond de la capsule sont de l'*hexaméthylène-tétramine*, $(CH_2)_6N_4$, ou urotropine ; la transformation est quantitative, ce que l'on peut vérifier par titrimétrie.

Comme on l'a vu au cours d'une précédente préparation, l'acétaldéhyde se combine à l'ammoniac pour former de l'*aldéhydate d'ammoniaque :*

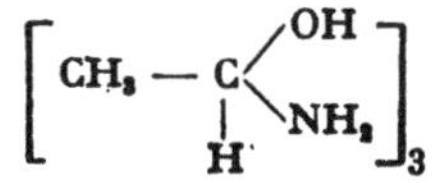

Le benzaldéhyde donne, dans les mêmes conditions, l'*hydrobenzamide :*

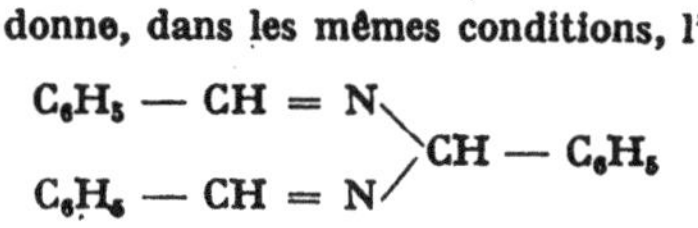

Les produits de réaction du formaldéhyde, de l'acétaldéhyde et du benzaldéhyde, malgré leurs différences, ont en commun le mécanisme de leur formation : celle-ci procède dans chaque cas d'un phénomène d'addition :

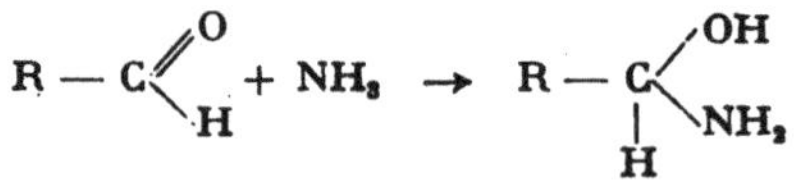

L'acétaldéhydate d'ammoniaque reste stable, tandis que les combinaisons ammoniacales des autres aldéhydes continuent leurs condensations avec élimination d'eau.

Expérience 7. — Agiter énergiquement en éprouvette quelques gouttes de *benzaldéhyde* avec la quantité triple d'une *lessive bisulfitique* technique. Le *composé bisulfitique* ne tarde pas à se séparer sous forme cristallisée.

Les composés de ce type se forment comme suit :

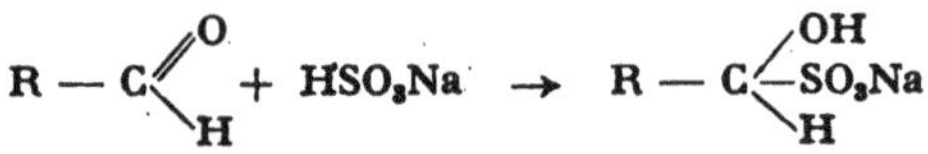

Les recherches les plus récentes (1) sur la constitution des composés bisulfitiques des aldéhydes et cétones confirment cette formule.

Ces composés doivent être considérés comme des sels d'*acides α-oxy-sulfoniques*, dont le groupe sulfo est rendu mobile du fait de la proximité de l'hydroxyle. Ce dernier agit de même dans le cas d'un halogène, si les deux résidus sont fixés au même atome de C ; un alcool chloré de type : 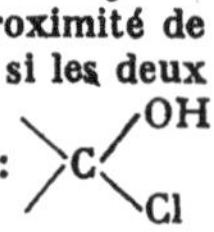 n'est pas stable.

La particularité des composés bisulfitiques de redonner leurs constituants primitifs par simple chauffage avec une solution de carbonate de soude ou

(1) RASCHIG et PRAHL, *A.*, *448*, 265 (1926) ; *Ber. 61*, 179 (1928).
W. M. LAUER, *Am. Soc.*, *1936*, 2360.

d'acide dilué, en fait un moyen précieux de séparation d'aldéhydes ou de cétones mélangés à d'autres substances.

Polymérisation :

Les aldéhydes simples se polymérisent facilement. Le formaldéhyde, par exemple n'est pas stable longtemps à l'état désydraté : il ne tarde pas à se transformer en une substance solide amorphe, de poids mol. élevé : $(CH_2O)_n$, ou *polyoxyméthylène* ; ce corps se dépolymérise rapidement sous l'action de la chaleur — plus lentement à température ordinaire — en formaldéhyde.

Il n'est pas possible d'obtenir le formaldéhyde anhydre à partir de sa solution aqueuse, (formaline) dans laquelle il se trouve lors de sa préparation, parce que l'aldéhyde distille avec la vapeur d'eau lorsqu'on chauffe. Il se trouve dissous principalement en effet sous la forme hydratée $H_2C(OH)_2$.

L'acétaldéhyde aussi, laissé à lui-même, se polymérise peu à peu en *paraldéhyde* liquide $(CH_3\text{-}CHO)_3$, lequel bout à 124° sans se décomposer. Une petite quantité d'acide chlorhydrique gazeux dirigée dans de l'acétaldéhyde refroidi suffit à provoquer la cristallisation de *métaldéhyde*, polymère solide, de structure analogue à celle du paraldéhyde.

Expérience 8. — Introduire une goutte d'*acide sulfurique* conc. dans un erlenmeyer de dimensions appropriées, contenant 5 cc. d'*acétaldéhyde* fraîchement distillé et refroidi. Une réaction violente se produit ; agiter ensuite le *paraldéhyde* formé avec un peu d'eau dans un petit entonnoir à robinet pour éliminer l'acide. Recueillir le polymère, insoluble dans l'eau, (il est parfois nécessaire de faire usage d'éther), sécher sur un peu de $CaCl_2$ et distiller dans un petit ballon à fractionner. P. éb. : 124°.

Il est possible de procéder à la réaction inverse, soit à la transformation du paraldéhyde en acétaldéhyde, en introduisant dans le polymère quelques gouttes d'acide sulfurique conc., puis en distillant au bain-marie avec une colonne à rectification. Cette méthode permet de préparer à n'importe quel instant de l'acétaldéhyde frais.

Expérience 9. — Essais à effectuer sur du *paraldéhyde* pur préparé comme ci-dessus (au moyen d'une *solution ammoniacale d'Ag*, d'*acide fuchsine-sulfureux*, de *bisulfite*). Toutes les réactions sont négatives.

La détermination de la densité de vapeur du *paraldéhyde* indique qu'il est un trimère de l'acétaldéhyde. Ne possédant aucune caractéristique aldéhydique, sa constitution est évidemment celle d'un acétal triple, cyclisé :

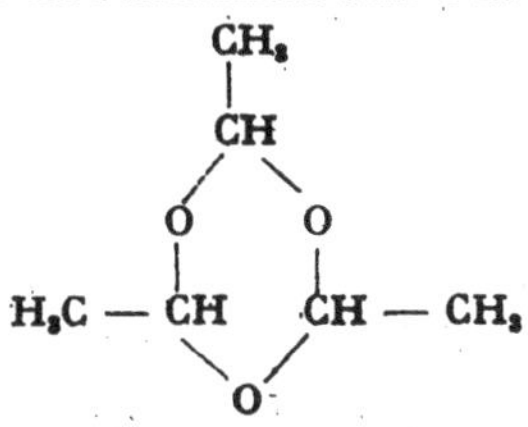

(comparer avec la polymérisation de l'acétylène en benzène).

Comme nous l'avons vu plus haut, une faible quantité d'acide sulfurique conc. suffit pour provoquer aussi bien la polymérisation de l'acétaldéhyde, que la dépolymérisation du paraldéhyde. Il y a là une réaction équilibrée, que la présence de l'acide sulfurique conc. accélère catalytiquement.

$$3CH_3 - CHO \rightleftarrows (CH_3 - CHO)_3$$

A température moyenne l'équilibre est fortement déplacé vers la droite. La raison pour laquelle le paraldéhyde est dépolymérisé en acétaldéhyde sous l'action d'acide sulfurique, comme indiqué ci-dessus, repose sur la loi d'action des masses :

$$\frac{C \text{ parald.}}{C \text{ acétald.}^3} = k.$$

Si en effet, dans cette équation, on fait diminuer systématiquement la valeur du dénominateur en éliminant par une évaporation continue la petite quantité d'acétaldéhyde formée, la concentration du paraldéhyde diminuera aussi pour satisfaire l'état d'équilibre, et la dépolymérisation se produira. Quoique l'équilibre soit presqu'entièrement dirigé dans le sens du paraldéhyde, il est possible pratiquement de le transformer totalement en son monomère, grâce à la tension de vapeur élevée de celui-ci.

A température plus basse, il se forme le second polymère de l'acétaldéhyde, le métaldéhyde, en beaux cristaux.

Expérience 10. — Diluer quelques cc. d'*acétaldéhyde* par deux parties d'*éther absolu*, et y faire passer quelques bulles d'*acide chlorhydrique* gazeux, en refroidissant le récipient par un mélange réfrigérant. Le *métaldéhyde* se sépare rapidement en belles aiguilles cristallines ; les essorer, et laver à l'éther ; la même opération, effectuée sur le filtrat, donnera une nouvelle quantité du produit.

Le *métaldéhyde* est aussi stable que le paraldéhyde et, lorsqu'il vient d'être préparé, dépourvu d'odeur ; il ne présente pas davantage de réaction aldéhydique. Il est à remarquer cependant qu'après un certain temps de repos le métaldéhyde acquiert une odeur sensible d'acétaldéhyde, manifestation de l'équilibre qui s'atteint progressivement. Le métaldéhyde est complètement dépolymérisé par chauffage.

D'après Hantzsch, le métaldéhyde est un tétramère (détermination de son poids mol. dans le phénol) ; les recherches de Mark sur le réseau cristallin du métaldéhyde, avec la méthode de Laue-Bragg, confirment ce point de vue.

Le métaldéhyde se fabrique industriellement en raison de son usage comme « alcool solidifié ».

Il est important de distinguer les *réactions réversibles de polymérisation* des aldéhydes, de leurs *réactions de condensation*. Comme type de ces dernières, citons la transformation du formaldéhyde, sous l'action d'alcalis faibles ($Ca(OH)_2$, $CaCO_3$), en *aldéhyde glycolique* et *aldéhyde glycérique*, puis en un mélange d'*hexoses* (Boutlerow, O. Loew), duquel E. Fischer a pu isoler une substance appelée par lui *α-acrose* (*d, l*-fructose). Il s'agit là d'un processus d'addition de plusieurs molécules, la nouvelle liaison s'établissant entre atomes de C.

Rappelons le rôle du formaldéhyde lors de l'assimilation du CO_2.

Une autre synthèse du même type se produit lors de la condensation dite *aldolique* ; cette réaction, commune à tous les aldéhydes de formule

$$\begin{matrix} R \searrow \\ \quad CH - CHO \\ R' \nearrow \end{matrix}$$

s'effectue sous l'action catalytique d'alcalis ou d'acides dilués. L'hydrogène en α est rendu mobile, du fait du voisinage du groupe $\rangle C = O$, et se fixe sur le groupe $\rangle C = O$, très réactif, d'une deuxième molécule :

$$O = CH - \overset{\displaystyle H}{C}H_2 + O = CH - OH_3 \rightarrow O = CH - CH_2 - \overset{\displaystyle OH}{C}H - CH_3$$

aldol

Les *aldols* sont des β-oxyaldéhydes et, comme tous les composés β-oxy-carbonylés, ils perdent facilement une molécule d'eau pour se transformer en aldéhydes non saturés en $\alpha-\beta$. L'aldol est le produit de départ industriel du *butadiène*, base du caoutchouc synthétique « Buna » : on hydrogène l'aldol en butylène-glycol 1,3, auquel il faut ensuite enlever 2 mol. d'eau.

Expérience 11. — Dissoudre quelques gouttes d'*acétaldéhyde* dans environ 2 cc. d'eau, ajouter 1 /2 cc. de *soude caustique* dil., et chauffer l'éprouvette. Il se développe une coloration jaune, et l'aldol formé se convertit en *aldéhyde crotonique*, reconnaissable à son odeur âcre dans la liqueur en ébullition.

Si l'on chauffe de l'acétaldéhyde avec de l'alcali concentré, la condensation se fera jusqu'à un stade plus avancé, et un précipité jaune d'*aldéhyde résinifié* se formera.

Le brunissement de solutions d'éthylates et de potassium éthylique est attribué à la formation de produits analogues, provenant de l'oxydation de l'alcool.

La réaction benzoïnique et la réaction de Cannizzaro, que nous examinerons plus loin, relèvent aussi du processus de condensation des aldéhydes. Étant donnée la variété des possibilités, on utilise dans chaque cas particulier, un catalyseur spécifique pour diriger la réaction dans le sens voulu.

Expérience 12. Réaction de Schardinger. — Une prise de la moitié environ d'un échantillon de 50 cc. de *lait* frais est soumise à une rapide ébullition, puis refroidie ; introduire dans les 2 portions 1 cc. de la solution de *formaldéhyde* préparé comme ci-dessus, et quelques gouttes d'une solution aq. de *bleu de méthylène.* Chauffer ensuite les 2 liqueurs à 50° : la prise qui n'a pas été soumise à l'ébullition ne tarde pas à se décolorer ; si l'on rajoute du colorant, le phénomène se reproduit. Dans l'autre prise, au contraire, la teinte persiste.

Le lait de vache frais contient un ferment dont l'action consiste à accélérer fortement la réduction, par l'aldéhyde, du bleu de méthylène en son leucodérivé ; en l'absence du ferment, la réduction n'apparaît pas. Deux atomes d'hydrogène de l'aldéhyde hydraté s'activent par le ferment, et l'aldéhyde, agissant comme réducteur, se transforme en acide. Bredig a montré par ailleurs que le *platine finement divisé* peut jouer le même rôle que le ferment.

Sous l'influence de la chaleur, l'aldéhyde-déhydrase de Schardinger est détruite. Pour plus de détails, consulter B. *47*, 2085 (1914) ; A. *477*, 32 (1929).

Principaux usages industriels des aldéhydes :

On fait usage de solutions de formaline pour la désinfection et la conservation de substances altérables.

La caséine, résinifiée avec du formaldéhyde, constitue, sous le nom de *galalite*, une matière plastique d'usage très répandu ; il en est de même pour la *bakélite*, produit de la condensation du phénol avec le formaldéhyde (p. 244).

Traitées par l'hydrosulfite de sodium, les aldéhydes, fournissent 2 composés : l'*aldéhyde-bisulfite de sodium* et l'*aldéhyde-sulfoxylate de sodium* :

$$S_2O_4Na_2 + 2R - CHO + H_2O \rightarrow R - C\begin{matrix} H \\ OH \\ SO_3Na \end{matrix} + R - C\begin{matrix} H \\ OH \\ SO_2Na \end{matrix}$$

Le sulfoxylate du formaldéhyde est très employé en teinturerie, sous le nom de *rongalite*, comme agent réducteur lors du procédé d'impression « par rongeage ».

L'*acétaldéhyde* de synthèse (à partir de l'acétylène) offre deux débouchés industriels : l'alcool de synthèse, relativement peu important, obtenu par hydrogénation catalytique, et surtout, en grandes quantités, l'*acide acétique*, par auto-oxydation catalytique en présence d'oxydes du manganèse.

Le *benzaldéhyde* est un produit intermédiaire important pour l'industrie des colorants (voir le vert de malachite)

Un grand nombre enfin d'aldéhydes, tels que l'aldéhyde phénylacétique, la vanilline, le pipéronal, le citral, etc., sont employés en parfumerie.

4. — *Réaction de Cannizzaro. Acide benzoïque et alcool benzylique à partir de benzaldéhyde* (1)

On introduit 20 g. de *benzaldéhyde* fraîchement distillé dans un cylindre muni d'un bouchon, ou tout autre récipient de verre épais, et y ajoute une solution refroidie de 18 g. de *potasse caustique solide* dans 12 g. d'eau ; la liqueur est agitée jusqu'à émulsion persistante, puis le récipient est abandonné une nuit bien bouché.

On verse ensuite sur le précipité de *benzoate de potassium* le volume d'eau suffisant (2) pour pouvoir procéder à l'épuisement, par agitations répétées avec de l'*éther*, de l'*alcool benzylique*. Les différents extraits éthérés, réunis, sont concentrés à un volume de 30-40 cc., puis on les agite soigneusement par 2 fois dans un entonnoir à robinet, avec 5 cc. par opération d'une solution à 40 % de *bisulfite technique* ; l'acide sulfureux dissout dans l'éther après séparation de ce dernier est neutralisé par agitation avec quelques cc. d'une solution de *carbonate de soude*. On sèche sur du *sulfate de sodium* calciné, évapore l'éther, et soumet l'alcool benzylique à la distillation (p. éb. 206°). Rendement : environ 8 g. d'alcool.

On acidule la liqueur aqueuse alcaline par de l'*acide chlorhydrique* de manière à précipiter l'*acide benzoïque*. Après refroidisse-

(1) B. *14*, 2394 (1881).

(2) Si la dilution est trop grande, l'extraction complète de l'alcool, soluble dans l'eau, sera difficile.

ment, on essore et recristallise dans l'eau bouillante, sans procéder à un lavage. P. fus. 121° ; rendement : 9-10 g.

Le processus de la réaction de Cannizzaro consiste vraisemblablement en une condensation de 2 molécules d'aldéhyde en un *ester*, lequel fournit ensuite par hydrolyse un alcool et un acide :

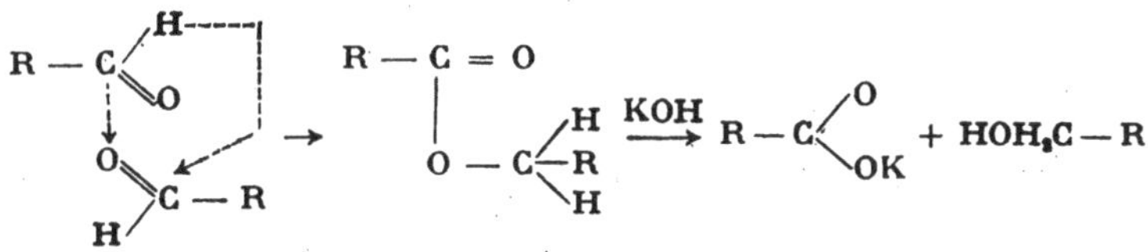

Notons que, d'après Tistschenko, l'alcoolate d'aluminium provoque la condensation des aldéhydes en esters, fait qui semble prouver la théorie précédente.

Cette « dismutation » des aldéhydes en acides et alcools semble jouer un rôle important dans la fermentation alcoolique (à propos du mécanisme de cette dernière, voir p. 393), quoique le processus chimique s'y passe d'une façon différente.

La réaction de Cannizzaro n'est pas réservée exclusivement aux aldéhydes de la série aromatique ; le *formaldéhyde*, par exemple, est aussi transformé sous l'action d'alcali fort en *acide formique* et *alcool méthylique*.

Quant aux homologues supérieurs aliphatiques, à partir de l'acétaldéhyde, ils ne se prêtent plus à la réaction de Cannizzaro ; la vitesse de la réaction d'aldolisation étant supérieure, c'est celle-ci qui se produit seulement.

Pour les aldéhydes *tertiaires*, qui ne sont plus capables de s'aldoliser, la réaction de Cannizzaro peut de nouveau avoir lieu, aussi bien dans la série grasse que dans la série aromatique. C'est ainsi que l'acide glyoxylique se « dismute » en *acide glycolique* et *acide oxalique*.

Sous l'action d'*alcoolate d'aluminium*, l'équilibre oxydo-réducteur d'un système alcool-aldéhyde se trouve déplacé. Ce phénomène, découvert par Meerwein (1) est apparenté à la réaction de Cannizzaro.

Un aldéhyde R-CHO en effet, réagit avec de l'alcoolate d'Al $(C_2H_5O)_3Al$ pour former tout d'abord le produit d'addition :

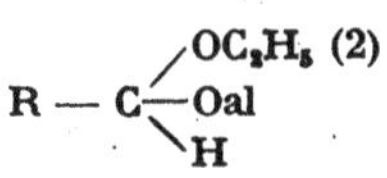

lequel est ensuite décomposé en :

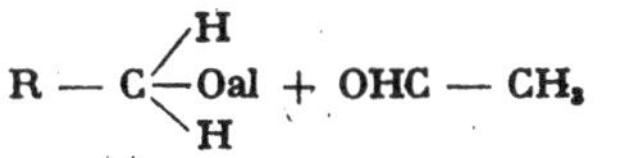

Ce processus de réduction permet d'obtenir des alcools difficilement accessibles par d'autres voies, tels que l'*alcool éthylique trichloré*, ou l'*alcool cinnamylique*, à partir des aldéhydes correspondants. C'est ainsi que l'on prépare l'*alcool éthylique tribromé*, (*avertine*) qui possède d'excellentes propriétés narcotiques (F. F. Nord), et s'administre par voie rectale.

(1) A. *444*, 221 (1925).
(2) al = Al/3.

3. — *Condensation acyloïnique. Benzoïne à partir de benzaldéhyde*

On mélange 10 g. de *benzaldéhyde* fraîchement distillé avec 25 cc. d'*alcool* et une solution de 2 g. de *KCN* dans 5 cc. d'eau. La liqueur est portée à l'ébullition au bain-marie pendant une heure, avec réfrigérant à reflux. On laisse refroidir lentement, filtre les cristaux qui se sont déposés, les lave avec un peu d'alcool et sèche au bain-marie.

Si l'on veut obtenir de la *benzoïne* pure, on fera recristalliser une prise du produit brut dans un peu d'alcool. P. fus. : 134°. Rendement : environ 90 %.

Benzile à partir de benzoïne :

La *benzoïne* brute de la préparation précédente, desséchée et finement pulvérisée, est introduite dans un ballon ouvert ; on y ajoute son poids double d'*acide nitrique* conc. pur, et chauffe une heure et demie à deux heures au bain-marie en vive ébullition, en agitant fréquemment. Lorsque l'oxydation est terminée, on verse de l'eau froide dans le ballon. Le mélange se prend alors en masse, et l'on décante l'acide nitrique dilué surnageant ; on lave le précipité à l'eau plusieurs fois, le sèche sur porcelaine poreuse et recristallise dans l'*alcool.*

Après essorage des cristaux, ceux-ci sont séchés à l'air, sur papier-filtre. P. fus. : 95°. Rendement : environ 90 %.

Connue sous le nom de *condensation acyloïnique* ou *benzoïnique*, la réaction que l'on vient de voir se produire par l'action de cyanure de potassium est caractéristique des aldéhydes de la série aromatique. Le composé intermédiaire en est très probablement la combinaison potassique de la cyanhydrine formée. Il existe en effet un hydrogène rendu mobile, comme dans le cas du cyanure de benzyle (p. 259) ; cet atome d'hydrogène, en milieu alcalin, participe à une aldolisation avec une seconde molécule d'aldéhyde :

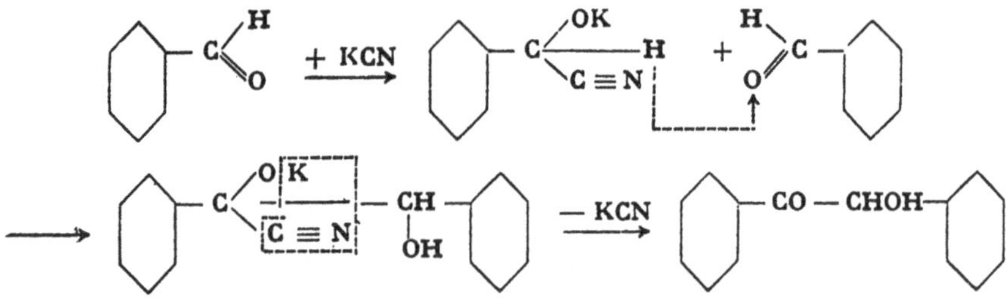

Le produit de condensation donne la benzoïne, en abandonnant une molécule de KCN. Le rôle catalytique de ce dernier saute aux yeux, et fait distinguer nettement la condensation benzoïnique de la synthèse d'une cyanhydrine.

Les dérivés substitués du benzaldéhyde réagissent d'une façon identique : l'aldéhyde anisique, par exemple, donne de l'*anisoïne*.

Il en est de même dans le cas du furfurol (établir la formule de la furoïne).

La raison pour laquelle la condensation benzoïnique est particulièrement caractéristique des aldéhydes aromatiques provient simplement du fait que l'atome de C tertiaire du noyau exclut la condensation aldolique.

Le premier cas d'acyloïnation a été vu plus haut, au sujet du *formaldéhyde :* l'*aldéhyde glycolique* en effet est l'acyloïne la plus simple.

Remarquons en passant que les acyloïnes de la série grasse se forment également sous l'action du sodium ou du potassium sur les esters : elles sont donc les produits intermédiaires de la synthèse de l'ester acétylacétique. (Bouveault, Scheibler).

Il existe enfin dans la cellule vivante des enzymes, appelées *carboligases*, dont le rôle est de diriger la condensation de 2 molécules d'aldéhydes dans le sens de l'acyloïnation.

C'est ainsi que le benzaldéhyde mis dans la levure en fermentation se combine avec l'acétaldéhyde, produit intermédiaire de la fermentation, en *benzacétoïne* optiquement active :

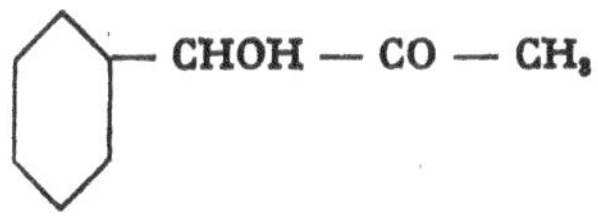

Si l'on remplace le benzaldéhyde par de l'acétaldéhyde, c'est de l'*acétoïne* qui se forme (Neuberg).

Les acyloïnes, en tant qu'α-oxycétones, présentent certaines analogies avec les *cétoses :* comme ceux-ci, elles réduisent la liqueur de Fehling, et se combinent à la phénylhydrazine pour donner des osazones.

Expérience. — Porter quelque temps à ébullition au bain-marie une solution *alcoolique* concentrée de 1 g. de *benzoïne* avec 1,5 cc. de *phénylhydrazine*. L'*osazone* du benzile cristallise au refroidissement. P. fus. : 225°. On vérifie la présence de l'ammoniaque dégagé au cours de la réaction. Formuler la réaction.

D'après Busch, le produit de l'auto-oxydation du *benzaldéhyde-phénylhydrazone* est le même que celui résultant de la combinaison du *benzile* avec la phénylhydrazine.

On traitera plus loin la formation d'osazones à partir d'α-oxycétones et d'α-oxyaldéhydes (voir p. 294).

L'intérêt des acyloïnes du point de vue des synthèses organiques, est qu'elles sont les composés intermédiaires de la préparation d'un grand nombre de dicétones 1,2.

En série aromatique, leur représentant le plus simple est le *benzile* ; on a de même l'anisile, le furile, etc. ; dans la série grasse, le correspondant est le *diacétyle*, CH_3-CO-CO-CH_3 (comme aussi le glyoxal anhydre), qui possède une coloration jaune. On peut obtenir le diacétyle, selon Pechmann, à partir de l'éthylméthyl-cétone, en passant par le monoxime ; signalons la condensation remarquable de ce composé en *p-xyloquinone* (à formuler).

Ces dicétones se condensent avec l'*o-phénylène-diamine* pour donner des quinoxalines (Hinsberg) : ce fait prouve que les deux groupes >CO = sont voisins.

Expérience. — Dissoudre 0,1 g. environ de *benzile* et de *benzoïne* dans 10 cc. d'alcool ; ajouter à froid quelques gouttes d'*alcali* dans l'éprouvette. Une belle coloration rouge se produit immédiatement, que l'on fait disparaître par simple agitation à l'air. Au repos, la coloration se produit à nouveau ; en répétant ces opérations, on pourra faire disparaître et renaître la teinte un grand nombre de fois.

Lorsqu'après adjonction d'une quantité supplémentaire d'alcali, la teinte n'apparaît plus, il n'y a plus alors de benzoïne en solution. Avec du benzile parfaitement pur, il ne se produit aucune coloration.

Cette réaction remarquable provient de ce que l'alcali transforme partiellement la benzoïne en son di-énolate, le *stilbène-di-olate de potassium* (1) :

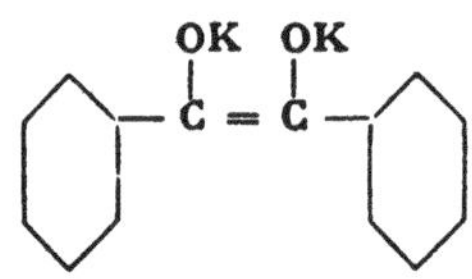

ce dernier, en l'absence d'eau, peut être isolé sous forme de cristaux jaune-orangé ; il donne en présence du benzile une solution rouge, dont la coloration est sensible à l'air, renfermant vraisemblablement le radical *benzile-potassique* ; celui-ci peut se produire aussi par fixation de potassium métallique sur le benzile (Beckmann et Paul (2), Schlenk (3) :

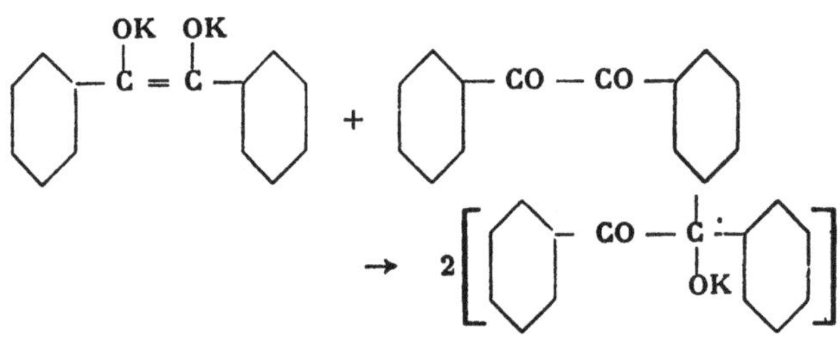

Par auto-oxydation, ce radical se transforme en *benzile* et *acide benzoïque* (4).

La réaction la plus importante du benzile et de ses dérivés, a été découverte par J. von Liebig : c'est la *transposition benzilique.*

Expérience (5). — Chauffer à ébullition au bain-marie 5 g. de *benzile,* 15 cc. d'*alcool* et une solution de 5 g. de *KOH* dans 10 cc. d'eau pendant 10 min. Essorer fortement après refroidissement le dépôt cristallin de *benzilate de potassium,* laver avec un peu d'alcool et dissoudre dans 20-30 cc. d'eau froide. Filtrer la liqueur,

(1) Scheuing, A., *440*, 72 (1924).
(2) *A.* *266*, 23 (1891).
(3) *B.*, *46*, 2840 (1913).
(4) Cf. A. Weissberger, H. Mainz et E. Strasser, *Ber.*, *62*, 1942 (1929).
(5) H. von Liebig, *Ber.*, *41*, 1644 (1908).

porter à ébullition et précipiter à chaud avec de l'*acide sulfurique* dilué ; essorer à chaud et laver à l'eau chaude l'acide libre, précipité partiellement sous forme cristalline. On peut le recristalliser directement dans une certaine quantité d'eau chaude, ou, après séchage, dans le *benzène*. P. fus. : 150°. Rendement : environ 4 g.

Pendant le premier stade de la transformation, dont l'équation globale est :

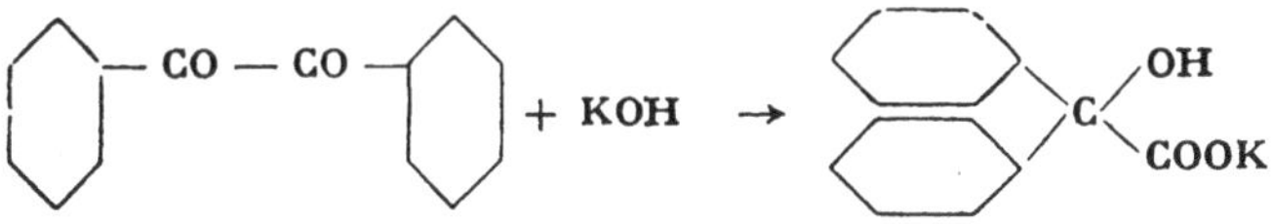

il se forme, d'après Scheuing, un produit d'addition du benzile avec une molécule de l'hydroxyde alcalin ; ce produit subit une transposition intramoléculaire, provenant probablement de la tendance du potassium à atteindre un équilibre de neutralisation :

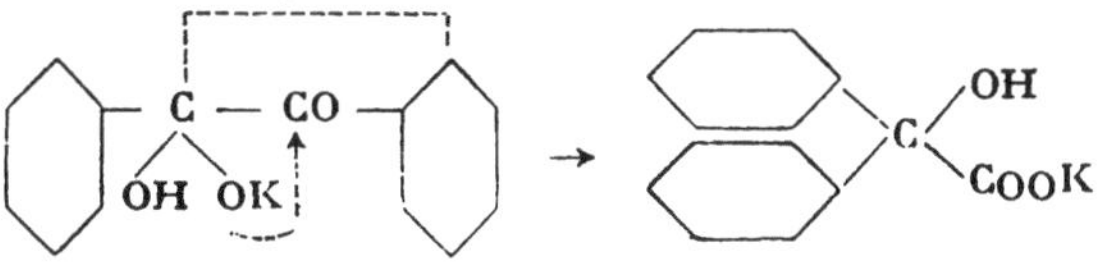

La phénantrène-quinone donne lieu de la même façon à l'*acide biphénylène-glycolique*.

La transposition benzilique se produit aussi dans un grand nombre d'autres cas : acide croconique, purpurogalline, etc.

Un autre type de réaction présentant de grandes analogies avec la précédente est la *transposition pinacolique :*

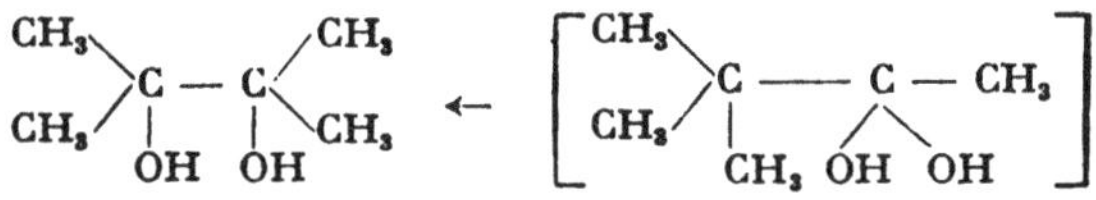

pinacone

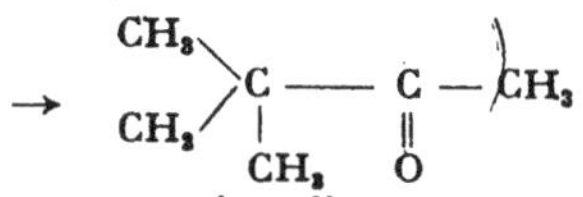

pinacoline

Il y a également dans ce cas, du point de vue formel, permutation entre un hydroxyle et un résidu hydrocarboné — CH_3 ; c'est en réalité l'élimination d'eau aux dépens de deux hydroxyles voisins (car on a fait usage d'acide sulfurique conc.) qui a entraîné la migration d'un groupe méthyle.

Mentionnons brièvement une autre réaction du même genre, fort étudiée ces dernières années, et qu'on nomme improprement *transposition rétro-pinacolique*. Elle se produit lorsque l'*alcool pinacolique* se transforme en *tétraméthyléthylène*, avec élimination d'eau :

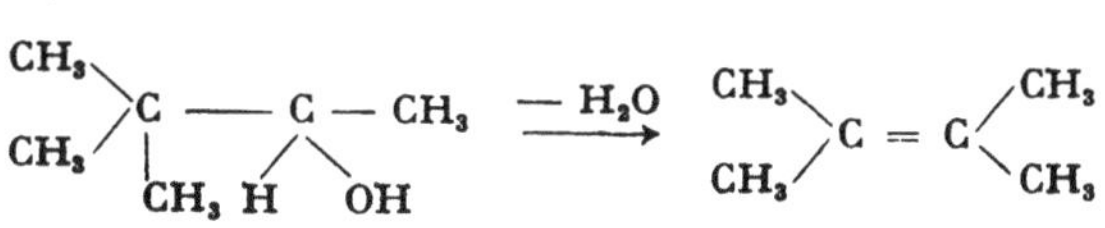

La transformation du *bornéol* et ses dérivés en composés du type camphé nique procède du même genre de transposition intra-moléculaire :

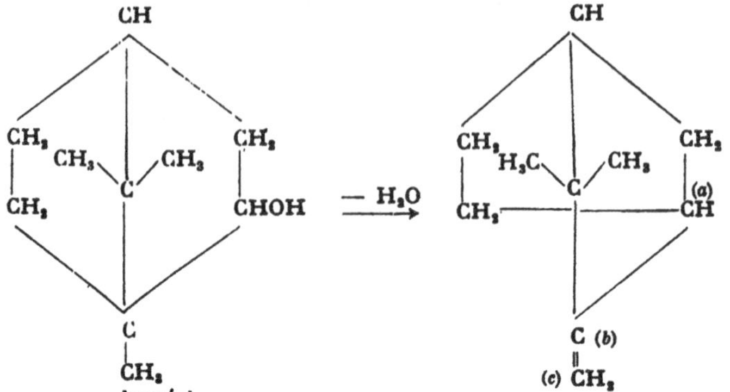

bornéol

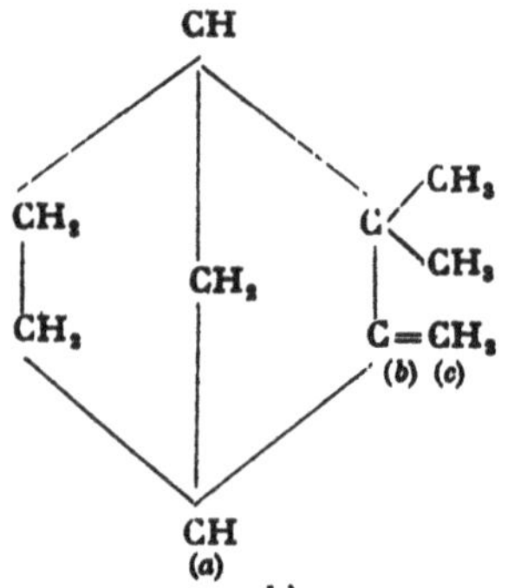

camphène

L'unique différence entre les deux réactions est, comme on le voit aisément, que la double liaison s'est inversée, par rapport au groupe méthyle, de *ab* en *bc*.

Pour des raisons stériques, il ne peut y avoir de double liaison entre *a* et *b* : c'est la règle de Bredt pour un système bicyclique du type du camphane, selon laquelle l'atome de C commun aux deux noyaux ne peut fournir de double liaison.

La seconde formule du camphène représente, d'après les vues les plus récentes, une meilleure image de la structure de l'hydrocarbure.

Parmi les importants travaux parus sur le sujet et que nous ne pouvons ici que rappeler brièvement, citons ceux de Meerwein particulièrement intéressants à consulter. L'ouvrage de W. Hückel : « Theoretische Grundlagen der Organischen Chemie ». Leipzig 1934, vol. I, p. 231, présente des notions très claires et générales sur les transpositions intra-moléculaires.

Nous mentionnerons cependant ici une de ces réactions de transposition, aisément réalisable au laboratoire à partir du benzile : il s'agit de la transformation de ce dernier en *diphényl-cétène*, selon la méthode de G. Schröter (Ber. *42*, 2346 (1909)). L'*hydrazone* du benzile est déshydrogéné sous l'action d'oxyde de mercure (que l'on aura avantage à préparer soi-même) en une substance appelée *azibenzile* par Curtius et Staudinger :

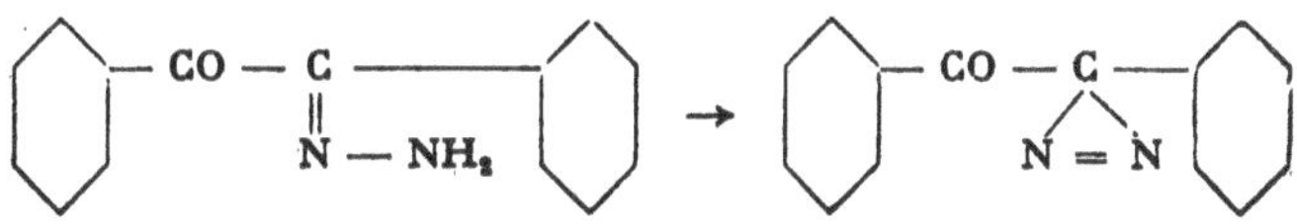

Chauffé dans le benzène, en l'absence d'air et d'humidité, l'azibenzile élimine une molécule d'azote et se transforme par un processus intra-moléculaire en *diphénylcétène :*

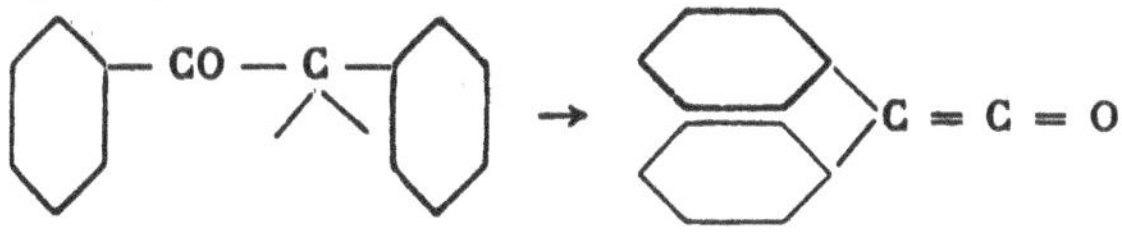

Une méthode plus ancienne, due à Staudinger, permet aussi d'obtenir cet intéressant dérivé cétènique : l'*acide benzilique*, traité par le pentachlorure de phosphore, donne du *chlorure de diphényl-chloracétyle* ; on élimine ensuite les deux atomes de chlore au moyen de zinc (à formuler). Établir la parenté avec le *suboxyde de carbone.*

Criegee a étudié la réaction du *tétracétate de plomb* sur l'acide benzilique : comme pour le glycol, il y a déshydrogénation, départ de CO_2, et formation de *benzophénone.* Les opérations sont conduites de la manière indiquée p. 129 et l'on isole la benzophénone en faisant digérer dans une petite quantité d'éther de pétrole l'huile restant après évaporation dans le vide de l'acide acétique.

6. — *Fixation d'acide cyanhydrique par un aldéhyde. Acide amygdalique à partir de benzaldéhyde*

Nitrile de l'acide amygdalique :

On introduit 15 g. de *benzaldéhyde* fraîchement distillé dans un cylindre contenant 50 cc. d'une solution conc. de *bisulfite de sodium* et muni d'un bouchon de caoutchouc.

On remue avec une baguette de verre jusqu'à prise du mélange en masse compacte, constituée par le produit d'addition bisulfitique 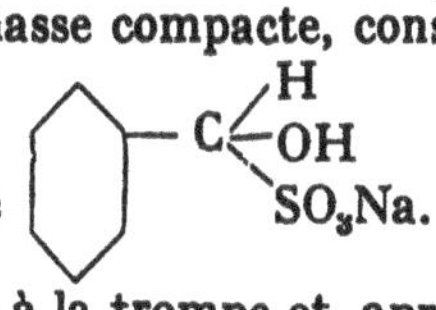

On agite alors énergiquement le tout, filtre à la trompe et, après avoir fortement pressé le précipité, lave plusieurs fois avec un peu d'eau glacée.

On agite ensuite le composé bisulfitique dans un peu d'eau, de manière à constituer une pâte épaisse sur laquelle on verse une solution refroidie de 12 g. de *KCN* pur dans 25 cc. d'eau. Les cristaux ne tardent pas à se dissoudre — plus rapidement encore si l'on agite — et le *nitrile de l'acide amygdalique* se sépare sous forme d'huile que l'on décante de la solution aqueuse à l'aide d'un entonnoir à séparation, et que l'on utilise immédiatement pour la suite des opérations.

Saponification du nitrile :

Celui-ci est versé dans une capsule de porcelaine avec le volume quadruple d'*acide chlorhydrique* conc. et le mélange est soumis à l'évaporation au bain-marie jusqu'à ce que l'on observe le début d'un dépôt abondant de cristaux à la surface de la liqueur. Celle-ci est abandonnée une nuit dans un endroit frais ; on détache les cristaux en rinçant avec un peu d'eau, les filtre à la trompe et les lave avec le minimum d'eau. On peut récupérer une certaine quantité d'acide dans le filtrat en épuisant celui-ci à l'éther. L'acide brut est pressé sur une assiette de porcelaine poreuse, séché et purifié par cristallisation dans le *benzène*. P. fus. : 118°. Rendement : environ 10-15 g.

Séparation de l'acide amygdalique inactif en ses composants actifs (1)

On fait un mélange de 10 g. d'*acide amygdalique* cristallisé et de 20 g. de *cinchonine* dans 500 cc. d'eau ; la liqueur est chauffée une heure durant dans un ballon ouvert au bain-marie en fort régime ; on prend soin d'agiter fréquemment.

Après refroidissement, on filtre l'insoluble, sans laver. On introduit ensuite quelques cristaux de la *combinaison destrogyre de l'acide amygdalique avec la cinchonine* (voir plus bas) dans la solution limpide (*a*) ; on abandonne ensuite dans un endroit frais (2) pendant un ou plusieurs jours suivant les circonstances.

Le d-amygdalate de cinchonine brut qui s'est alors séparé est filtré (on conserve le filtrat A), et cristallisé dans 20 fois son volume d'eau bouillante. On en fait une solution, que l'on amorce avec quelques cristaux de d-amygdalate de cinchonine ; on obtiendra de la même manière que tout à l'heure, mais après un temps plus long, un sel plus pur que le premier.

Pour préparer l'acide dextrogyre libre, on dissout son sel purifié dans un peu d'eau et fait barboter dans la solution un léger excès d'ammoniac, ce qui a pour résultat de précipiter la cinchonine ; cette dernière est filtrée, recristallisée dans de l'alcool dilué et conservée pour une autre expérience.

Le filtrat, contenant du *d-amygdalate d'ammonium*, est acidulé à l'*acide chlorhydrique* et épuisé à l'*éther* ; ce dernier est chassé par évaporation et le résidu chauffé quelques instants sur un verre de montre au bain-marie; on obtient après refroidissement, des cristaux d'*acide d-amygdalique*, que l'on écrase sur une assiette de porcelaine et recristallise dans du *benzène*, ou, mieux, dans du *chloroforme*. P. fus. : 133-134°.

Il n'est pas possible d'isoler aussi aisément l'acide l-amygda-

(1) Cf. *B.*, *16*, 1773 (1883) et *32*, 2385 (1899).

(2) 6-8° ; en été, dans la glacière ; en hiver éventuellement à la cave.

lique lorsque l'on part de petites quantités d'acide inactif. On pourra cependant préparer une substance ne manifestant presque plus de dextro-rotation de la manière suivante : le filtrat A est traité en vue de l'obtention d'acide libre, comme indiqué ci-dessus pour le d-amygdalate de cinchonine pur ; cet acide libre est constitué principalement par la forme lévogyre, puisque la presque totalité de sa modification dextrogyre en a été retirée.

On a ainsi en mains trois préparations : 1. acide inactif, racémique ; 2. acide d-amygdalique pur ; 3. acide l-amygdalique impur, dont on fera des solutions aqueuses de concentration convenable, qui seront examinées du point de vue de leur pouvoir rotatoire dans un polarimètre

Dans le cas où l'on ne serait pas en possession de d-amygdalate de cinchonine pour amorcer la solution, il faudra opérer comme suit : on écoule goutte à goutte une solution aqueuse saturée de *NaCl* dans une prise de quelques cc. de la solution (*a*) (voir plus haut), jusqu'à début de précipitation. On chauffe ensuite : la solution s'éclaircit, et on l'abandonne jusqu'à ce que des cristaux se soient bien déposés, ce qui se produit normalement en une journée environ. Ces cristaux, formés de *chlorhydrate de cinchonine*, entraînent dans leur précipitation une petite quantité de *d-amygdalate de cinchonine* qui suffira à déclancher la précipitation du sel dextrogyre.

Les formes actives de l'acide amygdalique appartiennent aux substances stéréoisomères pour lesquelles le sens de la rotation ne correspond pas à la configuration ; le *d* (—) fructose en est l'exemple le plus connu. Il faudra par conséquent en tenir compte dans la notation : acide *d*(—) amygdalique, *l*(+) amygdalique.

7. — *Alanine* (1)

On dissout 13,2 g. (0,3 mol.) d'*acétaldéhyde* fraîchement distillé dans 100 cc. d'*éther* ; cette solution est versée dans une solution aqueuse saturée froide de 18 g. de NH_4Cl, contenue dans un flacon à pression.

On fait couler lentement dans le flacon, au moyen d'une ampoule à robinet, et en agitant et refroidissant, une solution de 20 g. de *NaCN* dans 30 cc. d'eau. On fixe ensuite le flacon bien bouché sur une secoueuse mécanique, que l'on met en marche pendant 3 h. à la température du laboratoire. Le contenu du flacon est ensuite versé dans un ballon rond d'un demi-litre, dans lequel on introduit peu à peu en refroidissant à la glace 100 cc. d'*acide chlorhydrique* conc. (opérer sous hotte en raison du dégagement d'acide cyanhydrique) ; l'éther est chassé par évaporation (utiliser un réfrigérant descendant), le résidu chauffé 1 h. au bain-marie bouillant et la solution devenue brune évaporée finalement dans une capsule jusqu'à siccité complète.

La substance complètement desséchée et débarrassée d'acide chlorhydrique (essai olfactif) est portée par 2 fois à l'ébullition dans

(1) A. Strecker, A. *75*, 30 (1850) ; Zelinský et Stadnikov, B. *41*, 2061 (1908).

un petit ballon rond, avec 100 cc. d'*alcool* par opération ; les extraits alcooliques sont filtrés et évaporés à nouveau. Le résidu est séché finalement dans le vide au bain-marie.

Il s'agit alors de libérer le *chlorhydrate d'alanine* du *chlorure de sodium* qui l'accompagne : on dissout le produit dans 100 cc. d'*alcool* absolu bouillant, additionnés de 5 cc. d'*éther*, et évapore la solution pour pouvoir recueillir le sel de l'alanine. Celui-ci est difficile à obtenir cristallisé, et on le transforme tel quel en aminoacide libre de la façon suivante :

Le chlorhydrate, introduit dans un bécher, est imbibé de 100 cc. d'eau ; on fait bouillir pendant un temps suffisant (10-15 min.), en ajoutant par petites portions 40-50 g. de *litharge*, jusqu'à ce qu'il ne se produise plus de dégagement d'ammoniac (provenant d'un peu de NH_4Cl dissous). On filtre à chaud et lave avec 20-30 cc. d'eau chaude ; le filtrat limpide, coloré en brun, est traité par un courant d'*hydrogène sulfuré* à chaud pour l'élimination du Pb. Le précipité de *sulfure de Pb* est essoré à la trompe, et le filtrat versé encore tiède dans un flacon à bouchon rodé ; on l'y agite, en prenant soin de déboucher de temps à autre, avec environ 3 g. de *carbonate d'argent* fraîchement précipité et soigneusement lavé ; on élimine de la sorte tous les ions Cl′ provenant de la solubilisation partielle du $PbCl_2$ (vérification sur un échantillon). La solution filtrée, dans laquelle on a fait encore circuler un courant bref d'H_2S, est évaporée, et abandonne un résidu sirupeux d'alanine que l'on imbibe d'*alcool* absolu, en frottant avec une baguette de verre pour faire cristalliser le produit. Après quelques heures de repos, on essore énergiquement, lave avec un peu d'alcool absolu, puis avec de l'*éther absolu* et sèche dans un exsiccateur à vide. Rendement : 15-20 g.

On peut recristalliser l'alanine dans la meme quantité d'eau, mais au prix de pertes notables. La meilleure méthode consiste à la dissoudre dans le volume juste nécessaire d'eau bouillante, et à ajouter à chaud de l'alcool jusqu'à début de cristallisation. P. fus. : 264° (avec décomposition).

Remarques relatives aux préparations 6 et 7 :

La méthode utilisée ici pour la *synthèse de cyanhydrines* — déplacement du composé bisulfitique d'un aldéhyde par le cyanure de potassium — n'est pas applicable dans tous les cas. On emploie assez souvent des solutions conc. d'HCN : quelquefois aussi de l'HCN anhydre.

La méthode générale de synthèse des α-aminoacides, dont les nitriles se forment par fixation de cyanure d'ammonium sur un aldéhyde ou une cétone (Strecker), s'oppose ainsi à celle des α-oxyacides.

Pour d'autres synthèses d'aminoacides, voir préparat. VII, 2, p. 272.

L'*amygdaline*, que l'on trouve dans les amandes amères et d'autres fruits à noyaux, est le composé glucosidique du *nitrile de l'acide l-amygdalique* avec le *gentiobiose* (cf. p. 388) ; il appartient à la classe des β-glucosides, comme le prouve l'action de l'enzyme appelée émulsine, qui le scinde en 2 mol. de glucose, une de benzaldéhyde et une d'acide cyanhydrique.

L'acide l-amygdalique naturel a été obtenu pour la première fois par Liebig, par hydrolyse acide de l'amygdaline.

On fait usage fréquemment de la synthèse des cyanhydrines due à H. Kiliani pour synthétiser les sucres supérieurs. Les acides carboxyliques provenant de la saponification des nitriles, peuvent être réduits sous forme de leurs lactones en aldéhydes correspondants.

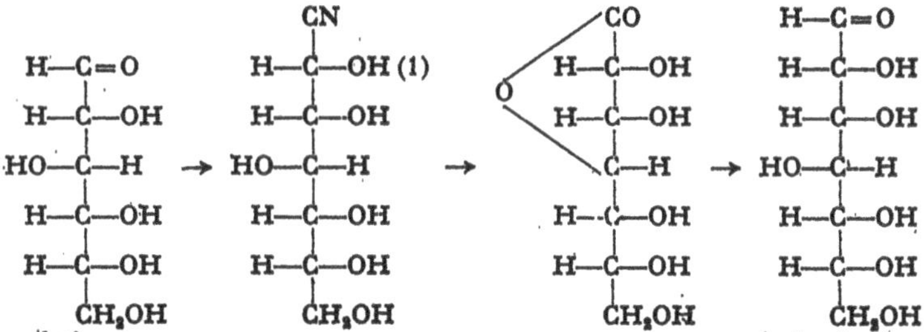

d-glucose ***d-glucoheptose***

Lors de notre synthèse du nitrile de l'acide amygdalique, il s'est formé un atome de C asymétrique, mais on a un nombre égal de molécules des 2 antipodes ; la probabilité de formation de l'un ou de l'autre est égale en effet :

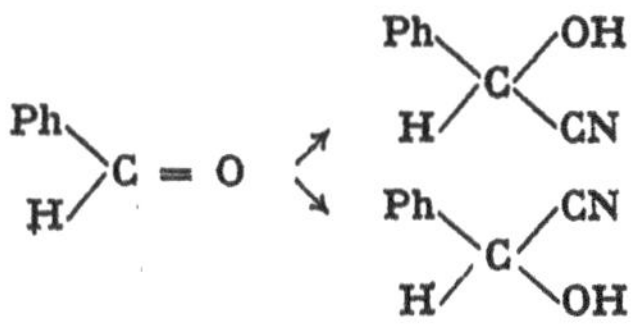

Les formes dextrogyre et légyre se distinguent par leur *forme cristalline* et le *sens de leur pouvoir rotatoire* ; toutes leurs autres propriétés physiques sont identiques, ainsi que leurs propriétés chimiques.

Les sels des deux configurations formés avec une base optiquement active ne se trouvent plus alors entre eux comme le rapport de l'image à son objet et, de ce fait, se différencient quant à leurs constantes physiques, telles que la solubilité par exemple. Voir les méthodes classiques de séparation des bases racémiques.

Les enzymes agissent spécifiquement en vue d'une configuration donnée. C'est sur ce fait que repose la méthode, due à Pasteur, de séparation des antipodes de l'acide tartrique par voie biologique, au moyen des moisissures, cette méthode est aussi utilisable dans le cas de l'acide amygdalique racémique ; E. Fischer a expliqué la digestion partielle de polypeptides racémiques, ainsi que d'autres processus biologiques du même genre, par l'action d'enzymes.

(1) Il se forme en même temps la configuration antipodique HO — C(CN) — H, mais pas dans la même proportion, comme dans le cas d'un composé racémique ordinaire. La molécule asymétrique préexistante exerce une influence directrice, et c'est une seule configuration qui prédomine alors.

8. — *Synthèse de Perkin.* — *Acide cinnamique à partir de benzaldéhyde et d'acide acétique*

On introduit dans un ballon 21 g. (0,2 mol.) de *benzaldéhyde* et 30 g. d'*anhydride acétique*, fraîchement distillés, avec 10 g. d'*acétate de sodium pulvérisé et sec* (cf. p. 137) ; le ballon est muni d'un réfrigérant ascendant de grand diamètre, de 80 cm,. de longueur ; on l'installe le matin en bain d'huile à 180°, et l'y maintient 8 h.

La réaction terminée, on verse le mélange chaud dans un ballon spacieux, ajoute un peu d'eau et entraîne à la vapeur jusqu'à ce qu'il ne passe plus de benzaldéhyde. On ajoute une quantité d'eau suffisante pour dissoudre l'*acide cinnamique*, à l'exception d'un peu d'impuretés huileuses. On porte ensuite la solution à une courte ébullition en présence d'un peu de noir animal, puis filtre ; l'acide cinnamique se dépose au refroidissement en paillettes brillantes. Si leur p. fus. n'est pas suffisamment exact, on recristallise dans l'eau chaude. P. fus. : 133°.

Rendement : environ 15 g.

La réaction de Perkin suit le principe général des condensations aldéhydiques : l'oxygène du carbonyle, combiné avec deux atomes d'hydrogène d'un groupe méthyle ou méthylène, s'élimine en une molécule d'eau.

Les conditions expérimentales dépendront de la réactivité de ces groupes ; dans le cas d'un aldéhyde entrant en réaction avec un autre aldéhyde ou une cétone, la réaction se produit déjà à froid, sous l'action catalytique d'acides ou d'alcalis ; pour la condensation d'un aldéhyde avec un anhydride d'acide, il faut élever la température et utiliser un sel alcalin comme agent de condensation (1).

La différence entre les conditions opératoires provient de ce que le groupe méthyle (ou α-méthylène) présente une faible réactivité quand il se trouve dans la molécule d'un anhydride d'acide.

L'acide succinique offre une double possibilité de condensation par ses deux groupes $>CH_2$. A partir d'aldéhydes non saturés, tels que l'aldéhyde cinnamique, on obtient, avec de l'oxyde de plomb comme catalyseur, des acides dicarboxyliques à double liaisons conjuguées, se transformant par perte de deux molécules de CO_2 en *polyènes* colorés (R. Kuhn (2).

$$2C_6H_5\cdot CH = CH\cdot CHO + \begin{array}{l} H_2C\cdot CO_2H \\ | \\ H_2C\cdot CO_2H \end{array} \rightarrow \begin{array}{l} C_6H_5\cdot CH = CH\cdot CH = C\cdot\boxed{CO_2}H \\ \qquad\qquad\qquad\qquad\quad | \\ C_6H_5\cdot CH = CH\cdot CH = C\cdot\boxed{CO_2}H \end{array}$$

Si l'on part d'un aldéhyde à trois doubles liaisons :

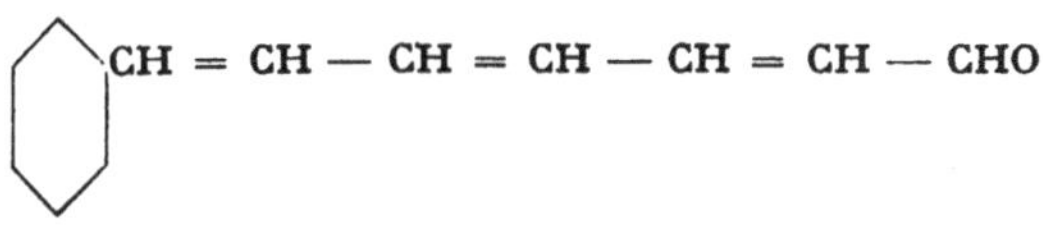

On obtiendra par cette synthèse l'hydrocarbure $C_{28}H_{26}$, de couleur rouge-cuivré, à 8 doubles liaisons conjuguées.

(1) Cf. KALNIN, *Helv.*, *XI*, 977 (1928).
(2) *Helv.*, *XI*, 87 (1928).

Les polyènes purement aliphatiques appartiennent au groupe des *caroti-noïdes*, dont les propriétés sont particulièrement intéressantes. Le *carotène* lui-même, $C_{40}H_{56}$, principe colorant de la carotte, possède 11 doubles liaisons conjuguées ; son isomère, la *lycopine* de la tomate et du fruit de l'églantier, en renferme 13.

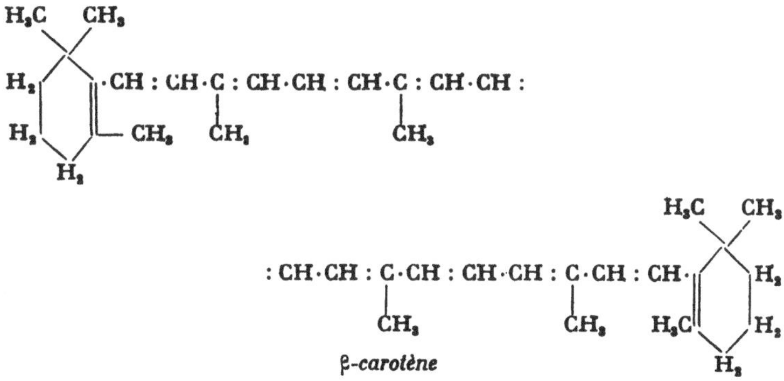

β-*carotène*

Parmi d'autres hydrocarbures dont la structure est semblable à ceux-ci, mentionnons la *xantophylle*, $C_{40}H_{56}O_2$ (Willstaetter), substance accompagnant la chlorophylle, et son isomère optique, le colorant jaune du maïs, nommé *zéaxanthine* (Karrer).

D'autres substances appartiennent encore au groupe des acides carboxyliques polyènes ; ce sont : la *crocétine* du safran (Karrer), la *bixine* rouge de l'orléan (Kuhn).

Le colorant rouge de la « Physalis Alkekengi », le *physaliène*, est un alcool polyénique bivalent, estérifié par l'acide palmitique, un véritable *lipochrome* (Kuhn, Zechmeister).

Les importants travaux de Euler et Karrer, ont démontré l'étroite parenté existant entre le carotène et la *vitamine de croissance A* (1).

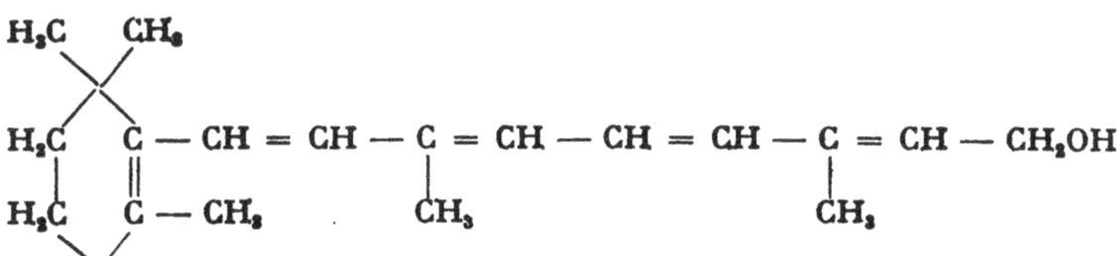

Vitamine A

La réaction décrite précédemment apporte au laboratoire une importante méthode de préparation des *acides* β-*arylacryliques* ; les acides β-*arylpropioniques* peuvent être préparés à partir de ceux-ci par hydrogénation. Cette synthèse trouve son emploi dans la chimie des alcaloïdes et la préparation de la coumarine à partir de l'aldéhyde salicylique.

Les groupes méthyléniques de l'*acide hippurique*, et de l'*acide malonique*, montrent une réactivité beaucoup plus grande que celui de l'acide acétique. Leur condensation avec les aldéhydes se produit dans des conditions beaucoup moins drastiques : elle a lieu par exemple déjà sous l'influence de la pyridine.

(1) Javillier, *Bl.*, 47, 489 (1930).

Le cas de l'acide malonique constitue une application de la réaction de Perkin à la série grasse (Doebner). On aura par exemple. :

$$CH_3 - CHO + CH_2(COOH)_2 \rightarrow CH_3 - CH = C\begin{matrix} COOH \\ COOH \end{matrix} \rightarrow$$

$$CH_3 - CH = CH - COOH + CO_2.$$

acide crotonique

L'acide cinnàmique existe sous 2 formes isomères, correspondant respectivement aux configurations *cis* et *trans* ; l'acide ordinaire possède la forme *trans* (type : acide fumarique) ; l'acide *cis*, appelé aussi acide *allo-cinnamique*, a été trouvé pour la première fois dans le règne végétal à côté du premier isomère. On le prépare synthétiquement à partir de l'*acide phénylpropiolique*

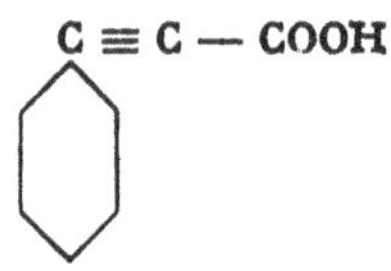

Soumis à une hydrogénation catalytique partielle au moyen d'hydrogène en présence de platine (Paal) ; l'acide phénylpropiolique peut inversément être obtenu à partir du dibromure de l'acide cinnamique, par élimination de deux molécules d'HBr. Voir la synthèse de l'indigo d'après Baeyer, à partir de l'acide o-nitro-phénylpropiolique.

On connaît encore deux variétés de l'acide cinnamique, fondant respectivement à 42° et 58° ; il s'agit de formes polymorphes de l'acide allo-cinnamique, différant l'une de l'autre du point de vue cristallographique (Billmann).

Expérience. — Hydrogénation de l'acide cinnamique : On dissout en agitant 10 g. d'*acide cinnamique* par de la *soude caustique* diluée, dans un flacon de 250 cc. à bouchon rodé de façon que le volume occupe 100 cc. On rajoute ensuite de la soude jusqu'à réaction à peine alcaline — essai à la touche avec une goutte de la solution sur du papier-filtre imprégné de phénol-phtaléine.

On introduit alors dans le ballon de l'*amalgame de sodium* à 2 %, fraîchement préparé (voir ci-dessous) par petits morceaux, en agitant énergiquement et en débouchant fréquemment. Il faudra en tout 250 g. environ d'amalgame.

On termine en chauffant au bain-marie — plonger le flacon dans l'eau chaude et chauffer ensuite — jusqu'à ce que tout le *mercure* se soit liquéfié, laisse refroidir et sépare la solution du métal au moyen d'un entonnoir à décantation ; on acidule à l'*acide chlorhydrique*, ce qui provoque la séparation de l'*acide hydrocinnamique* sous forme d'huile, que l'on fait prendre en masse en refroidissant et frottant avec une baguette. On essore le produit, et le fait cristalliser dans de l'eau chaude contenant un peu d'acide chlorhydrique (étant donné que le p. fus. du produit est relativement bas (47°), il faut laisser refroidir lentement). Cf. p. 25. Rendement : 8 g.

Un échantillon, dissout dans une petite quantité d'une solution dil. de Na_2CO_3, ne doit pas écolorer une goutte de *permanganate.*

Il est possible également d'hydrogéner l'acide cinnamique par voie catalytique (p. 369).

Préparation d'amalgame de sodium :

Le mercure et le sodium réagissent ensemble très violemment, avec production de flamme ; il faudra donc opérer sous hotte et se munir de lunettes de protection.

On chauffe à 30-40° 300 g. de *mercure* dans un mortier moyen ; on coupe 6,5 g. de *sodium* en petits morceaux, que l'on pique au moyen d'une baguette de verre pointue de 30 cm. de longueur environ, et jette dans le mercure ; chaque morceau est immédiatement écrasé sous le métal, et l'on prend soin de couvrir le mortier d'une assiette de porcelaine poreuse pour éviter les projections. Dès que l'amalgame s'est pris en masse, on le partage encore chaud en petits morceaux et le conserve dans un récipient bien fermé.

Si l'on veut fabriquer une quantité plus grande d'amalgame, il faudra utiliser un « creuset hessois ». Les morceaux de sodium seront de taille plus grosse, et on les piquera avec une baguette de verre longue et épaisse en les laissant tomber dans le mercure par leur propre poids.

Si l'amalgame doit contenir plus de 3 % de sodium, le récipient sera chauffé à la flamme.

Il est possible d'hydrogéner par les moyens usuels (Zn et acide, amalgame de Na, Na et alcool) les *composés carbonylés à doubles liaisons en* α-β : aldéhydes, cétones, esters et acides. Les doubles liaisons des hydrocarbures oléfiniques, par contre, ne peuvent être saturées en hydrogène que catalytiquement. Thiele explique cette constatation par une première addition en 1,4, favorisée par le pouvoir attractif de la double liaison de l'oxygène vis-à-vis de l'hydrogène :

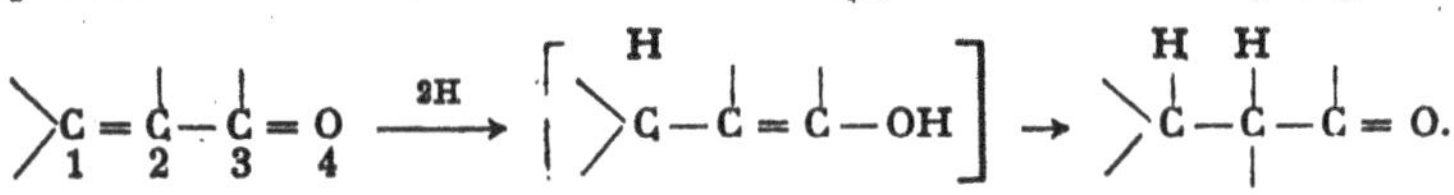

Le même phénomène se produit aussi dans un noyau benzénique, où les doubles liaisons sont conjuguées avec le >C = O d'un carbonyle. Baeyer a pu hydrogéner l'*acide benzoïque* et l'*acide phtalique* au moyen de sodium dans l'alcool.

On peut aussi hydrogéner par cette méthode des hydrocarbures du type du *styrolène* (Klages) ; par exemple :

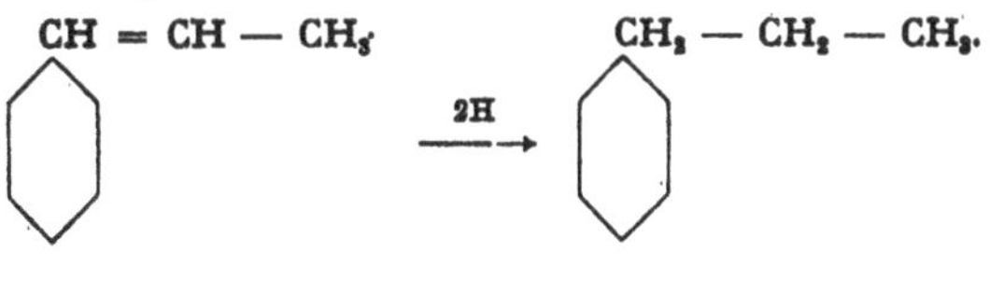

9. — *Synthèse de Reimer-Tiemann.* — *Aldéhyde salicylique à partir de phénol et de chloroforme* (1)

Dans un ballon rond d'un litre, on dissout 80 g. de *soude caustique* par 80 cc. d'eau en chauffant, ajoute à chaud 25 g. de *phénol* pur, et refroidit la solution (sans agiter le liquide pour éviter la cristallisation de phénate de soude) jusqu'à 60-65°, en plongeant le ballon dans de l'eau froide.

On adapte ensuite à l'embouchure un bouchon à deux trous : l'un sert de passage au tube d'un bon réfrigérant à reflux ; un thermomètre est fixé dans l'autre, le réservoir immergé dans le liquide.

On pèse 60 g. de *chloroforme*, dont on introduit d'abord le tiers à travers le réfrigérant ; une agitation modérée du liquide lui fait prendre une couleur rouge-fuchsine passagère. On maintient ensuite la température à 65-70° en plongeant le ballon suivant les besoins dans de l'eau froide ou chaude, ajoute après 10 min. le deuxième tiers et, après un quart d'heure, le restant du chloroforme. A partir de ce moment, on agitera assez fréquemment. On chauffe finalement au bain-marie une heure.

Le produit est alors entraîné à la vapeur d'eau, jusqu'il ne passe plus de chloroforme dans le distillat. On laisse refroidir et acidule avec précaution la liqueur alcaline orangée au moyen d'*acide sulfurique* dil. ; celle-ci se décolore presque complètement ; on entraîne à nouveau à la vapeur jusqu'au moment où le distillat ne renferme plus de gouttes huileuses.

Celui-ci est alors épuisé à l'*éther* ; la couche éthérée est recueillie à l'entonnoir à séparation, et la majeure part de l'éther évaporée au bain-marie. Le résidu contient, à côté de l'*aldéhyde salicylique*, du phénol non transformé ; on l'introduit dans un petit flacon à bouchon rodé avec le volume double d'une solution conc. de *bisulfite de soude* technique et secoue énergiquement : le *composé bisulfitique* se sépare en une masse compacte. On laisse reposer une demi-heure à une heure, essore sur plaque filtrante les cristaux formés, les comprime fortement et les lave à plusieurs reprises à l'*alcool* et finalement à l'*éther*, pour éliminer complètement les dernières traces de phénol. Les cristaux, à aspect de flocons nacrés, sont placés dans un petit ballon rond avec réfrigérant ascendant, et chauffés au bain-marie à feu doux avec de l'*acide sulfurique* dilué. Après refroidissement, l'aldéhyde libre est repris par l'éther, la solution séchée sur du *sel de Glauber* anhydre et l'éther évaporé ; l'aldéhyde restant est soumis à la distillation : p. éb. : 196°. Rendement : 10-12 g.

Le *p-oxybenzaldéhyde*, qui n'est pas entraînable à la vapeur

(1) *B.*, *9*, 423, 824 (1876) ; *10*, 1562 (1877) ; *15*, 2685 (1882), etc.

d'eau, est recueilli de la manière suivante : on filtre à chaud le résidu de l'entraînement, sature de NaCl, et abandonne un certain temps à la cristallisation. Par épuisement à l'éther des eaux-mères de la cristallisation, on pourra récupérer encore une certaine quantité de substance qu'on réunira aux premiers cristaux ; le produit brut est recristallisé dans de l'eau contenant un peu d'*acide sulfureux* aq. pour le purifier. P. fus. : 116°. Rendement : 2-3 g.

Remarque. — La préparation sera vouée à l'échec si du phénate de soude cristallise dès le début.

La synthèse de Reimer-Tiemann est d'emploi général pour tous les phénols substitués, mais son rendement n'est pas excellent étant donné le grand nombre de produits secondaires auxquelles elle donne lieu ; elle rappelle beaucoup par son aboutissement la synthèse de l'acide salicylique selon Kolbe (VI, 4, p. 249). On pourrait être tenté avec quelque raison de lui comparer le processus de cette dernière : par une double décomposition, avec départ d'une molécule de NaCl, le chloroforme se fixerait sur l'oxygène (les deux atomes de chlore seraient alors remplacés par l'oxygène) ; finalement, le formiate de phényle formé subirait une transposition intéressant le carbonyle et caractérisée par la migration du groupe formyle (en o- ou p-) :

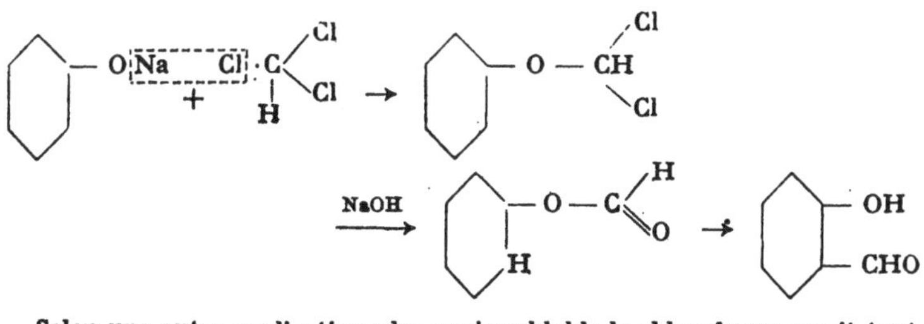

Selon une autre explication plus vraisemblable le chloroforme serait tout d'abord fixé par une double liaison du noyau ; la suite du phénomène est alors des plus évidentes :

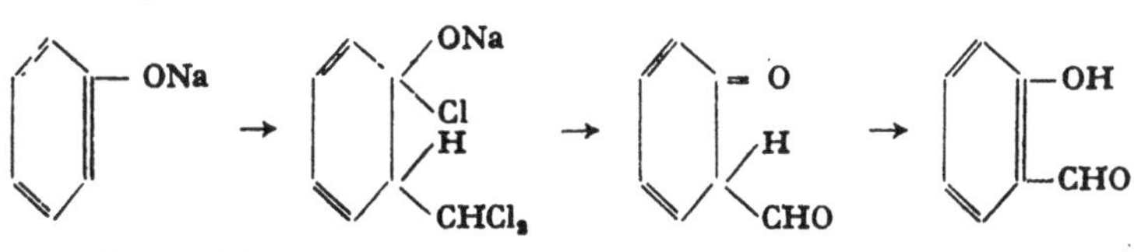

L'élément décisif en faveur de cette théorie, est le fait qu'on a pu isoler des produits d'addition qui ne peuvent être obtenu que de façon analogue, à partir d'o- et de p- crésol (Auwers, B. 35, 4207 (1902)).

Le groupe — CH_3 empêche le produit primaire, obtenu à partir d'o- crésol, de reconstituer le noyau aromatique, comme on peut le voir :

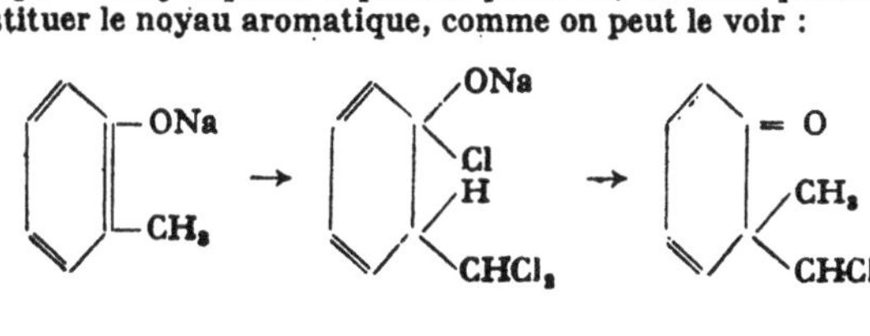

Il n'a pu se produire que l'élimination d'une mol. de NaCl, donnant naissance à un quinol, sans que les deux autres atomes de Cl aient été hydrolysés, comme l'exprime la formule.

Dans le cas du p-crésol, la fixation du chloroforme s'effectue en 1,4

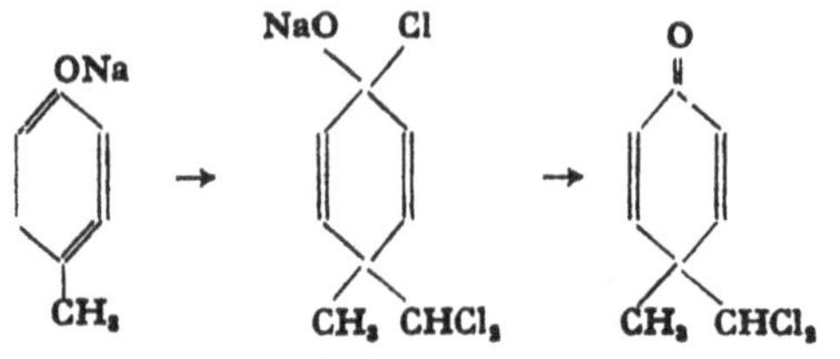

Cette réaction apporte une preuve manifeste que les additions sur le noyau benzénique se font en 1,4 ; elle indique aussi qu'à côté de la substitution en 0-, il pourra également se produire dans de nombreux cas substitution en p-, après addition en 1,4.(Cf. p. 126).

Expériences. — Dissoudre quelques gouttes d'*aldéhyde salicylique* dans une solution de *NaOH :* coloration jaune intense due au sel de Na.

Une goutte de *chlorure ferrique* colore en violet intense une solution aqueuse ou alcoolique de l'aldéhyde.

Du point de vue odorat, l'élément phénolique prédomine. L'aldéhyde salicylique est beaucoup moins sujet à l'auto-oxydation que le benzaldéhyde.

Comparer à ce point de vue les deux aldéhydes, en en exposant quelques gouttes à l'air dans un verre de montre.

Le gaïacol traité par le chloroforme est un alcali fourni avec un mauvais rendement de la vanilline, *à côté de l'o-aldéhyde.*

On peut aussi, avec la synthèse de Perkin, préparer la coumarine *à partir d'aldéhyde salicylique et d'acétate de Na (formuler la réaction).*

VI. — Phénols et énols. — Tautomérie céto-énolique

1. — *Transformation d'un acide sulfonique en phénol. β-naphtol* (1)

Produits nécessaires : 70 g. (0,3 mol.) de naphtalène-β-sulfonate de sodium (2), 210 g. de soude caustique, 20 cc. d'eau.

La *soude caustique* pulvérisée est introduite dans un creuset de cuivre ou de nickel, additionnée de 20 cc. d'eau et chauffée à 280° avec agitation. Le thermomètre utilisé comme agitateur est disposé dans un étui de cuivre ou de nickel, long d'environ 16 cm. et

(1) E. Fischer, *Anleitung zur Darstellung organischer Präparate*, 11ᵉ Ed., Braunschweig 1930.

(2) Peut être remplacé par la quantité équivalente d'acide *naphtalène-β-sulfonique*, préparé d'après O. N. Witt (voir p. 198).

de 0,8 cm. de diamètre intérieur ; le réservoir du thermomètre, fixé dans un bouchon de liège, plonge dans une couche d'huile de 1 cm. (Fig. 54). *On se munit pendant l'opération de lunettes et de gants de protection.*

On introduit rapidement le *naphtalène-sulfonate de sodium*, en agitant, au moment où la température atteint 280° ; celle-ci est maintenue entre 260 et 280° à l'aide d'une petite flamme.

On augmente cette dernière lorsque tout le sel est introduit — la viscosité de la masse s'accroît, avec production de vapeur d'eau et formation de bulles — jusqu'à ce que la réaction principale se soit déclanchée (310°). Après 5 min. environ à 310-320°, le liquide est devenu très mobile et la réaction est terminée. On verse immédiatement la masse en couche mince sur une forte tôle de cuivre à bords légèrement relevés. La surface de la couche, plus foncée, est constituée de *naphtolate de sodium.*

Fig. 54.

On pulvérise la masse après refroidissement, la dissout dans l'eau, précipite le *naphtol* par l'*acide chlorhydrique* concentré et extrait à l'*éther* après refroidissement. La solution éthérée est séchée sur du *sel de Glauber* déshydraté, le solvant évaporé et le naphtol distillé dans un ballon d'Anschütz à tube courbe. P. éb. : 286° ; p. fus. : 123°. Rendement : 30-35 g.

La réaction précédente se fait industriellement sur une grande échelle dans des chaudières de fer pourvues d'agitateurs mécaniques ; le β-*naphtol*, ainsi que les nombreux acides sulfoniques qui en dérivent par action de l'acide sulfurique, trouve une large application dans la fabrication des colorants azoïques.

La β-*naphtylamine* se prépare également à partir du β-naphtol, en traitant ce dernier par l'ammoniac sous pression :

$$C_{10}H_7 \cdot OH + NH_3 \rightarrow C_{10}H_7 \cdot NH_2 + H_2O.$$

La naphtylamine elle-même, ainsi que ses acides sulfoniques, est utilisée en grand par l'industrie des colorants azoïques.

L'α-*naphtol* s'obtient par le même procédé : fusion alcaline à la soude caustique du naphtalène-α-sulfonate de sodium ; il n'est pas aussi employé que le β-naphtol. L'α-*naphtylamine* par contre se prépare comme l'aniline par réduction de la nitro-naphtaline correspondante.

La fusion alcaline des sels alcalins des acides aryl-sulfoniques constitue également un procédé industriel de préparation du phénol *pur* et d'un grand nombre de ses dérivés.

L'opération consistant à hydrolyser le *chlorobenzène*, produit très bon marché, selon l'équation :

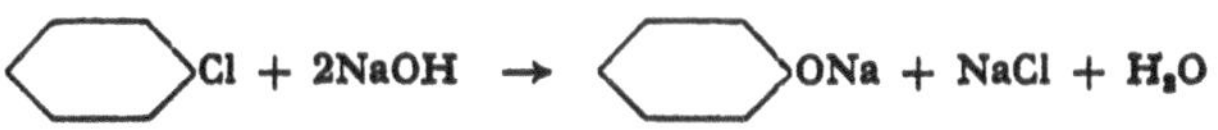

n'est possible qu'en travaillant à température très élevée avec un alcali dilué, l'halogène étant attaché extrêmement solidement au noyau (K. H. Meyer et Bergius). L'hydrolyse est considérablement facilitée par la présence en ortho ou en para d'un nitro-groupe, lequel augmente la mobilité de l'halogène ; ce phénomène a déjà été mentionné p. 118.

Une méthode générale permet, en partant des *amines aromatiques primaires*, d'aboutir aux phénols par l'intermédiaire des sels de diazonium (p. 279).

Les *phénols* se distinguent très nettement des alcools ordinaires de la série grasse par leurs propriétés et leurs réactions chimiques. La différence essentielle entre ces deux types de composés est due en fait que l'hydroxyle des phénols est fixé sur un carbone porteur d'une double liaison : les réactions des phénols se rattachent ainsi étroitement à celles des *énols* de constitution analogue, ainsi que le montrent les formules suivantes :

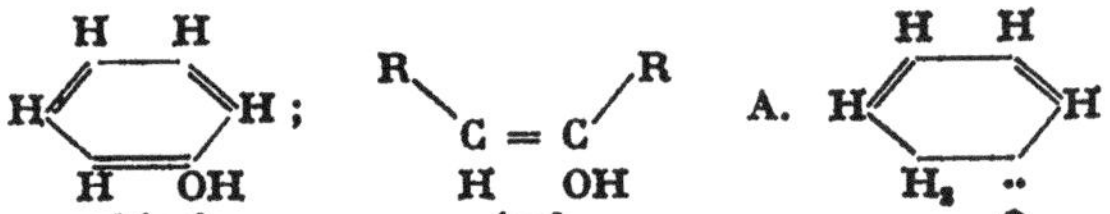

phénol *énol* A.

Les cétones les plus simples, l'acétone par exemple, ne peuvent exister sous la forme « tautomère » $H_2C = \underset{OH}{C} — CH_3$. On s'est demandé pourquoi la molécule des phénols n'existe pas non plus sous la forme A. Les raisons indiscutables de cette impossibilité sont exactement les mêmes que celles qui excluent tout réarrangement de dérivés partiellement hydrogénés (deux fois hydrogénés dans le cas présent) du benzène ; cette règle générale a déjà été mentionnée en plusieurs occasions (voir par exemple p. 184). Il existe en effet dans le noyau benzénique une forte tendance à la saturation maximum (système à trois doubles liaisons) qui provoque le maintien de l'hydroxyle et par conséquent du caractère purement phénolique.

L'*acidité* des phénols provient de ce que leur hydroxyle, comme celui d'un acide carboxylique, est fixé sur un atome de carbone porteur d'une double liaison :

Ce caractère n'est à vrai dire pas très prononcé ; il peut être renforcé lorsqu'on introduit dans le noyau des substituants négatifs, tels que — NO_2 et les halogènes. Les sels alcalins des phénols sont fortement hydrolysés en solution aqueuse, et l'acide carbonique suffit à les déplacer complètement ; *cette dernière réaction permet de séparer les phénols des acides carboxyliques.*

Expérience. — Faire passer un courant d'*anhydride carbonique* à travers une solution assez diluée de β-*naphtol* dans une *lessive de soude caustique*, et observer la précipitation du *naphtol* mis en liberté.

Il existe d'autres réactions dans lesquelles l'hydroxyle des phénols montre une plus grande réactivité que celui des alcools aliphatiques ; les premiers réagissent facilement avec le *diazométhane*, contrairement aux seconds ; avec d'autres agents d'alcoylation, tels que les *halogénures d'alcoyles* et *sulfates dialcoyliques*, les phénols réagissent même en solution aqueuse alcaline, alors que les alcools sont indifférents dans les mêmes conditions.

Leurs *dérivés benzoylés*, dont la plupart sont bien cristallisés, conviennent par excellence à la caractérisation des phénols (réaction de Schotten-Baumann).

Expérience. — Dissoudre en éprouvette quelques cristaux de *phénol* (1 /2 g.) dans 5 cc. d'eau, ajouter 0,5 cc. de *chlorure de benzoyle*, alcaliniser nettement à la *soude caustique* concentrée et chauffer modérément un court instant, en agitant. Refroidir le mélange sous le robinet, en continuant à agiter et en frottant les parois de l'éprouvette avec une baguette de verre ; le liquide huileux séparé se prend en masse cristalline incolore ; filtrer à la trompe, laver abondamment à l'eau, presser sur porcelaine poreuse et recristalliser dans un peu d'*alcool* en éprouvette. P. fus. du *benzoate de phényle* : 68-69°.

Effectuer la même expérience avec le *β-naphtol*. P. fus. du composé benzoylé : 107°.

La réaction d'arylation, très fréquemment pratiquée, a été traitée p. 243 ; rappelons qu'elle s'applique également aux *amines*.

Les *naphtols* sont à beaucoup de points de vue plus réactifs que le phénol, ainsi que le montre notamment le fait que leurs *éthers* peuvent s'obtenir par la même méthode que les esters des acides carboxyliques : il suffit de faire réagir directement les naphtols avec les alcools, en présence d'acide chlorhydrique. Les naphtols réagissent par ailleurs facilement avec le chlorure de zinc-ammonium, ou avec le sulfite d'ammonium et l'ammoniaque pour donner les *naphtylamines* correspondantes ; la seconde de ces réactions est générale ; elle a été signalée par H. Bucherer.

Ces quelques particularités des phénols amènent à les ranger beaucoup plus près des acides carboxyliques que des alcools de la série grasse.

L'influence du substituant hydroxyle sur la réactivité du noyau benzénique est extrêmement nette. Toutes les réactions de substitution procédant d'une addition préliminaire s'effectuent *beaucoup plus facilement* avec les phénols qu'avec les hydrocarbures ; le substituant tend à entrer en ortho et para. Plusieurs de ces réactions sont traitées ci-après et en divers autres endroits de cet ouvrage. Mentionnons ici qu'une solution aqueuse de phénol, traitée par l'eau de brome, abandonne instantanément un précipité d'*o, o, p-tribromophénol* (méthode de dosage quantitatif du phénol).

Expérience. — Additionner d'*eau de brome* une solution de *phénol* à 2 % environ, jusqu'à ce que le brome ne réagisse plus ; essorer le précipité de flocons incolores, le sécher et le faire cristalliser dans la *ligroïne* ou l'*alcool* dilué. P. fus. de l'o, o, p-tribromophénol : 95°.

Suivant l'interprétation de K. H. Meyer, cette réactivité inattendue — qui se retrouve également chez les *énols* — s'explique par le fait que l'hydroxyle provoque par sa présence une « activation » de la double liaison adjacente, activation qui s'adresse également aux deux autres doubles liaisons voisines du système conjugué (théorie de Thiele). Il s'ensuit que le phénol est capable de fournir avec le brome deux produits de substitution, 1,2 et 1,4, par l'intermédiaire d'une réaction d'addition :

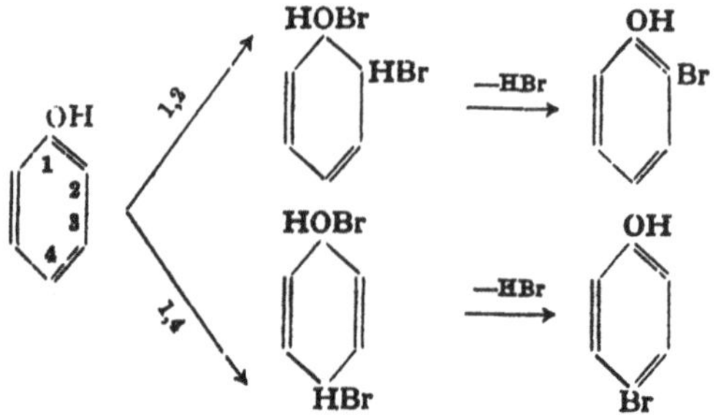

La deuxième et la troisième molécule de brome réagissent identiquement, et l'halogène vient finalement occuper les trois positions privilégiées (o-, o- et p-). Si l'on fait agir une quatrième molécule de brome, celle-ci s'attachera de la même façon en 14 :

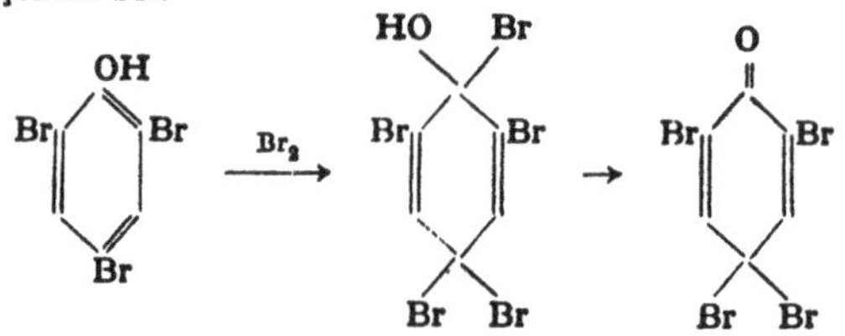

Il ne peut plus dès lors y avoir rétablissement du noyau benzénique pur par élimination d'acide bromhydrique. Le produit final, appelé *bromure de tribromophénol*, est le cétobromure d'une quinone, il appartient aux dérivés du dihydrobenzène.

L'intérêt industriel du phénol est considérable ; ce produit est notamment le point de départ de l'*acide salicylique*, p. 249) et de la *bakélite*, résultant de sa condensation avec le formaldéhyde, qui constitue une résine synthétique de valeur.

Expérience. — Chauffer à ébullition, dans un erlenmeyer de 50 cc., 3 cc. de *phénol* liquéfié par addition d'un peu d'eau (« phenolum liquefactum ») et 5 cc. d'une *solution de formaldéhyde* (p. 212).

Ecarter la flamme et ajouter à chaud de l'*acide chlorhydrique* concentré jusqu'à ce qu'une vive réaction se produise avec séparation d'une huile presque incolore se prenant au refroidissement en une masse cassante (résine artificielle).

Le phénol se combine avec le formaldéhyde, sous conditions ménagées, pour donner l'*alcool p-oxybenzylique*, réaction qui rappelle la condensation aldolique :

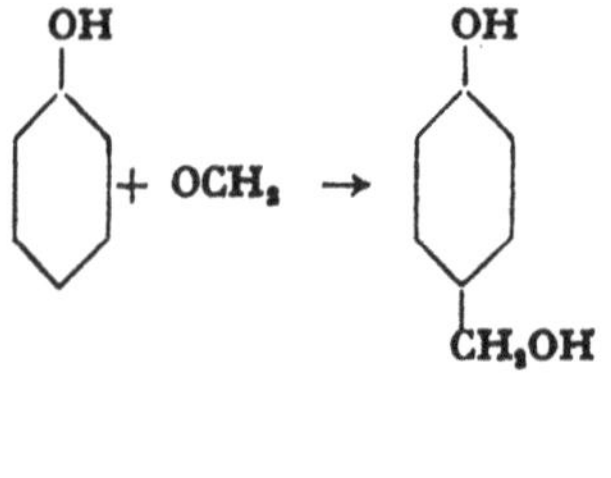

Cet alcool élimine de l'eau et se polymérise lorsqu'il est chauffé.

Le mercure peut être directement introduit dans le noyau phénolique ; il suffit de chauffer les phénols avec de l'acétate mercurique (Balbiano, Pesci, Dimroth) :

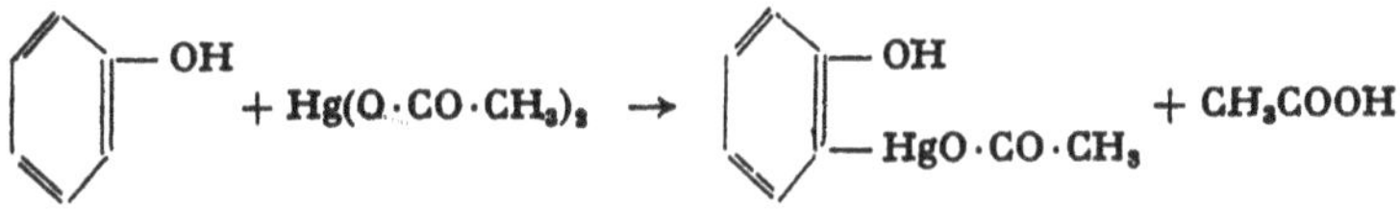

2. — *Méthylation des phénols* (1)

a) *Anisol.* — On dissout dans un flacon à col étroit et bouchon rodé 19 g. (1/5 mol.) de *phénol* par 100 cc. de *soude caustique* 2N. On ajoute 26 g. de *sulfate diméthylique* de la façon suivante (opérer sous hotte) : le tiers du réactif est d'abord introduit en une fois et le flacon fortement agité ; la méthylation se déclenche en dégageant de la chaleur. On attend 5 min., introduit le deuxième tiers du sulfate et secoue ; le reste de l'agent méthylant est ajouté ensuite. On prend soin d'ouvrir de temps en temps le flacon au cours de l'agitation.

L'opération est terminée lorsque la solution aqueuse, sur laquelle l'*anisol* forme une couche huileuse, ne présente plus de réaction alcaline ; on verse le tout dans un petit ballon rond muni d'un réfrigérant à reflux, en rinçant le flacon avec 20 cc. de soude caustique en tout. On complète la réaction et détruit le sulfate de méthyle n'ayant pas réagi en chauffant 1/2 h. au bain-marie. On laisse refroidir, élimine la couche aqueuse, sèche l'*anisol* sur *chlorure de calcium* et le distille finalement. P. éb. : 155°. Rendement : 90 %.

Si la séparation de l'anisol de sa couche aqueuse s'avère particulièrement difficultueuse, on extrait le produit à l'*éther*.

On peut préparer le *phénétol* à partir du phénol, en opérant de même avec du *sulfate diéthylique*.

b) *Néroline.* — (éther β-naphtyl-méthylique). La méthode est la même que pour l'anisol ; il suffit de rectifier les rapports stoechiométriques. Les cristaux de néroline fondent à 72°.

Pour une purification complète, voir Witt, B. *34*, 3172 (1901).

Rappelons que les esters neutres de l'acide sulfurique — en particulier l'ester diméthylique — sont extrêmement toxiques ; la manipulation de ces réactifs doit s'effectuer sous hotte avec les plus grandes précautions.

La méthylation par le *sulfate diméthylique* se fait toujours en milieu alcalin. Celle des acides carboxyliques est la plus aisée (méthode de préparation des esters), ainsi que celle des phénols ; les alcools aliphatiques (tels que les

(1) Ullmann, *A.*, *327*, 114 (1903) ; *340*, 208 (1905).

oses par exemple) réagissent avec plus de difficultés, et l'on opère généralement alors en milieu alcoolique.

Comme le montre l'équation :

$$C_6H_5ONa + \begin{matrix} H_3C - O \\ H_3C - O \end{matrix}\!\!>SO_2 \rightarrow C_6H_5O\cdot CH_3 + \begin{matrix} NaO \\ H_3CO \end{matrix}\!\!>SO_2$$

un seul des groupes $-CH_3$ du sulfate substitue le phénol.

Le sel de l'acide méthylsulfurique ne consent à abandonner son second groupement méthyle qu'après un traitement prolongé à l'ébullition ; on renonce à utiliser en général ce dernier pour cette raison. Les esters des *acides arylsulfoniques*, (acide toluène-sulfonique, par exemple) servent parfois aussi d'agents alcoylants pour les phénols.

Recherche la préparation du sulfate de méthyle.

Le *diazométhane* constitue un agent de méthylation des phénols particulièrement élégant ; il sera utilisé à cet usage dans un Chap. ultérieur.

Les *éthers des phénols* sont des composés très stables, chez lesquels la réactivité du noyau benzénique est passablement réduite par rapport à celle des phénols eux-mêmes. Le groupe alcoyle y est très fortement fixé, et ne peut être éloigné par action des alcalis ; les acides minéraux y parviennent, mais seulement à température élevée, en tube scellé. Le réactif typique pour opérer la scission des éthers est le chlorure d'aluminium ; la réaction est la suivante :

$$C_6H_5\cdot O\cdot CH_3 + AlCl_3 \rightarrow C_6H_5\cdot O\cdot AlCl_2 + Cl\cdot CH_3$$
$$\xrightarrow{3H_2O} C_6H_5\cdot OH + Al(OH)_3 + 2HCl.$$

Les *éthers allyliques* subissent une transposition particulière en *allyl-phénols* sous l'action de la chaleur (Claisen) :

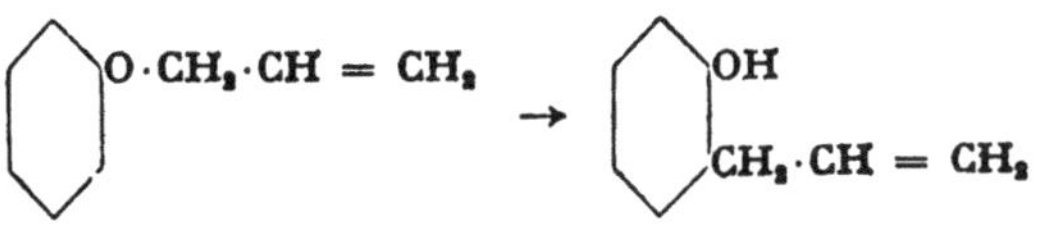

Les éthers des énols par contre, de formule $>C = \underset{OR}{C}-$, ne présentent pas cette propriété.

La décomposition des éthers phénoliques, ainsi que des éthers aliphatiques par le sodium métallique, récemment découverte (Ziegler, Schorigin), est des plus intéressantes :

$$C_6H_5\cdot O\cdot CH_3 + 2Na \rightarrow C_6H_5\cdot ONa + NaCH_3.$$

Mentionnons parmi les éthers phénoliques substitués les dérivés aminés de l'anisol (*anisidine*) et du phénétol (*phénétidine*) ; ils s'obtiennent par alcoylation du nitrophénol correspondant, suivie de la réduction du groupement NO_2.

L'*ortho-nitro-anisol* se transforme par réduction alcaline (comme le nitrobenzène) en hydrazocomposé ; ce dernier donne par transposition benzidinique la base biphénylique appelée *dianisidine*, qui est un produit intermédiaire important de la fabrication des colorants azoïques bleus (p. 193).

La phénétidine est le point de départ du médicament antipyrétique connu sous le nom de *phénacétine* (I), ainsi que de la *dulcine*, succédané du sucre (II) :

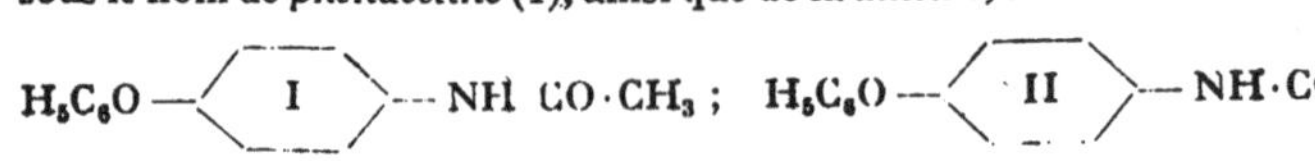

Les phénols méthylés entrent dans la composition d'un certain nombre de substances naturelles, particulièrement dans celle des *alcaloïdes*. Pour la détermination de la constitution de ces derniers, il est important de doser quantitativement les groupements méthoxyles de la molécule. On s'adresse pour celà à la *méthode de Zeisel*, qui consiste à transformer les méthyles en *iodure de méthyle* au moyen d'acide iodhydrique concentré.

Il est recommandable d'appliquer pratiquement la méthode de Zeisel sur l'anisol préparé (p. 93).

3. — *Ortho- et para-nitrophénol*

On dissout à chaud dans un ballon rond 80 g. de *nitrate de sodium* (ou 95 g. de *nitrate de potassium*) par 200 g. d'eau, et ajoute avant le refroidissement complet 100 g. d'*acide sulfurique* concentré en agitant. On refroidit à 20° et écoule goutte à goutte à l'aide d'une ampoule à robinet, en agitant fréquemment le tout, un mélange de 50 g. de *phénol* cristallisé et de 5 cc. d'eau, liquéfié par un léger réchauffage ; la température doit rester entre 20 et 25°. On laisse reposer le mélange pendant 2 h., en agitant fréquemment, ajoute ensuite 2 volumes d'eau, attend que le liquide huileux formé se soit bien rassemblé et décante la couche aqueuse ; on lave deux fois à l'eau et entraîne l'o-nitrophénol à la vapeur. Si la substance se solidifie dans le réfrigérant, on procède comme indiqué p. 44-45.

Le produit essoré et séché entre deux feuilles de papier-filtre est en général suffisamment pur ; si tel n'est pas le cas, on répète l'entraînement à la vapeur. P. fus. : 45°. Rendement : 30 g.

Le paranitrophénol, non entraînable, est simultanément traité dans le ballon même, en vue de sa séparation sous forme de sel sodique. On ajoute à cet effet une solution de *soude caustique* 2N jusqu'à réaction neutre au papier Congo, en introduit encore 100 cc. et porte à ébullition avec un peu de noir animal en faisant circuler de la vapeur d'eau à travers le ballon ; on passe ensuite sur un filtre à plis et concentre à 100 cc. sur un brûleur à rampe circulaire. Le *sel de sodium* doit cristalliser au refroidissement (procéder à un essai en éprouvette). Au cas contraire, on additionnera le liquide encore chaud de 30 cc. de soude caustique 1 : 1 et laissera refroidir lentement.

Le sel est essoré à la trompe et lavé à la soude caustique 2N ; on précipite le *p-nitrophénol* dans la solution chaude du sel par addition d'*acide chlorhydrique* dilué ; le précipité se sépare sous forme huileuse, cristallisant au refroidissement.

Si le produit n'est pas suffisamment pur, ce dont on s'aperçoit par l'impossibilité d'en faire recristalliser un échantillon dans de l'*acide chlorhydrique* très dilué chaud, on le retransforme en sel sodique et procède à une nouvelle précipitation. P. fus. : 114°. Rendement : 5-10 g.

Nous avons déjà mentionné la facilité particulière avec laquelle les phénols se prêtent à la nitration. Lorsque l'on fait usage d'acide nitrique dilué, cependant, la réaction n'est pas entièrement satisfaisante : il se forme toujours des produits accessoires résineux provenant d'oxydations et de condensations.

De meilleurs résultats peuvent être obtenus lorsque la nitration est effectuée au moyen de bioxyde d'azote dans des solvants non-aqueux tels que le benzène et l'éther de pétrole (B. *54*, 1776 [1921]).

Une nitration plus poussée avec des acides plus concentrés transforme d'abord les o- et p-nitrophénols en un même composé, le *2-4-dinitrophénol*, pour aboutir finalement à l'*acide picrique*. Les dérivés polynitrés du benzène tels que l'acide picrique et le *trinitrotoluène* constituent de violents explosifs, qui doivent être amorcés par une cartouche d'allumage contenant un explosif brisant, fulminate de mercure ou azide de plomb (écrire les formules de ces deux sels). Ce sont des corps endothermiques : l'oxygène de leurs nitrogroupes en effet suffit à assurer la combustion de l'hydrogène et du carbone du reste de la molécule, en tonalité thermique positive. La chaleur dégagée par cette combustion intramoléculaire est considérable pour l'acide picrique, comme on peut le calculer d'après l'équation :

$$2C_6H_3O_7N_3 \rightarrow 12CO + 2H_2O + 3N_2 + H_2.$$

Le *métanitrophénol* ne peut être obtenu par nitration directe du phénol, l'hydroxyle étant un substituant de la première espèce, dirigeant en ortho et para. On le prépare indirectement en diazotant la m-nitraniline et chauffant ensuite la solution du sel de diazonium (p. 279).

Les m- et p- nitrophénols à l'état pur sont *incolores*, alors que le dérivé ortho est *jaune*. Les sels des nitrophénols sont par contre tous les trois *intensément colorés*, l'ortho et le méta respectivement en rouge-orangé et jaune-orangé, le para en jaune foncé ; ce dernier s'emploie comme indicateur.

On a tenté d'expliquer la coloration de ces sels par l'apparition d'une structure quinoïde acide absorbant fortement la lumière (*aci*-type de Hantzsch) :

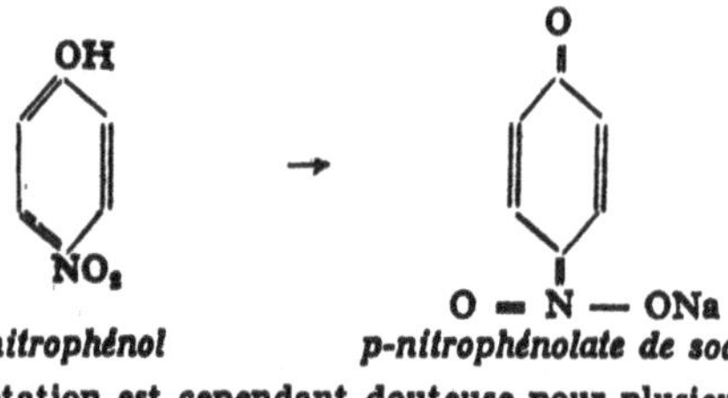

p-nitrophénol *p-nitrophénolate de sodium*

Cette interprétation est cependant douteuse pour plusieurs raisons. On a remarqué entre autre que le m-nitrophénol jouit des mêmes propriétés que les deux autres isomères ; ses sels alcalins devraient donc aussi être quinoïdes ; or on ne connaît parmi les composés aromatiques aucune méta-quinone.

Il existe par ailleurs un grand nombre de substances dont la coloration s'accentue lorsqu'elles sont sous forme de sels, sans qu'il soit nécessaire pour cela d'envisager une forme quinoïde ; voici par exemple l'*anthrahydroquinone*, colorée en brun-jaune, dont les sels dialcalins sont d'un rouge-sang intense :

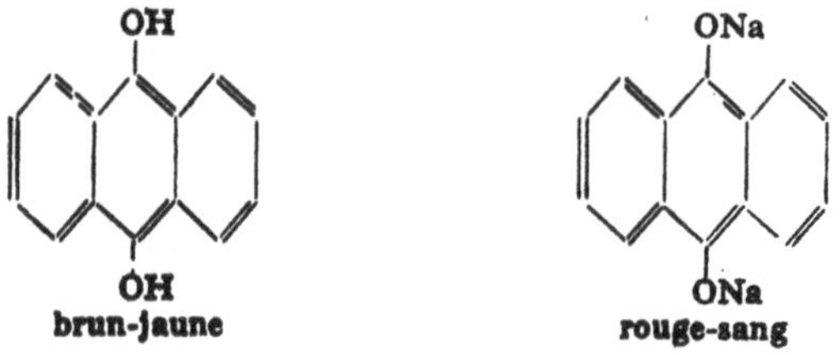

brun-jaune rouge-sang

Les sels alcalins des phénols simples, enfin, ont des colorations plus profondes que le phénol lui même ; il n'est pas possible de le reconnaître à l'œil nu, mais ce fait a pu être démontré par des expériences d'absorption en lumière ultra-violette.

On a reconnu que l'absorption due au phénate de sodium se trouve beaucoup plus près de la région visible du spectre que celle du phénol libre, et cette différence assez considérable justifie suffisamment le fait que l'approfondissement de la teinte — passant d'incolore à jaune — soit sensible à l'œil. Le phénomène de la coloration des sels des nitro-phénols semble donc provenir d'une simple action « bathochromique » (approfondissant la teinte) causée par la formation du sel elle-même.

Étant donné que les groupements $-NO_2$ et ortho et para accroissent la mobilité des halogènes du noyau aromatique (p. 118), il en résulte que les nitrophénols peuvent également être obtenus à partir des *nitro-chloro-benzènes* correspondants. Le para-nitro-chlorobenzène, par exemple, est hydrolysable par les alcalis en autoclave ; le *2,4-dinitrophénol*, important produit intermédiaire de la fabrication des colorants au soufre, s'obtient également du nitrobenzène chloré correspondant, sous des conditions plus ménagées :

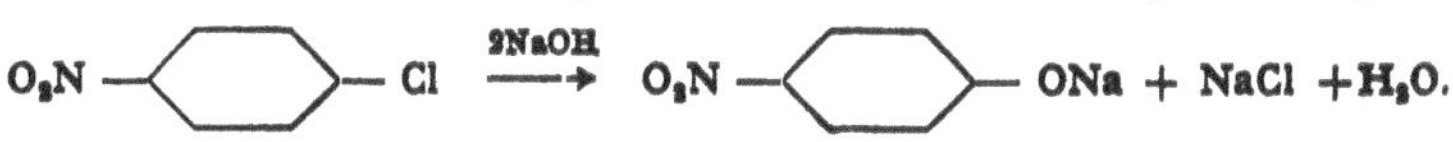

Si l'on remplace la soude caustique par l'*ammoniac*, on obtient la *para-nitraniline*.

Le chlore du *trinitro-chloro-benzène* est aussi mobile que celui d'un chlorure d'acide, et ce composé est à bon droit désigné sous le nom de chlorure de picryle.

4. — *Synthèse de l'acide salicylique d'après Kolbe* (1)

On dissout 13,5 g. de *soude caustique* pure dans 20 cc. d'eau, en utilisant une capsule de porcelaine ou, si possible, de nickel, et ajoute graduellement en remuant 31 g. (1 /3 mol.) de *phénol* cristallisé. On évapore ensuite en agitant continuellement, en commençant à chauffer sur toile métallique puis avec une flamme éclairante nue promenée régulièrement sous la capsule.

Lorsque la masse ne tend plus à s'agglomérer, on la réduit rapidement en poudre dans un mortier sec, et la chauffe à nouveau dans la capsule, en remuant soigneusement jusqu'à complète siccité (2). On introduit le *phénate* dans une cornue tubulaire d'environ 200 cc., que l'on plonge ensuite profondément dans un bain d'huile ; ce dernier est chauffé à 110° pendant 1 h., et l'on fait en même temps circuler un courant de CO_2 sec sur le produit (le tube adducteur doit déboucher à 1 cm. environ au-dessus de la surface du phénate). On élève alors progressivement la température

(1) *J. pr.*, (2), *10*, 89 (1874) ; *27*, 39 (1883) ; *31*, 397 (1885).

(2) La *dessiccation totale* du produit est essentielle pour la réussite de l'opération. Il est recommandable de calculer d'avance son emploi du temps de manière à pouvoir abandonner le phénate sec pendant une nuit entière dans un exsiccateur à acide sulfurique et potasse caustique solide, avant de procéder aux manipulations suivantes.

de manière à atteindre en 4 h. 190° (accroissement de 20° par h.), en continuant à faire passer le courant de CO_2. On termine en chauffant encore 1-2 h. à 200°. Le contenu de la cornue doit être remué à plusieurs reprises à l'aide d'une baguette de verre pendant le cours de l'opération.

On verse le produit après refroidissement dans un grand bécher, rince plusieurs fois à l'eau et précipite l'*acide salicylique* par un grand volume d'*acide chlorhydrique* concentré. L'acide, refroidi à la glace, cristallise peu à peu ; on l'essore à la trompe, lave avec un peu d'eau et sèche sur porcelaine poreuse. Si un échantillon du produit humide peut être purifié directement par recristallisation dans l'eau chaude (avec traitement au charbon actif), on utilisera cette méthode pour la purification du tout. Il peut être également recommandable de distiller le produit brut avec de la vapeur surchauffée — ce traitement présente de plus l'avantage de familiariser le débutant avec la méthode — : on introduit le produit *sec* dans un petit ballon à *col court*, chauffe à 170° au bain d'huile, et y fait passer un courant modéré de vapeur d'eau à 170-180° (voir p. 45) ; le ballon ne doit être relié au surchauffeur que lorsque le bain d'huile et la vapeur ont atteint les températures prescrites. Le tube de connection et le réfrigérant doivent avoir un diamètre intérieur *aussi grand que possible.*

En chassant ensuite le produit resté à l'intérieur du réfrigérant dans le distillat aqueux du récipient collecteur, chauffant jusqu'à complète dissolution et refroidissant, on obtient la cristallisation de l'acide en longues aiguilles parfaitement incolores. P. fus. : 156° ; rendement : 10-12 g.

La première phase de la *réaction de Kolbe* rappelle la synthèse, classique dans la série grasse, des *alcoyle-carboxylates* à partir d'alcoolates et d'anhydride carbonique :

$$H_5C_2\cdot ONa + CO_2 \rightarrow H_5C_2 - O - C\begin{matrix} \diagup\!\!\!\diagup O \\ \diagdown ONa \end{matrix}$$

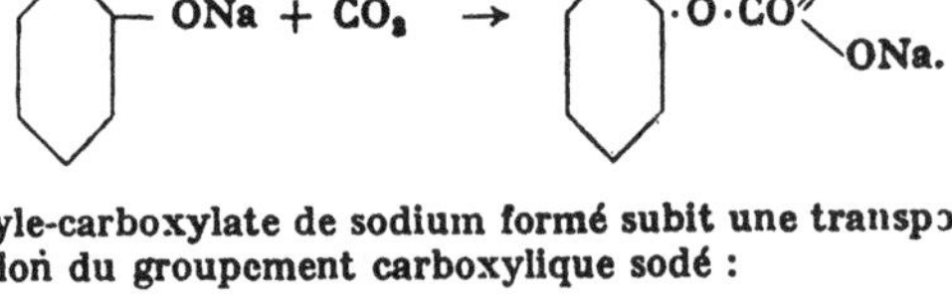

Le phényle-carboxylate de sodium formé subit une transposition à chaud, par migration du groupement carboxylique sodé :

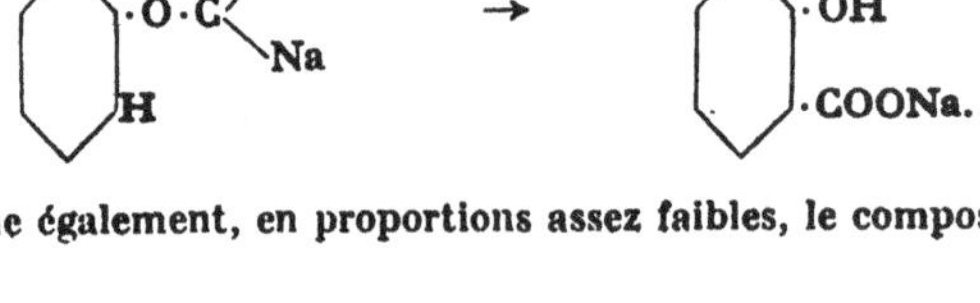

Il se forme également, en proportions assez faibles, le composé para. Fait remarquable, ce dernier apparaît en majorité lorsque l'on part du phénate de potassium.

Au cours de la synthèse de Kolbe telle que l'on vient de la décrire, le salicylate primaire réagit partiellement avec le phénate de sodium non transformé pour donner le sel secondaire ; une partie du phénol introduit est donc libéré et ne participe pas à la réaction. Pour que cette dernière soit *complète*, il est nécessaire d'opérer selon la méthode de Schmitt : chauffage prolongé à 150° en autoclave, en présence d'anhydride carbonique sous pression (procédé industriel).

La synthèse des acides carboxyliques des *polyphénols* s'effectue plus aisément, en solution aqueuse même.

Les acides *ortho-* et *para-oxy-carboxyliques* perdent à température élevée une molécule de CO_2, avec d'autant plus de facilité que le nombre des hydroxyles est plus grand (obtention du Pyrogallol à partir de l'acide gallique).

Recherche la préparation de l'acide *m-oxy-benzoïque*, et voir la réduction de l'acide salicylique en *acide pimélique* (Einhorn).

Expérience. — Additionner de quelques gouttes de *chlorure ferrique* une solution aqueuse d'*acide salicylique*. Il se produit la réaction colorée caractéristique des phénols.

L'*acide salicylique* se fabrique sur une grande échelle ; l'industrie s'en sert pour la préparation de colorants azoïques de grande valeur, d'une solidité remarquable, dont certains teignent sur fibres mordancées.

L'acide lui-même et ses dérivés sont largement utilisés dans des préparations pharmaceutiques ; son caractère de phénol carboxylé confère à l'acide salicylique des propriétés nettement désinfectantes qui en font un excellent agent de conservation. Il possède en outre des propriétés antirhumatismales et analgétiques : l'*aspirine*, combinaison acétylée sur l'hydroxyle phénolique, est universellement adoptée.

Le premier médicament connu de la série a été le *salol*, qui n'est autre que l'ester phénylique formé intermédiairement au cours du procédé technique de préparation de l'acide salicylique.

La préparation de l'aldéhyde salicylique a été décrite p. 238.

La *saligénine*, alcool de formule $C_6H_4\begin{cases}CH_2OH\ (1)\\ OH\quad(2)\end{cases}$ est un constituant de la *salicine*, glucoside que l'on rencontre dans le Saule (salix).

5. — *Synthèse d'un ester d'acide β-cétonique. — Ester acétylacétique*(1)

La qualité de l'acétate d'éthyle employé est d'une grande importance pour la réussite de la présente préparation ; un ester acétique totalement exempt d'alcool ne réagit que lentement avec le sodium, même à chaud, alors que l'alcool présent en trop grande quantité, s'il facilite l'attaque du sodium, ne donne lieu qu'à des rendements en ester acétylacétique trop peu constants et le plus généralement assez faibles.

L'*acétate d'éthyle* préparé d'après la méthode décrite p. 150 ren-

(1) Les exposés théoriques se rapportant aux préparations 5 à 8 ont été réunis p. 257 et suivantes.

ferme encore un pourcentage trop fort d'alcool ; il doit être abandonné au préalable deux heures sur du *chlorure de calcium* en granules. Le liquide décanté ou filtré est distillé au bain-marie juste avant l'emploi, sur un peu de chlorure de calcium ; le réfrigérant doit être parfaitement sec ; la connexion avec le récipient collecteur (flacon à vide) se fait au moyen d'un bouchon de liège.

On passe 26 g. de *sodium* (en éliminer les impuretés d'incrustation) à la presse, le recueille dans de l'*éther absolu* et introduit ensuite directement le fil métallique dans un ballon d'un litre contenant 250 g. de l'ester acétique précédent ; on adapte aussitôt un réfrigérant à reflux oblique. Si l'ester a été traité comme il convient, il ne doit pas se produire immédiatement une forte ébullition, mais un dégagement modéré d'hydrogène, croissant graduellement jusqu'à ébullition régulière.

On attend 10 minutes, et porte ensuite le ballon sur un bain d'huile dont on règle la température de façon à obtenir une ébullition modérée du liquide, jusqu'à ce que tout le sodium se soit bien dissous (environ 3 h. ; un traitement trop prolongé abaisse le rendement final). On arrête le chauffage dès que possible, sans tenir compte des petites particules de sodium qui pourraient subsister encore.

La liqueur encore chaude est agitée continuellement et additionnée d'un mélange de 70 cc. d'*acide acétique glacial* et de 80 cc. d'eau, jusqu'à *faible réaction acide*. On ajoute 1 vol. de *solution de NaCl* saturée à froid, et sépare à l'entonnoir à décantation la couche aqueuse (inférieure) de la couche contenant les esters acétique et *acétylacétique*. On agite avec un petit volume de solution de *bicarbonate de sodium* saturée à froid, décante cette dernière et chasse par distillation l'ester acétique n'ayant pas réagi, en utilisant un ballon muni d'un thermomètre et d'un réfrigérant descendant, et en chauffant directement à la flamme éclairante. On arrête le chauffage lorsque le thermomètre indique 95°, et distille le résidu à pression réduite en employant un réfrigérant à eau de petit modèle et une rallonge à vide d'un des types représentés sur les figures 16 et 17 si l'on en a à sa disposition (pour une pression inférieure à 16 mm., utiliser un bain-marie, et au-dessus un bain d'huile ou de paraffine). La température devient constante après le passage d'un peu d'ester acétique et d'eau, et la fraction principale d'ester acétylacétique distille dans un intervalle d'un degré.

Points d'ébullition pour différentes pressions : 71° /12,5 mm. ; 74° /14 mm. ; 79° /18 mm. ; 88° /29 mm. ; 94° /45 mm. ; 97° /59 mm. ; 100° /80 mm.

Le rendement est de 55 à 60 g. d'ester acétylacétique. Le résidu du ballon, cristallisant au refroidissement, est constitué par de l'*acide déhydracétique* (formuler).

Les différentes opérations doivent se succéder le plus rapidement possible si l'on veut obtenir un bon rendement.

6. — *Acétylacétone* (1)

On fait un mélange de 120 cc. d'*acétate d'éthyle* (le même produit que celui servant à la préparation de l'ester acétylacétique) et de 32 cc. d'*acétone* exempte d'eau, le traite au mélange réfrigérant et l'additionne par petites portions de 34 g. d'*amidure de sodium* (2) finement pulvérisé — à conserver en récipient hermétique. Un tube à chlorure de calcium est adapté au moyen d'un bouchon de liège ou de caoutchouc au ballon contenant le mélange en réaction.

Il se produit immédiatement un violent dégagement d'*ammoniac* ; lorsque l'amidure a entièrement réagi, on plonge le ballon dans l'eau glacée, l'y laisse deux heures en agitant fréquemment et abandonne 12 h. à la température de la pièce. On ajoute ensuite 100 g. environ de glace et la même quantité d'eau froide, sépare la couche aqueuse de l'ester acétique non transformé et l'additionne d'*acide acétique* dilué jusqu'à disparition de la réaction alcaline. L'*acétylacétone* est précipitée sous forme de sel de cuivre par une solution aqueuse saturée d'*acétate de cuivre* (40 g. d'acétate, finement pulvérisé, sont dissous dans la quantité nécessaire d'eau bouillante. Si le produit renferme de l'acétate basique de cuivre. on ajoute un peu d'acide acétique ; la solution est utilisée encore tiède, avant que le sel ait eu le temps d'y cristalliser).

Le composé cuivrique gris-bleu de l'acétylacétone est fortement essoré à la trompe après un repos de quelques heures, lavé deux fois à l'eau, introduit directement dans un entonnoir à décantation et décomposé sous l'*éther* par 50 cc. d'*acide sulfurique* 4N ; on agite continuellement pendant cette opération. La solution éthérée est décantée, la solution acide épuisée à l'éther et les deux extraits réunis séchés sur *chlorure de calcium* ; la *dicétone* est finalement distillée après évaporation du solvant. La fraction principale passe à 125-140° et, soumise à une seconde distillation, à 135-140°. Le p. b. de la substance rigoureusement pure est à 139°. Rendement : 15-20 g.

On obtiendra un produit particulièrement pur et stable en opérant la distillation sous une pression d'environ 50 mm.

Expérience. — Additionner d'une goutte de *chlorure ferrique* une solution aqueuse d'*acétylacétone*. Il se produit la réaction caractéristique des *énols*. Si l'on refroidit alors la solution à la

(1) L. Claisen, *B.*, *38*, 695 (1905).

(2) La pulvérisation doit s'effectuer aussi rapidement que possible, dans un mortier de métal si l'on en a à sa disposition (*se munir de lunettes de protection*). La qualité de l'amidure influe directement sur le rendement.

glace et y ajoute assez rapidement de l'*eau de brome* diluée, la coloration rouge de l'énolate ferrique disparaît temporairement, pour reparaître l'instant d'après.

Benzoylacétone. — $C_6H_5—CO—CH_2—CO—CH_3$; ce composé se prépare à partir d'acétophénone et d'acétate d'éthyle par une méthode analogue, due à Claisen, B. *38*, 695 (1905). Rendement : jusqu'à 75 % du rendement théorique. L'autre procédé, moins coûteux, qui consiste à faire réagir le benzoate d'éthyle avec l'acétone en présence d'amidure de sodium, peut également convenir ; la réaction ne marche pas dans ce cas si l'on utilise le sodium et l'éthylate de sodium comme agents de condensation. L'amidure de sodium est en général le réactif de choix pour les synthèses des 1,3-dicétones.

7. — *Ester malonique*

On dissout dans une grande capsule de porcelaine 95 g. (1 mol.) d'*acide monochloracétique* dans 200 cc. d'eau, chauffe à 50° et neutralise avec du *carbonate de potassium* sec (75 g. environ). On ajoute ensuite 55 g. de *cyanure de sodium* pur (ou 70 g. de *KCN*) finement pulvérisé et, en agitant fortement, élève *très graduellement* la température (utiliser un bain de sable ou une plaque d'amiante, et opérer sous hotte). La formation de l'*acide cyanacétique* a lieu à vive ébullition, et l'on évapore ensuite le mélange sur un brûleur circulaire jusqu'à ce que le thermomètre, servant d'agitateur, indique 135° ; la masse est alors devenue brunâtre et visqueuse.

On laisse refroidir en remuant continuellement avec une spatule, afin d'empêcher la formation d'une masse compacte, difficile à pulvériser. La substance froide est rapidement concassée dans un grand mortier, introduite dans un ballon d'un litre muni d'un réfrigérant à reflux, additionnée sous bonne agitation et graduellement de 50 cc. d'*alcool absolu*, puis d'un mélange refroidi de 200 cc. d'alcool absolu et de 150 cc. d'*acide sulfurique* concentré. On chauffe ensuite pendant 2 h. la masse pâteuse au bain-marie en agitant fréquemment (opérer sous hotte), refroidit fortement et introduit à nouveau 400 cc. d'eau en agitant. On essore à la trompe le sel non dissous et le lave plusieurs fois à l'*éther* sur le filtre ; l'éther de lavage sert ensuite à l'épuisement du filtrat aqueux, et ce dernier est extrait finalement par de l'éther frais en deux fois.

Les extraits réunis sont agités avec une solution aqueuse concentrée de *carbonate de soude* jusqu'à cessation de la réaction acide (*en raison du fort dégagement gazeux qui se produit, l'entonnoir à décantation doit rester ouvert au début de l'opération*) ; on sèche sur du *sulfate de sodium* calciné, chasse l'éther par évaporation et rectifie l'*ester malonique* resté dans le ballon. P. éb. : 195° ; rendement : 90-100 g.

Ester éthyl-malonique. — Dans un petit ballon muni d'un bon réfrigérant à reflux on dissout 4,6 g. de *sodium* par 75 cc. d'*alcool absolu*, ajoute peu à peu à la solution refroidie 33 g. de l'*ester précédent* (précipitation de l'*ester sodé*) et, en agitant, 25 g. de *bromure d'éthyle* (ou 35 g. de C_2H_5I) par petites portions à la fois. On chauffe au bain-marie jusqu'à cessation de la réaction alcaline (1-2 h.), distille l'alcool à pression réduite au bain-marie à 40-50° et extrait l'*ester* du résidu à l'*éther* (2 à 3 épuisements). On distille finalement le produit brut, après élimination de l'éther. P. éb. : 206-208°. Rendement : 30 g. environ.

Acide éthyl-malonique. — On introduit dans un petit ballon rond pourvu d'un réfrigérant à reflux une solution froide de 15 g. de *potasse caustique* dans 12 cc. d'eau et y ajoute graduellement et en agitant 19 g. de l'*ester éthyl-malonique* précédent. Il commence par se produire une émulsion, qui ne tarde pas à se prendre en une masse solide d'*ester éthyl-potassique-malonique* ; en chauffant alors modérément au bain-marie en faible ébullition, la réaction de saponification se déclenche en dégageant une forte chaleur. On continue à chauffer jusqu'à ce que la couche huileuse ait disparu, laisse refroidir ensuite, agite le ballon — le produit y est généralement cristallisé — avec de l'*éther* (fermer avec un bouchon de caoutchouc), dans le but d'éliminer le résidu d'ester non saponifié, et décante l'éther.

On refroidit à la glace, acidifie en présence de papier Congo par l'*acide chlorhydrique* (26 cc. HCl conc. D. 1,18 + 25 cc. H_2O) et épuise 5 fois par 25 cc. d'éther dans l'entonnoir. L'extrait est séché sur Na_2SO_4, l'éther évaporé, et l'on provoque la cristallisation du résidu par refroidissement et frottement d'une baguette de verre.

L'*acide éthyl-malonique* peut être recristallisé dans le *benzène* (opérer sur un échantillon) ; cette opération n'est pas nécessaire si l'on veut passer directement à la préparation suivante. P. fus. : 111° ; rendement : 12 g.

Acide butyrique à partir de l'acide éthylmalonique. — On dispose obliquement un petit ballon à fractionner à long tube abducteur, ce dernier dirigé vers le haut, y introduit l'*acide éthyl-malonique*, obture le col du ballon par un bouchon de liège et chauffe à 180° au bain d'huile jusqu'à cessation du dégagement de CO_2 (1/2 h. environ). Le résidu est distillé dans le ballon même de la manière habituelle ; l'*acide butyrique* distille à 162-163°. Rendement : 80-90 % du rendement théorique.

On peut de façon analogue préparer l'*ester benzyl-malonique* et obtenir finalement l'*acide hydrocinnamique*, en traitant l'ester malonique sodé par la quantité équivalente de *chlorure de benzyle* (1 mol. exactement).

8. — *Phénylnitrométhane* (1)

a) *Aci-phényl-nitro-acétonitrile sodé*

$$\begin{array}{c} C_6H_5\cdot C\cdot CN \\ \| \\ NOONa. \end{array}$$

On dissout dans un ballon rond de 500 cc. 8 g. de *sodium* par 120 cc. d'*alcool absolu*, et y écoule graduellement, en refroidissant à l'eau, un mélange de 36 g. de *cyanure de benzyle* (p. 146) et de 32 g. de *nitrate d'éthyle* (p. 156), sans tenir compte de la précipitation partielle d'*éthylate*. Le *sel* dont la formule est représentée plus loin se sépare peu à peu en cristaux presque incolores. On abandonne 1 h. sans refroidir, pour terminer complètement la réaction, en évitant toute entrée d'humidité, essore à la trompe et lave le précipité au mélange *alcool-éther* (1 : 1) d'abord, à l'*éther* pur ensuite. Rendement : 40-45 g.

Un échantillon du sel, dissous dans l'alcool, donne avec le *chlorure ferrique* une réaction colorée vert-olive intense.

b) *Saponification du composé précédent en aci-phényl-nitrométhane sodé.*

40 g. environ du *sel* précédent, introduits dans un ballon ouvert, sont chauffés à douce ébullition avec 600 cc. de *soude caustique* 2N au bain d'air conique ; la solution se concentre peu à peu en émettant un volume considérable d'*ammoniac* ; l'hydrolyse est terminée lorsque le dégagement a cessé.

(Le *sel sodique de l'aci-phénylnitrométhane*, peu soluble dans l'alcali en excès, y cristallise à chaud déjà ; si ceci se produisait avant la fin de la réaction, on ajoutera de l'eau chaude jusqu'à dissolution complète et continuera à chauffer tant que dure le dégagement d'ammoniac.)

On refroidit ensuite convenablement à la glace et acidifie sous agitation continuelle par environ 220 cc. d'*acide chlorhydrique* assez concentré (110 cc. HCl conc. + 110 cc. eau) jusqu'à réaction nette au papier Congo ; la précipitation de l'*aci-nitrocomposé* en flocons est alors complète et s'accompagne d'un fort dégagement de CO_2. On laisse reposer une nuit, afin de permettre à l'*aci*-composé instable de se transformer en *phényl-nitrométhane* stable.

On épuise soigneusement à l'éther, agite avec une solution de *carbonate de soude*, évapore le solvant — il est inutile de sécher la solution — et entraîne le résidu à la vapeur d'eau. Le distillat est repris par l'éther, l'extrait séché sur *chlorure de calcium*, le solvant évaporé et le résidu distillé au bain-marie à pression réduite. Le phénylnitrométhane passe à 118-119°/16 mm. sous forme d'une

(1) W. Wislicenus et A. Endres, *B.*, *35*, 1757 (1902).

huile jaune-clair. Rendement : 14-18 g., à peu près les 50 % du rendement théorique.

TAUTOMÉRIE CÉTO-ÉNOLIQUE

Les aldéhydes et cétones les plus simples ne nous sont, à quelques exceptions près, connues à l'état libre que sous les formes aldéhydiques et cétoniques vraies.

Erlenmeyer a posé en principe l'impossibilité de la structure isomère énolique, telle qu'elle devrait apparaître par exemple lors de la formation de l'acétaldéhyde à partir du glycol :

$$\underset{\displaystyle |\atop OH}{CH_2} - \underset{\displaystyle |\atop OH}{CH_2} \xrightarrow{-H_2O} CH_2 = \underset{\displaystyle |\atop OH}{CH}$$

La règle d'Erlenmeyer, depuis les travaux de Claisen notamment, s'est cependant révélée fausse. On admet actuellement que même les aldéhydes et cétones les plus simples possèdent un atome d'hydrogène nettement mobile, et ont une tendance à *s'énoliser* en faisant apparaître une double liaison causée par la migration de l'hydrogène.

On a pu en effet déterminer avec précision que lors de la *bromuration de l'acétone* — réaction reconnue comme monomoléculaire — le composé ne se comporte pas en cétone pure mais en *énol* ; cette dernière forme n'existe en équilibre avec la forme cétonique qu'en proportion minime, restant cependant constante au cours de la réaction.

Le caractère monomoléculaire de cette dernière se déduit du fait que la durée du processus (I) est celle qui est mesurée, alors que la réaction de l'énol avec le brome (II) s'effectue instantanément (Lapworth) :

$$CH_3\cdot CO\cdot CH_3 \underset{(I)}{\rightarrow} CH_3\cdot \underset{\displaystyle \cdot \atop OH}{C} = CH_2 \underset{(II)}{\xrightarrow{Br_2}} CH_3\cdot \underset{\displaystyle |\atop OH}{CBr} - CH_2Br$$

$$\xrightarrow{-HBr} CH_3\cdot CO\cdot CH_2Br.$$

Rappelons que l'acétone, ainsi que l'acétaldéhyde, se transforment, en l'absence d'eau, par action du sodium métallique (avec départ d'hydrogène) ou, mieux, par action de l'amidure de sodium, en *énolates* doués d'une grande réactivité :

$$CH_2 = \underset{\displaystyle \cdot \atop ONa}{C} - CH_3.$$

La mobilité d'un des atomes d'hydrogène attachés au carbone voisin du carboxyle — mobilité dont dépend l'énolisation — est considérablement augmentée par le voisinage sur le même carbone d'un *substituant*, surtout s'il est *non saturé* ; c'est le cas bien connu de l'*ester acétylacétique*, où le résidu —COOR joue le rôle d'activateur d'énolisation.

Mécanisme de la synthèse de l'ester acétylacétique. — La formation de cet ester a été l'objet d'interminables polémiques ; elle sera rapidement exposée avant la discussion des propriétés particulières de tautomérie de ce composé.

Le principe de la synthèse repose sur une *condensation aldolique :* fixation d'un groupe méthyle actif sur un carbonyle ; la réaction est la suivante dans le cas de l'ester acétique :

$$RO_2C - CH_3 + \overset{OR}{\underset{\displaystyle \| \atop O}{C}} - CH_3 \rightarrow RO_2C - CH_2 - \overset{\displaystyle OR \atop |}{\underset{\displaystyle | \atop OH}{C}} - CH_3.$$

Le méthyle et le carbonyle sont ici beaucoup moins réactifs que ceux des aldéhydes et cétones, et exigent pour pouvoir entrer en réaction la présence d'un métal alcalin : celui-ci, en transformant l'ester, avec départ d'hydrogène, en *énolate* du type $RO - \underset{\large ONa}{\overset{|}{C}} = CH_2$, lui confère une activité suffisante pour que l'aldolisation puisse avoir lieu.

On admet que l'énolate se dissocie non seulement suivant :

$$\text{I} \qquad [RO - \underset{O}{\overset{|}{C}} = CH_2]^- + Na^+$$

mais aussi suivant :

$$\text{II} \qquad [RO - \underset{O}{\overset{\|}{C}} - CH_2]^- + Na^+$$

et que la fixation se fait par la forme *mésomère* II.

Envisagé du point de vue de la théorie classique de la valence, l'énolate n'est autre que le tautomère d'un composé organo-métallique :

$$RO - \underset{ONa}{C} = CH_2 \rightleftarrows RO - \underset{O}{\overset{\|}{C}} - CH_2Na$$

Ce dernier étant capable de se fixer sur le carbonyle d'une seconde molécule d'ester. Il se forme alors l'*acétyl-acétate d'éthyle sodé*, avec départ d'alcool :

$$RO_2C - CH_2 - \underset{ONa}{\overset{OR}{C}} - CH_3 \rightarrow RO_2C - CH = \underset{ONa}{C} - CH_3.$$

Cette explication présente sur d'autres théories l'avantage de pouvoir éclaircir également le mécanisme des condensations des esters avec un composé non énolisable ; voire la condensation du fluorène avec l'ester oxalique :

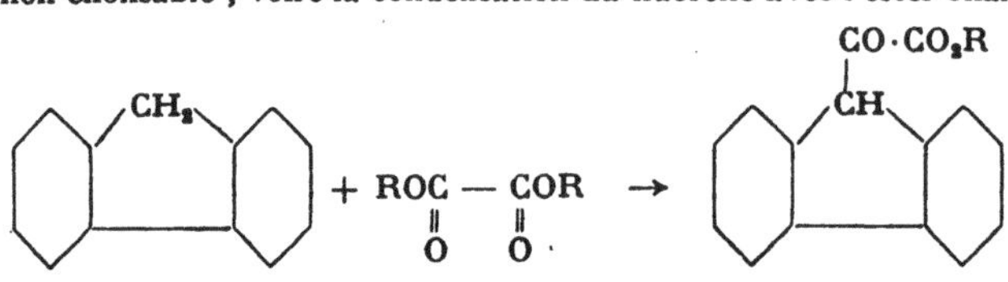

On trouvera un exposé détaillé sur la question, considérée du point de vue électronique dans l'ouvrage de B. Eistert : *Tautomerie und Mesomerie*, Sammlung chem. u. chem. -techn. Vorträge, Edit. F. Enke, 1938.

La condensation des esters avec les cétones s'effectue suivant le même schéma.

Deux molécules d'ester fournissent généralement un *ester d'acide β-cétonique*, une d'ester et une de cétone, une *β-dicétone*. L'ester formique, condensé soit avec un autre ester soit avec une cétone, conduit à des *composés oxyméthyléniques :*

$$C_6H_5 \cdot CO - CH_3 + \underset{O}{\overset{H}{C}} - OR \xrightarrow{+Na} C_6H_5 \cdot CO \cdot CH_2 . \underset{ONa}{\overset{H}{C}} \cdot OR + H$$

$$\xrightarrow{-HOR} C_6H_5 \cdot CO \cdot CH = \overset{H}{C} - ONa$$

oxy-méthylène-acétophénone sodée.

La tendance à l'énolisation est particulièrement prononcée si le groupement formyle est situé en β.

La *condensation intramoléculaire* des esters dicarboxyliques de la série des acides adipique et pimélique fournit les *esters cycliques des acides β-cétocarboxyliques* (Dieckmann) :

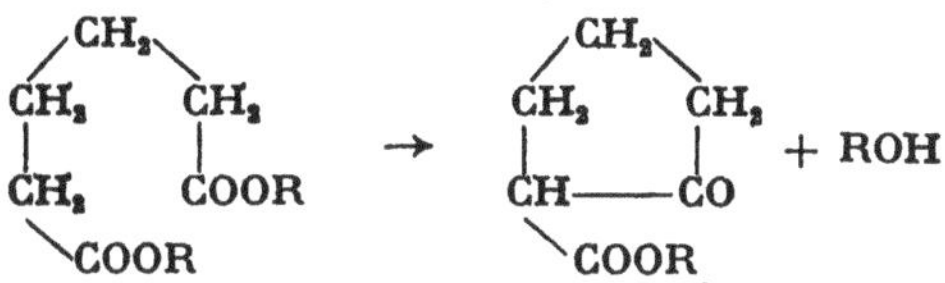

ester adipique *ester de l'acide cyclopentanone-carboxylique*

Les esters de l'acide succinique se condensent en *esters de l'acide succinylsuccinique* (esters 1,4-dicéto-hexaméthylène-2,5-dicarboxyliques). Voir les travaux de Baeyer sur les dérivés hydrogénés du benzène, basés sur cette synthèse.

Les esters d'acides organiques ne sont pas les seuls à se combiner avec les énolates de cétones et d'esters suivant le schéma de la synthèse de l'ester acétylacétique ; ceux des acides *nitreux* et *nitrique* en sont également susceptibles. La réaction aboutit alors respectivement à des *isonitroso-* et *aci-nitrocomposés*, rappelant les précédents par leurs fonctions caractéristiques :

$$R\cdot CO - CH_3 + \underset{\underset{O}{\|}}{N}\cdot OC_2H_5 \xrightarrow{NaOR} R\cdot CO\cdot CH_2\cdot \underset{\underset{ONa}{\cdot}}{N}\cdot OC_2H_5$$

$$\rightarrow R\cdot CO\cdot CH = \underset{\underset{ONa}{\cdot}}{N} + HOC_2H_5$$

Cette condensation des nitrites et nitrates d'alcoyles ne peut cependant être généralisée avec la même extension que celle de l'ester acétyl-acétique proprement dite. La synthèse de l'*aci-phényl-nitro-acétonitrile sodé*, décrite précédemment (p. 256) fournit un exemple expérimental de cette réaction. Le groupe méthylénique du cyanure de benzyle est « activé » par le voisinage dans la molécule du phényle et du nitrile.

Structure des esters d'acides β-cétocarboxyliques et des β-dicétones. — Nous prendrons comme exemple le cas de l'*ester acétylacétique* ; ce composé réagit avec la phénylhydrazine, le bisulfite, et les autres réactifs classiques comme une véritable cétone ; il présente d'autre part des propriétés acides, se dissout dans les alcalis, et donne avec le chlorure ferrique la réaction colorée caractéristique des énols et des phénols.

On concluait autrefois de ce dualisme de propriétés que l'ester ne pouvait exister que sous l'une des formes pures, soit cétonique, soit énolique ; le passage d'une des formes dans l'autre s'expliquait par l'influence du réactif employé. Il a fallu les recherches de K. H. Meyer et de L. Knorr (1911) sur les facteurs quantitatifs régissant les rapports entre eux des formes énoliques et cétoniques pour qu'un éclaircissement satisfaisant ait pu être apporté à la question. L'ester acétylacétique s'empare à froid d'une quantité *définie et limitée* de brome, réaction propre à la forme énolique (mentionnée plus haut à propos de l'acétone). Il est dès lors possible dans certaines conditions, et avec une solution de brome de titre connu, de déterminer exactement la quantité d'énol que renferme l'ester acétylacétique. On a observé que ce dernier, peu après avoir été titré, est capable à nouveau de consommer du brome : il s'est donc reformé de l'énol. On en déduit que les formes cétonique et énolique coexistent en *état d'équilibre* respectif dans toute solution d'ester acétylacétique. Lors de la titration, cet équilibre se rétablit avec une lenteur suffisante pour laisser à la méthode une assez grande exactitude.

Expérience. — Dissoudre en agitant 1/2 cc. environ d'*ester acétylacétique* dans le volume nécessaire d'eau, ajouter quelques gouttes d'une solution de *chlorure ferrique* et écouler assez rapidement à froid, au moyen d'un compte-gouttes, de l'*eau de Br* (1 : 10) jusqu'à ce que la coloration rouge de l'énolate ferrique ait disparu. Le brome fixe à cet instant tout l'énol présent ; ce dernier se reforme à nouveau pour que l'équilibre soit rétabli, et la coloration rouge reparaît bientôt ; on peut la faire disparaître par addition de quelques gouttes d'eau de Br. L'opération peut être répétée un certain nombre de fois, jusqu'à ce que la totalité de l'ester se soit transformée en *ester bromacétylacétique*. Cette expérience démontre instructivement le phénomène de la tautomérie céto-énolique sous son aspect cinétique.

Le rapport à l'équilibre entre les formes énolique et cétonique dépend en grande partie de la *nature du solvant* employé, ainsi que le montre le tableau suivant :

Solvant	*% énol*
Eau	0,4
Alcool éthylique	12,0
Acide acétique glacial	5,7
Benzène	16,2
Ether de pétrole	46,4

Une formule simple et générale établit le rapport existant entre les proportions des composés tautomères à l'état d'équilibre, et leur solubilité dans un solvant donné (van't Hoff, Dimroth) :

$$\frac{C_a}{C_b} = \frac{L_a}{L_b} \cdot G.$$

C représente les concentrations, L les solubilités des deux formes isomères *a* et *b*, et G une constante ne dépendant pas du solvant.

Le tableau précédent indique que le céto-ester est plus soluble dans l'eau et l'énolate dans l'éther de pétrole, ce qui est bien vérifié par l'expérience.

L'ester acétylacétique à l'état liquide renferme 92,5 % de la forme cétonique et 7,5 % de la forme énolique. Fraîchement distillé, le produit est passablement plus riche en énol ; ce fait provient de ce que ce dernier, dont le point d'ébullition est plus bas que celui de la cétone, distille en premier et se forme en plus grande quantité dans le récipient collecteur.

Expérience. — Dissoudre 2,5 g. d'*ester acétylacétique* dans 20 cc. d'une solution normale d'*alcali*, refroidir à 0°, et ajouter d'un seul coup en agitant 20 cc. d'*acide chlorhydrique* normal refroidi. Il se produit un trouble laiteux, et la solution ne tarde pas à redevenir limpide : l'*énol*, moins soluble dans l'eau que la cétone, a commencé par précipiter ; il s'est ensuite rapidement et presque complètement transformé en cétone beaucoup plus soluble, ainsi que l'exigent les conditions d'équilibre en milieu aqueux.

La méthode au brome de K. H. Meyer (1) permet de déterminer presque dans tous les cas le pourcentage en énol de composés tautomères en solution. K. H. Meyer et Knorr sont parvenus à préparer à l'état pur l'ester acétylacétique sous ses deux formes respectives, en utilisant différentes méthodes dans le détail desquelles nous ne pouvons entrer ici. Les constantes physiques des deux formes sont très différentes : l'indice de réfraction du céto-ester, par exemple, est de 1,4225 ($D_{10}°$), celui de l'énol-ester de 1,4480. La détermination de l'indice de réfraction de mélanges tautomères en équilibre permet de calculer par interpolation le rapport des deux formes (Knorr, 1911), et les résultats trouvés ont vérifié ceux qui avaient été obtenus par une méthode spectroscopique (Hantzsch, 1910).

La possibilité d'isoler chacune des formes d'une substance tautomère dépend surtout de la vitesse de transformation de la forme la plus labile. Claisen est arrivé le premier (1896) à obtenir séparément dn composé cétonique et du composé énolique à l'état cristallisé et stable en opérant sur la *dibenzoylacétone* asymétrique :

$$(C_6H_5CO)_2 : CH \cdot CO \cdot CH_3 \quad \text{et} \quad (C_6H_5CO)_2 : C = \underset{\displaystyle OH}{\underset{|}{C}} - CH_3$$

Dans les cas où les deux formes ont pu être mises en évidence grâce à des méthodes expérimentales donnant des résultats très certains, le terme de tautomérie a été remplacé par celui de *desmotropie*. Les substances desmotropiques ont entre elles des rapports tout à fait clairs et bien définis ; on en connaît un grand nombre, dont l'ester acétylacétique.

Quant à l'*acétylacétone*, sa tautomérie est entièrement semblable, avec une tendance beaucoup plus marquée à la forme énolique (le composé liquide en contient 80 %).

L'énolisation de la *benzoylacétone* est pour ainsi dire parfaite, et l'on n'en connaît pas la forme cétonique :

$$C_6H_5 \cdot CO \cdot C = C - CH_3 \qquad \text{avec } H_3C \cdot CO \text{ sur le second C et } OH \text{ sur le troisième}$$

Il ne saurait être question, dans le cas du *phénol*, de parler de tautomérie proprement dite. Ce composé se rapproche des énols aliphatiques dont il a toutes les propriétés : caractère acide, réaction au chlorure ferrique ; ses réactions avec les halogènes, l'acide nitreux, les diazocomposé aromatiques (copulation), etc, sont également dues à l' « activité » de ses doubles liaisons. Cette nature « énolique » du phénol renforce l'hypothèse de Kékulé-Thiele sur la structure du benzène, laquelle exprime la tendance du noyau à préserver son « aromaticité », qui correspond à un stade inférieur d'énergie. La forme cétonique du phénol, (*A*), qui n'a pas pu être encore obtenue pour cette raison, serait intéressante à comparer à la cétone aliphatique correspondante (*B*) :

A 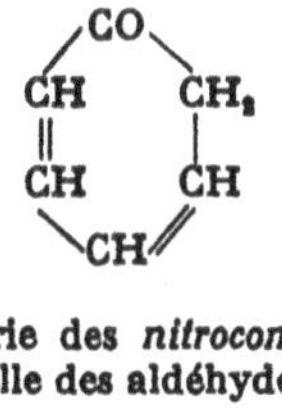 *B* 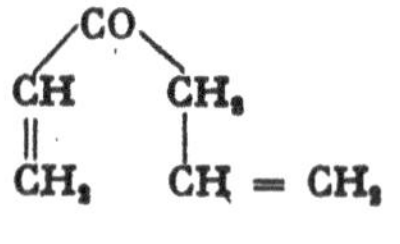

La tautomérie des *nitrocomposés aliphatiques* suit exactement le même principe que celle des aldéhydes et cétones : ces composés existent aussi sous

(1) A. *380*, 212 (1911).

deux formes, l'une neutre et l'autre à caractère acide (« *aci*-forme » de Hantzsch) :

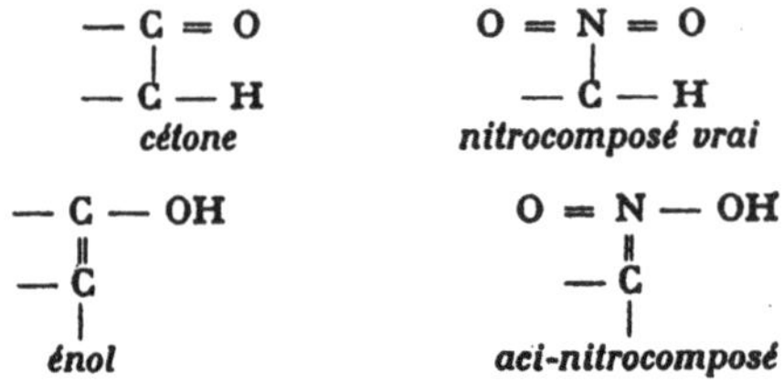

Les propriétés réarrangements et réactions des composés cétoénoliques se retrouvent exactement chez les nitrocomposés aliphatiques. La méthode au brome elle-même leur convient pour la recherche quantitative des conditions d'équilibre.

Le premier exemple de desmotropie, et le plus classique, se rapporte au cas du *phénylnitrométhane* : ce composé, sous sa forme stable et neutre, est une huile, et sous son *aci*-forme labile, un corps cristallisé (Hantzsch) :

$$C_6H_5 \cdot CH \cdot NO_2 \quad \text{et} \quad C_6H_5 \cdot CH = NOOH.$$

Expérience. — Agiter 2-3 g. de *phénylnitrométhane* avec 15 cc. de *soude caustique* 2N dans une grande éprouvette. La forme neutre, très peu soluble dans l'eau, ne se transforme — c'est-à-dire ne se dissout — que lentement à froid (la salification se produit très rapidement en milieu alcoolique). Si l'on chauffe, l'huile se dissout en peu de temps. Refroidir, transvaser la solution alcaline dans un petit bécher, ajouter quelques morceaux de glace et, d'un seul coup, 20 cc. d'*acide sulfurique* 2N. L'*aci-phénylnitrométhane* libéré se sépare en houppes cristallisées incolores ; filtrer aussitôt, laver à l'eau et presser sur porcelaine poreuse. En opérant rapidement on peut recristalliser une partie du produit dans la *benzine légère* (additionnée de quelques granules de *chlorure de calcium*). Dissoudre un petit échantillon dans un peu d'*alcool* et ajouter une goutte de *chlorure ferrique.* Additionner à froid un échantillon plus important de quelques gouttes d'une *solution alcoolique froide de Br :* celle-ci est décolorée.

Les essais précédents, effectués directement sur le phénylnitrométhane préparé selon la prescription p. 256, donnent des résultats négatifs.

Dissoudre le restant de l'*aci*-composé dans l'*alcool* et abandonner une nuit. La solution est devenue incapable d'absorber le *Br* et de se colorer avec le $FeCl_3$.

Déposer quelques granules de la substance sur un verre de montre : elle s'est transformée le lendemain en un liquide huileux.

Comme le démontrent ces quelques expériences, l'*aci*-phénylnitrométhane n'est isolable temporairement que grâce à la lenteur relative de sa transformation : il ne peut exister à l'état d'équilibre stable.

9. — *Synthèses à partir des esters acétylacétique et malonique*

L'ester malonique à l'état libre possède une formule du type normal ; on n'a aucune preuve évidente de l'existence d'une forme énolique

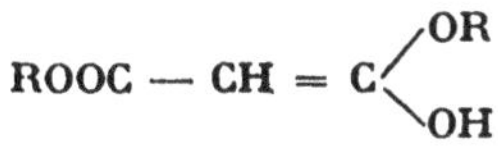

Soumis par contre à l'action du sodium en milieu éthéré, l'ester malonique se transforme avec dégagement d'hydrogène en un composé appelé *ester malonique sodé*, qui est l'énolate correspondant à la formule tautomère précédente ; cet énolate peut également résulter d'une combinaison entre l'ester et l'alcoolate.

Dans les réactions qui vont être traitées, l'ester acétylacétique sodé choisi comme exemple peut être indifféremment remplacé par l'ester di-éthylmalonique sodé.

L'ester acétylacétique sodé réagit avec les halogénures d'alcoyles pour donner des esters *C-alcoylés*, et non, comme on pourrait s'y attendre, des dérivés substitués auprès de l'oxygène. Il ne s'agit pas là d'une double décomposition ordinaire : l'halogène s'ionise et se combine au sodium dans un composé moléculaire intermédiaire, et l'alcoyle se fixe sur la double liaison ; le mécanisme rappelle en quelque sorte celui des additions en 1,4 :

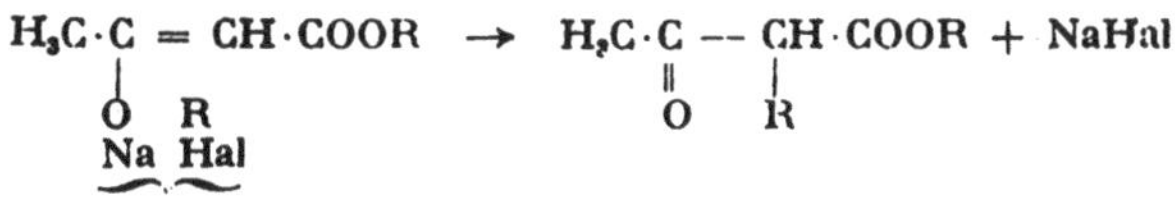

La réaction est la même avec les chlorures d'acides.

Si par contre le milieu de réaction utilisé est la *pyridine*, l'action des chlorures d'acides sur l'ester acétylacétique conduit aux dérivés *O-acylés* ; les dérivés *O-alcoylés* ne peuvent s'obtenir qu'indirectement, par l'intermédiaire des *acétals* (p. 149), avec élimination d'une molécule d'alcool (Claisen) :

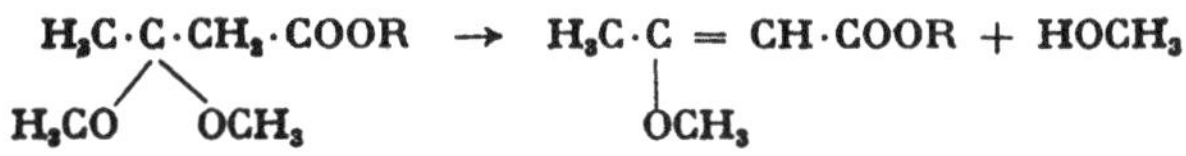

Les composés O-alcoylés et O-acylés sont incapables de se transformer en isomères substitués auprès du carbone dans les conditions sous lesquelles ces derniers sont préparés (Cf. p. 246). Cette isomérisation ne se produit, et dans le cas des dérivés O-acylés seulement, que sous l'action catalytique du carbonate de potassium solide en solvant indifférent (Claisen) ; on peut avoir par exemple :

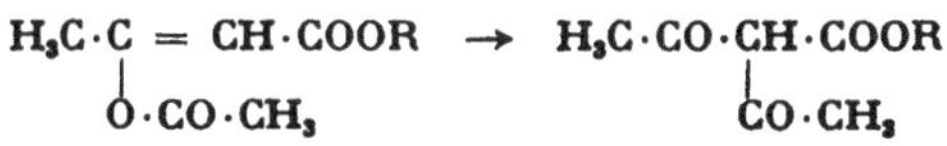

Les esters acétylacétique et malonique, monoalcoylés ou monoacylés auprès du carbone, gardent la propriété de l'énolisation et peuvent fixer ainsi un *second* groupement alcoyle ou acyle sur le même carbone. Le choix des groupes pouvant être introduits aux deux échelons est illimité ; toutes les substances contenant un halogène réactif, en plus des hydrocarbures halogénés et des chlorures d'acides sont susceptibles de se substituer à cet endroit.

L'introduction dans la réaction de composés paraffiniques dihalogénés permet la synthèse des noyaux carbonés simples (W. H. Perkin) :

$$ROOC-CH=C\begin{matrix}\diagup OR\\ \diagdown ONa\end{matrix} + BrCH_2\cdot CH_2\cdot CH_2\cdot Br$$

$$\rightarrow ROOC-\underset{\underset{CH_2-CH_2-CH_2Br}{|}}{CH}\cdot COOR + NaBr$$

$$\rightarrow ROOC-\underset{\underset{CH_2CH_2CH_2Br}{|}}{C}=C\begin{matrix}\diagup OR\\ \diagdown ONa\end{matrix} \rightarrow ROOC-\overset{\overset{COOR}{|}}{\underset{\underset{CH_2}{|}}{C}}-\!\!-\!\!-\underset{\underset{CH_2}{|}}{CH_2} + NaBr$$

ester de l'acide cyclobutane-dicarboxylique

Un avantage précieux des synthèses à partir des esters acétylacétique et malonique est la facilité avec laquelle les produits obtenus peuvent être ramenés aux composés les plus simples.

La propriété de l'acide malonique, soumis à la fusion, de dégager de l'anhydride carbonique en se transformant en acide acétique montre qu'un atome de carbone est incapable de retenir fortement deux groupements carboxyliques à la fois. Cette particularité, présentée par tous les *dérivés substitués* de l'acide malonique obtenus par saponification de leurs esters, permet de simplifier à volonté le composé final. (Citons à titre d'exemple la préparation de l'*acide isovalérianique* à partir du *bromure d'isopropyle.*)

Une autre manière de simplifier le produit résultant de la synthèse consiste à éliminer le *second* carboxyle (préparation du *cyclobutane* à partir de l'ester précédemment formulé).

Le groupement méthylénique de l'ester acétylacétique est lié aux radicaux $-CO.CH_3$ et $-COOR$, et l'acide acétylacétique *libre* est encore beaucoup moins stable que l'acide malonique ; il se décompose à peu près comme lui en *acétone* et *CO_2* : il suffit pour celà d'en chauffer la solution. Tous les dérivés synthétiques de l'ester acétylacétique se comportent de même : saponifiés en acide acétylacétique sous l'action des acides minéraux dilués, ils éliminent à chaud une molécule de CO_2 ; cette réaction, appelée *dédoublement cétonique*, permet d'obtenir par synthèse tous les dérivés possibles de l'acétone :

$$H_3C\cdot\underset{\underset{ONa}{|}}{C}=CH\cdot COOR + H_2CCl\cdot COOR \rightarrow H_3C\cdot CO\cdot\underset{\underset{CH_2\cdot COOR}{|}}{CH}\cdot COOR$$

$$\rightarrow CH_3\cdot CO\cdot CH_2\cdot CH_2\cdot COOH + CO_2 + 2ROH$$

acide lévulinique

Les alcalis concentrés décomposent différemment l'acide acétylacétique provenant de l'hydrolyse de l'ester : la scission de la molécule, au lieu de s'effectuer au niveau du carboxyle, conduit à l'élimination du reste $-COCH_3$ et à la formation de deux molécules d'*acide acétique.* Ce type d'hydrolyse, dit *dédoublement acide,* introduit une nouvelle variation dans la synthèse générale, comme le démontre l'exemple du produit de condensation (voir ci-dessus) de l'ester acétylacétique avec l'ester chloracétique :

$$H_3C\cdot CO\cdot\underset{\underset{CH_2\cdot COOR}{|}}{CH}\cdot COOR \rightarrow H_3C\cdot COOH + \underset{\underset{H_2C\cdot COOH}{|}}{H_2C\cdot COOH} + 2ROH$$

acide succinique

Un autre type de synthèse à partir de l'ester acétylacétique consiste en la copulation de deux molécules d'ester en *diacétylsuccinate d'éthyle*, par action de l'iode sur le dérivé sodé :

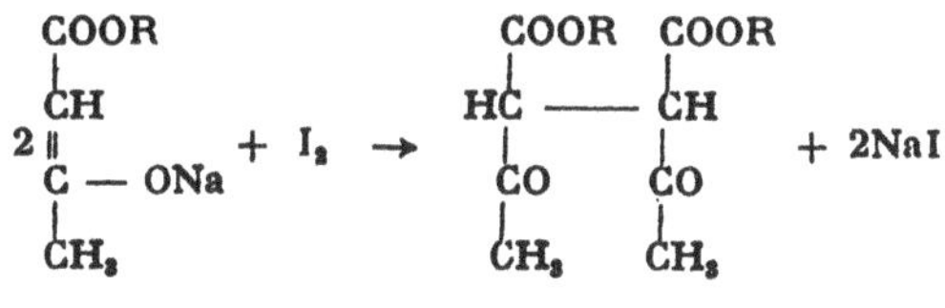

La liaison se fait entre atomes de carbone, comme dans le cas de l'alcoylation. Consulter dans la bibliographie les travaux traitant des rapports d'isomérie particuliers du diacétyl-succinate d'éthyle (L. Knorr).

L'*acide déhydracétique* mentionné p. 252 s'obtient par condensation intermoléculaire de deux molécules d'ester acétylacétique. Le cycle lactonique se scinde par traitement acide à l'ébullition, et il se forme un acide tricétocarboxylique ; ce dernier, par élimination de CO_2 et H_2O, aboutit au *diméthylpyrone :*

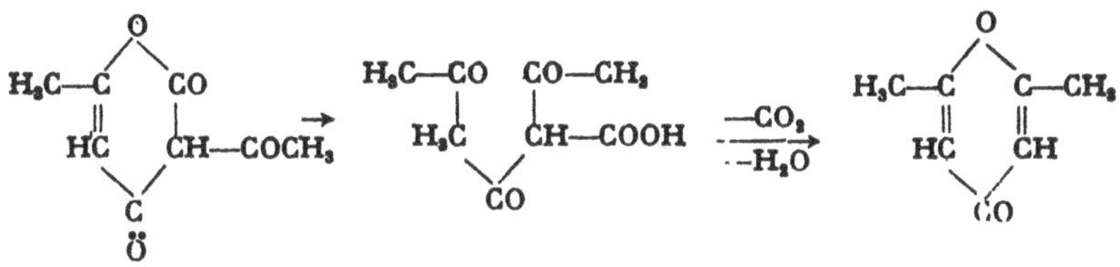

L'existence d'un atome d'oxygène à propriétés nettement basiques (Collie et Tickle) confère au *noyau du pyrone* d'intéressantes propriétés (ce cycle apparaît également à partir des oses par un processus biologique (acide kojique)). L'atome privilégié se comporte comme l'azote trivalent, et est capable de réagir avec les acides pour former des sels que l'on appelle *sels d'oxonium*, par analogie avec ceux de l'ammonium. Cette propriété de l'oxygène se retrouve d'ailleurs dans un grand nombre de combinaisons organiques : les solutions d'éther dans l'acide sulfurique concentré, par exemple, contiennent du sulfate d'oxonium, lequel est hydrolysable par l'eau.

En traitant par l'ammoniac le sel tertiaire obtenu par addition d'iodure de méthyle au diméthylpyrone, Baeyer est parvenu à préparer le dérivé de la pyridine méthoxylé en para, établissant ainsi la structure des *sels de pyroxonium* :

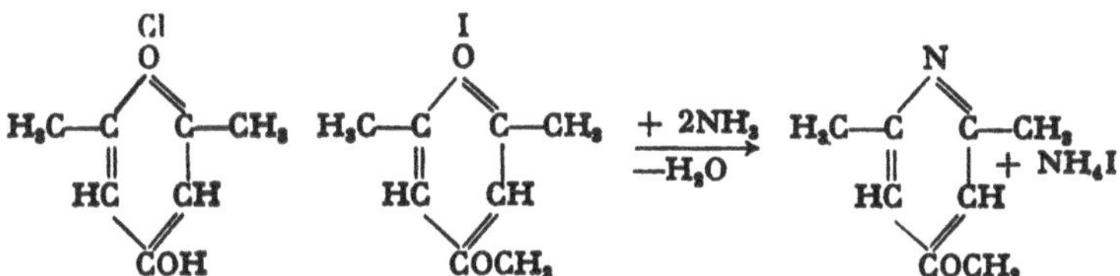

chlorure de pyroxonium — *iodométhylate* — 2,6-*diméthyl*-4-*méthoxy-pyridine*

Les sels tertiaires d'oxonium dérivant du *benzopyranol* (chromanol) sont les constituants principaux des pigments rouges et bleus appelés *antho-*

cyanes, rencontrés chez un grand nombre de fleurs et de fruits (R. Willstätter, P. Karrer, R. Robinson) :

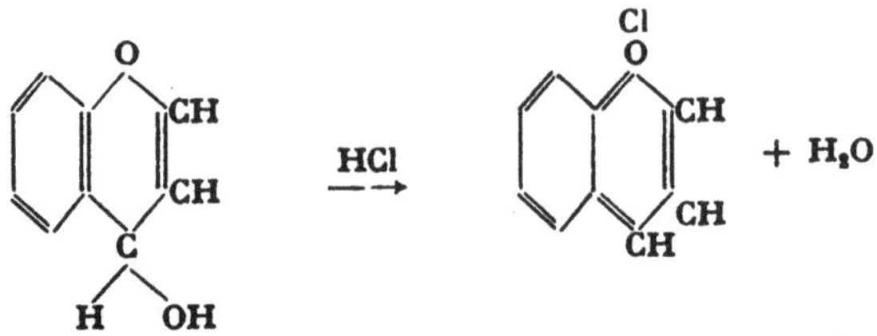

benzopyranol *chlorure de benzopyrylium*

Les anthocyanes sont les *glucosides* de polyphénols et d'éthers phénoliques, substitués sur le noyau du pyrane par des hydroxyles et un radical phényle ; on les classe d'après les trois types d'aglycones (ou *anthocyanidines*) dont ils dérivent :

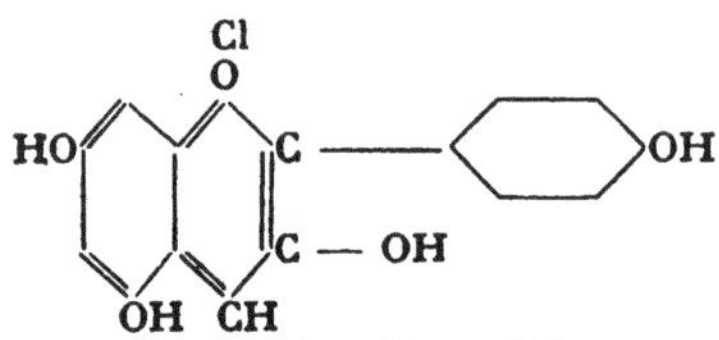

chlorure de pélargonidine

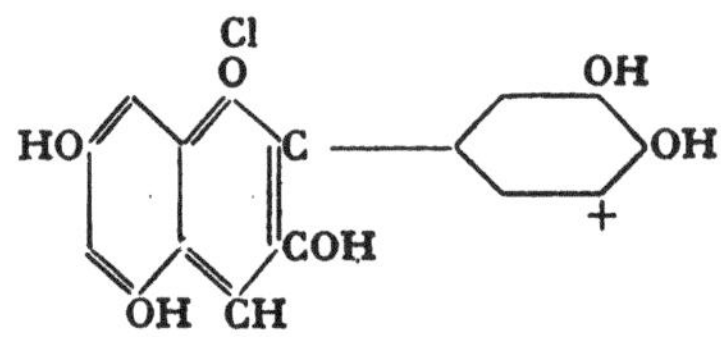

chlorure de cyanidine

La *chlorure de delphinidine* possède une troisième hydroxyle à l'emplacement marqué par une croix.

On trouvera dans les traités généraux les rapports qui relient entre elles la *cyanidine*, la *quercétine*, la *catéchine* et la *lutéoline*, composés qui jouent un rôle important dans la physiologie des végétaux.

VII. — Diazocomposés

Généralités :

La propriété chimique la plus importante des combinaisons hydroazotées, soit l'ammoniac et ses dérivés contenant de l'hydrogène fixé directement sur l'atome d'azote, est leur réaction avec l'*acide nitreux*. La diversité des aspects de cette réaction peut être ramenée à une forme générale.

En plus de la formation de sels, laquelle s'effectue normalement dans le cas de l'ammoniac lui-même ainsi que dans celui des amines aliphatiques, l'acide nitreux réagit avec les amines par sa double liaison (—N = O), douée d'une grande réactivité.

Le cas des amines *secondaires* est le plus simple. Il se forme en premier lieu, pour la diméthylamine par exemple, le nitrite de diméthylammonium ; à une température plus élevée, le sel subit une transposition intramoléculaire au niveau de la double liaison de l'acide, une molécule d'eau est éliminée et il se forme par *acylation* la *nitrosamine* correspondante :

$$(CH_3)_2NH + HNO_2 \rightarrow (CH_3)_2\overset{+}{N}H\cdot\overset{-}{NO_2}$$
$$\rightarrow (CH_3)_2N - \underset{\displaystyle OH}{\underset{|}{N}} - OH \rightarrow (CH_3)_2N\cdot NO + H_2O$$

On peut remarquer l'analogie complète existant entre cette réaction et une acylation ordinaire, telle que celle qui conduit aux dérivés acétylés à partir de l'acétate de diméthylammonium. La seule différence entre les deux réactions repose sur le fait que la double liaison $C = O$ de l'acide acétique étant beaucoup moins active que celle de l'acide nitreux, l'acylation s'effectue à température plus élevée que la réaction avec l'acide nitreux :

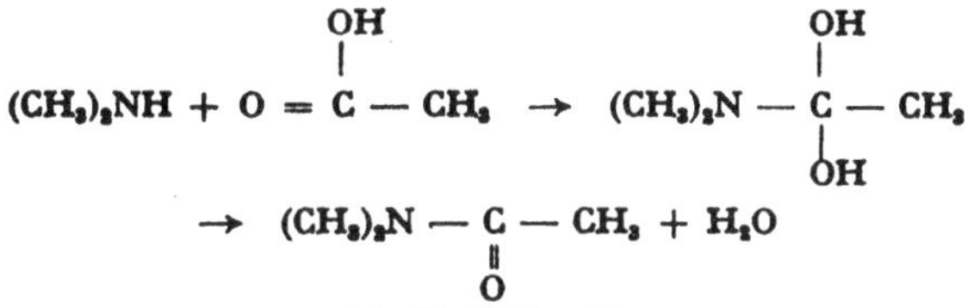

diméthylacétamide

La vitesse d'estérification relativement considérable de l'acide nitreux, dépassant celle de tous les autres acides, ne peut s'expliquer que par une raison identique : (p. 155).

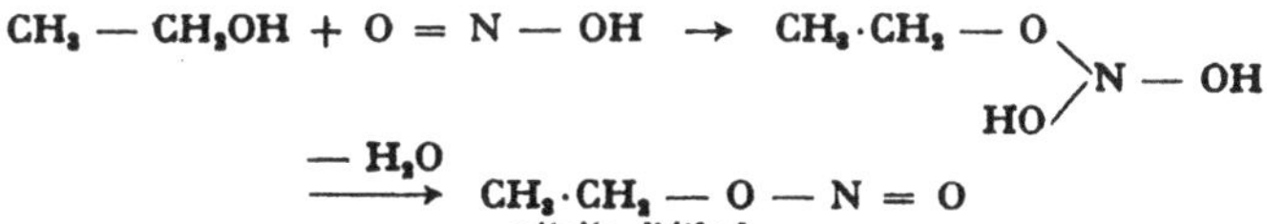

nitrite d'éthyle

En appliquant ces considérations au cas de l'*ammoniac*, on voit immédiatement que l'intermédiaire acylé formé à chaud doit se décomposer en livrant de l'azote et de l'eau :

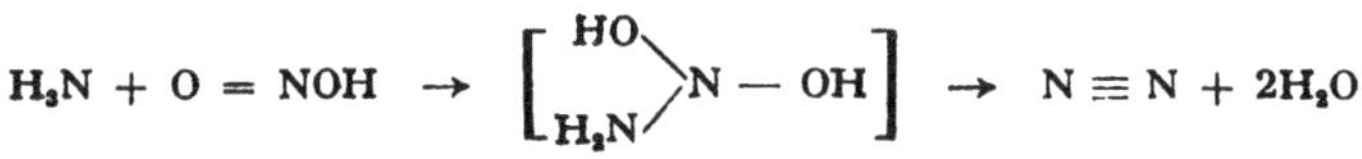

Le principe est le même pour les amines aliphatiques *primaires :*

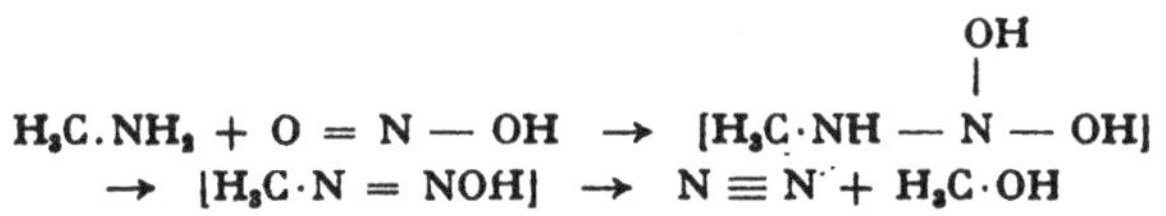

Le second produit intermédiaire mis entre crochets a été isolé sous forme de ses sels ; dans les conditions normales de sa formation il se décompose en azote et alcool.

Les amines primaires simples de la série aliphatique ne sont pas capables de former des diazocomposés : la réaction qui peut les produire, en effet, devrait s'effectuer à une température où ils sont instables.

La réactivité du groupement NH_2 peut encore être augmentée par la présence voisine d'un carbonyle, cas qui se présente pour les esters des acides *α-amino-carboxyliques* et les *α-aminocétones*. L'ester du glycocolle est déjà diazotable à froid ; le diazocomposé, qui n'est alors plus détruit dans ces conditions, élimine de l'eau pour se transformer en *ester diazoacétique* plus stable :

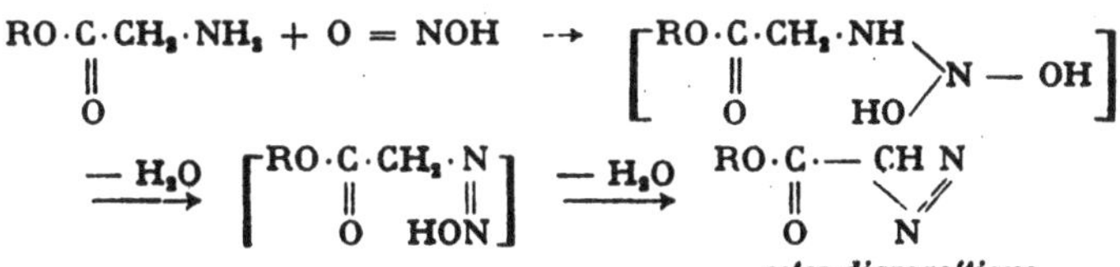

ester diazoacétique

Le phénomène nouveau qui apparaît dans la réaction des amines *aromatiques* primaires avec l'acide nitreux est la transposition du diazocomposé produit en premier lieu (on ne peut émettre aucun doute sur la formation à basse température d'un corps intermédiaire diazoté, correspondant à celui du schéma précédent), sous l'action de l'acide présent, en *base diazonium* que l'on peut obtenir finalement sous forme de *sel :*

$$C_6H_5NH_2 + O = NOH \rightarrow C_6H_5{\cdot}N = NOH \xrightarrow{HCl} C_6H_5.\underset{\underset{Cl}{|}}{\overset{+}{N}} \equiv N + H_2O$$

Il y a donc une réaction de diazotation particulière aux substances aromatiques. Les sels de diazonium sont inconnus dans la série grasse, le type de l'aniline ($-C = \underset{\underset{NH_2}{|}}{C}-$) n'y pouvant exister.

Remarquons que la facilité avec laquelle l'ester du glycocolle diazote est probablement due à la formation intermédiaire d'un tautomère :

$$\begin{array}{ll} ROC - CH_2 \\ \ \ \ \| \qquad\ \ | \\ \ \ \ O \qquad NH_2 \end{array} \rightarrow \begin{array}{ll} ROC = CH \\ \ \ \ | \qquad\ \ | \\ \ HO \qquad NH_2 \end{array}$$

La différence fondamentale entre les deux séries subsiste cependant, les diazocomposés aliphatiques étant dépourvus de tout caractère basique.

On n'est pas encore parvenu actuellement à expliquer le fait que seul le noyau puisse conférer de fortes propriétés basiques à l'azote, porteur d'un groupement diazoïque, auquel il est attaché, alors qu'un résidu alcoyle en est incapable. Comme on le verra p. 347, le même phénomène se produit lorsque plusieurs noyaux aromatiques sont fixés sur le même atome de carbone (sels de carbonium).

Rappelons par ailleurs que la basicité des amines elles-mêmes est fortement amoindrie par un substituant aromatique, et augmentée par un alcoyle.

L'excellent ouvrage de A. Hantzsch, revu par Reddelien, *Die Diazoverbindungen*, Leipzig, 1921, peut être utilement consulté pour l'ensemble de la question.

A. — Diazocomposés aliphatiques

1. — *Diazométhane* (1)

Nitroso-méthylurée. — On dissout 20 g. de *chlorure de méthylammonium* (2) (p. 160) et 30 g. de *cyanate de potassium* (p. 141) dans 120 cc. d'eau, chauffe 1/4 h. à 60-80°, porte rapidement à ébullition, filtre et refroidit la solution à 0°.

(1) E. A. Werner, *Chem. Soc.*, *115*, 1098 (1919) ; F. Arndt et J. Amende, *Z. ang.*, *43*, 444 (1930).

(2) Pour préparer le *chlorure de méthylammonium* en quantité plus importante, on utilisera la méthode économique de Brochet et Cambier (*Bl.*, [3], *13*, 533 [1895]) : on chauffe progressivement dans un ballon à distiller à réfrigérant descendant 250 g. de *chlorure d'ammonium* avec 570 g. d'une solution de *formaldéhyde* à 35 %, en installant un thermomètre plongeant dans le liquide. Lorsque la température a atteint 104°, elle y est maintenue jusqu'à ce qu'il ne passe plus de distillat (4.1/2 h. environ).

Le récipient collecteur contient alors 100-120 g. d'eau et d'*alcool méthy-*

On a préparé d'avance une solution de 20 g. de *nitrite de sodium* dans 40 cc. d'eau, refroidie à 0°, que l'on ajoute à la solution de *méthylurée* ; le mélange est agité mécaniquement et refroidi à la glace, et l'on y écoule goutte à goutte 100 cc. d'*acide sulfurique* à 25 % froid. La *combinaison nitrosée* précipitée en houppes cristallines est essorée à la fin de l'opération, lavée à l'eau glacée, desséchée dans un exsiccateur à vide et recristallisée dans deux parties d'*alcool méthylique*.

On élève le rendement en refroidissant la solution à — 15° par la glace salée ; les cristaux sont essorés après quelque temps de repos et lavés à l'*éther*. Le produit jaune-clair fond à 124°. Rendement : 20 g.

Si l'on veut éviter de préparer la méthylamine on procédera comme suit : refroidir au mélange réfrigérant 135 cc. d'*ammoniaque* concentrée et y écouler goutte à goutte sous forte agitation mécanique, 100 g. de *sulfate diméthylique* ; la température ne doit pas dépasser 20°. Chauffer 2 h. au bain-marie et faire bouillir 1/4 h. ; ajouter une solution de 50 g. de *cyanate de potassium* dans 80 cc. d'eau et faire bouillir 20 min.

Ajouter ensuite 40 g. de *nitrite de sodium* dissous dans 70 cc. d'eau et refroidir. Verser par petites portions la solution bien froide sur un mélange de 40 g. d'*acide sulfurique* conc. et 170 g. de glace ; continuer les opérations comme précédemment décrit.

Le rendement (20-22 g.) est moins élevé qu'avec le chlorure de méthylammonium (F. Arndt).

Diazométhane. — On introduit dans un erlenmeyer à col large 30 cc. d'une solution de *potasse caustique* à 40 % fortement refroidie et 100 cc. d'*éther* pur, et ajoute par petites portions 10 g. de *nitrosométhylurée* en agitant continuellement (opérer sous hotte) ; la température doit rester à 0°.

La réaction est terminée en 5-10 min. ; on décante alors la

lique. Après refroidissement du ballon, on essore fortement le chlorure d'ammonium précipité, concentre le filtrat à 1/2 vol. au bain de vapeur, filtre à nouveau le chlorure d'ammonium et concentre jusqu'à ce qu'il se forme une pellicule cristalline à la surface du liquide. Le *chlorure de méthylammonium* cristallisant au refroidissement est essoré fortement à la trompe, et le filtrat soumis à une concentration aussi poussée que possible ; on élimine les dernières traces d'eau à l'exsiccateur à vide sur soude caustique solide et acide sulfurique conc. Le résidu est mis à digérer avec du *chloroforme* (élimination des chlorures de di-et tri-méthylammonium) et essoré fortement.

Rendement : 110-125 g.

Le composé N-hydroxyméthylé, formé en premier lieu dans la réaction, est ensuite réduit par le formaldéhyde en excès :

$$H_2C = O + HNH_2 \rightarrow H_2\overset{\overset{OH}{\cdot}}{C} - NH_2 \rightarrow H_3C - NH_2$$

Le formaldéhyde (sous forme de son hydrate) est déshydrogéné en acide formique et CO_2. Avec une plus grande quantité d'aldéhyde dans la réaction, on obtient de même le *chlorure de triméthylammonium*.

couche éthérée jaune foncé, rince avec un peu d'éther et sèche l'extrait contenant le diazométhane sur quelques granules de *KOH* pendant 3 h. ; si le produit ne doit pas être employé immédiatement, on l'introduit dans un petit flacon à col étroit, fermé par le dispositif indiqué p. 104 (note) et le garde au frais.

La solution de diazométhane peut être conservée plusieurs jours ; elle se décompose peu à peu en dégageant de l'azote (le flacon la contenant ne doit donc pas être fermé hermétiquement).

La nitrosométhylurée étant plus stable, surtout à froid, il vaut mieux préparer le diazométhane juste avant son emploi.

Le *diazométhane* est un gaz coloré en jaune, très toxique, bouillant à — 24° ; il n'est utilisé pour des buts synthétiques qu'en solution — à l'état libre il est explosif —, et il peut même alors donner lieu à une explosion à la distillation si toutes les précautions n'ont pas été prises. Les solvants indifférents convenant au diazométhane sont l'*éther*, les *alcools*, le *benzène* et l'*éther de pétrole* ; l'*acétone* ne s'emploie que pour des opérations devant être menées rapidement.

Dosage du diazométhane dans une solution. — (D'après Marshall et Acree, B. *43*, 2324 [1910]). On dilue avec de l'*éther absolu* une partie aliquote (environ 1/20) de la solution à doser, et la verse en agitant dans une solution éthérée d'*acide benzoïque* n/5, refroidie à la glace ; cette dernière se prépare en dissolvant dans un cylindre gradué de 50 cc. 1,22 g. d'acide benzoïque puriss. par de l'éther absolu. L'acide benzoïque doit être en excès par rapport au diazométhane, ce qui peut être vérifié par le dégagement d'azote qui doit être continu jusqu'à la dernière goutte de diazométhane introduite ; la solution doit également rester incolore. On termine en titrant par la *soude caustique* N/10 l'acide benzoïque n'ayant pas réagi.

Préparé selon la méthode très commode que l'on vient de décrire, le diazométhane pourra être utilisé dans des buts de synthèse scientifiques ; il constitue un agent de méthylation de premier ordre pour les acides et les phénols, réagissant très médiocrement par contre avec l'*hydroxyle des alcools* ainsi qu'avec le *groupe aminé*.

Pour les méthodes de méthylation des alcools par le diazométhane, voir H. Meerwein et G. Hinz, A. *484*, 1 (1930).

Expériences. — Dissoudre 2-3 g. d'un *phénol* quelconque (phénol, crésol, β-naphtol, aldéhyde salicylique, hydroquinone, etc.) dans un peu d'*éther*, d'*acétone* ou d'*alcool méthylique*, refroidir à la glace et ajouter peu à peu une solution de *diazométhane* préparée comme ci-dessus, jusqu'à cessation du dégagement gazeux ; la solution est alors faiblement colorée en jaune.

Pour reconnaître un excès de diazométhane dans une solution *colorée*, en verser quelques gouttes dans une petite éprouvette et y plonger une baguette de verre humectée d'*acide acétique glacial* :

un dégagement immédiat de gaz indique la présence du diazométhane.

Évaporer le solvant et purifier les produits des réactions précédentes par distillation ou par recristallisation. Opérer sur des *phénols* accessibles par les moyens du laboratoire, et examiner les caractéristiques de leurs éthers méthyliques.

Effectuer les mêmes réactions avec les *acides carboxyliques* (acides p-toluique, phénylacétique, cinnamique, oxalique, téréphtalique, salicylique, etc.).

Dans le cas de certains phénols réagissant mal avec le diazométhane, on opère avec un excès de réactif, en laissant ensuite reposer plusieurs jours dans un récipient muni d'un capillaire.

Le *diazométhane*, qui est le diazocomposé aliphatique le plus simple, a été préparé pour la première fois par Pechmann (1), de la façon suivante :

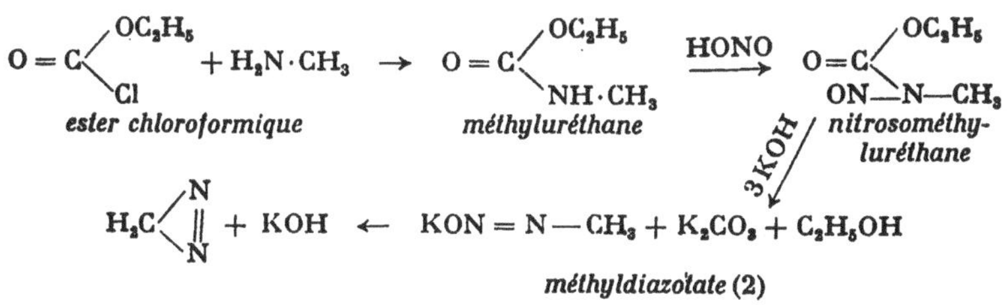

La synthèse que nous proposons est calquée sur celle de Pechmann, l'urée y remplaçant l'uréthane.

Une autre méthode de préparation du diazométhane fort intéressante, est due à Staudinger et Kupfer (3) ; ces auteurs avaient observé, en appliquant à l'hydrazine la réaction de l'isonitrile des amines primaires, qu'on n'obtient pas le *di-isocyanogène* attendu, $C = N — N = C$, mais le *diazométhane* (4) ; les réactions sont les suivantes :

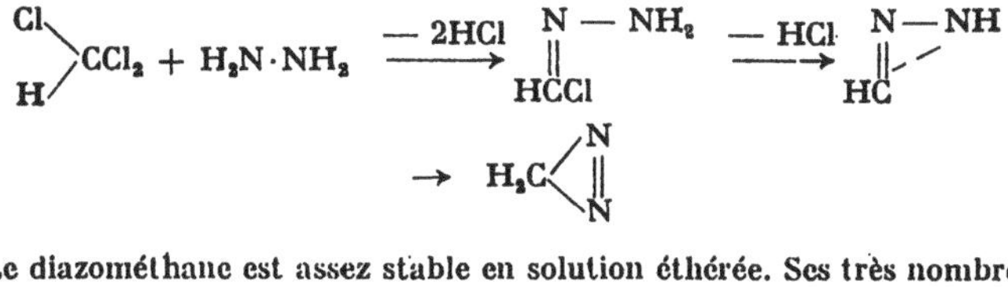

Le diazométhane est assez stable en solution éthérée. Ses très nombreuses réactions (avec l'acide cyanhydrique, l'acétylène, la quinone, etc.) sont données dans les traités spéciaux. La principale utilisation du diazométhane au laboratoire, on l'a déjà mentionné, repose sur son pouvoir de méthylation, à l'égard des phénols surtout ; il réagit avec ces derniers en éliminant ses

(1) *B.*, *28*, 855 (1895).

(2) HANTZSCH et LEHMANN, *B.*, *35*, 897 (1902). D'après Thiele (A. *376*, 253 [1910]), le méthylisodiazotate stéréo-isomère fournirait également le diazométhane.

(3) *B.*, *45*, 505 (1912).

(4) La description de la méthode de Staudinger est donnée dans les premières éditions de cet ouvrage.

atomes d'azote sous forme élémentaire, les valences libres restantes fixant respectivement un hydrogène et un résidu —OR :

$$H_2C\begin{matrix}\diagup N \\ \| \\ \diagdown N\end{matrix} + HO\cdot C_6H_5 \rightarrow H_2C\begin{matrix}\diagup H \\ \\ \diagdown O\ C_6H_5\end{matrix} + N_2$$

anisol

Les *diazocomposés aliphatiques* peuvent être encore préparés par déshydrogénation ménagée (à l'oxyde mercurique) des *hydrazones* (Curtius, Staudinger) ; elles redonnent inversément ces dernières par hydrogénation.

$$\overset{|}{\underset{|}{C}} = N - NH_2 \quad \underset{+\,2H}{\overset{-\,2H}{\rightleftarrows}} \quad \overset{|}{\underset{|}{C}}\begin{matrix}\diagup N \\ \| \\ \diagdown N\end{matrix}$$

Pour cette raison, ainsi que d'autres, une formule en chaîne ouverte a été proposée récemment (Angeli, Thiele) :

$$>C = N \equiv N$$

L'*azométhane*, $CH_3.N = N.CH_3$, composé correspondant à l'azobenzène, est un gaz incolore explosif (liquide jaune-clair à basse température), qui a été obtenu par déshydrogénation de l'hydrazine correspondante, ou *hydrazométhane* (Thiele, B. *42*, 2575 [1909]).

D'autres réactions des diazocomposés aliphatiques seront données à la suite de la préparation de l'ester diazoacétique.

2. — *Ester diazoacétique*

a) *Chlorhydrate de l'ester glycocollique* (1). — $H_5C_2OOC\cdot CH_2\cdot NH_2\cdot HCl$. On prépare une solution de 94 g. (1 mol.) d'*acide chloracétique* dans 30 cc. d'eau, que l'on écoule, à la température de 15° dans 1 l. d'*ammoniaque* concentrée (D. 0,913) sous agitation ; le ballon est ensuite bouché et abandonné 24 h.

Le liquide est alors chauffé dans une grande capsule sur un brûleur à rampe circulaire (opérer sous hotte), jusqu'à ce que le grand excès d'ammoniac se soit évaporé (odeur à peine perceptible), et l'on acidifie par 100 cc. d'*acide chlorhydrique* concentré jusqu'à réaction nette au papier Congo ; on continue à évaporer sur flamme nue, *en remuant continuellement vers la fin*, jusqu'à ce qu'un échantillon pris dans la masse alors colorée en jaune-pâle, à demi-solidifié à chaud, durcisse complètement au refroidissement. On diminue la flamme et remue vigoureusement pour éviter à ce moment toute surchauffe.

La masse est convenablement broyée dans un mortier de porcelaine avant d'être refroidie, et l'on élimine l'eau qu'elle contient, avant de passer à l'estérification suivante, en introduisant le mélange pulvérisé de *chlorure d'ammonium* et de *chlorhydrate de lycocolle* dans un ballon rond à col court, plongeant dans un

(1) HANTZSCH et SILBERKAD, *B.*, *33*, 70 (1900).

bain-marie bouillant, et en y faisant le vide. Après 4 h. de ce traitement, on réduit à nouveau en poudre et chauffe 3 h. dans le vide à la température de 115° (bain d'huile).

Le mélange pulvérulent des sels (1), une fois parfaitement sec, est immédiatement transféré dans un ballon à estérification muni d'un réfrigérant à reflux rodé (Fig. 46), et porté à ébullition avec 350 cc. d'*alcool absolu* (en raison des fortes poussées qui se produisent dans le ballon, intercaler entre celui-ci et le pourtour du bain-marie un chiffon formant protection) ; on fait en même temps passer un fort courant d'*acide chlorhydrique* gazeux sec jusqu'à ce qu'il apparaisse des vapeurs blanches à la sortie du réfrigérant.

On déconnecte alors l'appareil producteur d'acide chlorhydrique, fait encore bouillir pendant 1 h., filtre à la trompe le *chlorure d'ammonium* de la liqueur chaude et lave deux fois avec de l'alcool absolu chaud. Le *chlorhydrate* cristallisant dans le filtrat refroidi est essoré après 12 h. On l'obtient à l'état de parfaite pureté en le recristallisant dans la quantité minimum requise d'alcool absolu — un peu de chlorure d'ammonium restant généralement non-dissous, où évitera tout excès d'alcool. P. fus. : 144°.

Le produit brut, parfaitement séché dont on obtient 50-60 g., peut convenir pour la préparation de l'ester diazoacétique. Le rendement est augmenté par la concentration des eaux-mères ou l'addition d'*éther*.

La réaction précédente constitue la synthèse la plus simple des acides α-aminés ; elle s'applique cependant avec une beaucoup moins grande facilité aux acides supérieurs.

Il existe deux autres méthodes, partant toutes deux des aldéhydes immédiatement inférieurs : celle de Strecker (p. 231), procédant par la fixation de *cyanure d'ammonium* sur un aldéhyde, pour donner un nitrile, et celle d'Erlenmeyer jun., dans laquelle l'*acide hippurique* est condensé avec un aldéhyde contenant 2 atomes de carbone de moins que l'acide aminé à synthétiser.

La seconde méthode fournit en premier lieu un *acide α-benzoylaminé*, non-saturé en α—β, qui est ensuite hydrogéné ; l'acide α-aminé lui-même s'obtient finalement après hydrolyse du benzoyle :

$$\mathrm{1R\cdot \underset{H}{CO}} + \mathrm{H_2\underset{\displaystyle NH\cdot CO\cdot C_6H_5}{\underset{|}{C}}\cdot COOH} \rightarrow \mathrm{R\cdot CH = \underset{\displaystyle NH\cdot CO\cdot C_6H_5}{\underset{|}{C}}\cdot COOH}$$

$$\rightarrow \mathrm{R.CH_2\cdot \underset{\displaystyle NH.CO.C_6H_5}{\underset{|}{CH}}\cdot COOH} \rightarrow \mathrm{R\cdot CH_2\cdot \underset{\displaystyle NH_2}{\underset{|}{CH}}\cdot COOH} + \mathrm{C_6H_5\cdot COOH}$$

Les acides aminés sont les constituants des protéines ; on recherchera dans les traités spéciaux les acides aminés qui ont jusqu'à présent été isolés des albuminoïdes par digestion enzymatique ou hydrolyse aux acides.

La méthode d'E. Fischer permet la séparation presque quantitative des acides α-aminés simples renfermés dans la molécule des protéines : on procède à l'estérification comme précédemment décrit, et isole ensuite les acides libres par distillation fractionnée dans le vide.

(1) On peut en mettre quelques grammes de côté, en vue de la préparation de l'*acide hippurique*, p. 274.

On considère que les acides aminés individuels sont attachés entre eux dans la molécule protidique par des liaisons amidiques. E. Fischer a synthétisé les composés appelés peptides en condensant une molécule d'un chlorure d'amino-acide avec une molécule d'acide aminé :

$$H_2N\cdot CH_2\cdot COCl + H_2N\cdot \underset{\displaystyle CH_3}{\underset{|}{CH}}\cdot COOH \qquad H_2N\cdot CH_2\cdot CO.NH\cdot \underset{\displaystyle CH_3}{\underset{|}{CH}}\cdot COOH$$

glycylalanine

Le même procédé permet de construire les polypeptides à poids moléculaire élevé.

Dosage des acides aminés en solution :

1° Méthode de van Slyke : par détermination de l'azote dégagé lors du traitement de la solution par du nitrite.

2° Méthode de Soerensen : condensation avec le formaldéhyde : la substance formée est alors un acide suffisamment fort pour pouvoir être titré directement.

3° Méthode de Willstätter-Waldschmidt : titration directe en solution alcoolique au moyen d'alcali n /10 en présence de phénolphtaléine.

Les acides aminés montrent dans plusieurs de leurs propriétés ainsi que dans leurs rapports de solubilité le caractère de sels internes ; dissous dans l'eau, ils y forment grâce à leur nature amphotère des *zwitterions* du type :

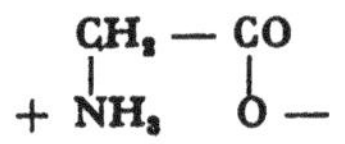

Cette dipolarité est particulièrement nette chez les acides aminés quaternaires, les *bétaïnes*, qui se comportent comme des sels neutres. Le voisinage spatial des deux groupements polaires n'est pas nécessairement requis pour la formation des bétaïnes : celle de l'*acide p-diméthylaminocinnamique*, par exemple, s'obtient aussi bien de la forme *cis* que de la forme *trans* (P. Pfeiffer A. **465**, 20 [1928] :

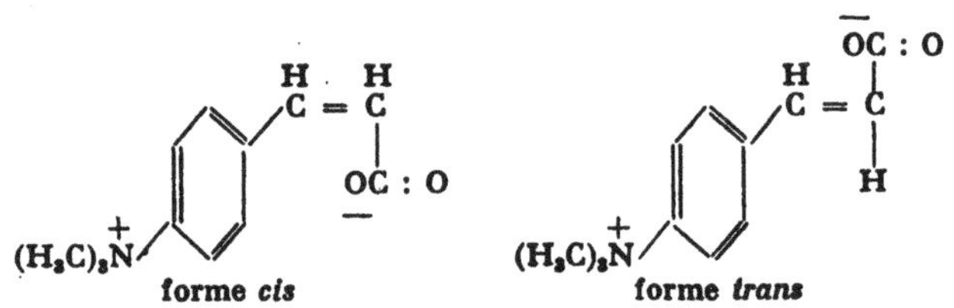

forme *cis* forme *trans*

Les acides aminés donnent avec le *tricéto-hydrindène* (ou *ninhydrine*) une réaction violette caractéristique (voir p. 417).

Expérience. Acide hippurique. — Porter à ébullition quelques grammes du mélange précédent de *chlorhydrate de glycocolle* et de *chlorure d'ammonium* dans 10-14 cc. d'*alcool absolu*, filtrer le chlorure d'ammonium non-dissous et évaporer à sec au bain-marie (éliminer *entièrement* l'alcool).

Reprendre par un peu d'eau, et benzoyler d'après Schotten-Baumann (p. 380) en effectuant l'opération comme suit dans un petit flacon rodé : introduire graduellement un excès (2-3 mol.) de *chlorure de benzoyle* en agitant fortement et continuellement;

maintenir l'alcalinité du milieu et travailler en solution aussi concentrée que possible. Après cessation de l'odeur du chlorure, aciduler à l'*acide chlorhydrique* concentré jusqu'au virage au bleu du papier Congo, abandonner quelques heures, essorer le magma de cristaux et éliminer l'*acide benzoïque* par lavage à l'*éther* après dessication. Recristalliser l'*acide hippurique* dans l'eau chaude. P. fus. : 187°.

L'*acide hippurique* est un produit normal du métabolisme ; il se forme au niveau du rein, par action enzymatique, une molécule d'acide benzoïque s'unissant à une molécule de glycocolle (Schmiedeberg et Bunge, 1877).

Chez l'oiseau, l'acide benzoïque forme une combinaison avec l'*ornithine* (acide α, δ-diamino-valérianique) ; ce dérivé dibenzoylé, dépourvu de toxicité, est appelé *acide ornithurique* (Jaffé).

b) *Ester diazoacétique* (1). — On dissout dans un entonnoir à décantation de 750 cc. 47 g. (1 /3 mol.) de *chlorhydrate de glycocolle*, débarrassé de l'excès d'acide chlorhydrique par une forte dessiccation, dans le volume d'eau juste nécessaire, et l'on recouvre d'éther ; on introduit ensuite 26 g. de *nitrite de sodium* technique en solution aqueuse saturée froide, et écoule goutte à goutte au moyen (d'un compte-gouttes) de l'*acide sulfurique* 4N, en agitant vigoureusement. L'*ester diazoacétique* formant un trouble est repris au fur et à mesure par la couche d'éther agitée.

Lorsque 20 cc. de l'acide ont été introduits assez rapidement, on écoule la solution aqueuse afin d'éviter à l'ester dont la concentration augmente un contact trop prolongé avec l'acide, rajoute de l'éther et reprend l'écoulement de l'acide sulfurique. La séparation de la solution aqueuse et le renouvellement de l'éther sont répétés 5-6 fois.

On arrête l'introduction de l'acide lorsque plus aucun trouble ne se produit — l'acide nitreux passe à ce moment dans l'éther en le teintant en vert — et agite les extraits réunis avec un peu de *carbonate de sodium* dissous dans l'eau d'abord (jusqu'à coloration rouge persistante), puis deux fois avec un petit volume d'eau. On sèche une demi-heure sur un peu de *chlorure de calcium* en remuant fréquemment, et chasse à pression ordinaire l'excès d'éther en utilisant un ballon à fractionner de 250 cc. à tube abducteur en haut du col et un bain-marie dont la température ne doit pas dépasser 40°. Le dernier tiers du solvant est distillé à pression réduite (2), à une température inférieure à 25° ; on

(1) Curtius, *J. pr.*, *38*, 396 (1888), W. Fränkel. *Ztschr. physik. Chemie 60*, 202 (1907).

(2) La méthode de purification décrite ci-après fournit un produit très pur, convenant bien à la détermination des ions H selon Bredig et Fränkel (voir p. 277). Le rendement est toutefois légèrement inférieur à celui obtenu lorsqu'on procède, immédiatement à ce stade, à la distillation dans le vide.

ajoute au résidu 20 cc. d'eau et 2 g. d'*hydroxyde de baryum* solide, et entraîne l'ester diazoacétique à la *vapeur d'eau à pression réduite* en utilisant le même ballon.

Le montage des appareils est le même que pour un entraînement ordinaire, et se déduit sans autre de la figure 55 ; le générateur de vapeur peut être un ballon à fond rond, rempli d'eau jusqu'à la moitié à peine, dont le bouchon de caoutchouc percé de deux trous porte un capillaire moyen réglable par une pince à vis ; le ballon collecteur est plongé jusqu'à la naissance du col dans un mélange réfrigérant énergique.

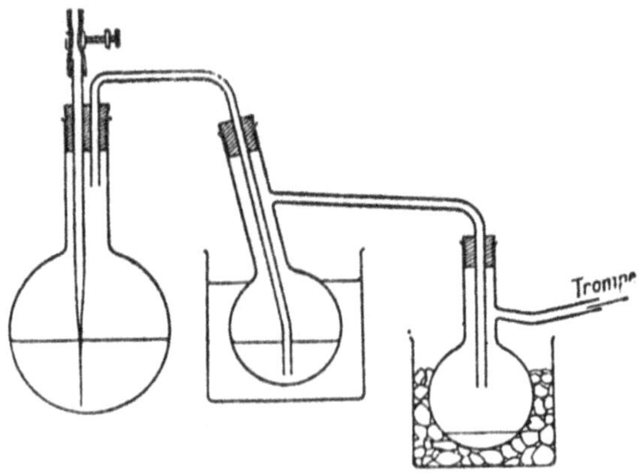

Fig. 55.

Pour procéder à l'entraînement, on chauffe le générateur de vapeur au bain-marie à 40° et le ballon à distiller à 30-35° en l'immergeant dans une capsule contenant de l'eau à la température voulue. Pour un vide de 20-30 mm., l'*ester diazoacétique* distille avec de l'eau dans l'espace de 45-60 min.

On reprend le distillat par l'*éther*, épuise encore une fois la phase aqueuse, sèche sur $CaCl_2$ les extraits réunis, distille l'éther au bain-marie à 40°, puis à pression réduite, et obtient finalement l'ester par distillation dans le vide (se servir d'un réfrigérant court et disposer le récipient collecteur dans un mélange réfrigérant). P. éb. : 45°/12 mm. Rendement : 20-25 g. (théoriquement : 38 g.). Le produit pur se conserve bien et ne doit pas être gardé en récipient hermétique.

L'ester diazoacétique a été découvert en 1888 par Th. Curtius ; il peut être considéré comme le précurseur de l'*hydrazine* et de l'*acide azothydrique*.

L'hydrazine a été préparée pour la première fois par hydrolyse de l'*acide bis-diazoacétique* ; celui-ci est un dérivé de la tétrazine, se formant à l'état de sel alcalin à partir de l'ester diazoacétique par saponification des groupements estérifiés (et catalyse simultanée) sous l'action d'alcali fort ; la réaction consiste en une simple réunion de deux molécules :

L'acide bis-diazoacétique porté à l'ébullition en présence d'un acide se décompose en *hydrazine* et *acide oxalique* (Cf. B. *41*, 3161 [1908]).

L'*ester hydrazi-acétique* provenant de l'hydrogénation de l'ester diazoacétique est également hydrolysable par les acides, en donnant de l'*hydrazine*, de l'*acide glyoxylique* et de l'*alcool*. L'ester hydrazi-acétique n'est autre en effet que l'hydrazone de l'ester glyoxylique :

$$\mathrm{ROOC\cdot\underset{\displaystyle H}{\overset{|}{C}} = N\cdot NH_2}$$

Les réactions très variées de l'ester diazoacétique sont toutes caractérisées par la labilité de l'azote, propriété que l'on retrouve chez tous les diazocomposés aliphatiques. L'élimination de l'azote est accélérée catalytiquement par les acides dilués, la rapidité de la décomposition étant directement proportionnelle à la concentration des ions H· ; cette dernière relation permet d'établir le pH d'un acide de force inconnue (Bredig, Fränkel, Ztschr. physik. Chemie *60*, 202 [1907]).

Après le départ de l'azote, le radical libre $\mathrm{ROOC\cdot CH\langle}$ est amené à subir, suivant les conditions expérimentales, différentes transformations : en présence d'eau dont il additionne les composants; il donne les esters de l'*acide glycolique* (hydroxyacétique), les *esters chloracétique* avec l'acide chlorhydrique, *diiodoacétique* avec l'iode ; il fixe de même les acides carboxyliques, alcools, aldéhydes, amines, le NO_2, le triphénylméthyle, etc. En l'absence d'un corps pouvant être additionné, lors d'une simple décomposition thermique par exemple, les radicaux s'unissent deux par deux en donnant les *esters de l'acide fumarique :*

$$\mathrm{2ROOC\cdot CH\langle \;\rightarrow\; ROOC\cdot CH = CH\cdot COOR}$$

Expérience. — Influence de la concentration des ions H· sur la vitesse de décomposition d'un diazocomposé (étude qualitative). — Dissoudre environ 0,5 cc. d'*ester diazoacétique* dans un peu d'*alcool* à 50 %, répartir la solution dans deux petits béchers et ajouter respectivement dans chacun d'eux 1 cc. d'*acide chlorhydrique* N /10 et 1 cc. d'*acide acétique* N /10 (préparer ce dernier en diluant dans un cylindre gradué de l'acide acétique glacial).

Additionner une solution éthérée de l'ester d'un peu d'*iode* dissous dans de l'éther ; la liqueur ne se décolore qu'après un certain temps et de l'*azote* se dégage.

En plus des réactions précédentes, l'ester diazoacétique se prête à un grand nombre de condensations avec les dérivés de l'acétylène et de l'éthylène, au cours desquelles l'azote reste attaché à la molécule. Les esters de l'acide fumarique par exemple, donnent ainsi les esters de l'*acide pyrazoline-tricarboxylique :*

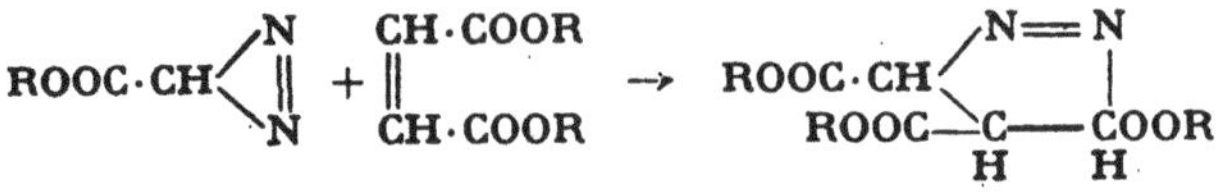

La décomposition de ces derniers à température élevée constitue l'importante synthèse des *dérivés du cyclopropane*, (Buchner)

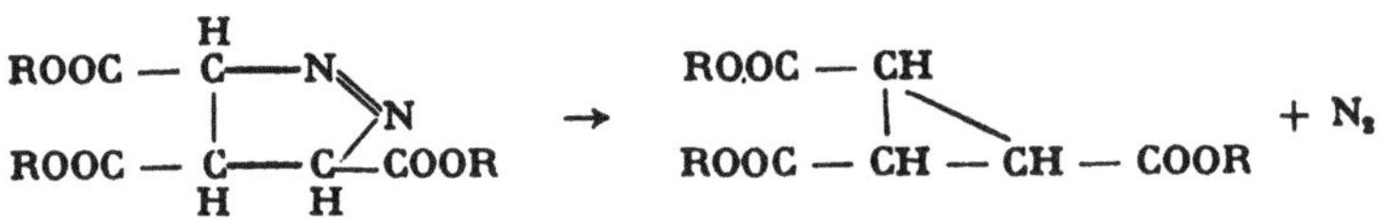

Ces dérivés existent en plusieurs stéréoisomères déterminés par le plan de leur cycle.

Le *benzène* réagit de façon analogue avec l'ester diazoacétique, à température plus élevée (Buchner) :

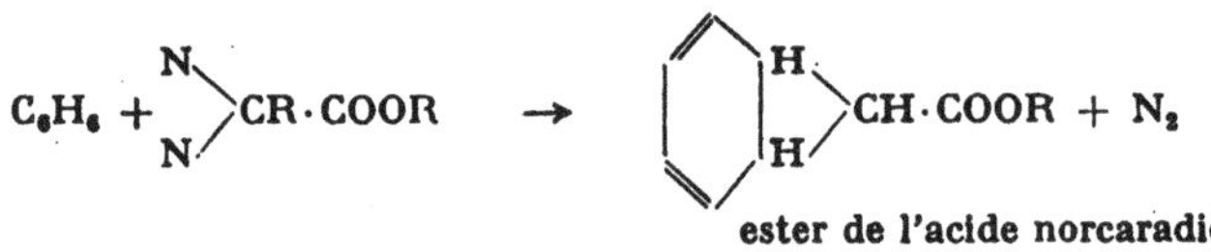

ester de l'acide norcaradiène-carboxylique
(ester pseudo-phénylacétique)

Le noyau cyclopropanique de cet intéressant composé peut dans certaines conditions disparaître en donnant lieu à deux isomères différents :

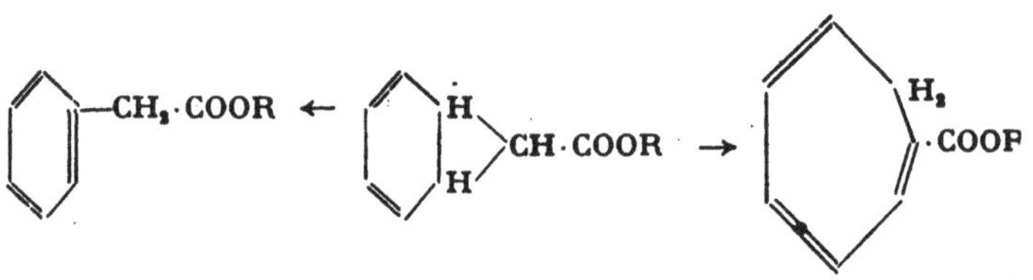

ester phénylacétique

ester de l'acide cyclo-heptatriène-carboxylique

L'ester diazoacétique se condense avec l'ester malonique en un dérivé du *4-oxy-pyrazol* (Bertho et Nüssel, A. *457*, 278 [1927]) :

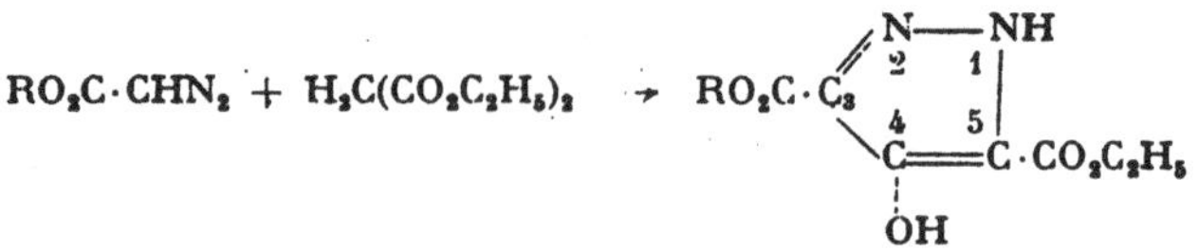

Pour d'autres détails concernant les réactions des diazocomposés aliphatiques, voir H. Wieland, *Die Hydrazine*, Stuttgart, 1913, p. 97 et suivantes.

B. — Diazocomposés aromatiques

3. — *Diazotation de l'Aniline. Phénol, Iodobenzène et Benzène à partir de l'Aniline. Isomérie des diazocomposés*

a) *Préparation d'une solution de sel de diazonium.* — On introduit 150 cc. d'eau dans un bécher d'un litre et y ajoute sous bonne agitation 30 cc. d'*acide sulfurique* concentré ; 30 g. d'*aniline* fraîchement distillée sont ensuite écoulés dans l'acide dilué à chaud. On ajoute 250 g. de glace en petits fragments, refroidit extérieurement à la glace (ne pas utiliser de mélange réfrigérant) et additionne la solution bien froide de *sulfate d'aniline* (le sel peu soluble y est partiellement précipité) de 22 g. de *nitrite de sodium* dissous dans 90 cc. d'eau, en opérant graduellement à l'aide d'une ampoule à robinet et en agitant fortement.

Lorsque la plus grande part du nitrite a été introduite, on fait un essai au papier iodo-amidonné (1) pour vérifier la présence d'un excès d'*acide nitreux*.

On tiendra compte du fait que, vers la fin de la réaction, la concentration des réactifs a fortement diminué, provoquant le ralentissement de la diazotation ; il est donc nécessaire d'attendre quelques minutes avant de faire un essai au papier iodo-amidonné. Si l'acide nitreux libre peut encore être décelé en faible quantité 5 min. après une addition de nitrite, la réaction est terminée ; le sulfate d'aniline doit bien entendu être alors complètement dissous.

Un échantillon, additionné d'une solution d'*acétate de sodium*, ne doit pas se troubler ; si par contre on lui ajoute alors quelques gouttes d'une solution de sel d'aniline, il précipite du *diazoaminobenzène* jaune, se dissolvant à nouveau après addition de quelques fragments de glace et d'*acide chlorhydrique* conc.

On dissoudra également 2-3 granules de *β-naphtol* ou d'*acide R* dans de la *soude caustique* 2N en léger excès, et y introduira un échantillon de la *solution du sel de diazonium* : il se développe une teinte d'un rouge intense. La formation de cette coloration, par « copulation », fournit le moyen d'identifier à coup sûr un sel de diazonium, ainsi que l'amine primaire aromatique qui lui correspond.

b) *Préparation du Phénol par ébullition de la solution du sel de*

(1) Pulvériser finement un fragment d'amidon de la grosseur d'un pois, le porter dans 200 cc. d'eau bouillante et faire bouillir un instant en agitant vigoureusement. Laisser refroidir, ajouter une solution d'iodure de potassium (gros comme un pois de KI dissous dans un peu d'eau) et humecter de ce mélange de longues bandes de papier-filtre, de 3 cm. environ de largeur ; sécher les papiers sur une ficelle tendue à l'abri des vapeurs acides, les découper en longues bandes et les conserver dans un récipient fermé.

diazonium. — On opère sur le tiers de la *solution de sulfate de diazonium* fraîchement préparée (le reste sera utilisé dans les réactions *c*) et *d*)) ; celle-ci, à la température de la salle déjà, dégage peu à peu de l'*azote*.

La décomposition est effectuée à température modérée (40-50°), en plongeant le ballon contenant la solution dans un bain-marie en légère ébullition. Lorsque le dégagement de gaz tend à cesser, on entraîne directement le *phénol* à la vapeur. Un essai à l'*eau de brome* permet de contrôler le complet départ du phénol, et l'on peut alors saturer le distillat avec du *sel marin* et procéder à plusieurs extractions à l'*éther* ; la solution éthérée est séchée sur $CaCl_2$ et le phénol distillé de la manière habituelle à l'aide d'un petit ballon à fractionner. P. éb. : 183°. Rendement : 6-7 g. Le produit doit se solidifier immédiatement.

Il est important lors de la conduite d'une diazotation d'introduire un *excès suffisant d'acide* et d'opérer à basse température. Une molécule d'amine en réclame théoriquement deux d'acide, l'une servant à la formation du sel, l'autre à la mise en liberté de l'acide nitreux à partir du nitrite ; on travaille généralement avec 2,5-3 mol.

L'excès d'acide a pour autre conséquence d'empêcher la condensation en *diazoaminocomposé* du sel de diazonium avec la base non encore transformée, réaction qui ne peut se produire qu'en milieu faiblement acide. On décèle la présence de l'amine non encore transformée en tamponnant l'acide minéral d'un échantillon de la solution par de l'acétate de sodium, de manière à obtenir un milieu faiblement acétique favorisant l'apparition du diazoaminocomposé. Ce dernier est scindé par les acides minéraux en *sel de diazonium* et *sel de l'amine :*

$$C_6H_5\cdot N = N - NH.C_6H_5 \xrightarrow{2HCl} C_6H_5\cdot N \equiv \underset{\underset{Cl}{|}}{\overset{+}{N}} + HCl\cdot H_2N\cdot C_6H_5$$

Il existe d'ailleurs un petit nombre de sels de diazonium qui, en solution acide même, copulent avec leur propre base ; la *m-phénylène-diamine* (Brun de Bismarck) en est un exemple.

L'addition du nitrite est suivie au moyen du papier iodo-amidonné ; ce réactif doit bleuir lorsque la réaction est complète, mais il est à noter que l'excès de nitrite doit être *aussi petit que possible.* La diazotation n'est pas une réaction ionique : elle s'effectue en effet avec une lenteur appréciable, et il est nécessaire vers sa fin d'attendre quelques minutes avant chaque essai au papier iodo-amidonné.

Les sels difficilement solubles des amines aromatiques primaires sont mis en suspension et diazotés sous forte agitation. Les bases très faibles telles les *anilines halogénées* et les *nitranilines* exigent pour la formation de leurs sels un plus grand excès d'acide ; on commence par les dissoudre à chaud dans la quantité juste suffisante d'acide chlorhydrique concentré, et dilue ensuite en refroidissant à la glace en même temps ; on obtient de la sorte la séparation du sel généralement peu soluble, en fines particules.

On préfère souvent dissoudre par l'acide sulfurique concentré, et diazoter directement le sulfate précipité finement par refroidissement à la glace. La diazotation des amines *libres* en suspension acide est à éviter dans tous les cas, la réaction étant trop lente ; on doit s'assurer au préalable de la formation du *sel.*

La stabilité des sels de diazonium est variable ; certains d'entre eux dans la série de l'anthraquinone peuvent même être cristallisés dans l'eau chaude.

c) *Iodobenzène à partir de l'Aniline.* — Un tiers de la *solution de sulfate de diazonium* préparée précédemment (voir p. 279) est additionné, dans un ballon rond d'un demi-litre, d'une solution de 15 g. d'*iodure de potassium* dans 20 cc. d'eau, et le mélange, refroidi à l'eau courante, est abandonné quelques heures. On adapte ensuite un réfrigérant à air et chauffe au bain-marie en ébullition modérée jusqu'à cessation du *dégagement d'azote*, alcalinise fortement avec de la *soude caustique* concentrée afin de fixer le *phénol* formé accessoirement, et entraîne l'*iodobenzène* à la vapeur d'eau. Le produit est séparé de la couche aqueuse à l'aide d'un entonnoir à décantation — sans utiliser l'*éther* si la séparation est très nette —, séché sur quelques granules de *chlorure de calcium* et finalement distillé. P. éb. : 189-190°. Rendement : 14-16 g.

Les *iodo-composés aromatiques* présentent la propriété remarquable de donner sous l'action du chlore — en passant par des produits d'addition — des dérivés iodés organiques dans lesquels l'iode est à valence élevée (V. Meyer, Willgerodt).

Chloro-iodure de phényle. — On dissout 3 g. d'*iodobenzène* dans 15 cc. de *chloroforme*, refroidit à la glace, et fait passer du *chlore* provenant d'une bouteille jusqu'à ce que le gaz ne soit plus absorbé. Les beaux cristaux jaune-clair formés sont essorés à la trompe, lavés au *chloroforme* et séchés à l'air sur papier-filtre.

Le *chloro-iodure de phényle* ainsi obtenu, $C_6H_5I\langle^{Cl}_{Cl}$, se comporte comme le sel d'une base biacide faible, de formule $C_6H_5I\langle^{OH}_{OH}$, dont on connaît par ailleurs d'autres sels (diacétate par exemple). La base elle-même n'est isolable que sous forme de son anhydride $C_6H_5I = O$, ou *iodosobenzène*.

Iodosobenzène. — On triture soigneusement dans un mortier 2 g. de *chloro-iodure de phényle* avec 10 cc. de *soude caustique* 3N, abandonne une nuit, filtre l'*iodosobenzène*, lave à l'eau et sèche sur porcelaine poreuse. Le produit n'est pas cristallisé.

Le filtrat alcalin (à l'exclusion des eaux de lavage), traité par un courant de SO_2 — lequel réduit l'*acide iodique* formé —, abandonne un sel incolore, *iodure de diphényliodonium*, que l'on peut filtrer après quelque temps de repos et recristalliser dans l'eau chaude.

Iodoxybenzène. — On triture avec un peu d'eau la majeure part de l'*iodosobenzène* préparé précédemment, jusqu'à consistance pâteuse, et distille à la vapeur dans un ballon rond jusqu'à ce que la substance soit entièrement dissoute et que l'*iodobenzène* formé ait été distillé (adapter un réfrigérant avec récipient collecteur). Le résidu de la distillation est éventuellement filtré à chaud et concentré au bain-marie jusqu'à ce qu'un échantillon, introduit dans une éprouvette, y cristallise copieusement. On laisse alors refroidir, filtre et procède comme à l'ordinaire.

Les *bases iodonium* prennent naissance d'une manière générale à partir des iodoso- et iodoxy-composés mis ensemble en présence d'alcali (tels que l'oxyde d'argent de préférence) ; les deux molécules organiques iodées s'unissent en éliminant de l'*iodate :*

$$C_6H_5\cdot I = O + \begin{matrix} O \\ O \end{matrix}\!\!\!>I - C_6H_5 \xrightarrow{NaOH} C_6H_5\cdot \underset{OH}{I}\cdot C_6H_5 + NaIO_3$$

L'*iodoxybenzène* se forme en même temps que l'*iodobenzène*, par dismutation de l'iodosobenzène :

$$C_6H_5\cdot IO + OI\cdot C_6H_5 \rightarrow C_6H_5\cdot I\!\!<\!\!\begin{matrix} O \\ O \end{matrix} + C_6H_5I$$

rappelant celle de l'acide nitreux en acide nitrique et oxyde d'azote.

Cette réaction se produit partiellement déjà à froid, et ainsi s'explique la formation accessoire de la base iodonium lors de la préparation de l'iodosobenzène.

Les iodosocomposés, et davantage encore, les iodoxycomposés, se décomposent violemment à la chaleur, l'oxygène de leur molécule y étant à un certain état de tension. Ils libèrent d'une solution acidifiée d'iodure de potassium une quantité équivalente d'iode, en se transformant en iodobenzène.

La fonction basique de l'iode dans les bases iodonium est des plus intéressante, ces composés correspondant tout à fait aux bases ammonium, sulfonium et oxonium. La molécule de l'*iodure de diphényliodonium* est dimère de celle de l'iodobenzène : chauffée, elle se décompose exothermiquement (contrairement aux dissociations de N_2O_4,NH_4Cl, PCl_5, par exemple) en deux molécules d'iodobenzène.

En faire l'essai en éprouvette.

Les combinaisons aromatiques contenant de l'iode multivalent ont été découvertes simultanément par V. Meyer et C. Willgerodt, chacun de leur côté ; on les a longtemps considérées comme formant une classe à part dans la série aromatique, au même titre que les composés diazonium selon les vues actuelles. En 1909 cependant, Thiele a montré qu'elles font toutes partie de la classe des oléfines, dont leur correspondant le plus simple est le *chloroiodoéthylène* CHCl = CHI. L'iodure de méthyle lui-même est susceptible à basse température de se combiner au chlore, mais le produit obtenu se décompose très facilement en chlorure de méthyle et chlorure d'iode, la réaction consistant globalement en un déplacement de l'iode par le chlore. Les dérivés de l'iode multivalent ne sont stables que lorsque l'iode est fixé sur un atome de carbone porteur d'une *double liaison.*

d) *Benzène à partir de l'Aniline.* — On prépare une solution de stannite alcalin en mélangeant une solution trouble de 40 g. de *chlorure stanneux* dans 200 cc. d'eau avec une solution de 50 g. de *soude caustique* dans 60 cc. d'eau, et refroidit immédiatement.

On introduit graduellement la solution précédente dans le dernier tiers de la *solution de sel diazonium*, refroidit à la glace, en laissant après chaque addition se dégager complètement l'*azote*. Dès la réaction terminée, le *benzène* formé est distillé *per descensum* ; l'hydrocarbure passant en première fraction est recueilli dans une éprouvette, séché sur un peu de *chlorure de calcium* et rectifié dans un petit ballon à distiller à jaquette réfrigérante amovible ; il distille presque complètement à 81°. Rendement : 6 g.

La substitution par l'hydrogène d'un groupe aminé en passant par l'intermédiaire du composé diazonium ne présente dans le cas précédent aucun intérêt pratique, mais elle peut en avoir ailleurs. C'est ainsi par exemple que l'on prépare le *m-nitrotoluène* (produit de départ de la m-toluidine) à partir de la p-toluidine : la base acétylée est nitrée et, après hydrolyse de l'acétyle, le groupement NH_2 est éliminé selon la réaction précédente :

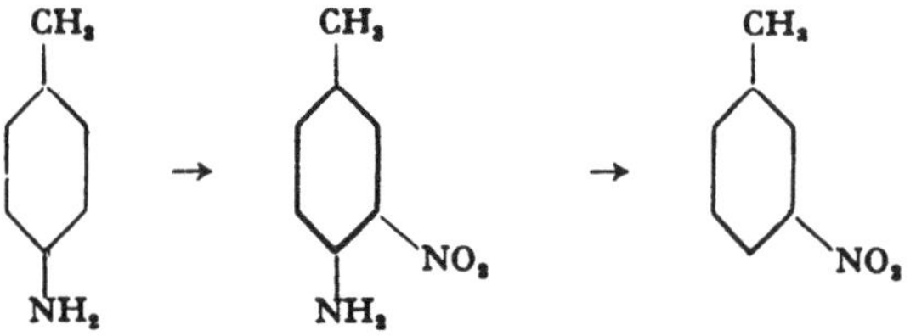

Le mécanisme de la substitution par l'hydrogène, assez particulier, consiste en la réduction du diazotate en *phényldiimine* instable, laquelle se décompose en benzène et azote :

$$C_6H_5 \cdot N = NONa \xrightarrow{2H} C_6H_5 \cdot N = NH + NaOH \rightarrow C_6H_6 + N_2.$$

Au lieu de stannite alcalin, on peut pour déplacer le groupe diazonium, se servir d'*alcool* ; ce dernier s'oxyde en aldéhyde.

Il suffit pour celà de chauffer quelque temps à l'ébullition le sel de diazonium dans l'alcool.

Une réaction secondaire produit en même temps l'*éther phénolique* correspondant, en substituant l'alcoxyle au groupement diazonium, (exactement comme pour l'eau dans le cas de la transformation des sels diazonium en phénols) :

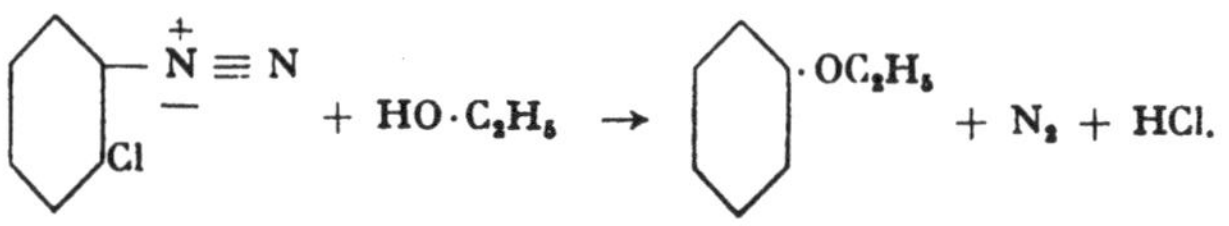

e) *Chlorure de phényldiazonium à l'état solide.* — On dissout 3,5 g. de *chlorhydrate d'aniline* dans 20 cc. d'*alcool absolu*, ajoute 0,5 cc. d'*acide chlorhydrique alcoolique* et 3 g. de *nitrite d'éthyle* (ou 4 g. de *nitrite d'isoamyle*) après avoir refroidi à la glace. On laisse reposer 5-10 min. et ajoute graduellement de l'*éther* jusqu'à séparation complète du *sel de diazonium.* On filtre, lave avec un peu d'*alcool-éther* 1 : 1, puis avec de l'éther, et conserve le produit *humecté d'éther* ; un petit échantillon en est séché entre deux feuilles de papier-filtre : il déflagre au choc ou dans la flamme. Le produit non-desséché lui-même ne doit pas être manipulé avec une spatule ou tout autre objet dur.

Le sel est dissous dans le filtre par de l'eau glacée, et la solution traitée en vue de la préparation du *perbromure de phényldiazonium* et de l'*azide de phényle* (voir plus loin).

Le *nitrate de phényldiazonium* cristallisé s'obtient en traitant une suspension aqueuse bien refroidie de *nitrate d'aniline* par un courant de *gaz nitreux* ($As_2O_3 + HNO_3$ D. 1,35) jusqu'à solubilisation du sel, et en ajoutant alors graduellement de l'*alcool* et de l'*éther*. Effectuer l'opération avec 2 g. au plus d'aniline, laver avec de l'*alcool-éther* 1 : 1 et sécher sur porcelaine poreuse une pointe de couteau du produit.

Le nitrate déflagre lorsqu'on le chauffe sur une spatule ou le frappe avec un marteau. Le chlorure est moins explosif, mais ne peut toutefois être conservé sans risques à l'état sec. Tous les sels diazonium *secs* doivent être manipulés avec précaution.

La grande instabilité des sels diazonium des amines primaires simples ne permet pas de les isoler de leurs solutions aqueuses. Ils cristallisent par contre dans l'alcool par adjonction d'éther ; les sels métalliques de l'acide nitreux étant insolubles dans l'alcool, on est obligé de s'adresser aux esters pour effectuer la diazotation ; ces derniers, presque immédiatement saponifiés par les acides, fonctionnent sous ce rapport comme de véritables sels (voir p. 155).

Les sels diazonium sont incolores et ont une réaction neutre en solution aqueuse. Lorsque l'on déplace par un alcali l'acide qui leur est combiné, il se forme d'abord les *hydroxydes de diazonium*, composés très instables dont la présence ne peut être décelée que passagèrement, et qui se transforment rapidement en *diazoates*, sels des diazohydroxydes acides :

$$\underset{\text{sel de diazonium}}{C_6H_5\cdot\overset{+}{\underset{\underset{Cl}{|}}{N}}\equiv N} \xrightarrow{NaOH} \underset{\text{hydroxyde de diazonium}}{C_6H_5\cdot\overset{+}{\underset{\underset{OH}{|}}{N}}\equiv H} \xrightarrow[-\,H_2O]{NaOH} \underset{\text{phényl-diazoate de sodium.}}{C_6H_5\cdot N = NONa}$$

Acidule-t-on alors la solution de diazoate ainsi obtenue, on provoque la re-formation du sel de diazonium :

$$C_6H_5\cdot N = NONa \xrightarrow{2HCl} \left[C_6H_5\cdot\overset{H}{\underset{Cl}{N}} = NOH\right] + NaCl$$

$$\xrightarrow{-\,H_2O} C_6H_5.\overset{+}{\underset{\underset{Cl}{|}}{N}}\equiv N$$

Il existe ainsi une relation réversible particulière entre les systèmes *diazonium* et *diazohydroxyde.*

Le diazohydroxyde, produit de l'isomérisation de l'hydroxyde de diazonium, est dit la *pseudo-base de ce* dernier (Hantzsch) parce que malgré l'absence de caractère basique (le diazohydroxyde est un acide), il se combine avec les acides pour donner des sels de diazonium.

Avant de reprendre les réactions des combinaisons diazonium intéressant plus particulièrement le laboratoire, il est nécessaire de mentionner un autre type d'isomérisation propre à ces composés. Le phényldiazoate, en effet, soumis à un traitement énergique par un alcali concentré, se transforme en *isodiazoate*, sel d'un acide isomère (Schraube et Schmidt). La constitution exacte de l'isodiazoate a fait l'objet pendant de longues années d'une controverse devenue historique entre Bamberger et Hantzsch. Les chimistes se sont maintenant presque tous rangés à l'hypothèse de Hantzsch : selon ce savant, il s'agit d'une isomérie spatiale, fondée sur les différentes positions respectives des restes C_6H_5 — et —OH par rapport au plan fixe des atomes d'azote reliés par une double liaison. Pareille explication avait déjà été donnée pour l'isomérie des *oximes* asymétriquement substituées (voir p. 338) ; son principe est le même que celui de la théorie de l'isomérie éthylénique *cis-trans* (acides fumarique et maléique).

Les diazoates normaux, labiles, sont considérés d'après cette théorie comme des composés *syn* (= cis) et les isodiazoates stables comme des composés *anti* (= trans)

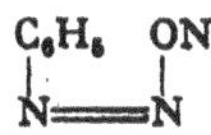

diazoate normal

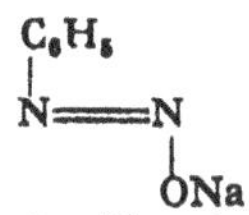

iso-diazoate

Alors que l'isomérisation du phényl-*syn*-diazoate simple exige la mise en action d'alcali concentré, celle d'autres diazotates peut se faire avec une facilité telle, qu'ils se transforment presque immédiatement, à partir du sel de diazonium, en *anti*-diazoates, et ne peuvent être obtenus en solution. Un exemple classique de cette isomérisation est celui du *p-nitrophényldiazoate* (voir p. 287), dont le produit de copulation avec le β-naphtol constitue le colorant très employé *Rouge Para.*

Perbromure de phényldiazonium. — On prépare une solution refroidie de *sel de diazonium* cristallisé (voir plus haut), ou une *diazosolution* de 2 g. d'*aniline*, et y ajoute en refroidissant à la glace 1,5 cc. de *Br* dissous dans 15 cc. d'une solution à 25 % de *bromure de potassium*, jusqu'à cessation de la précipitation d'une huile de couleur foncée ; on décante et lave plusieurs fois avec de l'eau glacée, traitement qui entraîne la cristallisation du *perbromure.*

On transforme ce dernier en *phénylazide* (« diazobenzène-imide ») en l'introduisant en 3-4 portions dans environ 10 cc. d'*ammoniaque* concentrée bien refroidie. Il se forme avec une vive réaction le *phénylazide*, composé à odeur irritante, entraînable à la vapeur d'eau ; le produit est purifié par cette méthode. Il peut être distillé à pression réduite sans se décomposer ; chauffé rapidement, il explose.

Les bromures de bases organiques se combinent avec le brome pour donner des *perbromures* insolubles ; le composé précédent d'addition possède la formule :

$$\underset{\mathrm{Br \cdot Br_2}}{C_6H_5N} \equiv N$$

Le mécanisme de la réaction avec l'ammoniac est le suivant : le brome du groupement perbromé donne d'abord un hypobromite en même temps que le sel de diazonium se transpose en *syn-diazohydroxyde*, lequel copule à peine formé avec l'ammoniac pour donner le *phényltriazène* (diazobenzène-amide) ; ce dernier est déshydrogéné par l'hypobromite présent en *phénylazide* (Dimroth) :

$$\underset{\mathrm{Br \cdot Br_2}}{C_6H_5 \cdot N} = N \xrightarrow[2H_2O]{3NH_3} C_6H_5 \cdot N = NOH + 2NH_4Br + NH_4OBr$$

$$C_6H_5 \cdot N : NOH + NH_3 \rightarrow C_6H_5 \cdot N : N \cdot NH_2 + H_2O$$

$$C_6H_5 \cdot N : N \cdot NH_2 + NH_4OBr \rightarrow C_6H_5 \cdot N\langle{}^{N}_{N} (\parallel) + NH_4Br + H_2O$$

Le phénylazide a pu être transformé par Dimroth en *phényltriazène* extrêmement instable, par hydrogénation dans des conditions très ménagées ($SnCl_2$ dans l'HCl en solution éthérée) ; par déshydrogénation, on obtient à nouveau le phénylazide. On attribue, comme pour les diazocomposés aliphatiques, une structure en chaîne ouverte à l'*acide azothydrique* et à ses esters, et la réaction d'hydrogénation se formule comme suit :

$$C_6H_5 \cdot N = N = N \underset{-\,2H}{\overset{+\,2H}{\rightleftarrows}} C_6H_5 \cdot N = N - NH_2$$

Le diagramme aux rayons X des azides est d'ailleurs en faveur de cette interprétation.

La méthode de préparation du phénylazide utilisant la phénylhydrazine comme point de départ (voir p. 295) est la meilleure.

Les *arylazides* sont des composés très réactifs, qui éliminent avec facilité, sous l'action des acides par exemple, leurs azotes terminaux sous forme d'azote élémentaire ; le résidu $C_6H_5N\langle$ se combine avec l'eau pour donner l'*arylhydroxylamine*, laquelle se transpose immédiatement en *aminophénol*.

Si le noyau benzénique porte des substituants négatifs, le groupement azide peut être scindé par action des alcalis, de même que pour les halogènes ; la réaction donne naissance à de l'azide alcalin et au *phénol :*

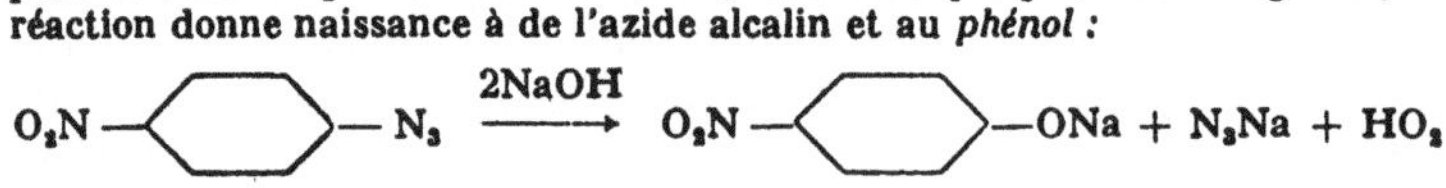

Les azides réagissent avec le réactif de Grignard en fournissant des composés diazoaminés, tels que les *triazènes* disubstitués en 1,3, par exemple (W Wislicenius et Dimroth) :

$$C_6H_5 \cdot N_3 + CH_3MgBr \rightarrow C_6H_5 \cdot N = N - NH\ CH_3$$

Avec l'ester malonique on obtient des dérivés du *triazolone*, dont les rapports de tautomérie sont particulièrement intéressants (Dimroth) :

$$C_6H_5.N_3 + CH_2 : (COOC_2H_5)_2 \rightarrow C_6H_5 - N\langle{}^{N\,=\,N}_{C(HO)\,=\,C\,-\,CO_2C_2H_5}$$

Cette condensation, qui est tout à fait analogue à celle de l'ester diazoacétique (p. 278), est un cas particulier illustrant la similitude frappante existant entre les réactions des azides et des diazocomposés aliphatiques avec des substances non-saturées telles que l'*acétylène* et ses dérivés, les *oléfines*, l'*acide cyanhydrique*, etc., aboutissant à la formation de composés hétérocyclique.

f) *P-nitrophényl-anti-diazoate de sodium* (1). 

On dissout à chaud 14 g. (1/10 mol.) de *paranitraniline* dans 60 cc. d'*acide chlorhydrique* dilué (30 cc. acide conc. + 30 cc. d'eau), et jette la solution dans un petit bécher contenant 80 g. de glace. On diazote à 5-10° au moyen d'une solution de 8 g. de *nitrite de sodium* dans 20 cc. d'eau, que l'on introduit en une fois sous forte agitation ; après avoir vérifié la fin de la réaction, on écoule la *solution du sel de diazonium* dans de la *soude caustique* approximativement 4N (400 cc.), chauffée à 40-50° et agitée. L'*anti-diazoate* se sépare au refroidissement en flocons dorés d'un bel aspect. On laisse reposer plusieurs heures, filtre à la trompe et lave avec une solution saturée de *sel marin*.

Le produit, séché sur porcelaine poreuse, se conserve indéfiniment ; on le débarrasse du chlorure de sodium qu'il retient en le dissolvant dans l'*alcool* à 60°, filtrant et évaporant le solvant. Rendement supérieur à 18 g.

Il est facile de vérifier que le sel de diazonium en solution aqueuse ne copule ni avec le β-naphtolate de potassium, ni avec l'acide R (2).

Acidule-t-on cependant par l'acide chlorhydrique la solution diluée, en filtrant le précipité floculent, il est possible alors d'opérer la copulation qui donne lieu à un colorant azoïque. La combinaison avec le phénol du *syn*-diazoate formé en premier lieu procède beaucoup plus rapidement que la transposition de ce dernier en *anti*-diazoate.

4. — *Tolunitrile à partie de p-toluidine* (*Réaction de Sandmeyer* (3)

On dissout dans un ballon de 2 l., en chauffant au bain-marie, 50 g. de *sulfate de cuivre* par 200 cc. d'eau, et y écoule graduellement, tout en continuant à chauffer, une solution de 55 g. de *cyanure de potassium* dans 100 cc. d'eau (en raison du *cyanogène* qui se dégage, cette opération doit s'effectuer sous hotte).

Pendant que la solution du *cyanure complexe de cuivre* est maintenue à température modérée au bain-marie (60-70°), on prépare comme suit une solution de *chlorure de p-tolyl-diazonium :* 20 g. de *p-toluidine* sont chauffés avec un mélange de 50 g. d'*acide chlorhydrique* concentré et 150 cc. d'eau jusqu'à complète dissolution, la liqueur plongée dans l'eau glacée et agitée vivement avec

(1) SCHRAUBE et SCHMIDT, *B.*, *27*, 518 (1894).
(2) Voir p. 298.
(3) *B.*, *17*, 2650 (1884) ; *18*, 1490 (1885) ; *22*, 2178 (1889).

une baguette de verre de manière que le *chlorhydrate de p-toluidine* cristallise le plus finement possible. Ce dernier, refroidi à la glace, est additionné d'une solution de 16 g. de *nitrite de sodium* dans 80 cc. d'eau jusqu'à persistance de la réaction de l'acide nitreux au papier iodo-amidonné.

On introduit en l'espace de 10 min. environ le *chlorure de diazonium* ainsi préparé dans la solution chaude de cyanure de cuivre, en agitant fréquemment celle-ci. On chauffe ensuite 1/4 h. à reflux (réfrigérant à air) au bain-marie, et entraîne le *tolunitrile* à la vapeur d'eau en opérant sous hotte (HCN). Le nitrile distille sous forme d'une huile jaunâtre ; il est repris à l'éther, les extraits agités deux fois avec de la *soude caustique* 2N (élimination du *p-crésol*) et le solvant évaporé ; l'*azotoluène* colorant le produit en jaune en est séparé par agitation du résidu chaud avec une solution de 4 g. de $SnCl_2$ dans 10 cc. d'*acide chlorhydrique* concentré (1) On dilue ensuite avec de l'eau, essore à la trompe le tolunitrile rapidement pris en masse et sèche sur porcelaine poreuse.

Si le produit reste en partie huileux, on le reprend par l'*éther*, agite l'extrait avec une lessive de *soude caustique* pour éliminer le chlorure stanneux, sèche et soumet le *nitrile* à la distillation. P. éb. : 218° ; p. fus. : 38°. Rendement : 12-14 g.

Benzonitrile. — Le rendement correspondant en *benzonitrile* peut s'obtenir en utilisant l'appareil précédent et en opérant sur le sel de diazonium préparé à partir de 18,6 g. d'aniline. P. éb. du liquide : 186°.

Acide paratoluique. — Cet acide se prépare d'après la méthode générale de la saponification des nitriles (voir p. 149 transformation du cyanure de benzyle en acide phénylacétique).

On introduit par petites portions 5,5 g. de *tolunitrile* dans un petit ballon rond contenant 20 cc. d'*acide sulfurique* additionnés de 10 cc. d'eau, et chauffe 1 h. à reflux sur toile métallique ou au bain de sable. On ajoute de l'eau après refroidissement, essore à la trompe les cristaux d'*acide toluique*, éloigne l'amide pouvant être présente en dissolvant le produit brut dans une solution alcaline diluée que l'on filtre, et précipite l'acide au moyen d'*acide chlorhydrique*. La substance s'obtient à un état plus pur si l'on effectue la saponification à 150° (bain d'huile) pendant 5 h.

Le produit est purifié, sans être séché au préalable, par dissolution dans le volume minimum d'*alcool* bouillant, adjonction d'eau jusqu'à léger trouble non persistant et ébullition de quelques minutes avec un peu de noir animal (lequel ne doit pas être jeté dans le liquide en ébullition). L'acide, cristallisant au refroidissement dans la solution filtrée, fond à 177°. Rendement : 4 g.

(1) D'après HENLE, *Organ. chem. Praktikum*, 3e éd. p. 149.

La meilleure méthode de préparation de l'*acide téréphtalique* utilise l'acide p-toluique comme point de départ : il suffit d'oxyder la solution du sel sodique de ce dernier par le permanganate, à la température du bain-marie. Le toluène donne l'*acide benzoïque* par la même réaction, et l'oxydation de l'o-tolyl-sulfamide se fait industriellement par ce procédé pour la fabrication de la *saccharine :*

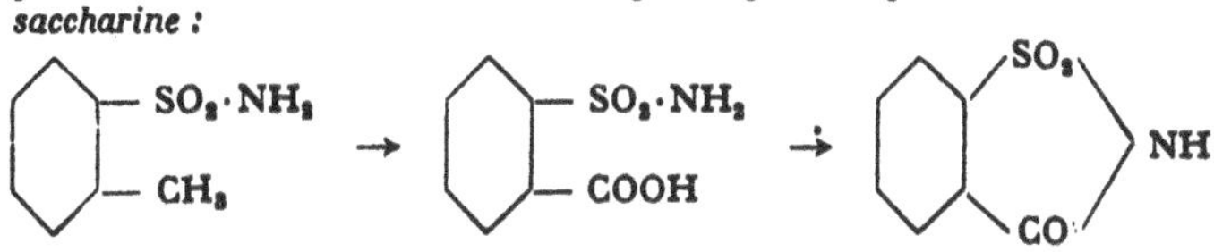

L'oxydation au permanganate scinde les longues chaînes latérales et fournit des acides dont le carboxyle est au niveau du noyau benzénique. Quant à la dégradation par voie biologique des acides gras arylés en ω, elle suit le principe général de l'*oxydation en* β (F. Knoop).

Réaction de Sandmeyer. — La facilité avec laquelle se forme l'iodobenzène dans une expérience précédente est due à l'instabilité de l'iodure de diazonium qui se décompose spontanément en *iodobenzène* et *azote* :

$$C_6H_5 \cdot \underset{I}{N} \equiv N \rightarrow C_6H_5I + N_2$$

Pour les *chlorures* et *bromures*, par contre, une fois l'azote éliminé, l'halogène ne vient se fixer sur le noyau qu'en proportions très réduites : c'est la formation du *phénol* qui prédomine.

Le grand mérite de Sandmeyer a été de montrer, en 1884, qu'en présence du *sel cuivreux* correspondant, le chlore et le brome sont aussi bien attirés par le noyau que l'iode. Cette action catalytique ne s'explique pas encore actuellement ; on peut supposer qu'il y a formation d'un sel double ou complexe, où l'halogène est retenu plus fortement que dans un halogénure ordinaire. Gattermann a proposé de remplacer le sel cuivreux par du *cuivre* en poudre. Ce métal exerce une action accélératrice générale sur la décomposition avec élimination d'azote des diazocomposés labiles.

La possibilité de substituer par les halogènes le groupement aminé offre dans certains cas un grand intérêt ; il est notamment exclu d'atteindre par une autre voie les composés aromatiques iodés. L'introduction elle-même du chlore et du brome à l'aide de cette méthode a aussi son importance : les dérivés halogénés homogènes peuvent toujours se préparer à partir de l'amine correspondante, alors qu'il n'est souvent pas possible de les obtenir en traitant directement l'hydrocarbure. Si l'on effectue par exemple une bromuration sur le noyau du toluène, on forme simultanément l'ortho- et le para-bromotoluène, difficilement séparables entre eux. La réaction de Sandmeyer permet au contraire, suivant la toluidine traitée, d'obtenir exclusivement soit le dérivé ortho, soit le dérivé para ; le méta-bromo-toluène lui-même n'est accessible qu'à partir de la méta-toluidine.

La synthèse des *nitriles aromatiques* d'après Sandmeyer est beaucoup plus élégante que la méthode consistant à déshydrater le sel d'ammoniac des acides carboxyliques ; cette dernière est applicable aux dérivés du benzène.

Etant donné qu'on peut à partir des nitriles obtenir les acides carboxyliques correspondants, la synthèse de Sandmeyer peut remplacer avec avantage celle de Kolbe (halogénures d'alcoyles et cyanure de potassium), qui ne convient pas dans le cas des combinaisons aromatiques halogénées. L'exemple le plus simple en est la préparation de l'acide benzoïque à partir de l'aniline.

Quant à la réaction inverse, elle n'est autre que la réaction de dégradation d'Hoffmann (benzamide → aniline ; voir p. 160).

5. — *Acide arsanilique à partir de la para-nitraniline* (1)

Acide p-nitrophénylarsinique. — On diazote 13,8 g. de *para-nitraniline* de la manière décrite p. 288 (préparation de l'*anti-diazoate*), et porte le volume à 1 l. avec de l'eau et de la glace ; on neutralise l'acide libre en agitant avec de la *soude caustique* 4N, ajoutée jusqu'à ce que le papier Congé cesse juste de virer au bleu, et écoule en filet mince la *solution de sel de diazonium* dans 800 cc. d'une solution à 5 % d'*arsénite secondaire de sodium* (2) ; cette dernière, préparée d'avance, est disposée dans un grand bécher. La réaction se termine en un instant, avec un dégagement énergique d'*azote* ; il suffit de remuer la liqueur avec une baguette de verre.

On concentre dans une capsule de porcelaine jusqu'à 400 cc., et précipite, en acidulant faiblement la solution foncée par l'*acide chlorhydrique*, des impuretés résineuses ; on passe la solution clarifiée sur un filtre à plis et évapore le filtrat (acide au papier Congo) jusqu'à début de cristallisation.

8-10 g. d'*acide p-nitrophénylarsinique* cristallisent au refroidissement en aiguilles faiblement colorées en jaune. Au cas où la solution filtrée serait encore fortement colorée, on la porterait à ébullition avec un peu de noir animal avant de passer à la concentration.

Le produit doit se dissoudre facilement à froid dans une solution de *carbonate de soude* ; le cas contraire indique la présence d'oxyde arsénieux, lequel est éliminé par le traitement au carbonate.

Réduction. — On introduit dans un ballon de 250 cc. 10 g. de *poudre de fer* (« ferrum reductum »), 100 cc. d'eau et 2 cc. d'*acide chlorhydrique* concentré, et adapte au ballon un appareil d'extraction (Fig. 26), dans la cartouche duquel on introduit 6,5 g. d'*acide nitrophénylarsinique.*

On chauffe le contenu du ballon à ébullition, en réglant cette dernière de manière qu'une goutte (colorée en jaune-clair) retombe toutes les 2 sec. environ dans la solution. L'extraction est ainsi terminée en 1 /2 h. à peu près. On prolonge encore l'ébullition pendant 1 /4 h., ajoute 25 cc. de *soude caustique* 5N, fait bouillir 5 min. et filtre à la trompe le plus gros de la suspension boueuse de fer. Celle-ci est ensuite soumise à deux traitements par 100 cc. de *soude caustique* à peu près N /5 à chaque fois. On concentre à 75 cc. les filtrats réunis, ajoute de l'*acide chlorhydrique* concentré jusqu'à réaction à peine acide au papier Congo, filtre les impuretés et neutralise l'excès d'acidité par une solution

(1) H. Bart, *A.*, *429*, 95 (1922).

(2) Dissoudre 23,5 g. d'*oxyde arsénieux* pulvérisé dans 240 cc. de *soude caustique* 2N (titrée préalablement), et diluer à 800 cc.

d'*acétate de sodium*. L'*acide arsanilique* se sépare après un repos prolongé ; on le recristallise dans 40-50 cc. d'eau chaude (traitement éventuel au noir animal). Rendement : 3-4 g.

Expérience. — Le groupement aminé primaire peut être mis en évidence de la façon suivante : dissoudre quelques cristaux de l'acide dans un peu de *soude caustique*, ajouter à peu près l'équivalent de *nitrite de sodium*, jeter de la glace dans la solution et acidifier à l'*acide chlorhydrique*. Le sel de diazonium traité par une solution alcaline de *β-naphtol* donne la teinte *rouge* du colorant azoïque formé (en écrire la formule).

L'introduction de l'*acide arsénique* dans le noyau aromatique permet en Chimie pharmaceutique la synthèse de combinaisons arsénicales, agents thérapeutiques de maladies infectieuses (*atoxyl* = arsanilate de sodium ; *salvarsan*, etc.).

La première synthèse de l'acide arsanilique consistait à fondre ensemble l'aniline et l'acide arsénique ; elle est d'un très mauvais rendement :

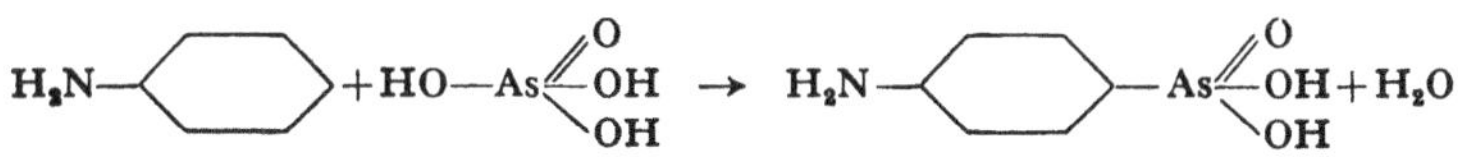

En comparant cette réaction avec une sulfonation ou une nitration, on voit apparaître la différence de comportement de l'azote et de l'arsenic : le premier s'introduit sous forme de groupement neutre NO_2, le second sous celle de l'hydrate correspondant, formé par le groupement bibasique de l'acide arsénique.

De même que les nitrocomposés se transforment par réduction en azocomposés, les acides arsiniques donnent les dérivés arsénoïques correspondants (*arsénobenzènes*) :

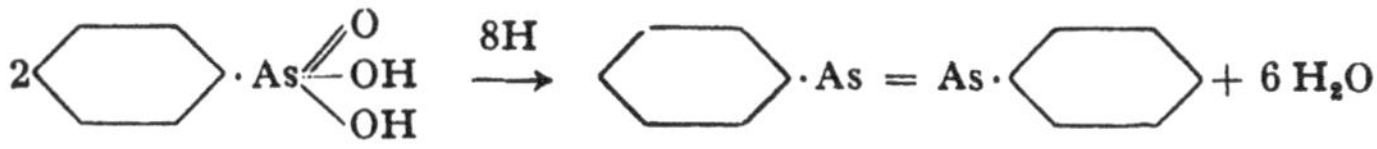

Le *salvarsan* se prépare par nitration du p-oxy-composé obtenu par traitement à l'ébullition de l'acide arsanilique diazoté, réduction du nitrogroupe en groupe aminé et nouvelle réduction de l'arsénocomposé (formuler ces réactions).

L'introduction de l'acide arsénique dans le noyau benzénique procède selon la réaction de Bart décrite plus haut, générale pour les composés diazoïques ; elle fait probablement apparaître une combinaison de structure analogue à celle du *diazosulfonate* (voir note p. 293). Ce produit intermédiaire, au lieu de subir une rapide transformation en *anti*-forme stable comme celle du diazosulfonate, se décompose avec dégagement d'azote :

$$C_6H_5\cdot \underset{Cl}{N} \equiv N + Na.As{\overset{\displaystyle O}{\leqslant}}\begin{matrix}ONa\\ OH\end{matrix} \rightarrow C_6H_5\cdot N = N\cdot As{\overset{\displaystyle O}{\leqslant}}\begin{matrix}ONa\\ OH\end{matrix} + NaCl$$

$$\rightarrow C_6H_5.As{\overset{\displaystyle O}{\leqslant}}\begin{matrix}ONa\\ OH\end{matrix} + N_2$$

6. — *Phénylhydrazine* (1)

On dissout 47 g. (1 /2 mol.) d'*aniline* dans 100 cc. d'*acide chlorhydrique* concentré, additionnés du même volume d'eau, et diazote avec une solution de 38 g. de *nitrite de sodium* dans 100 cc. d'eau en refroidissant suffisamment.

On a préparé au préalable une solution aqueuse aussi saturée que possible de 158 g. (1,25 mol.) de *sulfite neutre anhydre de sodium* (ou 315 g. du sel cristallisant avec 7 mol. d'eau). La teneur de cette solution correspond à la quantité d'acide chlorhydrique mise en jeu et représente un excès de 25 % par rapport à l'aniline.

La façon la plus économique de préparer le sulfite consiste à neutraliser une solution de bisulfite technique — dont la teneur *doit être déterminée par titration* — par la quantité requise de soude caustique. Avec une bonne lessive bisulfitique à 40 %, on emploiera 325 g. de produit, qui seront neutralisés par 110 g. d'une solution à 50 % de soude caustique. La réussite de la synthèse dépend de la manière correcte avec laquelle a été préparée la solution de sulfite.

Cette dernière étant disposée dans un ballon rond de 2 l. et refroidie, on y verse rapidement la solution fraîche de chlorure de diazonium. La liqueur se colore en rouge-orangé, et un échantillon porté à ébullition en éprouvette ne doit pas se troubler ; si ce phénomène se produit, on rajoutera une nouvelle quantité de sulfite.

On introduit ensuite, graduellement et en agitant 100 cc. d'*acide chlorhydrique* concentré, ce qui provoque le virage de la solution au jaune ; on chauffe au bain-marie, ajoute quelques cc. d'*acide acétique glacial* et éclaircit la coloration en jetant un peu de *zinc en poudre* dans le ballon. On filtre à chaud, additionne immédiatement le filtrat de 300 cc. d'acide chlorhydrique concentré et laisse refroidir lentement.

Le magma cristallisé de *chlorhydrate de phénylhydrazine* est essoré à la trompe, pressé fortement sur le filtre, lavé à l'acide chlorhydrique 1 : 3 et aussitôt décomposé dans un entonnoir à décantation par 150 cc. de *soude caustique* 4N sous l'*éther*. On épuise deux fois à l'éther, sèche les extraits sur du *carbonate de potassium* calciné et distille finalement la *phénylhydrazine* à pression réduite, en employant le raccord à vide d'Anschütz-Thiele (Fig. 17). P. éb. /12 mm. : 120°. Rendement : environ 30 g.

Le produit versé dans l'eau froide doit rapidement s'y prendre en masse compacte, et se dissoudre parfaitement dans l'*acide acétique* dilué. P. fus. : 23°. La distillation à pression ordinaire s'accompagne toujours de décomposition (N_2,NH_3, $NH_2.C_6H_5$ et C_6H_6) et fournit un produit impur.

(1) E. Fischer, *A.*, *190*, 78 (1877).

La méthode de V. Meyer, moins élégante, consiste à réduire en *arylhydrazine* un *chlorure de diazonium*, au moyen d'une solution fortement chlorhydrique de chlorure stanneux. A noter la différence d'action des sels stanneux en milieu acide et en milieu alcalin.

La méthode classique d'E. Fischer, adoptée ici, procède par l'intermédiaire du *phényl-anti-diazo-sulfonate* (1) ; ce composé, qui a été préparé par Strecker et Römer, se sépare souvent au cours de la réaction en beaux cristaux jaune-orangé :

$$C_6H_5\cdot\underset{Cl}{N} \equiv N + Na_2SO_3 \rightarrow C_6H_5\cdot N{=}N\cdot SO_3Na + NaCl$$

L'acide sulfureux libéré par l'addition de l'acide chlorhydrique, au second stade de la préparation, hydrogène la double liaison « azo » en passant vraisemblablement par un intermédiaire d'addition *A* dont un des groupements —SO_3H s'élimine avec facilité par hydrolyse, avec formation du sel sodique de l'*acide phénylhydrazine-sulfonique :*

$$A\quad C_6H_5\cdot\underset{SO_3H}{N} - NHSO_3Na \xrightarrow{H_2O} C_6H_5\cdot NH - NH\cdot SO_3Na + H_2SO_4$$

L'hydrogène dégagé par le zinc en poudre sert à compléter la réduction. Le second résidu sulfonique, plus fermement retenu, est finalement éliminé à son tour sous forme d'acide sulfurique par action de l'acide chlorhydrique. concentré à chaud.

La phénylhydrazine se prépare en grandes quantités d'après ce procédé ; elle constitue un réactif indispensable servant à la caractérisation des aldéhydes et cétones par leurs *phénylhydrazones*, ainsi qu'un produit de grande valeur pour les synthèses les plus variées ; citons notamment la fabrication technique de l'*antipyrine* et du *pyramidon* (voir ces synthèses dans les ouvrages généraux). Les sels de la phénylhydrazine ne contiennent qu'une molécule d'acide.

Expérience. — Mélanger 5 gouttes de *phénylhydrazine* et 5 cc. d'eau, ajouter 3 gouttes d'*acide acétique glacial*, 2 gouttes de *benzaldéhyde* (à l'aide d'une baguette de verre) et agiter. Il se forme immédiatement un trouble laiteux, ne tardant pas à donner naissance à un précipité floconneux de *benzylidène-phénylhydrazone*. Des quantités extrêmement minimes de benzaldéhyde peuvent être ainsi identifiées.

(1) Le *sulfite de diazonium* $C_6H_5\cdot\overset{+}{N}\equiv N, \; [SO_3Na]^-$ dont l'apparition en premier lieu est très probable, se transpose spontanément en *diazoate* ; le même phénomène se produit avec les *arsénites* (p. 291) et les *cyanures* :

$$C_6H_5\cdot\underset{[CN]^-}{\overset{+}{N}} \equiv N \rightarrow C_6H_5\cdot N = N\cdot CN$$

La phénylhydrazine joue un rôle de premier plan dans les recherches sur les oses, dont elle permet la séparation, la caractérisation et diverses transformations. Les travaux fondamentaux dans ce domaine n'auraient pu se passer de ce précieux réactif.

L'action d'une molécule de phénylhydrazine sur un ose fait apparaître l'*hydrazone normale :*

$$\underset{\textit{dextrose}}{CH_2OH\cdot(CHOH)_4\cdot CHO} + C_6H_5\cdot NH\cdot NH_2 \rightarrow CH_2OH\cdot(CHOH)_4CH{=}N-NH.C_6H_5 + H_2O$$

Ajoutée en *excès*, la phénylhydrazine agit comme *oxydant*, en déshydrogénant la molécule d'ose ; dans l'exemple précédent, le groupement CHOH voisin du carbonyle aldéhydique donnera par réduction une fonction cétonique, laquelle va réagir avec une seconde molécule de phénylhydrazine. Les composés obtenus en fin de réaction sont appelés *osazones* (voir p. 225). On a, dans le cas du dextrose :

$$CH_2OH\cdot(CHOH)_3\cdot C(=N-NH\cdot C_6H_5)-CH = N\cdot NH\cdot C_6H_5$$

Les osazones, chauffés en présence d'acide chlorhydrique, éliminent de la phénylhydrazine comme tous les hydrazones, et il en résulte, non pas le sucre primitif, mais le produit d'oxydation de ce dernier, appelé *osone :*

$$CH_2OH(CHOH)_3\cdot CO\cdot CHO$$

L'osone par réduction ne redonne pas non plus le sucre, celle-ci portant sur le groupement aldéhydique et non sur le groupement cétonique ; on obtient le composé :

$$CH_2OH\cdot(CHOH)_3\cdot CO\cdot CH_2OH$$

L'aldose s'est transformé en cétose (d-glucose → d-fructose).

Expérience. — Dissoudre 2 g. de *phénylhydrazine* dans 15 cc. d'eau additionnés de 1,5 cc. d'*acide acétique glacial*, ajouter 1 g. de *d-glucose* dissous dans 5 cc. d'eau et chauffer à 80° au bain-marie. L'*osazone* commence à se séparer après 20 min. en fines petites aiguilles jaunes. Essorer après 1 h. de réaction, laver à l'eau et sécher les cristaux à l'air. P. fus. : 205°.

Suivant les conditions employées, la phénylhydrazine peut dégager de l'hydrogène ou en absorber : elle est réductrice aussi bien qu'oxydante. Dans le premier cas il se forme du *benzène* et de l'*azote*, en passant par la phényldiimine déjà mentionnée (action du sulfate de cuivre, du chlorure ferrique, des solutions de Fehling et de nitrate d'argent ammoniacal) ; par oxydation ménagée en milieu acide, le *sel de diazonium* peut se reformer.

Expérience. — *Benzène à partir de phénylhydrazine.* — Chauffer à ébullition dans un ballon à distiller ordinaire muni d'un réfrigérant descendant une solution de 25 g. de *sulfate de cuivre* dans 75 cc. d'eau, y écouler graduellement une solution de 5 g. de *phénylhydrazine* dans 10 cc. d'eau additionnés de 5 cc. d'*acide acétique glacial.* Il se produit un violent *dégagement d'azote* et le benzène formé distille immédiatement avec la vapeur d'eau ; le traiter et le purifier comme indiqué p. 283. Rendement : 2-3 g.

La phénylhydrazine surchauffée subit la même décomposition que l'hydrazobenzène, une molécule en hydrogénant une autre :

$$2C_6H_5 \cdot NH \cdot NH_2 \rightarrow C_6H_5 \cdot NH_2 + NH_3 + (C_6H_5 \cdot N{=}NH) \rightarrow C_6H_6 + N_2$$

Le platine finement divisé exerce dans ce cas également une action accélératrice.

Faire l'essai du comportement de la *phénylhydrazine* à l'égard des *solutions de Fehling* et de *nitrate d'argent ammoniacal.*

Lorsque l'on écoule une solution de nitrite de sodium dans une solution aqueuse d'un sel de phénylhydrazine, il se forme l'*α-nitroso-phénylhydrazine,* composé toxique coloré en jaune qui, par élimination d'eau, se transforme en *phénylazide :*

(Voir pour les azides p. 287).

Expérience. — Synthèse de l'indol d'après Fischer. — Mélanger en éprouvette 2 g. de *phénylhydrazine* et 2 cc. d'*acétone* ; de l'eau s'élimine en provoquant un trouble. Suspendre l'éprouvette dans un bain-marie bouillant pendant 3 /4 h., ajouter ensuite 6 g. de *chlorure de zinc* sec et chauffer quelques minutes en agitant au bain d'huile à 180°. Introduire la masse liquéfiée de couleur foncée dans un petit ballon rond, en rinçant avec 4 vol. d'*acide chlorhydrique dilué,* et en entraîner l'*α-méthylindol* à la vapeur d'eau.

Recristalliser l'huile tendant à se prendre en masse dans un peu d'*éther de pétrole.* P. fus. : 59°.

Réaction à la torche de pin. — Imbiber un copeau de pin d'*acide chlorhydrique concentré,* et le présenter aux vapeurs d'eau bouillante contenant un peu de méthylindol ; il se produit une coloration rouge intense.

Le mécanisme de cette belle synthèse des dérivés indoliques, surprenante à plus d'un titre et d'une portée générale, a été récemment seulement éclaircie par R. Robinson. Cet auteur a montré que la céto-phénylhydrazone subit une transposition identique à celle de la *benzidine,* sous une hydrazoforme tautomère ; cette transposition, de même que celle de son modèle benzidinique, se produit déjà en solution aqueuse faiblement acide (cas de la phénylhydrazone de l'acide pyruvique par exemple).

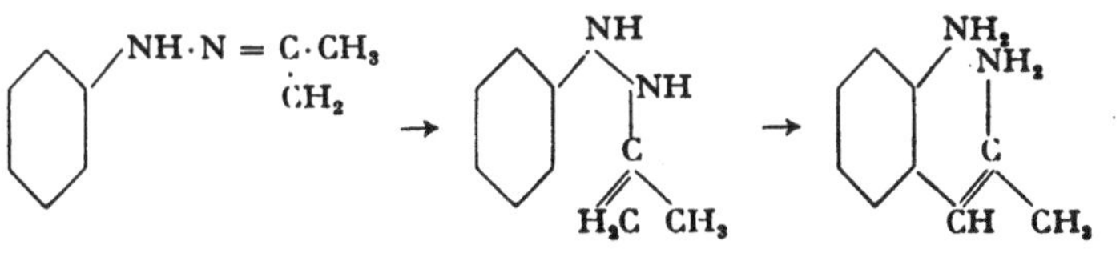

La diamine hypothétique représentée par la dernière formule élimine de l'ammoniac comme dans d'autres cas connus (pyrrolidine à partir du 1,4-diaminobutane) et fournit le cycle de l'indol.

7. — *Colorants azoïques*

a) *Hélianthine.* — On dissout 20 g. d'*acide sulfanilique* dans 50 cc. de *soude caustique* 2N, et y ajoute 8 g. de *nitrite de sodium* en solution dans 100 cc. d'eau. On écoule cette première solution dans 50 cc. d'*acide chlorhydrique* 2N en refroidissant à la glace.

Une solution de 12 g. de *diméthylaniline* dans 100 cc. d'*acide chlorhydrique* normal préparée préalablement est réunie à celle du diazobenzène-sulfonate de sodium, et l'on additionne le tout de *soude caustique* jusqu'à réaction nettement alcaline ; le *sel sodique du colorant* ne tarde pas à précipiter en feuillets cristallins d'une belle apparence brun-orangé. On abandonne plusieurs heures, essore fortement à la trompe et recristallise le produit obtenu, déjà assez pur, dans un peu d'eau. Le rendement est presque quantitatif.

Un autre procédé consiste à dissoudre 12 g. de *diméthylaniline* dans 100 cc. d'eau contenant 20 g. d'*acide sulfanilique* en suspension, refroidir à la glace et écouler graduellement la solution de *nitrite*. Le *sel sodique du colorant* précipite alors directement.

Comme variation à cette réaction, on peut préparer le *Rouge Méthyle* par diazotation de l'acide anthranilique et copulation avec la diméthylaniline.

L'Hélianthine, connue également sous le nom de *Méthylorange*, est très utilisée comme indicateur en alcali-acidimétrie : la solution diluée jaune du colorant vire au rouge sous l'action des acides.

La réaction de copulation est la suivante :

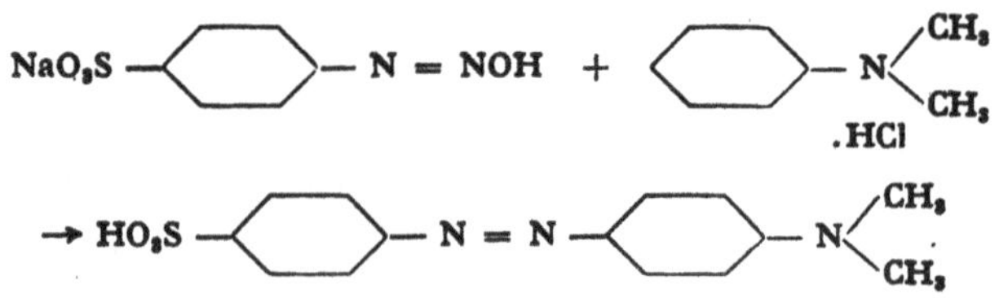

Le sel sodique jaune dérive de la forme « azo » ; l'action des acides fait apparaître le sel quinoïde, coloré en rouge :

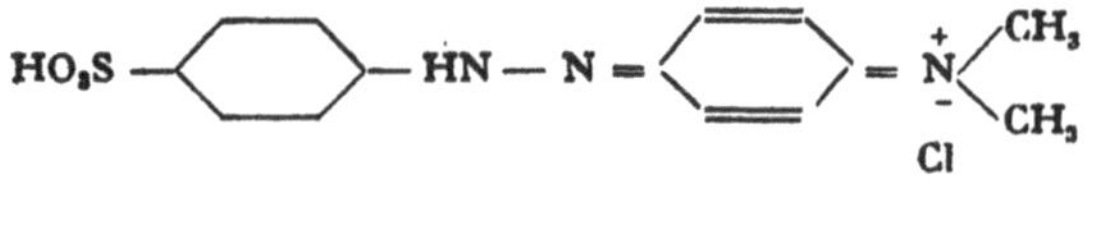

L'acide libre, également coloré en rouge, possède selon toutes probabilités la structure d'un sel quinoïde interne, ou *bétaïne :*

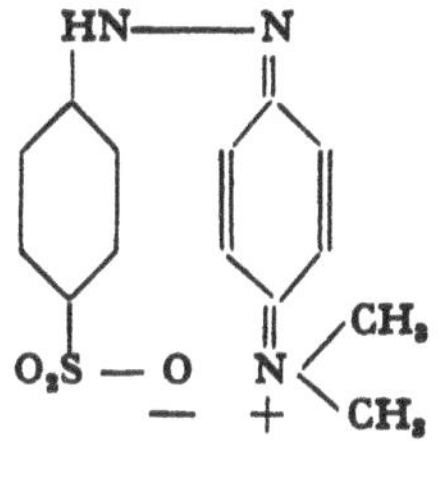

Etant donné la très grande importance, du point de vue industriel, des nombreux colorants azoïques préparés par diazotation et copulation, nous indiquerons ici la méthode classique employée pour leur dosage. Celle-ci est basée sur une réaction commune à tous ces colorants : par action du *chlorure stanneux* ou de l'*hydrosulfite de sodium*, les colorants azoïques subissent une scission réductrice, le départ de quatre atomes d'hydrogène entraînant la formation de deux molécules d'*amine primaire* (ou davantage pour les polyazoïques). Les amino- et oxyhydrazocomposés, eux, sont beaucoup plus sensibles que les colorants azoïques à l'action des réducteurs qui s'attaquent instantanément à leur liaison hydrazinique.

Comme l'indique sa formule, l'hélianthine ainsi traitée fournira de l'*acide sulfanilique* et de la *p-diméthyl-phénylène-diamine*. L'atome d'azote introduit par diazotation se retrouve donc finalement dans le « composant azo » (diméthylaniline dans le cas présent) sous forme de groupement aminé supplémentaire, tandis que l'amine diazotée (acide sulfanilique) se reforme sans modification.

Expérience. — Dissoudre 3 g. d'*hélianthine* dans le volume minimum d'eau chaude ; ajouter à chaud une solution de *chlorure stanneux* (8 g. dans 20 cc. d'*acide chlorhydrique* conc.) jusqu'à décoloration. L'*acide sulfanilique* cristallise au refroidissement (frotter avec une baguette de verre) ; filtrer l'acide à la trompe après quelques instants de repos, sursaturer le filtrat d'*hydroxyde alcalin* concentré et épuiser à l'éther. Sécher l'extrait sur un fragment de *potasse caustique* et évaporer le solvant ; le résidu consiste en *diamine* accompagnée d'un peu d'acide sulfanilique ; identifié la diamine par la réaction colorée indiquée p. 314 (Rouge de Würster). La base cristallise au refroidissement.

Le *dérivé acétylé* de cette dernière convient également à son identification ; il se prépare comme suit : chauffer rapidement en éprouvette la base brute au bain-marie, avec 1/2 cc. d'*anhydride acétique*, diluer avec de l'eau et neutraliser l'acide acétique par du *carbonate de sodium* (cette dernière opération est nécessaire, le composé acétylé manifestant encore un caractère basique dû à la présence du groupement $-N\begin{smallmatrix}CH_3\\CH_3\end{smallmatrix}$). Les cristaux incolores peuvent être recristallisés dans l'eau. P. fus. : 130°.

La réduction précédente offre ainsi la possibilité d'introduire un nouveau groupement aminé, et elle est parfois employée dans ce but particulier lors de certaines synthèses. Voir par exemple la préparation des *aminonaphtols* à partir de colorants dont les composants azo sont l'α- ou le β-naphtol.

La teinte très vive des colorants azoïques en fait des réactifs des plus sensibles pour la *caractérisation des amines aromatiques primaires*. Les dérivés du naphtalène ont une coloration plus profonde que ceux du benzène, aussi préfère-t-on utiliser, au lieu du phénol, le *β-naphtol* ou l'*acide* R (« acide pour Rouge »), acide β-naphtol-3,6-disulfonique :

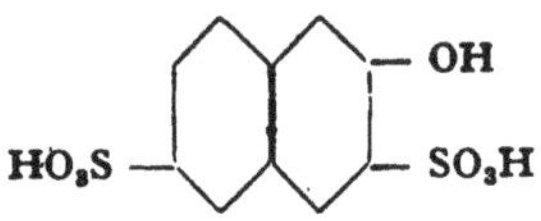

b) *Rouge Congo* (1). — On dissout à chaud 4,6 g. de *benzidine* dans 12 cc. d'*acide chlorhydrique* dilués à 100 cc. par de l'eau, ajoute 150 cc. d'eau, refroidit à 2-3° la solution claire et diazote par 3,6 g. de *nitrite de sodium* dissous dans 20 cc. d'eau, en l'espace d'une minute. Après 5 min., on écoule en agitant la solution « tétrazoïque » dans une solution de 16 g. de *naphtionate de sodium* et 20 g. d'*acétate de sodium cristallisé* dans 250 cc. d'eau. On vérifie qu'un échantillon de la liqueur, chauffé en présence d'acide chlorhydrique, ne dégage plus d'*azote*, et dissout le précipité bleu-foncé de *colorant acide* en le chauffant avec du *carbonate de sodium*, ce qui a pour résultat de le transformer en *sel sodique* rouge ; on filtre la solution et l'additionne en quantité raisonnable de sel marin. On essore à la trompe, lave à l'eau salée et précipite l'*acide* coloré au bleu par addition d'acide chlorhydrique.

Le *Rouge Congo* est un acide plus fort que le méthylorange, et son virage au bleu nécessite une concentration en ions $H^{\cdot}$ plus élevée que pour celui du second. Le *papier Congo* s'utilise pour différencier les acides organiques des acides minéraux.

Le Rouge Congo est le prototype des colorants sur coton « substantifs » du groupe de la benzidine. Cette remarquable propriété des colorants substantifs, de pouvoir teinter directement le coton, doit être attribuée à l'adsorption intime sur la fibre végétale des particules colloïdales du colorant.

c) *Orangé de -naphtol.* — On fait un mélange de 10 g. d'*acide sulfanilique* avec 4 g. de *nitrite* (comme indiqué sous a), et le verse, en agitant et refroidissement à la glace, dans 50 cc. d'*acide chlorhydrique* 4N. On mélange ensuite rapidement la suspension d'*acide p-diazobenzène-sulfonique* avec une solution alcaline de *β-naphtol* (8 g. dans 100 cc. de *soude caustique* 2N), à la température de la salle. Le *sel du colorant* ne tarde pas à cristalliser en feuillets jaune-orangé ; on complète la cristallisation en ajoutant

(1) D'après MÖHLAU-BUCHERER, *Farbenchemisches Praktikum*, p. 156.

une *solution saturée de sel marin*, essore à la trompe et lave à l'eau froide. Rendement : 15-16 g.

Copulation de l'Aniline

Comme nous l'avons vu dans le cas précédent de l'aniline, la copulation des amines aromatiques primaires ne s'effectue pas d'une manière normale ; il se forme par cette réaction un dérivé triazénique, le *diazoaminobenzène*, la liaison se faisant par le groupement NH_2 (la réaction est la même avec les amines aliphatiques, telles que la diméthylamine par exemple) :

$$C_6H_5\cdot N : NOH + NH_2\cdot C_6H_5[N(CH_3)_2] \longrightarrow C_6H_5\cdot N : N\cdot NH\cdot C_6H_5[\cdot N\cdot (CH_3)_2]$$

Les composés de ce type, traités par les acides, redonnent immédiatement leurs sels de diazonium et d'amines respectifs. Il en est de même pour les diaryltriazènes, en milieu beaucoup moins acide encore — sels d'aniline en présence d'un excès de la base ; le sel de diazonium peut alors se combiner avec l'amine en excès et former un *colorant azoïque* (Rosenhauer) :

L'équation suivante :

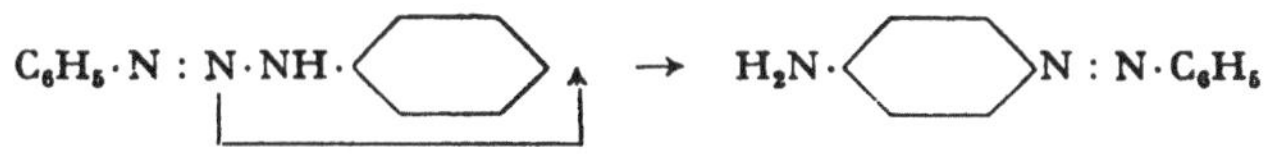

Ne peut donc indiquer que le résultat seul, sans donner aucune précision sur le mécanisme de la réaction.

Diazo-aminobenzène et paramino-azo-benzène. — On diazote partiellement 9,3 g. d'*aniline* avec la moitié de la quantité normalement requise de *nitrite* (3,8 g.) en opérant suivant les conditions habituelles, et ajoute à la solution en agitant 25 g. d'*acétate de sodium* dissous dans 100 cc. d'eau. Après clarification du liquide, on essore à la trompe et lave à l'eau le précipité brun-clair de *diazoaminobenzène* ; ce dernier est pressé sur porcelaine poreuse, séché à fond à l'exsiccateur à vide et recristallisé dans l'*éther de pétrole* (50-60°) après traitement au noir animal. P. fus. : 98°. Chauffer un échantillon en éprouvette avec de l'*acide chlorhydrique* dilué.

On mélange ensuite 1 g. de *chlorhydrate d'aniline sec* et finement pulvérisé avec 5 g. d'*aniline*, ajoute 2 g. de *diazoaminobenzène sec* et chauffe le tout en éprouvette à 30° (bain-marie) pendant 1 /2 h. en agitant ; on chauffe ensuite 1 /2 h. à 45° et contrôle sur un échantillon, chauffé avec de l'*acide chlorhydrique*, qu'il ne se produit aucun dégagement d'*azote* ; on dissout alors l'aniline par addition de 24 cc. d'acide chlorhydrique 10 % (6 cc. HCl conc. + 18 cc. d'eau). Le *chlorhydrate d'aminoazobenzène* non dissous est recristallisé dans 100 vol. d'eau chaude additionnée d'un peu d'acide chlorhydrique.

Le sel, décomposé par le *carbonate de sodium*, fournit la *base* libre colorée en jaune-orangé.

Considérations théoriques sur les Colorants. — L'absorption dans la partie visible du spectre — région des couleurs subjectives — dûe aux hydrocarbures est conditionnée par l'existence dans leur molécule de groupements dits *chromophores.* Le plus actif des chromophores est le groupement nitroso, alors que le nitro-groupe l'est déjà beaucoup moins ; le groupement azoïque exerce une action assez nette, mais seulement dans la série aromatique (l'azométhane est incolore).

L'azobenzène, quoique doué d'une teinte rouge-orangée intense, n'est pas plus un colorant que le nitrosobenzène. Il leur manque à tous deux un substituant supplémentaire dont le rôle, en vertu de ses propriétés chimiques, consiste à leur conférer une certaine affinité pour la fibre textile, en même temps qu'à approfondir leur couleur. Un tel groupement est appelé *auxochrome* ; les principaux auxochromes sont les fonctions OH et NH_2, dont on a déjà vu l'influence se manifester dans les cas très simples de l'o-nitrophénol et des nitranilines.

La *laine* et la *soie* sont des substances proches parentes des albuminoïdes, à caractère amphotère comme ces derniers ; elles peuvent donc se combiner aussi bien avec les acides qu'avec les bases ; c'est pour cette raison que la laine et la soie peuvent être colorées directement grâce à la présence des auxochromes dans la molécule des colorants.

Il en va différemment pour le *coton.* Ce textile en effet est de la cellulose presque pûre, par conséquent chimiquement indifférente à l'égard des colorants. Ceux-ci dès lors exigent pour leur application l'intervention d'un *mordant* qui doit être adsorbé à l'état colloïdal par les fibres avant la teinture proprement dite. Le mordant et le colorant se combinent ensuite chimiquement sous forme de complexe. Les mordants pour toute une importante classe de colorants acides (p. 329) sont principalement des hydroxydes métalliques (de chrome, aluminium, fer, antimoine, étain, etc.) ; le mordant le plus utilisé pour les colorants basiques est le tannin.

Dans tous les cas qui se présentent en teinture, la combinaison *chimique* s'accompagne toujours d'un processus *physique* se passant à la surface d'adsorption, lequel joue un rôle décisif.

C'est par cette dernière action d'ailleurs que peut seule s'expliquer la propriété montrée par un nombre relativement faible de colorants, dits colorants *substantifs* sur coton, de teindre directement la fibre végétale *non mordancée.* Les principaux représentants de cette catégorie sont les *colorants bisazoïques,* tels que ceux de la classe du *Rouge Congo,* dérivant de la benzidine deux fois diazotée. Ils existent à l'état de sols dans l'eau et sont adsorbés par la fibre sous forme de gels irréversibles.

Copulation des diazocomposés

C'est par cette réaction que s'effectue la synthèse sur une large échelle industrielle des colorants azoïques. Elle consiste sous sa forme la plus simple en une condensation de diazocomposés aromatiques avec des phénols ou des amines aromatiques, donnant lieu aux azocomposés recherchés. Le système diazoïque labile se transforme en complexe « azo » très stable. Les colorants azoïques sont donc tous des dérivés de l'azobenzène, de l'azonaphtalène, etc.

La combinaison avec les *phénols* doit s'effectuer, dans la règle, en *milieu alcalin ou neutre,* alors que les *amines aromatiques* ne copulent qu'en *solution faiblement acide* (généralement acétique).

Le colorant azoïque le plus simple, dépourvu d'ailleurs de tout intérêt pratique, prend naissance à partir du *phényldiazoate* et du *phénol* ; le groupement azoïque réagit avec l'hydrogène en para, et dans le cas du β-*naphtol*, avec celui de la position voisine α, soit en ortho :

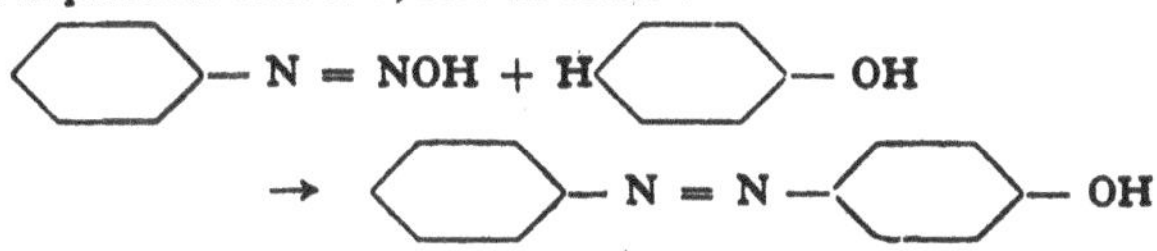

p-oxyazobenzène

Nous avons vu précédemment la copulation de l'aniline lors de l'identification de l'amine libre présente dans une solution de diazonium : après addition d'acétate de sodium cette dernière se manifeste par la précipitation du *diazoaminobenzène* insoluble.

Il est impossible de savoir avec certitude dans ce cas si la copulation se fait par le sel de diazonium lui-même, ou, ce qui serait plus vraisemblable, si une hydrolyse partielle donne préalablement naissance, au sein de la solution faiblement acide, au diazohydroxyde et à l'acide. Quoiqu'il en soit, nous baserons nos déductions ultérieurs sur la seconde interprétation du phénomène.

On a déjà vu, lors de la préparation de l'hélianthine, que la diméthylaniline se condense de façon identique au phénol en formant le *para-diméthylamino-azobenzène.*

Les colorants azoïques dérivant des phénols sont appelés colorants *acides*, et ceux qui dérivent des amines, colorant *basiques*. Cette distinction n'a cependant que peu d'intérêt, l'industrie utilisant presque toujours comme produits de départ des *acides sulfoniques* à composants non seulement *diazoïques* (amines diazotées), mais encore du type *azo* (phénols ou amines copulées). La plupart des colorants azoïques sont exclusivement acides (le groupement sulfonique consiste à rendre solubles les colorants dans le bain de teinture).

Les azoïques les plus importants du point de vue industriel sont ceux de la *série du naphtalène*, et il est peu de domaines de la Chimie organique qui aient été aussi explorés que le leur et que celui de leurs produits intermédiaires. Le nombre des combinaisons possibles est presque illimité, comme on peut le constater en consultant un ouvrage spécialisé (nous recommandons la lecture des traités suivants : F. Mayer, *Chemie der organ. Farbstoffe*, Berlin 1924 ; Möhlau-Bucherer, *Farbenchem. Prakt.*, Berlin 1926 ; Fierz-David, *Farbenchemie*, 4ᵉ éd., 1938 ; Ristenpart, *Chem. Technol. der organ. Farbstoffe*, Leipzig 1925.).

Le *mécanisme de la réaction de copulation* a été étudié de très près. Rappelons tout d'abord que la réaction n'est pas uniquement réservée à la série aromatique : les diazocomposés sont également condensables avec les *énols* ainsi qu'avec les *acinitrocomposés aliphatiques*, proches parents de ces derniers ; il ne se forme pas alors d'azocomposés, mais leurs *hydrazones isomères* une transposition ayant lieu au cours de la réaction :

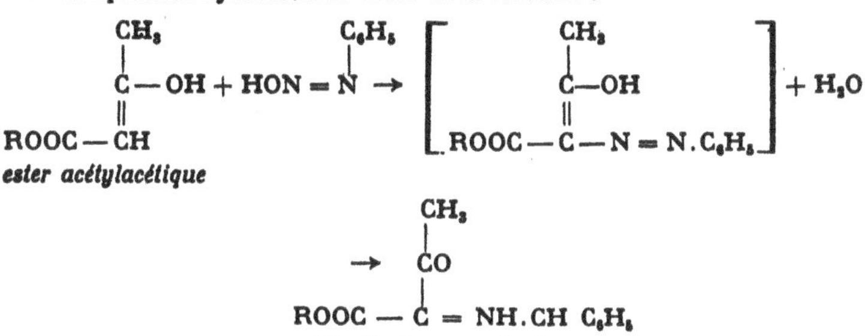

ester acétylacétique

α-phénylhydrazone de l'ester de l'acide α, β-dicétobutyrique

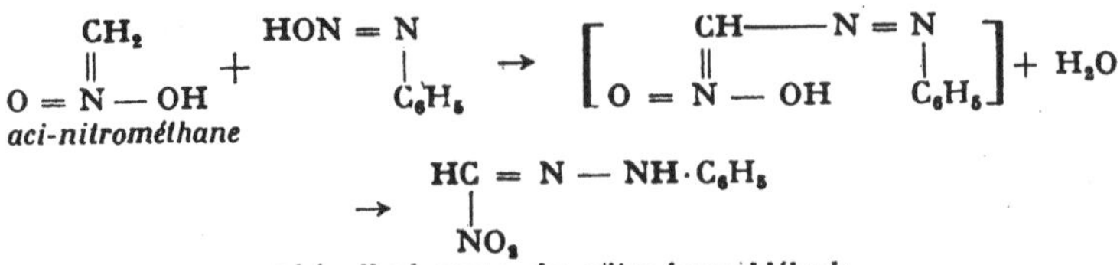

aci-nitrométhane

phénylhydrazone du nitro-formaldéhyde

Les hydrocarbures à deux doubles liaisons eux-mêmes, tels que le *butadiène*, sont susceptibles de copuler avec des diazocomposés convenablement choisis, comme le font par ailleurs, en plus des phénols, les éthers phénoliques tels que l'*anisol* (K. H. Meyer (1)).

1° La théorie la plus simple, développée par K. H. Meyer, attribue la faculté de copuler à l'activité de la double liaison, laquelle *additionne* le diazohydroxyde. L'azocomposé ou la phénylhydrazone apparaissent par élimination d'eau :

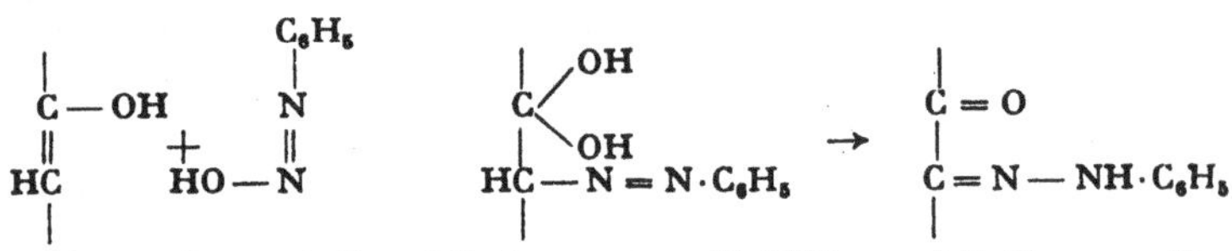

Lorsque la copulation s'effectue en para, l'addition se fait d'une manière absolument correspondante, en 1,4.

2° Dans le cas des nitrophénols, et sous certaines conditions, les premiers produits de la réaction sont les éthers *diazophénoliques* (diazo-oxycomposés) :

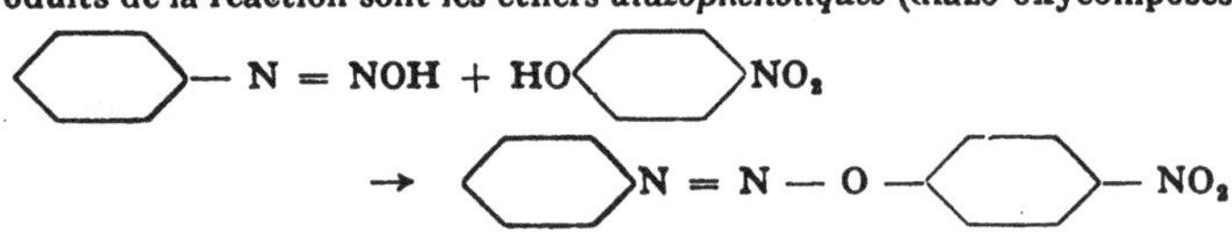

Lesquels se transposent avec une très grande facilité en combinaison *oxyazoïques* isomères, exactement comme le diazoaminobenzène se transforme en p-amino-azobenzène (Dimroth (2)).

3° Le copulant peut se fixer sur la double liaison du diazohydroxyde, soit grâce à la mobilité de son atome d'hydrogène (*a*), soit par sa double liaison (*b*) :

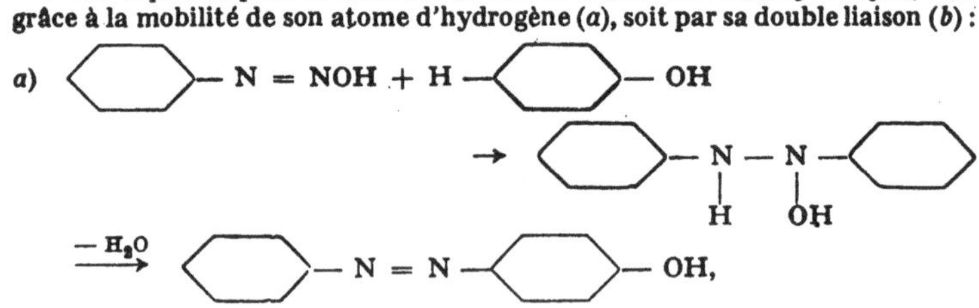

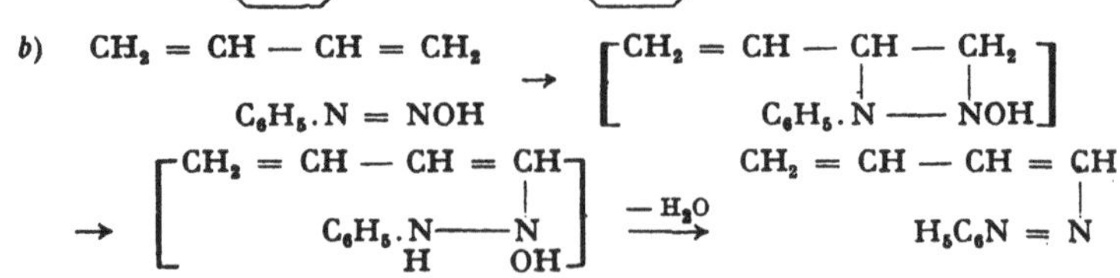

(1) *A.*, *398*, 66, (1913) ; *B.*, *47*, 1741 (1914).
(2) *B.*, *40*, 2404, 4460 (1907) ; *41*, 4012 (1908).

Le comportement de l'*hydroxyde de diazobenzène* ressemble de manière frappante à celui de l'*acide nitreux* ; presque toutes les combinaisons copulables en effet réagissent avec cet acide. La comparaison des formules montre que le radical bivalent $C_6H_5N\langle$ du diazohydroxyde joue le rôle de l'atome d'oxygène de l'acide nitreux.

Les considérations sur le mécanisme de la copulation peuvent être appliquées à peu près telles quelles aux réactions du même ordre de l'acide nitreux (Cf. p. 310) : le résidu *phénylazo* $C_6H_5N=N-$ introduit par la copulation est remplacé par le groupement $NO-$ dans le cas de l'acide nitreux (nitrosophénol, nitrosodiméthylaniline) ; puisque les produits de copulation, dans le cas des énols par exemple, se transposent en *phénylhydrazones*, on aura de même, dans le cas de l'acide nitreux, transposition en *oximes :*

$$\underset{\text{ester acétylacétique}}{ROOC-CH=\underset{\displaystyle OH}{\underset{|}{C}}-CH_3} + O=NOH \rightarrow \underset{\text{ester isonitroso-acétylacétique}}{ROOC-\underset{\displaystyle NOH}{\underset{\|}{C}}-CO\cdot CH_3} + H_2O$$

On voit donc que le rapport entre eux du *diazobenzène* et de l'*acide nitreux* est le même que celui de la *phénylhydrazine* et de l'*hydroxylamine* ; ces deux derniers composés en effet donnent avec les combinaisons carbonylées les mêmes produits de réaction que les deux premiers avec les combinaisons méthyléniques correspondantes.

Il est concevable par conséquent que certaines quinones fournissent par condensation avec la phénylhydrazine les mêmes produits finaux que ceux qui proviennent de la copulation des phénols correspondants avec l'hydroxyde de diazobenzène (Zincke) :

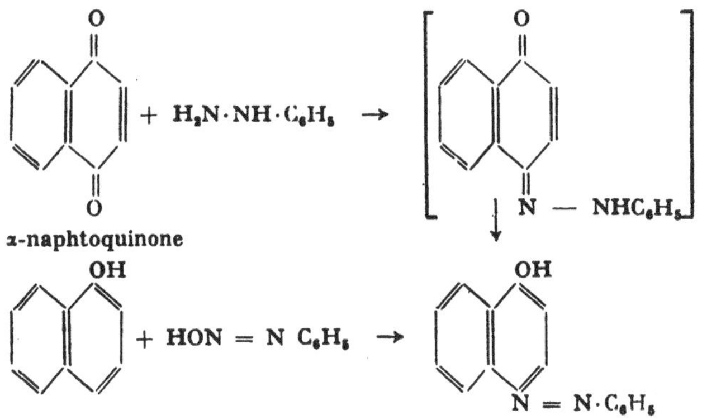

Pour des raisons déjà mentionnées à plusieurs reprises (Cf. par exemple p. 118, 184, 200), le noyau aromatique partiellement hydrogéné n'est pas stable ; le composé intermédiaire mis entre crochets tend à reprendre la structure « benzénoïde » par migration de l'hydrogène de l'atome d'azote à celui d'oxygène.

Un représentant des azocomposés, doué d'intéressantes propriétés thérapeutiques, est connu sous le nom de *Prontosil* (I) ; il s'est révélé particulièrement efficace pour la lutte contre les infections à streptocoques. L'action spécifique n'est pas dûe au groupement azoïque, mais au groupement sulfamidé : l'*amide de l'acide sulfanilique*, en effet, ou *Prontosil album* (II), possède les mêmes propriétés :

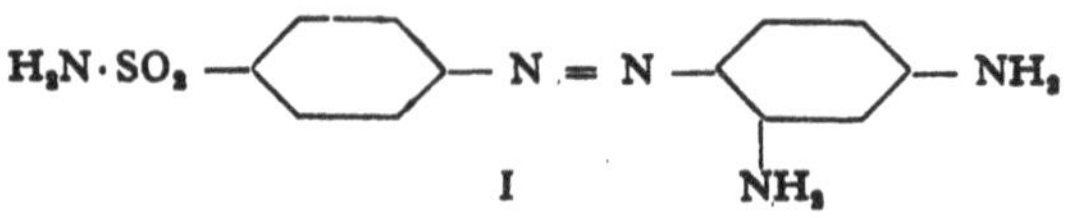

I

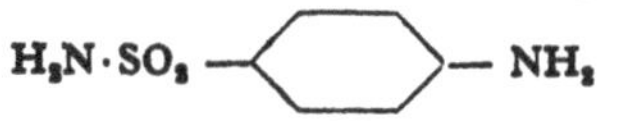

II

VIII. — Composés quinoides

1. — *Quinone à partir d'Aniline* (1)

On dissout 23 g. d'*aniline* (1 /4 mol.) dans un mélange de 100 cc. d'*acide sulfurique* pur concentré et 500 cc. d'eau disposé dans un bécher, et on y ajoute graduellement, à l'aide d'une ampoule à robinet, en refroidissant à la glace et en agitant (Fig. 50), une solution de 30 g. de *bichromate de sodium* dans 75 cc. d'eau ; la température ne doit pas dépasser 10° durant l'opération. On abandonne le tout pendant la nuit dans un local froid, rajoute le lendemain de la même manière une solution de 40 g. de bichromate dans 120 cc. d'eau et laisse reposer 6 h. La solution brun-foncé est alors filtré sur un grand büchner et le précipité lavé avec un peu d'eau. Le filtrat est extrait deux fois à l'*éther*, à raison d'un demi-litre de solvant par opération. La solution éthérée, versée dans un ballon à fractionner qui sera ultérieurement utilisé pour l'entraînement à la vapeur, est immédiatement évaporée ; on utilise l'éther distillé, divisé en deux portions, pour répéter l'épuisement de la solution aqueuse, et évapore encore une fois dans le même appareil les nouveaux extraits éthérés (2). Le précipité resté sur le filtre est réuni au résidu de *quinone* brute du ballon, et le tout entraîné directement à la vapeur. Il se forme dans le récipient collecteur de magnifiques cristaux jaune d'or de quinone. Rendement : 14-16 g. Le produit est rapidement séché entre deux feuilles de papier-filtre, puis dans un exsiccateur ordinaire à *chlorure de calcium*. P. fus. : 116°. Étant donnée la grande volatilité de la quinone, on évitera d'abandonner cette dernière à l'air durant un temps prolongé (en observer la volatilité sur un échantillon).

Les solvants de recristallisation à employer sont l'*alcool* ou l'*éther de pétrole*. Le produit pur desséché se conserve bien.

(1) A., *27*, 268 (1838) ; *45*, 354 (1842) ; *215*, 125 (1882) ; B. *19*, 1467 (1886) ; *20*, 2283 (1887).

(2) L'éther chassé par distillation est coloré en jaune par de la quinone volatilisée en même temps ; on peut le revaloriser en l'agitant avec de la soude caustique diluée : cette opération élimine la quinone par formation du sel sodique brun-foncé de l' « acide humique ».

La *para-benzoquinone*, communément appelée quinone, est un des composés les plus intéressants de la Chimie organique. Ses propriétés saillantes sont sa coloration, son odeur et sa volatilité. Le traitement à la vapeur d'eau en provoque toujours une décomposition notable.

La quinone s'obtient, en quantité très faible, à partir du benzène par oxydation directe au *peroxyde d'argent* ; le rendement est beaucoup meilleur lorsqu'on soumet à l'action des oxydants toute une série de composés disubstitués en para, tels que l'*hydroquinone* elle-même, le *p-aminophénol* (Expér. p. 182), la *p-anisidine*, la *p-toluidine* et l'*acide sulfanilique*, ainsi également que la *p-phénylène-diamine* et un grand nombre de ses dérivés.

Le *naphtalène* s'oxyde directement avec plus de facilité que le benzène en donnant de l' (α) -quinone ; cette réaction est fort couramment appliquée dans la série de l'*anthracène* et du *phénanthrène*.

Quoique la quinone, en tant que dérivé du *dihydrobenzène*, n'ait pas à proprement parler de vrai caractère « aromatique », sa formation à partir de tout composé pouvant lui donner naissance est toujours favorisée en présence d'un agent oxydant susceptible de lui fournir l'énergie nécessaire.

Les propriétés chimiques de la quinone sont dues essentiellement à la possibilité d'une série de réactions variées d'addition, donnée par les doubles liaisons présentes dans la molécule. L'addition peut se faire :

1° *En 1,6, sur les deux atomes d'oxygène.* Dans le cas de l'hydrogène, le produit final est l'*hydroquinone* ; la facilité avec laquelle la quinone donne cette dernière réaction est considérable, et l'hydrogénation peut déjà se produire sous l'action de l'anhydride sulfureux en solution aqueuse (Cf. Expér.).

La déshydrogénation de l'hydroquinone constitue le processus inverse, soit une réaction portant en 1,6 également.

2° *En 1,4, sur l'oxygène et le carbone simultanément.* Il se forme des *dérivés de l'hydroquinone :*

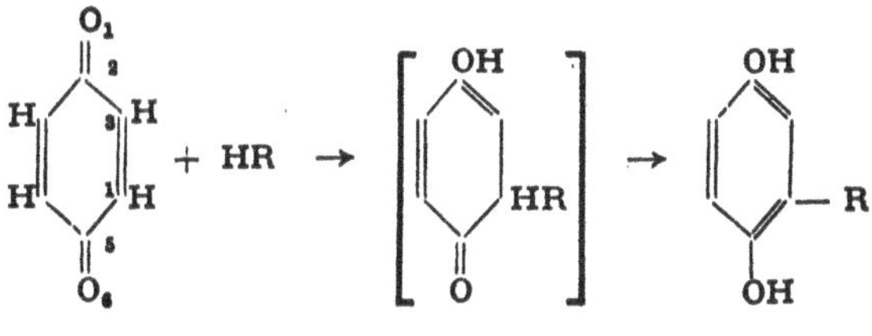

La plupart des autres réactions de la quinone suivent le même schéma : fixation d'acide chlorhydrique, d'acide cyanhydrique, d'amines, de thiophénol, d'acide thiosulfurique, de chlorures et d'anhydrides d'acides, etc.

Voici par exemple la réaction avec l'aniline. Le composé intermédiaire, correspondant à celui du schéma précédent, est l'*anilino-hydroquinone* (R = $NH.C_6H_5$), à laquelle ne s'arrête pas la réaction ; la phase suivante en est une hydrogénation et une déshydrogénation réciproques entre l'anilino-hydroquinone et la quinone n'ayant pas réagi ; cette réaction est caractéristique de la quinone :

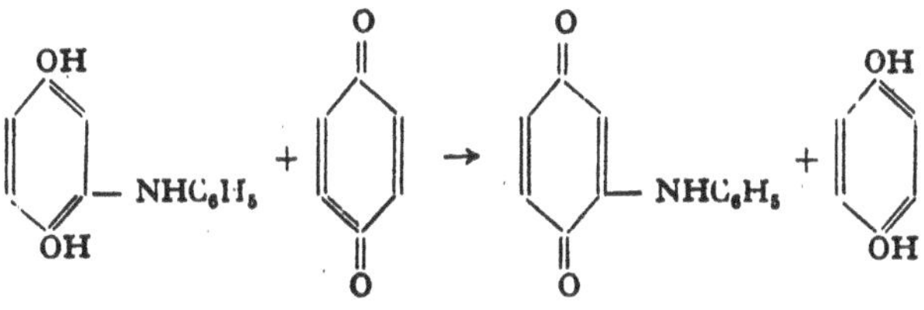

La grande affinité de la quinone pour l'hydrogène favorise ainsi la formation de l'*anilinoquinone*, laquelle peut alors, par une action identique, fixer de l'aniline du côté de la moitié de sa molécule n'ayant pas encore réagi.

La *dianilino-hydroquinone* peut se transformer suivant la même réaction du produit intermédiaire, en *dianilinoquinone* (Formuler l'équation).

3° *Sur les doubles liaisons de carbone à carbone* ; ou a la formation des *di-* et *tétra-bromures de quinone*, et la *synthèse des diènes* selon Diels et Alder.

Expérience 1. — Hydroquinone à partir de quinone. Faire une suspension de 2 g. environ de *quinone* dans 50 cc. d'eau et saturer de SO_2 en agitant fréquemment le ballon. Laisser reposer quelque temps et extraire deux fois à l'éther la solution décolorée. Sécher sur *chlorure de calcium* et chasser l'*éther* : l'*hydroquinone* reste à l'état cristallisé. La recristalliser dans un *peu* d'eau. P. fus. : 169°. Chauffer un échantillon avec de l'*acide sulfurique* dilué et quelques gouttes d'une solution de *bichromate* : il se dégage l'odeur caractéristique de la *quinone*.

Expérience 2. — Anilinoquinone (1). Dissoudre 4 g. de *quinone* dans 400 cc. d'eau. Refroidir la solution à 0° et y introduire 1,72 g. d'*aniline* en solution dans 10 cc. d'*acide acétique* à 20 %. Laisser trois heures à la glace en agitant fréquemment, essorer le précipité cristallin rouge-brun, le sécher dans le vide et en extraire la *monoanilinoquinone* par plusieurs traitements à douce ébullition avec de l'*éther de pétrole* (p. b. : 80-90°) ; le produit précipite au refroidissement en petites aiguilles brun-doré. P. fus. : 119°.

L'insoluble est constitué par de la *dianilinoquinone*.

Expérience 3. — Chauffer à reflux 2 g. de *quinone* avec 6 g. de *cyclohexadiène* (p. 121) jusqu'à précipitation de cristaux (environ 20 h.). Faire digérer la masse dans un peu d'*alcool*, essorer et laver à l'alcool. Recristalliser le *produit d'addition* dans l'alcool P. fus. : 196°.

Cette dernière réaction est une addition de deux molécules de cyclohexadiène aux doubles liaisons de la quinone, en 1,4.

Le composé formé possède la constitution d'une (*bis-endo-éthylène*) *-octa-hydro-anthraquinone* (2) :

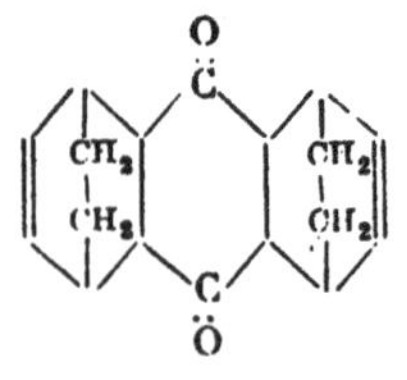

(1) H. et W. Suida, *A.*, *416*, 118 (1918).
(2) Alder et Stein, *A.*, *501*, 288 (1933)

Formation de la Quinone à partir de l'Aniline

Le composé intermédiaire vert-foncé dont on peut observer la formation au cours de la préparation de la quinone n'est autre que le *Noir d'aniline*. La présence de ce dernier démontre que la transformation de l'aniline en quinone n'est pas seulement le résultat d'un apport d'oxygène et d'un départ d'azote, comme l'indique l'équation globale.

La quinone au contraire est le produit d'aboutissement de toute une série de réactions complexes ; nous verrons qu'elle se forme par une suite de *déshydrogénations* et d'*hydrolyses* alternant entre elles (Willstaetter) (1), se terminant par un dégagement d'*ammoniac* provenant du groupement NH_2 de l'aniline ; il est facile de vérifier ce dernier fait en opérant sur un échantillon de la solution aqueuse épuisée à l'éther, débarrassé du solvant au bain-marie, dans lequel on identifie l'ammoniac selon la méthode classique.

Il se forme probablement, chaque fois que l'aniline est déshydrogénée, un composé intermédiaire très instable, possédant les propriétés d'un radical, le *phényle-azote* (Bamberger, S.-Goldschmidt) :

$$C_6H_5 \cdot NH_2 \xrightarrow{-2H} C_6H_5 \cdot N\langle$$

Le phényle-azote se polymérise, en milieu neutre ou alcalin, en *azobenzène :*

$$2C_6H_5 \cdot N\langle \;\rightarrow\; C_6H_5 \cdot N = N \cdot C_6H_5$$

et, en milieu acide, en un composé quinoïde, la *phényl-quinone-diimine :*

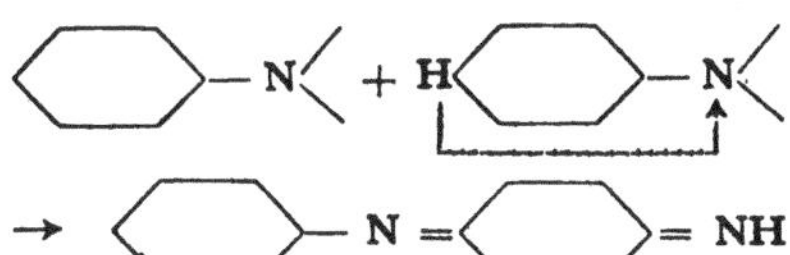

Ce dernier produit n'arrête pas là sa polymérisation et se transforme en *éméraldine* (conformément à II, p. 317) :

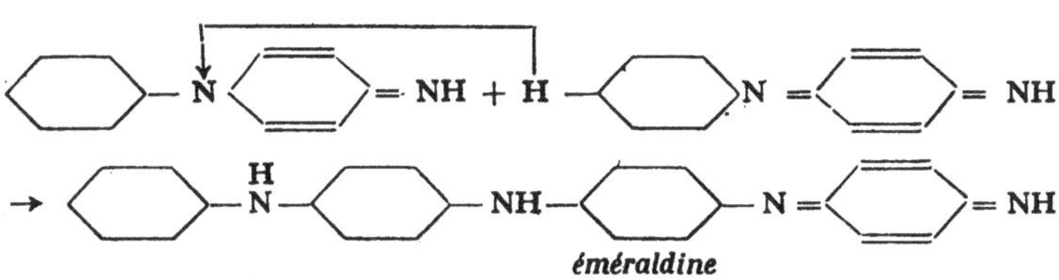

éméraldine

Il existe une règle énonçant dans ce cas que les diamines de la série para présentant un atome d'hydrogène fixé à chaque azote partagent la propriété des phénols biatomiques de pouvoir être aisément déshydrogénées en quinones ou quinones-diimines. L'éméraldine se transforme immédiatement ainsi dans le milieu oxydant en un composant diquinoïde :

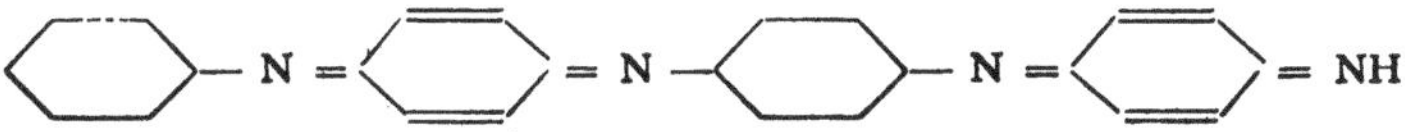

(1) *B.*, *40*, 2665 (1907) ; *42*, 2147 (1909).

La polymérisation se répète encore, et le produit suivant à 8 noyaux benzéniques, dont 3 sont quinoïdes, déshydrogéné à son tour comme précédemment, voit apparaître une nouvelle fonction quinoïde (Formuler les réactions).

Le *noir d'aniline*, dernier terme des réactions, est hydrolysable par les acides ; cette réaction est commune à tous les dérivés de la quinone-diimine et aux *indamines* auxquelles il appartient :

indamine la plus simple

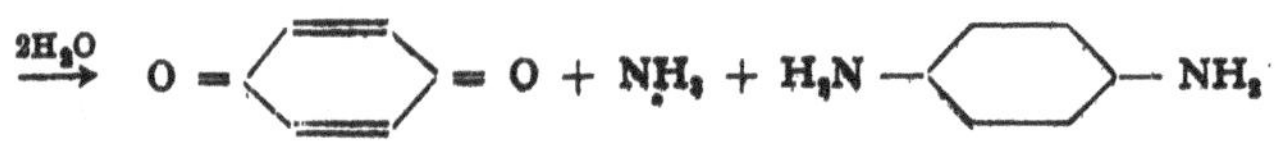

Cette phase de la réaction globale s'effectue avec une certaine lenteur, raison pour laquelle il est nécessaire de faire agir le milieu oxydant durant un temps prolongé.

Applique-t-on cette méthode de dégradation à la molécule de noir d'aniline, on constate la formation de 4 molécules de *quinone*, 3 molécules de *p-phénylène-diamine*, 1 molécule d'*aniline* et 1 d'*ammoniac*. L'acide chromique utilisé étant en excès, la p-phénylène-diamine est à son tour rapidement déshydrogénée en quinone-diimine. Quant à la molécule d'aniline, elle participe au cycle suivant.

Le noir d'aniline est un important colorant sur coton, d'une grande solidité ; on lui donne naissance sur la fibre même, par action d'un agent oxydant sur un sel d'aniline (chlorhydrate), à température élevée (par « vaporisation »). Il est très probable que les deux formes connues de ce colorant n'ont pas la même constitution, étant inégalement stables aux acides ; on suppose que le noir d'aniline technique renferme des systèmes cycliques *phénaziniques* (Bucherer, Green).

Rappelons ici l'oxydation de l'aniline en *nitrosobenzène* sous l'action de l'acide de Caro ; cette réaction se distingue tout à fait de la précédente (p. 185).

Autres quinones. — Voir dans les traités généraux les propriétés de l'*o-quinone* ainsi que celles des trois quinones de la série du naphtalène. Les meilleures préparations de l'α- et de la β-*naphtoquinones* se font respectivement à partir du 1,4- et du 1,2-aminonaphtol ; ces deux composés peuvent s'obtenir par réduction de leurs colorants azoïques (cf. p. 298).

Il existe dans la nature des quinones élaborées par la cellule vivante (pigments de champignons, vitamine K, échimochrome) ; elles y jouent vraisemblablement le rôle de systèmes oxydo-réducteurs.

Expérience. — Dosage quantitatif de la quinone (1). Ajouter 10 cc. d'une solution d'*iodure de potassium* à 10 % et 10 cc. d'*acide sulfurique* 2N à 20 cc. des eaux-mères aqueuses filtrées de la quinone. Titrer immédiatement l'*iode* mis en liberté au moyen d'une solution de *thiosulfate* N/10. 1 cc. de la solution correspond à 0,0054 g. de quinone.

Willstaetter et Majima (B. *43*, 1171 [1910]) indiquent une méthode plus exacte.

Expérience. — Mettre un peu de *quinone* dans une éprouvette et y ajouter 1 cc. de *soude caustique* diluée. La substance se dissout

(1) A. Valeur, *Compt. Rend.*, *129*, 552 (1899).

en prenant une coloration brun-foncé ; acidifier la solution : il se forme un précipité de flocons amorphes bruns.

La quinone est très sensible à l'action des alcalis, y compris celle du carbonate de sodium et de l'ammoniac ; elle réagit avec eux pour donner un composé coloré en brun, de propriétés acides, que l'on a proposé d'identifier à l'*acide humique* naturel de la lignite (Eller). Le mécanisme de la réaction est encore obscur.

Expérience. — Tarer à l'équilibre deux papiers-filtres sur une petite balance portative. Déposer sur chacun d'eux une quantité égale (environ 0,5 g.) de *quinone* et d'*hydroquinone*, dissoudre séparément les produits dans l'eau chaude et mélanger les solutions.

Il se dépose presque immédiatement de magnifiques aiguilles vertes de *quinhydrone* ; les essorer après quelque temps de repos, laver à l'eau et sécher entre deux feuilles de papier-filtre dans un exsiccateur ordinaire à chlorure de calcium. Porter à l'ébullition en éprouvette quelques cristaux du produit dans un peu d'eau et observer l'odeur des vapeurs.

La combinaisons des quinones avec les hydroquinones, en solution ou fondues, est une réaction tout à fait générale, donnant lieu à des composés de couleur foncée appelées *quinhydrones*. D'autres substances d'origines variées participent également à cette remarquable réaction : p-phénylène-diamine, éthers de l'hydroquinone.

Le rapport des molécules entre elles peut être différent de 1 : 1. Les quinhydrones n'existent généralement qu'à l'état cristallisé : elles sont en solution presque complètement dissociées en leurs constituants. Elles ne présentent par conséquent aucune réaction spécifique, mais se comportent comme un mélange de composés quinoïde et hydroquinoïdes. La quinhydrone simple, par exemple, s'oxyde en quinone et est réduite en hydroquinone.

Cette labilité des quinhydrones les fait considérer comme des substances dont les molécules sont attachées entre elles par des valences non pas normales mais secondaires.

L'intérêt principal des quinhydrones est le phénomène d'*approfondissement* de la coloration qui accompagne leur formation.

On en a proposé comme explication la présence simultanée de noyaux quinoïdes et benzénoïdes dans la même molécule (on rencontre un cas analogue d'action bathochromique due à des états différents d'oxydation dans la molécule du Bleu de Prusse).

2. — *P-nitroso-diméthylaniline* (1)

On dissout 40 g. (1 /3 mol.) de *diméthylaniline* dans 250 cc. d'*acide chlorhydrique* à peu près 5 fois normal (1 p. HCl conc. + 1 p. H_2O) dans un bécher d'un litre. On plonge ce dernier dans la glace et y introduit 200 g. de glace. On ajoute à la solution bien refroidie, en agitant fortement — si possible mécaniquement —

(1) BAEYER et CARO, *B.*, 7, 810, 963 (1874).

une solution de 25 g. de *nitrite de sodium* dans 100 cc. d'eau ; cette opération se fait graduellement, à l'aide d'une ampoule à robinet (Fig. 50). La température ne doit pas dépasser 5°, condition dans laquelle *aucun* dégagement de vapeurs nitreuses ne doit se produire.

On laisse reposer quelques heures, essore fortement à la trompe le *chlorhydrate* jaune-orangé et lave plusieurs fois à l'acide chlorhydrique dilué (environ 2N). Le produit est alors suffisamment pur pour la réduction ultérieure et la préparation de la *diméthylamine*. On peut en prélever quelques grammes et les recristalliser dans l'acide chlorhydrique dilué (sans chauffer jusqu'à ébullition).

Etant donné qu'il vaut mieux utiliser le produit à l'état humide pour les opérations suivantes, on en pèsera le tout et prélèvera une partie aliquote que l'on sèchera sur porcelaine poreuse puis à l'exsiccateur à vide ou au bain-marie ; on calculera le rendement sur l'échantillon ; il doit être de plus de 90 % de la théorie.

La *base libre* s'obtient en triturant le *chlorhydrate* humide (5-10 g.) avec une solution de *carbonate de sodium* dans un entonnoir à séparation, et en agitant avec de l'*éther* jusqu'à complète dissolution. La solution, d'une belle couleur vert-émeraude, est concentrée au bain-marie, puis évaporée à l'air dans une capsule basse. Le résidu est de la *nitroso-diméthylaniline*, sous l'aspect de grosses paillettes vertes, fondant à 80° environ : il peut être recristallisé dans l'*éther de pétrole* à point d'ébullition 60-80°.

Les *bases aromatiques tertiaires* ont comme les *phénols* la propriété de fixer un groupement nitroso en para sous l'action de l'acide nitreux en milieu acide. Comme il l'a déjà été mentionné p. 203, cette réaction peut être comparée à la copulation de ces composés avec le diazobenzène.

Les *amines secondaires*, telles que la méthylaniline ou la diphénylamine, forment avec la même facilité des *nitrosamines*. Ces dernières, soumises en solvant anhydre à l'action de l'acide chlorhydrique gazeux, subissent une transposition intramoléculaire et donnent les *bases p-nitrosées* isomères :

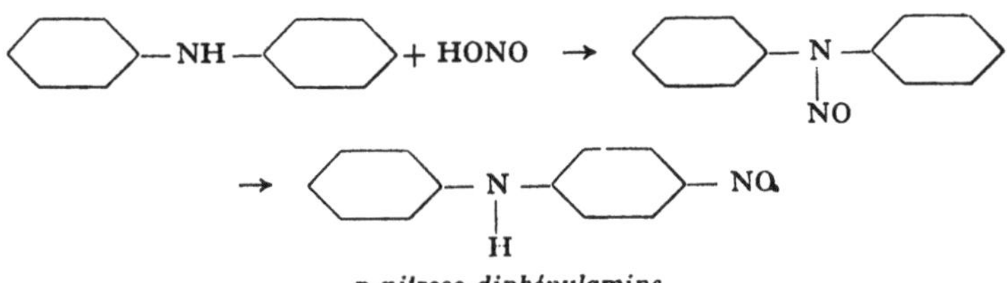

p-nitroso-diphénylamine

Contrairement au nitrosobenzène, ces bases — y compris la p-nitroso-diméthylaniline — n'existent qu'à l'état monomoléculaire ; elles sont colorées en *vert*.

Les *sels* de la p-nitroso-diméthylaniline, eux, sont colorés en *jaune*. Ils ont de plus une réaction neutre — ce qu'il est facile de vérifier en s'adressant au sel *pur* — alors que le chlorhydrate de diméthylaniline présente une réaction acide au papier de tournesol : il en résulte qu'ils ne peuvent provenir d'une simple addition de l'acide au groupement diméthylaminé tertiaire. On en conclut que ces sels se forment de la façon suivante : fixation de l'ion H ; et de l'anion respectivement en position 1,7, suivie d'un réarrangement de la molécule faisant apparaître une fonction quinoïde :

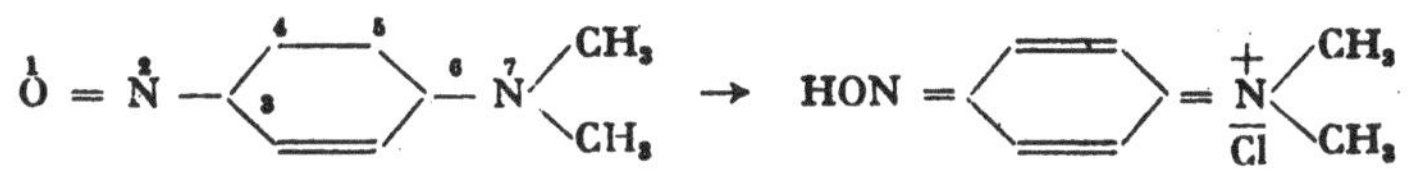

L'iodure de méthyle peut être additionné de la même façon : il se produit un sel quinoïde, coloré en jaune (portant le groupement $H_3CON =$), dont la constitution a pu être reconnue avec une certaine certitude par le fait que l'élimination de la fonction basique sous l'action des alcalis ne donne pas de la triméthylamine, mais de la *diméthylamine.*

Diméthylamine et p-nitrosophénol à partir de p-nitroso-diméthylaniline

On munit un ballon à distiller d'un litre d'un réfrigérant desdendant, mis en communication avec un récipient contenant 60 cc. d'*acide chlorhydrique* 2N ; on introduit dans le ballon une solution de 25 g. de *NaOH* dans 500 cc. d'eau, chauffe à ébullition en présence de fragments de porcelaine poreuse et ajoute par petites portions 18,6 g. de *chlorhydrate de nitrosodiméthylaniline* (prendre de préférence le produit brut à l'état humide) ; cette introduction se fait par le col du ballon, en réadaptant chaque fois le bouchon de liège. On attend après chaque portion introduite que la base, libérée en sphérules huileux, se soit presque complètement dissoute, et termine en prolongeant l'ébullition du liquide jusqu'à ce qu'il se soit coloré en rouge-brun. La *diméthylamine* formée est alors en solution dans l'acide chlorhydrique du récipient collecteur (la réaction doit y rester acide jusqu'à la fin de l'opération). On évapore à sec le distillat au bain-marie, dans une petite capsule de porcelaine ou de verre ; le *chlorhydrate* une fois parfaitement desséché peut être recristallisé dans très peu d'*alcool* absolu. Rendement : 5-6 g.

On précipite le *nitrosophénol* de la solution aqueuse refroidie en acidifiant celle-ci à l'*acide sulfurique* dilué, et l'extrait à l'*éther* dans un entonnoir à décantation. La solution éthérée brun-verdâtre est brièvement séchée sur du *chlorure de calcium* et concentrée au bain-marie. Il se sépare au refroidissement des cristaux, relativement peu solubles dans l'éther. P. fus. : 120-130° (avec décomposition). La purification complète du nitrosophénol est difficile.

Le group NO en para exerce une influence remarquable sur le processus d'hydrolyse du groupement $—N\langle{}^{CH_3}_{CH_3}$ fixé au noyau benzénique. Cette réaction trouve une application industrielle lors de la préparation des *amines secondaires*. (La *triméthylamine* s'obtient en chauffant le chlorure d'ammonium avec le formaldéhyde).

On admet actuellement que le p-nitrosophénol donne aussi lieu à une tautomérie quinoïde, en coexistant sous la forme de la *quinone-monoxime*

O = 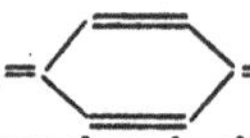 = NOH, quoique l'ensemble de ses propriétés chimiques le range dans la classe des phénols. De même que le nitrosobenzène, le nitrosophénol, presqu'incolore à l'état parfaitement pur, donne des solutions vert-olive, fait qui s'oppose encore à une structure quinoïde.

Réaction de Liebermann. — Dissoudre une petite quantité de *nitrosophénol* dans un peu de *phénol* fondu et ajouter de l'*acide sulfurique* concentré : il se développe une belle couleur rouge-cerise, virant au bleu par dilution à l'eau et addition d'*alcali*.

Le phénol se transformant en nitrosophénol par réaction avec l'acide nitreux, même lorsque ce dernier est combiné sous forme de groupe NO, il est possible de déceler dans une substance inconnue la présence de groupes — NO labiles par la réaction de Liebermann.

3. — *P-amino-diméthylaniline*

On dissout 100 g. de *chlorure stanneux* par 120 cc. d'*acide chlorhydrique* concentré dans un ballon d'un demi-litre à col court, et ajoute par petites fractions, en agitant fortement, 38 g. (0,2 mol.) de *chlorhydrate de nitroso-diméthylaniline* à l'état brut et humide. On chauffe au bain-marie si la réaction tarde à se déclencher ; le sel doit se dissoudre entièrement en peu de temps. On règle ensuite les conditions de la réaction pour qu'elle reste en marche continue et régulière, sans s'emballer.

La solution, jaune-claire à la fin de l'opération, est refroidie extérieurement et intérieurement (par quelques morceaux de glace) et alcalinisée par addition de 300 cc. d'une solution aqueuse contenant 150 g. de *NaOH* technique (1) ; le précipité d'*acide*

(1) La *séparation électrolytique* de l'étain constitue un procédé beaucoup plus élégant. Elle est nettement préférable à la méthode de précipitation par l'hydrogène sulfuré dans les cas où le produit de la réduction ne peut plus être extrait de la solution alcaline comme base libre (amino-alcools, amino-acides, etc.). Nous en recommandons l'usage, même dans la présente préparation, pour son intérêt instructif.

L'opération se pratique dans un bécher de capacité moyenne ; les électrodes sont deux baguettes de carbone assez minces.

La cathode donne directement dans la solution et l'anode dans une petite cellule poreuse contenant de l'*acide sulfurique* 2N, plongeant dans la solution. Les électrodes sont fixées à une courte distance l'une de l'autre. Le courant est fourni par deux unités d'une batterie d'accumulateur de capacité usuelle, connectées en série. Pour une diff. de pot. de 4 volts, on a un courant de 1,5-2 amp.

Application de la loi de Faraday. — 1 équivalent de $Sn^{\cdot\cdot\cdot\cdot} = \frac{118}{4}$, soit *stannique* se dissout presque entièrement. On extrait à l'*éther* la base libérée à l'état huileux, sans tenir compte du peu d'acide stannique non encore dissout, répète une ou deux fois l'extraction, sèche rapidement sur du *carbonate de potassium* fondu, chasse l'éther et distille immédiatement la *base* à pression réduite. Le produit presque incolore passe à 138-140°/12 mm. ; rendement : 18-20 g. (environ 75 %) ; il se solidifie au refroidissement. P. fus. : 41°. L'amine libre est excessivement sensible à l'air : le produit incolore brunit en quelques heures.

On peut le conserver plusieurs semaines sous atmosphère d'*azote* en tube scellé, mais pas plus d'un jour à l'air. Ses sels, par contre sont plus stables.

Chlorhydrate. — On peut ajouter à la *base* un léger excès d'*acide chlorhydrique* dilué (1 p. HCl conc., environ 7N, + 1 p. H_2O), évaporer le tout au bain-marie dans une capsule de porcelaine et dessécher complètement le résidu dans un exsiccateur à vide contenant de l'acide sulfurique et des morceaux de potasse caustique.

Il est préférable de suivre une méthode à la fois plus élégante et plus généralement applicable aux chlorhydrates d'amines organiques : elle consiste à en neutraliser la solution par de l'*acide chlorhydrique alcoolique* jusqu'à réaction acide au papier Congo et à provoquer ensuite la cristallisation du *sel* en ajoutant peu à peu de l'*éther absolu* et en frottant les parois du récipient. Si l'éther est introduit trop rapidement, le sel risque de précipiter à l'état amorphe : il est donc préférable d'attendre que la cristallisation se produise spontanément ; elle se manifeste par un dépôt pulvérulent se formant aux endroits où le verre du récipient a été frotté.

On acétyle la base en l'additionnant de son poids d'*anhydride acétique*, chauffant rapidement au bain-marie et diluant à l'eau. On isole le *composé acétylé*, lequel garde un caractère basique, en neutralisant exactement à la *soude caustique* l'acide acétique libre. P. fus. du composé après recristallisation dans l'eau : 130°.

La diamine dont la préparation vient d'être décrite est importante à plus d'un titre. Ses principales réactions dépendent des états divers d'oxydation de ses sels ; nous allons tout d'abord les examiner.

Expérience. — Dissoudre quelques granules de la *base* fraîchement préparée (ou d'un *sel* de la base) dans quelques gouttes

29,5 g. exige $\frac{96\,500}{3\,600}$ = 26,8 amp.-h., ce qui représente 13.4 h. pour un courant de 2 amp.

De l'hydrogène se dégageant par suite de l'abaissement de la concentration des ions $Sn^{\cdot\cdot\cdot\cdot}$, il en résulte que l'électrolyse est un peu plus prolongée que ne l'indique le calcul. Le mieux est de la mettre en marche pour une nuit.

d'*acide acétique* dilué en éprouvette, ajouter 5 cc. environ d'eau, quelques petits morceaux de glace et quelques gouttes d'*eau de brome* fortement diluée ou d'une solution de *bichromate*. Il se développe une magnifique coloration rouge. En prenant des réactifs plus concentrés et en chauffant à ébullition la solution oxydée, on décèle l'odeur de la *quinone*.

La réaction typique de tous les dérivés de la p-phénylène-diamine, soumis en milieu acide à l'action des oxydants, consiste en l'apparition d'un sel de la série de la *quinone-diimine*. Le colorant de l'expérience précédente, appelé *Rouge de Wurster*, a été longtemps considéré comme un simple sel de quinonimonium :

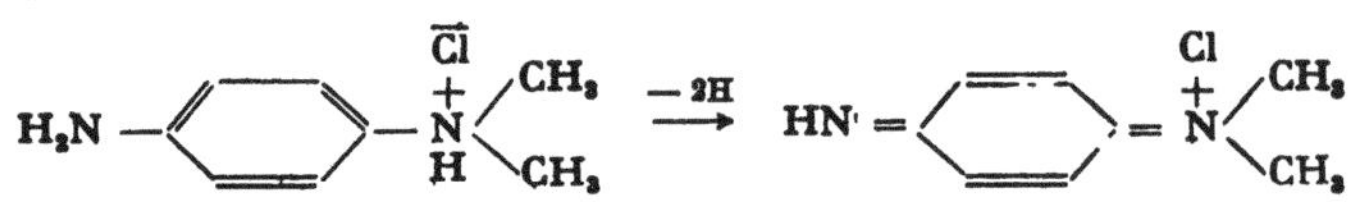

La fausseté de cette interprétation a été démontrée par Willstàetter qui a préparé le véritable chlorure (incolore) de la quinone-diimine simple.

La quinone-diimine et ses dérivés se transforment par réduction en *phénylène-diamines* correspondantes. On a constaté par ailleurs que la formation du Rouge de Würster requiert pour la formation l'équivalent, en oxydant, d'un atome d'hydrogène et non de deux : l'*équivalent de réduction*, déterminé par titration à l'aide d'une solution de concentration connue de $SnCl_2$, est par conséquent la moitié de celui que l'on pouvait supposer. Si l'on oxyde une quantité pesée d'un sel de p-amino-diméthylaniline par une solution diluée de brome de titre connu, le maximum de la coloration formée aura lieu lorsqu'un équivalent Br aura réagi avec *une* molécule du sel. Fait-on agir un deuxième équivalent Br, la coloration s'affaiblit et vire au *jaune*.

Le stade d'oxydation de la quinone-diimine est à ce moment complètement atteint, et ses sels très instables, ne sont plus qu'à peine colorés. L'apparition de la coloration n'a lieu que dans le cas de la présence simultanée de systèmes *quinoïdes* et *benzénoïdes*. La réunion dans la même molécule de deux composés à des degrés d'oxydation différents produit un effet intense d'absorption qui est nécessaire à l'existence d'un colorant, selon Willstaetter et Piccard.

Il en est de même si, au lieu de deux résidus oxydés différemment, il en existe un plus grand nombre dans la molécule. Les relations entre la quinhydrone et la quinone-hydroquinone sont d'un genre analogue (p. 309).

La liaison entre les molécules présente un caractère *labile* dans les deux cas précédents ; elle ne se fait pas par les valences normales. Les *composés moléculaires* peuvent en effet être considérés d'une façon générale comme de systèmes dont la cohésion est due à l'excès des affinités résiduelles de leurs composants, c'est-à-dire à l'attraction mutuelle des champs de force moléculaires.

La théorie de Willstaetter ne se restreint pas à la classe des *sels intermoléculaires* partiellement quinoïdes (« mériquinoïdes ») ; elle s'adresse également aux colorants purement quinoïdes. Le principe des deux systèmes voisins de degré d'oxydation différent (benzénoïde et quinoïde) vaut aussi dans le cas des molécules vraies. Ce phénomène apparaît nettement dans la *parafuchsine* :

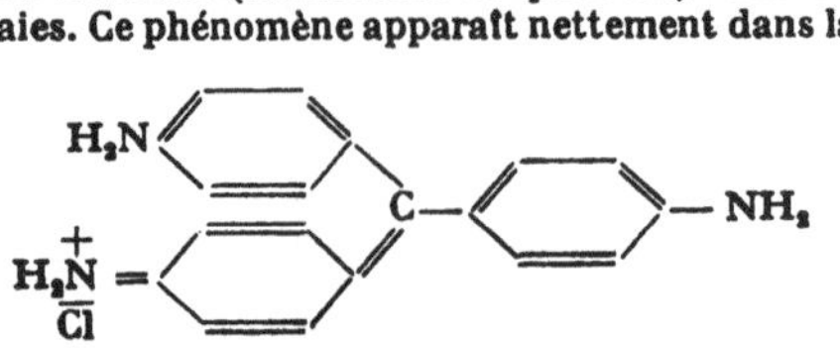

Si l'on supprime le reste NH_2 d'un des noyaux, le composé résultant, appelé *Violet de Doebner*, conserve le caractère d'un colorant, les conditions précédemment mentionnées restant satisfaites. Si l'on enlève un second NH_2, on obtient alors un sel totalement quinoïde (« holoquinoïde ») qui n'est pas plus un colorant que le produit de départ de tout à l'heure. Les propriétés tinctoriales de composés quinoïdes tels que les *indamines*, les *safranines*, le *bleu de méthylène*, etc. s'expliquent de la même manière.

Il est bon de vérifier le principe de cette importante théorie en procédant à l'expérience qui suit.

Expérience. — Dissoudre 1,3 g. de *diamine* fraîchement préparée dans 2 cc. d'*acide acétique glacial* additionné de 10 cc. d'eau, et compléter le volume à 95 cc. dans une éprouvette graduée, pour en faire une solution N/10. En introduire 5 cc. dans un erlenmeyer d'un demi-litre et ajouter 45 cc. d'eau glacée. Tenir prête dans une burette une solution de 16 cc. d'*eau de Br* saturée, diluée avec 280 cc. d'eau glacée. Une seconde burette est remplie d'une solution de *chlorure stanneux* environ N/50 (fraîchement préparée en dissolvant 0,8 g. de papier d'étain (1) ou d'étain granulé dans 4 cc. d'acide chlorhydrique 1 : 1 et diluant à 500 cc. avec de l'eau bouillie.

Refroidir à la glace la solution de la base et introduire rapidement l'eau de brome en agitant continuellement. Observer que le maximum de la *coloration rouge* s'obtient avec 25 cc. d'eau de brome, et qu'après addition de 25 autres cc., la teinte faiblit fortement. La coloration jaune pure ne peut être atteinte, des réactions secondaires ayant lieu ; il est bon, à ce moment, d'introduire rapidement un léger excès de brome.

Dès l'arrêt de la rétrogradation de la teinte, ajouter immédiatement la solution de chlorure stanneux ; 25 cc. de cette dernière suffisent à rétablir la belle coloration du Rouge de Würster, disparaissant ensuite par une réduction plus poussée.

Le colorant se reforme également si l'on ajoute 5 cc. de la solution initiale du *sel de la diamine.*

La grande instabilité des sels quinoïdes est la raison pour laquelle il est nécessaire d'opérer rapidement, à une forte dilution et en refroidissant.

Les dérivés de p-quinones-diimines les plus connus sont les colorants de l'*indamine* ainsi que les sels quinoïdes tricycliques des classes de la *phénazine*, de la *phenthiazine* et de la *phénoxazine* qui appartiennent à la même famille. (On trouvera des détails circonstanciés sur la question dans les ouvrages spéciaux cités p. 301).

Nous allons examiner le mécanisme de la formation de l'*indamine* à partir de la quinone-diimine. Suivant un type général de réaction d'addition, caractéristique pour toutes les quinone-diimines et intervenant également lors de la formation du noir d'aniline à partir de l'aniline (p. 307), le sel de dimé-

(1) Se méfier que le « papier d'étain » de commerce ne soit pas une feuille d'aluminium, ce qui est le plus souvent le cas actuellement.

thyl-quinone-diimonium additionne avec une grande facilité une molécule d'aniline ou de diméthylaniline :

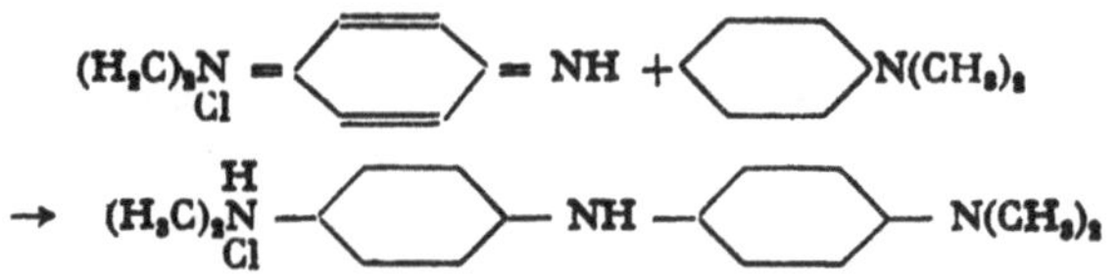

Le nouveau dérivé de la p-phénylène-diamine ainsi formé est ensuite déshydrogéné en un colorant quinoïde indaminique :

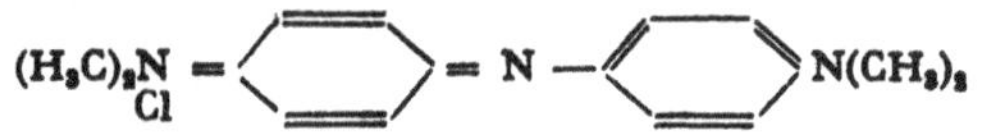

Dont le caractère coloré est conforme à la théorie de Willstaetter. Ce colorant, appelé *Vert de Bindschedler*, n'offre aucun intérêt pratique, étant donné qu'il s'hydrolyse très facilement comme toutes les indamines, sous l'action des acides par exemple :

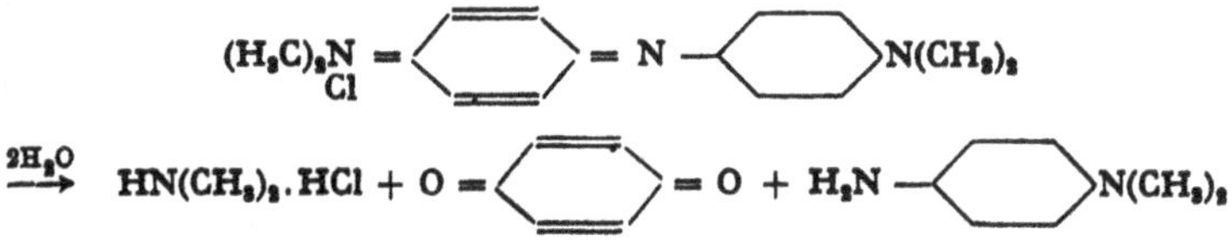

Préparation du Vert de Bindschedler (1). — On dissout 7 g. de *diméthyl-p-phénylène-diamine* et 6 g. de *diméthylaniline* dans un mélange de 40 cc. d'*acide chlorhydrique* concentré et de 40 cc. d'eau. En refroidissant et agitant mécaniquement ou à la main, on écoule lentement à l'aide d'une ampoule à robinet une solution de 10 g. de *bichromate de sodium* dans 20 cc. d'eau. On ajoute ensuite une solution de 10 g. de *chlorure de zinc* dans 20 cc. d'eau, ce qui provoque la précipitation en beaux cristaux du *sel double de zinc* du colorant ; il est bon de frotter les parois du récipient avec une baguette de verre. On laisse reposer une demi-heure, essore à la trompe, lave d'abord à l'eau froide, puis à l'*alcool* et termine à l'*éther*. Rendement : 10-12 g.

Le produit, bien desséché, se conserve un certain temps.

Jeter dans un ballon à distiller 2-3 g. du produit, ajouter 20 cc. d'*acide chlorhydrique* 2N et entraîner à la vapeur en utilisant un réfrigérant à eau. On voit passer au bout de peu de temps les aiguilles jaunes caractéristiques de la *quinone*.

Bleu de méthylène

Lorsque l'on effectue en présence d'hydrogène sulfuré l'oxydation conduisant à la formation du Vert de Bindschedler, le soufre ainsi introduit dans la réaction en modifie le mécanisme dans les détails tout en en respectant le

(1) *B.*, *16*, 464, 868 (1883) ; *48*, 1087 (1915).

principe général. Comme le montrent les formules suivantes, il se produit une addition de H-SH, suivie d'une seconde addition intramoléculaire d'un résidu de mercaptan :

I, II, III, IV, V, VI

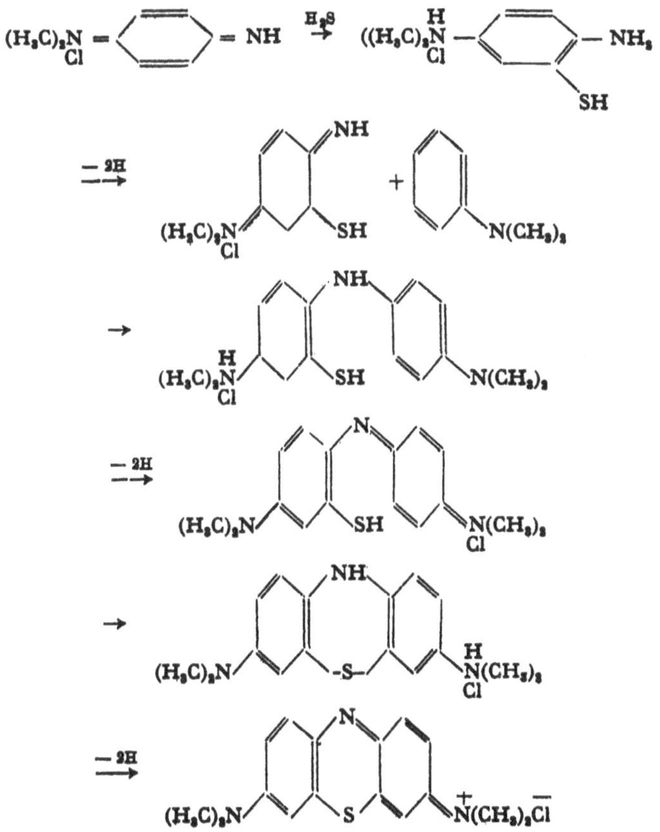

Le bleu de méthylène se forme également par oxydation de la *diméthyl-p-phénylène-diamine*, sans addition de diméthylaniline ; c'est par cette méthode de préparation qu'il a été obtenu pour la première fois en 1876 par Caro. L'explication de cette réaction serait le passage direct du composé intermédiaire (non isolé) de la phase II à celui de la phase IV, dont l'un des noyaux est quinoïde, le groupement NH. éliminé sous forme d'ammoniac, étant substitué par le résidu = N 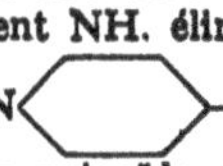 — $N(CH_3)_2$. On sait par de nombreuses expériences que la fonction quinoïde se déplace facilement d'un noyau à l'autre.

Bernthsen (1), dont les brillants travaux ont éclairci la constitution de ce colorant, en a proposé une synthèse industrielle dans laquelle on additionne, en I, de l'acide *thiosulfurique* ; le sulfogroupe est éliminé au cours de la réaction sous forme d'acide sulfurique.

(1) A. Bernthsen, *A.*, *230*, 73 (1885) ; *251*, 1 (1889) ; voir notamment p. 49, 69, 79, Fierz-David, *Farbenchemie*, 2e Ed., 1922, p. 186.

On dissout 7,6 g. de *diméthyl-p-phénylène-diamine* dans 70 cc. d'*acide chlorhydrique* normal et y ajoute une solution de 35 g. de *chlorure de zinc* dans 50 cc. d'eau. On introduit ensuite, sous bonne agitation, une solution de 12 g. de *sulfate d'aluminium* dans 20 cc. d'eau, puis une solution de 15 g. de *thiosulfate de sodium* dans 20 cc. d'eau et, immédiatement après, le tiers d'une solution préparée en dissolvant 16 g. de *bichromate de sodium* dans 30 cc. d'eau ; la température est ensuite portée aussi rapidement que possible à 40° ; on ajoute 6 g. de *diméthylaniline* dissous dans 8 cc. d'*acide chlorhydrique* concentré et, pour terminer, le reste de l'oxydant.

Il est bien entendu nécessaire de *préparer d'avance* toutes les solutions.

On élève rapidement la température à 70°, puis plus lentement jusqu'à 85° : le *colorant* commence alors à précipiter. On laisse la température s'abaisser à 50° après un quart d'heure, dissout le précipité minéral par addition de 15 cc. d'*acide sulfurique* concentré et essore fortement à la trompe le colorant brut après refroidissement complet. Le produit est dissous directement dans 200-300 cc. d'eau bouillante ; la solution filtrée est additionnée de 20 g. d'une solution concentrée de *chlorure de zinc* (1 : 1) et abandonnée une nuit à la cristallisation.

Les beaux cristaux à éclat rouge sont fortement essorés à la trompe et lavés deux fois avec un peu d'eau glacée.

Rendement : 8-10 g. On peut encore obtenir une certaine quantité du colorant à partir des eaux-mères par « salification » avec 50 g. de *sel marin* finement pulvérisé ; le produit est moins pur.

Le bleu de méthylène en solution aqueuse n'est pas décoloré sous l'action de la soude caustique : il se forme la *base ammonium* bleue, soluble dans l'eau. Les réducteurs transforment le colorant en sa *leucobase*, qu'il est aisé d'oxyder à nouveau.

L'expérience suivante démontre instructivement la formation du bleu de méthylène par interposition du soufre entre les deux noyaux constituant la molécule du *Vert de Bindschedler* :

Expérience. — Préparer une solution aqueuse aussi concentrée que possible de *Vert de Bindschedler* et y faire passer un courant lent d'*hydrogène sulfuré* jusqu'à ce que la coloration ait franchement viré au jaune-rouge. Ajouter alors de l'*acide chlorhydrique* dilué et une solution contenant 0,3 g. de *bichromate de sodium*; précipiter le *bleu de méthylène* par une solution de *chlorure de zinc*.

4. — *Colorants basiques du Triphénylméthane*

Vert Malachite à partir de Benzaldéhyde et de Diméthylaniline : Préparation de la leucobase. — On introduit dans un ballon rond muni d'une allonge d'Anschütz un mélange de 30 g. de *diméthylaniline* et 10 g. de *benzaldéhyde* (tous deux fraîchement distillés), et y ajoute de l'*acide sulfurique dilué* (10 g. H_2SO_4 conc. + 8 cc. H_2O). Le ballon est mis latéralement en communication avec un court réfrigérant, et un dispositif d'agitation avec *joint à mercure* est installé dans l'embouchure verticale. On chauffe à ébullition le contenu du ballon durant 20 h. (bain d'huile à 150°) en agitant *continuellement*, alcalinise à la *soude caustique* après refroidissement et entraîne à la vapeur la diméthylaniline en excès.

On décante après refroidissement, lave plusieurs fois le résidu à l'eau, l'égoutte le plus complètement possible et le dissout par l'*alcool* dans le ballon même, en chauffant au bain-marie. On filtre ensuite, abandonne une nuit la solution dans un local froid ; la *base* se trouve alors précipitée en cristaux incolores que l'on filtre, lave à l'alcool et dessèche dans un exsiccateur. Les eaux-mères fournissent par concentration une nouvelle quantité de produit. Rendement : 30 g.

Oxydation de la leucobase. — On dissout à chaud 16,5 g. du produit sec dans 120 cc. d'*acide chlorhydrique* 2N, dilue la solution presque incolore avec 280 cc. d'eau et introduit dans le récipient — bien refroidi à la glace, fortement et continuellement agité — une suspension de 13 g. de *bioxyde de plomb* dans 30 cc. d'eau. Le PbO_2 du commerce réagit généralement fort mal, aussi est-il recommandable de se préparer soi-même ce réactif comme indiqué ci-dessous.

Le plomb est ensuite précipité à l'aide d'une solution de 25 g. de *sulfate disodique*, le *sulfate de plomb* essoré à la trompe et la *base-carbinol* précipitée à son tour du filtrat par addition d'une solution aqueuse de 25 g. de *carbonate de sodium* anhydre. On essore à la trompe, lave abondamment le précipité à l'eau et le dissout par petites portions dans 40 cc. d'une solution aqueuse bouillante contenant 10 g. d'*acide oxalique* et 1 g. d'*oxalate d'ammonium*. On filtre et laisse la solution se refroidir très graduellement. La durée normale de la cristallisation est de 1-2 jours. Les beaux cristaux d'*oxalate* obtenus sont essorés à la trompe et desséchés à l'exsiccateur.

Bioxyde de plomb. — On agite fortement une suspension de 50 g. de *chlorure de chaux* frais dans 750 cc. d'eau, passe sur filtre à plis et écoule graduellement le filtrat dans une solution de 25 g. d'*acétate de plomb* dans 100 cc. d'eau, chauffée dans une capsule de porcelaine au bain-marie bouillant.

Lorsque le précipité, clair au début, a passé au brun-foncé, on prélève un échantillon filtré de la solution et y ajoute à chaud une solution de chlorure de chaux : s'il se produit un précipité, on rajoute une nouvelle quantité d'oxydant à la solution principale. Cette dernière est finalement décantée, le *bioxyde de plomb* mis à digérer dans de l'eau chaude, essoré et lavé à fond. La masse pâteuse, fortement essorée, est conservée humide dans un flacon fermé.

Si l'on ne dispose pas de chlorure de chaux frais, on peut le remplacer par une *lessive d'hypochlorite*, préparée en faisant barboter un courant de *chlore* dans une solution de 15 g. de *soude caustique* dans 250 cc. d'eau, refroidie à la glace, jusqu'à accroissement de poids de 14 g.

Dosage de la pâte de PbO_2. — On peut déterminer approximativement sa teneur en eau en séchant jusqu'à poids constant une partie aliquote du produit ; il est bon cependant de connaître avec une plus grande certitude l'oxygène actif qu'il contient.

On pèse à cet effet 0,3-,5 g. de substance humide (recueillie vers le milieu de la masse) que l'on jette dans un petit erlenmeyer (150 cc.) ; on ajoute 2 g. d'*iodure de potassium* dissous dans 5 cc. d'eau en agitant fortement, refroidit à la glace et ajoute 15 cc. d'*acide chlorhydrique* concentré. On titre l'*iode* libéré par une solution N/10 de *thiosulfate*, après avoir dilué à environ 50 cc. Le thiosulfate se prépare avec une précision suffisante en dissolvant 6,2 g. de thiosulfate de sodium *chimiquement pur* ($Na_2S_2O_3 . 5H_2O$) par de l'eau dans un cylindre gradué de 250 cc. que l'on remplit au trait. 1 cc. de solution N/10 équivaut à 0,012 g. de PbO_2.

5. — *Fluorescéine et Eosine* (1)

On mélange intimement dans un mortier 15 g. d'*anhydride phtalique* et 22 g. de *résorcine*, et chauffe le tout à 180° au bain d'huile, en utilisant par exemple un récipient à extrait de viande à parois internes de verre, que l'on peut suspendre dans le bain à l'aide d'un triangle de fil métallique servant d'appui au rebord du col. Une fois la masse fondue, on y introduit en l'espace de 10 min., en remuant à l'aide d'une baguette de verre, 7 g. de *chlorure de zinc*, préalablement déshydraté par fusion et pulvérisé. On élève la température à 210° et l'y maintient jusqu'à solidification complète de la masse (1-2 h.). La masse refroidie et cassante est retirée du récipient à l'aide d'un instrument coupant genre ciseau, réduite en poudre fine et chauffée 10 min. dans une capsule de porcelaine avec 200 cc. d'eau additionnés de 10 cc. d'*acide chlorhydrique* concentré. Les produits de départ non entrés en réaction ainsi que le sel basique de zinc se dissolvent au cours de cette opération. On filtre ensuite la *fluorescéine* de sa solution aqueuse, lave à l'eau jusqu'à réaction neutre du filtrat et dessèche au bain-marie. Rendement presque quantitatif.

Dissoudre dans un grand bécher un granule du produit dans un peu d'*ammoniaque* et ajouter 1 l. d'eau.

(1) Baeyer, Caro, *A.*, *183*, 1 (1876).

Eosine. — On introduit 16,5 g. (1 /20 mol.) de *fluorescéine* avec 80 cc. d'*alcool* dans un ballon, et y écoule en l'espace de 20 min. à l'aide d'une ampoule à robinet et en agitant 36 g. (12 cc.) de *brome*. La *dibromofluorescéine* formée vers le milieu de la réaction est soluble dans l'alcool, alors que l'*éosine*, peu soluble, y cristallise à la fin de l'opération.

On laisse reposer 2 h., filtre, lave plusieurs fois le précipité à l'*alcool* et dessèche au bain-marie. Le produit contient encore de l'alcool de cristallisation, que l'on élimine par dessiccation à 110°, traitement qui affaiblit sa coloration. Observer la magnifique fluorescence obtenue par dissolution d'une parcelle d'éosine dans une lessive alcaline fortement diluée.

Sel d'ammonium de l'éosine. — On remplit au tiers d'*ammoniaque* concentrée un cristallisoir bas, y dépose une feuille de fort papier-filtre sur laquelle on étale l'*éosine* en une couche d'un demi-centimètre d'épaisseur, et recouvre le tout d'un entonnoir renversé. Les cristaux rouge-clair foncent rapidement et sont entièrement transformés après 3 h. en *sel d'ammonium* de l'éosine : cristaux rouge-foncé à dichroïsme verdâtre. La fin de la réaction se manifeste par la solubilité parfaite dans l'eau d'un échantillon.

Sel de sodium de l'éosine. — On triture 6 g. d'*éosine* avec 1 g. de *carbonate de sodium* anhydre, introduit le mélange dans un erlenmeyer de capacité moyenne à col large, l'imbibe d'un peu d'*alcool*, ajoute 5 cc. d'eau et chauffe au bain-marie jusqu'à cessation du dégagement de CO_2. La solution aqueuse est additionnée de 20 g. d'*alcool*, chauffée à ébullition et filtrée à chaud. Il se sépare au refroidissement — parfois seulement après un certain temps de repos — de magnifiques aiguilles brun-rouge à éclat métallique, que l'on essore à la trompe et lave à l'alcool.

Considérations théoriques sur les Colorants du Triphénylméthane

A). *Série basique.*

Les aldéhydes aromatiques donnent une réaction générale de condensation avec les amines aromatiques, les phénols et les éthers phénoliques, sous l'action du chlorure de zinc ou de l'acide sulfurique concentré, fournissant des *dérivés du triphénylméthane*.

Ceux-ci sont à l'état de *leuco-dérivés* de leurs colorants respectifs :

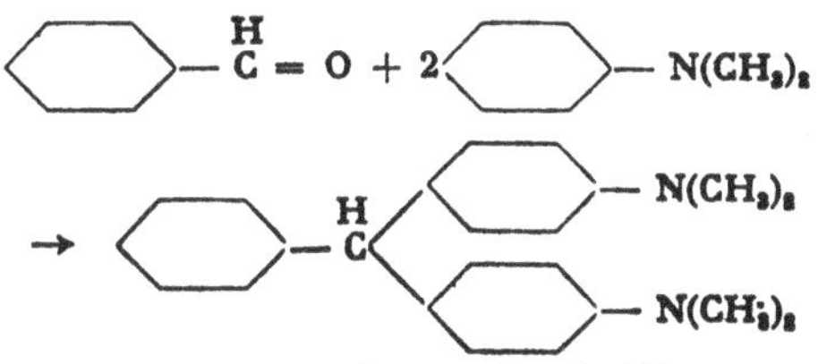

leuco-vert malachite

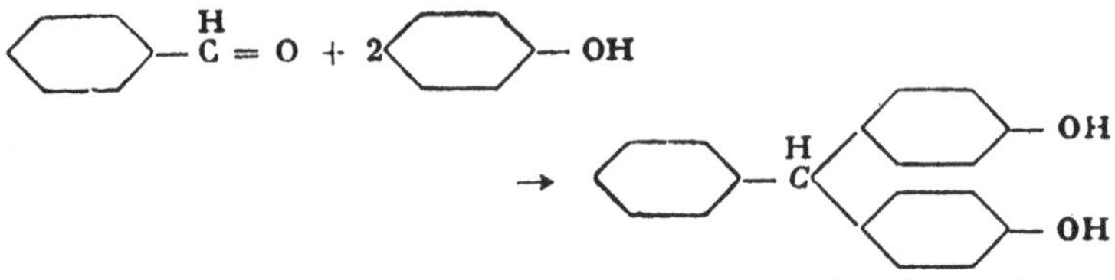

leuco-benzaurine

Les leuco-dérivés, à l'état pur, donnent des solutions incolores avec les acides et les alcalis. Le *leuco-vert malachite* est une base faible du type de l'aniline. Le colorant prend naissance par oxydation en milieu acide ; comme pour la diméthyl-p-phénylène-diamine (p. 314), cette réaction se fait par départ de deux atomes d'hydrogène des substituants en para :

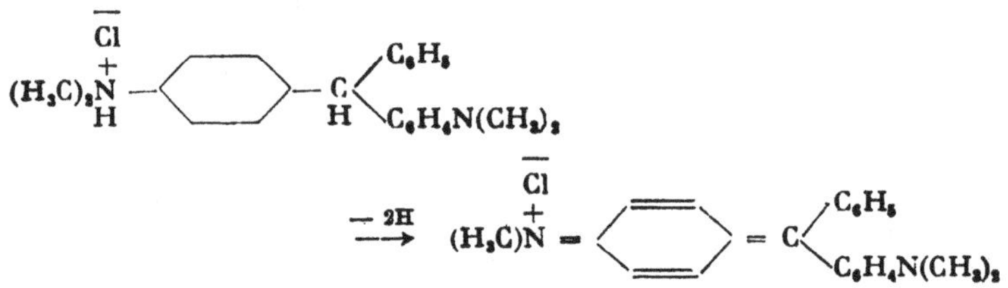

La formation du colorant acide connu sous le nom de *benzaurine* a lieu dans les mêmes conditions. La *p-tétra-méthyl-diaminobenzophénone*, ou Cétone de Michler, que l'on prépare dans l'industrie par réaction de la diméthylaniline et du phosgène, se prête, comme le benzaldéhyde, à la condensation avec la diméthylaniline ; cette réaction se fait en présence d'oxychlorure de phosphore. On n'obtient cependant pas dans ce cas de dérivé du méthane, sous forme de leuco-dérivé, mais directement le *carbinol* selon l'équation suivante. Ce stade, comme on va le voir plus loin, correspond à la formation du colorant en milieu acide (Violet Cristal) :

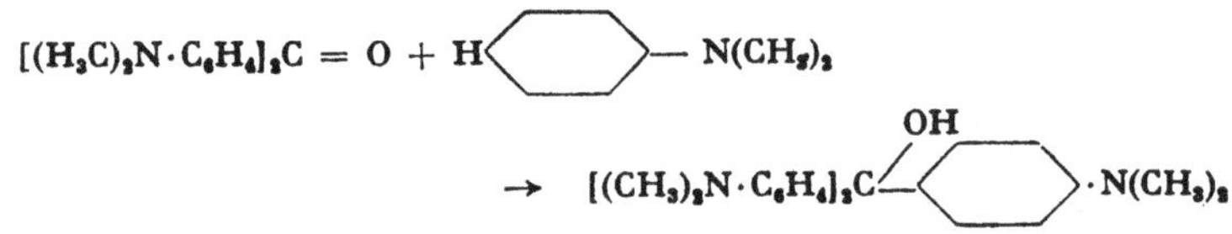

La cétone de Michler se transforme en *carbinol du vert malachite* par réaction de Grignard avec le bromure de phényl-magnésium :

$$(H_3C)_2N\cdot C_6H_4\cdot CO\cdot C_6H_4\cdot N(CH_3)_2 + C_6H_5\cdot Mg\cdot Br \rightarrow (H_3C)_2N\cdot C_6H_4\cdot C(OH)(C_6H_5)\cdot C_6H_4\cdot N(CH_3)_2$$

Le mécanisme du *procédé industriel* de préparation du Violet Cristal et de sa substance-mère non méthylée, la *parafuchsine*, premier colorant à l'aniline connu, n'est pas aussi simple qu'il le paraît d'abord. On sait que le procédé consiste à « réunir par oxydation » l'*aniline* avec la *p-toluidine* au moyen d'une fusion acide. Dans le cas de la fuchsine elle-même laquelle contient un méthyle de plus dans un de ses noyaux, l *o-toluidine* figure en plus dans la réaction.

Le processus de cette importante synthèse n'a pu jusqu'à présent être suivi expérimentalement dans ses moindres détails. On peut cependant le considérer globalement comme une réaction de déshydrogénation rappelant celle de la formation du vert malachite. La réunion de plusieurs molécules d'aniline se fait en accord avec le principe régissant la formation des indamines (Bucherer) (p. 315) :

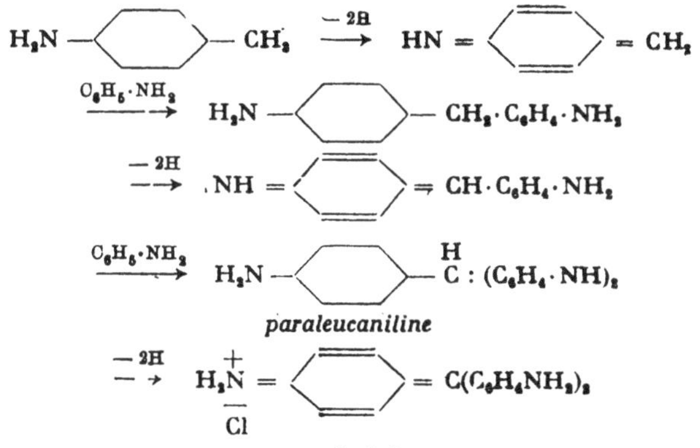

parafuchsine

La synthèse de la *néo-fuchsine*, à partir d'une amine aromatique primaire et du formaldéhyde, intéressante du point de vue industriel, se rattache dans le cas de l'aniline au schéma précédent ; le *p-diaminodiphényl-méthane* s'y forme intermédiairement.

Propriétés chimiques.

Les colorants basiques du triphénylméthane sont les sels neutres de bases ammonium quinoïdes monoacides. Leurs propriétés colorantes reposent sur l'existence dans leur molécule d'une fonction mériquinoïde (Willstaetter), dont le principe a été exposé p. 314. Cette fonction a ici une signification intramoléculaire.

Il est impossible de dériver de la *fuchsonimine*

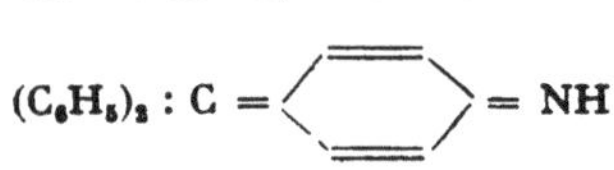

un sel coloré (la *fuchsone* est l'O-quinone correspondant à la fuchsonimine) ; mais, par contre, le p-amino-composé contenant le radical benzénoïde $H_2N . C_6H_5$- est capable de fournir un colorant : le *Violet de Doebner.*

Les colorants de cette catégorie sont directs sur laine et sur soie ; leur application sur coton nécessite un mordançage au tannin. Leur solidité aux acides et aux alcalis est médiocre ; ils sont en effet facilement altérables : il suffit d'ajouter un peu d'acide chlorhydrique dilué à une solution aqueuse de Violet Cristal pour voir sa coloration virer au vert ; un groupement $N(CH_3)_2$— prend part à la réaction et il se forme un sel secondaire de formule :

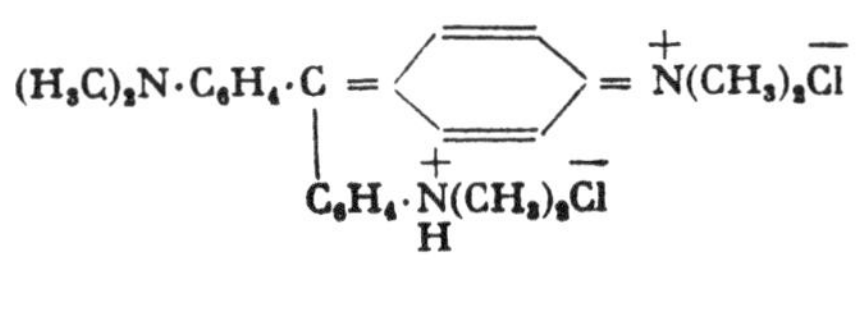

L'état de saturation de l'azote trivalent de ce sel entraîne a suppression de l'influence d'un résidu diméthyl-amino-phényle sur la coloration ; le colorant est du type du *vert malachite.*

Si l'on ajoute un peu d'acide chlorhydrique concentré à la solution verte, celle-ci vire au jaune par suite de la formation du trichlorure : l'influence sur la coloration du second noyau benzénique est en effet supprimée ; le composé appartient alors à la classe de la *fuchsonimine* (jaune). Les colorants du triphénylméthane, sont tous solubles dans l'acide sulfurique concentré, en y formant des solutions jaune-orangé, ainsi que le triphénylcarbinol lui-même (théorie des sels de *carbonium*, de Kehrmann). Il est alors possible d'obtenir, par dilution à l'eau, une solution incolore du sel triacide benzénoïde du carbinol.

Les changements successifs de coloration provoqués par l'action des acides peuvent être reproduits en sens inverse, par addition progressive d'alcali. Effectuer cette expérience ainsi que celles décrites précédemment.

Action des alcalis :

Ajouter quelques gouttes de soude caustique à la solution aqueuse d'un colorant basique du triphénylméthane. La coloration reste un instant inchangée, puis elle s'affaiblit en même temps que s'observe la formation d'un précipité floculent légèrement teinté, qui n'est autre que le *carbinol* déjà mentionné, incolore à l'état pur. Le carbinol du Violet Cristal possède la formule :

$$[(CH_3)_2N \cdot C_6H_4]_3COH$$

Aussi longtemps que la solution alcaline est teintée elle contient la *base ammonium* colorée, possédant encore une structure quinoïde du colorant (Hantzsch). Cette base n'existe que passagèrement et n'a jamais pu être isolée. La rapide disparition de la fonction quinoïde, qui provoque ensuite la décoloration, peut s'envisager de deux manières :

1° soit transformation de la base vraie en composé dit *base-carbinol* ou *pseudo-carbinol*, par migration de l'hydroxyle :

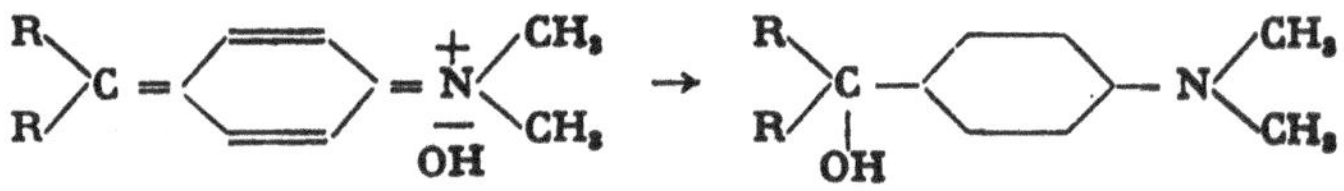

2° soit, plus vraisemblablement, fixation d'une molécule d'eau sur le système quinoïde :

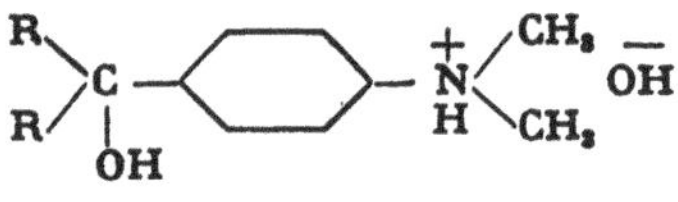

Suivie de l'élimination sous forme d'eau de l'hydrogène et de l'hydroxyle attachés à l'azote.

Les bases colorées des colorants qui, contrairement au vert malachite et au violet Cristal, n'ont pas d'azote engagé dans une combinaison *tertiaire* — la *fuchsine* par exemple — peuvent perdre une molécule d'eau par élimination directe d'H et d'OH auprès de l'azote, et se transformer ainsi en dérivés de la *fuchsonimine.* C'est ainsi que se forme, à partir de la para-fuchsine, le composé appelé *base d'Homolka*, de couleur orange :

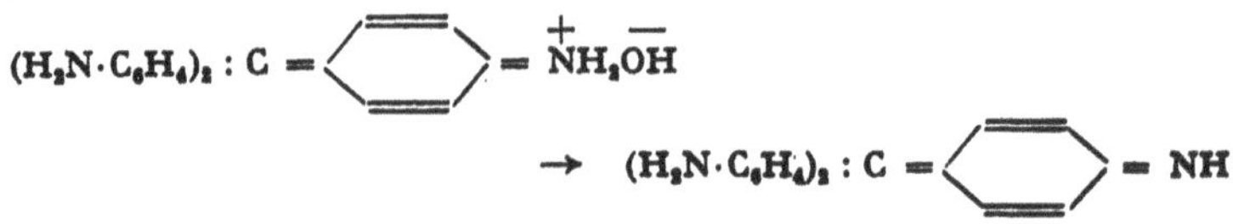

La base d'Homolka redonne le carbinol par fixation d'une molécule d'eau, et le colorant par action des acides

Le traitement acide de la base carbinol incolore lui confère les propriétés colorantes par re-formation de la structure quinoïde. Si l'on procède à une dissolution très progressive, en refroidissant, on constate que la coloration n'atteint son maximum qu'après un certain temps et graduellement : il se forme d'abord en effet le *sel du carbinol*, extrêmement instable, fournissant ensuite le colorant par élimination spontanée d'eau :

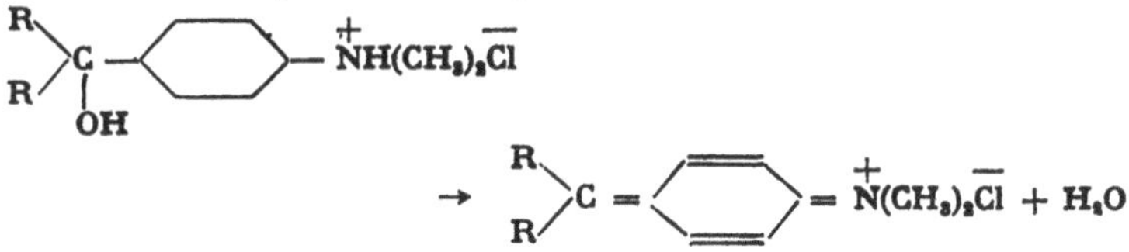

B). *Les Phtaléines.*

Lorsqu'on soumet à la réaction de Friedel-Crafts (Chap. IX, p. 335) deux molécules de phénol et une molécule d'anhydride phtalique, on constate que la cétone primitivement formée réagit immédiatement avec une seconde molécule de phénol : elle ne donne pas lieu, comme on pourrait s'y attendre à une condensation anthraquinonique. Les *phtaléines* ainsi obtenues ont été découvertes en 1871 par Baeyer. Voici le mécanisme de la réaction dans le cas de la *phénol-phtaléine :*

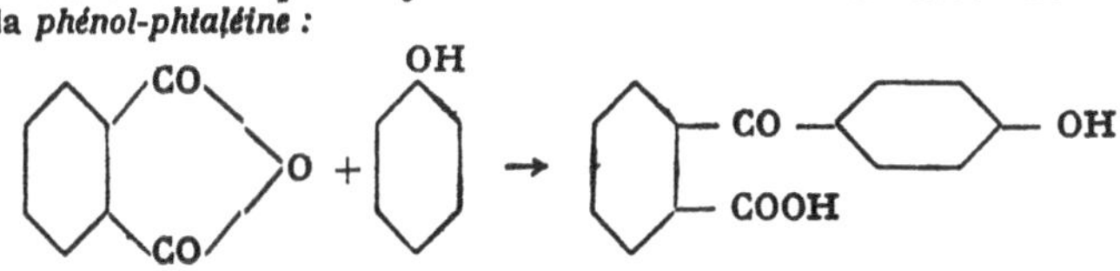

L'étape suivante est une condensation aldolique du produit intermédiaire — par son carbonyle — avec une deuxième molécule de phénol — par l'hydrogène en para. Cette réaction est la même que celle de la cétone de Michler avec la diméthylaniline (voir plus haut) :

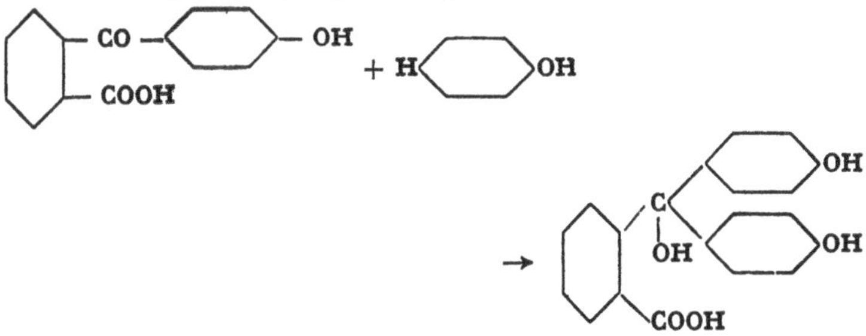

Le composé formé, *acide p-dioxy-triphényl-carbinol-o-carboxylique*, n'a pas pu être isolé ; une molécule d'eau s'élimine aux dépens des groupes —COOH et —OH, favorablement situés l'un par rapport à l'autre, et le composé formé est une lactone, la *phénolphtaléine :*

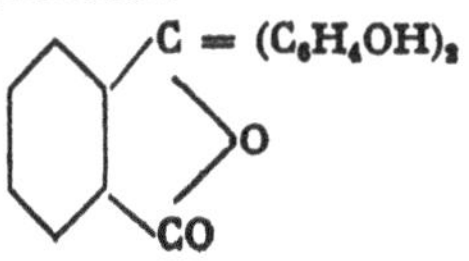

La lactone incolore est hydrolysée par les alcalis pour donner un sel coloré en rouge intense, bien connu en Chimie analytique. Un des noyaux benzénoïdes devient quinoïde par suite de l'élimination d'une molécule d'eau :

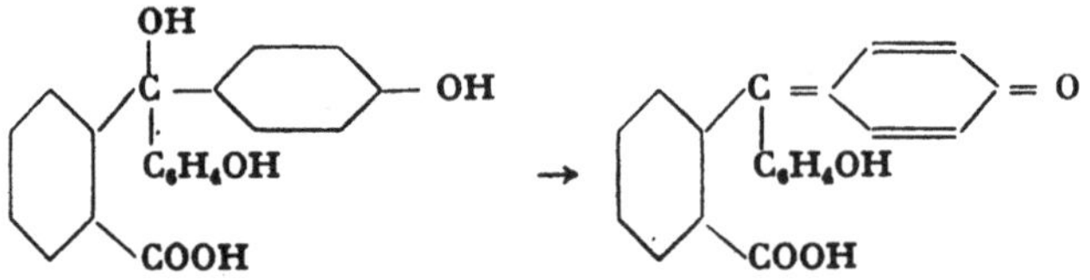

Les sels rouges sont les sels di-alcalins de l'acide phénol-carboxylique quinoïde dont on voit la formule ; l'acide lui-même n'est pas stable à l'état libre et s'isomérise instantanément en *lactone incolore.*

La phénolphtaléine est un dérivé du triphénylméthane ; on peut aisément la rattacher à la *fuchsone*, substance-mère des colorants de cette famille. La fuchsone, ou diphényl-quinométhane, s'obtient à partir du *p-oxy-triphényl-carbinol* par élimination d'une molécule d'eau (Bistrzycki) :

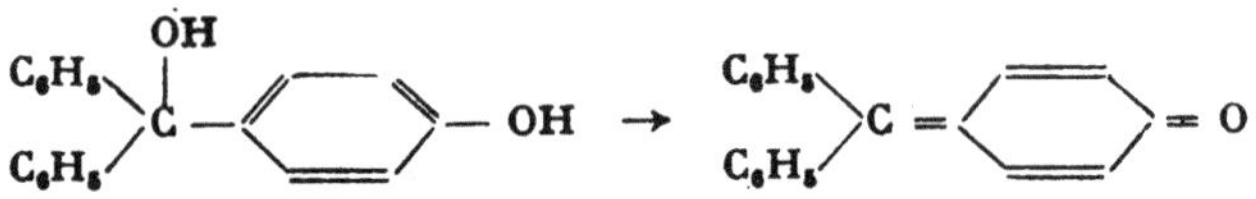

Conformément à la théorie de Willstaetter, la fuchsone n'est que jaune-orangé. Si l'un ou deux noyaux benzéniques libres possèdent un hydroxyle supplémentaire, on retrouve la molécule de la benzaurine (p. 322) ; l'acide o-carboxylique correspondant à la benzaurine n'est autre que la forme quinoïde de la phénolphtaléine. Les teintes de ces deux colorants sont en fait très semblables.

La phénol-phtaléine est décolorée par les alcalis *concentrés :* la molécule de l'alcali est additionnée, et il se forme le sel trialcalin du carbinol *benzénoïde.* Effectuer cette réaction.

Fluorescéine.

La réaction s'étend davantage dans le cas de la fluorescéine : les deux hydroxyles de la résorcine, situés en ortho par rapport à l'hydrogène, prennent part à la condensation en formant ensemble un pont d'oxygène par élimination d'eau ; il apparaît ainsi un nouveau noyau, celui du *xanthane* :

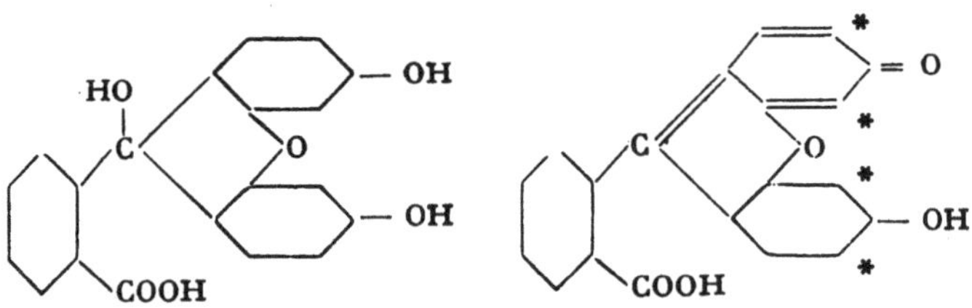

La coloration de la fluorescéine semble indiquer qu'elle existe sous forme quinoïde (formule de droite), même à l'état libre ; la forme lactonique est plus douteuse.

Les quatre atomes de brome de l'*éosine* sont groupés par paires dans les positions ortho indiquées par les astérisques.

L'éosine est aussi considérée comme un composé quinoïde : son produit de réduction, la *leuco-éosine*, est en effet incolore.

Expérience. — Dissoudre une parcelle d'*éosine* dans de la *soude caustique*, ajouter de la *poudre de zinc* et faire bouillir jusqu'à décoloration. Décanter la solution ; en acidifier une portion ; abandonner le reste dans une capsule à l'air libre.

La quinone et ses dérivés fixent de l'hydrogène sous l'action des agents réducteurs et se transforment en composés purement benzénoïdes dépourvus de coloration, (que l'on appelle *leuco-dérivés* si le produit de départ est un colorant).

Voici la réduction de l'éosine :

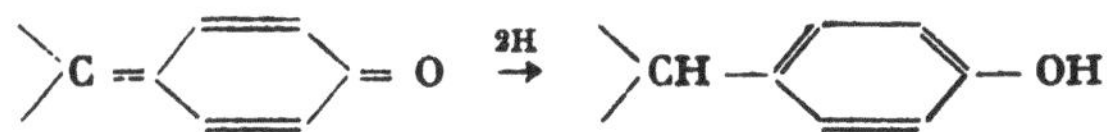

Il suffit pour la plupart des leuco-dérivés de les soumettre à l'action de l'oxygène atmosphérique pour les transformer à nouveau en colorants (cas de la leuco-éosine et du leuco-indigo, p. 366).

Les colorants donnant les plus belles teintes, appliqués en général à la soie, appartiennent à la famille de l'éosine ; ils s'obtiennent à partir des *anhydrides di- et tétra-chloro-phtaliques* (*phloxine, rose bengale*). Les *rhodamines*, colorants basiques, sont aussi très employées ; on les prépare par condensation de l'*anhydride phtalique* avec des *m-aminophénols* (remplaçant la résorcine) ; le colorant dont le groupement NH_2 est diéthylé a une très grande importance industrielle.

Mentionnons encore la *galléine*, dont le composant phénolique est le *pyrogallol*.

Nous n'entrerons pas dans les détails du passage des phtaléines aux dérivés anthracéniques dits *phtalidéines*.

Nous dirons cependant quelques mots sur la *Phtalocyanine* (Linstead), colorant qui a acquis tout récemment un très grand intérêt et dont la synthèse utilise également l'acide phtalique comme point de départ. La phtalocyanine, produit de la polymérisation du *phtalodinitrile*, est une combinaison complexe du cuivre, extrêmement stable, de couleur bleu-foncé. La préparation la plus simple en est la suivante (1)

On mélange intimement 5 g. d'*acide phtalique* (ou 4,5 g. d'*anhydride phtalique*), 1 g. de *chlorure cuivrique*, 25 g. d'*urée* et environ 50 mg. de *molybdate d'ammonium*, et chauffe 6-7 h. à 180° (température intérieure) au bain d'huile en agitant fréquemment. On ajoute après refroidissement de l'*acide chlorhydrique* dilué à la masse colorée en bleu, chauffe à ébullition, essore à la trompe et met à digérer avec une lessive diluée et froide de *soude caustique*. On essore à nouveau, ajoute de l'acide chlorhydrique dilué au produit bleu, porte à ébullition, lave abondamment à l'eau et dessèche dans un exsiccateur. Rendement : 3-3,5 g.

Le *complexe cuivrique* ainsi obtenu, dissout dans l'*acide sulfurique* concentré, peut en être précipité sans modification par addition d'eau.

La phtalocyanine est utilisée comme colorant à laque. Sa formule montre

(1) *Bre. angl.*, 464673.

qu'elle dérive de la *tétra-aza-porphine* ; elle présente ainsi une curieuse analogie avec les pigments du sang et la chlorophylle (voir p. 397).

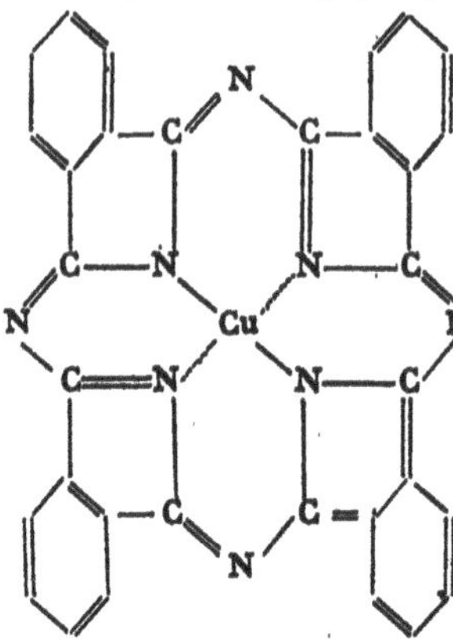

Cu-phtalocyanine

6. — *Alizarine*

On introduit un mélange de 2 g. de *chlorate de potassium*, 30 g. de *soude caustique* technique, 10 g. de *-anthraquinone-sulfonate de sodium* («sel d'argent») finement pulvérisé et 40 cc. d'eau dans une autoclave ou un tube métallique à couvercle à vis, et chauffe à 170° au bain d'huile pendant 20 h. La masse refroidie est épuisée plusieurs fois à l'eau chaude, les extraits filtrés réunis, puis acidifiés à chaud par un excès d'*acide chlorhydrique*. Le précipité d'*alizarine* est essoré à la trompe après refroidissement, lavé à l'acide chlorhydrique dilué puis à l'eau et desséché.

Le produit brut est purifié par traitement à l'*acide acétique glacial* à ébullition (utiliser si possible l'appareil à extraction de la figure 26). On obtient de belles aiguilles rouges, fondant à 289°. On peut aussi procéder par sublimation dans le vide, au moyen d'un ballon d'Anschütz à tube courbe en bas du col ; le ballon doit plonger entièrement dans un bain de nitrate (1 p. KNO_3 + 1 p. $NaNO_3$). Si l'on travaille avec un ballon ouvert à la température de 180-190°, les rendements en alizarine sont beaucoup plus bas.

L'*alizarine*, ou *1.2-dioxy-anthraquinone*, appartient à l'un des plus importants groupes de colorants. Comme pour l'indigo, le colorant se rencontre à l'état naturel (dans la racine de la garance), sous forme du glucoside de son leuco-dérivé. La culture de la garance, qui se faisait sur une grande échelle dans le Midi de la France, a été complètement concurrencée par la fabrication synthétique du colorant à partir de l'anthracène de houille (Graebe et Liebermann, 1869). Ces deux chimistes avaient auparavant préparé l'*anthracène* lui-même à partir de l'alizarine, en distillant cette dernière avec de la poudre de zinc selon la méthode de Baeyer.

L'anthracène traité par l'acide chromique s'oxyde directement en *méso*-quinone correspondante, ou *anthraquinone*. C'est sur le noyau médian que s'effectuent la plupart des réactions de l'anthracène.

Expérience. — Dissoudre 1 g. d'*anthracène* très pur dans la quantité juste nécessaire d'*acide acétique glacial* en chauffant à ébullition. Ajouter, après avoir arrêté de chauffer, 3 cc. d'*acide sulfurique* concentré, puis, goutte à goutte, 4 g. de *pyrochromate de sodium* dissous dans très peu d'eau (ne pas tenir compte d'un trouble ou d'un précipité pouvant apparaître après l'addition de l'acide sulfurique). Il se produit une réaction très énergique, avec consommation presque immédiate de tout l'acide chromique. Le bichromate une fois introduit entièrement, faire bouillir 5 min. Diluer et observer la floculation de l'*anthraquinone* ; essorer à la trompe, laver à l'eau, dessécher et recristalliser dans l'*acide acétique glacial*. Le produit se présente en fines aiguilles jaune-clair, fondant à 285°.

L'anthraquinone à l'état de pureté parfaite est *incolore*. Comparer aux benzo- et naphto-quinones. Elle est réductible par traitement à chaud avec la *soude caustique* et la *poudre de zinc*, et se dissout dans l'alcali en formant le sel *disodique de l'anthrahydroquinone*, solution rouge-foncé.

Procéder à la réduction et filtrer la solution rouge. L'*anthraquinone* s'y sépare rapidement au contact de l'air.

K. H. Meyer (A. *379*, 37 [1911]) a montré le mécanisme du phénomène intéressant de desmotropie présenté par l'oxyanthracène. Le *méso-oxy-anthracène* et le *dioxy-anthracène* existent sous deux aspects : le premier est la forme *énolique* vraie, colorée, à propriétés acides, fluorescente en solution ; la seconde, *cétonique*, est neutre et incolore :

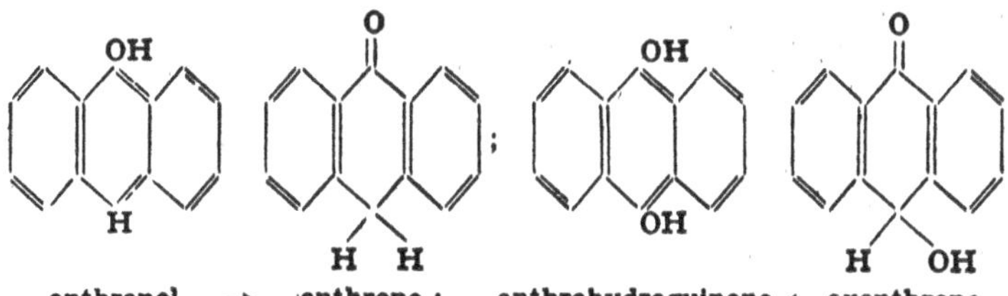

anthranol → anthrone ; anthrahydroquinone ← oxanthrone
(labile) *(stable)* *(stable)* *(labile)*

Pour les synthèses de l'anthraquinone à partir de l'*anhydride phtalique*, voir Chap. IX, 6, p. 345.

Le très grand intérêt de l'alizarine en tant que colorant est dû à sa propriété de former des diphénates avec les hydroxydes d'éléments polyvalents (Cu, Sn, Cr, Fe, Al), complexes internes très stables, magnifiquement colorés. Le plus connu de ceux-ci est la laque d'aluminium rouge-feu appelée « Rouge Turc ».

L'alizarine et les colorants de son groupe sont aussi appelés *colorants sur mordant*, à cause de leur application sur fibres imprégnées (« mordancées ») d'hydroxydes métalliques.

La *Quinizarine*, ou *1,4-dioxy-anthraquinone*, n'est pas utilisable comme colorant : on a en effet remarqué d'une façon générale que seules peuvent former des laques les poly-hydroxy-quinones des séries de l'anthracène et du naphtalène (*naphtazarine*) ayant leurs hydroxyles adjacents situés au voisinage immédiat du carbonyle.

La propriété des dioxy-anthraquinones de pouvoir directement être oxydées par l'acide sulfurique fumant en phénols supérieurs est intéressante du point de vue technique. L'alizarine et la quinizarine donnent ainsi toutes les deux la 1, 2, 5, 8- *tétra-oxy-anthraquinone* (*Alizarine Bordeaux*), laquelle fournit par oxydation plus poussée l'important *Bleu d'Anthracène* (1, 2, 4, 5, 6, 8, hexa-oxy-anthraquinone). Ce dernier colorant se prépare dans l'industrie à partir de la 1,5- ou de la 1,8-*dinitro-anthraquinone* au moyen d'une réaction très intéressante comportant une fusion oxydo-réductrice avec de l'acide sulfurique fumant et du soufre (S_2O_3), en présence d'acide borique (R. Bohn, R. E. Schmidt).

La préparation de la *naphtazarine* à partir du 1,5- ou du 1,8-*dinitro-naphtalène*, sous des conditions semblables, constitue un prototype plus facilement intelligible de cette réaction complexe. Celle-ci consiste essentiellement en un passage par la *quinone-oxime*, laquelle s'hydrolyse ensuite, puis est partiellement réduite :

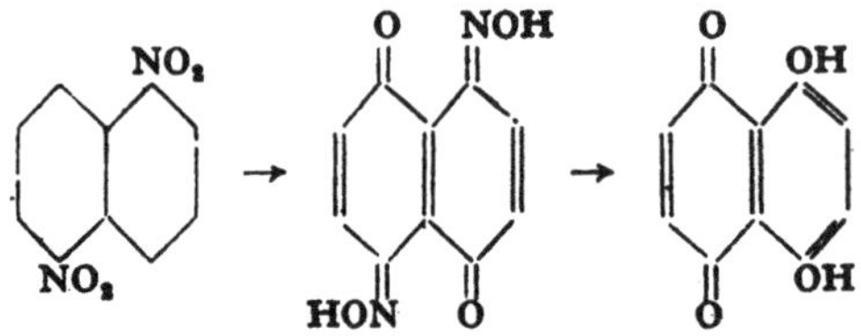

naphtazarine

IX. — Synthèses de Grignard et de Friedel-Crafts Radicaux organiques

RÉACTION DE GRIGNARD

1. — *Synthèses d'alcools*

a) *Benzhydrol à partir de benzaldéhyde et de bromure de phénylmagnésium.*

On introduit 3,2 g. de *Mg* en copeaux dans un petit ballon rond bien sec, muni d'une allonge d'Anschütz à bifurcation, dont l'embouchure latérale est reliée à un réfrigérant à reflux terminé par un tube à chlorure de calcium. Une ampoule à robinet, à long tube de dégagement, est insérée dans l'embouchure verticale. On écoule lentement un mélange de 20 g. de *bromobenzène* pur, à point d'ébullition constant, et de 50 cc. d'*éther absolu*. Lorsqu'un quart environ du mélange a été introduit, on attend un instant que la réaction s'amorce : celle-ci se manifeste par un dégagement de chaleur qui porte l'éther à l'ébullition.

Si la réaction tarde à se produire, on peut le déclencher en immergeant le ballon dans une capsule d'eau chaude, ou, mieux, en introduisant un petit fragment d'*iode* dans le mélange.

Il est important, au cours de la préparation du ***bromure de phénylmagnésium***, de maintenir la température de la réaction entre certaines limites, en refroidissant de manière intermittente et de régler l'écoulement du bromobenzène de telle sorte que la réaction soit juste entretenue. Le bromobenzène resté dans l'ampoule à robinet est entraîné par un peu d'éther absolu dans le ballon.

Lorsque la majeure part du métal est dissoute, on observe un ralentissement de la réaction ; on chauffe alors quelque temps à ébullition la solution dans une capsule contenant de l'eau chaude jusqu'à ce qu'il ne reste plus que quelques fines particules de Mg flottant dans le liquide.

On refroidit par l'eau glacée, et écoule dans le réactif de Grignard, goutte à goutte mais assez rapidement, 10,6 g. de *benzaldéhyde* fraîchement distillé mélangé à 10 cc. d'*éther*, en refroidissant. On porte ensuite à l'ébullition à reflux pendant 15 min., laisse refroidir la solution, et y verse en une fois, en refroidissant extérieurement, 20-30 g. de glace, puis, pour dissoudre l'*hydroxyde de Mg*, la quantité requise d'*acide chlorydrique* (environ 10 cc. d'HCl conc. + 10 cc. d'eau) ; la couche d'éther est séparée à l'entonnoir à décantation, et la solution restante épuisée avec un peu d'éther frais. Si l'odeur de l'aldéhyde est encore perceptible dans l'extrait éthéré (essai avec une baguette de verre trempée dans la solution), l'extrait est concentré jusqu'à la moitié de son volume, et agité fortement 5 min. avec quelques cc. d'une solution de *bisulfite* à 40 %, puis avec un peu d'une solution de *carbonate de soude* pour l'élimination de l'anhydride sulfureux dissout ; on sèche rapidement sur du *chlorure de calcium*, évapore l'éther, et obtient ainsi le *benzhydrol* sous forme d'une huile se prenant rapidement en masse. Après séchage sur porcelaine poreuse, le rendement est de 12-14 g.

L'alcool peut être recristallisé dans la *ligroïne* ou dans un peu d'*esprit de vin* ; les cristaux ont l'aspect de beaux prismes incolores. Point de fusion : 68°.

Lorsque la formation du réactif de Grignard s'effectue de façon par trop violente, le produit final contient alors du *biphényle*, en quantité notable selon la réaction :

$$C_6H_5MgBr + BrC_6H_5 \rightarrow C_6H_5 \cdot C_6H_5 + MgBr_2.$$

b) *Triphénylcarbinol à partir de benzoate d'éthyle et de bromure de phénylmagnésium.*

Le *réactif de Grignard* est préparé comme précédemment, mais en quantité double. On y écoule, dans les mêmes conditions, 15 g. de *benzoate d'éthyle* mélangés à 15 cc. d'*éther absolu* ; on fait bouillir ensuite pendant une demi-heure, et procède à la suite des opérations comme ci-dessus.

Le résidu solide de *triphénylcarbinol* est recristallisé dans le *benzène*. Le produit pur se présente sous forme de prismes incolores, de point de fusion 162°.

Bon rendement de 20 g.

On trouvera un exposé théorique sur cet important alcool p. 346.

2. — *Synthèse d'une cétone à partir d'un nitrile. Acétophénone* (1)

On prépare, de la façon indiquée au paragraphe 1. a), une solution éthérée de *bromure de phényl-magnésium*, à partir de 40 g. de *bromobenzène* et 6,4 g. de *Mg*. On introduit goutte à goutte dans cette solution 8 g. d'*acétonitrile* dilués par un volume égal d'*éther*, chauffe à ébullition le tout une heure au bain-marie. Le mélange est ensuite versé dans un ballon rond d'un l., contenant de la glace, et on y ajoute 100 cc. d'*acide sulfurique* 8N ; l'éther et l'*acétophénone* sont alors entraînés à la vapeur d'eau, le distillat épuisé à l'éther, ce dernier séché sur du *chlorure de calcium* et évaporé ; on soumet finalement l'acétophénone à la rectification. Point d'ébullition : 202°. Rendement : 10-12 g. = 45-50 %.

On obtiendra un produit plus pur en effectuant la rectification dans le vide : p. éb. pour 12 mm. : 88°. L'acétophénone pure est parfaitement limpide ; elle cristallise bien si on la refroidit avec de la glace. P. fus. : 22°.

Une variante de cette synthèse consiste en la préparation de *phénylacétone* à partir de *chlorure de benzyle-magnésium* et d'*acétonitrile*. La cétone sera alors isolée au moyen de son *composé bisulfitique* et distillée dans le vide. Le rendement ne dépasse pas 25 %, calculé par rapport à l'acétonitrile.

Compléments théoriques aux paragraphes 1. et 2.

Réactif de Grignard. — Les halogénures d'alcoyles, en présence d'éther absolu, dissolvent le Mg métallique pour former avec lui des *combinaisons organo-métalliques* du type : R-Mg-Hal. Les halogénures aromatiques présentent la même propriété.

Dans les deux séries, grasse et aromatique, ce sont les iodures qui réagissent le plus rapidement ; les bromures et les chlorures viennent ensuite, avec des vitesses de réaction décroissantes.

L'addition d'un peu d'iode ou d'iodure d'éthyle a la propriété de catalyser la réaction, qui s'amorce parfois avec difficulté. Il peut aussi être nécessaire d'activer au préalable le magnésium en le chauffant avec de l'iode (v. Baeyer).

L'éther nécessaire à la réaction de Grignard fixe deux molécules, selon Meisenheimer, pour former un éthérate complexe ; on peut utiliser à sa place une amine tertiaire.

(1) Blaise, *Compt. rend.*, *133*, 1217 (1901).

Les halogénures organo-magnésiens en solution sont partiellement à l'état d'équilibre : (W. Schlenk jun.) :

$$2RMgHal \rightleftarrows MgR_2 + Mg(Hal)_2.$$

Les réactifs de Grignard, traitée par des composés à *hydrogène actif*, se décomposent suivant une réaction tout à fait générale :

$$R - MgHal + H - R_1 \rightarrow R - H + R_1 - Mg - Hal$$

donnant chaque fois l'hydrocarbure RH correspondant à l'halogénure de départ. Comme exemple le plus simple, citons le cas de l'eau :

$$H_3C - Mg - I + HOH \rightarrow CH_4 + HO - Mg - I$$

On voit alors la raison pour laquelle *les réactions de Grignard se font toujours en milieu strictement anhydre.*

Les *alcools, phénols, acides carboxyliques, amines primaires* et *secondaires, oximes*, l'*acétylène*, etc. réagissent de façon analogue.

Le fait qu'un atome d'hydrogène mobile met toujours en liberté *une* molécule d'hydrocarbure fournit une méthode — due à Zerewitinoff — de dosage par volumétrie des atomes d'hydrogène actifs dans un échantillon pesé d'une substance inconnue ; on utilise l'*iodure de méthyl-magnésium*, et on mesure le volume de *méthane* dégagé. Cette méthode rend de grands services dans les recherches de constitution. Pour les opérations pratiques, cf. p. 97.

Le plus grand intérêt des composés magnésiens de Grignard est leur *faculté d'addition*, qui permet d'effectuer à partir d'eux les synthèses les plus variées. Les zinc-alcoyles, produits de départ peu commodes à obtenir que l'on utilisait autrefois, sont maintenant généralement remplacés par les réactifs de Grignard, dont on vient de voir la facile obtention.

La réaction générale consiste en une fixation du réactif de Grignard sur des *systèmes non saturés* du type : $>C = O$, $>C = N-$, $-C \equiv N$, $-N = O$. Les systèmes $>C = C<$ et $-C \equiv C-$ font exception. La molécule du réactif de Grignard se scinde pour la fixation en deux composants, —R d'une part Mg-Hal de l'autre. Dans le cas d'un carbonyle par exemple $>C = O$ le composant contenant le Mg se fixe à l'atome d'O_2 le résidu R à celui de C.

Si en effet nous faisons réagir du *bromure de méthyl-Mg* sur de l'*acétaldéhyde* nous aurons la réaction suivante :

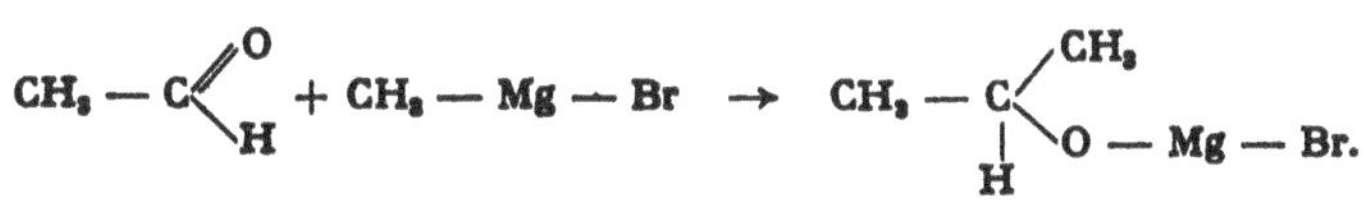

Nous pouvons décomposer ensuite par l'eau le produit d'addition :

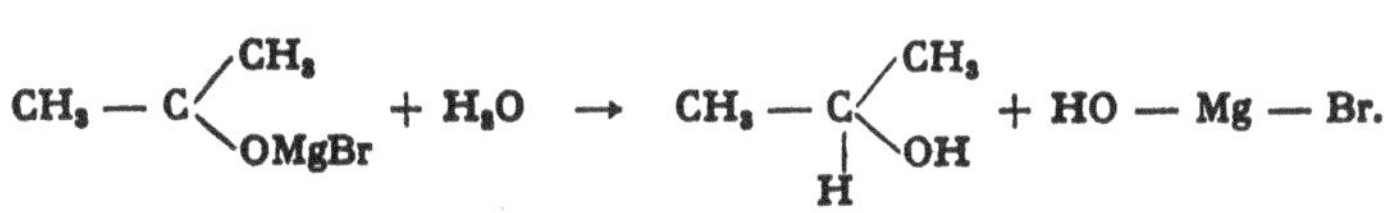

Le résultat global est la transformation de l'acétaldéhyde en *alcool isopropylique*.

En l'interprétant dans son sens général on peut dire que la réaction de Grignard consiste en la fixation par une liaison non saturée des composants d'un hydrocarbure H—R, base de l'halogénure magnésien employé ; il s'agit en somme d'une synthèse accompagnée d'hydrogénation.

Les réactions de Grignard suivantes découlent sans autre des précédents commentaires :

formaldéhyde	$\rightarrow$	alcools primaires
autres aldéhydes	$\rightarrow$	alcools secondaires
cétones	$\rightarrow$	alcools tertiaires
CO_2	$\rightarrow$	acides carboxyliques

nitriles $\rightarrow$ cétones (en passant par la cétimine : $\begin{matrix}R\\R_1\end{matrix}\!\!>C=NH$).

Dans le cas des *esters*, des *chlorures* et des *anhydrides d'acides*, la réaction est quelque peu plus compliquée : on a tout d'abord une première phase d'addition sur la double liaison du groupement $C=O$ comme précédemment :

$$R-\overset{OR}{\overset{|}{C}}=O+CH_3-Mg-Br \rightarrow R-\overset{OR}{\overset{|}{C}}\begin{matrix}\diagup OMgBr\\ \diagdown CH_3\end{matrix}.$$

Ce premier produit intermédiaire réagit ensuite avec une *seconde* molécule de réactif de Grignard :

$$R-C\begin{matrix}\diagup OR\\ -OMgBr\\ \diagdown CH_3\end{matrix}+CH_3-Mg-Br \rightarrow R-C\begin{matrix}\diagup CH_3\\ -OMgBr\\ \diagdown CH_3\end{matrix}+RO-MgBr.$$

L'action de l'eau finalement donne lieu comme précédemment à un *alcool tertiaire.*

Si l'on part d'un *ester formique*, dont on prend un excès, la réaction s'arrête alors au premier stade et l'on pourra, par hydrolyse du produit $HC\begin{matrix}\diagup R_1\\ -OMgBr\\ \diagdown OR\end{matrix}$ obtenir un *aldéhyde.*

La réaction de Grignard se passe identiquement avec les complexes *azotés* ; voir comme exemple la réaction avec les *azides*, p. 286.

Le *nitrosobenzène* se transforme, par action du bromure de phénylmagnésium, en *diphénylhydroxylamine* 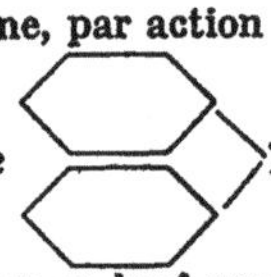 NOH (p. 186).

On a pu se rendre compte, par ce bref exposé, des immenses possibilités qu'offrent les réactions, maintenant classiques, de Grignard.

Signalons encore un processus secondaire tendant à se produire lors de la synthèse du réactif de Grignard ; ce processus, qu'on cherche à éviter dans la plupart des cas, est parfois recherché au contraire et constitue alors la réaction principale. Les organo-magnésiens sont susceptibles de se décomposer avec plus ou moins de facilité en présence d'*halogénures organiques*, réaction qui rappelle celle de Wurtz :

$$R-Mg-Hal+R_1-Hal \rightarrow R-R_1+Mg(Hal)_2.$$

Nous avons vu en effet qu'il se forme du *biphényle* comme produit secondaire lors de la préparation du bromure de phényle-magnésium.

Les composés organo-magnésiens sont sensibles à l'action de l'*oxygène* ; il faut donc en tenir compte lorsqu'on ne les décompose pas immédiatement après leur préparation. (Cf. la méthode de Zerewitinoff, p. 97).

L'exemple suivant montre avec quelle souplesse la réaction de Grignard se prête à la synthèse : le *diphényl-méthylcarbinol* — duquel dérive le *diphényl-éthylène assymétrique* — peut être préparé :

1° A partir de benzophénone et de bromure de méthyl-magnésium :

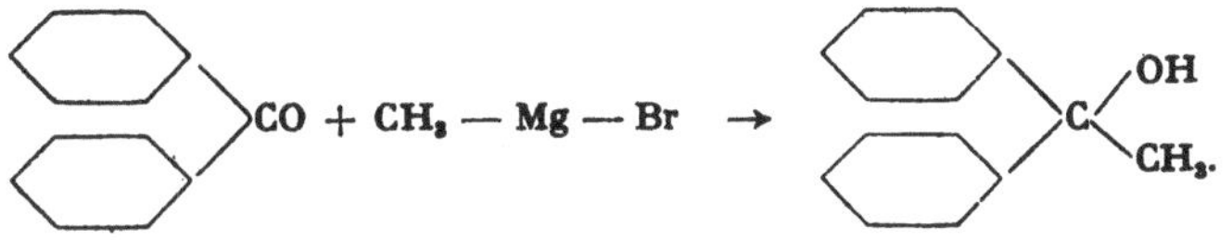

2° A partir d'acétate d'éthyle et de bromure de phényl-magnésium.

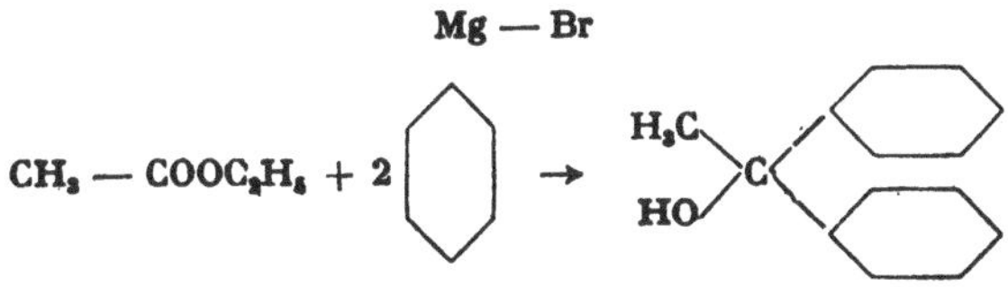

Signalons l'existence d'une réaction analogue aux synthèses de Grignard : celle de Reformatzky, consistant en la condensation, en présence de zinc, d'*esters d'acides gras halogénés en* α avec des *cétones :*

$$(H_3C)_2C = CH - CH_2 - CH_2 - C(=O) - CH_3 + Zn + ClH_2C - COOR \rightarrow$$

méthylhépténone

$$\rightarrow (H_3C)_2C = CH - CH_2 - CH_2 - C(CH_3)(OH) - CH_2 - COOR.$$

ester de l'acide géranique

Les méthodes de synthèses de composés organiques, auxquelles les réactions de Grignard ont apporté de très grands développements, se sont accrues récemment encore lors de la découverte faite par K. Ziegler des *composés organo-lithiques* ; ces derniers sont encore plus réactifs que les halogénures magnésiens. Nous indiquerons leur emploi lors de la synthèse de l'*α-phényl-quinoléine* (p. 360).

SYNTHÈSE DE FRIEDEL-CRAFTS

Chlorure d'aluminium. — L'essentiel pour la réussite d'une synthèse de Friedel-Crafts est la parfaite pureté du chlorure d'aluminium servant de catalyseur. Celui du commerce, en raison d'une conservation qui n'est pas parfaite, dans des récipients non hermétiques, est presque toujours décomposé en partie par l'humidité de l'air ; il n'est alors pas utilisable tel quel.

Il faudra dans tous les cas faire un essai en disposant une petite quantité du catalyseur dans une éprouvette tenue obliquement, que l'on chauffe pour voir si la sublimation se fait sur *toute* la substance, ou tout au moins sur sa plus grande partie. Un catalyseur relativement peu endommagé pourra être récupéré par sublimation.

Si l'on veut préparer soi-même du chlorure d'aluminium, on emploiera la méthode suivante (1) :

Un tube de verre difficilement fusible, aussi large que possible (au moins 3,5-4 cm.) — un tube à combustion de Dennstedt peut très bien convenir — est adapté à un flacon-poudrier à large col au moyen d'un bouchon de liège ; l'extrémité du tube à combustion doit dépasser à peine le bouchon ; celui-ci est percé d'un deuxième trou, servant de logement à un tube de verre de plus petit diamètre, recourbé à angle droit, dont l'extrémité la plus courte pénètre jusqu'au milieu du flacon ; l'autre extrémité est dirigée vers le haut.

On remplit le tube à combustion d'*aluminium* en petits fragments jusqu'au tiers de son diamètre environ, et sur une longueur qui dépend des dimensions du four et de la quantité de chlorure d'aluminium qu'on veut produire (27 g. d'Al donnent théoriquement 133 g. de $AlCl_3$) ; la partie chauffée du tube doit être à 8 cm. au moins du flacon, et le bouchon protégé de la chaleur au moyen d'une plaque d'amiante fendue, fixée contre lui.

L'extrémité opposée du tube est mise en communication par de très courts éléments de tuyau de caoutchouc avec deux flacons-laveurs contenant de l'*acide sulfurique* concentré, dans lesquels on fait arriver de l'acide chlorhydrique gazeux produit dans un appareil approprié. L'intérieur de l'appareillage doit être absolument sec, et les opérations s'effectuer sous hotte.

On commence par mettre en marche le courant d'*acide chlorhydrique gazeux* et, lorsque tout l'air résiduel a été chassé, chauffe progressivement le tube sur toute la longueur du dépôt d'aluminium. Dès que le *chlorure d'aluminium* commence à sublimer dans le flacon, sous l'aspect d'un nuage blanchâtre, on chauffe plus fortement et accélère vivement le débit du gaz chlorhydrique de façon à empêcher le colmatage du tube à l'entrée du flacon ; ce point est à surveiller pour éviter toute explosion. On verra un peu de chlorure d'aluminium s'échapper par le tube de dégagement, mais cette perte n'est que très faible. On termine l'opération lorsqu'il ne reste presque plus de métal dans le tube.

Le chlorure d'aluminium est conservé dans un flacon de verre rodé *fermant hermétiquement.*

(1) Il est recommandable de faire figurer le chlorure d'aluminium parm les préparation du laboratoire de Chimie Organique, dans le but de s'en servir ultérieurement pour une synthèse de Friedel-Crafts.

3. — *Synthèse de cétones*

a) *Benzophénone à partir de chlorure de benzoyle et de benzène.*

On verse dans un ballon parfaitement sec 50 cc. de *benzène*, 35 g. de *chlorure de benzoyle* (1/4 de mol.) et 100 cc. de *sulfure de carbone* pur (qu'on peut remplacer par 70 cc. de benzène) ; on introduit dans le mélange en agitant fréquemment, en 10 min. environ, 35 g. de *chlorure d'aluminium* fraîchement préparé (pesés dans une éprouvette sèche munie d'un bouchon de liège). On adapte un long réfrigérant à reflux, et porte le ballon à 50° en le plongeant dans un récipient contenant de l'eau chaude. Cette température est maintenue pendant le temps que met le *gaz chlorhydrique* à se dégager — soit 2-3 h. environ. La solution est alors brun-foncé.

On distille ensuite le sulfure de carbone (ou le benzène) en employant un réfrigérant descendant, et jette avec précaution le résidu encore chaud dans un grand ballon contenant 300 cc. d'eau avec des morceaux de glace. On entraîne par rinçage avec un peu d'eau la substance restée dans le ballon à distiller, ajoute 10 cc. d'*acide chlorhydrique* conc. au mélange, et y fait passer un courant de vapeur pendant 20 min.

Le produit restant dans le ballon est épuisé à l'*éther* après refroidissement, la solution éthérée agitée à plusieurs reprises avec une lessive diluée de *soude caustique*, et séchée sur du *chlorure de calcium* ; l'éther est alors évaporé, et le résidu soumis à la distillation dans un ballon abducteur en bas du col. P. éb. : 297°. P. fus. : 48°. Rendement : environ 35 g. On pourra obtenir un produit plus pur en effectuant la distillation dans le vide (employer un ballon d'Anschütz à tube courbe).

Oxime de la benzophénone. — On fait un mélange des trois solutions suivantes : 4 g. de *benzophénone* dans 25 cc. d'*alcool*, 3 g. de *chlorhydrate d'hydroxylamine* dans 6 cc. d'eau et 5 g. de *potasse caustique* dans 5 cc. d'eau (les deux dernières doivent être refroidies). La liqueur est chauffée 2 h. au bain-marie, avec réfrigérant à reflux. On la verse ensuite dans 50 cc. d'eau, élimine éventuellement par filtration la cétone non transformée (on la rassemble d'abord par une simple agitation), acidule faiblement le filtrat par de l'*acide sulfurique* dilué, et fait finalement cristalliser l'*oxime* dans l'*alcool*. P. fus. : 140°.

Transposition dite de Beckmann de l'oxime en anilide. — Une quantité pesée de l'*oxime* est dissoute à froid dans un peu d'éther exempt d'alcool et d'eau ; on introduit graduellement dans la solution un poids de *pentachlorure de phosphore* finement pulvérisé égal à une fois et demi celui de l'oxime, évapore l'éther, ajoute de l'eau au résidu refroidi, et fait recristalliser dans l'*alcool* le précipité formé. P. fus. : 163°.

La réaction précédente consiste en un échange intra-moléculaire particulier (1) entre un résidu phényle et un hydroxyle :

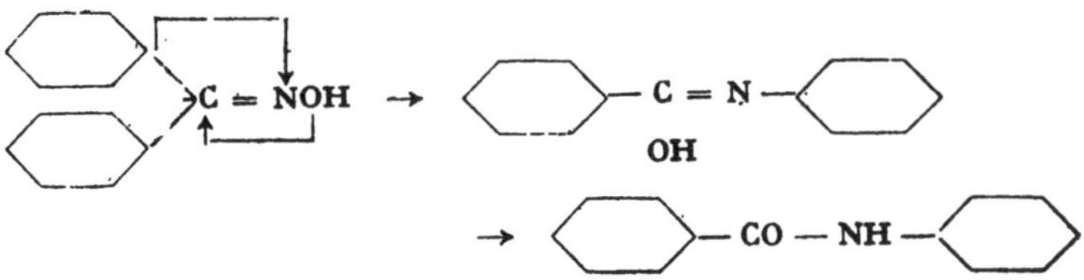

C'est sous l'influence de catalyseurs, tels que le PCl_5, l'acide sulfurique conc., qu'une telle combinaison, pourvue d'un certain potentiel énergétique, s'est transformé en son isomère stable ; on peut comparer à cette isomérisation la relation existant entre l'hydrazobenzène et la benzidine (p. 191-2), et la transposition de l'acide benzilique :

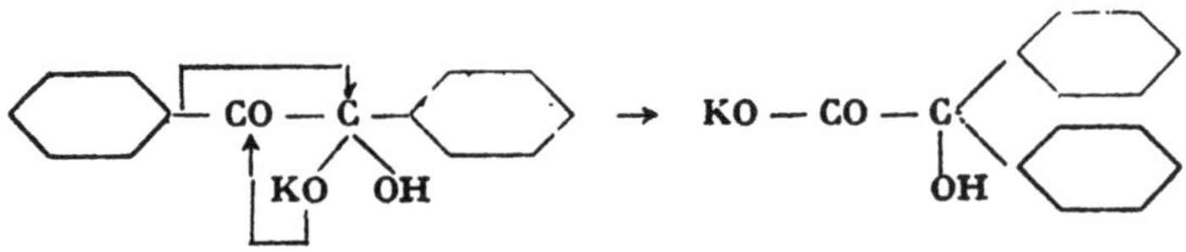

Elle s'apparente également par ailleurs aux réactions de dégradation de Hofmann et de Curtius.

Les *oximes* fournissent l'exemple d'une *isomérie spatiale* particulière, dont Werner et Hantzsch avaient déjà posé les bases théoriques en étudiant les diazoates. Il s'agit des formes *syn* et *anti*, qui se manifestent chez les oximes dont l'atome de C porteur du groupe isonitroso est substitué par deux radicaux différents :

$$\begin{array}{c} R - C - R' \\ \| \\ HON \end{array} \quad \text{et} \quad \begin{array}{c} R - C - R' \\ \| \\ NOH \end{array}$$

Ce type d'isomérie est le même que celui des acides maléique et fumarique.

Chez les *aldoximes*, la forme *syn* est capable de se transformer facilement en *nitrile*, avec élimination d'une molécule d'eau, alors que la forme *anti* ne présente pas cette propriété :

$$\begin{array}{c} R - CH \\ \| \\ NOH \end{array} \rightarrow R - C \equiv N + H_2O$$

On a cru pendant longtemps que la réaction de Beckmann pouvait servir à déterminer la structure des *oximes de cétones* substituées par deux résidus différents : l'hydroxyle échangeant sa position avec le substituant *voisin*, et les deux cétoximes stéréo-isomères se transformant en amides isomères par transposition intramoléculaire.

On a pu établir récemment que le phénomène qui se produit réellement est exactement inverse (Meisenheimer, B. *54*, 3206 (1921)) :

$$\begin{array}{c} R - C - R' \\ \| \\ NOH \end{array} \rightarrow \begin{array}{c} OC - R' \\ \\ NH - R \end{array} ; \quad \begin{array}{c} R - C - R' \\ \| \\ HON \end{array} \rightarrow \begin{array}{c} OC - R \\ \\ NH - R' \end{array}$$

(1) E. Beckmann, *B.*, *19*, 988 (1886) ; *20*, 1507 et 2580 (1887) ; *A.*, *252*, 1 (1889).

Ce point de vue a été nettement confirmé par l'existence de deux monoximes et trois dioximes stéréoisomères du *benzile* :

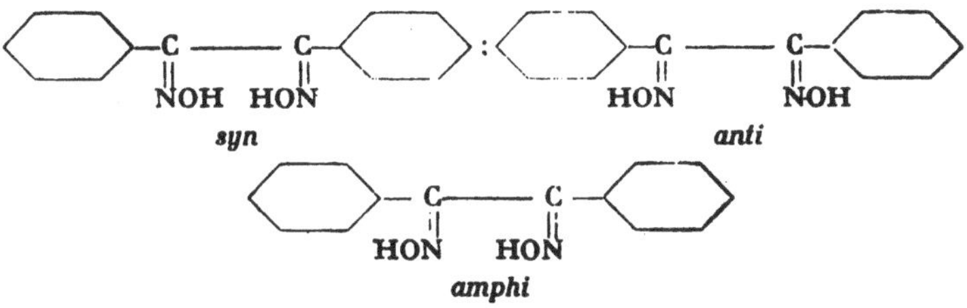

b) *Acétophénone à partir de benzène et d'anhydride acétique* (1).

On peut utiliser un ballon rond d'un demi-litre à trois cols (dit ballon de Tscherniak), ou un ballon à large embouchure, qu'on munit d'un agitateur à joint de mercure (Fig. 29), d'un réfrigérant à reflux et d'une ampoule à robinet. On y introduit 100 cc. de *benzène* séché sur du sodium, dans lequel on jette 80 g. de *chlorure d'aluminium* fraîchement sublimé. On met alors l'agitateur en marche vive, et écoule en une demi-heure dans le ballon 25 g. d'*anhydride acétique pur*. Le mélange s'échauffe et du *gaz chlorhydrique* se dégage tumultueusement. On continue l'agitation pendant une demi-heure en chauffant à l'ébullition au bain-marie, puis verse la solution refroidie dans un entonnoir à séparation contenant de la glace, et dissout l'*hydroxyde d'aluminium* au moyen de la quantité requise d'*acide chlorhydrique* conc.

On ajoute alors une petite quantité d'*éther*, et sépare la couche de benzène ; on épuise ensuite la couche aqueuse à l'éther, agite avec de la *lessive de soude caustique* les extraits éthérés et benzéniques réunis, sèche sur du *chlorure de calcium*, évapore les solvants et distille l'*acétophénone* dans le vide (cf. p. 332). Rendement : 24-25 g., soit 80-85 %, calculé d'après l'anhydride acétique de départ.

Si l'on emploie du *chlorure d'acétyle* à la place de l'anhydride, le rendement baissera de moitié. Il est intéressant de comparer les deux réactions.

4. — *Triphénylchlorométhane à partir de benzène et de tétra-chlorure de carbone* (2)

On fait usage du même appareillage que pour la préparation de la benzophénone. 60 g. de *chlorure d'aluminium* frais sont jetés par petites portions dans un mélange de 80 g. de *tétrachlorure de carbone* pur et sec et de 200 g. de *benzène*. On refroidit par l'eau au début de la réaction, et veille ensuite à ce que cette dernière ne

(1) R. ADAMS, *Am. Soc.*, *46*, 1889 (1924).
(2) M. GOMBERG, *B.*, *33*, 3144 (1900).

prenne pas un caractère trop violent. Le *gaz chlorhydrique* qui se dégage est absorbé de la manière habituelle (voir par exemple la préparation du bromobenzène, p. 116). Lorsque tout le chlorure d'aluminium a été introduit et après le gros de la réaction, on chauffe pendant une demi-heure au bain-marie bouillant avec réfrigérant ascendant, laisse refroidir et verse le produit de la réaction coloré en brun-jaunâtre, en agitant fortement, dans un grand entonnoir à séparation contenant un mélange de 100-200 g. de glace et 200 cc. d'*acide chlorhydrique* conc.

Si la glace a fondu avant la décomposition de la totalité du produit, on en rajoute de nouveau, avec la même quantité d'acide chlorhydrique conc. Le rôle de ce dernier est d'empêcher l'hydrolyse du *chlorure de triphénylméthyle*.

Lorsque le mélange s'est scindé en deux couches bien distinctes — rajouter éventuellement du benzène frais —, on procède à la séparation, épuise encore avec du benzène si nécessaire, sèche les extraits réunis sur du *chlorure de calcium* et évapore *le plus possible* le solvant au bain-marie.

Le résidu est traité par son volume d'*éther* et abandonne quelques heures à la glace. On filtre ensuite à la trompe sur un buchner d'assez grandes dimensions, et lave le magma de cristaux fortement pressé, à plusieurs reprises, avec un peu d'éther glacé. Les eaux-mères, évaporées dans le vide, abandonnent des cristaux moins purs, que l'on met à digérer au frais avec un peu d'éther, et que l'on filtre. Rendement : 110-120 g.

On purifie le produit jaunâtre obtenu en le dissolvant à chaud dans la qualité minimum de *benzène*, ajoutant le volume quadruple de *benzine légere* et en provoquant la recristallisation par agitation d'une baguette de verre, en refroidissant à la glace. On lave finalement à froid avec de l'*éther de pétrole*.

La distillation dans le vide poussé fournit également un produit très pur (Lecher).

5. — 2.4-*dioxy-acétophénone à partir de résorcine et d'acétonitrile* (1)

On dissout 5,5 g. de *résorcine* et 3 g. d'*acétonitrile* dans 25 cc. d'*éther absolu*, et y ajoute 2 g. de *chlorure de zinc* anhydre et finement pulvérisé ; on refroidit alors à la glace, sature la solution avec du *gaz chlorhydrique* et abandonne quelques heures en récipient fermé. On verse ensuite sur le contenu devenu pâteux, et en continuant à maintenir à basse température par une réfrigération extérieure, 25 cc. d'eau glacée, ajoute de l'*éther* et sépare la couche d'extrait éthéré. Le *chlorhydrate de la cétimine*, resté dans

(1) K. HOESCH, *B.*, *48*, 1122 (1915) ; *50*, 462 (1917).

la solution aqueuse, est hydrolysé par une ébullition d'une demi-heure. La *résacétophénone* cristallise au refroidissement avec un rendement de 4-5 g. Le produit peut être recristallisé dans l'eau ou l'*alcool*. P. fus. : 145°.

6. — *Quinizarine à partir d'anhydride phtalique et d'hydroquinone* (1)

On introduit dans un ballon ouvert un mélange de 5 g. d'*hydroquinone* pure et 20 g. d'*anhydride phtalique.* et un mélange de 50 cc. d'*acide sulfurique* conc. pur et 5 g. d'*acide borique* ; on chauffe trois heures au bain d'huile à 150-160°, puis une heure à 190-200°. La solution encore chaude est versée sous agitation dans 400 cc. d'eau contenus dans une capsule de porcelaine ; on porte le tout à l'ébullition et filtre à chaud à la trompe. Cette opération est répétée.

On fait ensuite bouillir le précipité avec 250 cc. d'*acide acétique glacial*, filtre à chaud, jette le filtrat dans un bécher et y ajoute son volume d'eau chaude. Après refroidissement, on filtre le précipité de *quinizarine* brute, lave à plusieurs reprises avec de l'eau et sèche au bain-marie ; le produit est desséché à 120° à l'étuve et recristallisé dans 150 cc. d'*acide acétique glacial* à l'ébullition. P. fus. : 194°. Les cristaux, à aspect de gros flocons jaune-orangé, sont lavés avec un peu d'acide acétique glacial, puis avec de l'*éther*.

Des cristaux de très bel aspect peuvent être obtenus par recristallisation dans le *toluène* ou le *xylène.*

La quinizarine se dissout dans les alcalis, comme l'alizarine, en prenant une coloration d'un violet foncé. Elle sublime sans se décomposer. Rendement : 2-2,5 g.

Compléments théoriques aux paragraphes 3 *à* 6

Les *chlorures d'acides et d'alcoyles*, sous l'influence catalytique des chlorures d'aluminium, de zinc ou de $Fe^{\cdots}$, entrent en réaction avec les composés aromatiques en dégageant de l'acide chlorhydrique, pendant que le reste aryle ou alcoyle s'incorpore au noyau ; c'est ce processus qui constitue la réaction de Friedel-Crafts :

(1)
(2)

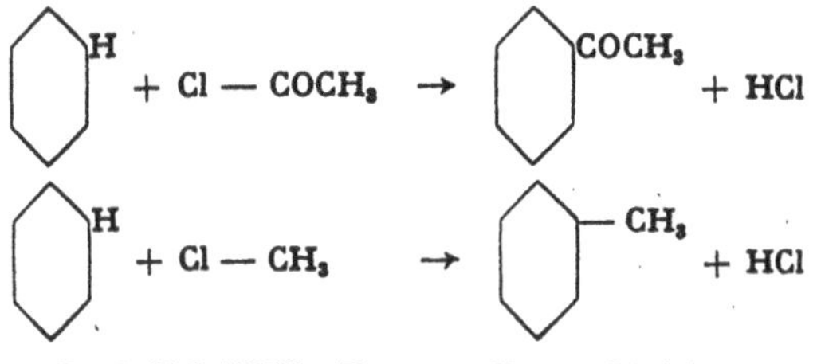

(1) GRIMM, *B.*, *6*, 506 (1873) ; BAEYER, *B.*, *8*, 152 (1875). LIEBERMANN, *A.*, *212*, 10 (1882). D. R. P. 255 031 (Friedländer XI, 588).

La réaction (1) est particulièrement aisée, et on l'emploie beaucoup pour la synthèse des cétones. L'alcoylation, par contre, est bien moins sûre : la substitution ne s'arrête souvent pas au premier stade, et l'alcoyle se sépare en partie à la fin de la réaction.

On aura plus volontiers recours, dans ce dernier cas, à la réaction de Fittig.

Dans les conditions de la réaction de Friedel-Crafts, les composés à double liaison oléfinique réagissent de façon particulière : le chlorure d'acide se fixe tout d'abord à la double liaison pour former une β-*chloro-cétone saturée* qui, sous l'influence de la chaleur, se transforme en cétone non saturée, avec élimination d'HCl.

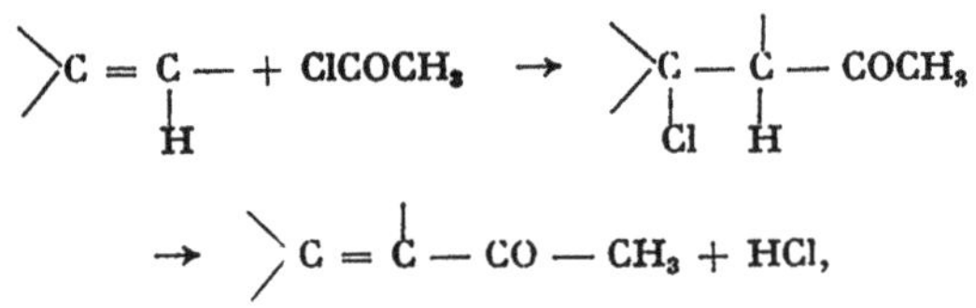

Cette réaction en deux temps laisse à penser qu'il se passe un phénomène analogue dans le cas des composés aromatiques (Cf. B, *55*, 2246 [1922]).

Le chlorure d'aluminium joue un *rôle catalytique* et, comme tel, il n'y aurait pas lieu de le faire réagir en proportion stoechiométrique avec les masses des produits. Lors de la synthèse de cétones, cependant, le produit de la réaction forme un complexe d'addition bien défini avec une molécule de chlorure d'aluminium : il faudra donc introduire une quantité de catalyseur équivalant à une mol.-g. au moins.

Le choix des *solvants*, en réaction de Friedel-Crafts, est restreint étant donnée la grande réactivité des produits employés : on utilise le plus généralement le *sulfure de carbone*, l'*éther de pétrole* purifié, le *chlorobenzène* et le *nitrobenzène*.

On n'a pas encore pu expliquer clairement l'action du chlorure d'aluminium ; il forme des complexes d'addition, qu'on a pu isoler, avec les chlorures d'acyle et d'alcoyle, où l'on a supposé un relâchement de la liaison entre le chlore et le reste de la molécule, duquel résulterait un accroissement du pouvoir additionnel. On peut penser également que le chlorure d'aluminium, en s'associant à la molécule de l'hydrocarbure, lui confère une plus grande réactivité.

La réaction de Friedel-Crafts s'applique non seulement aux composés aromatiques et aux oléfines, mais également aux *cycloparaffines*. Dans la série benzénique, après les hydrocarbures, les *éthers phénoliques* s'y prêtent avec une facilité notable.

Signalons quelques cas particuliers de la synthèse de Friedel-Crafts :

réaction du *chlorure de phtalyle* avec le *benzène*, conduisant à la *phtalophénone*, substance-mère des phtaléines :

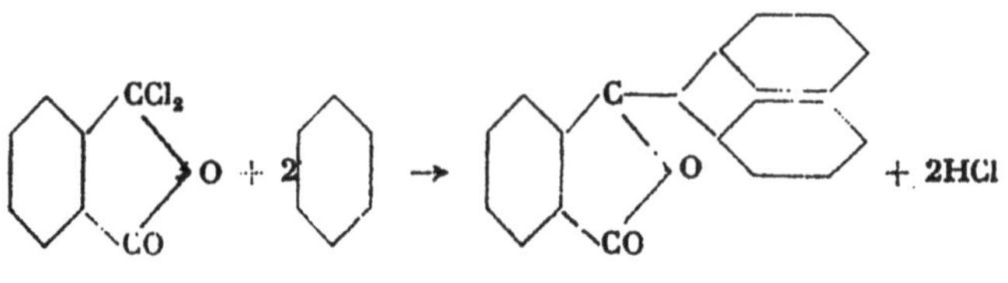

synthèse d'une cétone avec cyclisation, à partir du *chlorure de l'acide hydrocinnamique*

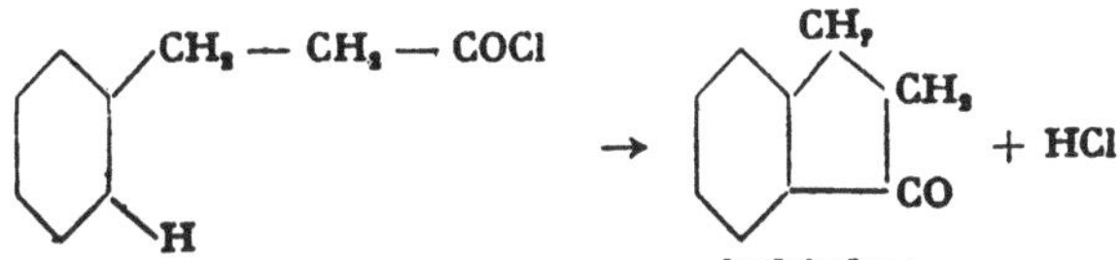

α-hydrindone

synthèse directe des *cétones* à partir d'*hydrocarbures* et de *phosgène* ;

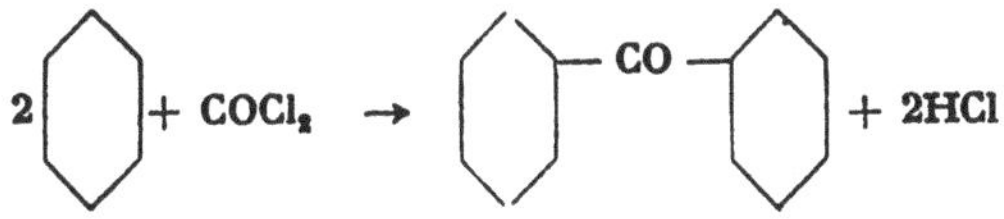

introduction dans une molécule d'un radical *carbonamidé* simple ou substitué, fourni par un *chlorure d'urée* (acide cyanique ou ester cyanique + HCl).

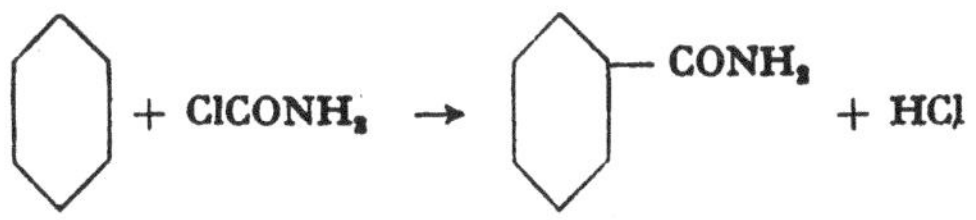

La synthèse de Friedel-Crafts est applicable également aux *acides carboxyliques aromatiques.*

De cette dernière dérive une remarquable *synthèse des aldéhydes,* due à Gattermann et Koch, qui consiste à faire réagir sur le toluène — le benzène s'y prête moins —, et en présence de chlorure d'aluminium ou de chlorure cuivreux, un mélange d'*oxyde de carbone* et de *gaz chlorhydrique* ; par l'intermédiaire de *chlorure de formyle instable,* la réaction conduit à un aldéhyde :

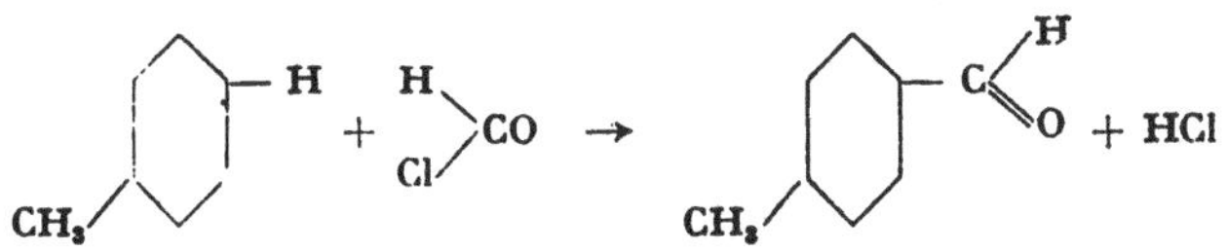

p-tolaldéhyde

On peut supposer que le chlorure de formyle est passagèrement stabilisé sous forme d'un complexe avec le chlorure cuivreux.

Si l'on remplace l'oxyde de carbone par de l'*acide cyanhydrique,* on peut préparer tous les *aldéhydes de phénols* et d'*éthers phénoliques* ; s'il existe déjà un substituant, la fonction aldéhydique se placera généralement en para — dans ce cas, le Cu_2Cl_2 n'exerce aucune action.

L'acide cyanhydrique et l'acide chlorhydrique formant ensemble du *chlorure de formimide* $\begin{matrix}Cl\\H\end{matrix}\!\!>C = NH$, le produit intermédiaire est alors une *aldimine,* qui se transforme par hydrolyse en aldéhyde correspondant, avec dégagement d'ammoniac. Les *énols de la série grasse* (ester acétylacétique, acétylacétone) présentent une réaction du même genre.

Si l'on emploie du *fulminate de mercure,* qui s'additionne au gaz chlorhydrique pour former le *chlorure de l'acide formhydroxamique* isolable en beaux cristaux

$$(C = NO)_2Hg + 4HCl \rightarrow HgCl_2 + 2 \begin{matrix} H \\ Cl \end{matrix}\!\!\!>C = NOH$$

on peut synthétiser les *aldoximes* de composés aromatiques (Scholl).

La réaction de l'*oxyde de carbone combiné au chlorure d'aluminium* avec les *hydrocarbures saturés* est d'un grand intérêt ; le groupement CO s'incorpore à la molécule (1) :

$$C_5H_{12} + CO \rightarrow H_3C - CH_2 - CO - CH(CH_3)_2$$

Houben et Hoesch ont découvert une réaction très praticable, variante de celle de Gattermann, qui conduit à la synthèse des cétones les plus diverses par l'emploi des *nitriles* ; les *polyphénols* sont les corps qui s'y prêtent le mieux. Les produits intermédiaires de la réaction sont les *chlorures d'imides* $R - \underset{\displaystyle Cl}{\underset{|}{C}} = NH$; ces derniers se transforment en *cétimines*, comme pour le cas de l'acide cyanhydrique, puis en *cétones* ; les formules de ces réactions s'écrivent immédiatement.

Le *chloroforme*, avec ses trois atomes de Cl, peut entrer dans une réaction de Friedel-Crafts ; son produit de réaction avec le benzène, notamment, est le *triphénylméthane*, hydrocarbure fondamental de la classe des colorants du même nom. E. et O. Fischer ont obtenu le triphénylméthane par décomposition réductrice de la combinaison tri-diazotée de la *paraleucaniline :*

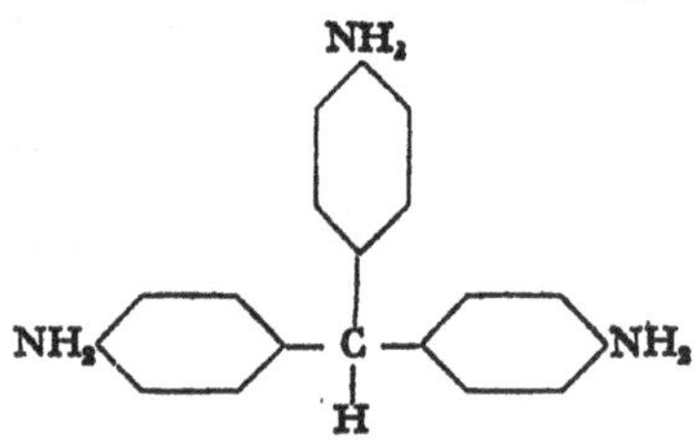

Si l'on met en présence de chlorure d'aluminium du *tétrachlorure de carbone* et du benzène, on n'obtient pas de tétraphénylméthane comme on aurait pu s'y attendre. Le quatrième atome de Cl, en effet, n'est pas substitué.

Le *triphénylchlorométhane* $(C_6H_5)_3CCl$ a eu une très grande importance dans l'histoire de la Chimie Organique : son comportement dans la réaction de Wurtz a provoqué la découverte du premier radical organique libre connu (Gomberg, 1900). Cf. p. 346.

Dans de nombreux cas, il est possible de remplacer un chlorure d'acide par son *anhydride* dans une réaction de Friedel-Crafts. La préparation de l'*acétophénone* (p. 339) en fournit un exemple :

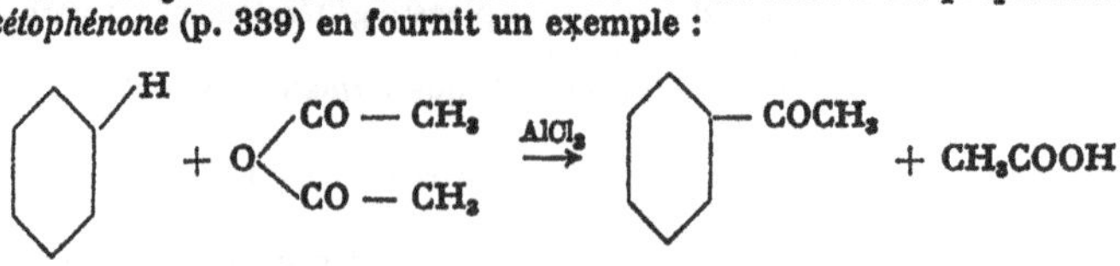

Cette réaction, appliquée à la condensation de l'*anhydride phtalique* avec

(1) Hopff, *Ber.*, *64*, 2739 (1931).

le benzène, et donnant l'*acide o-benzoyl-benzoïque*, présente une certaine importance :

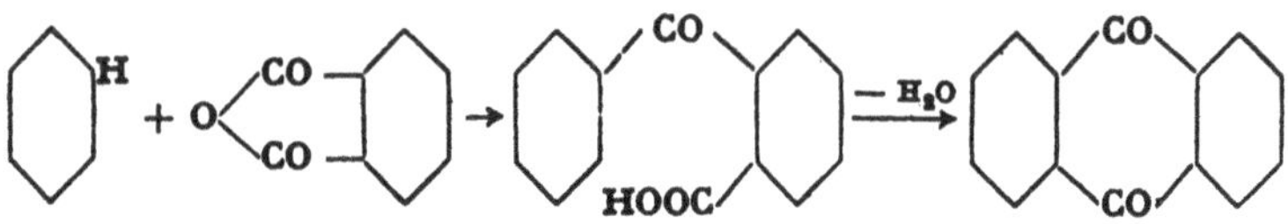

L'acide sulfurique conc. transforme cet acide en *anthraquinone*, avec élimination d'une molécule d'eau, ce que montre la formule ; on a ainsi une méthode très commode permettant de synthétiser les composés de ce groupe (Baeyer). C'est de cette manière que l'on prépare industriellement la β-*méthylanthraquinone*, produits intermédiaires de colorants à cuve importants, en partant d'anhydride phtalique et de toluène. L'acide sulfurique conc. joue le même rôle que le chlorure d'aluminium dans la première phase de la réaction, et permet d'atteindre en une seule opération le dérivé anthraquinonique. La préparation de la *quinizarine* fournit un excellent exemple de cette remarquable réaction :

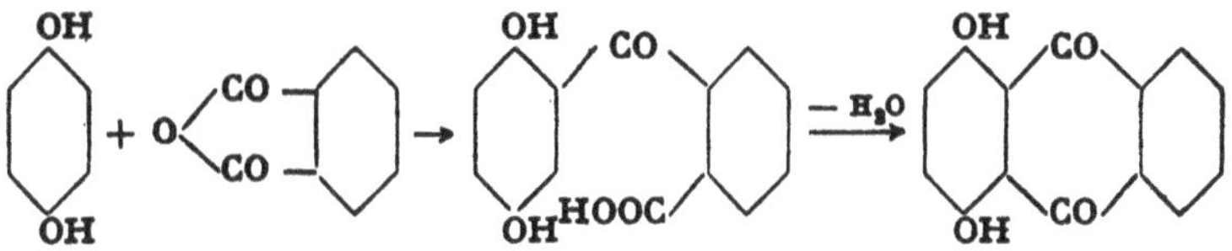

La *pyrocatéchine* condensée avec l'anhydride phtalique fournit l'*alizarine* isomère, avec un rendement beaucoup plus faible. La condensation du *pyrogallol* et de l'anhydride phtalique est utilisée industriellement pour la préparation de la 1, 2, 3, trioxy-anthraquinone, ou *anthragallol*.

Pour une documentation complète sur les synthèses de Friedel-Crafts, consulter G. Kränzlein, Alumimiumchlorid in der organischen Chemie, 3e éd. 1939.

RADICAUX ORGANIQUES

7. — *Hexaphényléthane*

Préparation d'une solution de triphénylméthyle. — On dissout 2 g. de *triphénylchlorométhane* dans 20 cc. de *benzène* ; le triphénylchlorométhane doit être parfaitement pur et se dissoudre sans coloration ; la dissolution est effectuée dans un flacon de 25 cc., à bouchon de verre rodé.

On ajoute 5 g. de *poudre de zinc* et agite fortement 5 min.

On soumet alors le *triphénylméthyle*, en solution jaune-orangé, à l'expérience connue de Schmidlin : une prise de 2 cc. est versée dans une grande éprouvette, additionnée de 2 cc. de benzène et agitée. On voit la solution perdre sa coloration, laquelle reparaît quelque temps après. Une nouvelle agitation à l'air retransforme le triphénylméthyle en son peroxyde incolore, et ainsi de suite un certain nombre de fois (si la première décoloration ne se produit pas, on recommencera l'expérience avec une quantité de substance deux fois plus faible).

On passe ensuite le restant de la solution sur un filtre à plis et agite quelques instants à l'air pour transformer tout l'hydrocarbure non saturé en son *peroxyde*, lequel commence à se déposer en cristaux incolores ; après avoir abandonné un certain temps la solution, on la filtre et lave les cristaux à l'*éther*. P. fus. : 183°, avec coloration rouge et décomposition.

L'expérience de Schmidlin est une démonstration de l'équilibre existant entre l'*hexaphényléthane* et le *triphénylméthyle.* La disparition de la coloration montre la disparition du radical, l'équilibre étant alors entièrement déplacé dans le sens du peroxyde.

Le déplacement inverse, correspondant à une nouvelle dissociation, s'effectue avec une lenteur suffisante pour que l'on puisse bien observer la formation du radical jaune dans la solution incolore.

Le *triphénylméthyle*, qui n'existe qu'en solution, possède un atome de C *trivalent*, ce que montre déjà le nombre anormal d'atomes d'hydrogène de sa molécule : $C_{19}H_{15}$. Sa couleur est d'un jaune intense, contrairement à l'hexaphényléthane qui peut être isolé en cristaux incolores ; son spectre d'absorption possède des bandes caractéristiques. (Le vérifier au spectroscope).

Le triphénylméthyle est doué d'une très grande réactivité. L'air suffit déjà à le peroxyder en solution :

$$2(C_6H_5)_3C + O_2 \rightarrow (C_6H_5)_3C - O - O - C(C_6H_5)_3$$

peroxyde de triphénylméthyle (incolore)

De même, avec les halogènes :

$$2(C_6H_5)_3C + Br - Br \rightarrow 2(C_6H_5)_3C - Br$$

L'action du gaz chlorhydrique à la lumière le transforme en *triphénylméthane* et *triphénylchlorométhane* ; cette réaction est réversible (Schlenk). Les oxydes d'azote NO et NO_2, ainsi qu'un grand nombre de radicaux organiques sont fixés par la molécule de triphénylméthyle ; avec la quinone la réaction est analogue (Schlenk) :

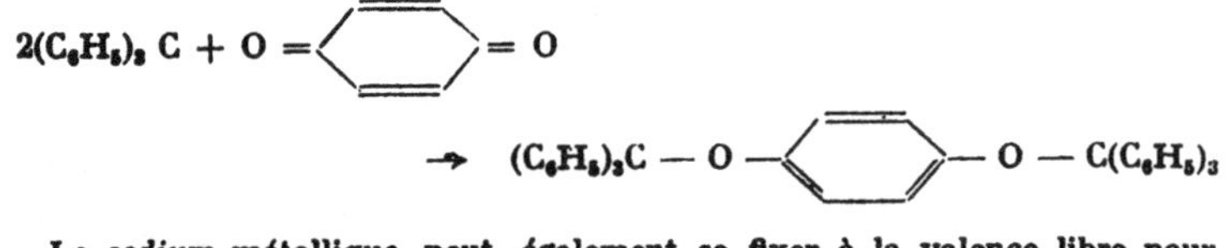

Le *sodium* métallique peut également se fixer à la valence libre pour donner le *triphénylméthyle sodé* $(C_6H_5)_3C\text{-}Na$, substance colorée en orange, de propriétés intéressantes.

Si l'on cherche à établir les dimensions de la molécule de l'hexaphényléthane, par cryoscopie dans le benzène, on constate une très légère différence d'avec les données théoriques, qui provient de ce que 2-3 % des molécules dissoutes seulement sont dissociées en triphénylméthyle ; ce phénomène est analogue à l'équilibre :

$$\underset{\text{incolore}}{O_2N - NO_2} \rightleftarrows \underset{\text{brun-rouge}}{2NO_2}$$

Dans les deux cas, en effet, le degré de dissociation croît avec la température : la solution d'hexaphényléthane contient, dans le benzène bouillant, 30 % de triphénylméthyle, calculés par la méthode ébullioscopique.

On peut aussi constater la dissociation de l'hexaphényléthane par *colorimétrie* ; les solutions colorées usuelles ne présentent aucune différence d'intensité lorsqu'on les dilue, parce que le nombre des molécules colorées examinées au colorimètre ne varie pas (loi de Beer) ; dans le cas présent, au contraire, la dilution provoque la dissociation d'un plus grand nombre de molécules colorées, et l'intensité de la coloration s'accroît (Piccard).

Démonstration de la loi de Beer. — Verser dans deux éprouvettes entourées de papier noir le même volume (1-2 cc.) de la solution diluée d'un colorant quelconque ; égaliser les deux teintes par comparaison, en se servant d'un fond blanc, puis diluer une des deux solutions avec 5-10 cc. d'eau.

On s'explique la dissociation de l'hexaphényléthane par le relâchement de la valence liant les deux atomes de carbone éthaniques, dû à la présence de trois groupes phényles à chaque extrémité de la molécule. Si l'on remplace successivement les derniers par des groupes biphényles, on voit l'énergie de la quatrième valence du C diminuer, et devenir nulle dans le p-tri-biphénylméthyle (Schlenk).

Cet hydrocarbure, de formule  C, n'existe à peu près que sous forme de radical libre ; on peut obtenir en cristaux d'un beau rouge violacé,

Le chapitre des radicaux organiques, qui continue actuellement à être très étudié, nous fournit encore une famille de substances des plus intéressantes : les *métal-cétyles*, corps fortement colorés, résultant de la fixation de métaux alcalins par les cétones (Schlenk) :

$$(C_6H_5)_2 = C = O + Na \rightarrow (C_6H_5)_2 = C - ONa$$

Cf. p. 226

Ion triphénylméthyle. — Une solution de triphénylchlorométhane dans un solvant à action dissociante conduit le courant électrique (Walden). Les ions formés étant $(C_6H_5)_3C^+$ et Cl^-, il en résulte que, par électrolyse, l'on peut séparer le triphénylméthyle à la cathode.

Une solution d'hexaphényléthane dans l'anhydride sulfureux liquide est fortement colorée en jaune et possède également un pouvoir conducteur : elle doit donc renfermer aussi l'ion triphénylméthyle (vraisemblablement à l'état d'ion complexe avec l'anhydride sulfureux).

Une solution de ce genre ne possède pas la bande d'absorption caractéristique du triphénylméthyle libre, et n'est pas sensible à l'oxygène. Il y a donc entre le radical et l'ion la même différence marquée que, chez les métaux, entre l'atome et l'ion.

Il est très probable que le triphénylméthyle existe à l'état d'ion dans les produits de couleur jaune-orangé, sels normaux et complexes, qui se forment lorsqu'on traite le triphénylcarbinol par de l'acide sulfurique conc., et le triphénylchlorométhane par des chlorures métalliques ($ZnCl_2$, $AlCl_3$, $SnCl_4$, $SbCl_5$).

Expérience. — Dissoudre un peu de *triphénylcarbinol* ou de *triphénylchlorométhane* dans 1/2 cc. d'*acide sulfurique* conc. en triturant avec une baguette, et diluer avec un peu d'eau, ce qui provoque la décoloration totale de la solution jaune-orangé ; le *carbinol* non transformé se dépose en même temps.

Les sels complexes déjà mentionnés du triphénylchlorométhane sont aisément décomposés de même par l'eau. Il s'agit dans les deux cas d'une hydrolyse qui provoque la reformation du carbinol et décharge l'ion triphénylméthyle.

On appelle *halochromisme* la formation à partir de corps neutres tels que le triphénylcarbinol de produits colorés à réaction saline qui se décomposent de nouveau plus ou moins facilement.

D'après ce que l'on vient de voir, il est rationnel de considérer les sels halochromes du triphénylcarbinol comme des *sels de carbonium*, plutôt que d'expliquer les phénomènes de coloration par une forme quinoïde de la molécule : cette dernière explication, valable pour beaucoup de colorants, ne semble en effet pas convenir dans le cas présent.

On tend actuellement à ramener la formule d'un sel de carbonium à celle d'un complexe, en utilisant la notation employée par Werner pour les sels d'ammonium (Hantzsch) ; une telle formule exprime que la charge de l'ion se trouve dans le champ de forces du radical entier, et non plus seulement localisée dans le voisinage immédiat du carbone méthanique.

On représente alors le sel de carbonium le plus simple du groupe, le *perchlorate* jaune (K. A. Hoffmann) de la manière suivante :

$$\left[\begin{matrix} C_6H_5\cdot \dot{C}\cdot C_6H_5 \\ C_6H_5 \end{matrix}\right] \cdots OClO_3$$

8. — *Tétraphénylhydrazine*

On dissout 34 g. (0,2 mol.) de *diphénylamine* dans 200 cc. d'*acétone* pure, contenue dans un flacon d'environ 400 cc. à fermeture hermétique de verre ou de caoutchouc (l'acétone commerciale est généralement stable en présence de permanganate ; au cas contraire, on la fait préalablement bouillir à reflux avec du permanganate en poudre jusqu'à ce que la coloration persiste pendant une demi-heure ; l'acétone, distillée après cette opération, peut être utilisée comme solvant pour une oxydation (1).

On introduit par petites portions dans la solution refroidie extérieurement par de l'eau glacée, du *permanganate très finement pulvérisé* en agitant fortement ; on attend, après chaque introduction que la solution se soit bien décolorée. Après addition de 16 g. de l'oxydant en 1.1 /2 h. environ, on cesse de refroidir et continue à rajouter du permanganate jusqu'au moment où la coloration persiste une 1 /2 h. au moins, soit 14 g. au maximum.

La diphénylamine est partiellement oxydée en *phénylisonitrile*, ce que l'on perçoit à l'odeur et au dégagement de CO_2. On décolore au moyen de quelques gouttes d'*alcool* ou de *formaldéhyde*, et filtre le *bioxyde de manganèse*, que l'on presse fortement et lave deux fois avec un peu d'acetone chaude.

(1) Cf. Sachs, *B.*, *34*, 497 (1901).

La solution acétonique limpide est évaporée au bain-marie à 35°, sous pression légèrement réduite — on pourra récupérer la majeure part du solvant en refroidissant le récipient collecteur — et le produit desséche à 20° dans un bon vide.

On débarrasse ensuite les cristaux de *tétraphénylhydrazine* de leurs impuretés en les recouvrant à la température de la glace de 20-30 cc. d'*éther*, et en essorant fortement sur une plaque poreuse après quelques instants de repos. On lave encore le produit avec de l'éther versé goutte à goutte. On obtient ainsi 20-24 g. de produit brut presque incolore (rendement de 60-70 %), qui convient très bien pour les expériences suivantes.

Si l'on veut préparer de la tétraphénylhydrazine parfaitement pure, fondant à 144°, on fera recristalliser le produit précédent dans trois ou quatre fois son poids de *benzène*, en prenant soin de ne faire bouillir la solution qu'un court instant. Si l'on rajoute à la solution chaude le tiers de son volume d'*alcool* bouillant, en agitant convenablement, on obtiendra de la sorte une cristallisation plus abondante qu'avec du benzène pur.

Le produit pur est lavé, apres filtration, avec un mélange de *benzène* et d'*alcool* à parties égales, puis avec de l'alcool seul, et séché de suite dans un exsiccateur à vide. On peut encore évaporer les eaux-mères dans le vide et traiter le résidu à froid avec de l'éther comme ci-dessus.

Le produit, une fois parfaitement purifié et desséché, peut être conservé plusieurs années à condition d'être mis à l'abri de la lumière et des vapeurs acides.

Expérience 1. — Dissoudre 0,5 g. environ de *tétraphénylhydrazine* dans 5 cc. de *xylène*, et chauffer avec précaution sur une petite flamme; la solution, incolore au début, prend une teinte d'un vert-olive intense avant même que la température d'ébullition du xylène ait été atteinte, teinte qui est celle du *radical libre*, formé très rapidement à cette température. L'action de NO le fixe sous forme de *diphénylnitrosamine*, comme on le verra au cours d'une expérience suivante.

Expérience 2. — Traiter quelques centigrammes de *tétraphénylhydrazine* par de l'*acide sulfurique* conc. La solution prend une belle coloration *rouge*, puis devient rapidement d'un *bleu-violet* intense.

Le colorant qui a pris naissance est le même que celui qui se forme lorsqu'on oxyde (avec de l'acide nitrique, par exemple) la *diphénylamine* : c'est le *sulfate de diphényl-diphénoquinone-di-imonium* (Kehrmann) :

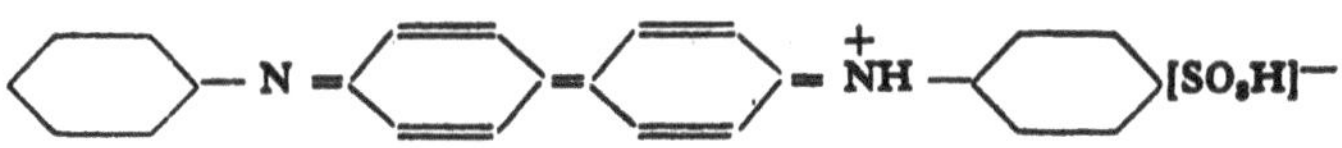

Si l'on soumet le colorant dérivé de la tétraphénylhydrazine à l'hydrolyse, la liaison entre les deux atomes d'azote se scinde pour donner la *diphénylhydroxylamine* (p. 187, 334).

Fixation du diphényl-azote par l'oxyde d'azote ([1])

Production de NO pur. — On fixe un entonnoir à robinet sur un erlenmeyer à vide d'une contenance de 3/4 de l. (voir la préparation du gaz chlorhydrique), au moyen duquel on écoule goutte à goutte de l'*acide sulfurique* 4N sur une solution conc. de *$NaNO_2$* (70 g. de $NaNO_2$ dans 150 cc. d'eau).

Le tube abducteur communique avec deux flacons laveurs en série, contenant le premier une *lessive alcaline* conc., le second de l'*acide sulfurique* conc. ; la suite de l'appareillage comprend un tube en T, adapté d'une part au flacon-laveur à acide sulfurique par un court raccord de caoutchouc, et d'autre part à un Kipp à CO_2. Le raccord est muni d'une pince à vis permettant d'interrompre le courant de NO à volonté.

Description de l'expérience. — On dissout 5 g. de *tétraphénylhydrazine* dans 40 cc. de *toluène* disposés dans un petit ballon rond muni d'un bouchon de liège à deux trous : dans l'un est fixé un tube de verre aboutissant au fond du ballon et relié à l'appareillage précédemment décrit ; l'autre orifice sert de logement à un court tube de dégagement en verre.

On commence par visser à fond la pince de serrage, et par détacher la connexion entre le deuxième flacon-laveur et le raccord en caoutchouc. On fait alors couler goutte à goutte l'*acide sulfurique*, et chasse en même temps l'air de l'appareillage et du ballon où s'effectue la réaction, au moyen de gaz carbonique. Le ballon, maintenu par une pince, doit pouvoir être porté immédiatement sur un bain-marie en forte ébullition, préparé d'avance.

Dès que tout l'air a été chassé de la première partie de l'appareil (le gaz s'échappant du deuxième flacon-laveur laveur doit être parfaitement incolore), on adapte rapidement le raccord de caoutchouc et ouvre la pince à vis de façon que le NO et un léger courant de CO_2 arrivent en même temps dans le ballon. Lorsqu'à la sortie de ce dernier commencent à se dégager des vapeurs rutilantes de NO_2, on le plonge dans le bain-marie bouillant, et continue à faire arriver pendant 1/2 h. un courant assez vif de NO dans le toluène. La couleur de la solution, à ce moment, est devenue jaune.

On éteint alors la flamme du bain-marie, ferme la pince à vis, démonte la connexion de l'appareil à NO et chasse par un fort courant de CO_2 tout l'oxyde d'azote subsistant dans l'appareillage (essai avec du papier iodo-amidonné).

Le toluène est ensuite évaporé *complètement* dans le vide, et le

(1) A. *381*, 211 (1911).

résidu cristallisé de *diphénylnitrosamine* purifié par recristallisation dans un peu d'*alcool* ou d'*éther de pétrole*. P. fus. : 66°.

Expérience 3. — On peut montrer que les nitrosamines aromatiques suivent en se décomposant le processus inverse de celui de leur formation, en portant à l'ébullition dans du *xylène* une petite quantité du produit précédent, et en présentant une bande de papier iodo-amidonné humide à l'orifice de l'éprouvette.

Les radicaux organiques offrent de grandes analogies avec certaines combinaisons de l'azote, qui sont des complexes libres non saturés, à caractère atomique et à valence anormale. L'existence de ces deux familles de composés semble être liée à la présence de noyaux aromatiques.

La *tétraphénylhydrazine*, dans le cas présent, correspond à l'hexaphényléthane mentionné plus haut. La liaison réciproque des deux atomes d'azote y est même plus stable que chez les hydrocarbures. La dissociation de la tétraphénylhydrazine en *radical diphénylazote* n'apparaît en solution que vers 80° :

$$(C_6H_5)_2N — N(C_6H_5)_2 \rightleftarrows 2(C_6H_5)_2N$$

Si toutefois l'on introduit des substituants positifs dans les noyaux benzéniques, on obtient des dérivés de l'hydrazine dont le degré de dissociation peut dépasser considérablement celui de l'hexaphényléthane. C'est ainsi que l'on peut déjà constater la dissociation de la *p-tétra-anisylhydrazine*, incolore à température ordinaire, en deux molécules du radical *p-dianisyle-azote* $(H_3CO — C_6H_4)_2N$ coloré en vert ; la tétraphénylhydrazine substituée par quatre groupes diméthylaminés — $N(CH_3)_2$, se dissocie dans une proportion de 10 % en solution benzénique froide, et de 21 % en solution nitrobenzénique en *bis-para-diméthylamino-diphényle-azote*, radical coloré en jaune : $[(H_3C_2) — N-(C_6H_4)]_2N$.

Contrairement à leur correspondant minéral l'oxyde d'azote, les radicaux organiques azotés ne sont pas sensibles à l'action de l'*oxygène* ; ils fixent par contre très facilement l'*oxyde d'azote* lui-même

$$(C_6H_5)_2N + NO \rightarrow (C_6H_5)_2N — NO$$

Cette réaction peut servir à leur identification, en donnant les *nitrosamines* des diarylamines correspondantes.

Si l'on remplace le NO par le radical *triphénylméthyle*, le même phénomène se passe, les valences libres se saturant mutuellement :

$$(C_6H_5)_2N + (C_6H_5)_3C \rightarrow (C_6H_5)_2N — (C_6H_5)_3$$

La stabilité des radicaux azotés est inférieure à celle des radicaux carbonés.

Une de leurs réactions les plus typiques, commune d'ailleurs à tous les radicaux organiques libres, consiste en une dismutation entre deux molécules ; l'état d'équilibre stable est atteint lorsqu'une molécule a pris à l'autre un atome d'*hydrogène* pour saturer sa valence libre ; les produits formés sont une *amine secondaire* et un *dérivé de la phénazine* privé d'un atome d'hydrogène :

$$2(H_3CO — C_6H_4)_2N \rightarrow (H_3CO — C_6H_4)_2NH + (H_3CO — C_6H_4)_2N — H$$

$$2[(H_3CO — C_6H_4)_2N — 1H] \rightarrow$$

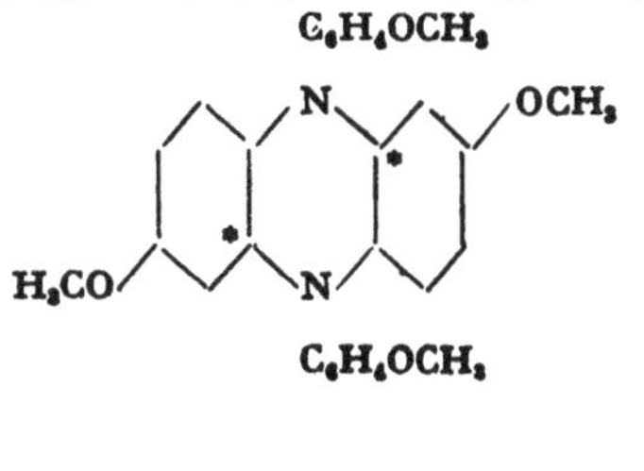

Les emplacements des atomes d'hydrogène captés sont indiqués par les astérisques*.

Comme exemple le plus simple de cette dismutation des radicaux organiques, citons la décharge des ions — OH du radical hydroxyle :

$$2OH \rightarrow \overset{*}{H}OH + O; \quad 2O \rightarrow O_2$$

On connaît encore d'autres radicaux à atome d'azote bivalent : ceux-ci, dérivant aussi d'hydrazines et appelés *hydrazyles*, sont des combinaisons à colorations profondes obtenues par déshydrogénation d'hydrazines tertiaires ; elles coexistent en équilibre de dissociation avec leurs *tétrazanes* incolores (St.-Goldschmidt) :

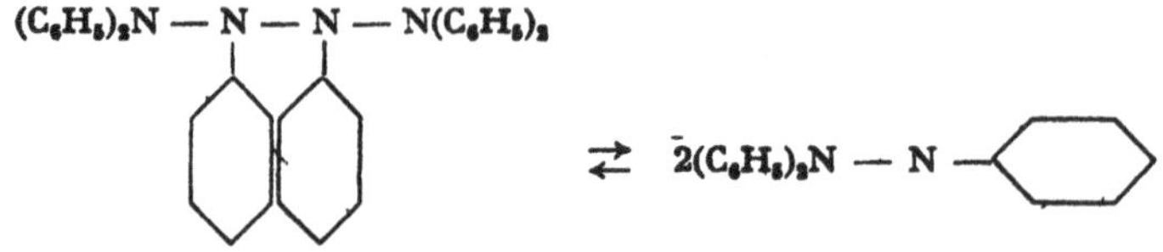

Le peroxyde d'azote NO_2 a, lui aussi, son équivalent en Chimie Organique. Si, en effet, l'on soumet la diphénylhydroxylamine à la déshydrogénation, au moyen d'oxyde d'argent, on obtient l'*oxyde de diphénylazote* sous forme de cristaux grenats de belle apparence :

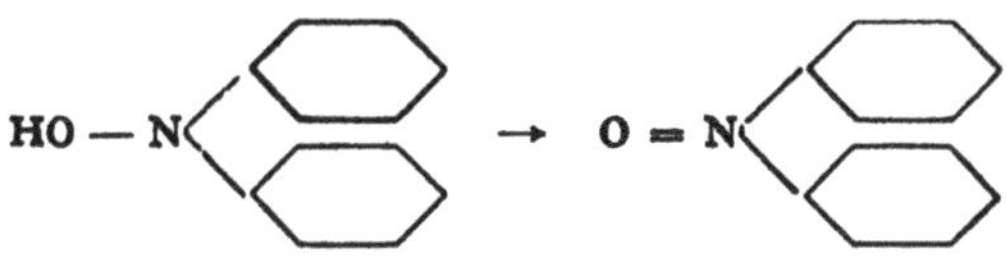

Sa coloration, ainsi que beaucoup de ses réactions, montrent l'analogie frappante existant entre ce composé et le peroxyde d'azote. Il n'est cependant pas capable, comme lui, de se dimériser. Il ressemble davantage en cela à l'oxyde d'azote, alors que les correspondants organiques de ce dernier se rattachent plutôt au peroxyde d'azote.

On trouvera une description détaillée des composés traités au présent chapitre dans l'ouvrage de P. Walden : « Chemie der freien Radikale », Leipzig, 1924.

X. — Composés hétérocycliques

1. — *Dérivés de la Pyridine*

a) *Synthèse de la Collidine d'après Hantzsch* (1) :

Dihydro-collidine-dicarboxylate d'éthyle. — On chauffe 3 min. à à 100-110° sur toile métallique un mélange de 33 g. d'*ester acétylacétique* et 10 g. d'*aldéhydate d'ammonium* dans un petit bécher, en agitant avec un thermomètre. On ajoute au mélange encore chaud le volume double d'*acide chlorhydrique* 2N et agite fortement sans continuer à chauffer, jusqu'à prise en masse du liquide. Le magma est pulvérisé finement dans un mortier, filtré à la trompe, lavé à l'eau et séché sur porcelaine poreuse. Le produit

(1) *A.*, *215*, 1 (1882).

peut être utilisé tel quel pour la suite des opérations ; un échantillon, recristallisé dans un peu d'*alcool*, y forme des tablettes incolores, à fluorescence faiblement bleuâtre, fondant à 131°.

Collidine-dicarboxylate d'éthyle. — On mélange l'*ester brut* précédent avec son poids d'*alcool*, refroidit le tout à l'eau et y fait passer un courant d'*acide nitreux gazeux* (1) jusqu'à ce que le dihydroester se soit dissous et qu'un échantillon de la solution se dissolve parfaitement dans l'*acide chlorhydrique* dilué.

On jette alors la solution sur 100 g. de glace et rince le récipient à l'eau ; la glace est disposée dans un entonnoir à décantation d'un demi à trois quarts de litre. L'acide est neutralisé par introduction graduelle de *carbonate de sodium* finement pulvérisé, et l'*ester* se séparant sous forme huileuse extrait à l'*éther* ; l'entonnoir ne doit être agité, bouchon fermé, que lorsque le dégagement de CO_2 a cessé. On répète l'extraction à l'éther, réunit les solutions éthérées, les agite une fois encore avec de l'eau pour éliminer la majeure part de l'*alcool* et sèche rapidement sur du *carbonate de potassium* ; l'éther est chassé par évaporation et le résidu distillé à pression réduite. P. éb. /12 mm. : 175-178°. Rendement : 15 g. de *collidine-dicarboxylate d'éthyle* à partir de 20 g. de dihydroester.

Collidine-dicarboxylate de potassium. — On dissout 30 g. de *potasse caustique* pure dans 100 cc. d'*alcool absolu* par ébullition prolongée à reflux dans un ballon d'un quart de litre, chauffé sur toile métallique, ajoute graduellement les 15 g. de *collidine-dicarboxylate d'éthyle* précédemment obtenus et chauffe 3-4 h. la solution au bain-marie en vive ébullition. Le *sel de potassium*, peu soluble dans l'alcool, précipite peu à peu en un magma cristallisé ; la saponification terminée, il est filtré de la solution refroidie et lavé deux fois à l'*alcool*, puis à l'*éther*. Rendement : 12-14 g.

Collidine. — L'élimination des groupements carboxyles s'effectue en chauffant le sel potassique avec de la chaux éteinte. A cet effet, on triture soigneusement le *sel* dans un mortier avec deux fois son poids de $Ca(OH)_2$, et introduit le mélange dans un tube à combustion d'environ 60 cm. de long, muni pour le remplissage d'un bouchon d'amiante intérieur à 10 cm. de son extrémité ; le mélange est maintenu en place de l'autre côté du tube

(1) Ecouler lentement au moyen d'une ampoule à robinet, et en prenant toutes les précautions nécessaires, un mélange de 75 cc. d'*acide nitrique conc.* (p. spéc. : 1,4) et 30 cc. d'eau sur 50 g. d'*oxyde arsénieux* pulvérisé ; le ballon rond dans lequel se forme le gaz nitreux est muni d'un bouchon de liège à deux trous, l'un servant de logement à l'ampoule à robinet, l'autre à un tube de dégagement mis en communication avec le récipient où s'effectue la préparation par l'intermédiaire d'un flacon-laveur vide et sec. Chauffer très prudemment sur toile métallique le mélange d'oxyde arsénieux et d'acide nitrique.

par un tampon lâche. On bouche une des extrémités avec un solide bouchon de liège, l'autre étant reliée au moyen d'un raccord tubulaire à un récipient collecteur quelconque. Le tube est disposé obliquement dans un petit four à combustion (l'extrémité bouchée du tube étant la plus élevée).

Après avoir ménagé un passage vide suffisant au-dessus du mélange en frappant le tube à petit coup, on commence à chauffer avec une petite flamme. Le chauffage est augmenté progressivement, en commençant par l'extrémité supérieure du tube, jusqu'à ce que la température atteigne le rouge-clair, le couvercle du four étant rabattu.

La *collidine* ayant distillé est extraite à l'*éther*, la solution séchée sur un peu de *potasse caustique* et distillée.

P. éb. : 172°. Rendement : 3-4 g.

Si l'on dispose d'une bouteille à azote comprimé, on effectuera la pyrogénation dans un courant faible de ce gaz.

La synthèse du noyau pyridique à partir d'ester acétylacétique, d'aldéhyde et d'ammoniaque est une opération extrêmement aisée. La première phase de la synthèse consiste en la réaction des aldéhydes avec l'ester acétylacétique pour former des *esters alcoylidène-bis-acétyl-acétiques* ; les dérivés 1.5-dicétoniques ainsi produits se cyclisent en absorbant une molécule d'ammoniac et éliminant deux molécules d'eau :

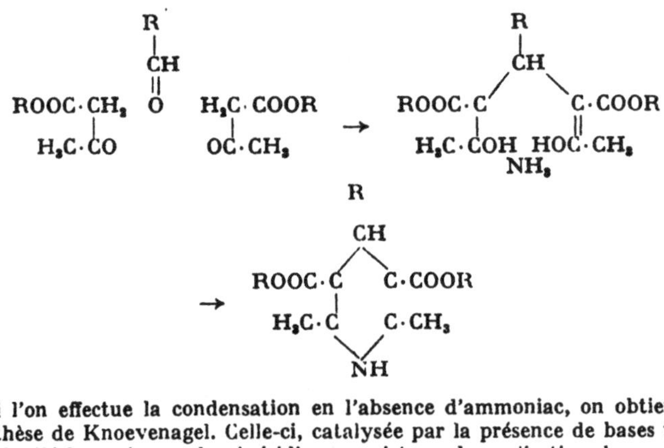

Si l'on effectue la condensation en l'absence d'ammoniac, on obtient la synthèse de Knoevenagel. Celle-ci, catalysée par la présence de bases telles que la diéthylamine ou la pipéridine, consiste en la cyclisation du composé intermédiaire, développé plus haut sous sa forme di-énolique :

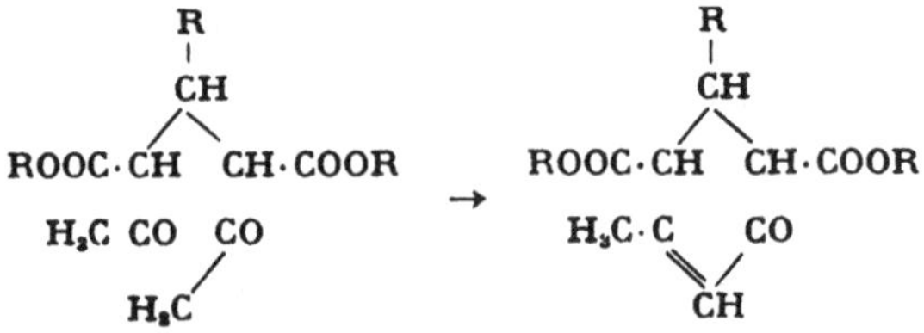

Dans la synthèse de Hantzsch, le produit de condensation est un dérivé de la *di-hydropyridine* qui peut par déshydrogénation être ramené à un dérivé pyridique vrai. Il suffit d'éliminer les deux atomes d'hydrogène en 1.4 pour obtenir le système hétérocyclique correspondant à celui du benzène.

La réaction se passe plus facilement encore dans le cas analogue de la transformation de l'*ester Δ 2,5-dihydrotéréphtalique* en *ester téréphtalique :*

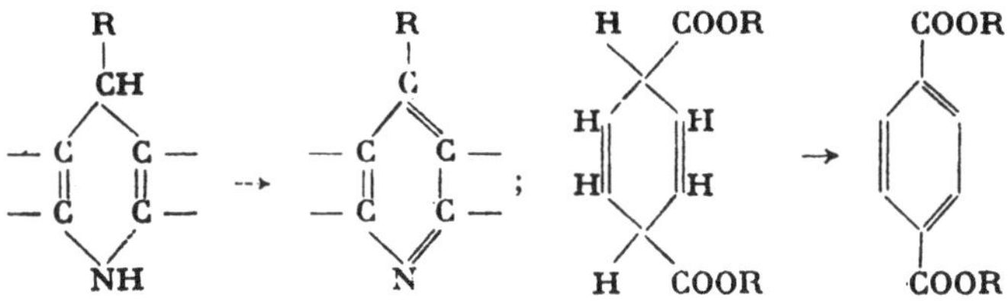

La basicité du dérivé pyridique vrai, qui est plus prononcée que celle du dihydrocomposé correspondant, indique que chez ce dernier le groupement >NH est lié à deux atomes de carbone porteurs de doubles liaisons. La pyridine et ses dérivés n'ont toutefois qu'un caractère basique relativement faible.

La pyridine et la quinoléine, se rapprochent par plusieurs côtés du benzène grâce à leurs propriétés chimiques « aromatiques » ; cette ressemblance disparaît complètement lorsqu'elles sont hydrogénées, respectivement en *pipéridine* et *hydroquinoléine,* lesquelles possèdent intégralement le caractère d'amines *aliphatiques* secondaires. Les bases hétérocycliques hydrogénées à saturation sont susceptibles de réactions de dégradation présentant un intérêt considérable lors des recherches de constitution de certains alcaloïdes.

L'exemple de la pipéridine servira à illustrer la méthode due à A. W. Hofmann d'ouverture du noyau par *méthylation épuisante.* Le premier stade de cette réaction est une décomposition thermique consistant en la rupture d'une liaison entre le carbone et l'azote de la *base ammonium quaternaire* et l'élimination simultanée d'une molécule d'eau :

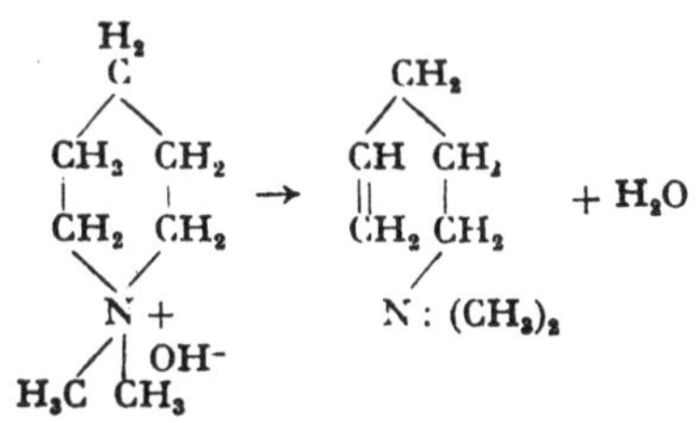

L'amine tertiaire non saturée en chaîne ouverte est de nouveau soumise à la méthylation épuisante, et sa base ammonium quaternaire décomposé à son tour comme précédemment :

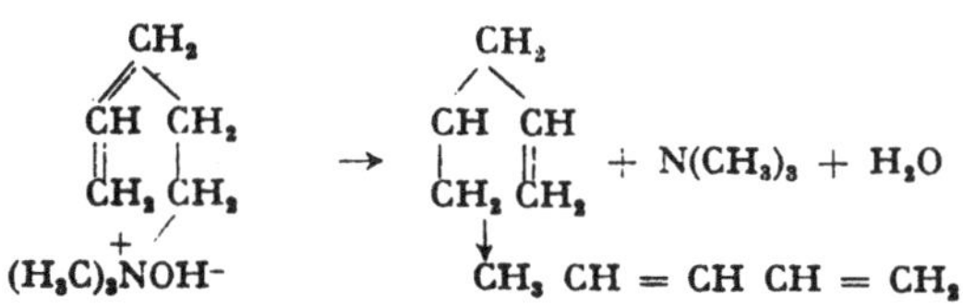

La pipéridine se transforme ainsi par degrés successifs en l'hydrocarbure appelé « *pipérylène* », ou α-méthyl-butadiène. Le déplacement de la double liaison est tout à fait comparable au réarrangement caractérisant la transformation de l'*eugénol* en *iso-eugénol*, ou de l'*acide β-déhydromuconique* en *acide α*.

Formuler la réaction de dégradation de la *β-méthylpyrrolidine*.

Une deuxième méthode, due à J. von Braun, utilise la fixation de *bromure de cyanogène* par les *bases cycliques tertiaires* (1). Une liaison de carbone à azote du composé intermédiaire instable se scinde et le brome migre en une nouvelle position ; on obtient ainsi un dérivé bromé de la cyanamide, lequel peut être dégradé par hydrolyse en *amine secondaire*, susceptible à son tour de dégradation plus poussée :

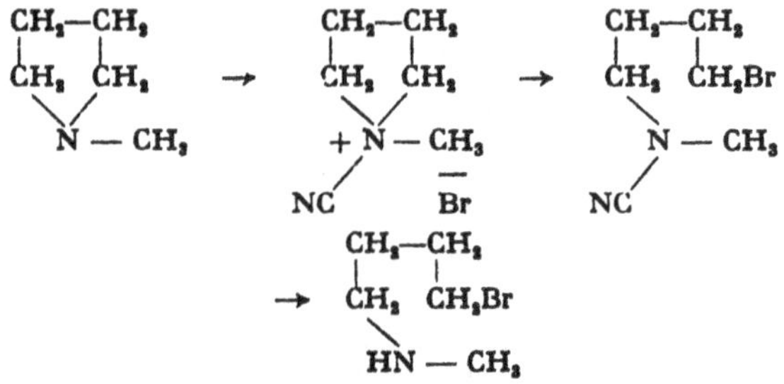

La base cyclique secondaire déméthylée figure également comme produit accessoire de la réaction.

Une autre méthode de dégradation des amines *secondaires*, due au même auteur, peut être appliquée à la pipéridine : on soumet la *N-benzoyl-pipéridine* à l'action du pentoxyde de phosphore qui la décompose en *benzonitrile* et *1.5-dichloropentane*.

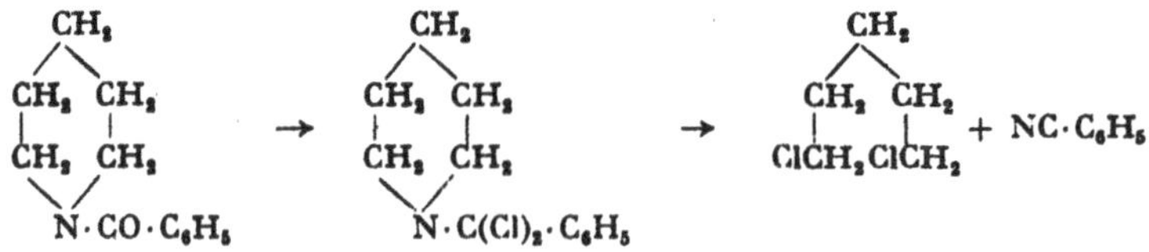

Un des dérivés les plus simples de la pyridine, l'amide de l'acide β-carboxylique correspondant, ou *acide nicotinique*, joue un rôle fort important dans le métabolisme cellulaire. Un de ses sels quaternaires, dans lequel on a reconnu la présence d'un pentose (R), fixé à l'atome d'azote basique et estérifié par l'acide phosphorique, fonctionne notamment comme transporteur réversible d'hydrogène dans la déshydrogénation enzymatique (O. Warburg, P. Karrer) et dans la fermentation alcoolique (H. von Euler) :

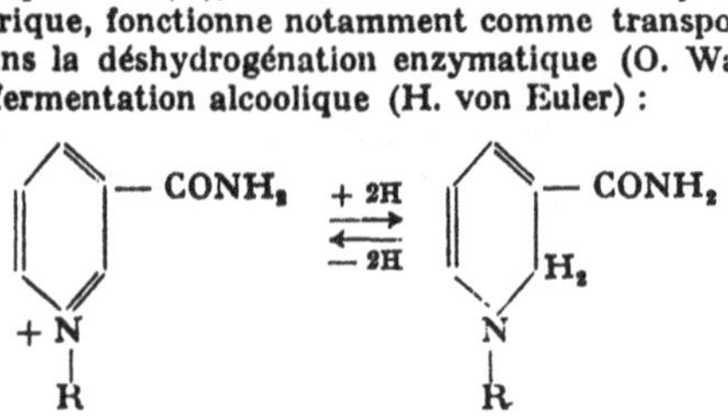

On a identifié récemment la Vitamine B_6 (*Adermine*) comme un nouveau dérivé de la pyridine (R. Kuhn).

(1) *B.*, *40*, 3914 (1907) ; *42*, 2219 (1909) ; *44*, 1252 (1911).

b) *α-aminopyridine* (1) :

On mélange 16 g. (0,2 mol.) de *pyridine*, séchée sur de la *potasse caustique* pulvérisée ou de l'*oxyde de baryum* et distillée, avec 30 cc. de *xylène* (séché sur du *sodium*), et ajoute 10 g. d'*amidure de sodium* (broyé au mortier dans le xylène),

Le tout est chauffé 7 h. à reflux au bain d'huile (140-150°). (Empêcher avec soin toute entrée d'humidité). On ajoute lentement après refroidissement 20 cc. d'une solution de *carbonate de sodium* refroidie, agite le tout et sépare à l'entonnoir. La couche aqueuse est encore épuisée plusieurs fois avec du *benzène* ; les extraits réunis sont rapidement séchés sur de la *potasse caustique* solide et le solvant distillé. On purifie l'*aminopyridine*, dont la température d'ébullition est assez élevée, en la distillant à pression réduite dans un ballon d'Anschütz à tube courbe ; la fraction de tête est constituée principalement par du xylène. Le produit passe à 93°/11 mm. ou 96°/13 mm. Rendement : 6-7 g. Une petite quantité d'aminopyridine peut être encore retirée des distillats de tête et de queue par un second fractionnement. Le produit cristallise facilement et peut être recristallisé dans la *ligroïne*. P. fus. : 57°.

L'intéressante réaction qui consiste à introduire le groupement $—NH_2$ dans un noyau aromatique au moyen de l'amidure de sodium est dûe à F. Sachs (B. *39*, 3006 [1906]) ; elle a fait l'objet, de la part de l'auteur, d'un ensemble de recherches dans les séries du naphtalène et de l'anthraquinone.

La synthèse de Tschitschibabine fournit un excellent rendement dans le cas de la pyridine. Il s'y forme sans aucun doute un composé intermédiaire possédant le groupement $— NNa — C(NH_2)—$, résultant de la fixation d'une molécule d'amidure sur la double liaison du groupement $—N = C$. La réaction globale est la suivante :

$$C_5H_5N + NaNH_2 \rightarrow C_5H_4N \cdot NH_2 + Na + H$$

l'*α-aminopyridine* formée se comporte dans ces réactions chimiques comme un composé tautomère ; plusieurs de ses dérivés, en effet, notamment les dérivés cycliques, proviennent d'une forme *diiminée* apparaissant par transposition intramoléculaire :

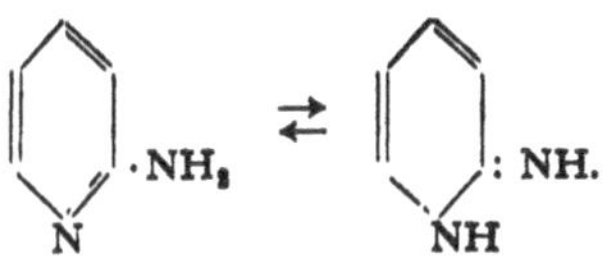

2. — *Quinoléine*

a) *Synthèse de la Quinoléine d'après Skraup* (2) :

On introduit dans un ballon d'un litre et demi un mélange de 20 g. de *nitrobenzène*, 31 g. d'*aniline* et 100 g. de *glycérine* an-

(1) Tschitschibabine, *C.*, 1915 I, 1065. Wibaut, *Rec.*, *42*, 240 (1923).

(2) *M.*, *1*, 316 (1880) ; *2*, 139 (1881) ; M. Wyler, *B.*, *60*, 398 (1927). Darzens, *Bl.*, *47*, 227 (1930).

hydre (1), auquel on ajoute en agitant 45 cc. d'*acide sulfurique* concentré.

On adapte un grand réfrigérant à reflux et chauffe sur toile métallique. Le début de la réaction s'indique par la brusque production de bulles de vapeur au sein du liquide ; on éloigne aussitôt alors la flamme pour permettre au gros de la réaction (2) qui peut prendre un caractère violent, de se terminer en l'absence d'une source de chaleur extérieure. Lorsque la réaction s'est calmée, on chauffe encore pendant 3 h. à ébullition au bain de sable ou sur toile métallique, ajoute un peu d'eau et extrait complètement de la solution acide, par entraînement à la vapeur, le nitrobenzène non transformé. Le résidu encore chaud du ballon est alcalinisé par une lessive de *soude caustique* concentrée, et on entraîne à la vapeur la *quinoléine* mise en liberté ainsi que l'aniline non transformée. Le distillat est épuisé à l'éther, ce dernier chassé par évaporation et les bases à l'état brut dissoutes dans 50 cc. d'*acide chlorhydrique* concentré additionnés de 200 cc. d'eau. On chauffe la solution limpide et y ajoute 30 g. de $ZnCl_2$ dissous dans 50 cc. d'*acide chlorhydrique* 2N ; le *sel double* de quinoléine et de zinc cristallise au refroidissement ; on le laisse reposer quelque temps en le refroidissant à la glace, l'essore, le lave à l'acide chlorhydrique 2N froid et le décompose par une lessive de soude caustique concentrée. La quinoléine est à nouveau entraînée à la vapeur, extraite à l'éther et finalement distillée après élimination du solvant. Sécher sur des morceaux de *potasse caustique* P. éb. : 237°. Rendement : 24-25 g. de produit incolore.

b) *Synthèse de la Quinaldine d'après Doebner-Miller* (3) :

On introduit dans un ballon d'un litre un mélange de 31 g. d'*aniline* et 60 cc. d'*acide chlorhydrique* technique concentré, auquel on ajoute en remuant 45 cc. de *paraldéhyde* (ou 60 cc. d'*acétaldéhyde*, écoulés lentement à travers un long réfrigérant à reflux, le ballon étant refroidi extérieurement à la glace). Le mélange est abandonné quelque temps à la température du laboratoire (les progrès de la condensation se manifestent par un léger échauffement du mélange). On chauffe trois heures à ébullition à reflux, alcalinise par une lessive de *soude caustique* concentrée et

(1) Chauffer la glycérine ordinaire dans une capsule de porcelaine sous hotte, en y faisant plonger un thermomètre, jusqu'à atteindre la température de 180°.

(2) La vigueur de cette réaction peut être modérée en introduisant d'abord la moitié seulement de l'acide sulfurique nécessaire, échauffant progressivement avec une petite flamme pour provoquer une ébullition régulière et écoulant ensuite goutte à goutte le reste de l'acide en l'espace d'une heure. Le mélange est alors chauffé 3 h. à l'ébullition comme ci-dessus.

(3) *B.*, *14*, 2816 (1881) ; *16*, 1664 (1883) ; *17*, 1712 (1884).

entraîne à la vapeur la base brute. Le distillat est épuisé à l'éther et la solution éthérée séchée sur de la *potasse caustique* en morceaux. Après avoir chassé l'éther, on élimine l'*aniline* n'ayant pas réagi par une ébullition à reflux d'un quart d'heure avec 10 cc. d'*anhydride acétique*, alcalinise nettement après refroidissement par une solution saturée de *carbonate de sodium* et procède à un nouvel entraînement à la vapeur. La *quinaldine* est purifiée selon la méthode usuelle par distillation dans le vide. P. éb. : 115-120° / 12 mm. La fraction de queue renferme une petite quantité de bases à points d'ébullition plus élevés. Rendement : 18-20 g.

La quinaldine peut également être séparée du mélange des bases brutes par la méthode au sel double de chlorure de zinc, comme précédemment indiqué pour la quinoléine. Le produit obtenu est alors plus pur, mais le rendement est moins bon.

Le premier dérivé de la quinoléine obtenu par le procédé *a*) a été le colorant *bleu d'alizarine* (Prud'homme, 1877) ; il avait été préparé en chauffant la β-*nitroalizarine* avec de la glycérine et de l'acide sulfurique ; sa constitution a été établie par Graebe :

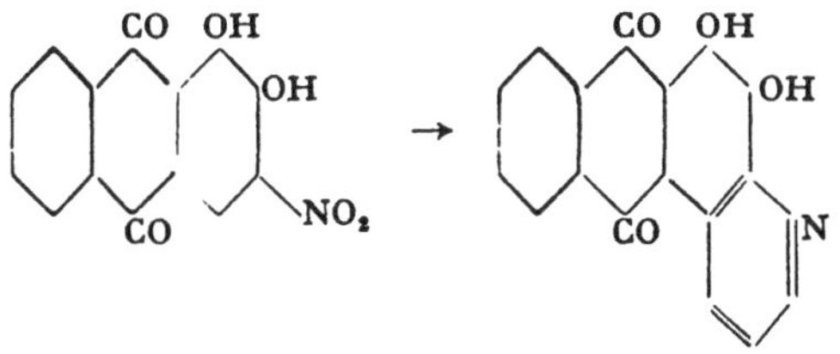

Le groupe NO_2 est réduit en NH_2 au cours de la réaction.

La synthèse de Skraup s'accompagne d'élimination d'eau, conséquence de la formation d'*acroléine* ; celle-ci pourrait entrer en réaction avec l'aniline pour former une azométhine (base de Schiff) selon I ; on considère plutôt que l'aniline s'additionne sur les doubles liaisons de carbone à carbone (II) :

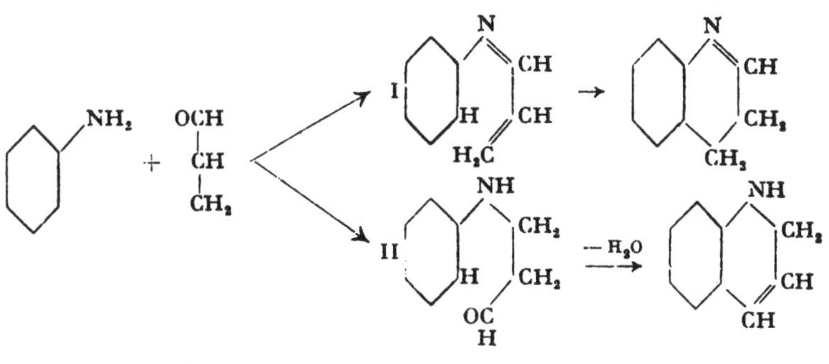

Le produit résultant est dans les deux cas une *dihydroquinoléine*.

L'hydrogène supplémentaire est ensuite détaché par le nitrobenzène introduit dans la réaction.

Une autre synthèse du même genre, celle de Doebner-Miller, conduit aux quinoléines *substituées*. L'exemple le plus simple en est la préparation de la *quinaldine* à partir d'aniline et de paraldéhyde, chauffés en présence d'acide chlorhydrique concentré. Le mécanisme de la réaction est tout à fait semblable à celui de la synthèse de Skraup selon II : l'aniline réagit avec l'*aldéhyde crotonique* au lieu de l'acroléine, dans des conditions provoquant la formation de l'aldéhyde :

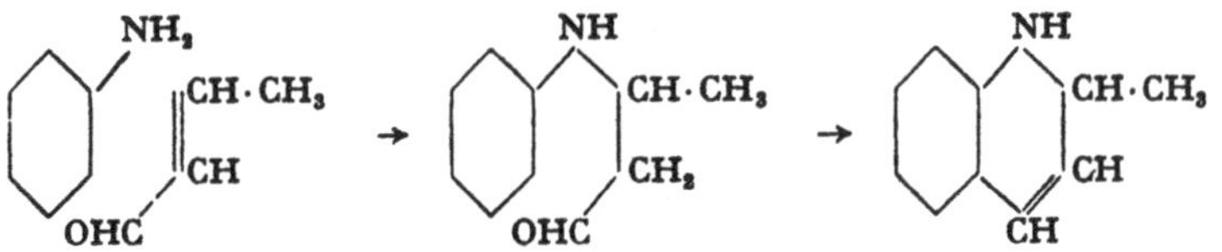

Les deux atomes d'hydrogène en excès disparaissent de même dans des réactions secondaires conduisant à des intermédiaires hydrogénés.

Le produit pharmaceutique antirhumatismal connu sous le nom d'*atophane*, acide α-phényle-quinoléine-γ-carboxylique, provient d'une condensation du même type entre l'*aniline*, le *benzaldéhyde* et l'*acide pyruvique :*

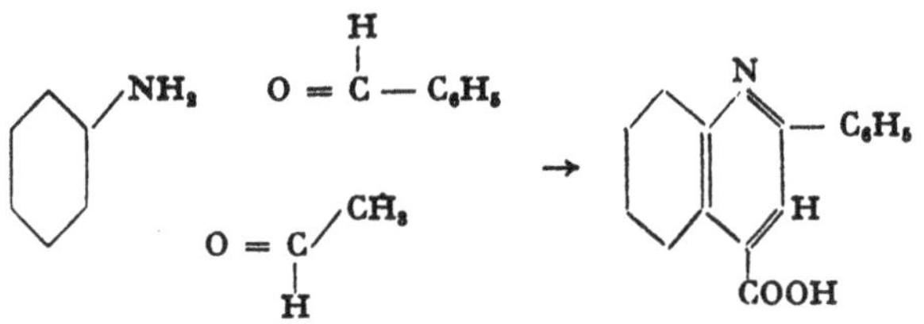

L'atophane peut également s'obtenir par condensation alcaline de l'*isatine* avec l'*acétophénone*. Formuler la réaction.

Le groupe méthyle de la quinaldine possède l'activité de celui des cétones et peut se condenser avec les aldéhydes et composés analogues. Avec l'*anhydride phtalique* il se forme le colorant jaune appelé *quinophtalone*.

3. — *α-phénylquinoléine à partir de la Quinoléine et du Phényle-Lithium* (1)

1° *Phényle-Lithium :*

Le *lithium* du commerce est préalablement débarrassé de ses incrustations foncées et divisé au couteau sous l'*éther absolu* en copeaux aussi fins que possible. On en pèse, sous l'éther absolu, 1,4 g. environ.

On munit un ballon de 300 cc. à trois cols (ou un ballon à allonge d'Anschütz) d'un bon réfrigérant à reflux, d'une ampoule à robinet et d'un tube d'adduction communiquant avec une bouteille à azote comprimé ; le gaz est purifié par passage à travers de l'*acide sulfurique* concentré, de l'*amiante sodée* et du *pentoxyde de phosphore*.

Si l'on utilise un ballon à allonge d'Anschütz, on fera pénétrer

(1) K. ZIEGLER, *A.*, *479*, 147 (1930) ; *A.*, *483*, 185 (1931).

le tube d'adduction à l'intérieur du réfrigérant ; on évitera de le faire plonger dans le liquide en réaction pour supprimer tout risque d'obstruction.

On introduit la quantité pesée de *lithium* avec 40 cc. d'*éther absolu* dans le ballon — on fait passer en même temps un vif courant d'*azote* — et obture ce dernier. Lorsque tout l'air du ballon a été déplacé, le courant d'azote peut être modéré. On écoule alors goutte à goutte par l'ampoule à robinet 16 g. (0,1 mol.) de *bromobenzène* séché sur du *chlorure de calcium* et distillé. La réaction, suivant les cas, peut commencer instantanément ou seulement après un certain laps de temps. Elle est en général assez énergique au début et doit être continuellement surveillée (on agitera fréquemment et, s'il le faut, refroidira à l'eau glacée).

Dès que la réaction s'est calmée, on chauffe 30 min. à l'ébullition. Le lithium est alors presqu'entièrement dissous et le liquide est coloré en brun.

2° *α-phénylquinoléine*

On laisse refroidir la solution précédente et y écoule goutte à goutte par l'ampoule à robinet 9 g. (0,07 mol.) de *quinoléine*, séchée au préalable sur de l'*oxyde de baryum* et distillée à pression réduite. Le *produit d'addition* jaune du phényle-lithium et de la quinoléine précipite aussitôt. On laisse reposer 2 h. et décompose avec précaution avec de l'eau écoulée goutte à goutte, en refroidissant le récipient à la glace.

On ajoute ensuite un volume égal d'*éther* et sépare à l'entonnoir lorsque tout le lithium est entré en solution. La couche aqueuse alcaline est extraite à nouveau par l'éther et les solutions éthérées réunies sont évaporées. On fait bouillir le résidu — mélange de *phénylquinoléine* et de son composé *dihydrogéné* en huile jaune épaisse — avec 60 cc. de *nitrobenzène* pendant quelques minutes dans un ballon, muni d'un tube vertical en guise de réfrigérant à reflux. La base est séparée du nitrobenzène, après refroidissement, par agitation avec de l'*acide sulfurique* dilué. Le nitrobenzène est éliminé de la solution acide par extraction avec un peu d'*éther*, et la solution neutralisée approximativement d'abord par de la *soude caustique*, puis plus exactement par du *carbonate de sodium*. La base précipitée est extraite par deux fois à l'éther, la solution séchée sur des morceaux de *carbonate de potasse* et le solvant chassé par évaporation. Le résidu consiste en *α-phénylquinoléine* assez pure. Rendement en produit brut : environ 12 g., soit les 85 % de la quinoléine mis en jeu. Recristallisé dans l'*alcool*, le produit fond à 83-84°. Les cristallisations occasionnent des pertes notables, et il est nécessaire d'utiliser les eaux-mères si l'on veut élever le rendement.

Le mécanisme de la réaction est le suivant : le phényle-lithium s'attache d'abord sur la double liaison de l'atome d'azote de la quinoléine pour former l'*α-phényldihydroquinoléine-Li* :

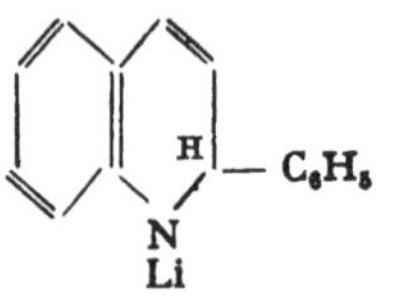

Ce composé, après hydrolyse est déshydrogéné par le nitrobenzène en *α-phényl-quinoléine.*

4. — *Indigo*

Phénylglycine (1) :

On neutralise exactement, à froid, 19 g. d'*acide chloracétique* par 100 cc. de *soude caustique* 2N, ajoute 18,6 g. d'*aniline* et fait bouillir à reflux un court instant, jusqu'à ce que l'aniline se soit transformée et dissoute. La *phénylglycine* se sépare au refroidissement sous forme huileuse, cristallisant rapidement par frottement d'une baguette de verre. On abandonne quelque temps à la glace, essore et lave avec un peu d'eau glacée. Rendement : 22-24 g. de produit sec.

On prépare le *sel potassique* en neutralisant exactement en présence de papier à la phénol-phtaléine 20 g. de *phénylglycine* avec de la *potasse caustique* 2N (environ 70 cc.), et en évaporant la solution claire, au bain-marie. Le sel destiné à la fusion indoxylique doit être séché plusieurs heures à l'étuve à 100°.

Fusion indoxylique (2) :

On fait fondre 15 g. de *soude caustique* et 20 g. de *potasse caustique* dans un creuset de nickel en chauffant jusqu'à environ 500° (rouge sombre) de façon à provoquer la déshydratation complète des alcalis. Ceux-ci à peine solidifiés sont à nouveau fondus par un léger réchauffement et versés dans un erlenmeyer en verre d'Iéna de 100 cc., chauffé à 220° au bain d'huile (le bris du récipient est évité si l'on observe cette précaution).

On introduit dans la masse fondue 10 g. d'*amidure de sodium*, qui se dissout avec un léger dégagement d'ammoniac, et y ajoute en 5-10 min. par petites portions 20 g. de *phénylglycinate de potassium* parfaitement desséché à 100° à l'étuve, en remuant avec une baguette de verre. On cherchera à obtenir une fusion bien homogène (les yeux et les mains doivent être attentivement

(1) J. Houben, *B.*, *47*, 3988 (1913).
(2) D'après une prescription du Dr J. Pfleger, Francfort-sur-Main.

préservés au cours de l'opération), et maintiendra la température à 200-220°.

Le récipient, fermé par un bouchon non hermétique, est retiré du bain d'huile 2 min. après l'introduction de la dernière portion de sel et mis à refroidir. On le brise ensuite, fragmente la masse solidifiée en petits morceaux qu'on jette dans un bécher d'un litre contenant 500 cc. d'eau. On filtre (1) rapidement, après complète dissolution, à travers un grand filtre à plis dans un ballon rond ou un flacon à vide d'un litre et demi, et fait barboter de l'*air* dans la solution en utilisant une trompe à eau, jusqu'à ce qu'une goutte de la suspension aqueuse d'indigo, portée sur un papier-filtre, ne bleuisse pas davantage à l'air et donne un dépôt circulaire net d'indigo insoluble.

L'*indigo* est essoré à la trompe après oxydation complète, lavé à l'eau chaude, entraîné dans un bécher par rinçage du filtre, porté à ébullition avec de l'*acide chlorhydrique* à 10 %, filtré à nouveau, lavé à l'eau chaude et séché. Rendement : 60-70 %.

Un contrôle qualitatif simple de la pureté du produit sec obtenu consiste à en ajouter quelque peu à de la *pyridine*, en éprouvette, chauffer un instant en agitant et verser quelques gouttes de la liqueur sur un papier-filtre. Si l'indigotine est pure, on ne constate aucune coloration de la pyridine ; les impuretés qui peuvent se former en petite quantité aux cours des opérations sont décelées par une coloration brun-sale plus ou moins foncée apparaissant sur le papier-filtre.

Pour purifier par la pyridine la quantité totale d'indigo préparé, on essore le mélange indigo-pyridine, lave l'indigo avec de la pyridine pure bouillante, porte à l'ébullition une fois encore avec de l'*acide chlorhydrique*, essore, lave à l'eau bouillante et dessèche (2).

La synthèse de l'indigo telle qu'elle vient d'être décrite constitue le procédé industriel actuel ; les produits de départ en sont le coke et la chaux (acétylène ⟶ acide acétique), le chlore et l'aniline.

La culture des plantes à indigo a été largement distancée par le procédé industriel ; elle a toutefois jusqu'à présent souffert dans de moins grandes proportions que la culture de la garance concurrencée par l'alizarine synthétique.

La synthèse de l'indigo par fusion alcaline de la phénylglycine a été découverte par Neumann en 1892 ; elle n'a pu prendre un essor industriel que grâce à l'introduction dans la réaction de l'*amidure de sodium*, proposée par J. Pfleger.

La constitution du colorant a été démontrée pour la première fois par les travaux restés classiques de A. Baeyer. Nous n'entrerons pas dans les détails des nombreuses autres synthèses existantes, et ne mentionnerons que la plus

(1) Cette opération n'est pas absolument nécessaire ; elle a l'avantage de fournir un produit plus pur.

(2) D. R. P. 134139 Höchster Farbwerke.

élégante, celle qui a fourni pendant quelques années un procédé industriel (1) ; Elle consiste en la condensation, en milieu alcalin, de l'*o-nitro-benzaldéhyde* avec l'*acétone*, formant la *méthylcétone de l'acide o-nitro-phénylhydracrylique* ; ce composé perd une molécule d'acide acétique et, probablement en passant par l'o-nitrostyrolène, se transforme par départ d'une molécule d'eau en *indolone*, correspondant à la moitié de la molécule de l'indigo. L'indolone n'existe pas comme telle à l'état libre et se polymérise instantanément pour donner le colorant :

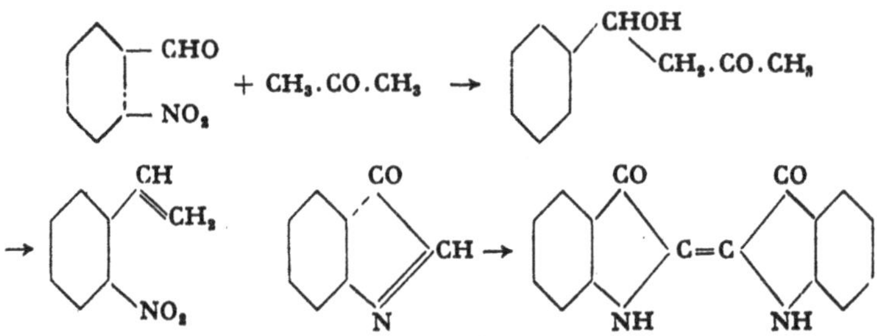

La migration d'un atome d'oxygène appartenant à un groupement nitro sur un atome de carbone situé en ortho est un phénomène peu fréquent, connu cependant dans quelques autres réactions : l'*o-nitrotoluène*, par exemple, se transforme sous l'action des alcalis en *acide anthranilique* (Binz), l'*o-nitrobenzaldéhyde* en acide *o-nitrosobenzoïque* par irradiation solaire (Ciamician) :

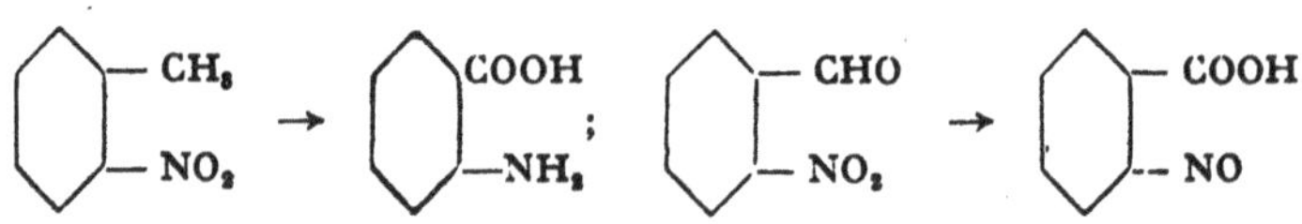

le γ-*nitroanthracène* se transforme de même en *anthraquinone-oxime* (Meisenheimer) :

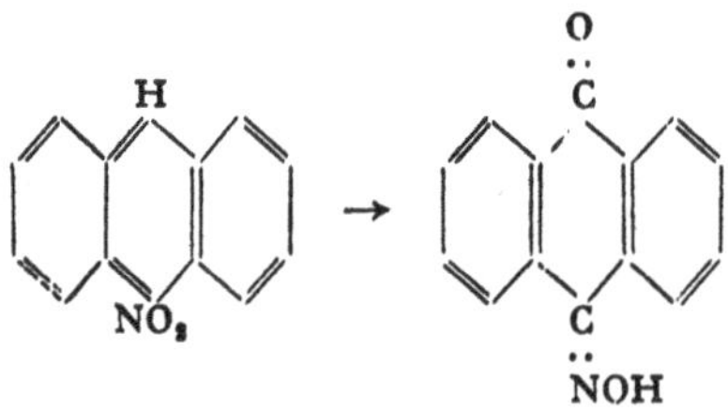

Si l'on dispose d'o-nitrobenzaldéhyde, on pourra aisément faire la réaction classique de Baeyer :

Expérience. — Dissoudre 1 g. d'*o-nitrobenzaldéhyde* dans 3 cc. d'*acétone* pure ; ajouter 4 cc. d'eau, puis de la *soude caustique* N/1 goutte à goutte à la solution claire. Celle-ci s'échauffe en prenant une coloration brun-foncé et le colorant précipite rapidement en

(1) *B.*, *15*, 2856 (1882).

flocons cristallins. On essore après 5 min., lave à l'*alcool* puis à l'*éther*. L'*indigo* obtenu ainsi est d'une grande pureté et possède un bel éclat violacé.

La première préparation de l'indigo sur une échelle industrielle utilisait le *naphtalène* comme produit de départ, que l'on oxydait par de l'acide sulfurique fumant (en présence de sulfate mercurique) en *acide phtalique*. La *phtalimide* obtenue ensuite à partir de l'acide précédent était partiellement hydrolysée (avec ouverture du cycle) en *acide phtalimidique*, puis transformée, par la réaction de dégradation d'Hofmann, en *acide anthranilique* que l'on faisait réagir avec l'acide chloracétique ; l'*acide phénylglycine-o-carboxylique* formé, soumis à la fusion alcaline, donnait lieu à l'indoxyle. Formuler les précédentes réactions.

La synthèse du *thoindigo* (Friedlaender), colorant rouge dont les dérivés surtout ont un grand intérêt industriel, procède de façon analogue à partir de l'acide *thiosalicylique* :

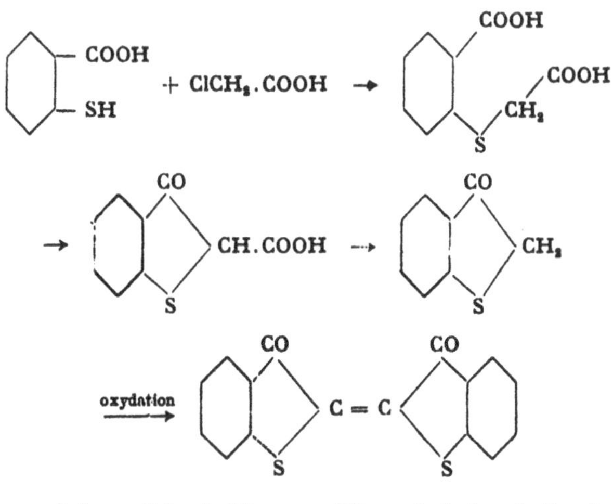

Au cours de la synthèse de Heumann-Pfleger, la fusion alcaline fournit le *dérivé potassique de l'indoxyle*, que l'action de l'oxygène atmosphérique suffit à déshydrogéner en indigo, avec formation simultanée d'*eau oxygénée* (cf. p. 181).

Il est peu de composés organiques dont la nature ait fait l'objet de recherches aussi approfondies que celles qui ont paru sur l'indigo. Nous nous bornerons à indiquer ici les réactions essentielles de l'indigo.

Propriétés chimiques du colorant Indigo

Le colorant lui-même, en raison de son insolubilité, n'est pas susceptible d'être fixé directement par la fibre du textile. On utilise encore maintenant un procédé connu depuis fort longtemps — le « Pourpre Antique » n'est autre que le *6.6'-dibromo-indigo* (1) (Friedlaender) —, consistant à rendre l'indigo soluble dans l'eau en préparant, par réduction, en milieu alcalin, le *sel alcalin*

(1) Les 2 atomes de Br sont en méta par rapport à l'atome d'azote.

de son dérivé dihydrogéné ; cette opération, en langage technique, est un *cuvage*. Les peuplades primitives pratiquaient cette opération par une méthode biologique, au moyen de bactéries hydrogénantes. L'*hydroxyde ferreux* et la *poudre de zinc* ont été utilisés dans l'industrie, remplacés presque partout actuellement par l'*hydrosulfite de sodium*.

Expérience. — Réduire 50 mg. d'*indigotine* en pulpe fine dans un petit mortier avec quelques gouttes d'eau ; l'introduire par rinçage à l'aide d'une fiole à jet dans un petit erlenmeyer et procéder à la réduction en chauffant à 30-40° en présence d'un léger excès d'une *solution alcaline d'hydrosulfite de sodium*. La solution prend rapidement une coloration jaune-vert, virant au brun : elle constitue alors la « cuve ».

A la surface du liquide se forme une mince pellicule bleue d'indigo, dûe à l'oxydation superficielle par l'air, et appelée « fleur ». Diluer à 25-30 cc. avec de l'eau, plonger dans la solution un chiffon de lin préalablement humecté et l'y agiter une minute environ à l'aide d'une baguette de verre. Ressortir le chiffon, l'essorer et le suspendre sur deux ficelles tendues parallèlement ou deux baguettes de verre minces. L'étoffe se colore en bleu foncé en cinq minutes à peine.

Insuffler de l'air à travers la « cuve » de manière à reprécipiter le colorant. Cette opération convient également à la purification de l'indigo.

Le mécanisme chimique qui se passe dans la « cuve » consiste en une addition d'hydrogène en 1,6 ; il se rapproche tout à fait de l'hydrogénation de la quinone en hydroquinone. L'*indigo blanc* est, comme cette dernière, un « diphénol » ; c'est en effet un acide faible dont les sels alcalins sont colorés en jaune intense :

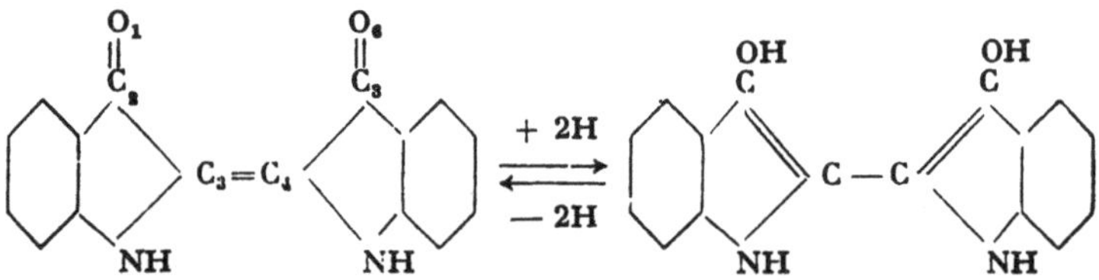

La grosse molécule d'indigo blanc formée par hydrolyse partielle du sel alcalin, est adsorbée sur la fibre ; elle y est ensuite déshydrogénée à cet état très divisé par l'oxygène atmosphérique, en redonnant le colorant qui pigmente définitivement le tissu. Ce type d'oxydation rappelle celui de l'indoxyle.

Les *esters sulfuriques du leucoindigo*, sous forme de leurs sels alcalins, constituent des colorants pour cuve pouvant être utilisés immédiatement. On les trouve dans le commerce sous le nom d' « indigosols ».

Les *colorants pour cuve* sont doués d'une grande solidité ; outre les indigoïdes purs, leurs représentants les plus importants sont les colorants de la série de l'anthraquinone (on nomme indigoïdes les colorants possédant les mêmes systèmes cycliques que l'indigo, reliés par une double liaison). Ces colorants ont presque tous dans leur molécule des noyaux condensés très stables chimiquement. Le colorant bleu *Indanthrène* est un colorant à cuve classique de la série de l'anthraquinone ; on l'obtient industriellement à partir de la *β-amino-anthraquinone*, composé très utilisé dans la technique, par fusion alcaline (s'accompagnant de départ d'hydrogène) (R. Bohn) :

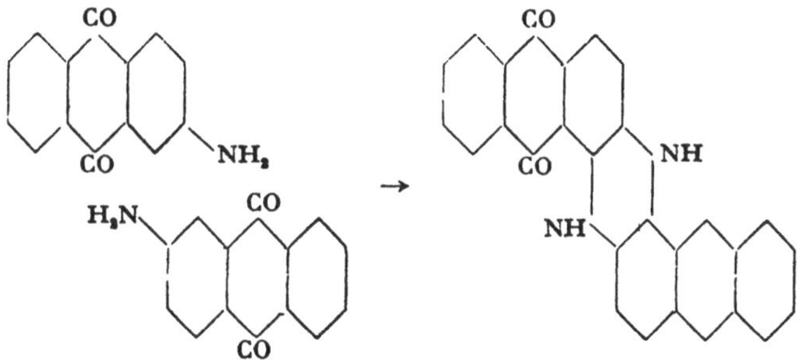

L'indigo est réductible en leucodérivé, comme on vient de le voir dans le procédé de la cuve ; une réduction énergique le dégrade jusqu'au stade de l'*indoxyle* et de l'*indol*. Il donne encore lieu à une remarquable réaction de déshydrogénation portant sur les deux groupements NH du noyau indolique (Kalb), laquelle s'effectue sous l'action du bioxyde de plomb :

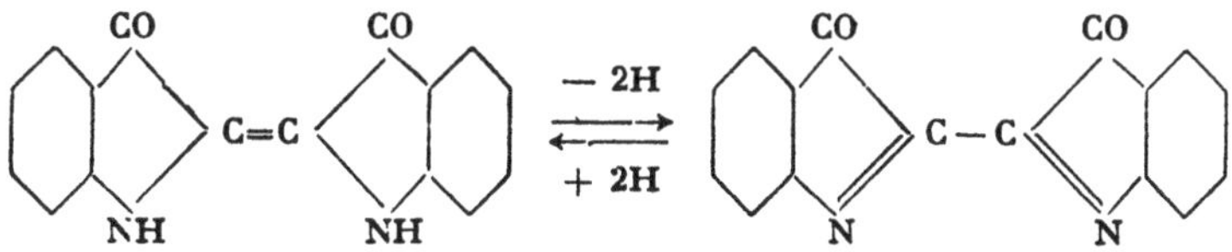

le composé formé s'appelle *déhydro-indigo* ; il est beaucoup plus soluble que l'indigo, coloré en brun-rouge et se présente en beaux cristaux ; on peut facilement l'hydrogéner en indigo, par action de l'hydroquinone, par exemple, suivant l'équation précédente lue de droite à gauche. L'hydroquinone s'oxyde normalement en quinone.

Expérience (1). — Introduire dans une éprouvette une bonne pointe de couteau d'*indigo* finement pulvérisé et sec, une quantité à peu près double de *bioxyde de plomb*, quelques granules de *chlorure de calcium* et 5 cc. de *benzène* ; chauffer à ébullition au bain-marie pendant 5 min. Filtrer la solution brun-rouge et la verser dans deux éprouvettes ; procéder à l'hydrogénation du *déhydro-indigo* dans l'une des éprouvettes par très peu d'*hydroquinone* dissoute dans l'*alcool*, et par une *solution chlorhydrique diluée de chlorure stanneux* dans l'autre ; on voit se séparer en flocons bleus l'indigo régénéré.

On peut également préparer le déhydro-indigo à partir d'une suspension fine d'*indigo* dans le *chloroforme* additionnée d'un peu d'*hydroxyde de calcium*, puis de *brome* goutte à goutte ; il se déve-

(1) L. Kalb, *B.*, 42, 3649 (1909).

loppe la belle coloration brun-rouge du *déhydro-composé*. Si l'on veut isoler ce dernier, on se référera à la première des prescriptions dûes à Kalb.

La plus connue des *réactions d'oxydation* de l'indigo est sa transformation en *isatine*, qui procède d'une rupture classique de la double liaison :

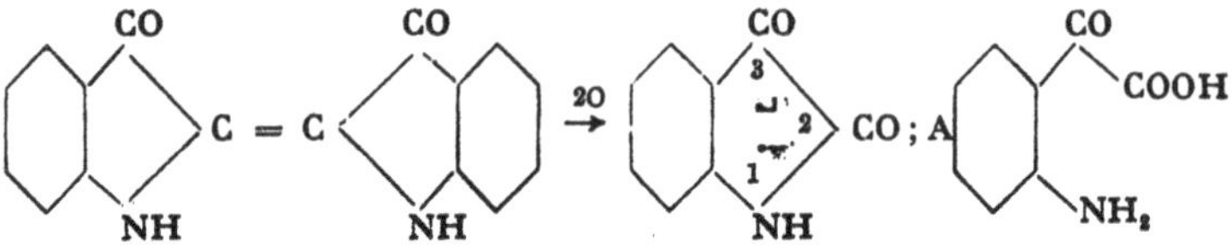

L'isatine est l'anhydride interne ou *lactame* d'un acide γ-amino-α-cétocarboxylique ou *acide isatinique* (A) ; l'action d'alcali la transforme en sel de l'acide isatinique. Le groupement cétonique en 3 est susceptible de se condenser avec de nombreux composés, ce qui confère à l'isatine un grand intérêt industriel en en faisant le produit intermédiaire d'importants colorants pour cuve indigoïdes. Citons comme exemple le beau colorant connu sous le nom d'*Écarlate* de *Thioindigo*, obtenu à partir de l'isatine et du correspondant soufré de l'indoxyle, ou *oxy-thionaphtène :*

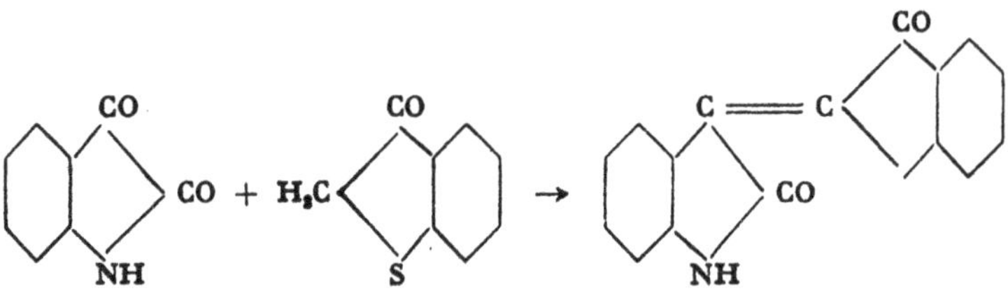

La belle synthèse de l'isatine, due à Sandmeyer, peut constituer une intéressante préparation de laboratoire. Elle part de la *diphénylthio-urée* (I) (cf. p. 176), qui est désulfurée au moyen de carbonate basique de plomb. La *diphénylcarbodiimide* (II) formée, composé très réactif, est transformée en *nitrile* (III) par fixation d'acide cyanhydrique, pour donner ensuite par action de l'hydrogène sulfuré, la *thiamide* (IV). L'action de l'acide sulfurique concentré provoque la fermeture du cycle en donnant l'*α-anile de l'isatine* (V), dont on sépare le groupement anile par hydrolyse à l'acide sulfurique dilué :

I. $(C_6H_5NH)_2CS$ → II. $C_6H_5 \cdot N = C = N \cdot C_6HS$

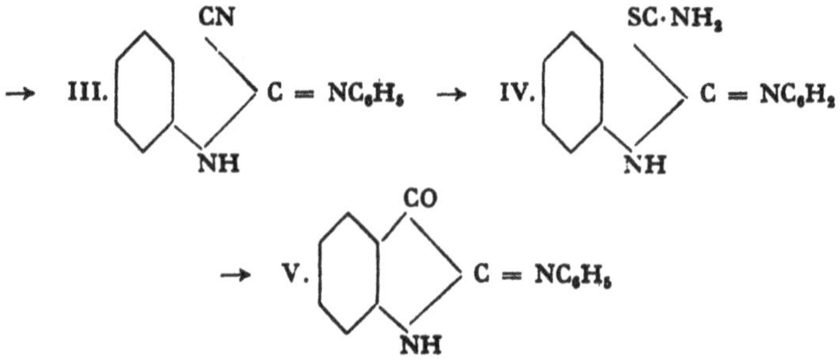

Rappelons que la première synthèse de l'indigo de Baeyer utilisait le *chlorure d'isatine* comme point de départ.
Formuler les réactions.

XI. — Hydrogénation et réduction. — Ozonisation

1. — *Hydrogénation catalytique par le Palladium*

Le montage nécessité par les opérations est indiqué par la Fig. 56 (1). Le *gazomètre* est à eau. La source d'énergie mécanique est fournie par une turbine de Rabe, un petit moteur électrique ou un moteur à air chaud ; une poulie portant un dispositif excentrique commande l'ampoule de réaction par l'intermédiaire d'un fil métallique rigide. Le démontage de l'appareillage est facilité si, comme l'indique la figure 56, l'on choisit un fil en deux pièces,

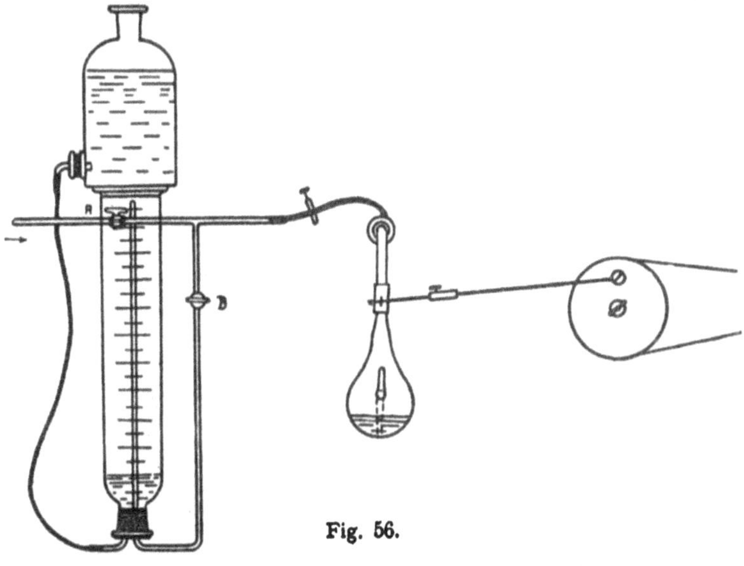

Fig. 56.

reliées par un raccord en laiton à vis de serrage. Quelques lourds morceaux de fer placés sur le socle des supports assurent leur stabilité.

L'*ampoule à hydrogénation* (Fig. 57) est pourvue d'une embouchure latérale pouvant être fermée par un bouchon de caoutchouc (à choisir propre et en bon état). L'embouchure principale, horizontale, sert en même temps d'axe d'oscillation ; on utilise comme palier un tube de laiton (perce-bouchons par exemple) ; deux

(1) La figure ne représente pas les supports du gazomètre, de l'ampoule et de l'excentrique.

courts morceaux de tuyau de caoutchouc adaptés sur le tube de dégagement de l'ampoule empêchent son jeu latéral, en fonctionnant comme colliers d'arrêts ; le palier est inséré dans un bouchon de liège, fortement serré dans une pince de support.

L'ampoule est mise en communication directe avec le gazomètre au moyen d'un tuyau de caoutchouc épais portant une pince à vis. Le cylindre gradué est maintenu fermement en place par une pince à réfrigérant.

Avant le début de l'hydrogénation, l'*étanchéité* de tout l'appareillage doit être vérifiée de la manière suivante : on ferme l'ouverture latérale de l'ampoule et remplit provisoirement d'hydrogène le gazomètre en ouvrant A et B. On referme ensuite les robinets et note le niveau de l'eau dans le cylindre gradué dès que l'équilibre avec l'eau du réservoir s'est établi ; l'ampoule vide est alors agitée pendant un quart d'heure. Si le niveau du gazomètre est resté constant (pour une température ambiante constante), on peut sans autre passer à l'hydrogénation.

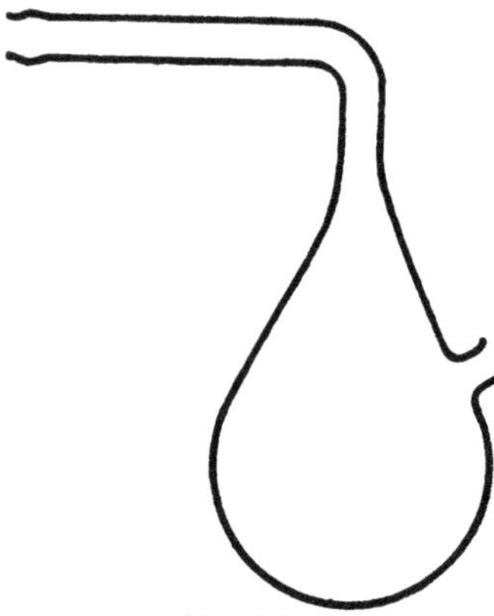

Fig. 57.

On retire le bouchon latéral de l'ampoule (préalablement bien séchée) après l'essai d'étanchéité, y introduit 0,5 g. de *charbon palladié* (voir p. 371) et, avec précaution, une solution de 5 g. d'*acide cinnamique* dans 30 cc. d'*alcool méthylique* à 80 %, de manière à recouvrir entièrement le catalyseur (l'arrivée d'hydrogène sur des traces de catalyseurs restées sur les parois de l'ampoule peut provoquer une explosion).

On referme B et, en ouvrant A, fait arriver l'*hydrogène* de la bombe (lavé dans une solution de $KMnO_4$) dans l'ampoule jusqu'à ce que tout l'air de l'appareillage soit chassé ; on a auparavant rempli d'eau le gazomètre (capacité 1 l.) et sa tubulure jusqu'en B. On ferme alors l'ouverture latérale de l'ampoule, ouvre B et remplit le cylindre d'hydrogène en abaissant le réservoir. On coupe ensuite la communication avec le cylindre à hydrogène (ou le Kipp), note le niveau du gazomètre dans les mêmes conditions que lors de l'essai d'étanchéité et met en marche l'appareil d'agitation (1). La position surélevée du réservoir du gazomètre crée une légère surpression à l'intérieur de l'appareil.

(1) Si l'on est contraint de remplir à nouveau le gazomètre au cours de l'expérience, on procédera comme suit : connecter la bombe en A, fermer la

Quoique l'expérience s'effectue avec une très petite quantité de catalyseur (environ 15 mg. de Pd), trois heures suffisent à la saturation des doubles liaisons éthyléniques par le volume d'hydrogène nécessaire (840 cc. à 20°C et 740 mm.Hg). On élimine le catalyseur par filtration, évapore l'alcool méthylique et recristallise l'acide hydrogéné comme décrit p. 236.

L'action catalytique secondaire du Pd conduirait, avec de l'alcool méthylique non dilué, à la formation d'*ester* (1). Il serait nécessaire dans ce cas d'ajouter à la solution 5 g. de *potasse caustique*, de la concentrer par évaporation et de précipiter l'acide *hydrocinnamique* par de l'*acide chlorhydrique* dilué.

Calcul de la quantité d'hydrogène mise en jeu dans une réaction d'hydrogénation :

Une mol-g. de substance fixe par double liaison 22,4 l. d'hydrogène dans les conditions normales. Le volume d'une mol.-g. d'hydrogène dans des conditions quelconques peut être calculé au moyen de la formule suivante :

$$V = V_0 \frac{T \cdot 760}{273 \cdot P},$$

Dans laquelle P = pression observée au baromètre diminuée de la tension de vapeur d'eau à la température de l'expérience ; T = température absolue.

Le volume d'une mol.g. d'hydrogène dans des conditions moyennes (P = 720 mm., T = 17°) est de 25 l. environ. Cinq grammes d'acides cinnamique (Poids moléculaire 148) représentent les $\frac{5}{148}$ d'une mol.-g. la quantité d'hydrogène fixé est donc : $25 \cdot \frac{5}{148}$ l. = 845 cc. H_2.

Charbon palladié

Faire une suspension de 2 g. de *noir animal* dans 100 cc. d'eau dans une ampoule à hydrogénation d'environ 300 cc. Adapter à l'aide d'un bouchon de caoutchouc un entonnoir à robinet à tube coudé dans l'ouverture latérale de l'ampoule ; faire passer dans cette dernière, le robinet de l'entonnoir étant ouvert, un courant d'*hydrogène* jusqu'à ce qu'un échantillon du gaz sortant, recueilli en éprouvette, brûle avec une flamme régulière. Mettre alors en marche l'appareil d'oscillation, fermer le robinet de l'entonnoir, abaisser le réservoir du gazomètre et écouler graduellement par l'entonnoir une solution de 0,1 g. de *chlorure de palladium* dans 10 cc. d'*acide chlorhydrique* à peu près décinormal. Lorsque la solution est décolorée, laisser s'échapper l'hydrogène de l'ampoule. Filtrer sur plaque poreuse le catalyseur et le laver avec un grand volume d'eau en ayant soin de le laisser toujours recouvert (risques d'ignition au contact de l'air). Lorsque la réaction du filtrat a cessé d'être acide, laver rapidement le précipité deux fois à l'*alcool* et à l'*éther* absolu, porter immédiatement le produit encore imbibé d'éther dans un exsiccateur et y faire le vide.

Ouvrir avec précaution l'exsiccateur après 24 heures en y admettant de

---

pince à vis pour mettre l'ampoule hors circuit et procéder lentement au remplissage en ouvrant A et B.

(1) Cf. E. Waser, *Helv. Chim. Act.*, VIII, 117 (1925).

l'*azote* ou de l'*anhydride carbonique* ; le catalyseur parfaitement desséché n'est plus inflammable à l'air et peut être conservé.

Préparation d'oxyde de platine PtO_2 (1)

L'oxyde de platine catalytique préparé par la méthode de R. Adams est actuellement fort apprécié en raison de la commodité de sa préparation et de sa manipulation, ainsi que de sa remarquable activité. Lors de son emploi, il doit être préalablement réduit en platine métallique finement divisé par l'action de l'hydrogène dans l'ampoule même où s'effectuera l'hydrogénation.

Dissoudre 2,1 g. d'*acide chloroplatinique* (H_2PtCl_6) dans 5 cc. d'eau disposés dans un grand creuset de porcelaine, ajouter 20 g. de *nitrate de sodium* pur et chauffer sur une petite flamme en remuant le tout avec une baguette de verre épaisse jusqu'à évaporation complète. Elever alors peu à peu la température jusqu'à ce que le contenu du creuset soit entièrement fondu. Un fort dégagement de *peroxyde d'azote* se produit ; chauffer jusqu'au rouge moyen (500-600°) au moyen de deux forts brûleurs. Le dégagement gazeux cesse presque entièrement après 5-10 min. Extraire à l'eau distillée après refroidissement, laver plusieurs fois le résidu lourd par décantation, filtrer et sécher à l'exsiccateur. L'*oxyde de platine* ainsi préparé doit être d'un brun moyen.

Les méthodes d'hydrogénation catalytique ont acquis au cours des quarante dernières années un développement considérable dans tous les domaines de la Chimie Organique. Sabatier a été le premier à montrer (1901) que les composés non saturés les plus divers peuvent être hydrogénés si l'on fait passer leurs vapeurs avec de l'hydrogène sur du *nickel* chaud finement divisé. L'application de la méthode catalytique d'hydrogénation aux *liquides* est due à Normann, qui a pu transformer des huiles grasses en graisses à point de fusion élevé par fixation d'hydrogène sous l'action catalysatrice de nickel en suspension (procédé industriel de *durcissement des graisses*). L'industrie prépare, selon le même procédé, les *produits d'hydrogénation* du naphtalène (*tétraline, décaline*), ceux du phénol (*cyclohexanol* et *cyclohexanone*), celui du benzène (*cyclohexane*), etc. (Schröter).

La méthode de Sabatier n'a cependant plus l'intérêt qu'elle présentait au début dans les recherches de laboratoire ; les produits d'hydrogénation précédemment énumérés en effet se trouvent actuellement avec facilité dans le commerce, à des prix peu élevés.

Le nickel à l'état particulièrement divisé et adsorbé sur des supports tels que le kieselgur, l'amiante, le sulfate de baryum, voit son activité se renforcer considérablement ; il rend possible la fixation d'hydrogène par des substances non saturées même à température ordinaire et en solution (Kelber) (2).

H. Rupe a indiqué la préparation d'un catalyseur au nickel très actif (3). Mentionnons également le catalyseur de Raney, alliage de nickel et d'aluminium, ce dernier métal devant être dissous par la soude caustique avant l'emploi du catalyseur (4).

L'hydrogénation des doubles liaisons de carbone à carbone est généralement effectuée au laboratoire avec des métaux finement divisés du groupe du

(1) *Am. Soc.*, *44*, 1397 (1922), *45*, 2171 (1923).
(2) *B.*, *49*, 55 (1916) ; *57*, 136 (1924).
(3) *Helv. Chim. Act.*, I, 453 (1918).
(4) Covert et Adkins, *Am. Soc.*, *54*, 4116 (1932).

platine, Pt ou Pd, employés soit sous forme de *mousse de platine* ou de *noir de palladium*, soit sous forme d'*oxyde de platine* ou du métal précipité à l'état très fin sur un support indifférent.

On ne savait pas additionner directement de l'hydrogène élémentaire sur des doubles liaisons de carbone à carbone avant la découverte des catalyseurs métalliques. Il est possible maintenant, grâce à eux, d'hydrogéner à peu près tous les systèmes non saturés, les doubles liaisons oléfiniques étant de loin les plus sensibles à l'action de l'hydrogène activé catalytiquement : celui-ci réagit moins bien avec les carbonyles aldéhydiques et cétoniques, et pas du tout avec le groupe carboxyle et les esters.

Les *solvants* usuels convenant à l'hydrogénation catalytique à froid, telle qu'elle est pratiquée au laboratoire de recherches scientifiques, sont : l'*acide acétique glacial*, l'*ester acétique*, les *alcools*, l'*éther*, l'*eau*.

Le succès d'une hydrogénation dépend de la nature du solvant dans une mesure qui n'a pas été encore entièrement éclaircie. L'activité maximum semble être obtenue avec l'*oxyde de platine* dans l'*acide acétique glacial.*

Etant donnée la faible solubilité de l'hydrogène dans tous les solvants, il est nécessaire d'assurer le contact du catalyseur, en suspension ou en solution colloïdale, avec la phase gazeuse au moyen d'une agitation prolongée, assurant le transport continu par la catalyseur de l'hydrogène élémentaire sur la substance à traiter.

L'ampoule précédemment décrite (due à Willstaetter et Waser) peut être remplacée par l'appareil connu sous le nom de « canard à secousses » (Shaking duck).

Il arrive dans certains cas qu'une réaction d'hydrogénation, après un bon départ, s'arrête avant que tout l'hydrogène ait été consommé ; il est fréquemment possible alors de réactiver le catalyseur par une simple agitation au contact de l'air (Willstaetter).

Le mélange d'air et d'hydrogène pouvant s'enflammer en présence du catalyseur finement divisé, on prendra soin, avant la réactivation, soit de déplacer l'hydrogène resté dans l'appareil par de l'azote. soit, plus simplement de faire le vide.

L'hydrogénation catalytique ne s'adresse qu'à des substances à l'état de *très grande pureté.* Ce principe est dû au fait que certaines impuretés constituent de violents poisons catalytiques, celles dont la molécule renferme du soufre au premier chef, ainsi que celles contenant des halogènes ; par ailleurs, les facteurs réagissant la marche de l'hydrogénation peuvent devenir trop complexes si la substance traitée n'est pas parfaitement connue chimiquement. Ces divers inconvénients disparaissent lorsque l'expérience s'effectue avec des produits purs, solvant compris.

Les catalyseurs qui permettent la fixation d'hydrogène élémentaire sur une double liaison peuvent aussi accélérer par leur présence les réactions inverses, *déshydrogénation* ou élimination d'hydrogène : il suffit que l'expérience ait lieu à une température différente. Si l'on fait passer par exemple du *cyclohexane* sur du nickel ou du noir de palladium à la température de 300°, on obtient du *benzène* et de l'*hydrogène* (Sabatier, Zelinsky).

L'équilibre :

$$C_6H_6 + 3H_2 \rightleftharpoons C_6H_{12}$$

est déplacé vers la droite à basse température, alors que sous l'action de la chaleur c'est la déshydrogénation, phénomène consommant de l'énergie, qui prédomine.

Les deux réactions ont lieu en l'absence de tout catalyseur, mais avec une lenteur incommensurable : le même catalyseur les accélère toutes deux identiquement.

Voir p. 375 pour la déshydrogénation par le sélénium.

2. — *Substitution de l'oxygène d'un carbonyle par l'hydrogène (Méthode de réduction de Clemmensen)*

Les aldéhydes et les cétones sont presque toutes facilement réductibles par le zinc amalgamé et l'acide chlorhydrique ; les restes $>C=O$ et $-CO$ se transforment respectivement en $>CH_2$ et $-CH_3$.

Préparation de l'amalgame de zinc :

Jeter des fragments de *zinc* (en granules ou, mieux, en lamelles de 0,15-0,25 mm. d'épaisseur, découpées dans de la tôle de zinc) dans leur poids d'une solution aqueuse à 5 % de *chlorure mercurique* ; laisser en contact 1 h. en agitant fréquemment. Jeter alors le liquide et laver une fois à l'eau.

a) *Ethylbenzène à partir d'acétophénone* (1) :

On introduit dans un ballon à réfrigérant rodé 15 g. de *zinc amalgamé*, 6 g. d'*acétophénone* et 30 cc. d'*acide chlorhydrique* (1 p. HCl conc. + 2 p. d'eau), et chauffe à reflux sur toile métallique jusqu'à vive ébullition. L'opération est prolongée 5 h., en rajoutant 5 cc. d'acide chlorhydrique concentré toutes les heures ; on entraîne rapidement ensuite l'*hydrocarbure* à la vapeur d'eau, sépare le produit de l'eau dans un petit entonnoir à robinet, le sèche sur du *chlorure de calcium* et le soumet à la distillation. P éb. : 135-136° ; rendement : 3-4 g. Le rendement peut être accrû en écoulant l'acétophénone goutte à goutte.

b) *Dibenzyle à partir du benzile* (2) :

On porte à l'ébullition à reflux pendant 5 h. 7 g. de *benzile* avec 30 g. de *zinc amalgamé* et 100 cc. d'*acide chlorhydrique* 1 : 1. On rajoute de temps à autre de l'acide conc. comme précédemment (en tout 20 cc.). La réaction terminée, on décante le liquide, filtre le *produit de réduction* solidifié au refroidissement, lave plusieurs fois à l'eau et distille dans un petit ballon d'Anschütz à tube courbe.

P. éb. 280° ; p. fus. : 50-52°. L'hydrocarbure peut être recristallisé dans un peu d'*alcool*. Rendement : 5 g., presque quantitatif.

La *benzoïne* peut être réduite en *dibenzyle* selon le même procédé.

(1) E. Clemmensen, *B.*, *46*, 1838 (1913).
(2) *B.*, *47*, 683 (1914).

La méthode de Kishner-Wolff est aussi utilisée que celle de Clemmensen, lorsqu'il s'agit de réduire les groupes aldéhydiques et cétoniques. Elle consiste à chauffer les *hydrazones* ou les *semi-carbazones* des combinaisons carbonylées — en général en présence d'hydrate d'hydrazine — avec de l'*éthylate de sodium* ; l'opération, conduite à 160° environ en tube scellé ou en autoclave, exige plusieurs heures.

La réaction est due à l'influence catalytique de l'éthylate qui provoque la transposition de l'hydrazone en *diimine*, laquelle se décompose ensuite de la même façon que la phényldiimine (p. 283) :

$$\begin{matrix} R \\ R' \end{matrix}\!\!>C=N-NH_2 \rightarrow \begin{matrix} R \\ R' \end{matrix}\!\!>CH-N=NH \rightarrow \begin{matrix} R \\ R' \end{matrix}\!\!>CH_2 + N_2$$

3. — *Oxydation de l'ester malonique en ester mésoxalique au moyen du bioxyde de sélénium* (1)

On chauffe à reflux 32 g. d'*ester malonique* avec 22,5 g. de *bioxyde de sélénium* et 30 g. de *xylène*, pendant 16 h. à 130°. Le *sélénium* est alors filtré et lavé soigneusement à l'*éther* (2) ; la solution éther-xylène est séchée sur du *sulfate de sodium*, l'éther chassé par évaporation et le résidu fractionné à pression réduite. Après le passage du xylène, on recueille la fraction 66-100°, que l'on soumet à une seconde distillation. La fraction 90-100° (12 mm.) dépose, après un repos prolongé à l'air, de gros cristaux limpides d'*ester mésoxalique hydraté*. Rendement 5 g. P. fus. après recristallisation dans l'*acétone :* 57°.

Le processus inverse de la réaction de Clemmensen, l'oxydation du groupement CH_2 en $>C=O$, s'effectue pour les cétones sous l'action du *bioxyde de sélénium*. L'acétone, pour prendre l'exemple le plus simple, s'oxyde directement en *méthylglyoxal*.

Le bioxyde de sélénium est un oxydant très employé actuellement en raison du grand nombre de possibilités qu'il offre.

4. — *Dialdéhyde adipique à partir du cyclohéxène par ozonisation* (3)

On effectue l'ozonisation dans un flacon-laveur de 400 cc. à parois minces, à tube plongeur évasé en forme de cloche ou contourné en spirale. Le tube d'adduction du flacon, le reliant à l'appareil producteur d'ozone, porte un coude en angle droit dont l'étanchéité est assurée par un joint de mercure au niveau du tube de dégagement de l'ozoniseur.

On introduit une solution de 12 g. de *cyclohéxène* (p. 121) dans

(1) R. Mueller, *B.*, *66*, 1668 (1933).
(2) Le sélénium doit être récupéré et traité en vue de sa retransformation en oxyde.
(3) F. G. Fischer, et K. Lowenberg, *B.*, *66*, 666 (1933).

140 cc. d'*ester acétique* pur et sec (1) dans le flacon-laveur, et plonge ce dernier dans un vase de Dewar ou une bouteille « Thermos » de grand modèle contenant de l'*acétone* que l'on refroidit à — 50° — 70° en y jetant de la *neige carbonique* par petites portions. On connecte alors l'appareil producteur d'ozone.

Si l'ozoniseur employé possède au moins cinq tubes de décharge, le courant d'*oxygène ozonisé* peut être envoyé à vive allure dans l'appareillage, et l'opération durer alors en tout 3-4 h. Dans le cas, par exemple, d'un débit de courant de 2o l. /h. d'un oxygène à 5 volumes % d'ozone, la saturation du cyclohéxène est atteinte en 4 h.

Il est recommandable, avant le début de l'expérience, de titrer iodométriquement l'ozone dégagé en un temps donné, en contrôlant simultanément le débit du courant d'oxygène au moyen d'un compteur à gaz. La mesure doit être effectuée 10 min. après le début du passage du courant électrique dans l'ozoniseur.

Afin d'éviter tout excès d'ozonisation risquant de compromettre l'expérience, on connectera, avant la fin de la réaction, un second flacon-laveur contenant une solution d'*iodure de potassium*, immédiatement à la suite du premier. Si l'on ne dispose pas de joint rodé (2), on le remplacera par un long bouchon de liège percé, plongé préalablement dans de la paraffine fondue.

Une coloration jaune apparaissant dans la solution de KI indique la fin de l'ozonisation.

La solution de l'*ozonide*, qui doit être restée claire et mobile, est ensuite hydrogénée à froid à l'aide de 0,5 g. du *catalyseur au palladium* décrit plus haut (p. 371). L'absorption rapide de l'*hydrogène* au début de l'expérience est d'abord modérée par refroidissement de l'ampoule à hydrogénation dans l'eau glacée ; on laisse ensuite la réaction s'échauffer spontanément jusqu'à sa fin complète. Celle-ci a lieu après une heure environ, l'absorption de l'hydrogène étant à ce moment les 3 /4 de la quantité théoriquement calculée La solution est alors passée à travers un filtre à plis.

Le volume d'hydrogène fixé est plus faible si, au cours de l'hydrogénation, le refroidissement a été insuffisant, ou s'il y a eu excès d'ozonisation. La présence d'un *ozonide polymérisé*, non hydrogénable, se traduit par le précipité que donne avec l'*éther* un échantillon du résidu. L'ozonide polymérisé, pouvant donner lieu à une explosion lors de la distillation conséquente à l'hydrogénation, doit être éliminé. On ajoute à cet effet de l'éther à la solution en agitant le mélange, et l'on répète l'opération jusqu'à ce que l'on n'observe

(1) Agiter 4 fois l'ester acétique avec son volume d'eau, sécher sur $CaCl_2$ et distiller.

(2) Le travail avec l'ozone ne permettant pas l'emploi d'une graisse quelconque pour l'étanchéité des joints rodés, celle-ci sera assurée par du P_2O_5 rendu déliquescent au contact de l'air ou par du graphite.

plus aucune précipitation. La solution est décantée après le dépôt rapide de l'ozonide polymérisé et l'éther chassé par évaporation. Le solvant est ensuite distillé à 30-40° sous pression réduite avec une colonne à fractionner.

L'*aldéhyde adipique* est à son tour distillé à pression réduite dans un plus petit ballon muni d'une colonne ; on en obtient 7-9 g. L'aldéhyde pur bout à 92-94°/12 mm. ; il se congèle dans le mélange glace-sel, et fond à — 8- — 7°. Pour éviter son autooxydation, on le conserve en tube scellé, en atmosphère d'*azote* ou d'*anhydride carbonique.*

Il est recommandable de porter des lunettes de protection en manipulant un ozonide ; les composés de ce type de poids moléculaire peu élevé explosent facilement. Le triozonide du benzène, par exemple, est particulièrement dangereux à ce titre.

Les solvants convenant le mieux à de l'ozonisation de substances organiques sont : l'*hexane*, le *chloroforme*, le *tétrachlorure de carbone*, le *chlorure d'éthyle*, l'*acide acétique glacial* et l'*ester acétique.*

Un grand nombre d'ozonides sont peu solubles dans les *hydrocarbures* et les *composés chlorés*, où ils se séparent au cours de l'ozonisation.

XII. — Substances naturelles

1. — *Furfurol* (1)

On introduit 300 g. de *son* dans un ballon de 3 l. et ajoute en agitant un mélange de 150 cc. d'*acide sulfurique* concentré et 800 cc. d'eau. On distille environ 900 cc. de liquide, neutralise le distillat avec du *carbonate de sodium* et le sature par 250 g. de *sel marin.* On distille à nouveau 300 cc. de cette dernière solution, sature le distillat par du sel marin et extrait à l'*éther.* La solution éthérée est séchée, le solvant éliminé par évaporation et le *furfurol* distillé. P. éb. : 162° ; rendement : 5-7 g.

Les *pentoses* soumis à l'ébullition en présence d'acides minéraux perdent trois molécules d'eau et se transforment en *furfurol :*

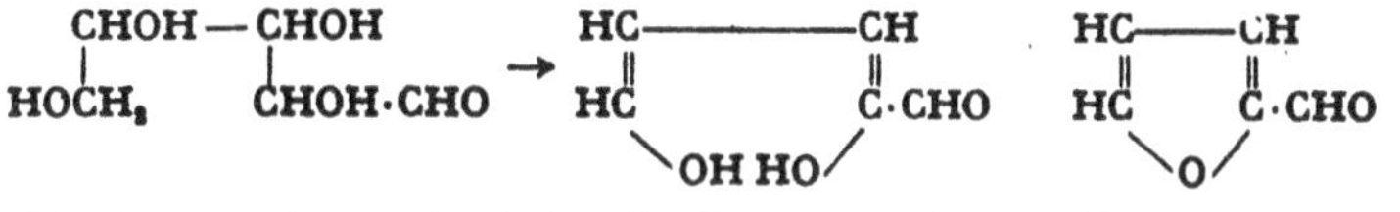

Les deux pentoses naturels les plus importants, le 1-*arabinose* et le *d-xylose*, existent dans la nature à l'état d'anhydrides polymères appelés *pentosanes :* l'*arabane* est le constituant principal d'un certain nombre de gommes végétales (gomme de cerisier, gomme arabique, gomme de son) ; le *xylane* se trouve dans le bois.

L'hydrolyse de ces pentapolyoses conduit tout d'abord aux pentoses simples, qui se transforment ensuite en furfurol lorsqu'on les soumet à l'ac-

(1) Stenhouse, A. *35*, 302 (1841) ; Fownes, A. *54*, 52 (1845).

tion d'acides suffisamment forts. Cet aldéhyde figure également dans les produits secondaires de la saccharification du bois (cellulose) par les acides dilués. Le furfurol, aldéhyde « tertiaire », présente une grande analogie avec le benzaldéhyde : il donne comme ce dernier la réaction acyloïnique (furoïne), se prête à la synthèse de Perkin et réagit avec l'ammoniac (p. 217).

Expériences. — Mettre à digérer du *furfurol* avec cinq volumes d'*ammoniac* en solution aqueuse ; la séparation du produit de la réaction est terminée après trois heures. P. fus. après recristallisation dans l'*alcool* : 117°. La substance a la même structure que l'hydrobenzamide.

Mis en présence d'*acétate de phénylhydrazine*, le *furfurol* en solution aqueuse diluée donne presqu'immédiatement un précipité de *phénylhydrazone*. Filtrer et sécher ce produit, et le purifier en le dissolvant dans un peu d'*éther* et en ajoutant avec précaution de l'*éther de pétrole* pour provoquer sa cristallisation. P. fus. : 97-98°. Cette réaction fournit une méthode quantitative pour le dosage du furfurol.

Le furfurol offre deux réactions colorées caractéristiques, dont on se sert pour son identification. Porté à l'ébullition avec de la *phloroglucine* et de l'*acide chlorhydrique* (1 p. HCl conc. + 1 p. d'eau), il donne lieu à un précipité vert-foncé ; traité par une solution d'*acétate d'aniline*, il prend, à froid déjà, une coloration rouge.

Effectuer ces deux réactions.

La réaction avec les sels d'aniline a été expliquée simultanément par Zincke et par Dieckmann en 1905. Selon ces auteurs, elle consiste en une rupture « aminolytique » du cycle furanique, suivie de la formation d'un anile par réaction d'une seconde molécule d'aniline sur le groupe aldéhydique :

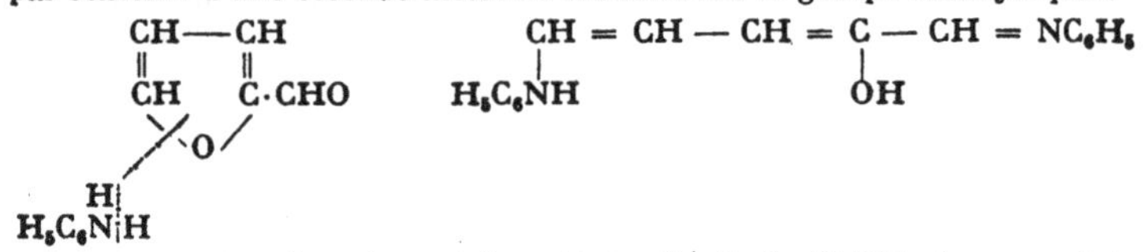

Les composés colorants sont les sels du *dianile du dialdéhyde α-oxy-glutaconique*, possédant la formule ci-dessus ; le résidu $H_5C_6.NH.CH = CH$ —, si on l'écrit sous la forme $H_5C_6.N = CH — CH_2$ — évoque mieux la parenté du colorant avec l'*acide glutaconique* $HOOC.CH_2 — CH = CH = COOH$ et son aldéhyde.

Soumis à l'action de la chaleur, les sels colorés éliminent une molécule d'aniline et se transforment en sels quaternaires de β-oxy-pyridinium :

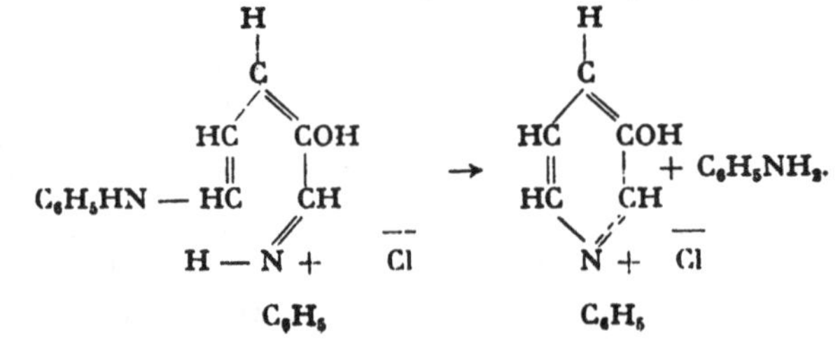

Expérience (1). — Dissoudre 2 cc. d'*aniline* dans 1 cc. d'*acide chlorhydrique* conc. et porter le volume à 10 cc. avec de l'*alcool*. Ajouter une solution de 1 cc. de *furfurol* dans 8 cc. d'*alcool* et chauffer quelques instants. Observer au refroidissement la précipitation du colorant en fines aiguilles violettes ; filtrer les cristaux et les laver avec un peu d'*alcool* et d'*éther*.

2. — *D-glucose à partir de sucre de canne* (2)

On chauffe à 45-50° un mélange de 750 cc. d'*alcool méthylique*, 30 cc. d'*acide chlorhydrique* fumant (D = 1,19) et 30 cc. d'eau, et y introduire par petites portions, en maintenant la température constante et en agitant continuellement, 250 g. de *sucre de canne* pur finement pulvérisé (« sucre-farine »), lequel doit se dissoudre entièrement. Le *d-glucose* se sépare au refroidissement — le d-fructose reste en solution — à l'état de résine compacte. La cristallisation est amorcée par l'addition de quelques décigrammes de glucose anhydre et par frottement d'une baguette de verre ; elle exige toutefois un repos de plusieurs jours. On obtient alors un produit pulvérulent presque incolore, à structure très fine, que l'on essore à la trompe et dissout immédiatement dans 20-25 cc. d'eau bouillante ; on ajoute à chaud de l'*alcool absolu* jusque apparition d'un léger trouble (120-150 cc.) et laisse le tout refroidir en amorçant quelques avec cristaux et agitant la liqueur. On laisse reposer une nuit avant de filtrer, lave le produit à l'alcool et le sèche complètement dans un exsiccateur à vide. Rendement : 50-60 g. P. fus. : 146°.

3. — *Hydrolyse du sucre de canne par la sacchrase (invertase)*

a) *Préparation de la solution d'enzyme* (3) :

50 g. de *levure pressée* sont agités à la température de 30° dans un petit bécher à l'aide d'une baguette de verre avec 5 cc. de *toluène* jusqu'à consistance d'une pulpe fluide (environ 3/4 h.). Celle-ci, résultant de l'autolyse des cellules de levure, est additionnée de 50 cc. d'eau à 30° et maintenue une heure à cette température. On dilue ensuite par de l'eau au volume de 150 cc. dans un erlenmeyer de 250 cc., agite vigoureusement avec un peu de *kieselgur* et filtre rapidement sur un büchner moyen avec une faible dépression. Le résidu est lavé sur le filtre avec 50 cc. d'eau à 30°.

Le filtrat renferme encore une petite quantité d'invertase avec

(1) Stenhouse, *A.*, *156*, 199 (1870).
(2) Soxhlet, *J. pr.*, *21*, 245 (1880).
(3) Willstaetter, Schneider et Bamann, *H.*, *147*, 264 (1925).

d'autres substances contenues dans la cellule de la levure et qui doivent être écartées ; il est jeté à l'évier.

Le contenu du filtre est mis en suspension dans 50 cc. d'eau, sous bonne agitation additionné de quelques gouttes de *toluène*, et le tout abandonné 15 h. à 30° pour permettre le libre dépôt de l'enzyme.

La suspension est ensuite débarrassée des protéines par l'addition (avec forte agitation) d'*acide acétique* N /20 en quantité juste suffisante pour provoquer le virage du rouge méthyle (Ph = 4 ; opérer sur un échantillon) ; on filtre ensuite, après avoir éventuellement agité le tout avec un peu de kieselgur. Le filtrat est neutralisé avec de l'*ammoniac* diluée en présence de teinture de tournesol ; l'addition de quelques gouttes de *toluène* lui permet alors d'être conservé un certain temps.

b) *Inversion du sucre.*

40 g. de *sucre de canne* sont dissous dans 200 cc. d'eau et introduits dans un ballon jaugé de 250 cc. ; on ajoute 25 cc. d'une solution à 10 % de NaH_2PO_4 et porte la température à 30° en utilisant un grand bain-marie ou un thermostat. On ajoute alors 10 cc. de la solution d'enzyme *a*), en notant le temps au moment où le liquide de la pipette s'est entièrement écoulé, remplit rapidement le ballon jusqu'au trait de jauge avec de l'eau à 30°, agite le tout et prélève un premier échantillon de 25 cc. pour l'examen du pouvoir rotatoire, en notant le temps comme précédemment.

Chaque échantillon est écoulé dans 5 cc. d'une solution de *carbonate de sodium* 2N, laquelle provoque l'inactivation de l'enzyme et accélère en même temps la « mutarotation » (p. 386). On agite avec un peu de noir animal, passe sur un filtre sec et examine la rotation de la solution limpide en tube de 2 dm., en faisant trois lectures dont on prend la moyenne.

La solution principale est maintenue à 30°, et l'on y prélève des échantillons toutes les 20 min. pendant la première heure suivant le début de l'expérience, et toutes les 30 min. pendant la seconde, pour l'examen polarimétrique. Le stade de l'inversion, qui se traduit par un pouvoir rotatoire égal à zéro, est alors généralement dépassé, ce qui signifie que les 75 % environ du sucre introduit ont été hydrolysés.

Si l'on porte les pouvoirs rotatoires sur l'axe des ordonnées et les temps sur celui des abscisses, on obtient, en reliant les points donnés par les valeurs observées, une courbe logarithmique tendant à s'aplatir vers la fin de la réaction ; cette courbe montre que la réaction est d'ordre monomoléculaire. Son point d'intersection avec l'axe des abscisses, correspondant au pouvoir rotatoire égal à zéro, fournit le « temps de rotation nulle », donnée caractérisant l'activité de l'enzyme.

L'allure de la courbe montre immédiatement que les temps ne suivent pas une règle strictement logarithmique ; en obtenant par extrapolation le point d'intersection de la courbe avec l'axe des ordonnées, soit le pouvoir rotatoire au temps zéro, et en portant le tiers de cette valeur (lévorotation finale) en valeur négative sur l'axe des ordonnées, il est possible de connaître graphiquement le moment approximatif de la rotation inverse maximum, correspondant à la fin de l'inversion.

On peut également vérifier la constance des temps des demi-valeurs moyennes en cherchant sur la courbe le point donnant le temps qui correspond à une diminution du pouvoir rotatoire de moitié, et en examinant si, dans l'espace de temps suivant d'égale grandeur le pouvoir rotatoire a effectivement diminué chaque fois de la moitié de sa valeur précédente.

La diminution du pouvoir rotatoire, directement proportionnelle à l'inversion du sucre de canne, fournit ainsi immédiatement la vitesse de cette réaction.

Les variations observées du pouvoir rotatoire et les temps correspondants seront introduits dans l'équation suivante des réactions du premier ordre, de façon à en déterminer la constante K :

$$K = \frac{\log [\alpha t_1 - \alpha_e] - \log [\alpha t_1 - \alpha_e[}{0{,}4343\,(t_2 - t_1)}$$

où αt_1 et αt_2 sont les valeurs de la rotation observées aux temps t_1 et t_2 ; $t_2 - t_1$, la durée d'une inversion en minutes et α_e la valeur finale (négative) de la rotation obtenue graphiquement comme indiqué plus haut (cette valeur soustraite dans l'équation, devient donc positive).

4. — *β-pentacétylglucose et α-acétobromoglucose* (1)

On mélange dans un mortier 25 g. de *d-glucose* anhydre finement pulvérisé avec 12 g. d'*acétate de sodium* déshydraté, et introduit le tout dans un ballon rond d'un demi-litre en y ajoutant 125 g. d'*anhydride acétique* pur ; en agitant le ballon et le chauffant au bain-marie, on doit obtenir en une demi-heure environ une solution limpide. Après un repos de deux heures, on écoule la solution en filet mince, dans 1 l. d'eau glacée, en agitant.

Le magma de cristaux précipité par ce traitement est pulvérisé avec soin et filtré quelques heures après ; la plus grande partie de l'anhydride acétique en excès s'est alors décomposée ; on le recouvre ensuite d'eau pendant quelques heures encore. Le précipité est finalement essoré, pressé fortement et recristallisé dans environ 120 cc. d'*alcool*. Le *pentacétyl-glucose* est alors à un état de pureté suffisant pour la suite des opérations. Rendement : 35-40 g.

Acétobromoglucose. — 25 g. du *glucose peracétylé* finement pulvérisé sont versés dans 50 g. d'une solution saturée à 0° et refroidie à la glace d'*acide bromhydrique dans l'acide acétique* (2), dissous

(1) Emil Fischer, B. *49*, 584 (1916) ; K. Freudenberg, B. *60*, 241 (1927).
(2) *Préparation de l'acide bromhydrique* : mélanger jusqu'à consistance

par une forte agitation et le tout abandonné deux heures à la température ambiante. On écoule alors, en agitant, dans 850 cc. d'eau glacée, élimine par décantation l'eau du précipité formé, triture avec soin ce dernier avec de l'eau glacée dans une capsule, le filtre et le lave. Le produit brut est dissous dans 150 cc. d'éther, l'eau qu'il contient éliminée à l'entonnoir à séparation, la solution éthérée séchée sur du sulfate de sodium calciné et la moitié du solvant chassée par évaporation. On laisse alors la cristallisation se produire en refroidissant au mélange glace-sel, filtre après quelque temps les cristaux d'un blanc de neige et les lave avec de l'éther fortement refroidi. Les eaux-mères fournissent encore une certaine quantité de produit par concentration. Rendement global : 15 g. Le produit est assez stable après dessication complète au vide. P. fus. : 88-89°.

5. — *Lactose et caséine à partir du lait*

Deux litres de *lait complet* sont additionnés de leur volume d'eau et de 0,1 g. de *présure* du commerce (Lab) dissoute dans un peu d'eau ; le tout est porté à 30-40°, température maintenue jusqu'à séparation complète de la *caséine* (environ 2 h.). On filtre le *petit-lait* à travers un morceau d'étoffe, presse fortement le résidu et triture dans un mortier la caséine (qui renferme une grande quantité de graisses), avec un peu de *soude caustique* à 1 %. La masse épaisse est jetée dans une capsule de porcelaine, additionnée de 1-1,5 l. de la même lessive caustique et légèrement chauffée jusqu'à ce que les constituants gras seuls restent insolubles.

La solution, disposée dans un bécher, abandonne peu à peu à sa surface la graisse du lait, dont on la sépare à la trompe, après une digestion d'une nuit. Le filtrat est ajouté au reste de la solu-

pâteuse 6 g. de *phosphore rouge* et 15 cc. d'eau dans un ballon à fractionner de 250 cc. à tube abducteur en haut du col. Mettre le ballon en communication avec deux tubes en U, contenant le premier des perles de verre en vrac et du phosphore rouge humide, et le second du chlorure de calcium, ou, mieux, du pentoxyde de phosphore. Faire arriver très lentement au moyen d'une ampoule à robinet, dont l'extrémité du tube affleure le mélange contenu dans le ballon, 20 cc. (60 g.) de *brome* ; la réaction s'effectue avec vivacité. Le gaz dégagé doit être entièrement décoloré après son passage dans le premier tube en U ; le récipient collecteur le plus approprié est un flacon à vide, protégé de l'humidité extérieure par un tube à chlorure de calcium ; il contient 40 cc. d'*acide acétique glacial*, et est refroidi dans l'eau glacée (ne commencer à refroidir que lorsqu'une certaine fraction d'acide bromhydrique a déjà été absorbée).

On trouvera une méthode très commode et permettant d'effectuer l'opération à peu de frais (à partir de *tétraline* du commerce et de *brome*) dans l'ouvrage de J. HOUBEN : *Methoden der organischen Chemie*, 3e édition, *3*, p. 1156. Il est recommandable de laver le gaz par barbottage dans l'*huile de paraffine*.

tion de caséine, et cette dernière reprécipitée par 15-20 cc. d'*acide acétique glacial*. On filtre sur toile de lin, lave soigneusement à l'eau et dessèche à l'exsiccateur. Rendement : 50-60 g. (il n'est pas nécessaire de dessécher la caséine si l'on veut passer immédiatement à son hydrolyse).

Lactose :

On concentre fortement le *petit-lait* sur un brûleur circulaire, traitement qui provoque la précipitation presque complète de l'*albumine*. On filtre ensuite sur toile de lin et concentre à nouveau le précipité jusqu'à ce que le *lactose* commence à se déposer. On filtre les cristaux bruts, après refroidissement, sur un büchner muni d'une toile filtrante, et les dessèche. Les eaux-mères, concentrées au bain-marie, fournissent une nouvelle quantité de lactose. Rendement en produit brut : 70-75 g.

Les cristaux bruts sont dissous dans le volume minimum d'eau chaude (30-40 cc.), à laquelle on ajoute ensuite à chaud de l'*alcool* jusqu'à léger trouble (environ 100 cc.). Une abondante masse de cristaux se dépose en quelques heures, précipitation que l'on peut amorcer et accélérer en frottant les parois du récipient avec une baguette de verre. On laisse reposer le tout une nuit avant de filtrer ; cette opération s'effectue à la trompe et est suivie du lavage des cristaux à l'*alcool*. Rendement : 60-65 g.

Hydrolyse acide de la caséine (1)

La *caséine* est chauffée à ébullition 16 h. dans un ballon muni d'un réfrigérant rodé à reflux avec trois parties d'*acide sulfurique* à 25 %. Le liquide noirâtre résultant est débarrassé de l'acide sulfurique par une solution de *baryte* saturée à chaud, et l'ion $Ba^{\cdot\cdot}$ en léger excès précipité par le CO_2,

Le précipité est jeté dans 1/2 l. d'eau que l'on porte à l'ébullition. Après ce traitement, un échantillon du précipité, soumis à un nouvel épuisement par l'eau bouillante, ne doit donner aucune réaction avec le *réactif de Millon* (voir ci-dessous).

Les filtrats sont réunis et concentrés jusqu'à début de cristallisation. On laisse refroidir, filtre et concentre à nouveau les eaux-mères de la même façon ; cette opération est répétée deux ou trois fois, jusqu'à ce que le filtrat ne donne plus qu'une faible réaction de tyrosine.

Les produits des cristallisations successives sont réunis et recristallisés dans l'eau chaude après traitement au noir animal. On obtient ainsi une petite quantité de *l-tyrosine*.

P. fus. du composé pur : 314-318°. On obtient accessoirement

(1) ABDERALDEN, *Handbuch d. biolog. Arbeitsmethoden*, I, 7, p. 19.

de la *leucine* et de l'*acide glutaminique*, dont la méthode de purification est décrite dans l'ouvrage précédemment cité.

Réactif de Millon. — Dissoudre 1 p. de *mercure* dans 2 p. d'*acide nitrique* (D = 1,42), à froid d'abord, puis à chaud. Diluer par 2 vol. d'eau.

6. — *D-galactose à partir de lactose* (1). *Acide mucique. Pyrrol*

100 g. de *lactose* sont introduits dans 250 cc. d'eau additionnés de 3 cc. d'*acide sulfurique* concentré, et chauffés 2 h. à ébullition à l'ascendant. On termine par quelques minutes d'ébullition avec du noir animal et précipite (sans filtrer) l'acide sulfurique avec la quantité calculée de *baryte* ($Ba(OH)_2 + 8H_2O$) : la solution du sucre est écoulée dans une solution aqueuse saturée chaude de 15 g. environ de baryte, avec vigoureuse agitation. Eviter que la réaction de la liqueur ne devienne alcaline.

Dès la solution débarrassée de l'acide sulfurique (et du Ba), on filtre à la trompe, ajoute au filtrat 3 cc. d'*acide acétique glacial* et concentre à pression réduite (température du bain-marie : 40-50°) jusqu'à un volume de 60 cc. Le résidu sirupeux encore chaud est additionné de 100 cc. d'*acide acétique glacial*, traitement qui le transforme en un liquide clair. Au refroidissement, et par frottement d'une baguette de verre ou amorçage par quelques cristaux de *galactose*, on obtient la cristallisation de ce dernier. La liqueur est abandonnée quelques jours, puis essorée fortement sur plaque filtrante ; les cristaux sont lavés d'abord avec un peu d'*acide acétique glacial* froid, puis un peu d'*alcool méthylique* froid et finalement à l'*éther*. Rendement : 20-25 g. P. fus. : 165°.

On examine la pureté du produit en recherchant son *pouvoir rotatoire specifique* au polarimètre. Une solution aqueuse de 10 cc. contenant 1 g. de substance pure donne en tube décimétrique une rotation de + 8,15°. D'où $[\alpha]_D^{20°} = + 81,5°$.

Le galactose présentant le phénomène de la *mutarotation*, on atteindra plus rapidement l'équilibre par l'adjonction de quelques gouttes d'*ammoniaque*.

Acide mucique (2)

25 g. de *galactose* sont introduits dans 300 cc. d'*acide nitrique* (D = 1,15), et le mélange concentré au bain-marie jusqu'à 50 cc. environ, avec agitation.

Après refroidissement, la masse pâteuse est triturée avec 50 cc.

(1) M. Heidelberger, *Advanc. Laborat. Manual of Org. Chem.*, New-York, 1923, p. 76.

(2) Tollens et Kent, *A.*, *227*, 222 (1885).

d'eau, abandonnée quelques heures, filtrée, et le résidu lavé avec un peu d'eau. Rendement : 15-16 g.

Pyrrol à partir de muçate d'ammonium (1) :

15 g. d'*acide mucique* sont jetés dans une capsule et additionnés de 15 cc. d'*ammoniaque* à 20 % ; le tout est ensuite évaporé à sec. Le *muçate d'ammonium* est alors introduit avec 20 cc. de *glycérine* dans un petit ballon à fractionner, et le mélange chauffé, avec agitation. La réaction se déclenche vers 170°, et la fraction principale du *pyrrol* distille entre 180° et 210°. (Le rendement en pyrrol peut être accru si l'on chauffe jusqu'à 300°). On reprend avec un peu d'*éther*, dessèche et procède au fractionnement.

P. éb. du pyrrol pur : 131°. Rendement : 2-3 g.

Un copeau de pin imprégné d'*acide chlorhydrique concentré* se colore en rouge sous l'effet des vapeurs d'un mélange de pyrrol et d'eau porté à l'ébullition (πυρρός).

7. — *Octacétylcellobiose et cellobiose*

Octacétylcellobiose (2) :

Un mélange de 75 cc. d'*acide acétique glacial* et de 75 cc. d'*anhydride acétique* est refroidi vers — 10° et additionné de 8 cc. d'*acide sulfurique* concentré (utiliser un flacon rodé à large col). On introduit dans la solution, sans continuer à refroidir mais en agitant fortement, 20 g. d'*ouate* pure par petites portions. On triture de temps en temps avec une baguette de verre la masse se liquéfiant peu à peu : après une heure environ on obtient ainsi une solution visqueuse. Le récipient est alors hermétiquement bouché et abandonné à une température d'environ 30°.

Au bout de 4-5 jours, la solution commence à se colorer, en même temps que se déposent des cristaux d'*acétate de cellobiose*, dont la quantité s'accroît fortement durant les 5 jours suivants. Le flacon est alors déposé à la glacière, et la cristallisation peut être considérée comme terminée après un nouveau laps de 5 jours.

Le contenu du flacon est filtré à la trompe, les cristaux lavés avec un peu d'*acide acétique glacial* froid (jusqu'à ce que la liqueur de lavage ressorte incolore), puis à l'eau plusieurs fois (ne pas réunir l'eau de lavage avec les eaux-mères). Afin d'éliminer complètement les acides sulfurique et sulfo-acétique retenus dans les cristaux, ceux-ci sont mis quelques heures en suspension dans l'eau ; on les sèche finalement à 70°. L'acétate de cellobiose ainsi obtenu est d'une assez grande pureté ; rendement : 11-12 g.

(1) Schwanert, *A.*, *116*, 271 (1860) ; voir aussi Khotinsky, *B.*, *42*, 2506 (1909).

(2) Ost, *A.*, *398*, 332 (1913) ; K. Hess et H. Friese, *A.*, *456*, 49 (1927).

En vue de sa purification par recristallisation, le produit est dissout dans 4-5 fois son poids de *chloroforme* ; la solution filtrée est additionnée de son volume triple de *méthanol* ; une courte ébullition et le refroidissement de la solution déterminent la cristallisation de l'acétate en aiguilles de bel aspect. P. fus. : 220-222°. Pouvoir rotatoire spécifique : + 42° ($CHCl_3$).

Le rendement peut être amélioré par l'utilisation des eaux-mères.

Cellobiose (1) :

10 g. du *composé acétylé* finement pulvérisé sont introduits par petites portions en l'espace d'une heure dans 85 cc. d'une solution fortement agitée d'*éthylate de sodium* à 10 % (*alcool* à 95 %). On peut observer alors l'odeur de l'*ester acétique* Le produit d'addition formé est filtré à la trompe une heure après, lavé à l'*alcool absolu* et dissous dans une très petite quantité d'*acide acétique* dilué. On ajoute à la solution le volume quintuple d'*acide acétique glacial*, filtre et détermine la cristallisation de la *cellobiose* par frottement d'une baguette de verre.

Après un repos d'une nuit à la glacière, les cristaux sont filtrés et recristallisés par traitement avec un peu d'eau à laquelle on ajoute ensuite de l'*acétone* jusqu'à léger trouble. Rendement : 3-4 g.

Quelques remarques sur les hydrates de carbones (portant sur les préparations 2-7)

Au cours des deux hydrolyses de *disaccharides* précédemment effectuées, on a chaque fois isolé le sucre cristallisant le mieux — *d-glucose* à partir du sucre de canne, *d-galactose* à partir du lactose. L'hydrolyse des bioses, avec rupture du pont d'oxygène, est accéléré catalytiquement dans la cellule vivante par des enzymes à action spécifique (*invertase, lactase*).

L'hydrolyse par les acides, à caractère plus général, constitue une réaction monomoléculaire dont la vitesse est proportionnelle à la concentration des ions H.

La *cellulose*, composé hautement polymérisé, est dégradée par « acétolyse » en *acétyle-cellobiose*, disaccharide octa-acétylé (Franchimont, Skraup, Ost).

Les bioses appartiennent au groupe important des *glucosides*.

L'isomérie des α- et β-*glucoses* doit être attribuée à un groupement différent dans l'espace des restes —H et —OH fixés à l'atome de C assymétrique 1 de la formule cyclique du type « lactol » de Tollens. La « mutarotation » des sucres, soit le fait que la valeur définitive de leur pouvoir rotatoire ne s'établit que graduellement, provient de ce que les différents isomères en présence dans la solution tendent vers un équilibre mutuel, lequel ne se produit qu'après un temps plus ou moins prolongé.

L'expérience a montré que l'α-glucose accroît beaucoup plus fortement la conductibilité d'une solution d'*acide borique* que le β-glucose (2) ; on en dé-

(1) G. Zemplén, *Ber.*, *59*. 1258 (1926) ; F. C. Peterson et C. C. Spencer, *Am. Soc.*, *49*, 2822 (1927).

(2) Boeseken, *B.*, *46*, 2612 (1913) ; *Rec. 40*, 354 (1921). Voir également

duit que l'hydroxyle de l'atome C_1 est en position *cis* par rapport à celui de C_2 (voir les formules suivantes). L'exemple le plus connu d'un acide complexe de ce type, contenant l'acide borique estérifié, est le complexe formé avec la *glycérine* ; on sait, en effet, que l'acide borique, quoique très faible, peut être titré en présence de glycérine. Boeseken attribue au complexe la formule suivante :

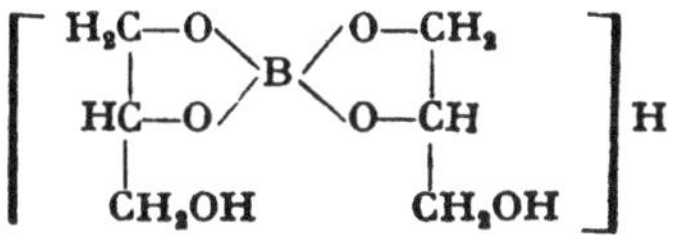

On considère actuellement les aldohexoses comme les dérivés d'un système cyclique proche parent de celui du pyrone, possédant un pont d'oxygène entre les atomes C_1 et C_5 (Haworth), et les désigne alors sous le nom de *pyranoses*. Les formes labiles γ et *h*, présumées isomères de structure, sont ramenées aux anciennes formules de Tollens, avec un pont entre C_1 et C_4, et appelées *furanoses* ; elles se produisent vraisemblablement au cours du métabolisme cellulaire (fermentation, dégradation oxydante des sucres). Le fructose donne lieu à de semblables considérations (cf. W. N. Haworth, Helv. Chim. Acta, XI, 534 (1928).

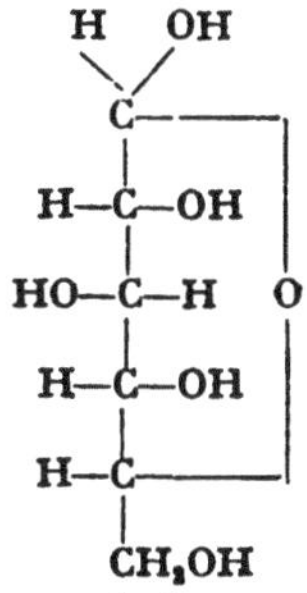

α-d-glucose

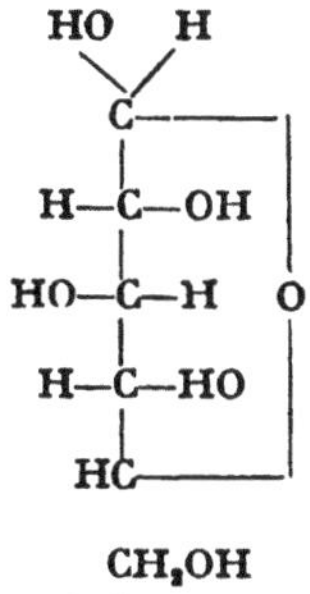

β-d-glucose

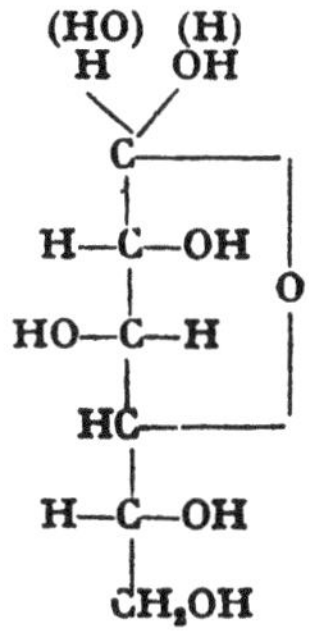

α- et β-h-glucose

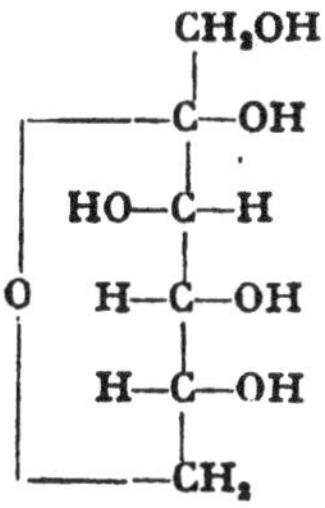

d-fructose

La formule hexagonale ci-après est encore plus instructive :

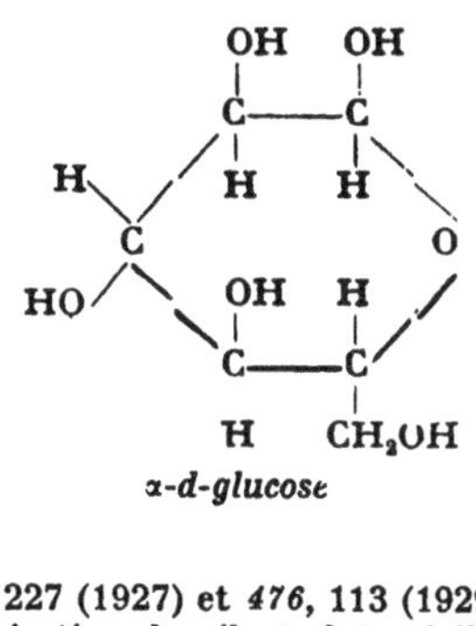

α-d-glucose

H. Meerwein, *A.*, *455*, 227 (1927) et *476*, 113 (1929), au sujet de l'accroissement du pouvoir d'ionisation des électrolytes faibles par la formation de complexes.

On connaît également deux types de glucosides correspondant aux deux formes d'isomérie structurale du glucose et d'autres monoses, chacun d'eux existant en deux enantiomorphes. On connaît les quatre isomères de l'*éthyl-glucoside*.

Ces α-glucosides sont scindés avec une très grande facilité par les hydrolases de la levure (*invertase, maltase*), les β-glucosides par l'*émulsine*, enzyme existant dans l'amande amère. Parmi les bioses dont le rôle biologique est le plus important, le *saccharose* et le *maltose* appartiennent à la série α, tandis que le *lactose* appartient à la série β. Le biose de l'amygdaline, ou *gentiobiose* est un β-*glucosido*-β-*glucose* (R. Kuhn, Haworth, Hudson). La synthèse de ce dernier a été effectuée récemment par Helferich.

Les recherches sur la constitution des bioses ont marqué de grands progrès au cours des dix dernières années, grâce aux travaux notamment de l'école anglaise (Irvine, Haworth, etc.).

Le principe de la méthode est le suivant : on bloque par méthylation les hydroxyles libres du biose, provoque la séparation de la molécule octa-méthylée par rupture du pont glucosidique, et établit alors la structure du monose méthylé.

Voici les formules actuellement attribuées aux principaux bioses :

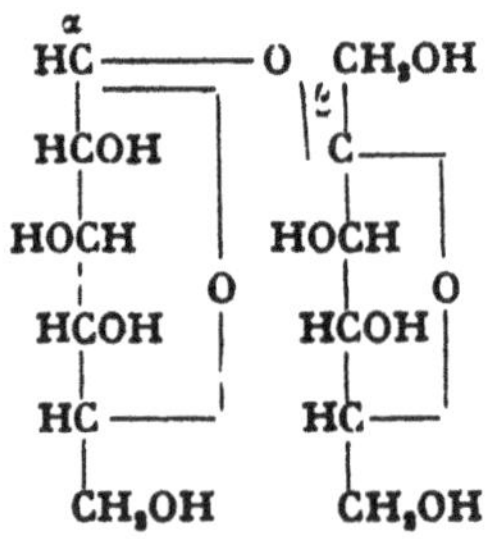

Saccharose

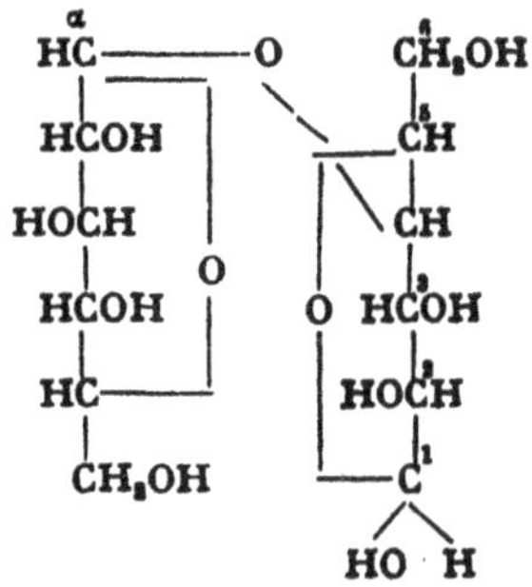

Maltose

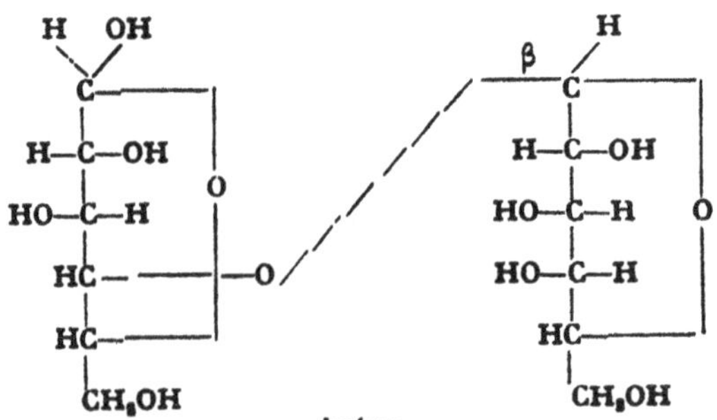

lactose

Selon Haworth, le *cellobiose* ne se distingue du *maltose* que par sa structure β-glucosidique. Le lactose et le cellobiose possèdent une configuration identique, leurs différences ne se retrouvant que dans leurs composants monoses. Le *gentiobiose* est un β-biose, dont le pont d'oxygène central s'attache en C_6 ; les formules indiquent directement la structure des constituants monoses.

Nous ne pouvons nous étendre sur les principes fondamentaux régissant l'isomérie spatiale des sucres les plus simples, ainsi que sur les travaux théoriques et expérimentaux dûs à Emil Fischer. Signalons que les modèles moléculaires spaciaux sont d'un usage fort utile lorsqu'on veut se perfectionner soi-même dans la connaissance de la chimie des sucres et le maniement de leurs formules.

Les bioses possédant un groupe carbonyle aldéhydique (cycloacétalisé) libre, exercent une action réductrice sur la liqueur de Fehling.

Expérience. — Porter à l'ébullition un peu de *saccharose* et de *lactose* avec une *solution de Fehling.*

Voir p. 294 pour la formation des *osazones* des sucres les plus simples. Les osazones des d-glucoses, d-fructose et d-mannose sont identiques.

Le nombre des *bioses synthétiques* va en s'accroissant ; parmi les bioses naturels, le *gentiobiose* (voir plus haut) a pu être obtenu synthétiquement par action de l'*émulsine* sur le d-glucose (Bourquelot). Des tentatives de synthèses à partir de sucres bromacétylés n'ont pas donné de résultats satisfaisants, le groupe — OH de la seconde molécule que l'on cherche à faire réagir résistant à l'attaque ; leur mode de préparation le plus général consiste à faire réagir le bromure d'acétyle sur les sucres.

A. Pictet a rapporté récemment la synthèse du lactose. Les travaux de Helferich consacrent la réussite d'autres synthèses du même genre.

Citons encore, parmi les dernières recherches sur la chimie des sucres, la préparation de l'anhydro-sucre *lévoglucosane*, de formule $C_6H_{10}O_5$, que Pictet a obtenu par distillation rapide dans le vide de l'amidon ou de la cellulose. Ce composé intéressant à plusieurs points de vue possède probablement la constitution I :

I 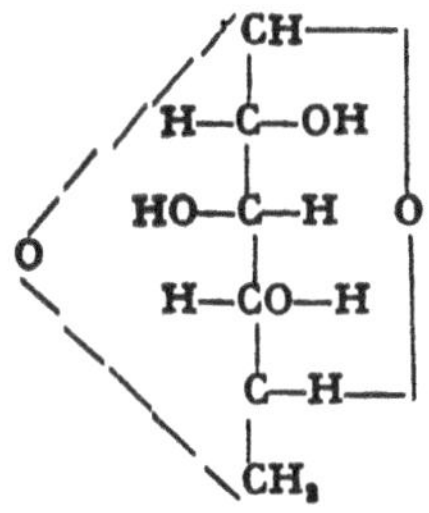

II 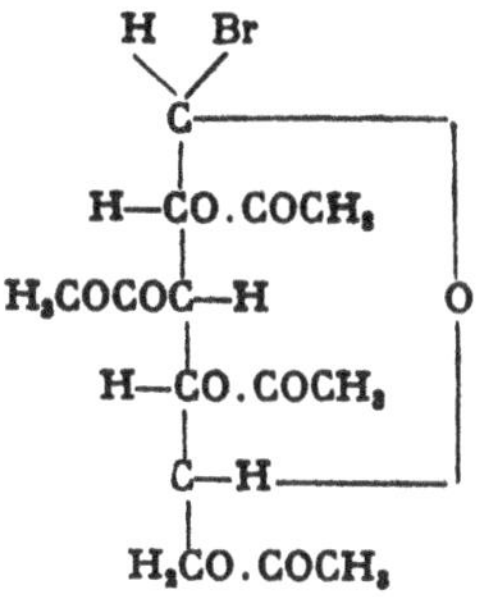

III 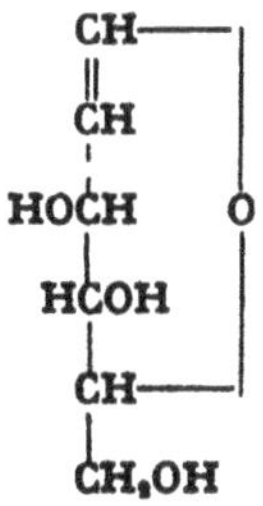

IV 

La formule II est celle de l'*α-acétobromoglucose* (tétracétyl-α-bromo-d-glucose), formé également à partir de l'amidon (Bergmann) et de la cellulose (Karrer, Hess), par action du bromure d'acétyle. Par ébullition avec de l'acide acétique à 50 % et du zinc en poudre, le Br en 1 est substitué par un atome d'hydrogène, en même temps que la mise en liberté par hydrolyse d'une molécule d'acide acétique provoque l'apparition d'une double liaison entre les atomes C_1 et C_2. L'hydrolyse des trois acétyles restant produit le *glucal* $C_6H_{10}O_4$, formule III (E. Fischer, Bergmann). La réaction de Prileschajew à l'*acide perbenzoïque* (p. 124) transforme le glucal en un *anhydrosucre* (formule IV), capable d'en donner le glycol avec une grande facilité par l'action d'une molécule d'eau sur le pont 1.2 : on obtient alors principalement le *mannose* (Bergmann).

Produits d'oxydation et de réduction des monosaccharides. — *L'acide mucique,* dont la préparation à partir du d-galactose a été exposée plus haut, est optiquement inactif et n'est pas susceptible de dégradation, propriétés qui se retrouvent dans la *dulcite,* alcool hexaatomique correspondant. Comme l'indique la formule, les quatre atomes de carbone asymétriques du galactose se groupent en deux paires (2,5 et 3,4), dont les substituants sont les mêmes, mais dont l'arrangement dans l'espace est inverse ; lorsque les atomes de carbone 1 et 6 ont les mêmes propriétés, les formes inactives proviennent d'une compensation intramoléculaire, comme dans le cas de l'*acide mésotartrique.*

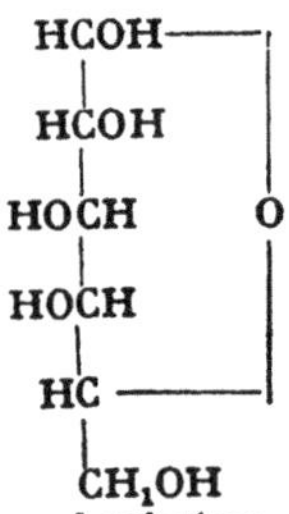
d-galactose

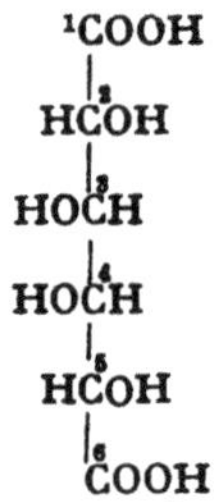
ac. mucique

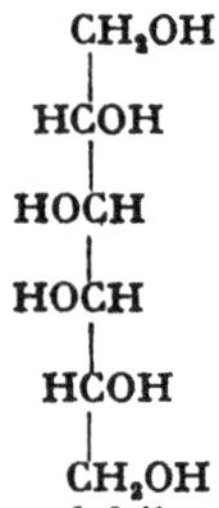
dulcite

De même que les pentoses, l'acide mucique se transforme de la façon mentionnée p. 377, par élimination de trois molécules d'eau, en divers dérivés du *furane* ; suivant les conditions employées, en présence d'acide chlorhydrique concentré, le produit formé est de l'acide *furane-α-α'-dicarboxylique.* Par distillation sèche s'obtient l'acide *furane-α-carboxylique,* ou *acide pyromucique :*

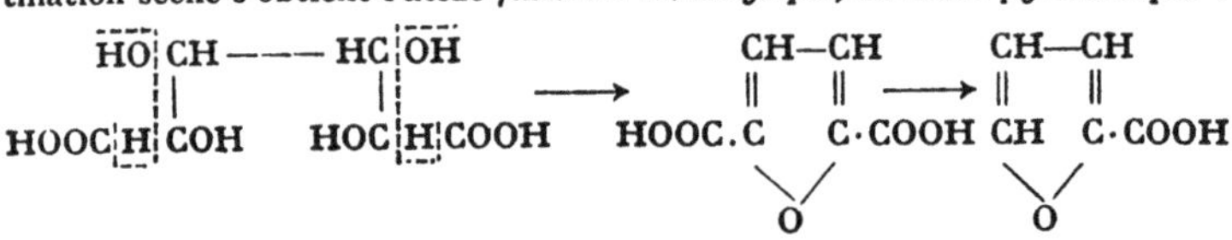

Si la pyrogénation de l'acide mucique est faite en présence d'ammoniac, on obtient le *pyrrol* par substitution de l'oxygène du pont par le reste —NH— réaction générale des composés hétérocycliques dont le noyau renferme de l'oxygène. Le pyrrol constitue le composant principal de la molécule de la *chlorophylle* et du *pigment sanguin* (voir p. 397 et suivantes).

L'*acide ascorbique,* composé étroitement apparenté aux saccharides, se forme sans aucun doute à partir de ces derniers dans le métabolisme végétal ; on l'a identifié à la *vitamine C antiscorbutique* (Szent-Gyorgyi). Il a la constitution d'une *lactone* de l'acide *l-sorbonique* (W. N. Haworth, Th. Reichstein) :

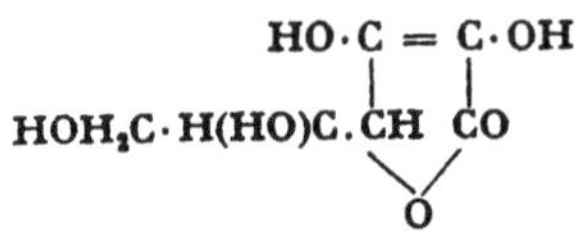

Ouvrages parus sur la chimie des hydrates de carbone : Tollens-Elsner, Kurzes Lehrbuch der Kohlenhydrate, Leipzig 1935 ; W. N. Haworth, Constitution of Sugars, London 1929 ; Kurt Hess, Die Chemie der Zellulose, Leipzig 1928 ; H. Staudinger, Die hochmolekularen organischen Verbindungen, Berlin 1932 ; F. Micheel, Chemie der Zucker und Polysaccharide, Leipzig 1939.

8. — *Saccharification de l'amidon et fermentation alcoolique*

Saccharification :

100 g. d'*amidon de pommes de terre* (1) sont malaxés dans l'eau jusqu'à consistance de suspension fine, que l'on introduit graduellement ensuite dans un récipient émaillé de 2,5 l. contenant 1500 cc. d'eau bouillante. On agite fortement pendant l'opération avec une spatule de bois. L'empois vitreux et bien homogène ainsi obtenu est additionné, après refroidissement jusqu'à 40°, du tiers d'une solution filtrée, fraîchement préparée à partir de 15 g. d'*extrait sec de malt* pulvérisé, mis préalablement à digérer une heure à 35-40° dans 100 cc. d'eau.

La saccharification est accélérée en agitant la liqueur (la température est maintenue à 40°) ; elle est terminée en une heure environ. La marche de la réaction est suivie en prélevant, 1 / 4 h. après l'introduction de l'enzyme, 5 cc. de la solution, et en dosant selon Willstaetter et Schudel (2) la quantité de maltose formé. Le dosage est répété après 30 min.

Détermination du sucre. — Diluer à 25 cc. dans un petit ballon jaugé l'échantillon de 5 cc. ; en écouler 10 cc. dans 25 cc. d'une solution d'*iode* n /10. Ajouter 40 cc. d'une solution de *soude caustique* n /10 (dépourvue de toute trace d'alcool), et abandonner 20 min. Aciduler faiblement à l'*acide sulfurique* dilué et titrer à recul avec une solution de *thiosulfate* n /10. L'équivalent iode correspond à 1 /2 mol. de biose réducteur, soit 1 cc. I_2 n /10 = 17,1 mg de maltose. Formuler la marche de la réaction.

La saccharification est terminée dès que la quantité d'iode entrée en réaction est la même pour deux essais consécutifs, et que la liqueur ne donne plus de réaction colorée avec l'iode.

75-80 % en général de l'amidon mis en jeu se transforment en maltose. Le reste n'est dégradé que jusqu'au stade des *dextrines*, lesquelles seront saccharifiées à leur tour au cours de la fermentation effectuée ultérieurement.

Le volume de la liqueur est mesuré au moyen d'un cylindre gradué, et l'on déduit de la dernière titration la quantité totale de

(1) Si l'on veut partir de la *pomme de terre* elle-même (500 g.), il est nécessaire de chauffer les tubercules en autoclave sous une pression de 2-3 atm., une ébullition n'étant pas suffisante pour produire une dégradation allant jusqu'à la saccharification complète.

(2) *B.*, *51*, 780 (1918).

maltose obtenue. On prélève 10 cc. pour la détermination du CO_2 (voir plus bas).

Fermentation alcoolique :

La liqueur est transvasée dans un ballon rond de 3 l. On y dissout 3 g. de *phosphate primaire d'ammonium* et ajoute ensuite une solution de 10 g. de *levain* de boulanger dans l'eau.

Le ballon, muni d'un petit tube à deux boules contenant un peu d'eau, est fortement agité à plusieurs reprises ; une fois le processus fermentaire déclenché, le mélange est abandonné 2-3 jours dans un local chaud. La fin de la fermentation est décelée par le repos du liquide dans le ballon.

On distille alors l'*alcool* avec un réfrigérant descendant, en utilisant une colonne à grande efficacité (à anneaux de Raschig, par exemple) ; le distillat est recueilli dans un flacon à vide. Il suffit de faire distiller la moitié du volume total.

L'opération est répétée deux fois avec un ballon à distiller de dimensions plus petites, jusqu'à l'obtention de 200 cc. de distillat. On mesure alors à l'aréomètre la teneur de l'alcool, établie d'après son poids spécifique à 15°.

Le poids spécifique de l'alcool à 10 % (en volume) à 15° est 0,9857 ; celui de l'alcool à 30 %, 0,9646. Entre ces deux termes la densité diminue à peu près linéairement de 0,0010 pour une différence d'un volume % ; on peut ainsi calculer sans table la concentration de l'alcool obtenu, en connaissant sa densité.

Le volume du distillat, d'environ 200 cc. contient à peu près 70 cc. d'*alcool* (56 g.). Le rendement en alcool s'approche de sa valeur théorique et doit même dépasser d'environ 20 % la valeur calculée à partir de la dernière titration du maltose : cette dernière ne donne pas en effet la quantité totale de sucre formé et doit être augmentée du maltose produit au cours de la fermentation par une action diastatique retardataire.

Le bilan général de la réaction s'établit en tenant compte du volume en litres de CO_2 dégagé.

Pour obtenir l'alcool à l'état pur, le distillat de la dernière opération est écoulé, au moyen d'une ampoule à robinet, dans un ballon à distiller contenant 700 g. de *chaux vive* et muni d'un réfrigérant descendant. L'alcool est ensuite distillé au bain d'huile.

Détermination du CO_2. — Diluer l'échantillon de 10 cc. à 25 cc. au moyen d'un flacon jaugé. Prélever à la pipette 10 cc. de cette solution et les introduire dans un petit ballon à fractionner relié directement à un nitromètre. Ajouter à la solution 0,2 g. environ de *levure* en suspension dans un peu d'eau et chasser immédiatement l'air contenu dans l'appareillage en y faisant circuler un courant d'anhydride carbonique par un tube d'adduction affleurant le liquide. Interrompre ensuite le courant gazeux, en manœuvrant un robinet de verre intercalé sur le tube d'adduction (ou une pince à vis), remplir le nitromètre d'eau saturée de CO_2 et laisser la fermentation se produire d'elle-même jusqu'à ce que le niveau dans le nitromètre ne varie plus.

Réduire le volume lu à 0° et 760 mm., et comparer le résultat avec le rendement en alcool et le résultat de la titration du maltose, en tenant compte de la saccharification secondaire.

Le chimisme de la fermentation alcoolique a déjà fait l'objet de nombreuses investigations depuis plus d'un siècle ; il a été notablement éclairci depuis les travaux de C. Neuberg et G. Embden. E. Buchner de son côté a démontré que la *zymase*, principe enzymatique de la levure, peut être séparée de la cellule vivante.

Considérée de façon schématique, la fermentation alcoolique est le résultat d'une série de réactions successives d'hydrogénations et de déshydrogénations, rappelant la réaction de Cannizzaro (p. 222) ; le d-glucose, sous forme d'ester phosphorique, se décompose tout d'abord en deux molécules d'*acide glycéraldéhydophosphorique :*

$$C_6H_{10}O_4(PO_4H_2)_2 \longrightarrow 2\underset{\underset{O\cdot PO_3H_2}{|}}{CH_2}\cdot CHOH\cdot CHO$$

Deux molécules d'aldéhyde donnent ensuite, par « dismutation », une molécule d'*acide glycérophosphorique* et une molécule d'*acide phosphoglycérique*

$$2\underset{\underset{O\cdot PO_3H_2}{|}}{CH_2}\cdot CHOH.CHO \xrightarrow{+H_2O} \underset{\underset{O\cdot PO_3H_2}{|}}{CH_2}\cdot CHOH\cdot CH_2OH + \underset{\underset{O\cdot PO_3H_2}{|}}{CH_2}\cdot CHOH\cdot COOH$$

Le stade suivant consiste en la transformation de l'acide glycérique phosphorylé en *acide pyruvique*, scindé à son tour sous l'action de l'enzyme appelée *carboxylase* en *acétaldéhyde* et CO_2. L'acétaldéhyde, au fur et à mesure de sa formation, entre en réaction enzymatique avec le glycéraldéhyde phosphorylé, lequel est déshydrogéné en acide, pendant que l'aldéhyde se transforme en alcool éthylique :

$$\underset{\underset{O\cdot PO_3H_2}{|}}{CH_2}\cdot CHOH\cdot CH(OH)_2 + CH_3\cdot \underset{H}{C}=O \longrightarrow \underset{\underset{O\cdot PO_3H_2}{|}}{CH_2}\cdot CHOH\cdot COOH + CH_3\cdot CH_2OH$$

La combustion du d-glucose dans le muscle s'effectue en passant par l'*acide lactique.*

On trouvera des notions très détaillées sur le domaine des enzymes dans les ouvrages suivants : Bersin, Kurses Lehrbuch der Enzymologie, 2e Ed., Leipzig 1939 ; Nord-Weidenhagen, Handburch der Enzymologie, 2 n l., Leipzig 1940.

9. — *Chlorhydrate de d-arginine à partir de la gélatine* (1)

Flavianate de d-arginine :

On porte à forte ébullition pendant 8-10 h. 100 g. de *gélatine* avec 100 cc. d'*acide chlorhydrique* à 36 % (D = 1,19) dans un ballon d'un demi-litre muni d'un réfrigérant à reflux. Après refroidissement, on dilue à 0,5 l., ajoute 5 cc. d'*acide acétique glacial* et de la *soude caustique* à 33 % jusqu'à disparition de la réac-

(1) Kossel et Gross, *H.*, *135*, 167 (1924) ; Felix et Dirr, *H.*, *176*, 38 (1928).

tion acide au papier Congo ; on rajoute alors 6 cc. d'acide acétique. On filtre si nécessaire, et ajoute au filtrat une solution chaude de 20 g. d'*acide flavianique* (jaune de Naphtol S, voir p. 199) dans 100 cc. d'eau. Le *flavianate* commence à précipiter après 1 /4-1 /2 h. On abandonne le tout un ou deux jours, essore fortement à la trompe et lave deux fois le précipité avec 200 cc. d'eau froide en le malaxant convenablement (élimination de l'acide flavianique précipité) et en essorant chaque fois fortement à la trompe. Rendement : 18-22 g. Chauffé, le flavianate de d-arginine noircit au-dessus de 200° et se décompose vers 275°.

Monochlorhydrate de d-arginine :

Le sel précédent est mis en suspension dans 100 cc. d'eau chaude dans un grand mortier ; on ajoute 40 g. de $Ba(OH)_2$ dissoute dans la quantité nécessaire d'eau chaude, malaxe consciencieusement et filtre à chaud à la trompe. Le précipité de *flavianate de baryum* est à nouveau malaxé à chaud avec 200 cc. d'eau additionné de 8 g. de baryte, et filtré. On fait passer immédiatement un vif courant d'*anhydride carbonique* dans les filtrats réunis, jusqu'à réaction légèrement acide, filtre le *carbonate de baryum* et lave soigneusement le précipité à l'eau ; on concentre le filtrat, au bain-marie à 100-150 cc., filtre à nouveau le carbonate de Ba précipité et ajoute de l'*acide chlorhydrique* concentré jusqu'à réaction acide au papier Congo (3-4 cc.).

La solution refroidie précipite rapidement une petite quantité d'acide flavianique (frotter les parois du récipient), que l'on filtre.

Le filtrat est décoloré par une courte ébullition avec du noir animal, et filtré ; la solution presque incolore est à peine alcalinisée avec de l'*ammoniaque* et évaporée à sec. On obtient ainsi un mélange de *chlorhydrate d'arginine* et de *chlorure d'ammonium*, que l'on dissout dans la quantité minimum d'eau chaude. La solution chaude est additionnée d'*alcool* bouillant à 96 % jusqu'à apparition d'un trouble distinct. Le chlorhydrate d'arginine précipite presque quantitativement au refroidissement en agglomérations de prismes glandulaires. On le recristallise de la même manière. Rendement : 7-8 g.

Le monochlorhydrate de d-arginine donne un effondrement à 218° et se décompose à 235° en moussant abondamment.

L'acide flavianique peut être récupéré comme suit à partir de son *sel barytique*, peu soluble : décomposer le sel à chaud par un léger excès d'*acide sulfurique* à 20 %, filtrer à la trompe le liquide chaud et faire recristalliser l'*acide sulfonique* libre par addition d'un peu d'*acide chlorhydrique* concentré au filtrat limpide.

La méthode de préparation de l'arginine due à Bergmann (1) est également à recommander.

(1) *H.*, *152*, 293 (1926).

10. — *Caféine à partir du Thé*

On procède, en se servant de l'appareil simplifié de la figure 26 (p. 51), à l'extraction de 100 g. de *thé*, finement haché ou pulvérisé, par 400 cc. d'*alcool*, pendant 8 h. L'extrait alcoolique est ensuite jeté dans une suspension de 50 g. d'*oxyde de magnésium* dans 300 cc. d'eau, le tout porté dans une capsule de porcelaine et évaporé à sec au bain-marie, avec forte agitation. Le résidu pulvérulent est porté une fois à ébullition avec 500 cc. d'eau, et trois fois avec 250 cc. d'eau, et filtré chaque fois à chaud.

Les extraits aqueux réunis sont additionnés de 50 cc. d'*acide sulfurique* dilués et évaporés à peu près jusqu'au tiers de leur volume ; on filtre, à chaud si nécessaire, le précipité floconneux qui aurait pu se former, et extrait en cinq fois avee du *chloroforme* (30 cc. par extraction).

La solution chloroformique jaune pâle est décolorée par agitation avec quelques cc. de *soude caustique* diluée, puis avec la même quantité d'eau, et évaporée. Le résidu de *caféine* brute est recristallisé dans un peu d'eau chaude. Rendement : 2-2,25 g. d'aiguilles blanches et souples, à l'état soyeux, contenant une molécule d'eau de cristallisation.

On isole de la même façon la *théobromine* de la poudre de cacao, traitée préalablement dans un extracteur par de l'éther ou de l'éther de pétrole pour en éliminer les substances grasses. La caféine s'obtient à partir de la théobromine par méthylation de cette dernière, selon la méthode de H. Biltz (1).

11. — *Nicotine à partir de jus de tabac* (2)

300 g. *de jus de tabac* du commerce, de poids spécifique 1,8 (on peut également concentrer jusqu'à la densité voulue un jus quelconque dilué et faiblement acide tel que ceux qu'il est possible de se procurer auprès de n'importe quelle fabrique de cigares) sont additionnés de *soude caustique* concentrée jusqu'à réaction fortement alcaline.

On entraîne à la vapeur d'eau dans la solution chaude la base libre, de façon à obtenir un distillat d'environ 1,5 l. ; celui-ci est acidifié par une quantité pesée d'*acide oxalique* cristallisé jusqu'à réaction faiblement acide au papier Congo, et la solution évaporée à consistance sirupeuse.

(1) *A.*, *413*, 190 (1917). La même réaction avait déjà été effectuée par A. Strecker (*A.*, *118*, 170, 1861).
(2) Laiblin, *A.*, *196*, 130 (1879).

L'*oxalate de nicotine*, accompagné d'un peu d'oxalate d'ammonium, précipite au refroidissement. Le précipité filtré est jeté dans un entonnoir à robinet et additionné d'une quantité de *potasse caustique* 1 : 1 légèrement supérieure à celle qui correspond à l'acide oxalique introduit. Après échauffement de la masse, la nicotine brute se sépare peu à peu en une couche supérieure huileuse, colorée en brun, que l'on extrait plusieurs fois à l'*éther* après refroidissement. La solution éthérée concentrée est séchée sur quelques morceaux de KOH, puis l'éther chassé par évaporation. Le résidu est soumis à un fractionnement sous pression réduite dans un petit ballon de Claisen (le caoutchouc étant attaqué par la nicotine, utiliser des bouchons de liège).

On répète la distillation avec la fraction de queue de façon à obtenir la base pure à l'état de liquide incolore, de point d'ébullition 114°/10 mm., 120°/14 mm. La *nicotine* bout à la pression atmosphérique sans se décomposer vers 240°. Rendement : 4 à-6 g.

Le produit brunit rapidement à l'air et doit être conservé en tube scellé.

Préparer comme suit le *di-iodo-méthylate de nicotine* sur un échantillon ; dissoudre la base dans un peu d'*alcool méthylique*, ajouter trois parties d'*iodure de méthyle* et chauffer. Recristalliser dans un peu d'*alcool méthylique*.

Oxyder la nicotine en *acide nicotinique* avec du permanganate.

La plupart des alcaloïdes sont isolés des extraits de plantes au moyen des sels insolubles qu'ils forment avec les acides complexes *hexachloroplatinique*, *tétrachloraurique*, *phosphotungstique*, *ferrocyanhydrique*, *acide de Reinecke*, etc. Les acides *perchlorique*, *picrique*, *flavianique*, le *sublimé*, l'*iode* dans l'*iodure de potassium* sont également utilisés.

Les synthèses de la nicotine sont dues à Pictet et à Karrer. Voir aussi la *tropine* et les alcaloïdes qui en dérivent.

12. — *Hémine à partir du sang de bœuf* (1)

On introduit 3 l. d'*acide acétique glacial* additionnés de 5 cc. d'une solution saturée de *sel marin* dans un ballon de 4 l. et chauffe à 100° au bain de sable ou au bain d'air. On écoule alors en mince filet au moyen d'une ampoule à robinet, en agitant fortement le ballon, 1 l. de *sang*, préalablement défibriné et passé à travers un filtre d'étoffe ; l'addition du sang doit demander 1/2 h. environ ; elle s'effectue dans le solvant chaud, dont le chauffage n'est pas interrompu. L'extrémité du tube de l'ampoule à robinet débouche au-dessous du col du ballon ; on évitera que le sang arrivant n'entre en contact avec les parois chaudes du ballon ; la température du liquide doit rester supérieure à 90°.

L'écoulement terminé, le contenu du ballon est maintenu pen-

(1) Procédé de SCHALFEIEW. Les détails ont été donnés par NENCKI et ZALESKI, *H.*, *30*, 390 (1900), WILSTAETTER et STOLL, *Untersuchungen über Chlorophyll*, Berlin, 1913, p. 399.

dant un quart d'heure en douce ébullition ; la majeure part de l'*hémine* a alors précipité en cristaux brillants. On laisse refroidir jusqu'à 40-50° (1), filtre l'hémine à la trompe à cette température et la lave successivement avec de l'*acide acétique* à 50 %, de l'eau, de l'*alcool* et de l'*éther*. On obtient des cristaux très purs de couleur foncée et à surface brillante. Rendement : 3,5-4 g.

Le pigment sanguin, ou *hémoglobine*, a pour principal constituant l'*hémine*, composé coloré dont la préparation vient d'être décrite ; elle y est combinée avec une substance albuminoïde complexe appelée *globine*. On utilise l'hémine sous forme des cristaux dits de Teichmann, pour l'identification sous le microscope de traces de sang. La formule brute de l'hémine, d'après Hans Fischer, est $C_{34}H_{32}O_4N_4FeCl$.

Les réactions fondamentales de dégradation auxquelles donne lieu l'hémine ont fourni les principes par lesquels on a pu réussir la synthèse de cet intéressant composé (Nencki, Kuster, Piloty, Willstaetter, H. Fischer).

Réduite au moyen de l'*acide iodhydrique*, l'hémine donne un mélange de *pyrrols substitués* et d'*acides pyrrol-carboxyliques :*

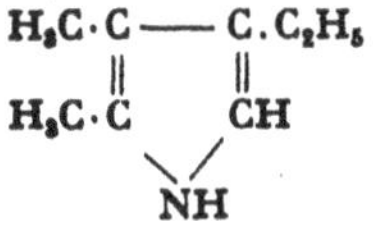
hémopyrrol

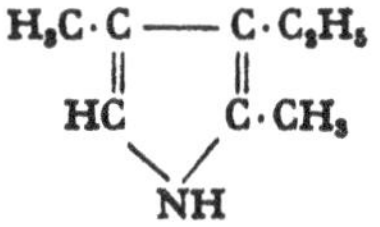
cryptopyrrol

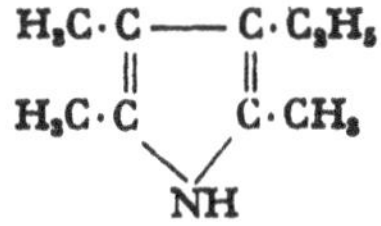
phyllopyrrol

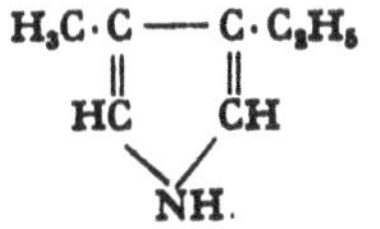
3,4-méthyl-éthyl-pyrrol

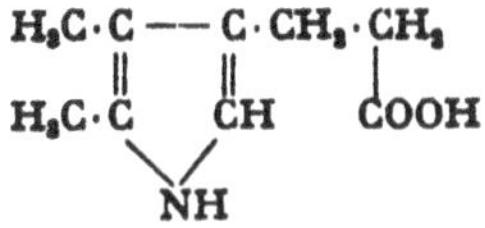
ac. hémopyrrol-carboxylique

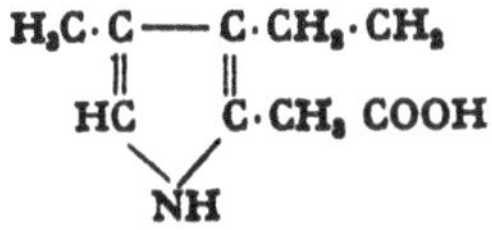
ac. cryptopyrrol-carboxylique

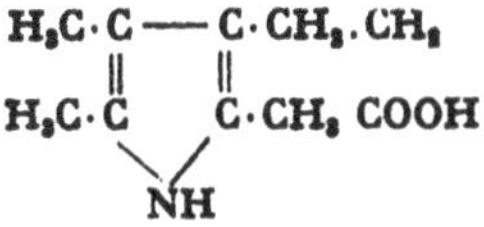
ac. phyllopyrrol-carboxylique

La plupart de ces produits de dégradation ont été obtenus par H. Fischer ; la synthèse en a pu également être faite.

Par oxydation, l'hémine fournit des dérivés de la *maléinimide* (W. Kuester), réaction correspondant au fait que le pyrrol lui-même donne le même corps par oxydation :

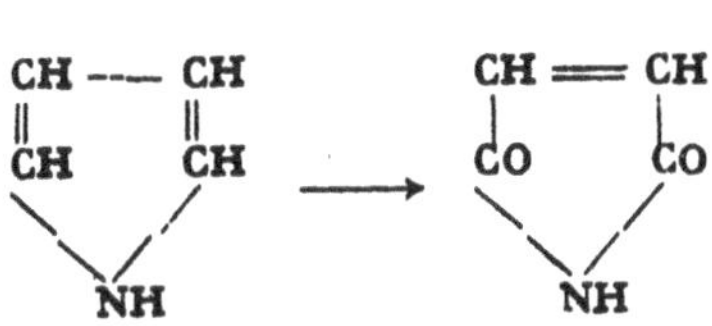

(1) D'après H. FISCHER, *Handbuch der Biochemie*, de C. OPPENHEIMER. Vol. I, p. 357 (1923).

La *méthyl-éthylmaléinimide* (I) correspond aux pyrrols, l'acide appelé *acide hématique* (II) aux acides carboxyliques dont les formules sont données plus haut :

I 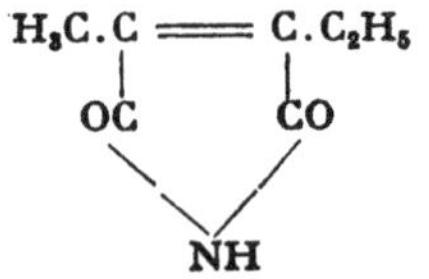 II 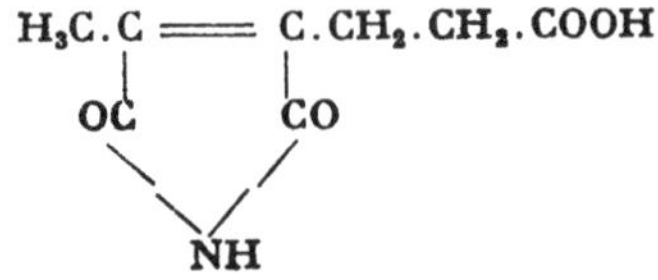

L'hydrogénation provoque la rupture des liaisons de carbone à carbone des substituants en α, et met ainsi en liberté des résidus pyrroliques simples, comme nous le verrons plus loin.

Les *porphyrines* sont des pigments qui appartiennent au groupe de l'hémine ; le fer, qui n'entre pas dans leur constitution, peut toutefois se rattacher à leur molécule en formant un complexe. D'autres pigments, analogues aux porphyrines, sont des dérivés de la chlorophylle.

Deux porphyrines naturelles, l'*uroporphyrine* $C_{40}H_{38}O_{16}N_4$ et la *coproporphyrine* $C_{36}H_{38}O_8N_4$, ont acquis un grand intérêt par le problème de leur constitution. Ces substances ont été isolées pour la première fois par Hans Fischer dans l'urine et les excréments d'un patient souffrant de perturbations du métabolisme des porphyrines ; elles existent d'ailleurs en traces dans le métabolisme normal. L'uroporphyrine est un acide octa-carboxylique, la, coproporphyrine un acide tétracarboxylique ; toutes deux se transforment par décarboxylation thermique, en *éthioporphyrine* $C_{32}H_{38}N_4$ dépourvue d'oxygène.

La synthèse de l'hémine par H. Fischer (1929) a complété la connaissance des colorants entrant dans la composition du pigment sanguin.

Le constituant dépourvu de fer de l'hémine, ou *protoporphyrine*, a la structure suivante :

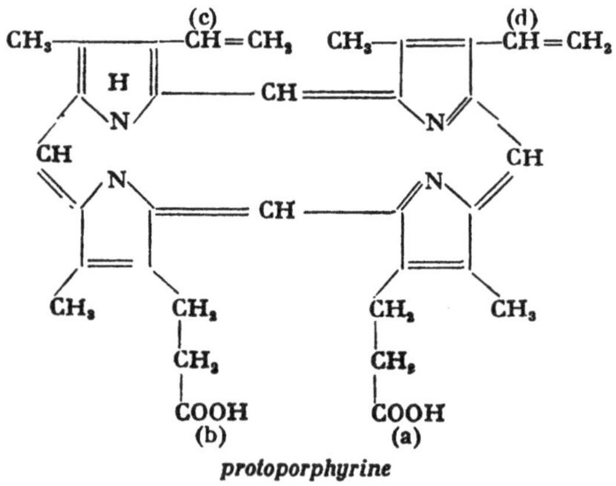

protoporphyrine

Le point de départ de la synthèse est la combinaison ferrugineuse de la *deutéroporphyrine*, où *c* et *d* = H. A l'aide d'une réaction de Friedel-Crafts (où le chlorure d'aluminium est remplacé par le chlorure stannique), on introduit en *c* et *d* des restes acétyles ; la dicétone formée est ensuite réduite en glycol (*hématoporphyrine*) où *c* et *d* = $CHOH.CH_3$, et ce dernier transformé en protoporphyrine par départ d'eau.

La synthèse fondamentale des porphyrines consiste en la condensation, par fusion, de deux *pyrrométhines* convenablement choisies, avec élimination d'acide bromhydrique et déshydrogénation simultanée. La formule suivante représente le processus pour le cas de la deutéroporphyrine :

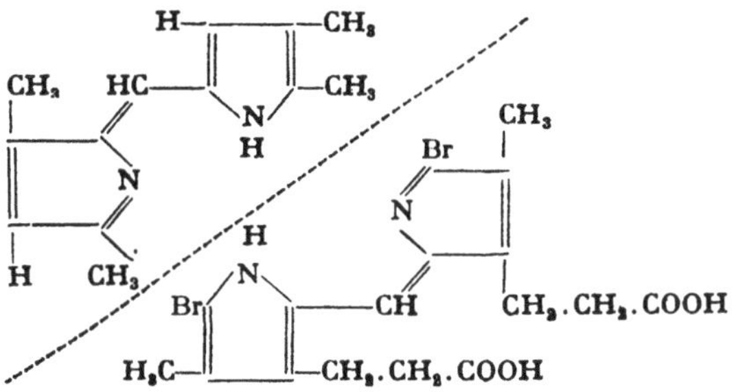

Le *fer* est combiné dans l'hémine de la façon suivante : les deux atomes d'hydrogène du groupe >NH de la porphyrine sont substitués par les deux valences principales du métal, lequel est par ailleurs rattaché par ses valences secondaires en une liaison complexe avec les deux atomes d'azote restant (de même que dans la combinaison complexe du nickel avec la diméthylglyoxime, d'après Tschugajew). A ce cation complexe correspond l'anion Cl', ou tout autre anion monovalent, le tout formant un sel.

Le fer est remplacé par le *magnésium* dans le complexe métallique de la *chlorophylle* (Willstaetter). La structure de cette dernière diffère de celle de l'hémine par les points suivants : la chaîne latérale propionique (*a*), sous forme oxydée, y est condensée avec un carbone méthinique pour former un noyau *cyclopentanique* ; le substituant en (*d*) est un reste éthyle au lieu du reste vinyle de l'hémine ; les deux carbonyles, enfin, sont estérifiés et l'un des quatre noyaux pyrroliques est partiellement hydrogéné :

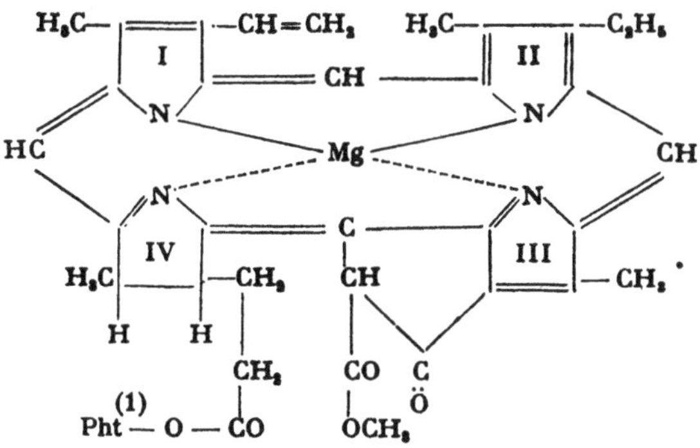

chlorophylle a (d'après H. Fischer).

(1) Correspond au résidu phytyle ; $C_{20}H_{39}$; le *phytol* est un alcool non saturé de formule :

$$H_3C.CH.(CH_2)_3.CH.(CH_2)_3.CH.(CH_2)_3.C = CH.CH_2OH$$
$$\quad CH_3 \qquad CH_3 \qquad CH_3 \qquad CH_3$$

Voir F. G. Fischer et K. Loewenberg, *A.*, *464*, 69 1928) *475*, 183, (1929).

Dans la formule de la chlorophylle *b*, le méthyle du noyau II est remplace par le groupe $-C\begin{smallmatrix}\diagup H \\ \diagdown O\end{smallmatrix}$

Adsorption chromatographique des pigments des feuilles (1) :

3-4 *feuilles fraîches d'épinard* sont introduites dans un erlenmeyer contenant un mélange de 45 cc. d'*éther de pétrole* (p. éb. : 70°), 5 cc. de *benzène* et 15 cc. de *méthanol*. Une heure environ après le début de l'immersion, le résidu blanchâtre est séparé par filtration et lavé par le même solvant. On élimine alors avec précaution l'alcool méthylique par lavages répétés à l'eau dans l'entonnoir à séparations (ne pas agiter) ; la solution est ensuite séchée sur du *sulfate de sodium*.

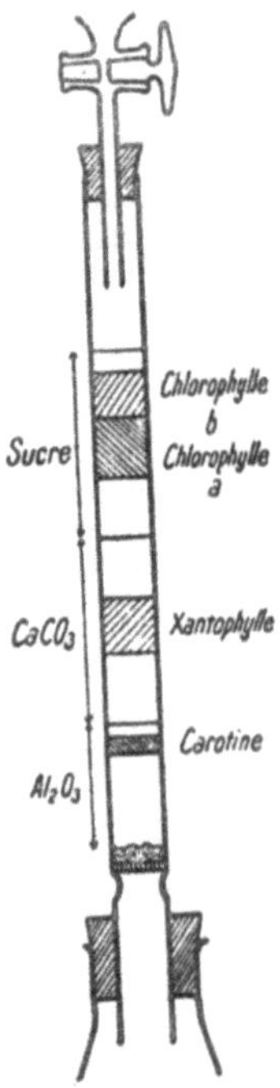

Fig. 58.

On utilise pour l'adsorption un tube d'environ 18 cm. de longueur et de 1 cm. de diamètre, dont l'extrémité inférieure comporte un étranglement. On adapte au-dessus de ce dernier une plaque filtrante que l'on recouvre d'un mince tampon d'ouate, et y dispose une couche de 2 cm. d'*oxyde d'aluminium* (2), introduite par petites portions, en la tassant à l'aide d'une baguette de verre épaisse. On recouvre la première couche par 4 cm. de *carbonate de calcium* séché à 150°, puis par une couche de 6 cm. de *sucre en poudre* tamisé.

On écoule alors par le haut de l'*éther de pétrole* (p. éb. : 70°) à l'aide d'une ampoule à robinet, en faisant dans la colonne un vide partiel aussi régulier que possible, puis la solution verte précédemment obtenue. On voit se former rapidement une série de zones différentes : la *chlorophylle b* forme au haut de la colonne une couche jaune-verdâtre avec, immédiatement au-dessous, celle de la *chlorophylle a*, bleu-verdâtre. A la suite, et en descendant, on trouve la région d'adsorption de la *xantophylle*, colorée en jaune ; la *carotine*, jaune également, n'est arrêtée que par l'oxyde d'aluminium, en une zone étroite (Fig. 58).

Lorsque la solution pigmentaire a presque entièrement traversé le tube, on procède au « développement » du « chromatogramme »,

(1) Voir p. 32.

(2) Chauffer fortement l'oxyde d'aluminium du commerce dans une capsule émaillée basse, en remuant de temps à autre jusqu'à cessation du dégagement de vapeur d'eau.

en extrayant les zones par un lavage à l'aide du mélange éther de pétrole-benzène 4 : 1. Une extension trop considérable des zones peut être évitée par l'adjonction d'*éther de pétrole* (p. éb. : 30-50°).

On lave à l'éther de pétrole, sèche par un courant de CO_2 obtenu par aspiration, retire la colonne d'adsorption du tube à l'aide d'une baguette de verre, et la fragmente selon les différentes zones. Les colorants sont dissous dans de l'*éther* additionné d'un peu de *méthanol*, et l'on procède à l'examen de leur spectre d'adsorption.

Ces diverses opérations, d'une grande simplicité, constituent une belle démonstration des possibilités de la méthode chromatographique, dont les différentes zones colorées de la colonne d'adsorption donnent une image frappante (1).

Une méthode pratique de préparation de la *chlorophylle* est décrite dans l'ouvrage de Willstaetter et Stoll (p. 133 et 138).

13. — *Constituants principaux de la bile de ruminant*

Acide glycocholique :

On se procure auprès d'un abattoir 2-2,5 l. de *bile* fraîche, dont on utilise une partie pour en isoler le plus important des acides conjugués de la bile, ou *acide glycocholique.* On agite fortement à cet effet, 250 cc. de *bile* avec 150 cc. d'*éther* dans un entonnoir à séparations de 3/4 de l. ; on ajoute 25 cc. d'*acide sulfurique* 4N et agite immédiatement le tout pendant 3 min. Après un repos d'une journée au minimum l'acide se dépose en abondantes aiguilles blanches formant une masse dans la couche intermédiaire. On filtre et lave avec un peu d'eau, puis d'*éther*. Le produit est purifié par dissolution dans très peu d'*alcool* chaud et addition d'eau jusqu'à apparition d'un trouble.

Il peut arriver que la cristallisation de l'acide glychocholique au sein de la bile acidifiée n'apparaisse qu'après un temps plus prolongé ; de fréquentes agitations peuvent alors l'accélérer. Si l'expérience est effectuée avec la bile d'un animal abattu en été, on peut s'attendre à un échec, les constituants en étant beaucoup moins cristallisables. Ce cas ne peut se produire en hiver.

Acide cholique :

On porte à l'ébullition à reflux pendant 18 h. 2 l. de *bile* fraîche additionnés de 200 g. de *potasse caustique* technique.

L'appareil le plus approprié est un récipient de cuivre ou de

(1) Signalons une description par WINTERSTEIN, SCHOEN et VETTER (*H.*, *230*, 158 [1934] de la purification industrielle de l'*anthracène*, autre application de la méthode. Elle permet notamment d'isoler cet hydrocarbure en flocons de belle apparence, offrant une fluorescence bleue.

fer ; on peut également utiliser un grand ballon rond en verre d'Iéna, chauffé au bain de sable.

Après refroidissement, on verse la liqueur alcaline dans un bécher et l'acidifie à peine (papier Congo) par addition d'*acide chlorhydrique* (1 p. HCl conc. + 2 p. eau), en remuant avec une forte baguette de verre.

Cette opération provoque la précipitation des *acides* et du *pigment biliaires* (*biliverdine*) en un magma résineux vert.

Après 24 h. de repos dans la solution saline, le gâteau a perdu sa consistance pâteuse pour devenir dur, cristallin et friable. On l'extrait du récipient, l'émiette à la main dans une capsule contenant de l'eau froide, filtre la masse à la trompe et la lave avec soin. Les acides bruts doivent alors être *entièrement desséchés* avant les opérations suivantes. La dessiccation à l'air, en couche mince sur du papier-filtre ou du bois demande une semaine, l'eau étant fortement retenue. On y parvient plus rapidement en traitant le produit à l'exsiccateur à vide, sur de l'acide sulfurique concentré et de la potasse caustique solide. On obtient en fin de compte 100-110 g. d'une substance faiblement colorée en gris-vert, pouvant être réduite en poudre fine.

On jette le produit brut dans un erlenmeyer et y ajoute un volume d'*alcool absolu* équivalent aux 2/3 de son poids ; on agite de manière à bien imprégner d'alcool la masse. Un gâteau cristallisé se forme en 24 h., composé de la combinaison alcoolique très cristallisable de l'*acide cholique*. On la filtre, après deux jours de repos, sur une plaque filtrante moyenne (5 cm. diam.) et, après égouttage presque complet des eaux-mères vert-foncé, entraîne par rinçage avec un peu d'alcool absolu fraîchement préparé le reste des cristaux du récipient sur le filtre ; on lave finalement à l'alcool absolu de manière à déplacer complètement le liquide retenu dans le précipité (le solvant de lavage ne doit plus être que faiblement coloré en vert). On dessèche la substance au bain-marie et obtient ainsi 80-85 g. d'*acide cholique* assez pur, représentant 70 % du produit brut précipité (10 % du poids représentent l'alcool de cristallisation).

On soumet l'acide cristallisé à une nouvelle purification en le faisant bouillir 1/4 h. à reflux avec de l'*esprit de vin* (1 p. en vol. d'alcool pour 1 p. en poids du produit), laisse reposer une nuit tel quel, filtre ensuite à la trompe, lave à l'alcool et fait cristalliser le produit presque incolore en le dissolvant dans l'esprit de vin à ébullition à reflux.

L'*acide cholique* précipite au refroidissement en tétraèdres transparents. P. fus. : 196°. Les eaux-mères fournissent par concentration une nouvelle quantité de produit pur.

On peut aussi obtenir l'acide sous forme particulièrement pure.

en soumettant le produit brut (voir plus haut) à l'extraction par l'*ester acétique*. Rendement : 50 g. d'acide purifié.

L'*ester méthylique* très cristallisable de l'acide cholique se prépare aisément en estérifiant au moyen de *gaz chlorhydrique* l'acide cholique dans 10 parties d'*alcool méthylique*. La solution saturée d'acide chlorhydrique est portée à une courte ébullition et écoulée à froid dans un grand volume d'une solution diluée de *carbonate de sodium*. L'ester est ensuite desséché et recristallisé dans un peu d'*alcool méthylique* dilué. Citons, comme autres préparations intéressantes, celles des *acides déhydrocholique, cholatriénique* et *cholanique*.

Acide désoxycholique, acides gras, cholestérine :

Le premier filtrat alcoolique obtenu lors de la cristallisation de l'acide cholique brut (voir plus haut) est rendu fortement alcalin (vis-à-vis du papier à la phénol-phtaléine) par de la *soude caustique* 2N, et évaporé dans une capsule de porcelaine au bain-marie jusqu'à consistance sirupeuse. On reprend le résidu par 250 cc. d'eau, verse la solution froide dans un entonnoir à séparation et la recouvre de 250 cc. d'*éther*, agite le tout, et y écoule graduellement de l'*acide sulfurique* 2N. On secoue fortement de temps en temps pour faciliter la dissolution dans l'éther des acides précipités. Lorsque la solution est devenue acide au papier congo, on sépare la couche aqueuse des impuretés noirâtres insolubles, sépare également la couche éthérée colorée en vert, dissout les *résines* par agitation dans la quantité nécessaire d'*ammoniaque* diluée et répète la précipitation de la même façon avec 200 cc. d'éther frais ; les résines qui subsistent encore sont alors jetées. Les extraits éthérés réunis sont immédiatement agités deux fois avec 10 cc. d'*acide chlorhydrique* (1 p. HCl + 2 p. d'eau), ce qui provoque la séparation du colorant sous forme de résine verte. La solution éthérée claire, mais encore colorée, est concentrée à 50 cc., refroidie et abandonnée à la cristallisation. 2,5-3 g. d'*acide désoxycholique* sous forme d'*acide choléique* cristallisent en 24 h. (voir plus bas). On filtre, lave une fois à l'*éther* et recristallise directement dans la quantité triple d'*acide acétique glacial*. La combinaison de l'acide désoxycholique avec l'acide acétique (« acide acétique-choléique ») cristallise en beaux prismes fondant à 142°.

Cette méthode simple ne permet d'obtenir que 1/4-1/5 de l'acide désoxycholique total ; les autres méthodes de séparation présentent toutefois de grandes difficultés.

On procède à la distillation, dans un petit ballon rond, des eaux-mères éthérées jusqu'à concentration à 10 cc. ; on ajoute au résidu 50 cc. d'*éther de pétrole* à bas point d'ébullition, adapte un bouchon de caoutchouc au ballon et agite jusqu'à ce que le liquide devienne limpide. L'éther de pétrole, légèrement coloré en jaune, contient les *acides gras* et la *cholestérine* ; les *acides biliaires*, précédemment dissous dans l'éther, se sont séparés en une masse résineuse compacte. La solution d'éther de pétrole est agitée soigneusement avec 50-60 cc. de *potasse caustique* 2N pour en séparer les acides gras et la cholestérine. La potasse est introduite par portions de 10 cc., que l'on retire aussitôt après pour éviter autant que possible la formation d'émulsions.

On débarrasse de l'éther de pétrole les extraits aqueux contenant les savons en les portant dans un bécher au bain-marie bouillant, et précipite par l'*acide chlorhydrique* les *acides gras*, dont on obtient après refroidissement un gâteau de 4-5 g.

La solution d'éther de pétrole, débarrassée des acides, abandonne par évaporation 0,2-0,4 g. de *cholestérine* ; recristallisée dans un peu d'*alcool*, elle se présente sous forme d'écailles caratéristiques à apparence nacrée, fondant à 145°

Les deux acides principaux de la bile, l'*acide cholique* $C_{24}H_{40}O_5$ et l'*acide désoxycholique* $C_{24}H_{40}O_4$ sont combinés, dans la bile de ruminant, en partie avec le *glycocolle* et en partie avec la *taurine*, en formant les acides *glycocholique*, *taurocholique*, *glycodésoxycholique* et *taurodésoxycholique*. La liaison entre acides aminés et acides biliaires est de type amidique. L'hydrolyse provoque la séparation des constituants azotés.

Les deux acides sont respectivement les trioxy- et dioxy-dérivés de l'*acide cholanique* $C_{24}H_{40}O_2$, acide saturé monobasique, contenant quatre noyaux hydro-aromatiques L'acide cholique possède très vraisemblablement la constitution suivante

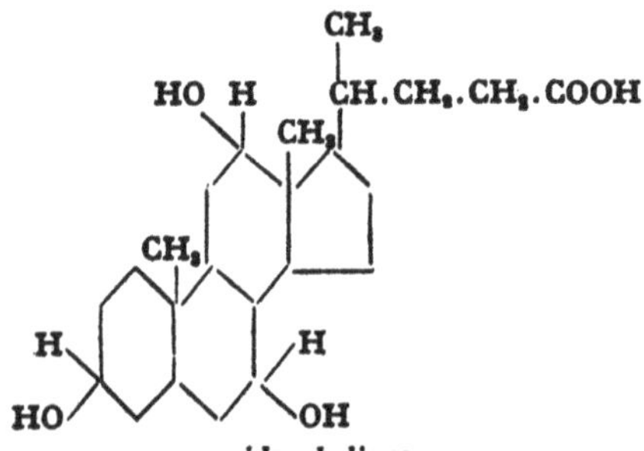

acide cholique

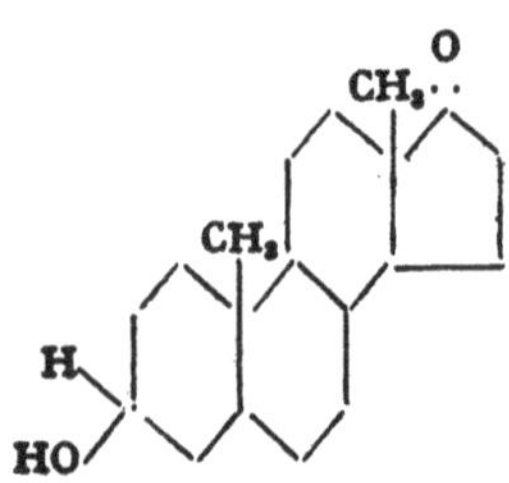

androstérone $C_{19}H_{30}O_2$

La *cholestérine* $C_{27}H_{45}OH$, alcool secondaire non saturé, contient le même système nucléaire que les acides biliaires et a avec eux une proche parenté génétique. Le *pseudo-cholestane*, isomère du *cholestane*, hydrocarbure fondamental de la famille de la cholestérine, peut être transformé en *acide cholanique* par oxydation à l'acide chromique, avec départ d'une molécule d'*acétone* (Windaus).

$$C_{23}H_{39}\cdot CH_2\cdot CH\begin{matrix}\diagup CH_3\\ \diagdown CH_3\end{matrix} \qquad C_{23}H_{39}\cdot COOH + OC\begin{matrix}\diagup CH_3\\ \diagdown CH_3\end{matrix}$$

On a pu inversement synthétiser le pseudocholestane à partir de l'acide cholanique.

L'*ergostérine* $C_{28}H_{43}OH$, alcool possédant trois liaisons non saturées, appartient encore à la même famille. Elle peut être isolée, en quantités relativement importantes, de certains champignons, et notamment de la levure ; elle se transforme par irradiation en *vitamine D_2* antirachitique (Windaus) :

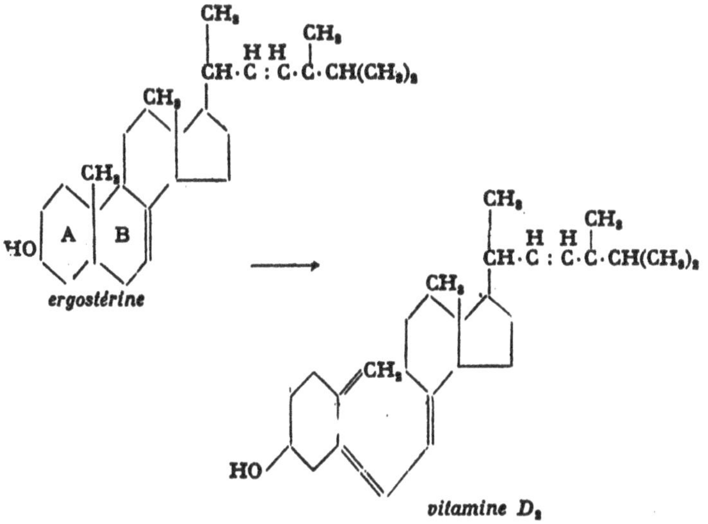

ergostérine

vitamine D_2

Cette remarquable transposition photochimique se produit également chez la *déhydrocholestérine* $C_{27}H_{43}OH$, possédant le même noyau B que l'ergostérine : la déhydrocholestérine se transforme ainsi en vitamine antirachitique que l'on rencontre dans l'huile de foie de morue (1).

(1) Mentionnons aussi les deux vitamines du groupe B, récemment découvertes : l'*aneurine* (B_1) et la *lactoflavine* (B_2) :

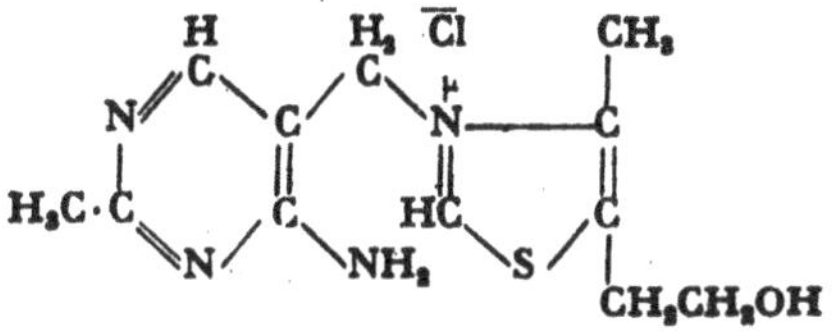

chlorhydrate d'aneurine

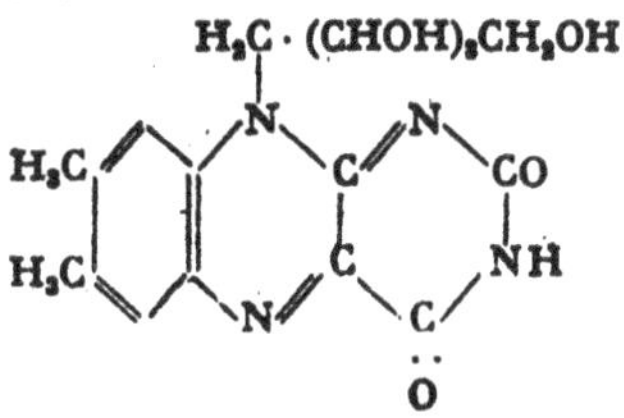

lactoflavine

De récents travaux ont établi que toute une série de substances biologiques de grande importance possèdent le squelette tétracyclique des acides biliaires et des stérols : *hormones sexuelles* (Butenandt, Doisy, Ruzicka Slotta), *poisons cardiaques* de la *digitale* et du *strophantus* (Jacobs, Tschesche), *venin du crapaud*, etc.

Les résultats de ces travaux ont fait reconnaître l'importance d'un nouveau groupe de substances naturelles, désigné avec justesse sous le nom de *groupe des stérols*.

La structure de l'*androstérone*, hormone sexuelle mâle, est donnée ci-dessus.

La méthode de déshydrogénation des noyaux hydroaromatiques par le *sélénium*, proposée par O Diels, a été d'un précieux concours lors des recherches effectuées sur les stérols.

L'*acide cholique*, et davantage encore l'*acide désoxycholique*, sont particulièrement susceptibles de se combiner stoechiométriquement avec des composés organiques de toute espèce. L'*acide choléique* de la bile, par exemple, considéré naguère comme un isomère de l'acide désoxycholique, n'est autre que le produit d'addition de huit molécules d'acide désoxycholique avec une molécule d'acide gras supérieur. Le pouvoir dissolvant élevé des solutions de sels alcalins de l'acide désoxycholique (ainsi que de l'acide cholique) est en corrélation avec cette propriété.

Expérience. — Dissoudre 0,4 g. de l'*acide acétique-désoxycholique* préparé précédemment dans 4 cc. de *soude caustique* 2N. Préparer également une solution de savon avec 100 mg. des *acides gras* isolés dans quelques cc. de *soude caustique* diluée, portée à l'ébullition ; laisser refroidir pour provoquer la formation d'un gâteau. Ajouter un peu de la solution de désoxycholate : le savon est dissout.

Dissoudre de même un fragment de *naphtaline* dans environ 1 /2 cm. d'*alcool*, ajouter un volume double d'eau pour provoquer la suspension laiteuse de l'hydrocarbure. et immédiatement après (avant la formation de plus gros cristaux) quelques gouttes de la solution de *désoxycholate* : la solution devient limpide.

Pour plus amples détails, consulter H. *97*, 1 (1916).

Expérience. — Dissoudre 0,02 g. d'*acide cholique* dans 1 /2 cc. d'*alcool*, y ajouter 1 cc. d'une solution d'*iode* décinormale. Diluer avec précaution à l'eau, de façon à provoquer la précipitation de la combinaison iodée de l'acide cholique sous forme de cristaux bleus, comparables à l'« iodure d'amidon ».

Expérience. — *Désoxycholate de baryum.* Dissoudre un peu d'aci e *désoxycholique* dans de l'*ammoniaque* diluée et ajouter à la limpide une solution de *chlorure de baryum*. Le sel de Ba peu soluble précipite en masse compacte, cristallisant en rosaces après avoir été abandonné une nuit.

Contrairement à l'acide cholique lui-même, son sel de Ba est assez soluble dans l'eau.

Expérience. — Dissoudre 5 mg. environ de *cholestérine* dans 1 cc. d'*anhydride acétique*. Une goutte d'*acide sulfurique* concentré provoque l'apparition de colorations variées (réaction du cholestol, d'après Liebermann-Burchard).

D. — IDENTIFICATION DES FONCTIONS ORGANIQUES

I. — Généralités

Nous allons donner dans ce chapitre les quelques indications nécessaires permettant d'identifier la famille d'une substance organique de composition inconnue : il s'agira de mettre en évidence les fonctions ($—COOH$, $—NH_2$, $—COOR$, $—CONH_2$ etc.) qui, attachées au squelette hydrocarboné de la molécule, lui confèrent ses propriétés typiques.

La première opération à effectuer, lors de l'analyse d'une substance organique, est la *détermination qualitative des éléments de sa molécule.* Il est possible alors de restreindre le domaine des hypothèses : en l'absence d'azote par exemple, il sera inutile de rechercher la basicité du composé, la présence de groupes nitrés, etc.

L'étape suivante consiste à mettre en évidence la présence des fonctions principales au moyen de réactions, qui consisteront soit à les transformer en dérivés facilement reconnaissables, soit à faire naître une coloration ou une odeur caractéristiques.

Il est à noter que l'impossibilité dans laquelle on se trouve malheureusement d'analyser qualitativement l'oxygène organique obligera à rechercher systématiquement chaque groupement oxygéné.

Le but des méthodes que nous allons décrire n'est pas précisément celui que l'analyste se propose lorsqu'il veut identifier un composé envisagé en tant qu'individu chimique : il s'agit ici seulement d'en connaître les différents groupes réactifs. Ceci étant posé, nous avons limité le plus possible le choix des substances à analyser, puisque nous ne comptons pas présenter une marche d'analyse valable dans tous les cas (laquelle resterait d'ailleurs toujours incomplète), mais seulement quelques exemples, à titre d'exercice, des méthodes courantes d'identification de corps facilement accessibles.

Un certain nombre de classes n'ont pas été retenues, leurs représentants ne donnant pas de réactions nettes ; tels sont certains dérivés de l'urée comme la *thiourée*, la *purine*. Nous ne mentionnerons pas non plus les *thioéthers*, les *hydrazones*, les *composés azoxyques* et autres, ces substances n'entrant pas dans les limites que nous nous sommes fixées. Dans les cas non prévus d'ailleurs, l'étudiant pourra se référer aux conseils de son chef de travaux.

La partie descriptive des réactions qui vont suivre a été réduite à son minimum, comme nous l'avons fait au cours des chapitres traitant des préparations. Les chiffres entre parenthèses renvoient aux pages correspondantes de la première partie.

Si l'on veut trouver une description détaillée de toutes les méthodes, on consultera H. Meyer, *Analyse und Konstitutionsermittelung organischer Verbindung*, 6 édit., 1938. Pour des détails encore plus circonstanciés, voir H. Staudinger, *Anleitung zur organischen qualitativen Analyse*, 3 édit. 1939.

II. — Principales fonctions

L'analyse élémentaire du carbone, de l'hydrogène, de l'azote, du soufre et des halogènes s'effectue selon les méthodes traitées aux p. 59 à 62.

Hydrocarbures :

Les plus difficiles à identifier sont les *paraffines* et les *cycloparaffines :* on ne peut en tirer aucun dérivé par les moyens usuels. Mais cette *indifférence* elle-même fournira en général la meilleure indication.

Hydrocarbures aromatiques. — Se colorent en jaune avec le *tétranitrométhane.* On peut encore les identifier par leur facilité à la *nitration* (p. 169) et à la *sulfonation* (p. 194). Les acides sulfoniques, solubles dans l'eau sans exception, permettent de séparer les hydrocarbures aromatiques des paraffines. On se sert techniquement de SO_2 liquide (méthode d'Edeleanu).

Pour caractériser certains homologues supérieurs d'hydrocarbures aromatiques, on pourra employer la méthode des *picrates* (naphtalène, anthracène), ou les *oxyder* en quinones, au moyen d'acide chromique dans l'acide acétique glacial (anthracène, phénanthrène).

Préparation des picrates. — Faire bouillir la substance dissoute dans l'*alcool* avec une solution alcoolique saturée d'*acide picrique*, laisser lentement refroidir, filtrer et recristalliser dans l'*alcool.* Un certain nombre de *picrates* ne se prêtent pas à la recristallisation.

Les hydrocarbures à *chaînes latérales*, comme le toluène, sont soumis à une *oxydation* au moyen d'acide chromique ou de permanganate, ce qui les transforme en *acides carboxyliques* correspondants.

Hydrocarbures non saturés. — En solution d'acide acétique glacial *pur*, décolorent le *permanganate de potassium* ou le *brome* (dissous dans l'acide acétique glacial) (p. 124). A remarquer que les phénols et les énols ont la même action. Les acides carboxyliques à double liaison en α-β, d'autre part, ne fixent pas le Br.

Les hydrocarbures non saturés donnent aussi une coloration jaune caractéristique avec le *tétranitrométhane.*

Pratiquement on mélangera directement le *tétra-nitrométhane* avec une petite quantité de la substance ; on pourra ainsi dissoudre celle-ci auparavant dans un peu de *chloroforme.*

Les composés à *triples liaisons*, qui se présenteront très rarement, ont les mêmes réactions. Si l'un des atomes de C à liaison triple est lié à un atome d'hydrogène libre, la molécule donnera lieu à un précipité avec des solutions de *chlorure mercurique*, de *chlorure cuivreux* ou de *chlorure d'argent* (composés explosifs) ; le précipité chauffé avec de l'acide chlorhydrique régénère les substances de départ.

Alcools :

Les trois premiers homologues de la série sont miscibles à l'eau ; les suivants sont difficilement solubles, puis plus du tout. Les *polyalcools* voient leur solubilité vis-à-vis de l'eau s'accroître avec le nombre des hydroxyles (glycérine, hexite), pendant que leur solubilité dans les solvants organiques indifférents (éther, benzène, chloroforme, etc) diminue parallèlement.

Pour les identifier, on *estérifie* les alcools avec du *chlorure de benzoyle*, de *paranitrobenzoyle* ou de 3.5-*dinitrobenzoyle*, d'après la méthode de Schotten-Baumann :

La solution ou la suspension de l'*alcool* dans une *lessive de soude caustique 2N* est agitée avec le *chlorure d'acide* que l'on introduit goutte à goutte. Lorsque l'odeur de ce dernier a disparu, on extrait l'*ester* formé à l'éther, (p. 134). La benzoylation est également faisable dans la *pyridine*. Pour le séparer, on verse l'ester dans l'eau.

La méthode des *esters phtaliques* (H. Meyer, « Analyse... », p 362) fournit la possibilité de transformer les alcools en monoesters de l'acide phtalique, et de séparer alors d'autres substances neutres par traitement avec du carbonate de soude.

Citons encore comme un moyen simple de caractériser les alcools, l'*acétylation* au moyen d'anhydride acétique : on chauffe la substance une à deux heures sur bain-marie avec de l'*anhydride acétique*, en ajoutant une petite quantité d'*acétate de sodium anhydre* ; l'excès d'anhydride est ensuite décomposé par l'eau : le *produit acétylé* précipite en même temps. L'anhydride acétique peut dans certains cas avoir une action déshydratante (en formant une lactone, par exemple).

Une des propriétés importantes des alcools est leur réaction avec les *isocyanates*, donnant lieu aux *uréthanes* correspondants (p. 162).

Toutes ces méthodes d'acylation ne sont valables que pour les alcools *primaires* et *secondaires* ; les hydroxyles tertiaires ne réagissent presque jamais et, pour les identifier, on aura recours à la méthode de Dénigès (C. r. *126*, 1043 (1898)) :

On fait bouillir une ou deux gouttes de l'alcool avec quelques cc. d'une solution de 5 g. d'*oxyde de mercure* et 20 cc. d'*acide sulfurique* concentré dans 100 cc. d'eau, pendant 2-3 min. au maximum. Pour que l'épreuve soit positive, il faut qu'il se forme un précipité jaune (quelquefois rougeâtre), composé d'addition du sulfate de mercure et de l'hydrocarbure éthylénique.

Aldéhydes et cétones :

Les homologues inférieurs sont solubles dans l'eau et dans l'éther ; cette première solubilité décroît avec les poids moléculaires croissants.

Les *phényl-*, *p-nitrophényl-* et *2.4-dinitrophénylhydrazones* sont les combinaisons typiques des aldéhydes et cétones, qu'elles permettent aussi de séparer d'un mélange d'autres substances neutres.

La substance est dissoute dans de l'eau ou de l'alcool ; on verse dans la solution un mélange refroidi de volumes égaux de *phénylhydrazine* et d'*acide acétique* à 50 %. Les *Aldéhydes* entrent immédiatement en réaction, les cétones en quelques jours seulement à froid, ou en quelques heures si l'on chauffe. Il est à remarquer que dans ces conditions (solution acétique), il peut se former de l'*acétylphénylhydrazine* (p. fus. 128-129°).

L'*hydroxylamine* et la *semicarbazide* constituent deux autres réactifs typiques du groupement carbonyle.

Les cétones *non saturées*, surtout celles dont la double liaison se trouve en α- , se combinent très mal, parfois même pas du tout, avec les réactifs usuels des cétones (Cf. Harries, A., *330*, 185 (1904) et la « règle d'oximation « de Kuhn et Brockmann, A., *516*, 115 (1935)).

Les groupements CH_3 — CO — (méthylcétone) et CH_3 — CHOH — peuvent être identifiés par la réaction au *iodoforme :*

la substance est dissoute ou tenue en suspension dans l'eau ; on y ajoute de l'*iode* en excès, puis une solution de *potasse caustique*, goutte à goutte. De l'*iodoforme* se sépare aussitôt dans le cas d'une cétone, tandis qu'avec un alcool de la constitution ci-dessus cette action ne se produira que si l'on chauffe pendant un court instant.

Les *α-dicétones* sont reconnaissables à leur coloration jaune ; elles donnent avec l'*o-phénylènediamine* un dérivé de la quinoxaline. Quant aux *β-dicétones*, elles ont la réaction des énols : coloration *rouge* dans l'alcool avec du *chlorure ferrique.*

Pour différencier les *aldéhydes* des *cétones*, on a recours à l'*acide fuchsine-sulfureux*, (p. 216), ou à une *solution ammoniacale d'argent* (p. 214). Mais l'action réductrice de cette dernière n'est pas spécifique pour les aldéhydes (p. 215).

Quinones.

Les substances colorées doivent être tout d'abord examinées du point de vue de leur *réductibilité* ; le zinc en poudre avec l'acide acétique glacial convient le mieux. Les p-quinones du benzène et du naphtalène sont transformées de cette manière en leurs hydroquinones, identifiables par la formation des *quinhy drones* (p. 309). L'action des alcalis colore les quinones en brun.

Si l'on soupçonne la présence d'anthraquinone, on réduira au moyen de poudre de zinc et de lessive de soude (p. 329).

Le réactif type des *o-quinones* (β-naphtoquinone, phénanthrène-quinone) est l'*o-phénylènediamine.*

Acides carboxyliques :

La présence des acides carboxyliques aliphatiques simples, jusqu'aux homologues en C_{10}, se manifeste à l'odorat et, pour les acides inférieurs, par leur solubilité dans l'eau. L'existence de substituants hydrophiles (—OH, —NH_2, —COOH) augmente cette solubilité.

Les acides *aromatiques* sont peu solubles dans l'eau ; ils sont solides et pour la plupart sublimables.

On peut séparer les acides carboxyliques d'autres substances neutres, le mélange étant dissous dans l'éther, par simple action d'une *solution de bicarbonate.* Pour les homologues supérieurs de la série grasse, acides plus faibles, on doit agir avec une *lessive caustique :* les sels de sodium, ou savons, difficilement solubles dans l'eau, précipitent et on les recueille par filtration.

Si la substance n'est pas soluble dans l'éther, on la triture dans une lessive de soude, ce qui fait entrer l'acide en solution.

Les sels de sodium solides ou dissous sont décomposés par acidulation, et repris par l'éther. La méthode la plus simple de *séparation des acides* d'un mélange est la suivante : la substance à analyser est dissoute dans un peu d'*alcool* ; on ajoute quelques gouttes d'une solution à 20 % de *potasse caustique dans l'alcool méthylique* (un des plus importants réactifs), puis de l'eau. On dissout alors dans l'*éther* toutes les substances neutres, et isole l'acide en acidulant la solution aqueuse alcaline.

Pour se faire une idée du degré de *force* d'un acide inconnu, on utilisera avec avantage l'*indicateur universel de Merck.*

Un acide insoluble dans l'eau sera examiné en solution alcoolique diluée.

Si l'on se propose de *séparer un mélange de plusieurs acides,* on opérera sur leurs sels de Ba, Ca, Ag, ou Pb ; on pourra aussi dans bien des cas faire une distillation fractionnée des acides libres ou de leurs esters.

La méthode des *esters* sert principalement à la caractérisation des acides de points de fusion élevés. On estérifie avec un alcool en présence d'acide minéral (p. 150), avec le diazométhane (p. 270), etc.

Une autre méthode consiste à preparer d'abord le *chlorure de l'acide,* en chauffant celui-ci avec du chlorure de thionyle, et à le transformer en *amide* ou anilide (p. 135 et 141). Il est exclu de chercher à chlorurer les oxyacides, des réactions secondaires se produisant.

Si l'on se trouve en présence d'un *acide bibasique simple* de la série *aliphatique*, soluble dans l'eau (oxalique, malonique, succinique, tartrique ou citrique), il ne faudra pas oublier d'utiliser les réactions typiques de ces acides : on trouvera ces dernières dans le *Beilstein* ou dans l'ouvrage de H. Meyer, *Nachweiss und Bestimmung organischer Verbindungen* (Berlin, 1933). La *détermination du p. fus.* rendra également service. La séparation des acides de ce type d'autres substances *solubles dans l'eau* peut parfois être assez difficultueuse, étant donnée leur faible solubilité dans l'éther. On est alors le plus souvent obligé de recourir à des réactions particulières : précipitation, par exemple, des acides par leurs sels de plomb, et décomposition des sels à l'hydrogène sulfuré.

Les *α-oxyacides*, chauffés avec de l'acide sulfurique à 80 % environ, dégagent de l'oxyde de carbone que l'on reconnaît à sa flamme bleuâtre, ou au noircissement d'un papier imprégné de chlorure de palladium. Les acides *α-cétoniques* se comportent de même, mais forment, contrairement aux précédents, des dinitrophénylhydrazones très peu solubles.

Phénols :

L'hydroxyle phénolique (comme celui des énols) présentant d'une façon générale un caractère beaucoup moins acide que le carboxyle, on pourra séparer les phénols et les énols des acides carboxyliques au moyen d'une solution de *carbonate de sodium*, laquelle ne forme pas de sels avec les premiers.

Les sels alcalins des phénols et énols par contre sont déjà déplacés par l'acide carbonique, sauf dans le cas des phénols substitués par des groupements négatifs (nitro-, halogénophénols), ainsi que beaucoup de composés oxyméthyléniques, où la force de l'acidité atteint et même dépasse celle de l'acide carbonique.

Les phénols sont très solubles dans l'éther, beaucoup moins dans l'eau ; les polyphénols sont très solubles dans l'eau également. L'hydroxyle phénolique et énolique présente une réaction colorée caractéristique avec une solution diluée de *chlorure ferrique* : l'essai se fait en solution aqueuse ou alcoolique étendue (pour les colorations particulières à chaque phénol, voir H. Meyer, («Analyse... », p. 376-379).

Parmi les dérivés qui peuvent servir à l'identification des phénols, citons leurs *éthers* (que l'on prépare avec le diazométhane ou le sulfate de méthyle, p. 270 et 245), et leurs combinaisons *acétylées*, *benzoylées* et *p-nitrobenzoylées* (préparées d'après Schotten-Baumann). La substitution par le *brome*, pour laquelle on utilise l'eau de brome, fournira aussi dans beaucoup de cas des dérivés caractéristiques.

Acides sulfoniques :

Ces composés montrent un caractère *très acide* (bleuissent le papier au rouge Congo). Ils sont tous solubles dans l'eau, et insolubles dans les solvants organiques. On les rencontre généralement sous forme de leurs sels (Na, Ca).

Les réactions de ces composés qui peuvent servir à les caractériser sont : la *fusion alcaline* (p. 240) qui les transforme en phénols ; l'action de l'*acide chlorhydrique* conc. ou d'*acide phosphorique* à 20 % (éventuellement en autoclave à 150-180°) qui permet d'obtenir les hydrocarbures de base.

On peut encore transformer les acides sulfoniques en leurs *chlorures de sulfonyle*, au moyen de pentachlorure de phosphore, lesquels peuvent plus facilement être identifiés, ou en leurs *sulfamides*, so ubles dans les alcalis (p. 203).

Les chlorures de sulfonyle peuvent être réduits en *mercaptans* correspondants lesquels, de même que les *disulfures* obtenus à partir d'eux par hydrogénation, seront identifiés par leurs particularités indiquées p. 204.

Anhydrides d'acides :

Corps neutres, non solubles dans l'eau. On peut les hydrolyser en leurs acides par traitement avec un *alcali* ; cette action est accélérée par chauffage.

Comme moyen de les caractériser, citons leur comportement vis-à-vis de l'aniline, avec laquelle ils forment des *anilides* d'acides (p. 138).

Chlorures d'acides :

Ont des propriétés analogues à celles des anhydrides (cf. p. 134 et suivantes). Les *chlorures de sulfonyle* ne sont saponifiés par l'eau que très lentement.

Lactones :

Ces substances sont saponifiables aux degrés les plus variables. Pour avoir une hydrolyse assurée, on emploiera à chaud une lessive de potasse dans de l'alcool méthylique. Le mieux sera d'identifier les lactones sous la forme acide, en prenant garde toutefois que dans certains cas la lactone peut se reformer dès que le milieu a acquis une certaine acidité.

Les lactones se différencient des esters en ce qu'elles ne libèrent pas, par saponification, de composant alcoolique.

Esters :

Substances peu solubles dans l'eau, qui peuvent être saponifiées à ébullition par une solution de potasse caustique dans l'alcool méthylique. Si la saponification fournit un alcool de poids moléculaire élevé, celui-ci sera isolé par épuisement à l'éther de la solution alcaline diluée. Si elle fournit un alcool *volatil*, celui-ci sera retiré du mélange par simple distillation, après saponification par une lessive alcaline.

On identifie alors les constituants — acides et alcools — d'après les méthodes déjà décrites.

Les *alcools polyvalents*, tels que le glycol, la glycérine, etc., ne peuvent être extraits à l'éther et n'ont pas une volatilité suffisante. Pour pouvoir les caractériser, on neutralise la solution, après saponification et élimination de l'acide puis on évapore à sec. Le résidu est épuisé à l'alcool éthylique, et l'alcool polyvalent est isolé, après élimination de l'alcool éthylique, sous forme d'*ester benzoïque*, selon la méthode de Schotten-Baumann. Le composant acide de l'ester, après acidification de la solution alcaline de saponification, en est retiré par épuisement à l'éther. Il est commode d'utiliser l'appareil de la figure 43 (détermination des acétyles) pour distiller ensuite les *acides volatils*.

Rappelons que, dans certains cas, l'acide d'un ester peut être *inorganique* ou *insoluble dans l'éther*.

Amides et anilides :

Ces corps sont pour la plupart non solubles dans l'eau, et très souvent peu solubles dans l'éther. Ils sont incapables de se combiner avec des acides ou des bases pour former des sels ; les *sulfonamides* et *sulfonanilides*, par contre, présentent un caractère acide et se dissolvent dans une solution aqueuse de soude caustique.

Les amides, dans la plupart des cas, ne se prêtent pas facilement à la saponification : il faut les traiter par de l'acide chlorhydrique concentré, ou de l'acide sulfurique à 60 %, à l'ébullition, pendant 5-10 h. On peut, après cette opération, isoler et caractériser les constituants acide et base. Les amides d'acides volatils, telle que l'acétanilide par exemple, doivent être hydrolysées à l'acide sulfurique dans l'appareil à détermination des acétyles (Fig. 43).

Nitriles :

Les homologues inférieurs de ces composés, dans la série aliphatique, sont seuls solubles dans l'eau ; les autres ne sont hydrolysés que par un traitement de plusieurs heures, à l'ébullition, par de l'acide sulfurique 60 %, ou une solution méthylique de soude caustique ; la saponification des nitriles fournit l'acide correspondant et de l'ammoniaque (p. 149).

Les nitriles les plus simples se reconnaissent à leur odeur caractéristique. Ils sont réductibles en *amines primaires* au moyen de sodium et d'alcool. Voir la différence entre les nitriles et les amides. (Il est possible d'opérer la distinction par leurs propriétés physiques. Les nitriles sont des liquides ou des solides à bas point de fusion, généralement solubles dans l'éther ; ils ont une odeur facilement identifiable. Les amides sont à l'état solide, non volatils, souvent insolubles dans l'eau et dans l'éther.)

Amines :

La plupart des amines sont solubles dans l'eau, et un grand nombre également dans l'éther. Les amines aliphatiques brunissent le papier de Curcuma, contrairement à celles de la série aromatique. Les polyamines de la série grasse, telles que l'éthylènediamine, la guanidine, etc., ne sont solubles que dans l'eau et dans les alcools.

Le *caractère basique* des amines est démontré par leur solubilité dans l'acide chlorhydrique 2N. Les bases les plus faibles — dont les sels sont susceptibles d'être hydrolysés en solution aqueuse — se trouvent dans la série aromatique en très grand nombre : telles sont par exemple l'o-nitraniline, la dichloraniline, la diphénylamine, etc. ; ces substances, placées en solution éthérée, donnent des sels insolubles avec de l'acide chlorhydrique éthérique ou de l'acide oxalique anhydre. Cette méthode peut s'appliquer d'ailleurs d'une façon générale à la séparation des bases.

Les chlorhydrates d'amines libèrent leur base sous l'action d'alcalis. On emploie souvent, pour isoler les bases, leur combinaison avec l'*acide picrique* ou l'*acide perchlorique*.

Comme examen préalable d'une amine, on vérifiera son comportement vis-à-vis d'*acide nitreux* en solution très faiblement acide. Dans la série *aliphatique*, les amines primaires, chauffées, dégagent alors de l'*azote* ; les amines secondaires se transforment en *nitrosamines*, lesquelles sont insolubles dans l'eau ; les amines tertiaires ne réagissent que lentement et de façon peu nette (J. chem. Soc. *1929*, 2863 ; B. *69*, 2071, [1936]).

Dans les mêmes conditions, les bases *aromatiques* primaires fournissent des *sels de diazonium* (p. 279), copulables en milieu alcalin avec le β-naphtol ou l'acide R, pour former des colorants azoïques. Les amines secondaires donnent comme ci-dessus des *nitrosamines*, neutres et insolubles.

L'acide nitreux n'a aucune action sur les bases tertiaires hétérocycliques (pyridine, quinoléine, etc.) ; il agit cependant sur les amines aromatiques tertiaires, dont on peut alors obtenir les chlorhydrates de *p-nitrosodialcoylanilines*, corps difficilement solubles.

Si l'on veut identifier de façon complète les amines primaires et secondaires, on les transforme en leurs dérivés *benzoylés* ou *acétylés* (p. 135). L'emploi du *chlorure de benzène-sulfonyle* ou de *toluène-sulfonyle* permet de séparer entre elles les amines primaires secondaires et tertiaires (p. 193, 203, Hinsberg B. *23*, 2962 ; *38*, 906).

La solution ou suspension des bases dans de la *potasse caustique* à 12 % est agitée avec le *sulfochlorure*. On chauffe ensuite jusqu'à disparition de l'odeur de sulfochlorure. On extrait à l'éther ou filtre, et obtient alors l'*amine tertiaire* non transformée ; et l'*amine secondaire* sous forme de son *dérivé sulfamidé* ; celui-ci est neutre, ce qui permet de le séparer de l'amine tertiaire au moyen d'*acide chlorhydrique*. Le *dérivé sulfamidé de l'amine primaire* se trouve dans la solution alcaline, et on l'en retire après acidulation.

Les amines *tertiaires* sont identifiées sous forme de *sels d'ammonium* — au moyen d'iodure de méthyle —, lesquels peuvent être obtenus en cristaux très purs, ou également comme *picrates*.

Acides aminés :

A l'exception de ceux de la série aromatique, les acides aminés sont facilement solubles dans l'eau. Leurs solutions présentent une réaction faiblement acide vis-à-vis du papier de tournesol. Ils ne se dissolvent pas dans les solvants organiques, alcools compris. Leur point de fusion n'est pas défini : ils se décomposent entre 200 et 300°.

Réaction avec la ninhydrine. — (P. 274) une prise d'environ 1 mg. de substance, introduite dans une petite quantité d'eau, est portée rapidement à l'ébullition avec quelques gouttes d'une *solution aqueuse de ninhydrine* à 1 %. Une coloration d'un violet foncé indique la présence d'acide aminé.

Il est à remarquer que la réaction se produit également avec des *sels d'ammonium* et d'*amines primaires*.

En présence de *nitrite* en milieu faiblement acide, les acides aminés donnent lieu immédiatement à un dégagement d'azote. La *benzoylation* d'après Schotten-Baumann, enfin, fournit elle aussi un moyen d'identifier les aminoacides.

Composés nitrés :

Beaucoup de ces substances se reconnaissent déjà à leur couleur et à leur odeur. On les caractérise le plus souvent en les réduisant en *amines*, par l'étain et l'acide chlorhydrique (p. 165, 172) ; on extrait celles-ci par l'éther après alcalinisation, et les identifie d'après les méthodes précédemment décrites.

Les composés nitrés aliphatiques, primaires et secondaires, sont solubles dans les alcalis (p. 165, 262) ; les *nitrophénols*, en s'y dissolvant, voient leur coloration se foncer fortement.

Composés nitrosés :

Dans la série aliphatique, leurs solutions sont colorées en bleu, et dans la série aromatique en vert. Leurs *oximes* sont solubles dans les alcalis forts et, traités à l'ébullition par un acide minéral, reforment de l'hydroxylamine que l'on peut mettre en évidence au moyen de la liqueur de Fehling.

Azocomposés :

Les azocomposés *simples* ont une couleur allant de l'orangé au rouge. Ils sont insolubles dans les alcalis et les acides dilués, et sont facilement réductibles en hydrazocomposés incolores — cette réduction se fait généralement à chaud au moyen de poudre de zinc et de soude dans l'alcool dilué.

Les *colorants azoïques* sont pour la plupart des acides sulfoniques d'oxyazocomposés ou d'aminoazocomposés, la sulfonation rendant ces substances solubles dans les alcalis. Réduits par le chlorure d'étain et l'acide chlorhydrique (p. 297), ou aussi par l'hydrosulfite, leur molécule se scinde sur la double liaison du groupement —N = N—. Il est particulièrement difficile alors d'identifier les deux résidus, dont chacun renferme un groupe aminé.

Composés halogénés :

Il s'agit de savoir si l'halogène est fixé à un radical aliphatique ou à un radical aromatique. A cet effet, on fait bouillir la substance pendant un certain temps, sous réfrigération à reflux, avec une solution 2N de *potasse caustique dans l'alcool méthylique* ; on acidule ensuite à l'*acide nitrique* et fait un essai avec du *nitrate d'argent.*

Dans ces conditions, si l'halogène est fixé à un radical aliphatique, il s'en sépare ; dans le cas de certaines combinaisons telles que le *tétrachlorure de carbone*, ou des *oléfines halogénées*

$>C = C<_{Hal}$, la séparation est extrêmement lente.

L'halogène aromatique ne peut être ionisé que si le noyau porte des groupements négatifs, tels que —COOH, $—NO_2$, en ortho ou para.

Ethers :

Etant donnée la grande inertie chimique de ces corps, il n'est pas plus facile d'établir qu'une substance inconnue renferme un éther qu'un hydrocarbure. Dans le cas d'éthers volatils, l'odorat peut fournir une indication préalable.

Pour une identification précise, on pourra employer de l'*acide iodhydrique* concentré : les éthers aliphatiques se scindent en deux molécules d'iodure d'alcoyle, les éthers phénoliques en phénol et iodure d'alcoyle.

Les éthers diaryliques et la coumarone ne sont pas décomposés par l'acide iodhydrique.

Pour l'attaque des éthers alcoyliques simples que l'on rencontre le plus souvent, on utilisera l'appareillage pour essais Zeisel, décrit p. 93 et suivantes, en supprimant le montage pour l'emploi du nitrate d'argent : ce dernier sera remplacé par une solution de *triméthylamine* dans l'*alcool* absolu.

Dans le cas d'un *méthoxyle*, il se sépare rapidement, au cours de l'attaque de l'*iodure de tétraméthylammonium* $(CH_3)_4NI$, peu soluble ; un éthoxyle, au contraire, fournira de l'iodure de *triméthyl-éthylammonium* $(CH_3)_3C_2H_5NI$, très soluble (Willstaetter A. *382*, 148).

Dans ce dernier cas, la scission de la molécule est mise en évidence au moyen de *nitrate d'argent*.

Si le résidu de l'opération est un *phénol*, celui-ci, resté en solution dans le ballon, est traité par du *bisulfite* en solution aqueuse pour éliminer l'iode, avant d'en être retiré et examiné.

Si la substance à étudier contient un *ester* ou un *acétal*, il n'est bien entendu pas possible de procéder au traitement par l'acide iodhydrique.

Les *oxydes d'alcoylène* et les *acétals* sont peu stables : un acide minéral dilué suffit à les saponifier.

Glucosides :

Ces substances sont traitées par des acides dilués en solution alcoolique diluée : cette opération a pour but de séparer la molécule en ses constituants.

L'*ose*, isolé et purifié, est identifié par les moyens usuels : pouvoir réducteur, osazones, etc. Les composants glucosidiques, appelés *génines*, sont extraits à l'éther, sauf s'ils se trouvent en présence d'un alcool inférieur.

Dans le cas des disaccharides. il est assez difficile de procéder à l'identification des deux monoses.

Sels d'acides et de bases organiques :

Ces corps sont très solubles dans l'eau, mais non dans l'éther. Les *sels des acides gras*, à l'exception des formiates, bleuissent le papier de tournesol.

Les *sels d'alcoyl-ammonium* présentent une réaction neutre au papier de tournesol ; ceux des *amines aromatiques* y sont très acides.

Leur température de décomposition très élevée est un caractère typique de tous les sels.

L'analyse des anions et cations inorganiques est conduite selon les méthodes classiques. Quant au résidu organique qui leur est associé, il est d'abord mis en liberté au moyen, respectivement, d'alcali ou d'acide minéral, puis identifié par les méthodes précédemment indiquées.

Il est à remarquer que les *sels d'ammonium quaternaires* et les *sulfonates* ne libèrent *pas* leurs composants organiques lorsqu'on les soumet au traitement ci-dessus.

III. — Conduite de l'analyse

a) *Détermination d'un constituant*

La méthode à utiliser pour déterminer la nature d'un constituant d'une substance à analyser est la suivante : On commence tout d'abord par observer l'*odeur* et la *couleur*, qui peuvent donner déjà d'utiles indications.

Les composés possédant une coloration sont en général, outre les *colorants :* les *quinones*, les *α-dicétones*, les *nitrocomposés*, les *azocomposés*, parfois certains corps à plusieurs doubles liaisons conjuguées.

On soumet ensuite la substance à l'épreuve du *point de fusion*, ainsi qu'à la *calcination*, essai qui permet de constater la présenee d'un résidu organique (1).

Puis on examine la *solubilité* dans les solvants usuels : l'*eau*, l'*alcool*, l'*éther* et l'*éther de pétrole*, ce qui restreint encore les diverses possibilités. Une substance soluble dans l'eau, par exemple, ne pourra être ni un hydrocarbure, ni un ester ou un éther, ces corps en effet ne contenant pas de groupement hydrophile, tels que —OH, —NH_2, —SO_3H. Une substance soluble dans l'éther ne sera ni un ose, ni un sel, ni un acide sulfonique, etc.

L'opération suivante consiste en l'analyse élémentaire du carbone, de l'hydrogène, de l'oxygène, de l'azote, des halogènes et du soufre. Au cas où l'analyse ne montre que la présence du carbone, de l'hydrogène, et éventuellement de l'oxygène, on procédera normalement aux essais suivants :

1° Squelette hydrocarboné : action du mélange nitrant, du tétranitro-méthane, du permanganate, du Br.

2° Hydroxyle : benzoylation.

3° Carbonyle : formation de phénylhydrazone, de semicarbazone ou d'oxime

4° Système quinoïde : réduction.

5° Carboxyle (2) : solubilité dans le carbonate de soude.

6° Groupement phénolique ou énolique : solubilité dans la soude caustique ; réaction au chlorure ferrique.

7° Anhydride d'acide, lactone : saponification avec un alcali.

(1) Il sera recommandable dans certains cas d'établir le point d'ébullition ; on se servira alors de la méthode de Siwoboloff (*B.*, *19*, 175, [1885]).

(2) Peut aussi exister en combinaison saline.

8° Ester : saponification acide ou alcaline.

9° Ether : action de l'acide iodhydrique.

10° Acétals et combinaisons glucosidiques : hydrolyse acide.

Au cas où l'analyse élémentaire, outre les éléments précédents, indique la présence de l'azote, on fera encore les essais suivants :

1° Azote aminé (1) : réaction basique à déterminer ; benzoylation.

2° Amide : saponification acide.

3° Nitrile : saponification acide ; réduction en amine.

4° Groupement nitré : réduction en amine.

5° Oxime : hydrolyse acide et vérification de la présence d'hydroxylamine.

6° Groupement azo : réduction.

Dans le cas des éléments C, H, O, S dans la molécule, on fera les essais suivants :

1° —SH : réaction au nitroprussiate de sodium ; oxydation ; formation de sels.

2° $—SO_3H$ (1) : solubilité, caractère acide.

En présence d'halogènes, on opérera comme suit :

1° Halogène lié à un radical aliphatique ou aromatique : hydrolyse par la potasse caustique.

2° Halogène d'un chlorure d'acide : hydrolyse donnant lieu à l'acide carboxylique correspondant.

Pour une substance renfermant simultanément S et N, ou S et Cl, on pourra avoir, en plus des cas déjà examinés :

1° Le groupement sulfonamidé.

2° Le groupement sulfochloré.

Nous n'avons donné que la liste des réactions principales. Dans d'autres cas, on se référera aux méthodes décrites au Chap. II.

Il est bon de s'habituer à travailler avec des quantités de substances *aussi minimes que possible* : 1 g. en général. La manipulation d'aussi faibles quantités exige une certaine pratique, ainsi que l'usage d'appareils appropriés. On se munira tout d'abord d'un nombre suffisant d'éprouvettes de *petit modèle*.

L'évaporation de minimes quantités d'éther sera conduite dans de petits tubes à essais placés au bain-marie, dans lesquels on agite une mince baguette de verre pour obtenir une ébullition régulière. On peut même, avec ce procédé, éliminer rapidement un faible volume d'un solvant bouillant à plus haute température.

Pour la filtration de très peu de substance, on confectionnera, au moyen de quelques baguettes de verre, l'appareillage décrit p. 29, lequel utilise un entonnoir de dimensions très réduites. La *centrifugation* sur un appareil à main rendra également de grands services.

Comme entonnoir à robinet, on emploiera une éprouvette à

(1) Peut aussi exister en combinaison saline.

parois épaisses, de 8 cm. de hauteur environ, munie d'un robinet à son extrémité inférieure.

b) *Séparation de substances en mélange :*

Les méthodes à envisager en premier sont d'*ordre physique :* distillation et solubilisation. On n'utilisera qu'en cas de nécessité, et si les premières font défaut, les méthodes *chimiques* dont l'emploi est plus difficultueux et plus long.

Si l'on a affaire à un mélange de *liquides*, on soumettra à la distillation les fractions inférieures, jusqu'à 120° environ, puis procédera à la séparation du mélange restant au moyen de solvants.

Dans certains cas, on aura avantage à distiller la fraction de queue sous pression réduite ; il peut arriver dans ces conditions que différents constituants du mélange entrent en réaction : cette méthode sera alors à exclure.

Signalons l'appareil à distiller le plus pratique, qui est la petite colonne de Widmer fig. 14.

Il ne faut pas oublier enfin qu'un certain nombre de substances *sont entraînables par la vapeur d'eau.*

Une méthode de séparation beaucoup plus générale utilise la *solubilité différentielle* des combinaisons chimiques. On fera tout d'abord un classement selon le tableau suivant :

I. — Insoluble dans l'eau, soluble dans l'éther.
II. — Soluble dans l'eau, insoluble dans l'éther.
III. — Soluble dans l'eau et dans l'éther.
IV. — Insoluble dans l'eau, et dans l'éther.

On distinguera ensuite, dans chacun de ces groupements principaux, les catégories suivantes :

a) *acides* (solubles dans le carbonate de soude 2N)
b) *phénols* (solubles dans la soude caustique 2N)
c) *bases* (solubles dans l'acide chlorhydrique 2N)
d) *corps neutres* (1).

D'après le classement précédent, on rangera comme suit les principaux composés :

I. — Hydrocarbures, halogénures d'alcoyle et d'aryles, éthers, alcools supérieurs, esters, lactones, anhydrides d'acides, cétones et aldéhydes supérieurs, nitriles, quinones, azocomposés, oximes, amides ; acides gras moyens et supérieurs, phénols, thiophénols ; amines supérieures

II. — Sels, polyalcools, oses, amides ; acides oxycarboxyliques, dicarboxyliques et polycarboxyliques, acides aminés aliphatiques, acides sulfoniques ; polyamines, alcools aminés.

(1) La séparation de substances solubles dans l'éther s'effectue en agitant leur solution éthérée en présence du réactif convenable.

III. — Alcools aliphatiques inférieurs, aldéhydes et cétones, nitriles inférieurs, amides et oximes ; acides carboxyliques inférieurs et moyens, oxyacides et céto-acides, acides dicarboxyliques, polyphénols ; amines aliphatiques, pyridine et ses homologues, aminophénols.

IV. — Hydrocarbures condensés à poids moléculaires élevés, sulfonamides, amides supérieures, anthraquinone et ses dérivés ; principaux dérivés de la purine, tels que l'acide urique ; certains acides aminés, tels que la cystine, la tyrosine ; acide sulfanilique ; amines supérieures.

S'il subsiste encore des mélanges à l'intérieur des sous-groupes, ce qui n'arrivera d'ailleurs que rarement, il faudra choisir la méthode de séparation convenant le mieux dans le cas particulier, au moyen d'essais préliminaires. On pourra ainsi mettre en œuvre la distillation fractionnée, la cristallisation dans les solvants les plus variés, ou une méthode chimique consistant à transformer un des composants en un dérivé de propriétés distinctes. Une combinaison carbonylée, par exemple, précipite sous forme de semicarbazone ; un composé hydroxylé, soluble dans l'eau, transformé en benzoate, ne s'y dissout plus ; les alcools neutres, traités par la méthode de l'ester phtalique, deviennent solubles dans les alcalis ; beaucoup de substances neutres, nitrées, puis réduites, fournissent des amines bien séparables, etc.

Avant de procéder à l'identification définitive d'une substance que l'on a isolée suivant les méthodes classiques, il est nécessaire de s'assurer de sa *pureté chimique*. Dans ce but, on cherchera chez un composé solide l'exactitude et la constance de son point de fusion, en faisant plusieurs recristallisations dans différents solvants ; on vérifiera aussi sous le microscope que tous les cristaux sont bien de la même espèce.

Pour un liquide, le point d'ébullition devra être constant ; le point de fusion d'un dérivé cristallisé — choisi bien entendu parmi ceux qui peuvent être préparés avec un bon rendement — devra pouvoir être fixé avec précision.

Il est bon d'évaluer les quantités des composants que l'on retire au fur et à mesure du mélange : on pourra ainsi, en les additionnant, vérifier que rien n'y aura été oublié.

Un mélange, donné à titre d'épreuve pratique par l'assistant de laboratoire, devra compter de 3 à 5 g. par composant.

L'analyste, pour travailler correctement, partagera l'échantillon en trois parties. La première servira aux essais préliminaires devant fournir la marche générale à suivre en vue de la séparation ; celle-ci sera effectuée avec exactitude sur la deuxième partie ; quant au reste de l'échantillon, il sera gardé en réserve.

Sources bibliographiques en chimie organique

Les nombreuses combinaisons organiques — on en connaît plus de 250.000 — ont été classées dans la littérature chimique de façon à faciliter le plus possible les recherches.

Nous allons donner quelques indications permettant au débutant d'arriver rapidement à se familiariser avec le maniement des sources bibliographiques.

Le principe de base du rangement systématique des composés organiques est celui de la *table des formules* ; le premier traité en date l'utilisant est le « Formel-Lexikon der organischen Verbindungen », de M. M. Richter, dont la troisième édition contient tous les corps organiques connus en 1910. Ceux-ci sont classés d'après le nombre croissant des atomes de C de leur molécule. Dans chaque groupe viennent d'abord les composés contenant, en plus du C, un seul autre élément (dans l'ordre : H, O, N, halogènes, S, P, As), puis deux, trois éléments, etc., placés toujours dans le même ordre.

Prenons comme exemple la recherche du *p-chlorobenzoate de méthyle* : la formule brute de ce composé est $C_8H_7O_2Cl$, et l'on trouvera tout d'abord dans le lexique de Richter le chap. C_8. On cherchera, au haut des pages, l'indication « groupe 8 III », concernant les corps à 8 atomes de C et 3 éléments étrangers.

Le classement des composés en C_{8III} en fonction du nombre croissant des éléments d'accompagnement (H et O) permet ainsi de trouver facilement une substance donnée.

Le Richter a été conçu en fonction de l'important ouvrage d'ensemble de *Beilstein*, dont nous parlerons tout à l'heure ; on n'y trouve, en plus de courtes indications sur les points de fusion et d'ébullition, que le renvoi à la page correspondante du Beilstein, lequel contient de plus amples informations.

La IIIe édition du Beilstein et ses suppléments s'arrêtent au 1.VII.1899, aussi l'ouvrage de Richter renvoie-t-il pour tous les cas plus récents aux sources bibliographiques originales.

L'ouvrage de *Stelzner* constitue la suite du Lexique des formules de Richter ; il existe en 5 volumes, s'arrêtant en 1921, et basés sur le même principe ; mais il donne en plus une courte description de chaque corps, ses constantes et ses réactions, à la manière du Beilstein.

Les registres des substances organiques, à partir de 1922, doivent être cherchés dans le *Chemische Zentralblatt* ; ils utilisent toujours le même principe. Les registres généraux de 1922 à 1924, 1925 à 1929, 1930 à 1934 et 1934 à 1939, constituent la suite du Richter ; les références portent sur le Chemische Zentralblatt lui-même.

A partir de 1925, chaque publication annuelle de cet ouvrage contient une table des formules se rapportant aux sources bibliographiques de l'année écoulée qui s'y trouvent référées. Tous les cinq ans, les tables annuelles sont réunies en Tables générales.

Les tables annuelles seront donc consultées lors de recherches faites dans les derniers volumes n'ayant pas encore de Table générale.

En résumé, pour trouver les principales sources bibliographiques actuelles dans le domaine de la chimie organique, on se référera aux ouvrages suivants :

1° *Lexique de Richter.*

2° *Stelzner* 1911-1921.

3° *Tables générales du Chem. Zentralblatt,* VI, 1922-1924 ; VII, 1925-1929 ; VIII, 1930-1934 ; IX, 1935-1939.

L'étude scrupuleuse de la bibliographie est indispensable au chimiste organicien. Il suffit d'un peu d'exercice pour arriver à trouver facilement dans une bibliothèque l'objet qu'on s'est proposé, et le profit en résultant est considérable. Le chimiste, en effet, ne risque plus alors d'aller au-devant de grandes difficultés en employant une méthode de préparation inadéquate, parce qu'il n'a pas su trouver la meilleure dans ses recherches trop rapides. Il ne craindra pas non plus de découvrir à nouveau une substance déjà connue, s'il a pris soin de faire ses recherches systématiquement, sans rien laisser de côté.

Les références que l'on trouve en consultant les registres sont de différentes sortes. Le Richter, ouvrage de base, renvoie au Beilstein, *Handbuch der organischen Chemie,* comme nous venons de le voir. La IIIe édition du Beilstein, en 4 vol., augmentée du même nombre de Suppléments, donne la description succincte de tous les composés organiques ayant pu être préparés à l'état de pureté jusqu'au 1.VII. 1899, avec leurs constantes physiques, leur mode de formation, leur préparation, leurs réactions principales et les références bibliographiques qui s'y rattachent.

Cette IIIe édition est déjà périmée, elle ne contient qu'une faible partie des substances organiques actuellement connues.

La IVe édition de l'ouvrage, formant 31 volumes, se prolonge jusqu'au 1.I. 1910 seulement. Une édition de Suppléments, numérotés de I à XXVII renferme des références correspondant aux années 1910 à 1920. Chaque tome de l'ouvrage entier est pourvu d'une table des matières, lesquelles sont actuellement rassemblées en un Registre général composé de deux volumes.

A la IVe édition, dont le contenu et son classement sont exposés dans le tome I, ne correspond aucune des Tables de formules que nous avons mentionnées. Elle possède sa propre table, en deux volumes, donnant la liste de tous les composés connus en date du 1.I.1920.

Etant donné la façon très complète dont les connaissances chimiques existant sur les différents composés organiques y sont traitées, l'ouvrage de Beilstein donnera toujours le meilleur résumé des propriétés principales d'une substance qu'on se propose d'y étudier. On peut en dire qu'il est le bureau de renseignements du chimiste organicien. Les références qu'il fournit, d'autre part, ont autant de valeur que la partie descriptive.

Si l'on consulte le Beilstein en vue d'une préparation à effectuer, on ne perdra pas de vue que les ultimes sources d'information se trouvent dans les *publications originales*, auxquelles renvoient les références bibliographiques. *Il faut s'habituer à rechercher toujours la source même, et à lire dans le texte les travaux originaux — quitte à en faire soi-même l'extrait — ; on ne se contentera jamais des références seules.*

Cette recommandation s'applique aussi aux références du Chem. Zentralblatt, qui doivent également être examinées à fond. Les sources originales figurent au bas des références.

Signalons l'excellent traité consultatif pour des preparations d'ordre plus technique qu'est *Enzyklopädie der Technischen Chemie*, de F. Ullmann, ouvrage en dix volumes, par ordre alphabétique.

On pourra encore trouver la description systématique de toutes les méthodes employées dans les laboratoires de Chimie Organique en consultant Houben-Weyl, « Die Methoden der organischen Chemie », en quatre volumes, et tirer profit de l'ouvrage richement documenté de Hans Meyer « Analyse und Konstitutionsermittlung organischer Verbindungen », traitant de problèmes de laboratoire sous l'angle analytique.

Préparations tirées de la littérature chimique

L'étudiant, à la fin de ses préparations de laboratoire, aura à effectuer quelques synthèses dont il ne trouvera pas de prescription détaillée du genre didactique de celles du présent ouvrage ; il sera obligé de chercher sa méthode de travail dans les sources bibliographiques. C'est ainsi qu'il apprendra à consulter une bibliothèque — et les quelques principes précédemment exposés l'y aideront —, à manier les Tables, et qu'il pourra montrer qu'il est capable de travaux de recherches plus difficiles que ceux qu'il avait déjà exécutés.

Rappelons une fois de plus la nécessité, lorsque l'on effectue une synthèse comportant un certain nombre de produits intermédiaires, d'essayer auparavant les réactions en éprouvette, au fur et à mesure des étapes, sur une petite quantité de substance avant d'en employer la totalité ; si l'on néglige cette précaution on s'expose à de grandes pertes de produits et de temps.

Le choix des préparations bibliographiques dépendra surtout des besoins scientifiques de l'Institut ; pour autant que cela se pourra, bien entendu, on s'efforcera de satisfaire l'intérêt de l'étudiant.

Nous donnons ci-dessous une liste de préparations qui se sont révélées excellentes dans cet ordre d'idées :

Pinacone, pinacoline.
O-méthylhydroxylamine.
Alcool allylique.
Styrol.
Stilbène.
Bromure de phénacyle.
Biphényle.
Oxyde d'éthylène.
Choline.
Acide dithioglycolique.
Chlorure d'oxalyle.
Nitrourée.
Nitramide.
Ester orthoformique.
Acide fumarique.
Acide glutarique.
Acide adipique.
Acide pimélique.
Cyanamide.
Alcool β-phényléthylique.
Acide pyruvique.
Acide oxalacétique.
Acide dioxytartrique.
Acide dioxymaléique.
Ester acétonedicarboxylique
Acide muconique.
Cadavérine.
Triphénylamine.
Acide fulminurique.
Ester azodicarboxylique.
P-dinitrobenzène.
Aldol.
Aldéhyde crotonique.
Aldéhyde phénylacétique.
Benzildioxime.
Phénylalanine.
Méthylcyclohéxènone.
P-dicétocyclohexane.
Diacétyle.
Mésitylène.
Acétonylacétone.
Antipyrine.
Suboxyde de carbone.
Coumarine.
Acide allocinnamique.
Xanthone.
Acridine.
Anthranol.
Dibiphénylène éthylène.
β-nitronaphtalène.
Diphénylcétène.
Camphre-quinone.
Acide violurique.
Véronal.
Phénylnitramine.
M-toluidine.
M-nitrophénol.
P-nitrophénylhydrazine.
Fuchsone.
Hexaoxybenzène.
Inosite.
O-benzoquinone.
Quinol.
Oxyhydroquinone.
Tetraphénylxylylène.
Diméthylaminobenzaldéhyde.
Phénanthrènequinone.
Biphénylèneéthylène.
Diphénylhydrazine.
Triphénylhydrazine et Hexaphényltétrazine.
Tolane.
Mercurediphényle.
Diméthylpyrrone.
1,5- dibromopentane.
Oxyde de diphényl-azote.
Thioindigo.
Ecarlate de thioindigo.
Isatine d'après Sandmeyer.
Thymolphtaléine.
Triphénymméthylate de Na.
Diméthylpyrrol.

Acide mellithique.
Méthylimidazol à partir de glucose.
α- et β- méthylglucoside.
α-*l*-camphre, à partir du pinène.
Cystine.
Hydrolyse de l'albumine, d'après E. Fischer-Dakin.
Dioxyphénylalanine.
Acide glutaminique.
Glycylglycine.
Adrénaline.
Mannose.
Diacétoneglucose.
Dulcite à partir de galactose.
Sylvane, à partir de furfurol.
Guanine.
Xanthine.
Synthèse de l'acide urique.
Acide camphorique.
Acide camphoronique.
O-esdragol à partir d'ester.
phényllallylique.
Ionone.
Vanilline à partir d'iso-eugénol.
Tartrazine.
Auramine.
Plomb tétraphényle.
Bore triphényle.
Phorone.
Ninhydrine.
Chloriminocarbonate d'éthyle.
Diphényldiazométhane.
Phénylacétylène.
Pipéridine.
Pipérylène.
Ester cyclopentanonecarboxylique.
Acide picrolonique.
As-diphényléthylène.
Amylène à partir d'acétone.
Xylose.
Glyoxal.
Alcool furfurylique et alcool cinnamylique d'après Meerwein.
Glutathion.

TABLE POUR LE CALCUL DE L'AZOTE SELON DUMAS

Densité de l'Azote sec

Poids d'un ccm. d'azote en milligrammes, aux pressions de 700 à 770 mm. et aux températures de 10 à 25° (établi d'après la détermination de Lord Rayleigh : un ccm. d'azote, aux conditions normales, pèse 1,2507 mg.)

P	10°	11°	12°	13°	14°	15°	16°	17°	18°	19°	20°	21°	22°	23°	24°	25°	P
700	1.111	1.107	1.103	1.100	1.096	1.092	1.088	1.084	1.081	1.077	1.073	1.070	1.066	1.062	1.059	1.055	700
702	1.114	1.110	1.107	1.103	1.099	1.095	1.091	1.087	1.084	1.080	1.076	1.073	1.069	1.065	1.062	1.058	702
704	1.118	1.114	1.110	1.106	1.102	1.098	1.094	1.091	1.087	1.083	1.079	1.076	1.072	1.068	1.065	1.061	704
706	1.121	1.117	1.113	1.109	1.105	1.101	1.097	1.094	1.090	1.086	1.082	1.079	1.075	1.071	1.068	1.064	706
708	1.124	1.120	1.116	1.112	1.108	1.104	1.101	1.097	1.093	1.089	1.085	1.082	1.078	1.074	1.071	1.067	708
710	1.127	1.123	1.119	1.115	1.111	1.107	1.104	1.100	1.096	1.092	1.089	1.085	1.081	1.077	1.074	1.070	710
712	1.130	1.126	1.122	1.118	1.114	1.111	1.107	1.103	1.099	1.095	1.092	1.088	1.084	1.081	1.077	1.073	712
714	1.133	1.129	1.125	1.121	1.118	1.114	1.110	1.106	1.102	1.098	1.095	1.091	1.087	1.084	1.080	1.076	714
716	1.137	1.133	1.129	1.125	1.121	1.117	1.113	1.109	1.105	1.101	1.098	1.094	1.090	1.087	1.083	1.079	716
718	1.140	1.136	1.132	1.128	1.124	1.120	1.116	1.112	1.108	1.105	1.101	1.097	1.093	1.090	1.086	1.082	718
720	1.143	1.139	1.135	1.131	1.127	1.123	1.119	1.115	1.111	1.108	1.104	1.100	1.096	1.093	1.089	1.085	720
722	1.146	1.142	1.138	1.134	1.130	1.126	1.122	1.118	1.115	1.111	1.107	1.103	1.099	1.096	1.092	1.088	722
724	1.149	1.145	1.141	1.137	1.133	1.129	1.125	1.121	1.118	1.114	1.110	1.106	1.102	1.099	1.095	1.091	724
726	1.152	1.148	1.144	1.140	1.136	1.132	1.128	1.125	1.121	1.117	1.113	1.109	1.105	1.102	1.098	1.094	726
728	1.156	1.152	1.148	1.143	1.139	1.136	1.132	1.128	1.124	1.120	1.116	1.112	1.109	1.105	1.101	1.097	728
730	1.159	1.155	1.151	1.147	1.143	1.139	1.135	1.131	1.127	1.123	1.119	1.115	1.112	1.108	1.104	1.100	730
732	1.162	1.158	1.154	1.150	1.146	1.142	1.138	1.134	1.130	1.126	1.122	1.118	1.115	1.111	1.107	1.103	732
734	1.165	1.161	1.157	1.153	1.149	1.145	1.141	1.137	1.133	1.129	1.125	1.121	1.118	1.114	1.110	1.106	734
736	1.168	1.164	1.160	1.156	1.152	1.148	1.144	1.140	1.136	1.132	1.128	1.125	1.121	1.117	1.113	1.109	736
738	1.172	1.167	1.163	1.159	1.155	1.151	1.147	1.143	1.139	1.135	1.131	1.128	1.124	1.120	1.116	1.112	738

p	10°	11°	12°	13°	14°	15°	16°	17°	18°	19°	20°	21°	22°	23°	24°	25°	p
740	1.175	1.171	1.166	1.162	1.158	1.154	1.150	1.146	1.142	1.138	1.135	1.131	1.127	1.123	1.119	1.115	740
742	1.178	1.174	1.170	1.165	1.161	1.157	1.153	1.149	1.145	1.141	1.138	1.134	1.130	1.126	1.122	1.118	742
744	1.181	1.177	1.173	1.169	1.165	1.160	1.156	1.152	1.149	1.145	1.141	1.137	1.133	1.129	1.125	1.121	744
746	1.184	1.180	1.176	1.172	1.168	1.164	1.160	1.156	1.152	1.148	1.144	1.140	1.136	1.132	1.128	1.124	746
748	1.187	1.183	1.179	1.175	1.171	1.167	1.163	1.159	1.155	1.151	1.147	1.143	1.139	1.135	1.131	1.128	748
750	1.191	1.186	1.182	1.178	1.174	1.170	1.166	1.162	1.158	1.154	1.150	1.146	1.142	1.138	1.134	1.131	750
752	1.194	1.190	1.186	1.181	1.177	1.173	1.169	1.165	1.161	1.157	1.153	1.149	1.145	1.141	1.137	1.134	752
754	1.197	1.193	1.189	1.185	1.180	1.176	1.172	1.168	1.164	1.160	1.156	1.152	1.148	1.144	1.140	1.137	754
756	1.200	1.196	1.192	1.188	1.183	1.179	1.175	1.171	1.167	1.163	1.159	1.155	1.151	1.147	1.143	1.140	756
758	1.203	1.199	1.195	1.191	1.186	1.182	1.178	1.174	1.170	1.166	1.162	1.158	1.154	1.150	1.146	1.143	758
760	1.206	1.202	1.198	1.194	1.190	1.185	1.181	1.177	1.173	1.169	1.165	1.161	1.157	1.153	1.149	1.146	760
762	1.210	1.205	1.201	1.197	1.193	1.189	1.184	1.180	1.176	1.172	1.168	1.164	1.160	1.156	1.152	1.149	762
764	1.213	1.209	1.204	1.200	1.196	1.192	1.188	1.183	1.179	1.175	1.171	1.167	1.163	1.159	1.156	1.152	764
766	1.216	1.212	1.207	1.203	1.199	1.195	1.191	1.187	1.182	1.178	1.174	1.170	1.166	1.162	1.159	1.155	766
768	1.219	1.215	1.211	1.206	1.202	1.198	1.194	1.190	1.186	1.181	1.177	1.173	1.169	1.165	1.162	1.158	768
770	1.222	1.218	1.214	1.209	1.205	1.201	1.197	1.193	1.189	1.185	1.181	1.176	1.172	1.169	1.165	1.161	770
P	10°	11°	12°	13°	14°	15°	16°	17°	18°	19°	20°	21°	22°	23°	24°	25°	P
f(mm)	5.6	6.0	6.4	6.9	7.3	7.8	8.4	8.9	9.5	10.1	10.8	11.4	12.2	12.9	13.7	14.6	f(mm)

Si le liquide du nitromètre est une solution de potasse caustique à 30 %, il faut soustraire de la pression barométrique lue, réduite à 0°, la tension de vapeur régnant au-dessus de la solution, à la température de l'expérience (f(mm.), voir ci-dessus).

INDEX DES MATIÈRES

(1) Les Nos des pages imprimes en caractères gras se rapportent aux substances faisant l'objet d'une prescription de laboratoire.

Étabt Henri Dupuy, Courbevoie. — Dépôt légal : 2e trim. 1947.

IMPRIMERIE GROU RADENEZ, 11, RUE DE SÈVRES, PARIS 74454 - 7-47

Bei Fragen zur Produktsicherheit wenden Sie sich bitte an:
If you have any questions regarding product safety,
please contact:

Walter de Gruyter GmbH
Genthiner Straße 13
10785 Berlin
productsafety@degruyterbrill.com